普通高等院校土木专业“十三五”规划精品教材

PKPM 结构设计实例教程

主编　卫　涛　李　容
参编　王文娇　李　攀　何溪舟
赵翊名　梁万春

华中科技大学出版社
中国·武汉

内容提要

本书紧密结合现行建筑结构规范，从易到难、由浅入深、循序渐进，系统地介绍了当今国内应用最广的 PKPM 系列结构软件的提高及其在设计行业中的运用。大量的实例可以帮助读者更加深刻地巩固所学的知识，使读者更好地进行绘图操作。

本书共分为 8 章，从初步布置结构形式开始，首先介绍了结构设计的一般流程，如结构提资、设计结构主楼的结构形式等，然后用一个精典实例（高层主体建筑加商业群楼）说明 PKPM 软件在实例中的应用，如 PMCAD 高层及群楼建模、荷载输入，运用 SATWE 进行结构模型的整体运算及处理，根据宏观微观指标调整结构模型等，最后讲解了 PKPM 计算结果与常用的结构设计绘图软件探索者 TSSD 互相配合绘制详细施工图的过程，另外增添了梁、板式楼梯的计算过程。

本书内容紧凑、实例丰富、结构严整、深入浅出，通俗易懂，不论是对初期接触结构设计的工作人员，还是对 PKPM 运用具有一定经验的结构工程师，都会起到帮助作用。

图书在版编目（CIP）数据

PKPM 结构设计实例教程/卫涛，李容主编. —武汉：华中科技大学出版社，2013.7（2021.7 重印）
ISBN 978-7-5609-9229-7

Ⅰ.①P… Ⅱ.①卫… ②李… Ⅲ.①建筑结构-计算机辅助设计-应用软件-高等学校-教材 Ⅳ.①TU311.41

中国版本图书馆 CIP 数据核字（2013）第 159303 号

PKPM 结构设计实例教程 卫 涛 李 容 主编

责任编辑：张秋霞
封面设计：刘 卉
责任校对：马燕红
责任监印：张贵君
出版发行：华中科技大学出版社（中国·武汉） 电话：（027）81321913
武汉市东湖新技术开发区华工科技园 邮编：430223
录 排：华中科技大学惠友文印中心
印 刷：广东虎彩云印刷有限公司
开 本：850mm×1060mm 1/16
印 张：26.25
字 数：757 千字
版 次：2021 年 7 月第 1 版第 3 次印刷
定 价：68.00 元

普通高等院校土木专业“十三五”规划精品教材

总　　序

教育可理解为教书与育人。所谓教书,不外乎是教给学生科学知识、技术方法和运作技能等,教学生以安身之本。所谓育人,则要教给学生做人道理,提升学生的人文素质和科学精神,教学生以立命之本。我们教育工作者应该从中华民族振兴的历史使命出发,来从事教书与育人工作。作为教育本源之一的教材,必然要承载教书和育人的双重责任,体现二者的高度结合。

中国经济建设高速持续发展,国家对各类建筑人才需求日增,对高校土建类高素质人才培养提出了新的要求,从而对土建类教材建设也提出了新的要求。这套教材正是为了适应当今时代对高层次建设人才培养的需求而编写的。

一部好的教材应该把人文素质和科学精神的培养放在重要位置。教材中不仅要从内容上体现人文素质教育和科学精神教育,而且还要从科学严谨性、法规权威性、工程技术创新性来启发和促进学生科学世界观的形成。简而言之,这套教材有以下特点。

一方面,从指导思想来讲,这套教材注意到“六个面向”,即面向社会需求、面向建筑实践、面向人才市场、面向教学改革、面向学生现状、面向新兴技术。

二方面,教材编写体系有所创新。结合具有土建类学科特色的教学理论、教学方法和教学模式,这套教材进行了许多新的教学方式的探索,如引入案例式教学、研讨式教学等。

三方面,这套教材适应现在教学改革发展的要求,提倡所谓“宽口径、少学时”的人才培养模式。在教学体系、教材编写内容和数量等方面也作了相应改变,而且教学起点也可随着学生水平作相应调整。同时,在这套教材编写中,特别重视人才的能力培养和基本技能培养,适应土建专业特别强调实践性的要求。

我们希望这套教材能有助于培养适应社会发展需要的、素质全面的新型工程建设人才。我们也相信这套教材能达到这个目标,从形式到内容都成为精品,为教师和学生,以及专业人士所喜爱。

中国工程院院士　王思敬

2006 年 6 月于北京

前　言

PKPM结构系列软件是由中国建筑科学研究院推出的，经过二十多年的研发和升级换代，软件日臻完善，是目前国内建筑工程界应用最广、用户最多的一套计算机辅助设计软件，仅国内用户数就超过一万家，各高校也纷纷选用 PKPM 结构系列软件作为 CAD 课程教学主要内容，另外还有多个外文版软件远销海外。

由于种种原因，目前国内市场上关于 PKPM 软件在实际工程中应用的专门教材还较缺乏。本书针对 2010 年建筑结构各项新规范诞生后的 PKPM 软件新版本进行编写。编写过程中，辅以典型的高层建筑与商业群楼结合体案例(真实案例，此栋建筑已于 2014 年交付使用)的具体操作，详细说明了 PKPM 软件的操作步骤及相关的规范条文，并在此基础上结合作者多年的工作经验给予提高，深度结合案例，穿插了技术分析和理论讲解，不仅解释了结构设计时如何根据宏观及微观指标调整模型，而且介绍了结构施工图的具体绘制方法，采取基本常识与高级应用技巧相结合的方法来阐述 PKPM 结构系列软件在实际工程中的真实应用。

全书共分 8 章。

第 1 章介绍了初步布置结构形式，包括建筑专业提资和设置地上部分主楼的结构形式。第 2 章介绍了 PMCAD 建模与荷载输入，结合实例，分步讲述了主楼和群楼模型的建造过程。第 3 章介绍了 SATWE 模块的计算过程，包括结构模型的整体运算、结合建筑结构规范根据宏观和微观指标来调整结构模型。第 4 章介绍了主楼地上部分绘制施工图，主要包括如何运用 TSSD 绘图软件来绘制梁、板、柱及剪力墙的结构施工图，其中包括对 PKPM 各项计算参数和图形结果的详细解释，以及根据这些计算结果参数及相应规范各条文绘制的详细结构施工图。第 5 章介绍了主楼地下部分绘制施工图，与第 4 章类似，但由于地下结构，不管是剪力墙、柱还是梁、板，都有与地上部分不同的独特之处，而且可以说是具有更为严格的要求，因此特单独设计一章进行详解。第 6 章介绍了裙楼地上部分绘制施工图。本章主要结合一个商业用途的群楼进行讲解，因此本例可看作一个层高较高的框架结构，主要包括了对 PKPM 计算结果的详解与柱、梁、板施工图的绘制。第 7 章介绍了裙楼地下部分绘制施工图，包括柱、梁、板施工图的绘制。地下部分与地上部分有着较大区别，其受压构件尤其如此，本章重点讲述了受压构件计算结果的处理。第 8 章介绍了使用 JCCAD 设计基础。对于一个工程来说，基础的设计是重中之重，本章详细说明了承台的设计与验算、筏板的计算与验算、基础施工图的绘制以及地下室底板施工图的绘制。

与其他同类书籍相比，本书具有以下几个特点。①技术专业。②实例具体，本书中案例全部为实际的工程项目。③讲解深入，系统全面。④步骤详尽，通俗易懂。

本书以手把手的方式详尽介绍了 PKPM 各参数的选择及计算结果的处理，并运用了大量图片说明绘制施工图的技巧。

为了方便读者学习，本书配备了电子资源，收录了书中所有实例的 DWG 文件、规范中用到的图表、配筋模板文件及 PKPM 的计算文件。配套有近 10 小时的高清教学视频资料，方便读者学习。

本书由卫涛和李容主编，参加编写的还有王文娇、李攀、何溪舟、赵翊名、梁万春等。

由于作者水平有限，书中错误、疏漏在所难免，恳请读者批评指正。

编者

2014 年 10 月

本书配套电子资源获取路径

华中科技大学出版社官网(http://www.hustp.com)→资源中心→建筑分社→在搜索框中切换类别为“图书名称”,输入书名搜索本书信息,在“内容简介”中按照提示下载本书配套电子资源。

目　　录

第1章　初步布置结构形式

结构设计是一门应用非常广的学科，几乎涉及工业与民用建筑领域的每一个方面。结构设计有完善的规范体系、成熟的计算理论、能经受工程实践检验的计算程序、充足的试验成果和大量的工程经验总结，还有概念设计等先进的设计思想。结构既是一种观念形态，又是物质的一种运动状态。结是结合之意，构是构造之意，合起来理解就是主观世界与物质世界的结合构造之意。在意识形态世界和物质世界得到广泛应用。优秀的结构设计应做到艺术性、技术性和经济性的三位一体，它是结构师对这三方面知识充分掌握和创造性应用的产物。结构师在完成建筑功能、建筑艺术性设计的同时，也应当兼顾建筑的安全性、适用性、耐久性和经济性。那么在建筑之上结构又是什么呢？结构就是建筑物上承担重力或外力的部分构造。

本书针对刚跨入设计行业大门的结构设计师，通过类比和实例，力求把复杂的概念设计深入浅出地说深讲透。本书采用的操作和绘图方法简单实用，易于操作。

在下面的学习中会为大家介绍一个概念清晰、思路敏捷的结构设计与结构布置的方法。

1.1　建筑专业互提资料

房屋建筑设计的流程，便是经各建筑类专业，依次完成各自专业任务的过程，这些建筑类专业分别是：建筑、结构、给水、排水、采暖、空调、建筑电气等。本书主要介绍的是PKPM系列软件中专用于结构设计的模块。

建筑工程设计具有交叉作业、综合协调的特点。建筑设计师在总体规划的前提下，收集、综合考虑各种内外因素条件，进行初步设计和施工图设计，再将资料提供给结构设计师，共同拟定工程参数。虽然建筑专业和结构专业各自的侧重点不一样，但各专业之间有着种种的必然联系，这就是建筑设计中的关键环节——互提资料（简称“提资”）。

互提资料是工程设计过程中的重要环节，各专业间及时、认真负责、正确地互提资料是减少工程设计中出现的错、漏、碰、缺，并保证设计质量的有效措施。专业间互提资料是通过专业间技术接口，实现设计输入的一个必要条件。

1.1.1　结构形式的分析

本书以一个实际工程为例，主要介绍了各种结构形式在设计过程中的主要流程。该工程的地下一层为停车库，裙楼为三层商铺，主楼为高层塔楼住宅，即城市中常见的高层综合体。

结构工程师在结构设计的第一步，即分析由建筑工程师提供的各项资料和初步设计图，通过初步设计图中的平、立、剖面图来判断建筑主体的结构体系，确定结构主要材料。具体操作如下。

（1）在天正建筑中打开建筑初步图。

建筑工程师为了便于作图及资料管理，将总平面图、各层平面图、剖面图、立面图及大样图根据内容及日期编号，存放在同一个文件夹中。在天正系列的建筑软件中，打开该工程的主要剖面图（1-1剖面图），如图1.1.1所示。在图中，可以观察到“地下室”“裙楼”“塔楼”的相应位置与对应的标高。

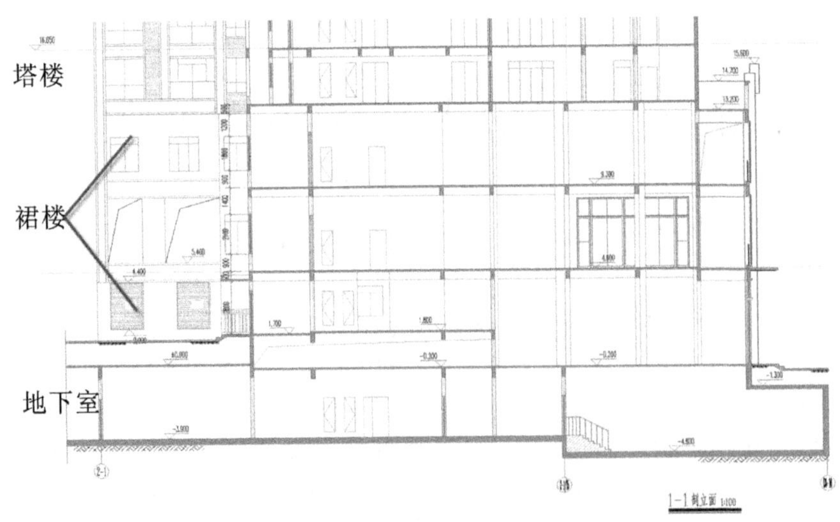

图 1.1.1 1-1 剖面图

注意：初学者往往会打开“建筑立面图”来了解建筑纵向尺寸与标高，然而从立面图上并不能全面地了解工程的纵向尺寸。因为立面图无法观察建筑内部的尺寸，更不可能观察到地下部分的形式。所以结构专业设计时，需要结合建筑专业的剖切图与立面图同为参照。另外，图中裙楼所示只是其位置，图中所示实际为主楼中与裙楼中相同标高处的三层建筑。

(2) 打开建筑专业的立面图，从外立面上对整个建筑的形状及大概纵向尺寸进行了解，如图 1.1.2

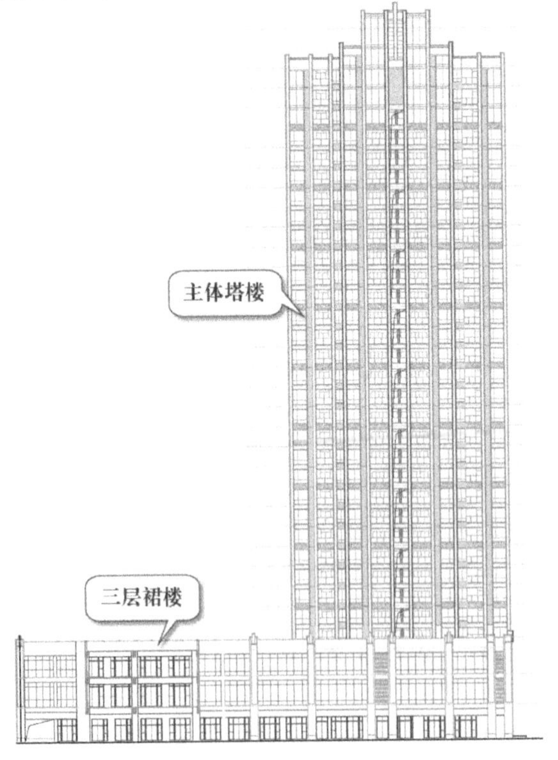

图 1.1.2 立面图

所示。注意查看外立面有没有大块面的出挑、凹进、斜墙、弧墙等几何变化较大的位置，若有，则比照相应的建筑平面施工图，看具体的尺寸数据，依照相应的结构规范，选定合适的结构处理方法，并做下记号。

(3) 打开标准层放大平面图，查看核心筒的位置、建筑平面形式、有无转角凸窗带型窗等特殊构件，如图 1.1.3 所示。同时分析建筑平面图中是否有局部结构布置可重复的结构，若有，则可复制、粘贴使用，以减少工作量。

图 1.1.3　标准层放大平面图

注意：根据《建筑抗震设计规范》(GB 50011—2010)和《高层建筑混凝土结构技术规程》(JGJ 3—2010)等结构规范规定，平面中的 X 方向和 Y 方向尺寸不宜差别过大(即最好是正方形)；但从建筑专业采光通风条件考虑，此时 X 方向会远远大于 Y 方向的尺寸，这时建筑物会出现扭转，为了抵抗扭转，需将剪力墙大面积布置在 X 方向上。有经验的结构工程师从建筑平面形式中，可以初步判断出剪力墙的位置与主要方向。在布置剪力墙时会省去很多反复校核的过程，减少工作量，进而节约时间。

1.1.2　天正建筑转条件图

天正建筑是在 AutoCAD 基础上二次开发的软件，但图形对象不是纯 CAD 对象，是自定义对象。这样天正建筑绘制的图形虽然与探索者 TSSD 一样都是 DWG 文件，但并不互通。这就需要在天正建筑中转条件图，然后才能提资给结构专业使用。具体操作如下。

(1) 在命令提示行中输入“Layer”(图层)命令，在弹出的“图层特性管理器”中选择“AXIS”图层，单击“当前”按钮，把“AXIS”(轴线)图层置为当前图层，如图 1.1.4 所示。

(2) 右击“AXIS”(轴线)、“DOTE”(轴线)、“WALL”(墙)三个图层，在弹出的右键菜单中选择“反转选择”命令，将其他图层隐去，如图 1.1.5 所示。

(3) 在命令提示行中输入“Wblock”(写块)命令，在弹出的“写块”对话框中，单击“拾取点”按钮，选择图中 2-1 轴与 2-C 轴的交点作为基准点；单击“选择对象”按钮，选择整个图形对象；设置正确的文件名与路径，如图 1.1.6 所示。这样就可以将最基本的图形导出来，作为提资给其他专业的“条件图”。

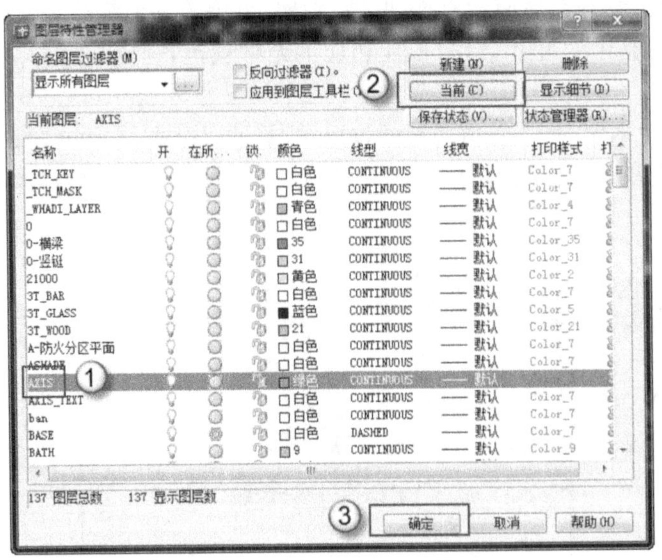

图 1.1.4　将 AXIS 图层置为当前

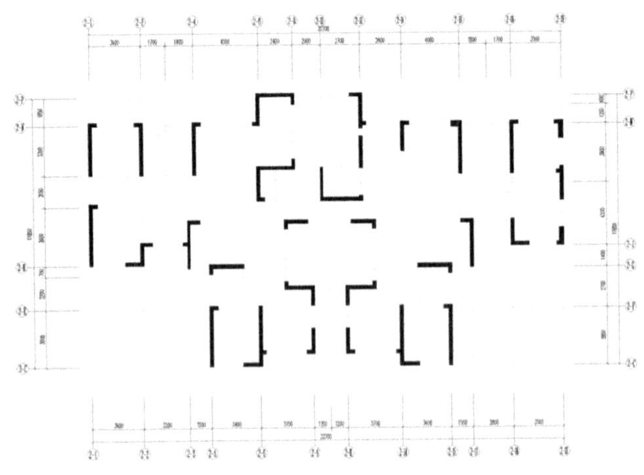

图 1.1.5　其他图层

图 1.1.6　写块

1.2　设置地上部分主楼的结构形式

近年来，随着经济建设的发展和人口数量的增加，住房建设用地日趋紧张，新建高层建筑越来越高。为满足抗震等条件的要求，新的结构形式也在不断发展，其中剪力墙结构就广泛应用于高层住宅。因此，对高层住宅剪力墙结构的力学性能进行研究具有重要的理论与实践意义。

本节结合一个工程实例，使用 SATWE 计算分析程序建立计算模型；在结构参数正确选取的前提下，通过对剪力墙布置进行优化调整，将计算指标进行对比分析，得到较为合理的结构布置和动力性能；通过综合分析，探讨影响高层剪力墙结构设计的关键因素，结合规范的有关规定及部分设计经验，对剪力墙边缘构件等部分构造设计问题进行了总结，并提出建议。总之，依据整体结构的受力变形特征，在正确的概念设计指导下，进行深入的计算分析和采取恰当的构造措施，从而设计出具有良好抗震性能和经济性能的高层剪力墙结构。

在这里先向大家介绍一下高层建筑的定义。

高层建筑，顾名思义，是指层数较多、高度较高的建筑。但是，迄今为止，世界各国对多层建筑和高层建筑的划分界限并不统一。表1.2.1列出了部分国家和组织对高层建筑起始高度的规定。

从表中所列数据看，高层结构的主要特点体现在层数和高度上，但其实，高层结构的特点是指水平荷载在设计中所占的主导地位。众所周知，建筑结构必定同时承受垂直荷载和水平荷载的作用，而当建筑结构层数较少或高度较低时，水平荷载产生的内力和位移影响较小甚至可以忽略不计；随着层数或高度的增加，水平荷载的影响逐渐增大。因此在高层建筑中，水平荷载将成为主要控制因素，随着建筑的层数及高度的增长，导致荷载效应的增大，结构的内力和位移也相应迅速增大。

表1.2.1 各国建筑高度的规定

国家和组织名称	高层建筑起始高度
联合国	大于等于9层，分为四类： 第一类：9～16层(最高到50 m)； 第二类：17～25层(最高到75 m)； 第三类：26～40层(最高到100 m)； 第四类：40层以上(高度在100 m以上时，为超高层建筑)
美国	22～25 m或7层以上
英国	24.3 m
中国	《高层民用建筑设计防火规范》(GB 50045—95)：大于等于10层或大于等于24 m
	《高层建筑混凝土结构技术规程》(JGJ 3—2010)：大于等于10层或大于等于28 m

如表1.2.1所示，8层以上的建筑都称为高层建筑。而目前，根据各结构规范条文规定，近20层的建筑称为中高层建筑，30层左右接近100 m高的建筑称为高层建筑，而50层左右200 m以上高度的建筑称为超高层建筑。《高层建筑混凝土结构技术规程》(JGJ 3—2010)中规定：10层及10层以上或高度超过28 m的钢筋混凝土结构均称为高层建筑结构。

本书采用的实例包含了主楼和裙楼，首先将向大家介绍主楼的结构形式、如何布置主楼的结构以及在布置中应该注意些什么。在以后的章节中会依据案例的实际情况进行详细说明。

1. 结构设计的基本要求

结构设计的基本要求：结构布置合理、传力途径清楚、计算方法得当、受力模型准确、图面表达清晰。

本章主要讲述以上几点在结构施工图中的反映。若能合理解决这几方面的问题，不仅可以高效、高质地绘制施工图，亦可减少不必要的返工，提高效率。

结构平面布置图是所有结构施工图(上部结构)的基础，要把楼层上所有结构的布置、高差、标高、洞口、楼层的外周轮廓以简练无疑义的方式表达清楚。

2. 结构设计的注意事项

(1) 结构线与非结构线：框架结构中砖砌体的线是非结构线；砖混结构中砖砌体的线是结构线。外装修(外挂石材等)是非结构线，挑板(包括线脚边线)是结构线。结构线应用实线，非结构线应用细线(条件图图层)甚至不用绘出。特殊的不重要的结构线，比如线脚边线，与梁线、翻边线等叠合较多，影响图面表达的部位，也可用细线或减少绘出。

(2) 结构平面图的剖断方向：自楼层上方向下看。剖断线、高差线、洞口线、边线、折板转折线，看见线——实线，结构布置线(普通梁、结构板带等)——虚线。

(3) 楼层标高应注出。斜屋面必要时可每根梁注标高，便于定梁高。

(4) 梁的布置应尽量使传力途径清晰，减少多级次梁。例如，少出现 3 级次梁，避免 4 级次梁。

(5) 避免多梁梁端汇于一点。拉通梁算一道，三道以上施工困难。如难以解决，应考虑局部梁面降低，梁高减小。

(6) 考虑建筑空间要求和以后装修改造要求，特别是住宅阁楼层、屋面层梁对下层的影响。结构平面布置图的梁是对下层有影响的。

(7) 有些柱子因建筑空间要求有一方向不能拉梁，各层应做构造措施，如：楼板加厚，增设板带。顶层和底层(二层)不影响空间的地方应把此梁加上。

(8) 楼电梯间前室、过道、门厅的梁布置要考虑今后装修。尽量避免直接对门和打破一个开敞空间的梁布置。住宅分户墙的梁，有条件的尽量不要直接去加高，以便住户改造打通两套房子。

(9) 梁高确定，内部梁高尽量不超过边梁的梁高。梁高以整数或 50 模数为宜。

(10) 住宅烟道最下层加筋不留洞。

(11) 屋面檐沟，有梁穿越处应注明：梁穿檐沟处建筑面标高预埋 ϕ100 钢管过水孔。

(12) 屋面女儿墙(混凝土)直线长度较长，应注明：每隔 12 m 设 20 mm 宽伸缩缝；屋面女儿墙(砌体)，应注明：每 4 m 设构造柱，与墙顶混凝土压顶整浇。

(13) 非混凝土墙的电梯间围墙设圈梁和构造柱，统一说明。

(14) 大跨度屋面(非住宅部分)应结构找坡。

(15) 屋面考虑绿化时应注明设计(活)荷载。对大跨度、重要部位或功能不确定部位应注明设计(活)荷载。

(16) 荷载输入不要漏掉或忽略以下项：局部挑板荷载；天井最下层楼板、露台保温层荷载、下面是房间的阳台板——都应视作屋面；阁楼层坡屋面下较高墙体。

注意：在结构注意事项的第(2)点中，楼梯剖断面位置可选择半楼层处；阁楼层(坡屋面)剖断面可选择近阁楼层，剖到屋面斜板，且不遮挡阁楼层梁板布置的反映；其他特殊部位以能用最简练的图面准确反映梁板处理的制图方式为宜。

1.2.1 设置一层平面中的剪力墙

在高层建筑结构设计中，框架-剪力墙结构形式较为普遍。在框架结构中增设适当的剪力墙，二者通过楼盖协同工作，以满足建筑物的抗侧要求，从而组成了框架-剪力墙结构体系。它的布置方式非常灵活，在对建筑物的使用功能影响不大的情况下，结构的抗侧刚度和承载力极限都有明显提高，可见这种结构体系兼有框架结构体系和剪力墙结构体系的优点。剪力墙结构体系则是利用建筑物墙体作为建筑物的竖向承载结构，并用它抵抗水平力的一种结构体系，其侧向刚度大、整体性好、用钢量较省，缺点是自重较大。剪力墙间距一般为 3～5 m，这就使得平面布置的灵活性受到限制，但是其具有良好的抗侧性、整体性和抗震性能，可用来建造较高的建筑物。

本章会为大家详细地介绍剪力墙的设置。

以下根据新《高层建筑混凝土结构技术规程》(JGJ 3—2010)(以下简称《高规》)与《建筑抗震设计规范》(JB 50011—2010)(以下简称《抗规》)内容，为大家简单介绍剪力墙的布置原则。

(1) 剪力墙宜均匀布置在建筑物的周边、楼梯间、楼电梯间处，在平面形状变化和恒载较大的部位，剪力墙的间距不宜过大。

(2) 平面形状凸凹较大时，宜在凸出部分的端部附近布置剪力墙。

(3) 纵、横剪力墙宜组成 L 形、T 形和槽形等形式。

(4) 单片剪力墙底部承担的水平力不宜超过结构底部总水平剪力的 40%。

(5) 剪力墙宜贯通建筑物的全高，避免刚度突变；剪力墙开洞时，洞口宜上下对齐。

(6) 楼、电梯间等竖井宜尽量与靠近的抗侧力结构结合布置。

(7) 抗震设计时，剪力墙的布置宜使结构各主轴方向的侧向刚度接近。

(8) 长矩形平面或平面有一部分较长的建筑中，剪力墙的布置中横向剪力墙沿长方向的间距应满足表 1.2.2 的要求。

表 1.2.2　剪力墙间距

单位：m

结构	非抗震设计(取较小值)	6 度,7 度(取较小值)	8 度(取较小值)	9 度(取较小值)
现浇	5.0B,60	4.0B,50	3.0B,40	2.0B,30
装配整体	3.5B,50	3.0B,40	2.5B,30	

剪力墙分平面剪力墙和筒体剪力墙。平面剪力墙用于钢筋混凝土框架结构、升板结构、无梁楼盖体系中。为增加结构的刚度、强度及抗倒塌能力，在某些部位可现浇或预制装配钢筋混凝土剪力墙。现浇剪力墙与周边梁、柱同时浇筑，整体性好。筒体剪力墙用于高层建筑、高耸结构和悬吊结构中，由电梯间、楼梯间、设备及辅助用房的间隔墙围成，筒壁均为现浇钢筋混凝土墙体，其刚度和强度较平面剪力墙高，可承受较大的水平荷载。在结构布置中，剪力墙的布置有很多必须遵守的原则和很多需要注意的问题，在后面的学习内容中，大家会逐步了解剪力墙布置具体有哪些重要原则和布置时所需要注意的是哪些问题。下述内容，即向大家介绍在探索者中布置剪力墙应该怎么操作。

双击桌面上的探索者的图标，启动 TSSD 探索者后，会出现一个类似于 AutoCAD 的工作界面：程序将屏幕划分为右侧的菜单区、上侧的下拉菜单区、下侧的命令提示区、中部的图形显示区和工具栏五个区域，如图 1.2.1 所示。

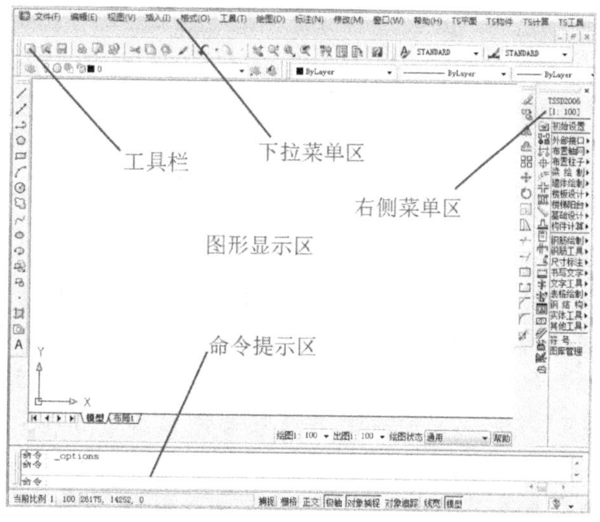

图 1.2.1　TSSD 探索者工作界面

◇ 下拉菜单区：由文件、显示、工作状态管理及图素编辑等工具组成。单击任一主菜单，便可以得到它的一系列的子菜单。

◇ 右侧菜单区：右侧菜单区为快捷菜单，可以提供对某些命令的快速执行。右侧菜单区是由名为 WORK. MNU 的菜单文件支持的。

◇ 命令提示区：在屏幕下侧是命令提示区，一些数据、选择和命令可以由键盘在此输入，如果用户熟悉命令名，可以在“输入命令”的提示下直接敲入一个命令而不必使用菜单。所有菜单内容均有与之对应的命令名，这些命令名是由名为 WORK. ALI 的文件支持的。

◇ 图形显示区：TSSD 界面上最大的空白窗口便是绘图区，是用来绘图和操作的地方。可以利用图形显示及观察命令，对视图在绘图区内进行移动和缩放等操作。

◇ 工具栏图标区：TSSD 探索者界面上也有与 AutoCAD 中相似的工具栏图标，它主要包括一些常用的图形编辑、显示等命令，方便视图的编辑和观察操作。

双击图标，打开上面所需要的建筑平面图。在布置平面结构之前要先创建一个块，在打开的绘图界面任意处绘制一个矩形，在探索者的下拉菜单栏中有一个“绘图”的工具栏，依次点击屏幕下拉菜单中的“绘图”→“块”→“创建”按钮，即可出现下列操作界面，如图 1.2.2 所示。

出现上述操作界面后，依次根据图 1.2.2 中标示的序号，来操作定义块：在命名区，为即将定义的块取定一个名称“1”，单击“选择对象”，选择所绘制的矩形，然后单击“确定”按钮，即创建了一个名字为“1”的新块。

在绘图区，双击名称为“1”的块，会出现如图 1.2.3 所示的界面，单击“确定”按钮，即可进入“参照编辑”窗口，进行块编辑。

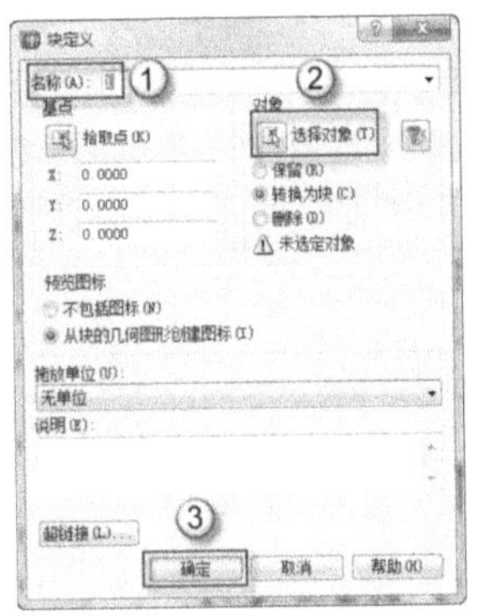

图 1.2.2　块定义

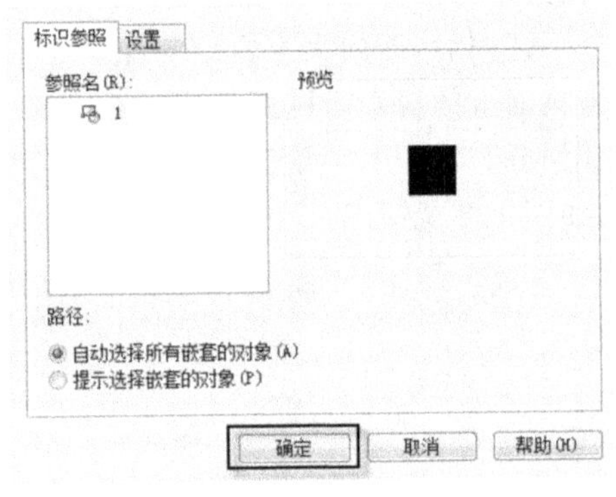

图 1.2.3　参照编辑

注意：“块”是由一个或多个对象形成的对象的集合体。将对象的集合体定义成块后就可以将这个对象的集合体称为一个单一的对象，若面对的对象集合体是单一的对象时，就可以对它进行旋转、平移、比例缩放等操作。双击定义好的块，绘图界面区颜色会变暗，此时可开始布置。在绘制一套图时，为了体现图形的规范性，所有对象都应该是一致的。为了避免在不同的图中重复绘制这些通用的部件，AutoCAD 提供了“定义块”及“写块(W)”的功能，定义好块后，可以将它写入电脑中保存，进而应用到当前图形或其他的图形中，从而提高绘图的准确性和绘图速度，这是使用块的一个好处。在使用块时，图形中可只保留一个块的定义及对其他若干块的引用，即可减小图形文件占用图纸空间的大小，是使用块的另一个好处。但是，“块”是一组对象的集合体，定义好块后就无法修改块中的对象，如果要对其进行修改，就必须先将其炸开成独立的对象，然后进行修改，修改结束后，可以再将这一组对象重新定义成块，并且赋予新的块名。否则，AutoCAD会自动根据块修改后的定义，来更新块中所有的引用。若图纸空间中多次使用了同一个块，但需要更改的只是其中的一个时，一定要严格按照上述方法操作。

定义好块后，开始绘制剪力墙。剪力墙的绘制比较简单，与CAD中绘制多段线的方法有很多相同之处。双击定义好的块，直到界面颜色变暗，即可开始操作。TSSD探索者是以CAD为平台而发展的，其中的一些快捷键和操作方式与AutoCAD的操作方式有异曲同工之处。下面的学习中会为大家介绍剪力墙的布置。在TSSD探索者的命令栏中根据命令提示输入“PL”命令，确定起点，按下“Enter”按钮，根据命令栏提示，输入“W”按钮，选择设置宽度，输入所需要布置的剪力墙的宽度，如图1.2.4所示序号箭头指示的方向来布置，其操作步骤与CAD中的绘制多段线的方法一致，如图1.2.4所示。

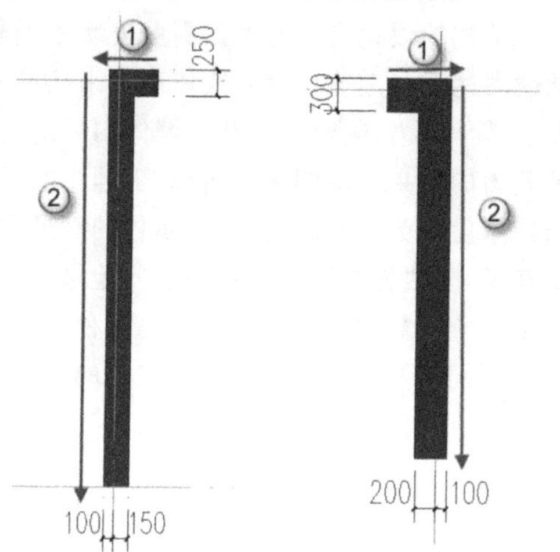

图1.2.4　剪力墙布置示意图

注意：应根据结构规范中剪力墙布置的要求，来确定剪力墙布置的位置以及剪力墙的宽度。一道剪力墙的两边与其定位轴线之间的宽度可能不一致；在同一个结构布置平面中，剪力墙的宽度也可能不一致，但是在剪力墙的布置中仍必须严格遵循布置原则。

带色图块所代表的剪力墙，仅仅是一层结构布置平面中的一部分。在布置剪力墙时有很多应遵守的原则，例如图1.2.4所示的剪力墙是从两个不同方向来布置的，其布置的剪力墙宽度也不同。若要确定剪力墙的宽度，必须熟悉新《高规》和《抗规》中的相关规定，在下面的学习中会为大家结合实例来讲述剪力墙宽度的确定方法、布置剪力墙时要注意的问题以及剪力墙布置时所要遵循的规范等。同时，也会为大家详细介绍结构布置中各剪力墙布置时的绘制方法。在布置剪力墙时须注意的问题很多，由于剪力墙结构中全部竖向荷载和水平荷载都由剪力墙承受，所以一般应沿建筑物的主要轴线方向，进行双向布置，特别是在要进行抗震计算的结构中。因而，在布置剪力墙时，应避免仅单向有墙的平面结构布置形式，宜使两个方向抗侧刚度接近或两个方向的自振周期相近。

在结构布置中，需注意剪力墙与柱连接时的问题。另外，柱与剪力墙的绘制也应有先后次序，如图1.2.5所示。

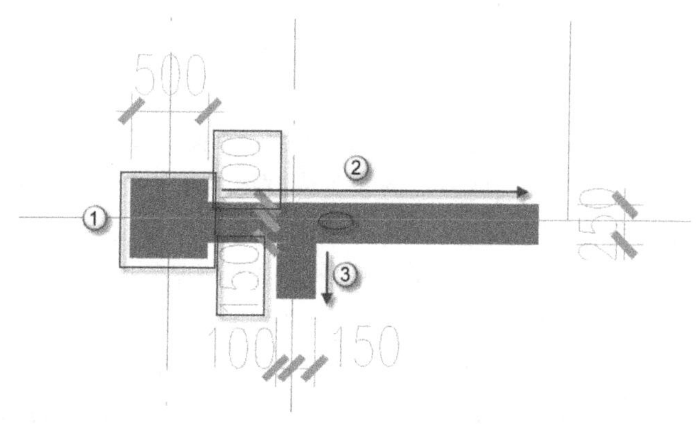

图1.2.5　柱子与剪力墙的连接示意图(1)

上述的剪力墙与柱的布置并没有轴线对中,而是根据结构的需要来布置。可根据上图示的序号以及箭头方向来绘制剪力墙。

暗柱的设置可以有效提高剪力墙平面外承载能力,暗柱宽度对剪力墙平面外承载力的影响,只有当承载力达到一定值以后才能体现出来,否则仅仅会体现在应力最大值的差异上。合理的暗柱宽度能够保证其承载力,同时也有利于墙体内部应力的均匀分布,但是一味增加暗柱宽度对于提高剪力墙平面外承载力的效果并不明显。所以,工程中对于暗柱宽度的选择既要符合受力要求又要满足经济要求。在暗柱厚度取为墙厚的情况下,暗柱的宽度取梁宽的1.5倍,这便可以满足受力要求。对钢筋和混凝土分别建模,非线性数值计算结果和实验结果符合较好,可以利用 ANSYS 对梁墙节点平面外的承载能力进行精细分析。图 1.2.6 所示为另一种连接方式。

不同的平面位置处剪力墙与柱的连接方式都不一样,图 1.2.7 所示为另一种柱与剪力墙的连接方式。

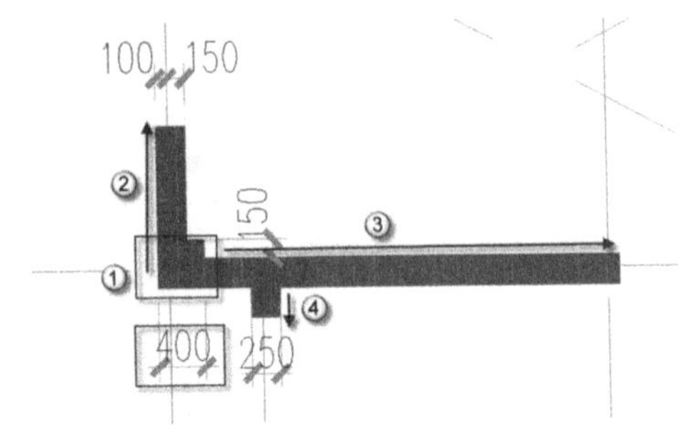

图 1.2.6　柱子与剪力墙的连接示意图(2)

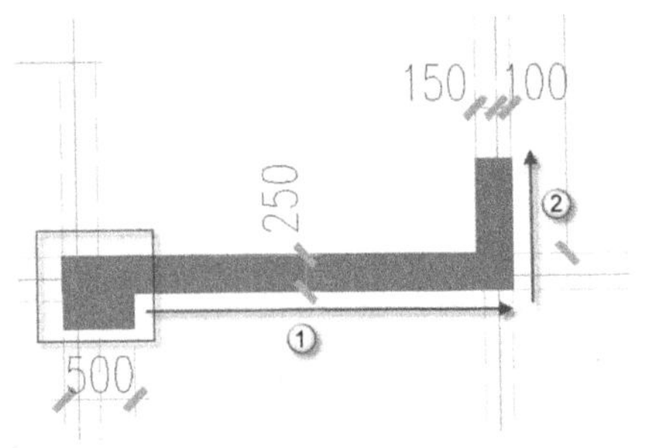

图 1.2.7　柱子与剪力墙的连接示意图(3)

结构中剪力墙与柱的连接方式有很多种,上述的仅仅为其中的几种,根据结构的需要来确定剪力墙与柱的连接方式,其绘制方法与跟上述所讲的绘制方法一致。

根据结构的要求来布置剪力墙,在布置中要以结构的原则(安全、经济)来考虑,在剪力墙的布置中根据结构的要求来控制柱的尺寸以及剪力墙的宽度。图 1.2.6 和图 1.2.7 两个剪力墙与柱的连接示意图中柱的截面尺寸亦不相同,必须根据结构的要求来决定剪力墙与柱的连接方式。上述图 1.2.6 中剪力墙在接近柱中轴处,图 1.2.7 中剪力墙的外边线与柱的外边线对齐,根据结构的需要,以及剪力墙和柱的布置原则来决定两者的连接方式。

在绘制剪力墙的过程中可以在满足绘制原则情况下学会使用更简单的方法,以节省时间。如图 1.2.8所示。

在绘制剪力墙的过程中,有些地方的剪力墙会是对称的,如图 1.2.8 所示,根据剪力墙布置原则确定剪力墙的布置位置以及剪力墙的宽度,剪力墙的布置中宽度会不一样,要根据地方的不同来确定剪力墙的宽度,在布置中要随时改变剪力墙的宽度。标号为①的剪力墙宽度为 250 mm,标号为②的剪力墙宽度为 200 mm,在布置中要改变其宽度,绘制剪力墙的操作方法是 CAD 中的多段线的绘制方法,在命令栏中输入“PL”命令,按下“Enter”按钮,根据命令栏中的提示输入剪力墙的宽度,按下“W”按钮,输入剪力墙的宽度 250 mm,按下“Enter”按钮,在绘制②号剪力墙时,操作步骤与上述一致,在输入剪力墙宽度时改为 200 mm,在绘制③号剪力墙时将剪力墙的宽度改为 250 mm,在绘制当中为了操作简便,同时可以先绘制③号剪力墙,然后再绘制④号剪力墙,根据上述剪力墙绘制方法,根据标号依次绘制剪力墙,在上述方框内剪力墙绘制完成后,可以根据在 CAD 中学习的镜像的操作方法来绘制下面的剪力墙,单

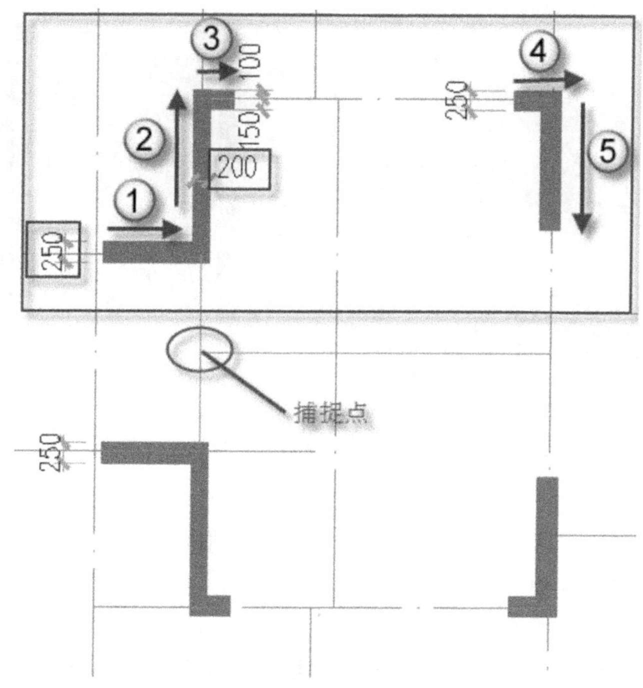

图 1.2.8　剪力墙的简便布置方法示意图(镜像)

击"下拉菜单栏"中的"镜像"命令,选择方框内的剪力墙,捕捉上述标注的捕捉点(中点),绘制下面的剪力墙,这样可以为大家节省很多时间。在剪力墙的绘制当中,要注意观察,对于相似的剪力墙可以进行"复制""旋转"等命令得到,如图 1.2.9 所示。

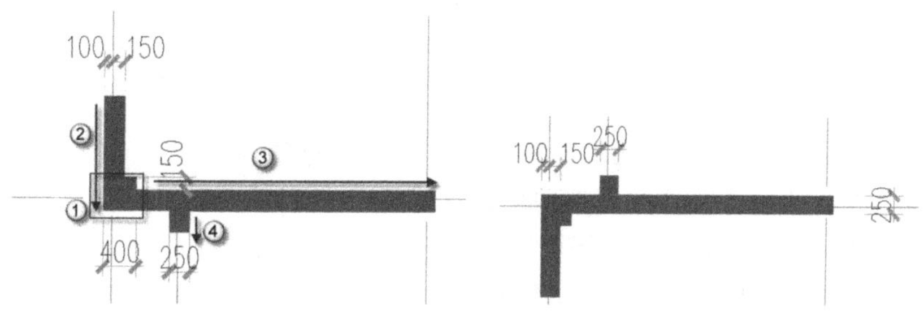

图 1.2.9　剪力墙的简便绘制方法示意图(旋转)

对于相似的剪力墙,除了镜像的方法外,还可以运用旋转命令。在根据上面所讲的绘制剪力墙方法,按上面标号所示的顺序将剪力墙绘制完成后,将所绘制完成的剪力墙进行复制。单击下拉菜单栏中的"修改"栏中的"复制"命令,将绘制好的剪力墙进行复制,移到界面的空白处,对剪力墙进行旋转。单击下拉菜单栏中"修改"栏中的"旋转"命令选择所绘制好的剪力墙,根据命令栏的提示,输入所需要旋转的角度,在命令栏中输入"180",按下"Enter"按钮,会得到右图所示的剪力墙。将旋转后的剪力墙进行移动,移到所需要布置的地方。在进行移动的过程中,可以直接在命令栏中输入"M"按钮,按下"Enter"按钮,也可以直接单击下拉菜单栏中的"修改"栏中的"移动"命令,将所旋转后的剪力墙移到所需要布置的地方。在结构布置中,剪力墙所需要旋转的角度也有不同,如图 1.2.10 所示。

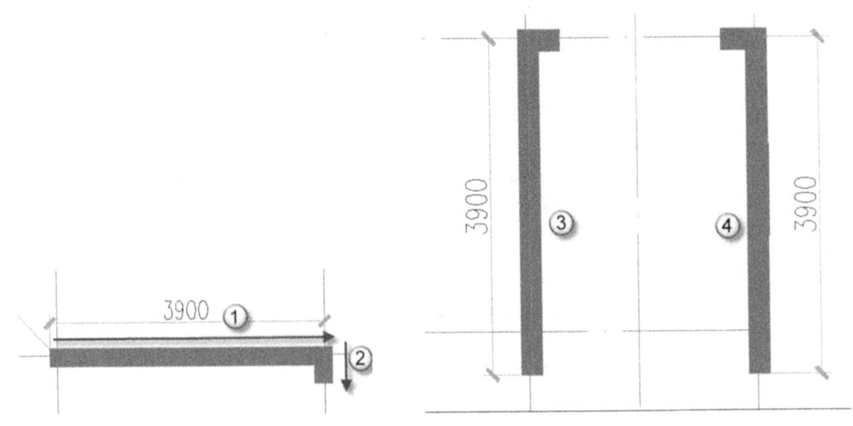

图 1.2.10　经过两种变换的剪力墙绘制示意图

对于上面两个相同的剪力墙，在根据上面所讲的剪力墙绘制方法，按照标号以及箭头所示的方向绘制好左边的剪力墙，经过“旋转”以及“镜像”的命令变换后得到图 1.2.10 右边的剪力墙。与图 1.2.8 所示的剪力墙绘制方法一致，在这里要得到图 1.2.10 右边的剪力墙需要进行两步的命令，在绘制好图 1.2.10左边的剪力墙后，在下拉菜单栏中的“修改”栏中单击“旋转”命令，在命令栏中输入旋转的角度“90”，按下“Enter”按钮，得到图 1.2.10 中的 3 号剪力墙(TSSD 是在 CAD 的基础上开发的，绘制 3 号剪力墙可以直接在命令栏中输入“RO”命令，根据命令栏的提示，输入所需要旋转的角度“90”，按下“Enter”按钮，同样可以得到③号剪力墙)，最终所需要的④号剪力墙，在得到③号剪力墙后，单击下拉菜单栏中的“修改”栏中的“镜像”命令，捕捉两者的中点。(在 TSSD 中也有简便方式，在命令栏中输入“MI”命令，根据命令栏中的提示，捕捉两者的中点，进行镜像，即可以得到 4 号剪力墙的示意图。)

注意：*在绘制剪力墙中，两个剪力墙可以经过镜像命令得到，要注意镜像时要捕捉两者的中点。*

对于普通的剪力墙墙肢，若不能经过变换得到的，则需要按步骤绘制：在命令栏中输入“PL”命令，按下“Enter”按钮，输入“W”选项，再输入所需要的剪力墙墙肢的宽度，按下“Enter”按钮即可。如图 1.2.11所示。

在剪力墙墙肢布置中，楼梯处的剪力墙布置是尤其应该注意的地方。不宜将楼面主梁直接支承在剪力墙之间的连梁上。因为一方面主梁端部约束达不到要求，连梁没有抗扭刚度去抵抗平面外弯矩；另一方面对连梁本身不利，连梁本身剪切应变较大，容易出现裂缝，因此应尽量避免。在布置中楼梯处的剪力墙也是要尤其注意的，其布置形式以及布置宽度也有要求。根据结构的需要以及每个位置的承载力确定剪力墙墙肢的厚度，楼梯处的剪力墙墙肢因为承载力的不同，布置的剪力墙墙肢的方式也不一样，根据每个地方的需要来布置剪力墙墙肢，如图 1.2.12 所示。

在剪力墙墙肢布置时，会发现部分墙肢不是轴线对中布置(墙肢边线与其对应轴线之间的距离有可能不同)，需要根据结构的详细情况来确定。图 1.2.12 中为电梯间靠近楼梯处，①号和④号处的剪力墙处于轴线的中间位置，②号与③号处的剪力墙位置不在轴线中间位置，剪力墙墙肢与轴线的位置关系需要根据楼梯的承载力来确定。

在同一个结构布置平面中，其剪力墙墙肢的宽度也会不同。①号与④号处的剪力墙墙肢的宽度为 200 mm，②号与③号处的剪力墙墙肢宽度为 250 mm，剪力墙墙肢的截面尺寸须根据新《高规》和《抗规》的有关规定来选择，剪力墙的墙肢截面尺寸在满足承载力的同时尽量节约，既可以减小建筑的自重，同时也可以节约成本。以上是纵向交通区客用电梯的剪力墙布置，根据剪力墙墙肢构造要求，会对剪力墙

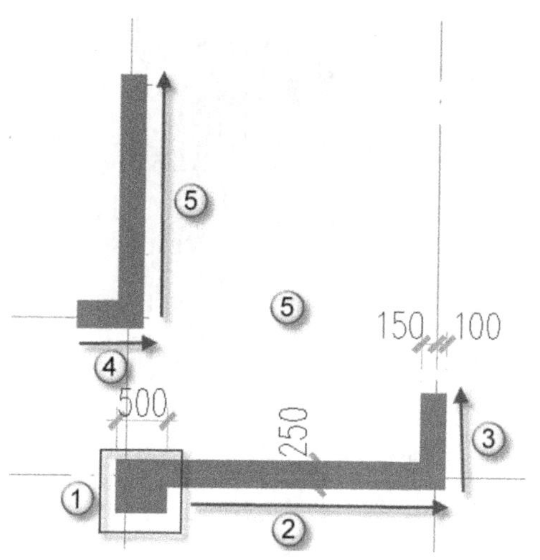

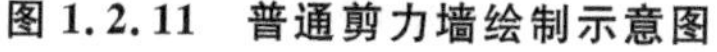
图1.2.11　普通剪力墙绘制示意图

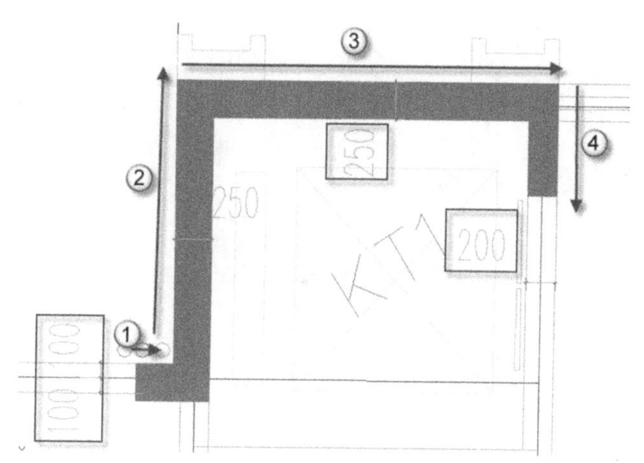

图1.2.12　客梯处剪力墙墙肢布置

位置的布置有一定的影响，依次根据箭头所指方向按步骤绘制相应剪力墙墙肢。其主要绘制方法与前述大致相同。首先，在命令提示栏中输入“PL”的快捷命令，按下“Enter”按钮（命令提示栏中会出现相应的提示，按照提示步骤操作），捕捉到所要绘制的剪力墙的起点，输入“W”提示选项，根据确定的剪力墙墙肢截面尺寸，在命令提示行中输入剪力墙墙肢宽度200 mm，按下正交命令“F9”，选择正确的方向，输入墙肢长度，即可绘制出所需要的剪力墙。如图1.2.12所示，②号剪力墙墙肢宽度与①号剪力墙墙肢宽度不同，可以在绘制过程中，将输入的墙肢宽度改为250 mm，然后按步骤依次绘制。

高层纵向交通区消防电梯的剪力墙墙肢布置与客用电梯有所不同，如图1.2.13所示。消防梯处的剪力墙墙肢方向与客用电梯处的剪力墙墙肢方向有很大区别，这是由于虽然二者在同一个结构平面上，但是每处墙肢所承受的竖向承载力不同，剪力墙墙肢的截面选择和方向也不尽相同，虽然消防电梯与客用电梯中的剪力墙墙肢有所区别，但是两处的剪力墙绘制方法一致。

同时，楼梯处的剪力墙又有不同，布置底层剪力墙时要避开上部墙体洞口，若具体执行时实在难以避开（例如楼梯间入户门等），那么应采取在上部洞口两侧增加构造柱等加强措施，以更好地传递地震力。对个别剪力墙未能与上层砖墙对应者，应设法加大底层与二层转换层之间楼板的平面内刚度，例如楼板加厚，配筋率增加，双向双层配筋等。相交主要是指剪力墙应尽量布置成L形和T形，以使它们相互支撑，增大每片单肢墙的平面外刚度，增强抗扭性，如图1.2.14所示。

一个结构布置中，楼梯的位置不同，所承受的力不同，其剪力墙布置的方式和位置以及数量都会不同，如图1.2.15所示。其布置方式与上述一致，根据图1.2.15中的箭头方向绘制剪力墙。在结构中楼梯设置在不同地方，有的需要布置剪力墙，有的可以直接用柱子代替，如图1.2.16所示。

要了解结构中剪力墙的布置原则以及剪力墙布置的数量和其方式，在大家的学习中，有的需要查找规范，有的要在学习中慢慢积累。在下面的学习中会为大家讲述剪力墙布置的位置以及数量。因为电梯间和楼梯间没有楼板作为横隔，其侧向刚度比有板部位弱，侧向刚度弱，当其侧向刚度达不到设计规范要求时，一般就用布置剪力墙来增强。

注意：剪力墙宽度不一样，要随时改变“PL”中宽度的设置，其设置方式与AutoCAD中画多段线的改变宽度的方式一致。

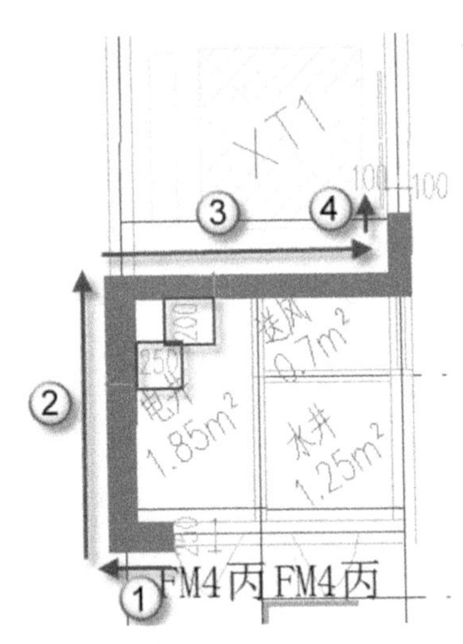

图 1.2.13　消防梯处剪力墙布置

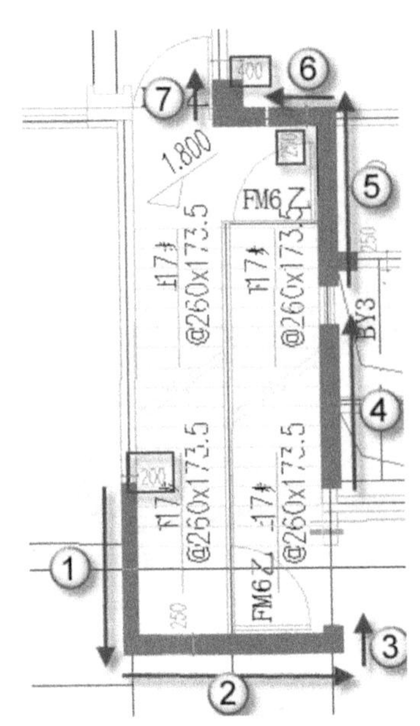

图 1.2.14　②号楼梯处剪力墙布置

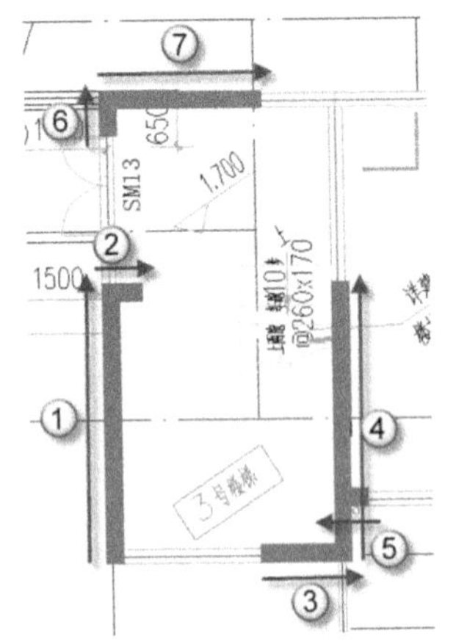

图 1.2.15　③号楼梯处剪力墙布置

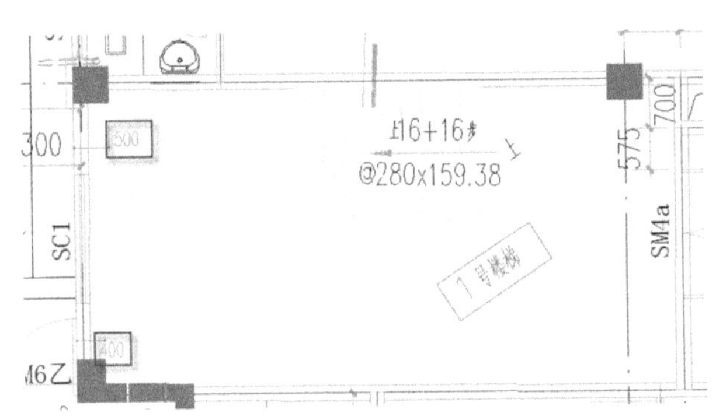

图 1.2.16　①号楼梯处剪力墙布置

1. 剪力墙的位置

(1) 遵循均匀、分散、对称和周边的原则。

(2) 剪力墙应沿房屋纵横两个方向布置。

(3) 剪力墙宜布置在房屋的端部附近、平面形状变化处、恒荷载较大处以及楼(电)梯处。

(4) 在平面布置上尽可能均匀、对称,以减小结构扭转。不能对称时,应使结构的刚度中心和质量中心接近。

(5) 在竖向布置上应贯通房屋全高,使结构上下刚度连续、均匀。

(6) 布置成单片形(不少于三道,长度不超过 8 m)、L 形、槽形、工字形、十字形或筒形最佳,$H/L \geqslant 2$。

(7) 洞口布置在截面中部,避免布置在剪力墙端部或柱边。

2. 剪力墙的间距

为了保证楼(屋)盖的侧向刚度,避免水平荷载作用下楼盖平面内弯曲变形,应控制剪力墙的最大间距。

3. 剪力墙的数量

剪力墙的数量与结构体型、高度等有关。从抗震性考虑,在一定范围内数量越多越好;从经济性考虑,数量太多会使结构刚度和自重变大,地震力和材料用量增加,造价提高,基础设计困难。因此,剪力墙数量应适宜,只需满足侧向变形的限值即可。(决定剪力墙的数量的原则是:规范要求剪力墙承受的第一振型底部地震倾覆力距不宜小于结构总底部地震倾覆力距的 50%)。

注意:成片的剪力墙最好对称布置,必须遵循"均匀、对称、周边、分散"的原则,因为在地震时全靠它抵抗地震剪力。

需要开洞的地方,对剪力墙布置也有很多要求,根据剪力墙的布置原则以及剪力墙的宽度来绘制剪力墙,如图 1.2.17 所示。

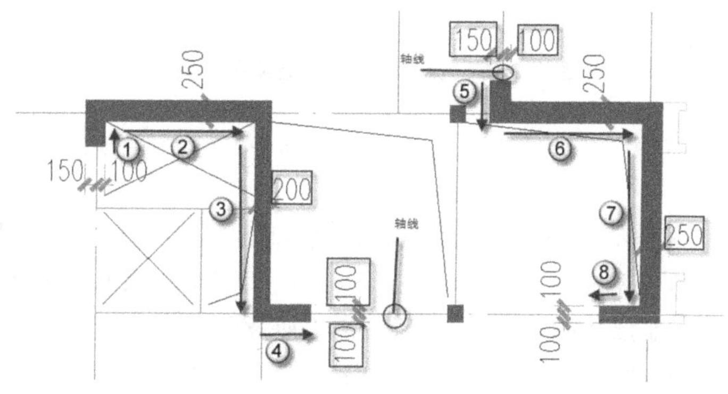

图 1.2.17 开洞处的剪力墙布置

剪力墙绘制的方法:在命令栏中输入"PL"命令,按下"Enter"按钮,根据命令栏提示按下键盘上的"W"按钮,根据结构需要以及剪力墙在开洞处的布置原则确定剪力墙的宽度,输入所需要的宽度 250。若剪力墙的宽度不一样,要更改剪力墙的宽度,按下"Enter"按钮。

在剪力墙布置完成后要记得随时保存,在绘制剪力墙时其间界面一直比较暗,其中也一直有"参照编辑"的菜单栏出现在界面,如图 1.2.18 所示。在结构的剪力墙布置完成后,单击"参照编辑"中的右下角的"将修改保存到参照",单击后会有如图 1.2.19 所示的菜单栏出现。单击确定,对所布置的剪力墙进行保存。

图 1.2.18 参照编辑

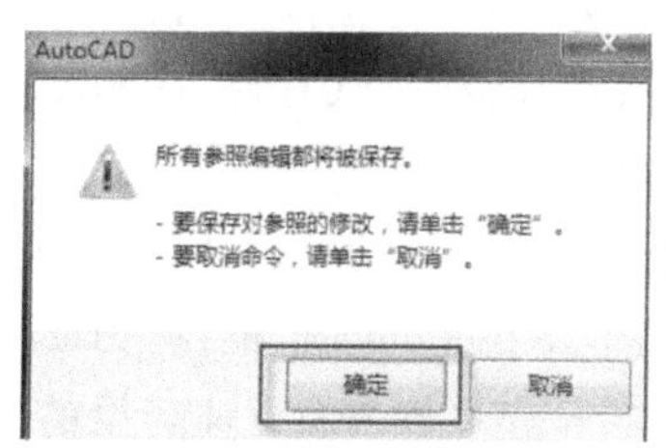

图 1.2.19 保存菜单栏对话框

上述方法只是布置剪力墙的一种方法,在下面的学习中会为大家讲述更多的剪力墙布置的方法。

剪力墙布置还要注意剪力墙与梁之间的关系，在下面会讲到梁布置，首先让大家了解一些剪力墙与梁之间的联系。

(1) 剪力墙周边应设置端柱和梁作为边框，端柱截面尺寸宜与同层框架柱相同，且应满足框架柱的要求；当墙周边仅有柱而无梁时，应设置暗梁，其高度可取 2 倍墙厚，如图 1.2.20 所示。

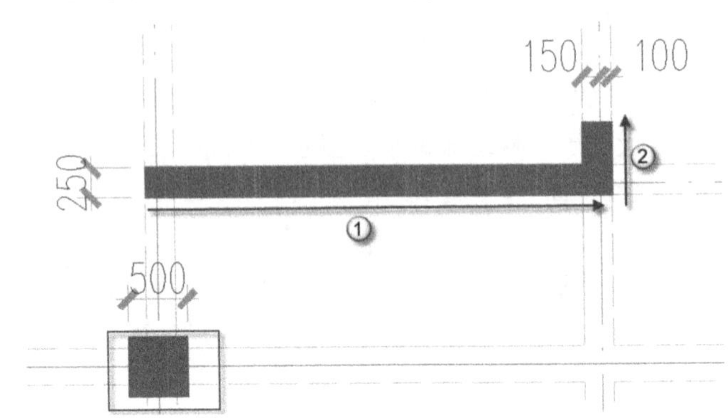

图 1.2.20　剪力墙中设置暗梁示意图

其剪力墙按照图 1.2.20 中所示标号以及箭头所指方向一一绘制，注意剪力墙的宽度以及距离轴线的距离。

(2) 剪力墙开洞时，应在洞口两侧配置边缘构件，且洞口上、下边缘宜配置构造纵向钢筋。

框架结构中抗震墙的厚度不应小于 160 mm 且不应小于层高的 1/20，底部加强部位的抗震墙厚度不应小于 200 mm 且不应小于层高的 1/16，抗震墙的周边应设置梁（或暗梁）和端柱组成的边框；端柱截面宜与同层框架柱相同，并应满足本章第 6.3 节对框架柱的要求；抗震墙底部加强部位的端柱和紧靠抗震墙洞口的端柱宜按柱箍筋加密区的要求沿全高加密箍筋。底部的钢筋混凝土抗震墙，其截面和构造应符合下列要求：

抗震墙周边应设置梁（或暗梁）和边框柱（或框架柱）组成的边框；边框梁的截面宽度不宜小于墙板厚度的 1.5 倍，截面高度不宜小于墙板厚度的 2.5 倍；边框柱的截面高度不宜小于墙板厚度的 2 倍。与剪力墙重合的框架梁可保留，亦可做成宽度与墙厚相同的暗梁，暗梁截面高度可取墙厚的 2 倍或与该片框架梁截面等高，暗梁的配筋可按构造配置且应符合一般框架梁相应抗震等级的最小配筋要求；《民用建筑工程设计常见问题分析及图示（混凝土结构）》(05SG109-3) 规定：带边框的剪力墙，应保留框架柱，位于楼层标高处的框架梁也应保留（或做暗梁）；剪力墙宜按工字形设计，其端部的纵向受力钢筋应配置在边框柱截面内，边框柱截面宜与该榀框架其他柱的截面相同。边框柱应符合有关框架柱的构造规定：剪力墙底部加强部位的边框柱的箍筋宜沿全高加密，当带边框剪力墙的洞口紧临边框柱时，边框柱的箍筋宜全高加密。

因此，一字形普通剪力墙最好加边框，楼层处加暗梁。而剪力墙结构楼面处加暗梁却是许多院构造的做法，但不论是否加边框，剪力墙顶是必须设置暗梁的。

各本规范对剪力墙设计暗梁的说法都是针对框架—剪力墙，也就是说纯剪力墙结构设不设暗梁并没有相关的明文规定。因此要从结构原理出发，来理解这个问题。为什么加暗梁？暗梁的作用主要是起到拉结作用，增强结构整体性，提高抗震性能。而框架剪力墙特别是有边框的剪力墙，轴力主要集中在端柱部分，由于偶尔偏心的因素，端柱之间需要比较大的拉结，所以才明文规定设置暗梁。但是纯剪力墙结构，轴力在墙里面是均匀分布的，那么两边缘构件直接则无需大的拉结。这就是原理。所以除了屋面有暗梁之外，其他部位可以不设置暗梁。承担竖向荷载的受弯构件，单梁，框架梁、连梁等梁类构件都有这样的功能。但有些以梁类命名的构件不完全具备这样的功能，其中之一就是暗梁。剪力墙设计与框架柱及梁类构件设计有显著区别：柱、梁构件属于杆类构件，而剪力墙水平截面的长宽比相对杆类构件的高宽比要大得多；柱、梁构件的内力基本上逐层、逐跨呈规律性变化，而剪力墙内力基本上呈整体变化，与层关联的规律性不明显。剪力墙本身特有的内力变化规律与抵抗地震作用时的构造特点，决定了必须在其边缘部位加强配筋，以及在其楼层位置根据抗震等级要求加强配筋或局部加大截面尺寸。此外，连接两片墙的水平构件功能也与普通梁有显著不同。为了表达简便、清晰，将剪力墙分为剪力墙柱、剪力墙墙身和剪力墙梁三类构件分别表达。归入剪力墙梁的暗梁不是普通概念的梁，因为暗梁不可能脱离整片剪力墙独立存在，也不可能像普通概念的梁一样独立受弯变形，事实上暗梁根本不属于受弯构件，因为其配筋都是由纵向钢筋和箍筋构成，绑扎方式与梁基本相同，但是暗梁与剪力墙身的混凝土和钢筋完整的结合在一起，因此暗梁实质上是剪力墙在楼层位置的水平加强带。此外，归入剪力墙梁中的连梁虽然属于水平构件，但其主要功能是将两边剪力墙连接在一起，当抵抗地震作用时使两片连接在一起的剪力墙协同工作。暗梁与剪力墙垂直筋、水平筋的位置关系：剪力墙垂直钢筋应在暗梁纵筋外侧连续贯通，楼层上下层的垂直分布钢筋不考虑在暗梁内锚固；剪力墙水平分布钢筋在暗梁箍筋外侧连续设置，与暗梁纵筋在同一水平高度的一道水平分布筋可不设；当设计人员对暗梁单独配置了侧面纵筋时，则剪力墙水平钢筋仅布置到暗梁底部位置，暗梁箍筋外侧布置暗梁的侧面纵筋。

上述所讲的为一层平面中的剪力墙的绘制，如图 1.2.21 所示为一层平面剪力墙绘制示意图。

1.2.2　设置一层平面中主梁

改革开放以来，随着我国经济的迅猛发展，我国的建筑也发展迅速，设计思想也在不断更新。钢筋混凝土框架结构就是符合社会发展要求的一种结构，目前应用也是最为广泛，但其结构设计中还存在许多问题。框架结构是由梁、柱构件组成的空间结构，既承受竖向荷载，又承受风荷载和地震作用，因此，必须设计成双向结构体系，并且应具有足够的侧向刚度，以满足规范、规程的楼层层间最大位移与层高之比的限制。由于框架的平面布置灵活，可以最大程度的满足使用要求，所以在合理的高度和层数的情况下，框架结构能够提供较大的建筑空间。

1．梁的分类

梁按照结构力学属性可分为静定梁和超静定梁。静定梁有简支梁、外伸梁、悬臂梁、多跨静定梁（房屋建筑工程中很少用，路桥工程中有使用）；超静定梁有单跨固端梁、多跨连续梁。

梁按照结构工程属性可分为框架梁、剪力墙支承的框架梁、内框架梁、梁、砌体墙梁、砌体过梁、剪力墙连梁、剪力墙暗梁、剪力墙边框梁。

梁按照其在房屋的不同部位，可分为屋面梁、楼面梁、地下框架梁、基础梁。

梁依据截面形式，可分为矩形截面梁、T 形截面梁、十字形截面梁、工字形截面梁、匚形截面梁、口形截面梁、不规则截面梁。

梁依据梁宽与梁高的不同比值，可分为深梁、梁、宽扁梁。

依据梁与板的相对位置，可分为（正）梁、反梁。

依据梁与梁之间的搁置与支承关系，可把梁分为主梁和次梁。

非梁称谓带梁字的构件有：单桩承台梁、多桩承台梁、基础砌体圈梁、砌体圈梁，这些类梁构件，仅仅在称谓上带个“梁”字，不是以弯曲变形为主，不是力学意义上的受弯构件。

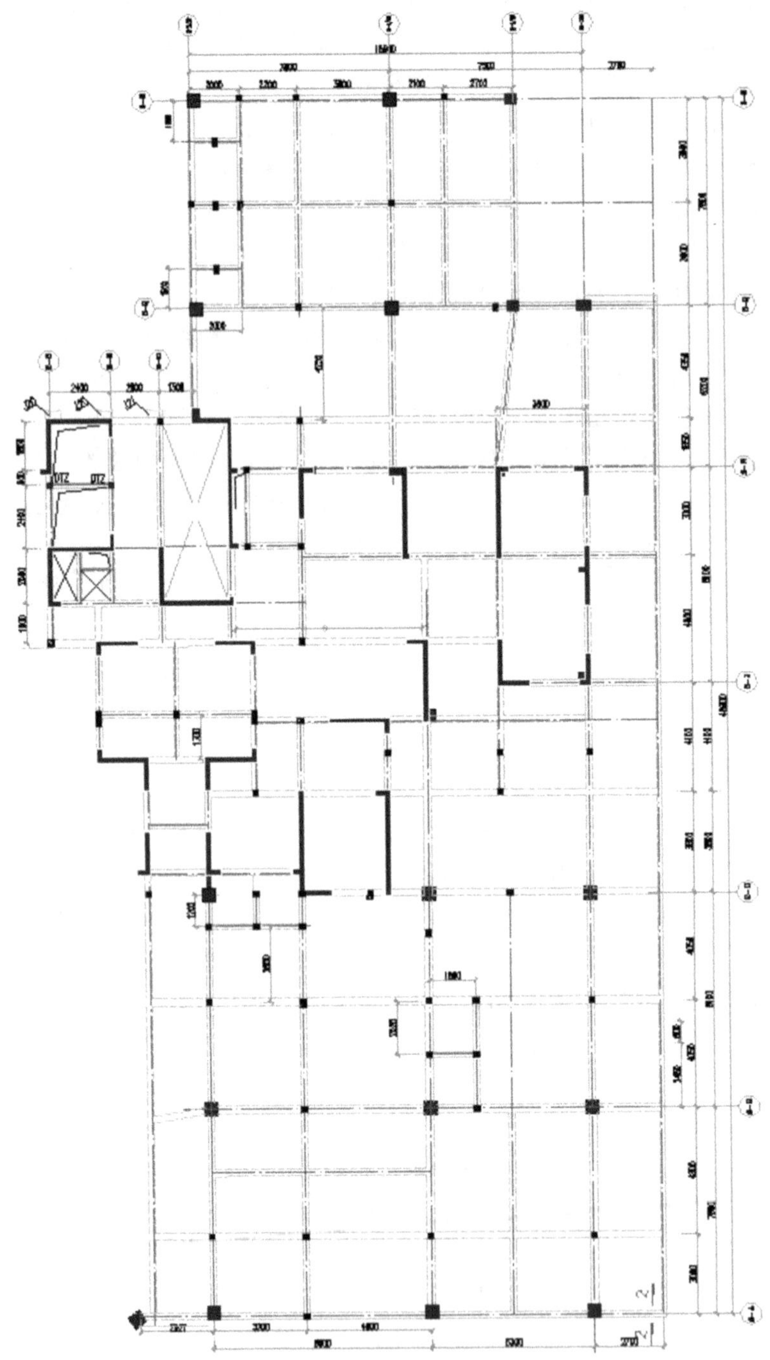

图 1.2.21　一层剪力墙绘制示意图

注意:一根具体的梁出现于工程项目中,应当是上述多种属性的叠加。

各梁之间也有一些联系,正是这些特殊关系而使各种梁都能运用到结构中,使其相互连接,相互在结构中发挥作用。连梁是指两端与剪力墙相连且跨高比小于 5 的梁。基础拉梁是指两端与承台或独立柱基相连的梁,与次梁相同之处在于基础拉梁也是没有抗震要求的,基础拉梁的箍筋也没有加密区和非加密区的要求。框架梁是指两端与框架柱相连的梁，或者两端与剪力墙相连但跨高比不小于5的梁。次梁是指两端搭在框架梁上的梁。基础梁简单说就是与基础上的梁。基础梁一般用于框架结构、框架剪力墙结构，框架柱落于基础梁上或基础梁交叉点上，其主要作用是作为上部建筑的基础，将上部荷载传递到地基上，基础梁作为基础，起到承重和抗弯功能，一般基础梁的截面较大，截面高度一般建议取1/4～1/6跨距，这样基础梁的刚度很大，可以起到基础的效果，其配筋由计算确定。基础梁断面一般作成梯形。当布置的转换梁支撑上部的结构为剪力墙的时候，转换梁叫框支梁，支撑框支梁的就是框支柱。暗梁的位置使它完全隐藏在板类构件或者混凝土墙类构件中，这是它被称为暗梁的原因。暗梁的钢筋设置方式与单梁和框架梁类构件非常近似。在大家对各种梁都有了一定的了解之后，对其作用有了一定的了解。下面为大家介绍的是在TSSD探索者中对梁的布置。梁的布置方法与剪力墙的布置方法大同小异。

在TSSD探索者软件中，梁线被分为主梁、次梁，墙线被分为混凝土墙(承重墙)、隔墙(填充墙)。在绘图中当梁与梁、墙与墙、墙与梁相交时，程序会自动处理其交线，为了符合结构专业的设计情况，设计者规定了相交处理的优先等级：

混凝土墙→主梁→次梁→隔墙。

2. 梁、墙线相交的处理规则

断开同级或比它优先级低的梁、墙线，同时被同级或比它优先级高的梁、墙线断开，优先级高的梁、墙线在相交处不断开。例如，在绘制一根主梁时，如果次梁、隔墙与它相遇，则次梁、隔墙会在相交处被断开；如果是主梁与它相遇，则两根主梁在相交处均断开，如果是混凝土墙与它相遇，则主梁会在相交处断开，混凝土墙不断开。

另外梁、墙的布置方式均为双线绘制，在对话框中可直接输入梁、墙的宽度及偏心情况，选择绘制类型(主梁、次梁或混凝土墙、隔墙)、虚线及实线。在了解了梁的一些分类以及梁的一些作用之后，下面为大家介绍在探索者结构布置中梁的布置。在上面已经为大家介绍了结构中剪力墙的布置，在对剪力墙的布置完成后，开始对结构进行梁的布置，双击所定义的块，直到TSSD探索者界面变暗，在剪力墙的基础上对梁开始布置。在对结构进行梁布置之前要对主梁和次梁的截面尺寸进行确定。主梁：根据《高层建筑混凝土结构技术规程》(JGJ 3—2010)6.3.1框架结构的主梁截面高度 H 可按(1/18～1/10)L 确定，L 为主梁的计算跨度；梁净跨度与截面高度之比不宜小于4。且根据《建筑抗震设计规范》(JB 50011—2010)第6.3.1条和第6.3.6条规定：梁的截面宽度不宜小于200 m，梁的截面的高度比不宜大于4。所以框架梁截面高度一般取 $H=(1/18\sim1/10)L$，L 为框架梁的跨度。框架梁的宽度取 $B=(1/3\sim1/2)H$。次梁：根据《混凝土结构设计规范》(GB 50010—2010)可按梁截面高度 H 可按(1/18～1/12)L 确定，L 为主梁的计算跨度；梁净跨度与截面高度之比不宜小于4。且根据《建筑抗震设计规范》(JB 50011—2010)第6.3.1条和第6.3.6条规定：梁的截面宽度不宜小于200 m，梁的截面的高度比不宜大于4。所以框架梁截面高度一般取 $H=(1/18\sim1/12)L$，L 为框架梁的跨度。框架梁的宽度取 $B=(1/3\sim1/2)H$。在了解了梁的截面尺寸的确定后，开始对梁进行布置。

定义好块后，单击右侧菜单区的"梁绘制"中的"画直线梁"会出现如图1.2.22所示的界面。

根据规范以及结构布置中梁的截面尺寸的要求确定好梁的截面尺寸后，开始绘制梁的布置图。图1.2.23所示的为结构中所布置的梁，仅为结构中的一部分。

在结构布置中，梁一般距离轴线两边的距离相等，在确定了梁的宽度后可以根据轴线来布置梁，虚线为梁的结构布置示意图，梁中间的点划线为轴线。

注意：梁与梁之间是相互连接的，不能断开。

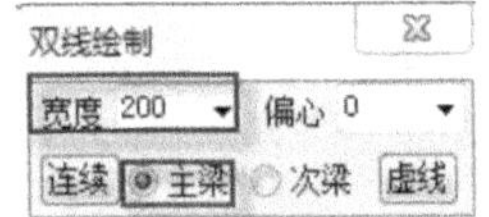

图 1.2.22　主梁的绘制菜单

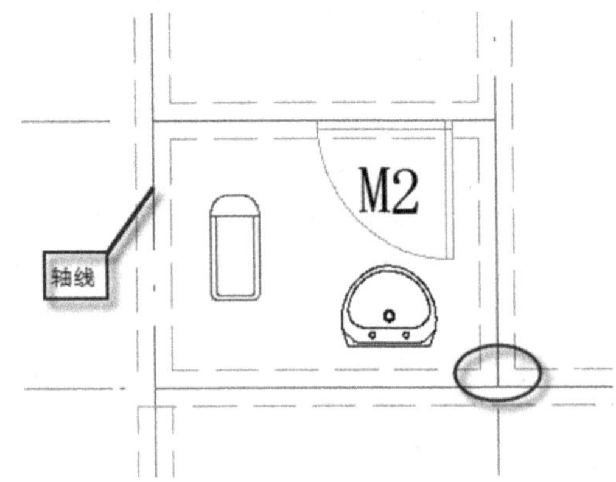

图 1.2.23　卫生间梁的结构布置图

有剪力墙的结构中梁的画法以及注意事项，如图 1.2.24 所示。

①处梁直接贯穿了剪力墙；②处从剪力墙处断开了。剪力墙与梁之间的连接可以查询一些规范，也可以由经验得知。

在梁的布置中，梁的宽度会不一样，如图 1.2.25 所示。

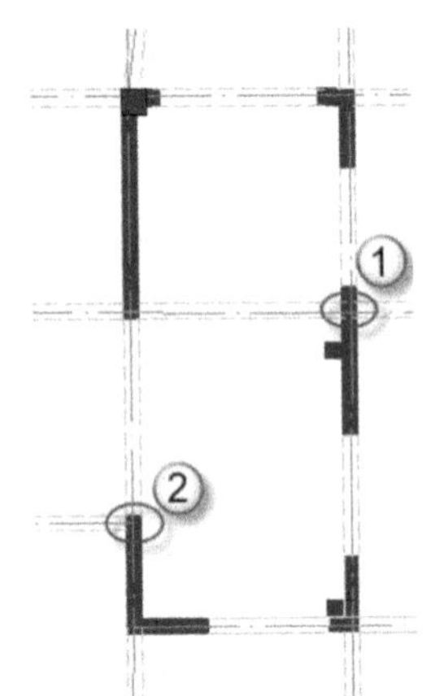

图 1.2.24　剪力墙与梁之间的连接示意图

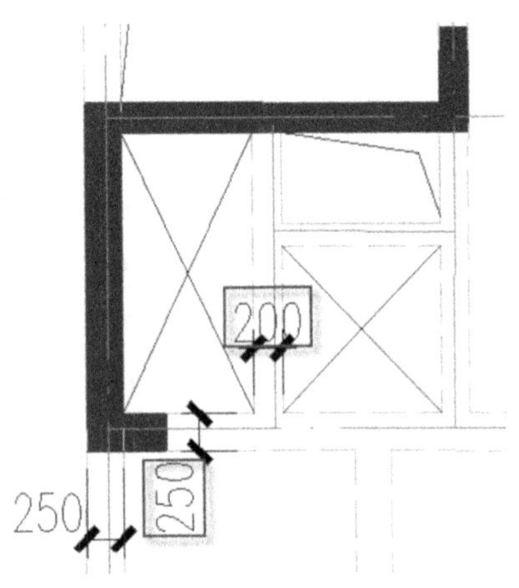

图 1.2.25　不同宽度的梁的布置示意图

在梁的布置中，要根据结构的形式以及结构的需要来确定梁的宽度，要注意修改梁的宽度，如图 1.2.26所示。

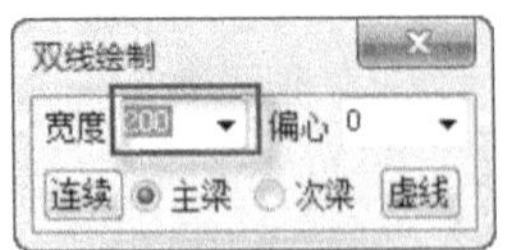

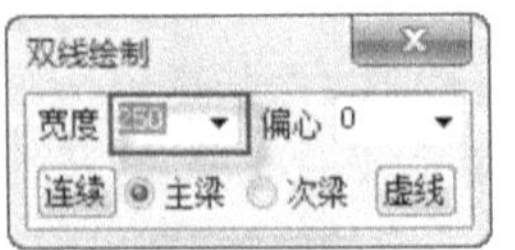

图 1.2.26　修改梁宽界面

在梁的布置中会有主梁和次梁之分，根据结构的需求，以及经济的考虑，在结构中会有主次之分，次梁的布置与主梁的布置大同小异。如图 1.2.27 所示。

同时主梁与次梁的绘制在图中颜色会有所不同，如图 1.2.28 所示。

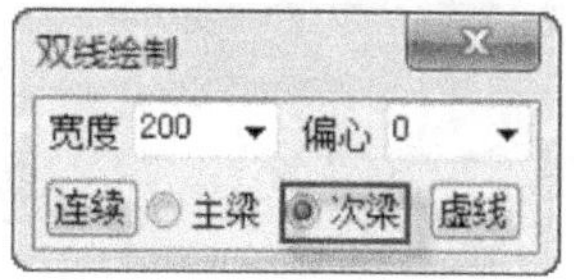

图 1.2.27　次梁的绘制菜单

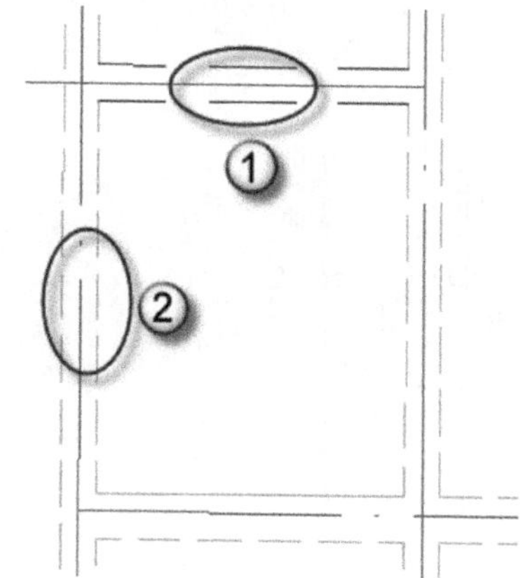

图 1.2.28　主次梁的布置示意图

图 1.2.28 中序号①为主梁的布置图，序号②为次梁的布置图，两者颜色不同。

在梁的布置中对于外墙布置中有的梁需要布置实线，如图 1.2.29 所示。

根据梁的布置原则以及梁的宽度来绘制梁，单击右侧菜单中的“梁绘制”中的“画直线梁”命令，确定梁的宽度，开始绘制，在梁的布置中会有虚实之分，单击右侧菜单栏中的“梁绘制”中的“虚实变换”命令，可以使原来的虚线变换为实线。

在梁的布置中有的空间内全是实线，如图 1.2.30 所示。

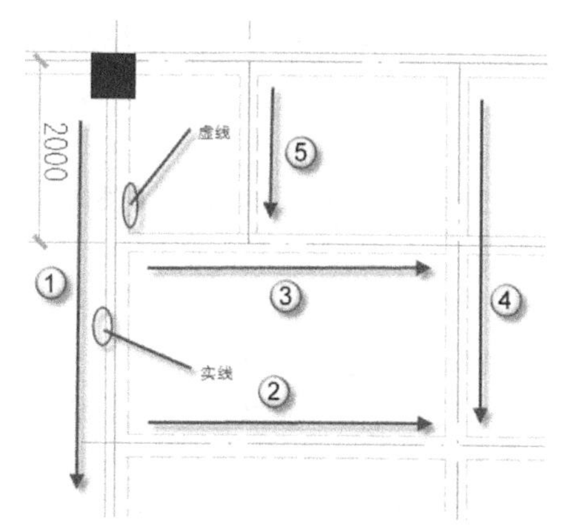

图 1.2.29　梁的虚实线示意图

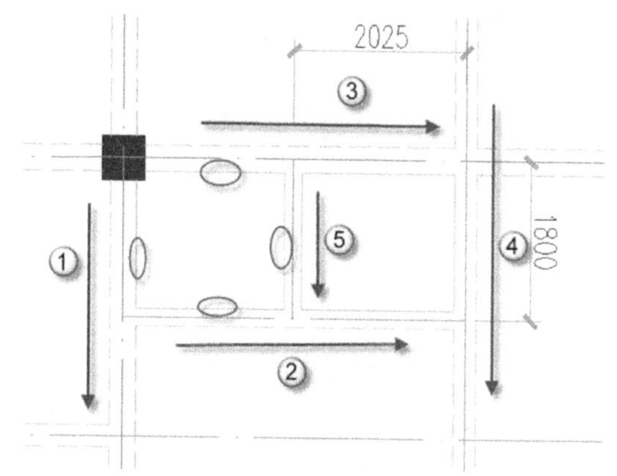

图 1.2.30　内部剪力墙布置示意图

在梁的绘制中，根据标号运用梁的绘制方法进行操作，但是在绘制完成后，要对梁进行修改，将虚线转换为实线。如图 1.2.30 所示。在绘制中也有都是虚线的，如图 1.2.31 所示。

在梁的绘制中根据结构的需要确定梁的虚实，根据上述标号所示以及箭头的方向绘制梁，其绘制方法为：单击右侧菜单栏中的“梁绘制”中的“画直线梁”命令，根据梁的布置原则以及梁的宽度要求确定梁的宽度以及位置，然后开始绘制。

对于梁的布置，由于结构的需要所绘制的梁不是直线，如图 1.2.32 所示。

在梁的绘制中，根据结构的要求以及建筑设计的要求所需要绘制的梁为斜线梁时，如图 1.2.32 所

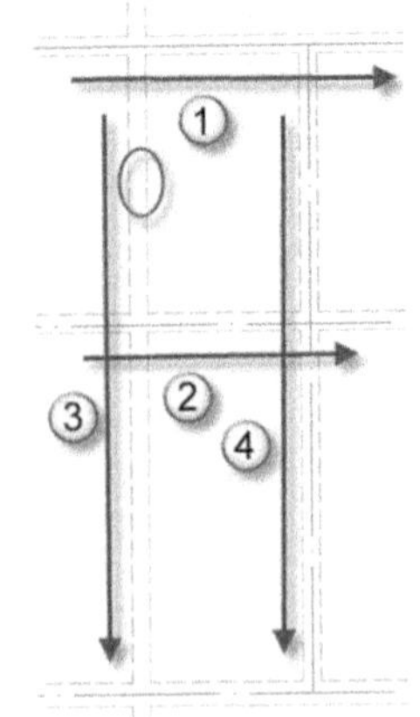

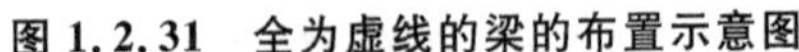

图 1.2.31　全为虚线的梁的布置示意图

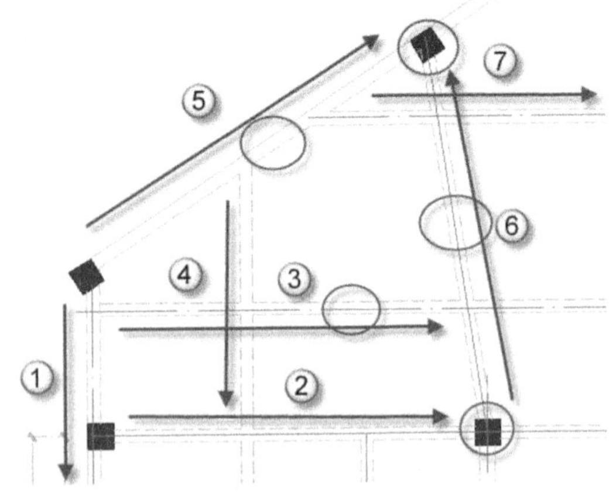

图 1.2.32　斜线梁的绘制示意图

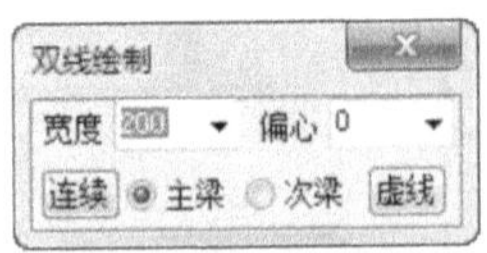

图 1.2.33　梁绘制对话框

示，⑤号与⑥号梁为斜梁，在梁的绘制中，可以直接捕捉轴线绘制，单击右侧菜单栏中的“梁绘制”命令中的“画直线梁”命令，界面上会出现如图1.2.33所示的对话框。根据结构的要求以及梁的绘制原则，确定梁的宽度，开始绘制，根据上述图中标号以及箭头方向一一布置梁。梁与梁直接的交线不能断开。

1.2.3　设置一层平面中的圈梁

在结构中梁的布置要注意很多问题，如在有门窗的地方要布置圈梁，圈梁布置有很多要注意的原则。

1. 圈梁的布置原则

(1) 为增强房屋的整体刚度，防止由于地基的不均匀沉降或较大振动荷载等对房屋造成不利影响，可按本节规定在墙中设置现浇钢筋混凝土圈梁。

(2) 车间、仓库、食堂等空旷的单层房屋应按下列规定设置圈梁：砖砌体房屋，檐口标高为 5～8 m 时，应在檐口标高处设置圈梁一道，檐口标高大于 8 m 时，应增加设置数量；砌块及料石砌体房屋，檐口标高为 4～5 m 时，应在檐口标高处设置圈梁一道，檐口标高大于 5 m 时，应增加设置数量。对有吊车或较大振动设备的单层工业房屋，除在檐口或窗顶标高处设置现浇钢筋混凝土圈梁外，还应增加设置数量。

(3) 宿舍、办公楼等多层砌体民用房屋，且层数为 3～4 层时，应在其檐口标高处设置圈梁一道。当层数超过 4 层时，应在所有纵横墙上隔层设置。多层砌体工业房屋，应每层设置现浇钢筋混凝土圈梁。设置墙梁的多层砌体房屋应在托梁、墙梁顶面和檐口标高处设置现浇钢筋混凝土圈梁，其他楼层处应在所有纵横墙上每层设置。建筑在软弱地基或不均匀地基上的砌体房屋，除按本节规定设置圈梁外，还应符合现行国家标准《建筑地基基础设计规范》(GB 50007—2011)的有关规定。

2. 圈梁的构造要求

(1) 圈梁宜连续地设在同一水平面上，并形成封闭状；当圈梁被门窗洞口截断时，应在洞口上部增设相同截面的附加圈梁。附加圈梁与圈梁的搭接长度不应小于圈梁中到中垂直间距的两倍，且不得小于 1 m。

(2) 纵横墙交接处的圈梁应有可靠的连接。刚弹性和弹性方案房屋，圈梁应与屋架、大梁等构件可靠连接。

(3) 钢筋混凝土圈梁的宽度宜与墙厚相同，当墙厚 $h \geqslant$ 240 mm时，其宽度不宜小于 $2h/3$。圈梁高度不应小于 120 mm。纵向钢筋不应少于 4ϕ10，绑扎接头的搭接长度按受拉钢筋考虑，箍筋间距不应大于 300 mm。

(4) 圈梁兼作过梁时，过梁部分的钢筋应按计算用量另行增配。

圈梁的绘制与结构中其他梁的绘制方法一致，如图 1.2.34 所示。

在圈梁的绘制中，其绘制方法与普通梁一致：单击右侧菜单栏中的"梁绘制"命令中的"画直线梁"命令，确定圈梁的宽度，开始绘制。

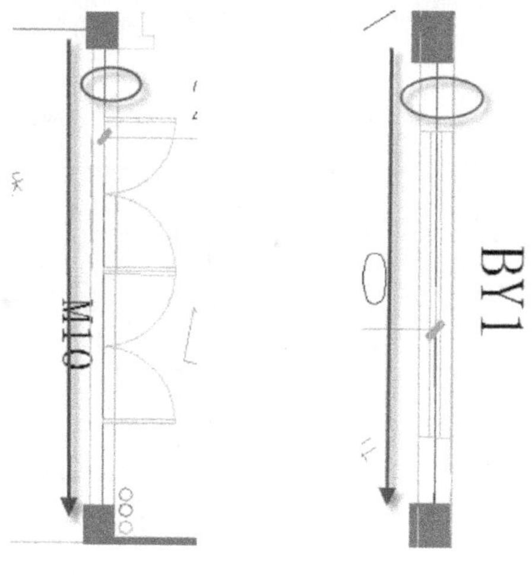

图 1.2.34　圈梁的绘制

注意：

(1) 楼盖中梁的布置不同，内力分布就不同，合理地布置梁系可取得更好的使用效果和经济效益。

(2) 在布置中要随时保存，保存步骤为：单击菜单栏中的"菜单"中的"另存为"命令，保存在容易找到的地方。

上述所讲为一层平面中梁的布置方法以及在结构布置中布置梁要注意的问题和原则，图 1.2.35 为一层平面中的梁布置示意图。

1.2.4　设置中间层平面中剪力墙

我国内地高层建筑中，高层住宅(12～30 层)占主体，约占全部高层建筑的 80%。目前国内的高层住宅建筑大多是钢筋混凝土结构，结构体系分框架、剪力墙、框架—剪力墙三大结构体系。框架结构的优点是：建筑平面布置灵活，分隔方便；整体性好、抗震性能好，设计合理时结构具有较好的塑性变形能力；外墙采用轻质填充材料时，结构自重小。框架结构的缺点是刚度较小。横向荷载作用下的侧向变形大，正是这一点限制了框架结构的建造高度。剪力墙结构的优点是：整体性好、刚度大，抵抗侧向变形能力强；抗震性能较好，设计合理时结构具有较好的塑性变形能力。因而剪力墙结构适宜的建造高度比框架结构的要高。剪力墙结构的缺点是：受楼板跨度的限制(一般为 3～8 m)，剪力墙间距不能太大，建筑平面布置不够灵活，难以应用于公共建筑。框架—剪力墙结构中，剪力墙刚度大，承担大部分的水平力，是抗侧力的主体，整个结构的刚度大大提高；框架则承担竖向荷载，提供了较大的使用空间，同时也承担少部分水平力。随着高层建筑的发展，新的结构体系不断出现，除框架、剪力墙、框架—剪力墙三大结构体系外，还有筒体、框架—筒体、剪力墙—筒体、筒中筒、巨型框架结构体系和悬挂结构体系等。剪力墙之所以是主要的抗震结构构件，主要因为剪力墙的水平刚度大，容易满足小震作用下结构尤其是高层结构的侧向位移限制。但是，对建筑物刚度的大小，历来争议较多。对于钢筋混凝土剪力墙结构，历次震害表明，刚度较大的结构一般震害较轻。但是，结构刚度不能无限制地增大，因为在一般情况下，建筑物刚度越大，所承受的地震水平力也随之增大，工程费用也越高，这里有一个"度"的问题。对高层建筑，控制这个"度"主要有两个因素，一个是控制结构的水平位移，首先应使结构水平位移满足《高层建筑混凝土结构技术规程》(JGJ 3—2010)(下文简称《高规》)中有关结构水平位移的限值；另一个是控制地震力，因为在地震力计算值偏小的情况下，有时也会出现结构顶点位移满足要求、构件为构造配筋的"安全"假

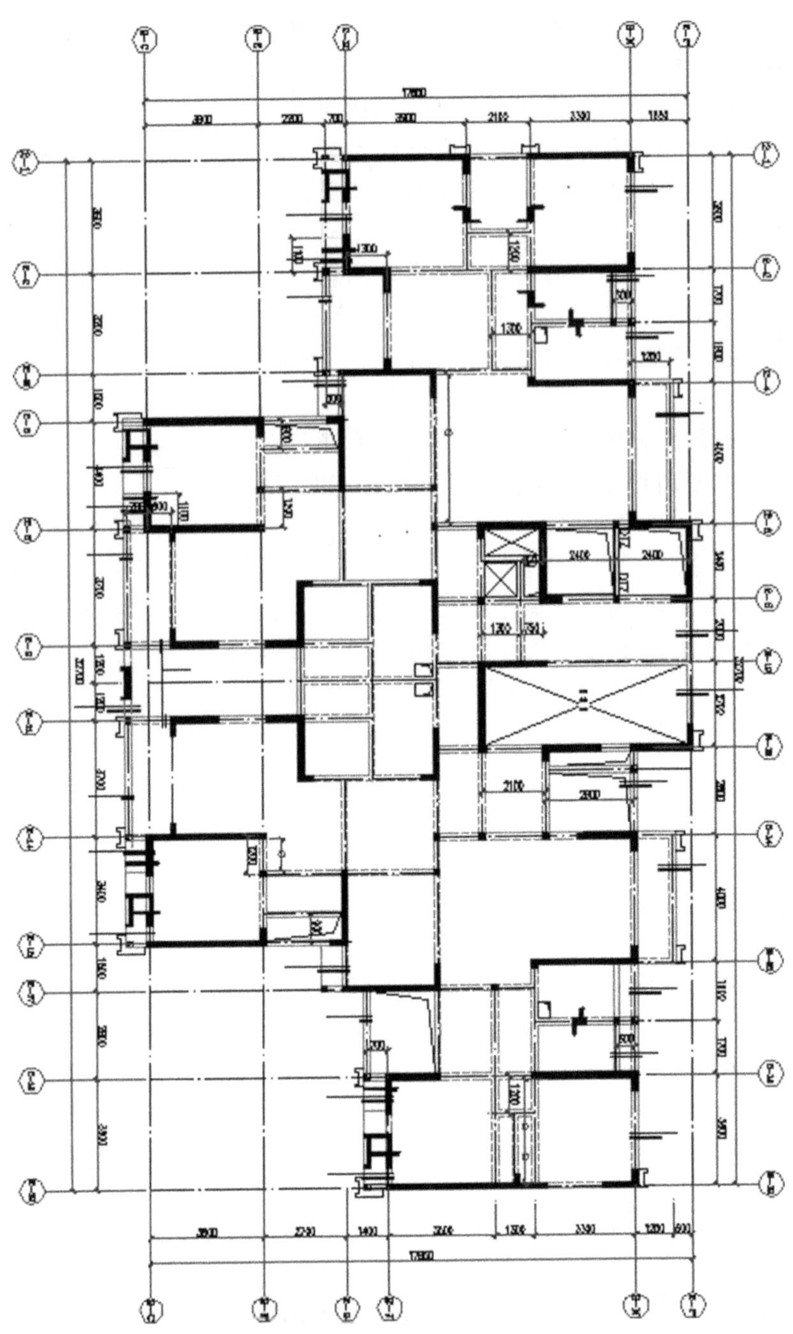

图 1.2.35　一层平面中剪力墙布置示意图

象。所以，只有底部剪力在合理范围内，检查位移、内力及配筋情况才有意义，规范规定剪力墙结构的底部剪力系数 a（底部剪力/结构自重）的范围防止剪力过小。控制这两个因素落实到结构设计方面就是对剪力墙进行合理布置，主要是剪力墙布置的数量和位置以及部分构造措施的具体应用，这些内容在《高规》中没有明确的规定。所以在这种情况下，工程师出于结构安全、方便设计、缩短设计周期等的考虑而把结构设计得偏于保守，在一定程度上没有充分发挥材料的性能，造成浪费。因此，深入开展对剪力墙结构的设计研究具有一定的工程意义。

在了解了高层中剪力墙布置的优点和缺点后，在下面的学习中会为大家介绍怎样在TSSD探索者中来布置高层建筑中的中间层的剪力墙，与一层剪力墙布置的相同点和不同点。

对于不同层的结构，剪力墙所需要的截面高度和尺寸也不一样，要根据结构的要求，合理确定剪力墙的尺寸。

1. 标准层

一般住宅标准层剪力墙的厚度取200 mm则基本可满足稳定性和轴压比的要求，除提高刚度需要或建筑构造需要或减少梁跨需要等情况外，剪力墙截面高度可取1650 mm，即满足成为一般剪力墙的要求，可称为200厚剪力墙的经济长度。

2. 底部层高较大的楼层

由于建筑使用功能的需要，建筑物在底部的地下室、架空层、裙楼等楼层往往具有较大的层高，这时剪力墙因稳定性的要求(构造或稳定验算)需要有较大的厚度，对上部标准层长度为1650 mm的一般剪力墙，则会因剪力墙厚度增大而使其在底部楼层变为短肢剪力墙，为使底部层高较大楼层的剪力墙仍能满足不属于"短肢剪力墙"的要求，可考虑如下的处理方法。

(1) 将剪力墙厚度加大为不小于层高的1/15，且不小于300 mm，则当剪力墙高度与厚度之比大于4时，仍可视为一般剪力墙，例如，层高为6 m、剪力墙厚度为400 mm时，1650 mm长度的剪力墙仍属一般剪力墙。实际操作时，对长度较大、轴压较小的剪力墙，当稳定性能满足要求且截面高度与厚度之比亦不小于8时，也可不将剪力墙厚度加大至层高的1/15。该法的优点是基本不需要加长剪力墙，对建筑功能不会有太大的影响；缺点是剪力墙折算厚度较大。

(2) 条件允许时，在楼层间设置一层分隔梁，沿剪力墙平面外拉设可提供其平面外平动及转角自由度的约束，大致相当于多设一层楼盖的效果，以减少剪力墙的计算长度，从而使剪力墙厚度不需太大也能达到一般剪力墙的条件，满足稳定性的要求。

(3) 在保证剪力墙厚度能满足稳定性要求的前提下增加剪力墙长度，使50%以上面积的剪力墙截面高度与厚度之比不小于8。该法的缺点是会使较多的剪力墙在底部楼层增加长度，导致与建筑往往对底部车库、架空层、裙楼等有较大空间的要求相违背而影响建筑使用功能，建议慎用。

中间层的剪力墙布置方法和上述一层的剪力墙布置方法大同小异。在下面的学习中会为大家讲述剪力墙的另一种布置方法。在此之前，首先讲述一般剪力墙结构竖向构件的布置原则。

1) 满足建筑使用功能

(1) 剪力墙尽量布置在楼梯电梯间、卫生间等功能相对固定，改变可能性不大的位置。

(2) 尽量不在业主可能打通的房间之间或厅与房之间布置剪力墙。

(3) 尽量减少在显眼部位有剪力墙凸出墙面的情况。

(4) 当某些空间不希望见到梁时，可在合适位置增加一定的短墙。

(5) 考虑剪力墙对下部楼层的入户大堂、车位等处的功能的影响。

2) 满足双向侧向刚度的要求

双向均布置一定数量的剪力墙，当某向剪力墙因条件限制数量偏少时，在垂直方向的剪力墙上布置沿该方向的一定数量的翼缘，使其与梁形成框架效应，可明显增加该向的抗侧刚度。

3) 满足扭转的要求

影响扭转指标的3个因素如下所示。

(1) 水平合力点(对风荷载为迎风面的中心，对地震作用则为质心)与刚度中心的偏心程度，决定扭转荷载的大小。

(2) 在扭转荷载相同时，结构的抗扭刚度决定扭转变形的大小，反映的指标为第一扭转与平动周期比。

(3) 结构的平动抗侧刚度，在扭转变形相同时，增加平动位移，相当于增大扭转位移比的分母，可在一定程度上减少扭转位移比。

增大抗扭刚度的方法：沿周边布置的抗侧力构件可有效提高抗扭刚度，抗侧力构件包括剪力墙、框架等。

4) 满足经济性的要求

(1) 梁跨一般在 4～6 m 时较为经济，故尽量控制减少或避免大跨度的梁。

(2) 剪力墙布置应尽量均匀，间距尽量不要忽大忽小，靠得较近的剪力墙可适当取短些。

(3) 尽量不要做成短肢剪力墙结构，控制非短肢剪力墙的面积(广东地区)超过 50%。当轴压比满足要求且配筋不会太大，对经济梁跨也不会有太大影响时，非短肢剪力墙长度大于厚度 8 倍即可(200 厚时一般为 1650)，以尽量控制剪力墙造价。

(4) 一般控制剪力墙轴压比不小于 0.4，并控制剪力墙的折算厚度指标在合理的范围(对 3 m 层高的标准层，12 层的控制在 90～100 mm，18 层的控制在 110～120 mm，20 层以上的控制在 130～140 mm，以上均以结构面积计算)，以保证剪力墙经济指标的经济性。

在了解了一般剪力墙结构竖向构件的布置原则后，下面为大家讲述剪力墙的另外一种布置方式。根据轴线布置剪力墙，下面所讲的剪力墙的布置方法是 TSSD 探索者中基本的布置方法，单击右侧菜单栏中的“墙体绘制”菜单中的“画直线墙”命令，会出现如图 1.2.36 所示的界面。

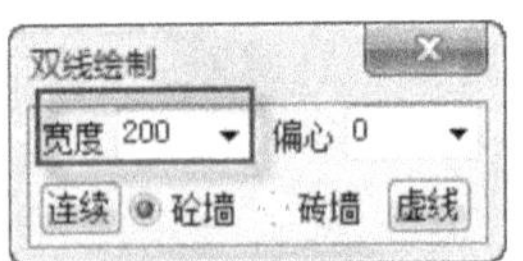

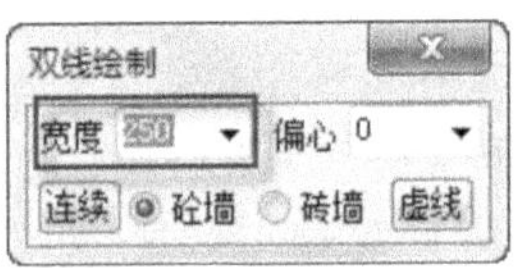

图 1.2.36　剪力墙绘制以及修改宽度界面

在结构中不同地方的剪力墙的宽度有可能不同，根据结构的要求确定剪力墙的宽度，在绘制时要注意每个地方的剪力墙宽度，如图 1.2.36 所示。下面用实例来为大家一一介绍不同宽度的剪力墙绘制，如图 1.2.37 所示。

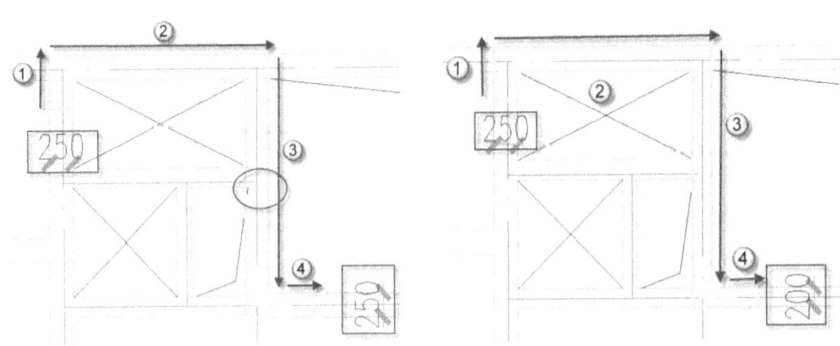

图 1.2.37　不同宽度的剪力墙绘制示意图

在一层平面中讲述了用 CAD 中绘制多段线的方法绘制剪力墙，对不同宽度的剪力墙在输入剪力墙宽度时应更改剪力墙宽度。在这里为大家介绍的是运用在 TSSD 右侧菜单栏中的命令绘制不同剪力墙，单击右侧菜单栏中的“墙体绘制”命令中的“画直线墙”命令，出现如图 1.2.36 所示的对话框，选择剪力墙宽度 250 厚，绘制①号和②号剪力墙，然后重复上述操作，出现如图 1.2.36 所示的对话框，将剪力墙宽度改为 200 厚，然后绘制③号和④号剪力墙。上面所讲的是一种最常用的操作方式，在下面的学习中为大家介绍一种更为简便的操作方式，按照上述操作绘制①号和②号剪力墙，不改变剪力墙的宽度，继续绘制③号和④号剪力墙，绘制完成后如图 1.2.37 左侧示意图，单击右侧菜单栏中的“墙体绘制”命令中的“改变墙宽”命令，根据命令栏中的提示，输入原有的剪力墙宽度 250，按下“Enter”按钮，输入现在所需要的宽度 200，按下“Enter”按钮，选择③号和④号剪力墙，此时就能得到图 1.2.37 中右图的剪力墙示意图。为了让大家一目了然，此处的剪力墙都是加粗后的剪力墙，下面会讲到剪力墙加粗的操作方法。

每个地方所要求的承载力不同，对剪力墙的要求也不同，根据结构的要求确定剪力墙的布置形式，如图 1.2.38 所示。

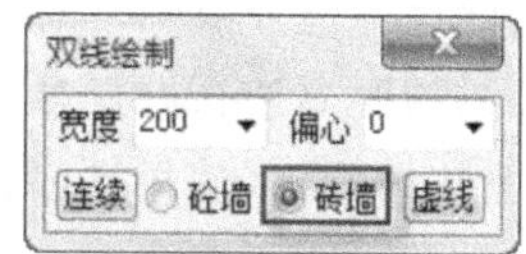

图 1.2.38　不同形式的剪力墙

根据剪力墙布置原则以及布置数量，确定剪力墙的宽度。

剪力墙加粗后可以看得更清楚，如图 1.2.39 所示。按照上述所讲的剪力墙绘制方法，根据标号以及箭头所指的方向绘制图 1.2.38 左侧的剪力墙，绘制完成后单击右侧菜单栏中“墙体绘制”中的“墙线加粗”命令，根据命令栏中的提示进行操作。

在一层平面剪力墙的布置中讲到了对称的剪力墙布置的简便方法，另一种布置方法如图 1.2.40 所示。

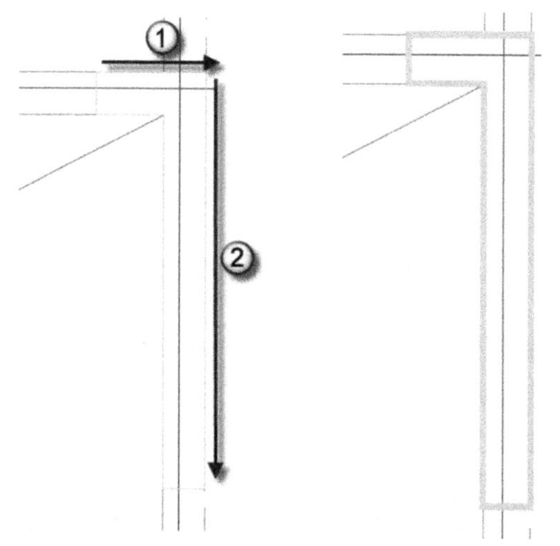

图 1.2.39　剪力墙加粗示意图

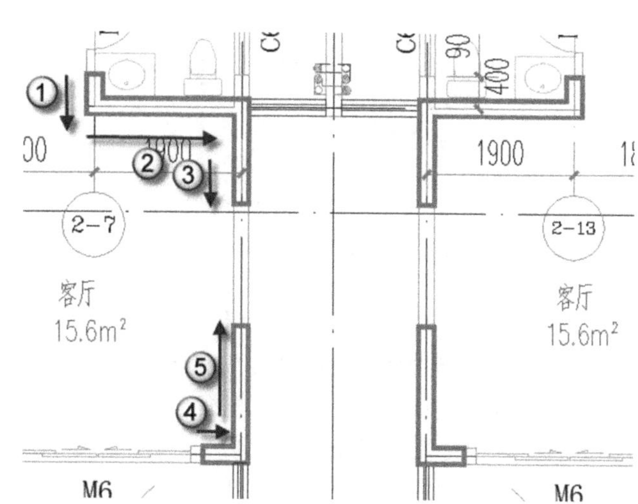

图 1.2.40　对称剪力墙的布置示意图

根据图 1.2.40 中的序号方向对剪力墙进行布置，其操作步骤与前文所讲的一致，根据图 1.2.40 中的标号以及箭头所指的方向绘制好左侧的剪力墙，在命令栏中输入“MI”命令，按下“Enter”按钮，捕捉其中点，得到右侧的剪力墙示意图。在图 1.2.40 中体现了剪力墙的布置原则：上述的剪力墙两边就为对称的。

注意：考虑到各墙线的偏心值不一定相同，所以双线绘制对话框中的偏心选择 0，因此轴线布墙只布置与轴线对中的墙线。

中间层的剪力墙布置原则和一层的剪力墙布置原则大同小异。在剪力墙布置过程中，会遇到剪力墙开洞的问题，剪力墙开洞的情况如下所示。

(1) 墙长超过 8 m 的剪力墙(属于超长墙肢)，由于其单片墙的刚度很大，吸收了大量的地震作用，而超长墙肢的延性较差，地震时往往不能充分发挥作用，因此，导致其他墙肢承担比计算大得多的地震作用。为确保结构安全，应对超长墙肢进行开洞处理，墙肢之间设置弱连梁。

(2) 为使结构的侧向刚度均匀，减少结构的扭转，应对剪力墙进行开洞。

单击右侧菜单栏的“墙上开洞”命令，出现图 1.2.41 所示界面。根据自己的实际情况，参照对话框中各参数的意义，输入洞口宽度尺寸值及洞口名称，所开的洞口是否绘制连梁可供选择，插入方式可按中心插入，也可输入洞口距轴线的距离进行顺序插入。检查无误后，点击“确定”按钮。

光标单击需开洞的剪力墙的一条边(使用顺序插入，点取靠近最近轴线的一侧)，墙线自动打断，完成墙上洞口的自动绘制。如图 1.2.42 所示。

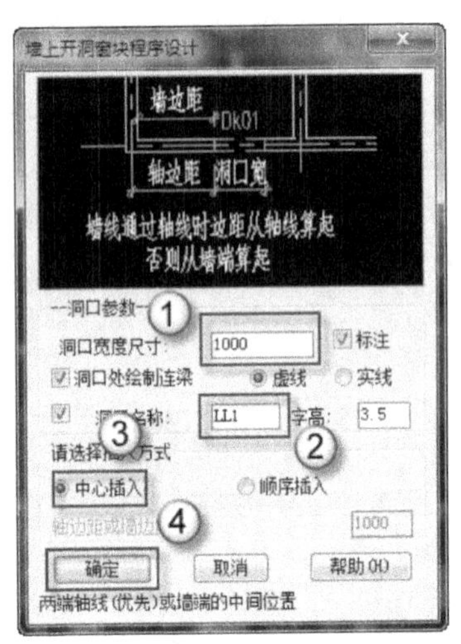

图 1.2.41 剪力墙开洞对话框

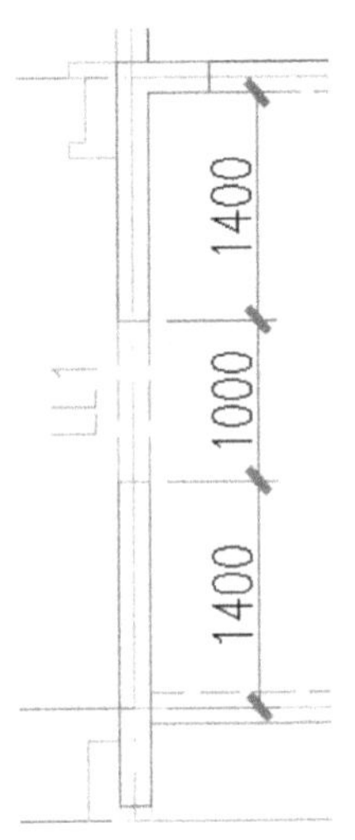

图 1.2.42 剪力墙开洞示意图

中间层的结构一般较为对称，所以有很多剪力墙的布置也是对称布置的，可以直接在原来布置的基础上对所布置的剪力墙进行变换，不用再重复绘制，如图 1.2.43 所示。

上述为剪力墙的布置示意图，根据上面讲的剪力墙布置方法布置序号为①的剪力墙，两者剪力墙为对称结构，可以运用在 CAD 中学到的镜像的命令来完成②号剪力墙的绘制，在命令栏里输入“MI”命令，按下“Enter”按钮，打开对象捕捉中的中点，捕捉到上述中点位置进行镜像，这样布置既方便又快捷。同时，在绘制的时候对于相同的剪力墙可以进行复制，或者相似的可以用“旋转”等命令来绘制，如图 1.2.44 所示。

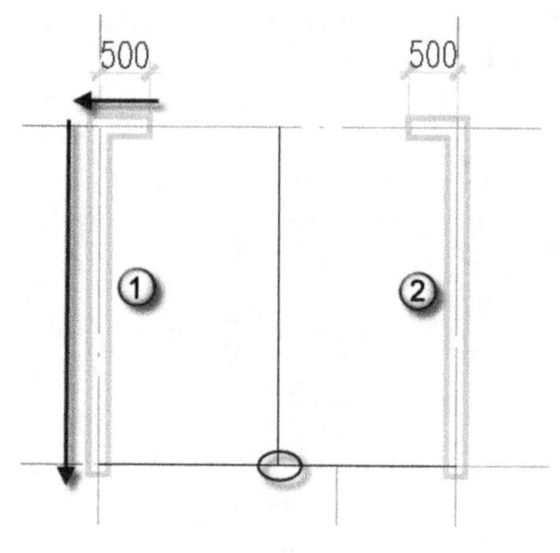

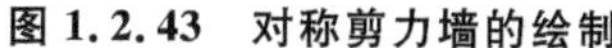

图 1.2.43　对称剪力墙的绘制

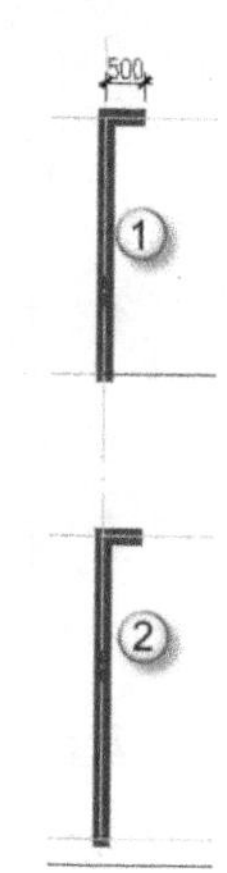

图 1.2.44　相同剪力墙绘制示意图

对于相同的剪力墙的绘制，可以直接单击下拉菜单栏中“修改”栏中的“复制”命令，也可用右侧菜单栏中的“复制墙体”命令对相同剪力墙进行绘制。

实际施工过程中，在同一道墙上既存在暗梁同时也存在剪力墙洞口连梁时，常见的做法如下。

(1) 将连梁的上部纵筋贯穿暗梁上部，伸至墙端部暗柱纵筋的内侧后水平弯折 15d(d 为钢筋直径，下同)，替换暗梁的上部纵筋；连梁的下部纵筋伸过洞口边 l_{ae}，暗梁的下部纵筋一端伸至墙端部暗柱纵筋内侧后水平弯折 15d，另一端从连梁纵筋的端头开始，与连梁纵筋搭接 l_{le}。暗梁的箍筋距离剪力墙边缘墙柱核心部位 1/2 箍筋间距处开始布置；暗梁与剪力墙连梁相连一端的箍筋设置到门窗洞口的边缘位置，即设置到剪力墙连梁支座边缘。此做法主要是考虑在洞口两侧便于混凝土的浇筑和振捣，从而保证混凝土的振捣质量，但会增大钢筋用量，从而导致建设方的工程投资成本增加。

(2) 暗梁的所有纵筋与连梁的纵筋互相搭接通过：连梁的上下部纵筋均伸过洞口边 l_{ae}；暗梁的上下部纵筋一端伸至墙端部暗柱纵筋内侧后水平弯折 15d；另一端从连梁纵筋的端头开始，与连梁纵筋搭接 l_{le}。暗梁的箍筋距离剪力墙边缘墙柱核心部位 1/2 箍筋间距开始布置；暗梁与剪力墙连梁相连一端的箍筋设置到门窗洞口的边缘位置，即设置到剪力墙连梁支座边缘。

(3) 当在洞口边设置有暗柱时，连梁的上下部纵筋均伸过洞口边 l_{ae}；暗梁的上下部纵筋一端伸至墙端部暗柱纵筋内侧后水平弯折 15d，另一端伸至洞口边暗柱内锚固 l_{ae}。暗梁的箍筋距离剪力墙边缘墙柱核心部位 1/2 箍筋间距开始布置；暗梁与剪力墙连梁相连一端的箍筋设置到门窗洞口的边缘位置，即设置到剪力墙连梁支座边缘。

(4) 当暗梁在连梁的腰部位置时，暗梁的所有纵筋与连梁的纵筋互相搭接通过：连梁的上下部纵筋均伸过洞口边 l_{ae}；暗梁的上下部纵筋一端伸至墙端部暗柱纵筋内侧后水平弯折 15d，另一端从连梁纵筋的端头开始，与连梁纵筋搭接 l_{le}。暗梁的箍筋距离剪力墙边缘墙柱核心部位 1/2 箍筋间距处开始布置；暗梁与剪力墙连梁相连一端的箍筋设置到门窗洞口的边缘位置，即设置到剪力墙连梁支座边缘。

上述所讲的是剪力墙的另一种绘制方法，为中间层剪力墙绘制方法，其整体剪力墙布置示意图如图 1.2.45所示。

在剪力墙的绘制当中会有简单的方法，但要遵循剪力墙的绘制原则。在布置中要注意剪力墙与梁之间的连接，要注意剪力墙宽度的确定以及剪力墙在布置中会出现的问题。

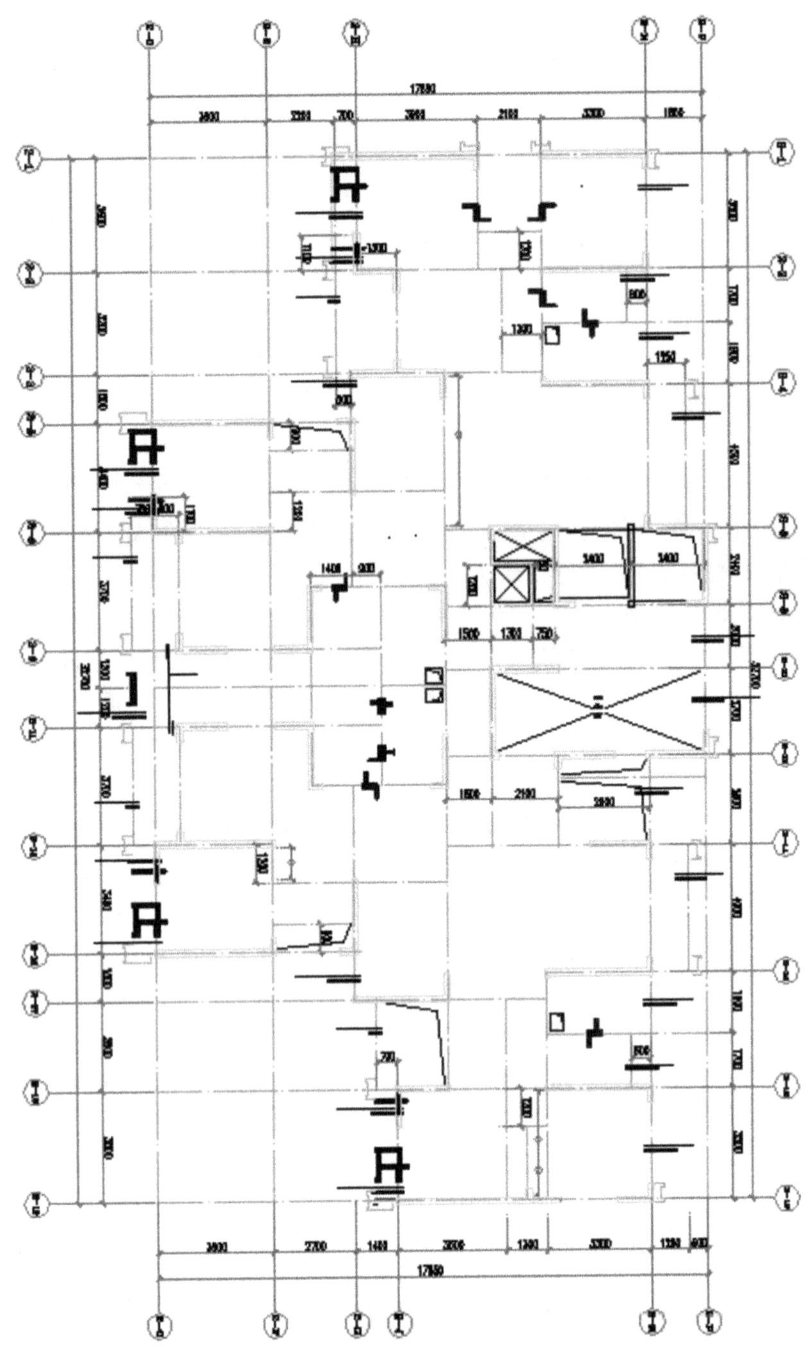

图 1.2.45　中间层剪力墙布置示意图

1.2.5　设置中间层平面中梁

高层建筑中梁的布置有很多原则，在布置中有很多需要注意的地方，高层中中间层的布置方法跟一层中的梁的布置方法大同小异。承载力不同，梁所需要的截面尺寸也不同，在布置中对梁的截面形式进行修改，遵循梁的布置方法以及梁的位置，其布置方法与在一层中的布置方法一致。合理的梁布置可以使结构的超静定次数增多，梁平面布置是控制次梁级数。少出现 3 级次梁，避免 4 级次梁。楼电梯间前室、过道、门厅等部位梁布置要考虑今后装修。尽量避免直接对门和打破一个开敞空间的梁布置。

在中间层的剪力墙布置保存后，开始进行中间层的梁的布置，双击所定义的块，界面变暗后开始进行布置，单击右边菜单栏里的“梁绘制”中的“画直线梁”，根据梁的布置原则确定梁的截面高度，然后开始进行布置。在布置时要注意梁的绘制中有虚线和实线之分，单击右侧菜单栏中“双线绘制”按钮会出现如下对话框，如图 1.2.46 所示。

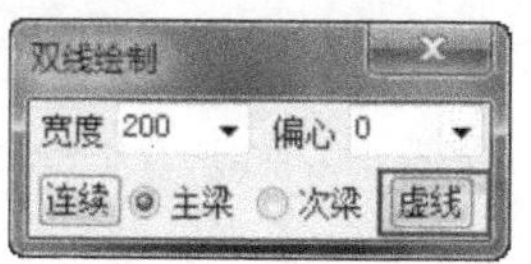

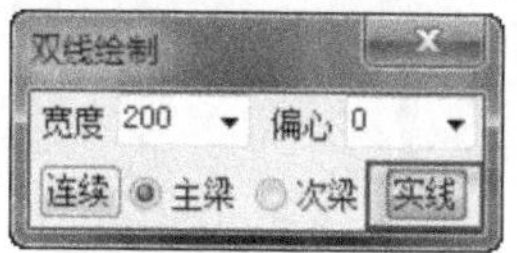

图 1.2.46　梁的虚实线示意图

在结构中梁的绘制如图 1.2.47 所示。

在结构布置中要根据梁的布置原则以及所在位置来确定梁的虚实以及梁的宽度。在中间层中其布置方法跟一层的布置方法有异曲同工之处，根据梁的布置原则确定梁的宽度及位置，沿轴线进行布置。如图 1.2.48 所示。

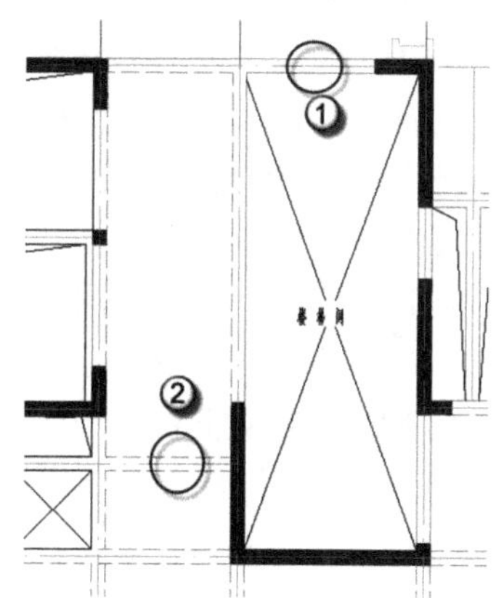

图 1.2.47　梁的虚实线结构布置图

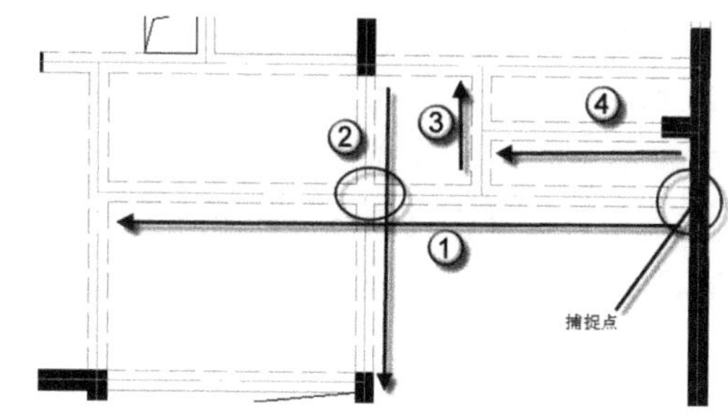

图 1.2.48　梁的绘制示意图(1)

根据图 1.2.48 中箭头所指的方向开始绘制，单击右侧菜单栏中的“画直线梁”命令，在绘制之前要确定梁的宽度，可以根据轴线来确定梁的起始点，在绘制中要注意梁与梁之间不能断开。在绘制时，对于不同宽度的梁，可以在绘制开始时就改变梁的宽度。另外，对结构中梁绘制完成后，会因为一些原因而需对所绘制的梁宽度进行修改，可以直接单击右侧菜单栏中的“改变梁宽”，选择所要修改的梁，在命令栏里输入所需要修改的梁的宽度，按下“Enter”按钮，同样可以对所布置的梁进行修改。

在结构中一般要根据梁布置的原则来进行梁的绘制，如图 1.2.49 所示。

梁的绘制一般要比较规则，要考虑到施工方便以及美观等因素，图 1.2.49 中梁的布置就比较规则。对于对称的结构，可以选择“镜像”的命令进行操作，但在梁中一般不用“镜像”命令，在梁的布置中要求梁与梁之间的连接不能断开，梁与剪力墙之间以及梁与柱子之间的连接都有很多问题和要注意的地方，所以一般梁的绘制比较繁琐，需要一一绘制。在梁的布置中，梁一般距轴线的距离相等，根据结构的要求确定梁的宽度后，梁的布置的操作步骤就比较简单。单击右侧菜单栏中的“梁绘制”命令中的“画直线梁”命令，会出现如图 1.2.50 所示的对话框，选择所确定的梁的宽度，根据标号以及箭头所指的方向一一绘制。

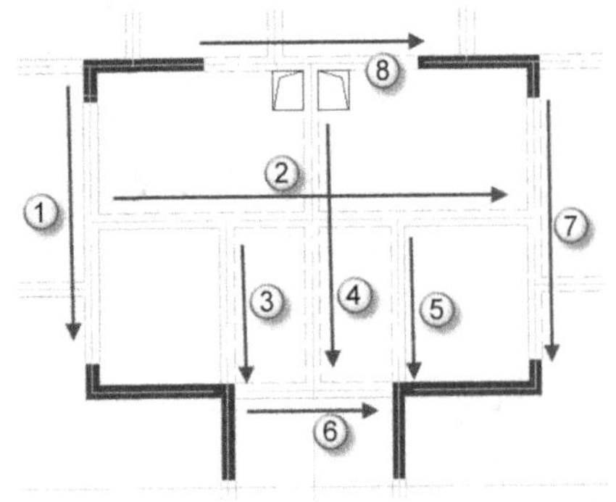

图 1.2.49 梁的绘制示意图(2)

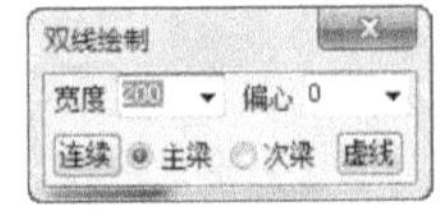

图 1.2.50 梁绘制对话框

根据结构的需要以及梁的布置原则，确定梁的布置宽度进行梁的布置，在布置中要随时保存所绘制的图。

柱子与梁的连接要注意的问题，以及两者之间连接的设计原则如下所述。

梁柱连接的节点起着传递梁柱间的弯矩和剪力的作用，关系到结构的整体受力，是结构的主要组成部分。梁柱设计原则是强节点、弱构件以及强柱弱梁，使其具有足够的强度和刚度。梁柱节点是高层建筑框架结构中比较特殊的部位，是联系整个结构体系的枢纽，如框架的梁柱交汇点、剪力墙结构的暗梁与柱的交汇点等。节点承受由梁端和柱端传递来的轴力、弯矩和剪力，在其共同作用下受力状态复杂，因此节点要求具有足够的强度，以抵抗相邻构件承受的各种荷载，保证整个结构体系坚固和安全可靠。然而在实际工程中，因节点细部构造设计不细致、施工不精心，容易给工程质量留下隐患。在浇筑梁柱不同强度等级混凝土时，应重点控制高低强度等级混凝土的邻接面不能形成冷缝。同时要根据浇筑面的宽度和浇筑速度，分别算出梁板混凝土和梁柱节点区混凝土的体积，以缩短两种等级混凝土的浇捣时间；宜先浇捣节点处高强度等级混凝土，后浇捣低强度等级混凝土，在先浇筑的混凝土初凝前继续浇捣梁板的混凝土，确保两种混凝土接槎在 2 h 内完成，以免出现冷缝或施工缝。另外，还要确保低等级混凝土不能流入高等级混凝土中。梁柱连接的绘制示意图如图 1.2.51 所示。

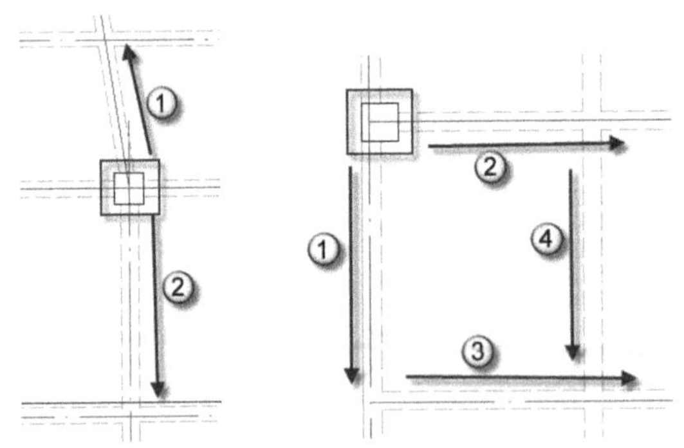

图 1.2.51 不同梁与柱连接的绘制示意图

梁与柱的连接根据结构的要求以及两者之间的位置，按照梁的绘制原则，根据图 1.2.51 中标号以及箭头所指方向一一绘制。

中间层梁的绘制示意图如图 1.2.52 所示。

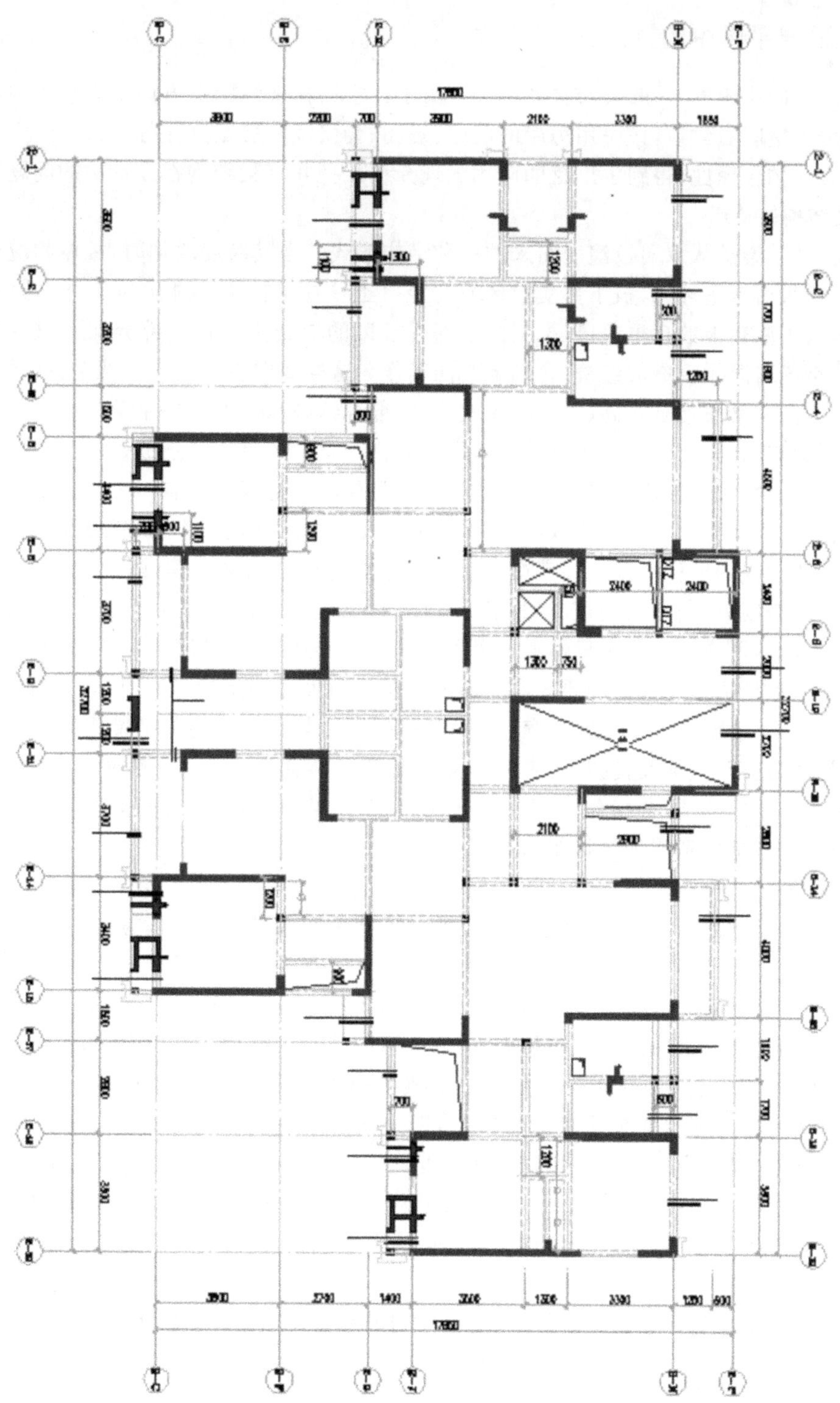

图 1.2.52　中间层梁的绘制示意图

1.2.6 设置顶层平面中的梁

高层建筑的空间比较大，一般会布置井字梁。由于井字梁在横纵两个方向都有较大的刚度，适用于使用上要求有较大空间的建筑，如民用房屋的门厅、餐厅、会议室和展览大厅等，所以井字梁结构体系以其受力和布置方式的合理性，得到了广泛的应用。现介绍几种井字梁结构在设计中的问题。

1. 井字梁结构的特点

钢筋混凝土井字梁是从双向板演变而来的一种结构形式。当其跨度增加时，板厚相应也随之增大。但是，由于板厚增大而自重加大，板下部受拉区域的混凝土往往被拉裂不能继续工作。因此，在双向板的跨度较大时，为了减轻板的自重，可以把板的下部受拉区的混凝土挖掉一部分，让受拉钢筋适当集中在几条线上，使钢筋与混凝土更加经济、合理地共同工作。这样双向板就变成在两个方向形成井字式的区格梁，这两个方向的梁通常是等高的，不分主次梁，一般称这种双向梁为井字梁。

井字梁能形成规则的梁格，顶棚较美观。常用的梁格布置形式有正交正放、正交斜放、斜交斜放等。比一般梁板结构具有较大跨高比，较适用于受层高限制且要求大跨度的建筑。设计井字梁结构时，当井字梁周边有柱位时，可调整井字梁间距以避开柱位，靠近柱位的区格板应作加强处理；若无法避开，则可设计成大小井字梁相嵌的结构形式。井字梁楼盖两个方向的跨度如果不等，则一般应控制其长短跨度比不能过大。长跨跨度 L_1 与短跨跨度 L_2 之比 L_1/L_2 最好不大于 1.5，如大于 1.5 而小于等于 2，宜在长向跨度中部设大梁，形成两个井字梁体系或采用斜向布置的井字梁，井字梁可按 45°对角线斜向布置。梁格间距的确定一般是根据建筑上的要求和具体的结构平面尺寸确定的，通常取跨度的 1/12～1/6，且一般不宜超过 4 m，同时还应综合考虑刚度和经济指标要求。与柱连接的井字梁或边梁按框架梁考虑，必须满足抗震受力（抗弯、抗剪及抗扭）要求和有关构造要求。梁截面尺寸不够时，如要求梁高不变，则可适当加大梁宽。井字梁最大扭矩的位置，一般情况下四角处梁端扭矩较大，其范围为跨度的 1/5～1/4，建议在此范围内适当加强抗扭措施。

2. 井字梁截面尺寸的确定

一般的混凝土框架梁截面宽度不宜小于 200 mm，由于井字梁结构在纵横方向梁能起到侧面相互约束作用，当梁截面宽度较小时，也不会发生侧向失稳破坏。因此井字梁截面宽度尺寸可比普通梁截面宽度小一些。通常井字梁宽度 b 取其高度 h 的 1/3（h 较小时）或 1/4（h 较大时），但梁宽不宜小于 120 mm。两个方向的井字梁的高度 h 应相等，一般常用的井字梁截面高度为跨度的 1/20～1/15，当结构在两个方向的跨度不一样时，取短跨跨度。井字梁的挠度 f 的一般要求为 $f\leqslant 1/250$，要求较高时 $f\leqslant 1/400$。井字梁和边梁的节点宜采用铰接节点，但边梁的刚度仍要足够大，并应采取相应的构造措施。若采用刚接节点，则边梁应进行抗扭强度和刚度计算。边梁的截面高度大于或等于井字梁的截面高度，并最好大于井字梁高度的 20%～30%。对于边梁截面高度的选取，应按单跨梁的规定执行，一般可取 $h=L/12\sim L/8$（L 为边梁跨度）。梁柱截面及区格尺寸确定后可进行计算，根据计算情况，对截面再作适当调整。

高层中各层梁的布置基本都大同小异，只是在不同的高度，不同的地方所需的承载力不同，所以梁的截面尺寸、梁的形式不同，在 TSSD 探索者中梁的布置方法都大同小异，与一层的梁的布置方法大致相同。

在高层中，结构一般比较对称，所以对梁的布置也可以对称布置，可以用剪力墙的简便方法来进行布置，如图 1.2.53 所示。

对于对称的梁的布置，可以根据梁的绘制方法对图 1.2.53 左边的梁按箭头方向对梁一一布置，布

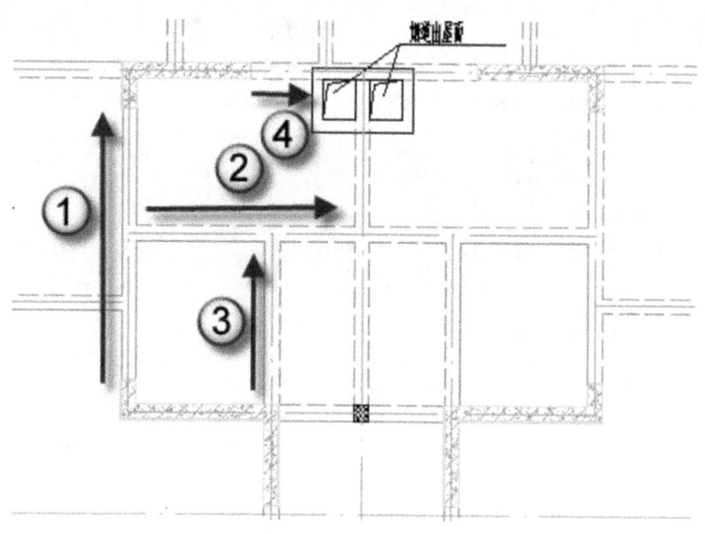

图 1.2.53　对称梁的绘制

置完成后，可以直接捕捉两边对称的中点进行“镜像”命令，绘制右边的梁。

在结构布置中，屋顶上的梁的布置与中间层的梁的布置有相同之处也有不同之处，应根据结构的需要以及屋顶上梁的布置的原则来绘制屋顶上的梁。楼梯间的梁的布置，中间层的与屋顶的就有所不同，如图 1.2.54 与图 1.2.55 所示。

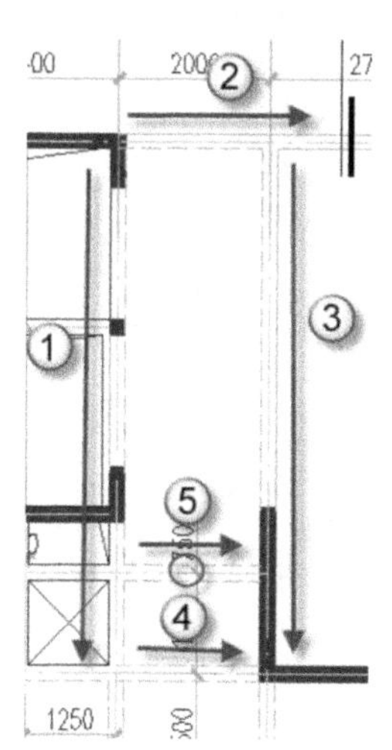

图 1.2.54　中间层的楼梯处梁的绘制示意图

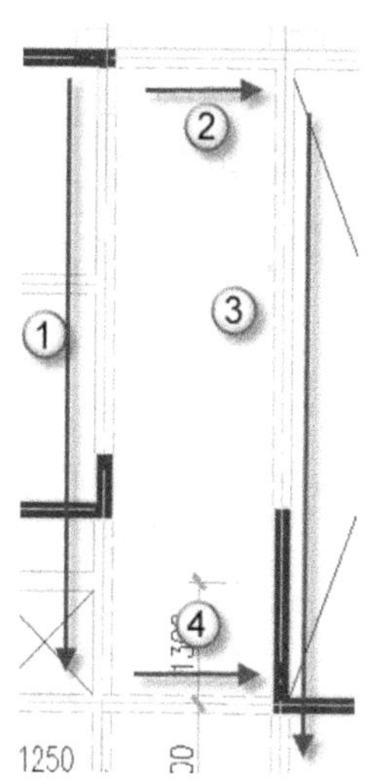

图 1.2.55　屋顶的楼梯处梁的绘制示意图

在图 1.2.54 与图 1.2.55 中中间层与屋顶处的梁的绘制方法相同。在梁的布置中，中间层的梁与屋顶的梁相比，多了⑤号梁的绘制。

屋顶的梁的绘制与中间层的绘制相同，根据结构的要求，确定梁的位置以及梁的宽度。在绘制当中要注意顶层梁的绘制原则，根据结构的要求修改梁的宽度，以达到更经济的效果。

屋顶的梁的绘制方法与中间层的梁的绘制方法一致。图 1.2.56 所示为屋顶整体的梁的绘制示意图。

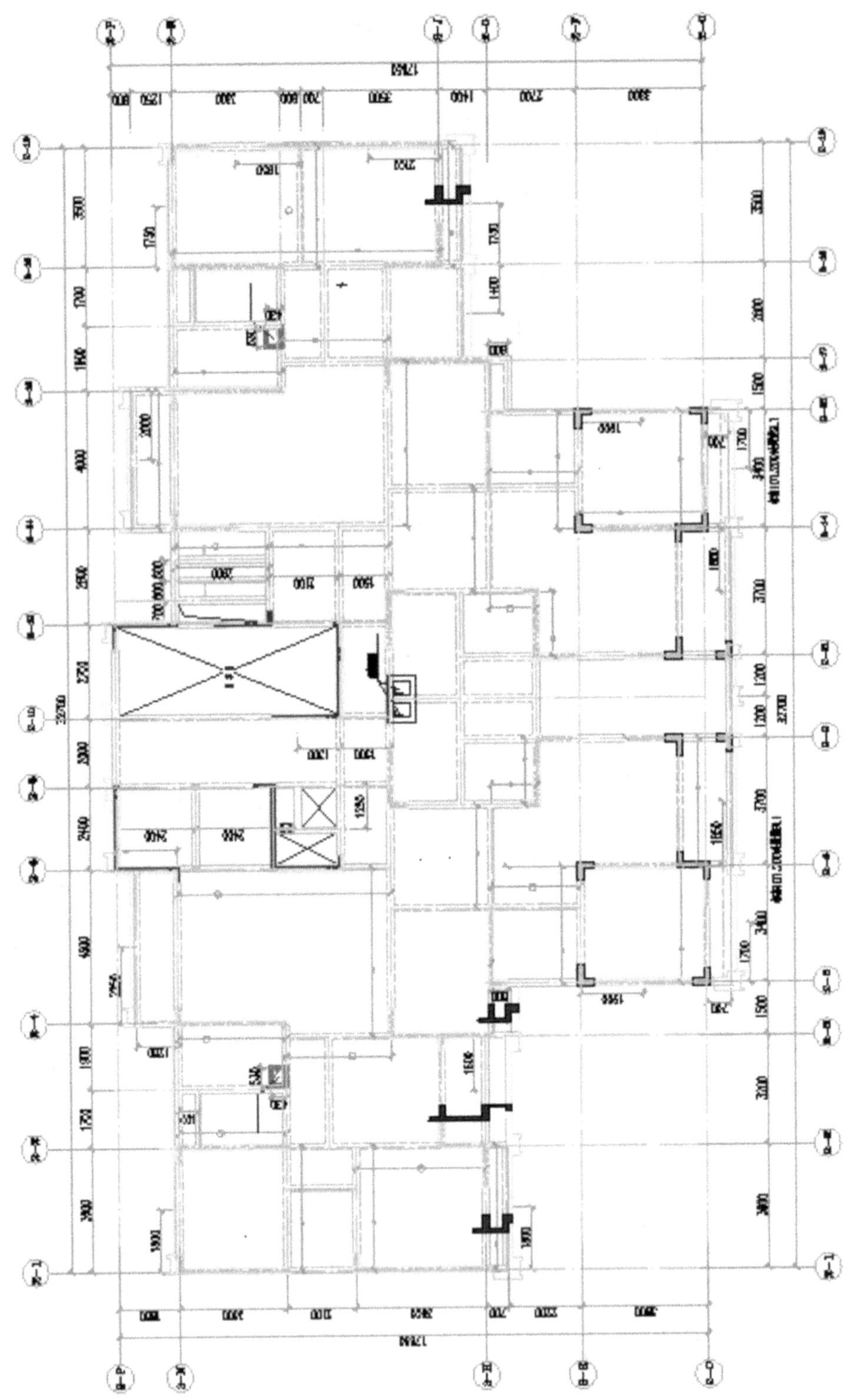

图 1.2.56　屋顶整体梁绘制示意图

第 1 章　初步布置结构形式

本章的主要内容为高层建筑中地上部分的主楼形式中的梁与剪力墙的布置。在结构设计中要注意很多问题，同时要心细，根据每个结构的构件的原理以及布置要求，对结构进行布置。钢筋混凝土框架结构由梁和柱组成，是一种抗震、抗风较好的结构体系。这种体系的侧向刚度小，平面布置灵活，易于满足建筑物设置大房间的要求，在工业与民用建筑中被广泛应用。

注意：结构布置的原则是安全、适用、耐久。在布置中要考虑到每个细节的剪力墙、梁、柱等的布置原则和布置时所要注意的问题。

第 2 章　PMCAD 建模与荷载输入

第一章节初步布置了结构形式，这一章节将会学习 PMCAD 建模与荷载输入。本章节以一个十分典型的工程为例，讲解最主要的步骤，使读者可以很快入门，同时也能更深入地了解以及运用软件的功能。

2.1　主楼地上部分建模

PMCAD 是 PKPM 系列 CAD 软件的基本组成模块之一，软件采用人机交互方式，引导用户逐层布置各平面和各楼层，具有直观、易学、不易出错和修改方便等特点。下面通过实例讲解如何运用 PMCAD 进行建模。

2.1.1　一层平面建模

现在开始第一部分的建模。首先是一层平面建模，其主要步骤为："布置墙"→"布置梁"→"生成楼板"→"布置楼面荷载"→"布置梁间荷载"，完成这几步就完成了一层平面建模。下面开始运用实例进行讲解。

1. 使用 PMCAD

双击屏幕上的"PKPM"快捷键，启动 PKPM 主菜单。如图 2.1.1 所示。

图 2.1.1　PKPM 主菜单

在屏幕左上角的专业分页上选择"结构"菜单主页。单击菜单左侧的"PMCAD"，使其变蓝，菜单右侧即出现了 PMCAD 主菜单。

2. 建立工作子目录

单击主菜单右下角处的"改变目录"按钮，指定用户操作的工作子目录。

注意：同其他软件不同的是，PKPM 软件是以文件夹的形式工作的，每做一项工程，都应建立一个新目录，这样不同工程的数据才不会混淆。用户若需拷贝资料必须连同文件夹一起拷贝。

建立文件夹，在目录名称下选取已建立文件夹。如图 2.1.2 所示。

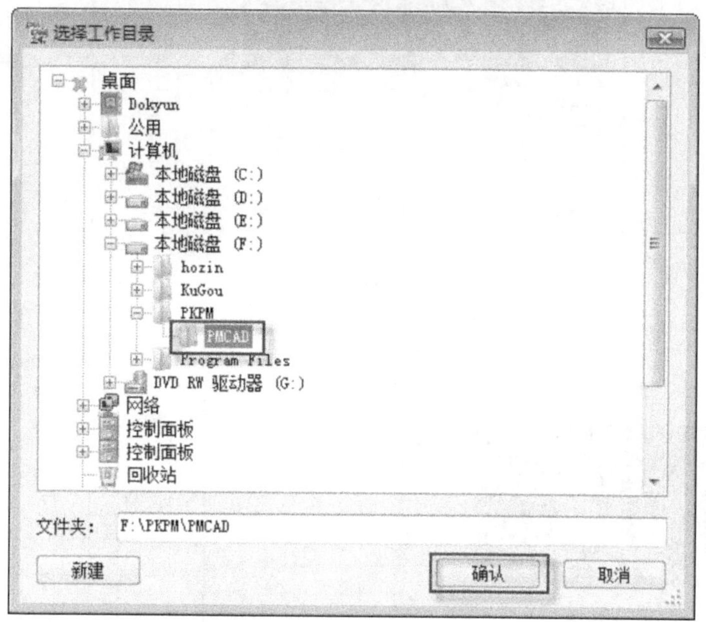

图 2.1.2 选择工作目录

3. 结构模型输入

单击 PMCAD 主菜单，单击"建筑模型与荷载输入"→"应用"按钮。

这是 PMCAD 最重要的一步操作，需要逐层输入各层的轴线、网格、柱、梁、墙、门窗洞口。单击 PMCAD 主菜单 1 进入本模型输入程序，程序将显示如图 2.1.3 所示界面。

图 2.1.3 输入工程名图

对于新建工程，用户应输入该工程的名称，工程名称由用户定义。对于旧文件，程序一般可自动从当前工作子目录搜索到，可单击"查找"并人工选取。

4. 轴线输入

(1)"轴线输入"菜单是 PMCAD 建模最重要的一步，软件是利用作图工具绘制建筑物整体的平面定位轴线。这些轴线可以是与墙、梁等长的线段，也可以是一整条建筑轴线。各标准层定义不同的轴线，即各层可有不同的轴线网格。只有绘制出准确的轴线才能为以后的建模打下良好的基础。

注意：PKPM 轴线输入有两种输入方法：一种是输入轴号轴网，另一种是转 T 图法。下面对于第一种方法将举例介绍，第二种方法将以实例讲解。

选择"轴线输入"菜单，单击"正交轴网"命令，将会弹出图 2.1.4 所示的"直线轴网输入"对话框。

在"直线轴网输入"对话框中按照提示依次输入轴网间距，结果如图 2.1.5 所示。

单击"轴线命名"菜单，屏幕上出现带一条条轴线圆圈的平面图，且显示各平行轴线的间距。

屏幕下提示：

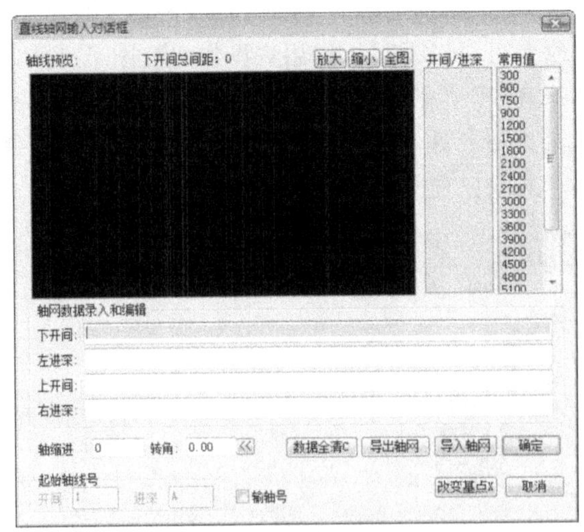

图 2.1.4 直线轴网输入

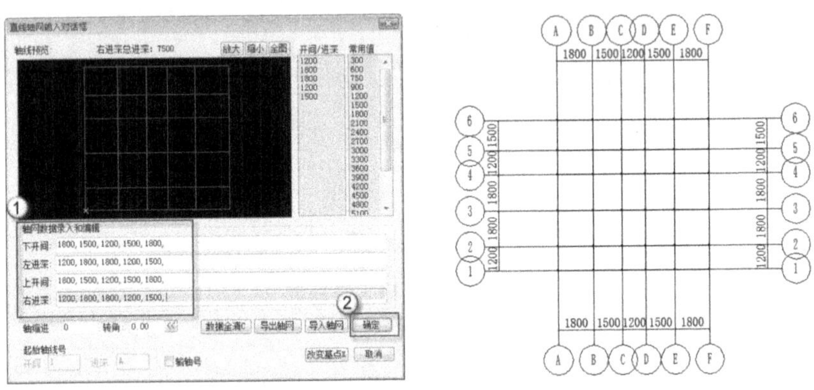

图 2.1.5 轴网输入及轴网命名

轴线名输入，用光标选取轴线，用户用光标点取 A 轴

屏幕下提示：

轴线选中，输入轴线名，再键入 A，注意字母应大写。

再逐根点取 B、C、D 轴线并分别键入 B，C，D

以上是用逐根点取的方式输入轴线，下面开始用成批输入方式输入①～⑥轴。

按"Tab"键转入成批输轴线名方式。

注意：移光标点取起始轴线，点取①轴，软件自动把①～⑥轴间所有平行的轴线选中变色。

移光标点取不标的轴线，按"Esc"键表示①～⑥间没有不标名的轴线。

输入起始轴线名，键入 1，此后程序自动对①～⑥轴线标注轴线名。

成批输入方式适用于快速输入一批按数字顺序或按字母顺序排列的平行轴线。

(2) 转 T 图法：在 AutoCAD 中绘制出轴线，通过 PKPM 中 PMCAD 右侧菜单的"图形编辑、打印及转换"将 DWG 文件转化为 T 图格式。操作步骤如图 2.1.6 所示。

单击"应用"按钮之后，单击"工具"菜单栏，单击"新版 DWG 转 T 图"按钮，弹出如图2.1.7所示菜单。

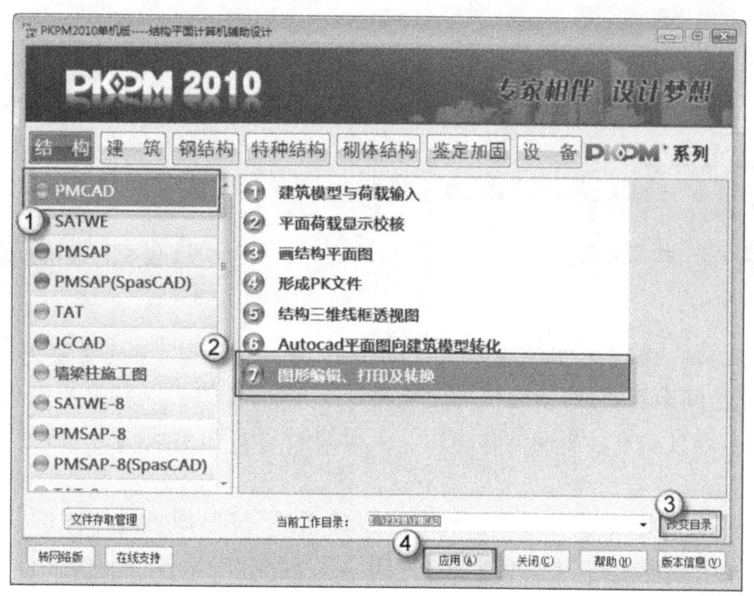

图 2.1.6　DWG 图转 T 图

操作完成后即可得到实例主楼一层平面图轴网，如图 2.1.8 所示。

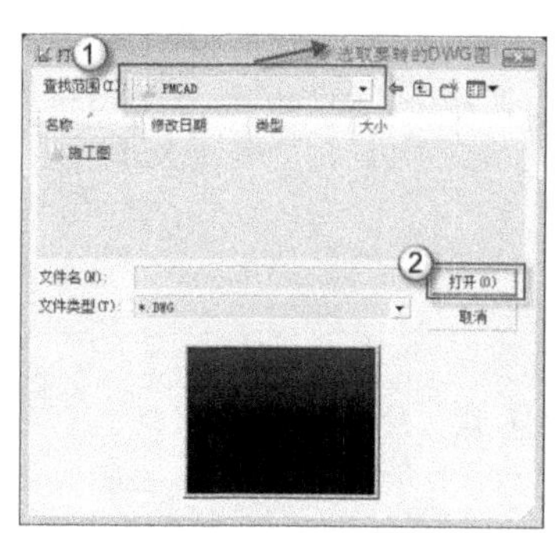

图 2.1.7　DWG 转 T 图

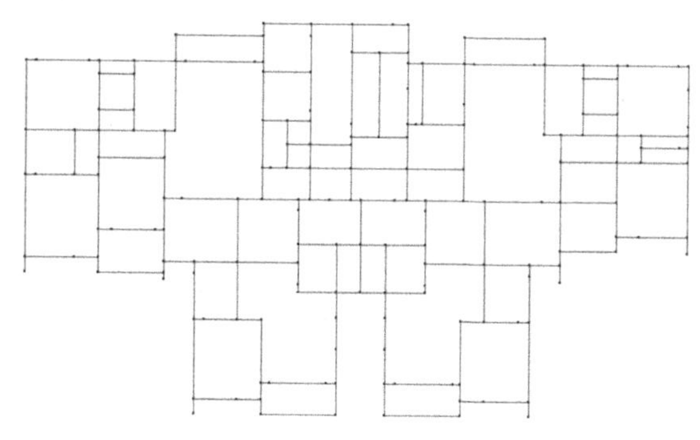

图 2.1.8　轴网

(3)“轴线输入”下拉菜单的各项基本绘线图素。

程序提供了“节点”“两点直线”“平行直线”及“折线”“轴射线”“矩形”“圆环”“圆弧”“三点圆弧”等基本图素，配合各种捕捉工具，热键和下拉菜单中的各项工具，构成了一个小型绘图系统，用于绘制各种形式的轴线。

◇ 节点

节点适用于直接绘制白色节点，供以节点定位的构件使用。绘制是单个进行的，如果需要成批输入可以使用图编辑菜单进行复制。单击“节点”按钮，用鼠标单击直线上任一点。如图 2.1.9 所示。

注意：多余的节点会增加 PKPM 对模型的计算，用户应避免绘制多余的节点。

◇ 两点直线

两点直线适用于绘制零散的直轴线，可以使用任何方式和工具进行绘制。单击“两点直线”按钮，命令栏提示“输入第一点”时，用户即选取一点，命令栏提示“输入下一点”时，用户再选取另一点即可完成两点直线的绘制。如图 2.1.10 所示。

图 2.1.9　绘制节点　　　　图 2.1.10　绘制两点直线

◇ 平行直线

平行直线适用于绘制一组平行的直轴线。单击"平行直线"按钮。首先绘制第一条轴线，以第一条轴线为基准输入复制的间距和次数，间距值的正负决定了复制的方向。以"上右为正"，可以分别按不同的间距连续复制，提示区自动累计复制的总间距。步骤如图 2.1.11 所示。

◇ 折线

折线适用于绘制首尾相接的直轴线和弧轴线，单击"折线"按钮即可绘制图形，按"Esc"键可以结束一条折线，输入另一条折线或切换为切向圆弧。如图 2.1.12 所示。

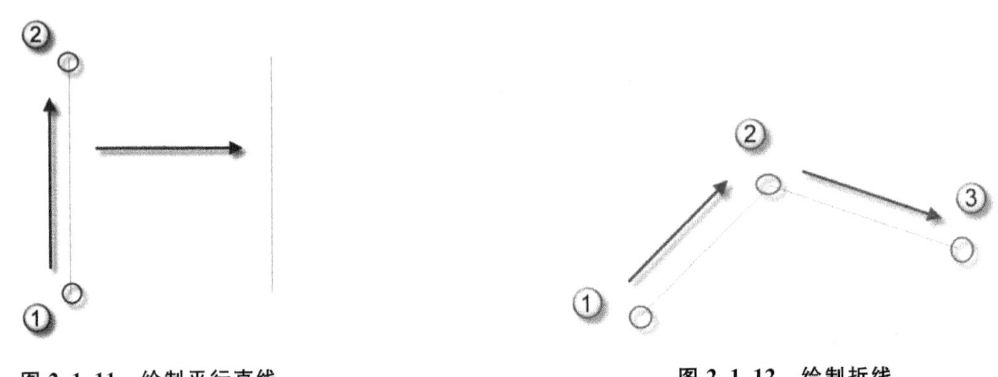

图 2.1.11　绘制平行直线　　　　图 2.1.12　绘制折线

◇ 辐射线

辐射线适用于绘制一组辐射状直轴线。首先沿指定的旋转中心绘制第一条直轴线，输入复制角度和次数，角度的正负决定了复制的方向，以逆时针方向为正。可以分别按不同角度连续复制，提示区自动累计复制的总角度。

◇ 矩形

矩形适用于绘制一个与 x，y 轴平行的闭合矩形，只需要两个对角的坐标，因此比用"折线"绘制同样的矩形更快速。单击"矩形"按钮，开始绘制矩形，如图 2.1.13 所示。

◇ 圆环

单击"圆环"按钮，在确定圆心和半径后可以绘制第一个圆。输入复制间距和次数可绘制同心圆，复制间距值的正负决定了复制方向，以"半径增加方向为正"，可以分别按不同间距连续复制，提示区自动累计半径增减的总和。绘制如图 2.1.14 所示。

◇ 圆弧

圆弧适用于绘制一组同心圆弧。单击"圆弧"按钮即可绘制圆弧。按圆心起始角、终止角的次序绘出第一条弧轴线。输入复制间距的次数，复制间距值的正负表示复制方向，以"半径增加方向为正"，可以分别按不同间距连续复制，提示区自动累计半径增减总和。绘制如图 2.1.15 所示。

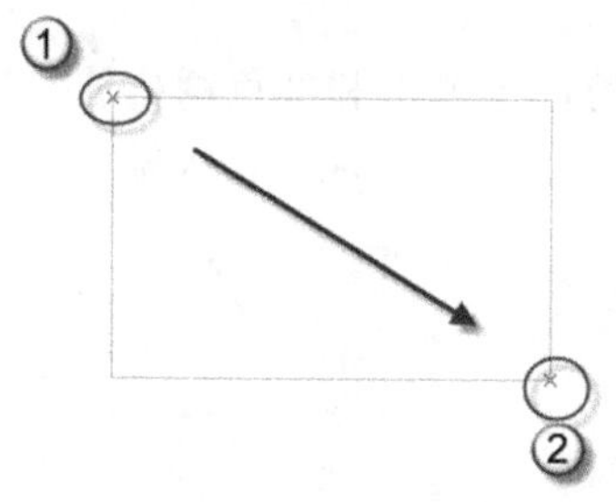

图 2.1.13　绘制矩形

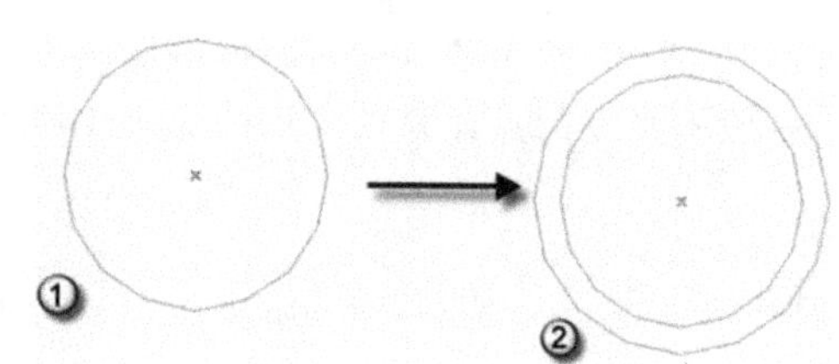

图 2.1.14　绘制圆环

◇ 三点圆弧

三点圆弧适用于绘制一组同心圆弧轴线。单击“三点圆弧”按钮即可绘制三点圆弧。按第一点、第二点、中间点的次序输入第一个圆弧轴线。输入复制间距和次数，复制间距的正负表示复制方向，以“半径增加方向为正”，可以分别按不同间距连续复制，提示区自动累计半径增减总和。如图 2.1.16 所示。

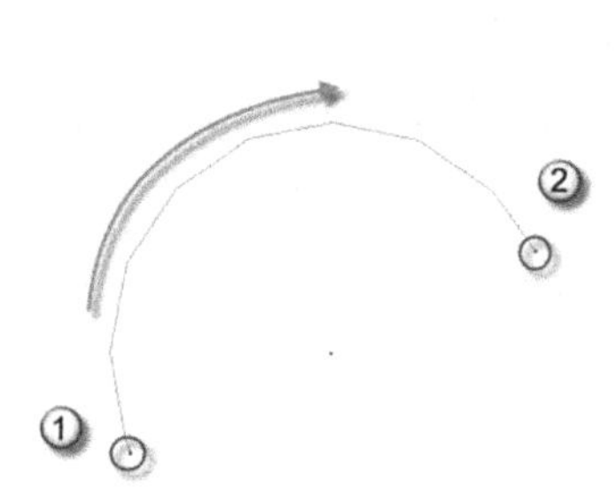

图 2.1.15　绘制圆弧

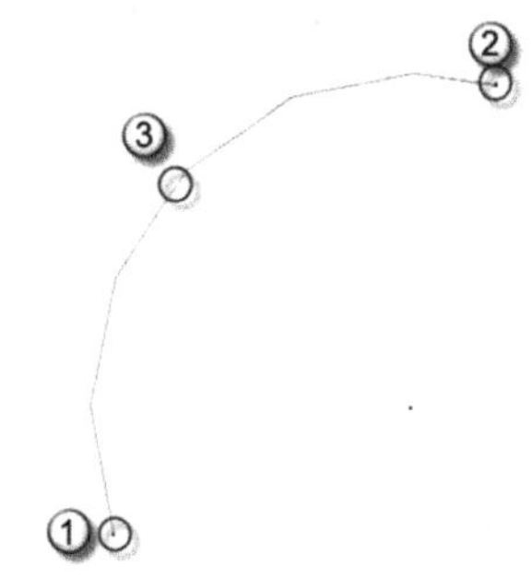

图 2.1.16　绘制三点圆弧

5. 网格生成

“网格生成”是程序自动将绘制的定位轴线分割为网格和节点。凡是轴线相交处都会产生一个节点，轴线线段的起止点也作为节点。用户可对程序自动分割所产生的网格和节点进行进一步的修改。网格确定后即可给轴线命名。

单击“网格生成”按钮。会出现“网格生成”下拉菜单，菜单中有以下几个主要命令。

(1) 轴线显示。

“轴线显示”是一条开关命令，通过“轴线显示”可以画出各建筑轴线并标注各跨跨度和轴线号。单击“轴线显示”按钮，图形即显示出轴号。如图 2.1.17 所示。

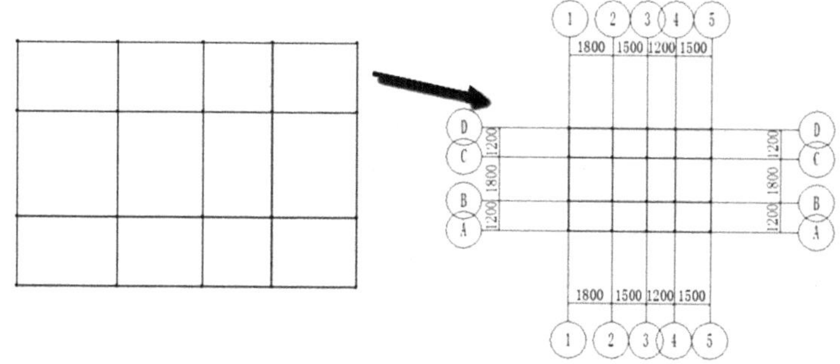

图 2.1.17　轴线显示

(2) 形成网点。

“形成网点”命令可将用户输入的几何线条转变成楼层布置需用的白色节点和红色网格线。单击“形成网点”按钮,系统会自动对图形形成网点,并显示轴线与网点的总数。这项功能在输入轴线后自动执行,一般不必专门点此菜单。如图 2.1.18 所示。

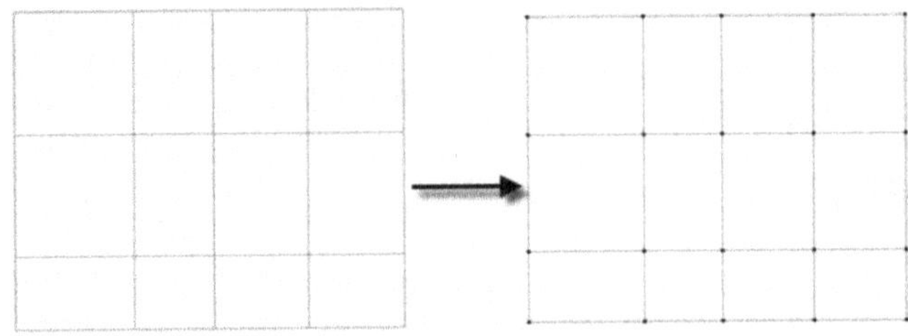

图 2.1.18　形成网点

注意:改变轴线后原构件的布置情况不会改变。

(3) 网点编辑,它有 4 个子菜单。

“删除节点”和“删除网格”是在形成网点图后对网格和节点进行删除的菜单。删除节点过程中若节点已被布置的墙线挡住,可点下拉菜单中的“填充开关”项使墙线变为非填充状态。节点的删除将导致与之联系的网格也被删除。单击“删除节点”按钮,切换选择方式即可对节点进行删除。如图 2.1.19 所示。

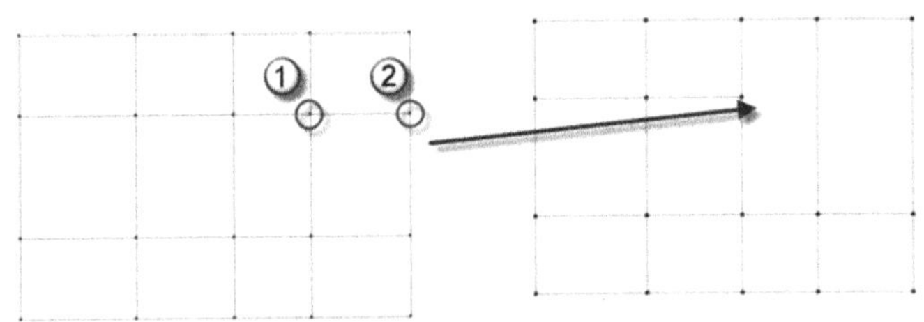

图 2.1.19　删除节点

网点编辑子菜单操作过程如下:

单击“删除轴线”按钮,在“用光标选择轴线”提示下选择轴线。

在“轴线选中,确认是否删除此轴线?(Y“Ent”/A“Tab”/N“Esc”)”

在上述提示下,输入相应字母确认,即可将该轴线名删除。如图 2.1.20 所示。

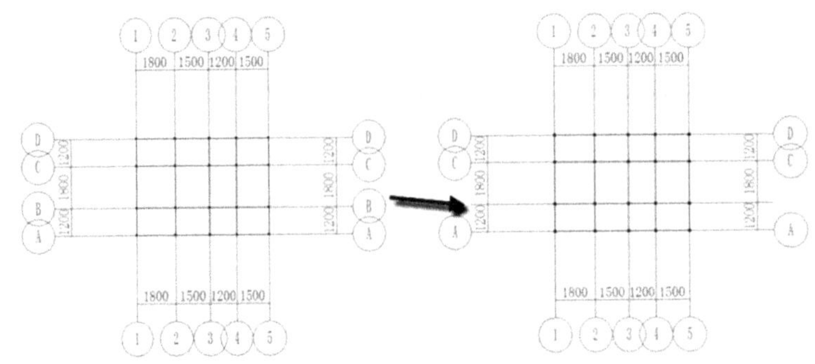

图 2.1.20　删除轴号

注意:“删除轴线”并不是将该轴线从图中删除而仅是删除轴线命名。

继续提示轴线名删除,按“Esc”键退出。

“平移网点”可以不改变构件的布置情况,而对轴线、节点、间距进行调整。对于与圆弧有关的节点应使所有与该圆弧有关的节点一起移动,否则圆弧的新位置无法确定。如图 2.1.21 所示。

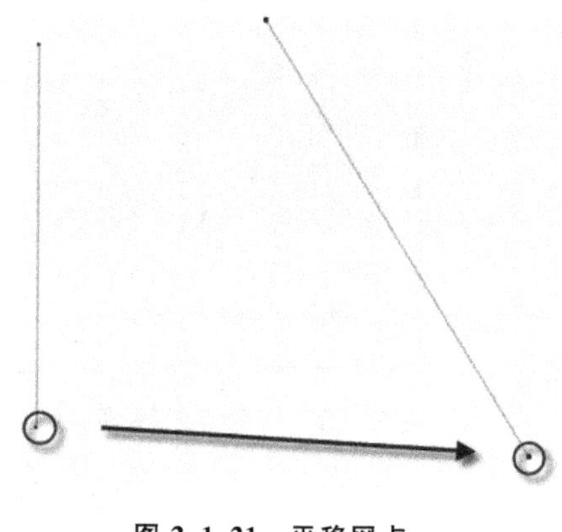

图 2.1.21　平移网点

(4) 轴线命名。

“轴线命名”是在网点生成之后为轴线命名的菜单。在此输入的轴线名将在施工图中使用,而不能在本菜单中进行标注。在输入轴线中,凡在同一条直线上的线段不论其是否贯通都视为同一条轴线,在执行本菜单时可以一一点取每根网格,为其所在的轴线命名。对于平行的直轴线可以在按一次“Tab”键后进行成批的命名,这时程序要求点取相互平行的起始轴线和终止轴线以及虽然平行但不希望命名的轴线,点取之后输入一个字母或数字后程序自动地为轴线按序编号。对于数字编号,程序将只取与输入的数字相同的位数。轴线命名完成后,用“F5”刷新屏幕。

注意:同一位置上在施工图中出现的轴线名,取决于这个工程中最上一层(或最靠近顶层)中命名的名称,所以当想修改轴线名时,应重新命名最靠近顶层的层轴线名。

6. 楼层定义

工程设计中采用的所有柱、梁、承重墙、洞口等都需要在此菜单定义,以便下一步使用。

(1) 剪力墙。单击“楼层定义”按钮,然后单击“墙布置”按钮,将会弹出图 2.1.22 所示墙定义菜单,在这里对剪力墙的截面形状类型、尺寸以及材料进行定义。

各种构件布置前必须要定义它的截面尺寸、材料、形状类型等信息。本程序对构件的定义和布置的管理都采用如下所示的对话框。对话框上面是“新建”“修改”“删除”“清理”“布置”“退出”的按钮。

“新建”:定义一个新的截面类型。单击“新建”按钮,将弹出“构件截面定义”对话框,在对话框中输入构件的相关参数。在对话框的空白栏用鼠标双击,也可以启动新的截面类型定义。

“修改”:修改已经定义过的构件截面形状类型、尺寸及材料,已经布置于各层的这种构件的尺寸也会自动改变。操作方式与新建相同。

“删除”:删除已经定义过的构件截面定义,已经布置于各层的这种构件也将自动删除。

“清理”:自动将定义了但在整个工程中未使用的截面类型清除掉,这样便于在布置或修改截面时快速找到需要的截面。

“布置”:在对话框中选取某一种截面后,点取“布置”按钮将它布置到楼层上。选取某一种截面后双击鼠标也可以进入布置状态。

进入墙截面列表,单击“新建”按钮,将会出现“输入第　1 标准墙　参数”对话框,墙的截面形状是系统已经定义的。默认显示的截面类型是“1”号即矩形截面。墙厚度的选择根据布置图的尺寸定义输入相应的尺寸在对话框中。墙的材料类别选择“混凝土”。数据输入如图 2.1.23 所示。

注意:这里定义的构件将会控制全楼各层的布置,当某个构件截面形状、尺寸以及材料改变后,已布置的各层的这种构件的截面形状、尺寸以及材料也会自动随之改变。

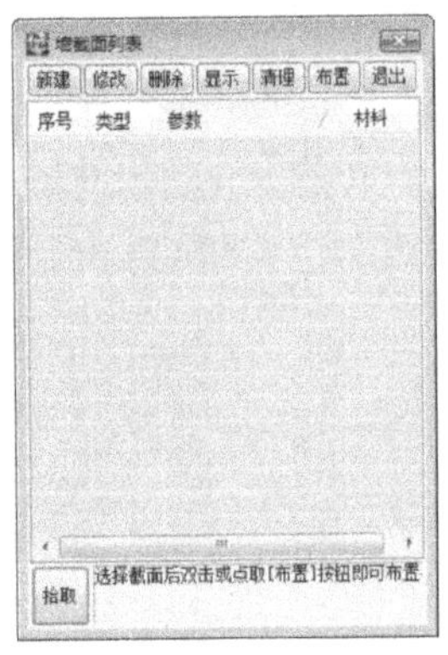

图 2.1.22 “墙定义”菜单

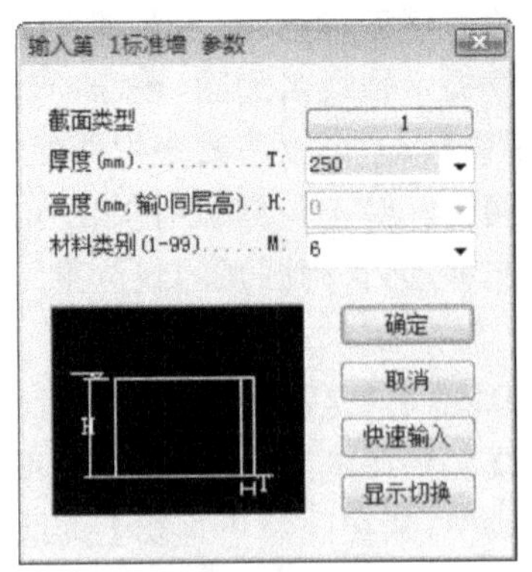

图 2.1.23 “截面类型参数”对话框

单击“确定”按钮后，在右侧“墙截面列表”中会显示已定义好的墙截面，单击墙截面对轴网进行墙布置，操作步骤如图 2.1.24 所示。

单击“墙布置”菜单，在墙截面列表中选择 200 厚墙截面，点“布置”按钮，弹出墙布置数据对话框，可以在布置对话框中更改偏轴距离、墙底高、墙标 1、墙标 2。用户可以根据布置图的信息对墙的这些信息进行更改。选择“光标选择方式”对墙进行布置。墙截面信息对话框如图 2.1.25 所示。

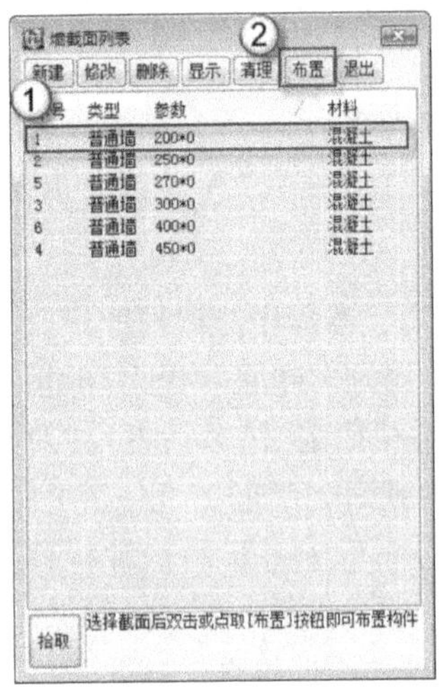

图 2.1.24 墙布置

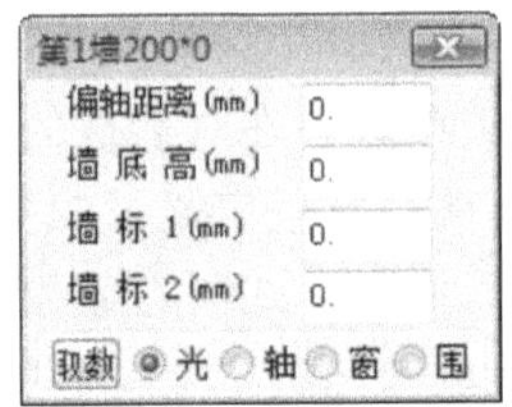

图 2.1.25 第 1 墙截面信息对话框

移动光标到某一节点间回车，该墙截面将被布放在该节点间，逐个在节点间布放墙，这是“光标方式”布置墙。光标方式就是一个一个节点地逐个布置。

在布置时按“Tab”键可转换布置方式。程序还有沿轴线布置、开窗口布置、任意形状围墙方式来布置。

(2) 200 厚墙布置。单击“200 厚墙截面”→“布置”按钮，会出现如图 2.1.26 所示的墙截面对话框，偏轴距离、墙底高、墙标 1、墙标 2 和设置用户自行进行定义。在这里系统已经自动进行定义，不需要修改。以上信息设定好后，选择“光标选择方式”，用光标单击要布置的节点间，单击节点间的网格，系统会自动布置墙上去。布置 200 厚墙截面如图 2.1.27 所示。

按“Tab”键，切换窗口选择模式，框选要布置的网格，如图 2.1.28 所示。

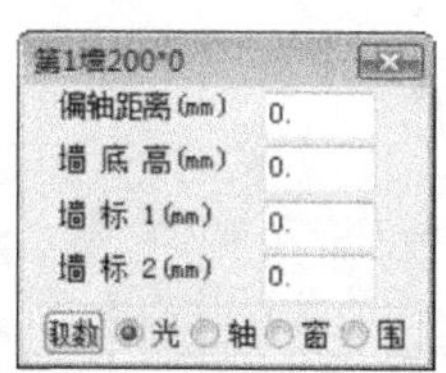

图 2.1.26　第 1 墙对话框

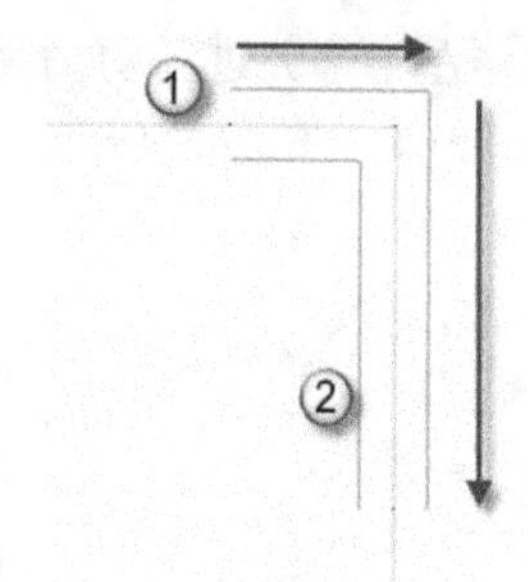

图 2.1.27　200 厚墙布置(光标选择)

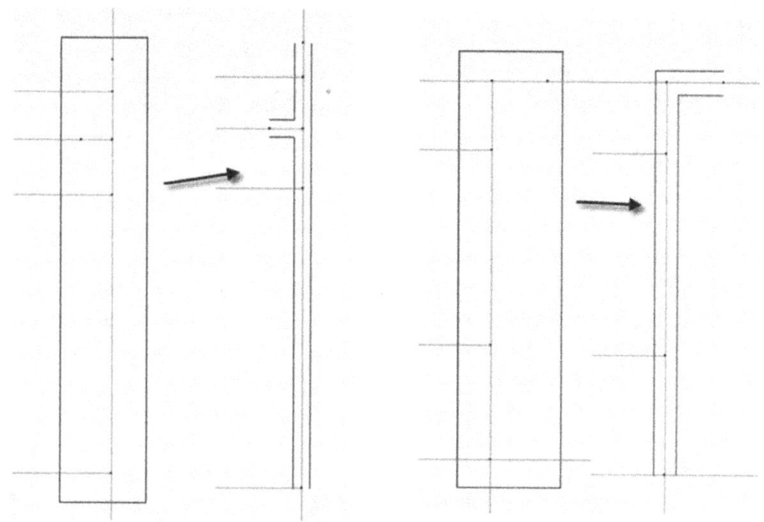

图 2.1.28　200 厚墙布置

操作完成后即可得到右半部分的剪力墙,如图 2.1.29 所示。

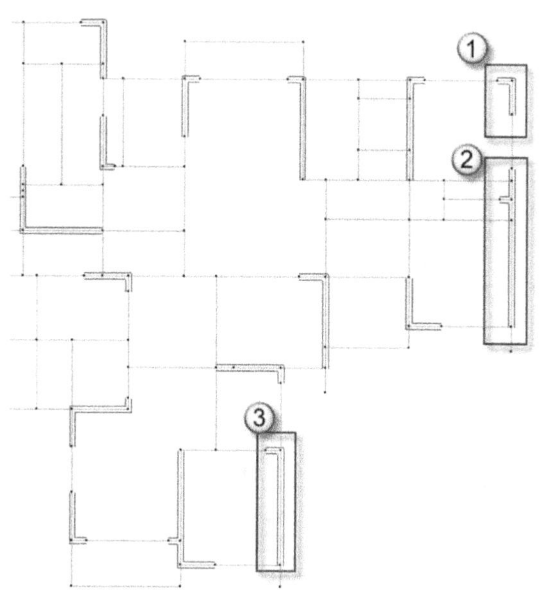

图 2.1.29　右半部分剪力墙

(3) 对结构左半部分进行剪力墙布置。框选需要布置的网格，选定后松开鼠标左键即完成选定。布置如图 2.1.30(a)、(b)、(c)所示。

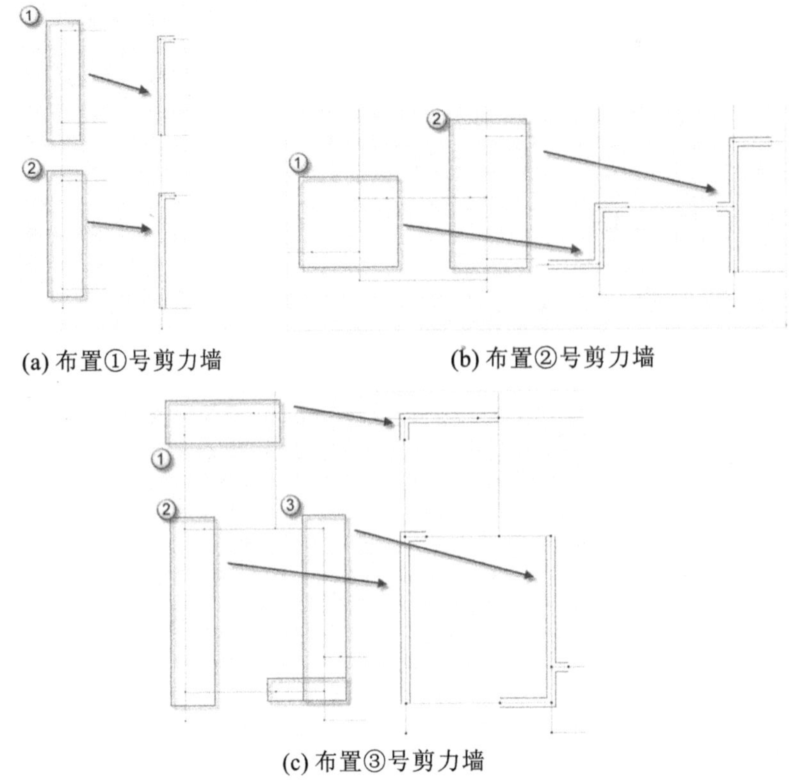

(a) 布置①号剪力墙　　(b) 布置②号剪力墙

(c) 布置③号剪力墙

图 2.1.30　剪力墙布置

按步骤(2)布置剪力墙。左半部分剪力墙布置完成图如图 2.1.31 所示。

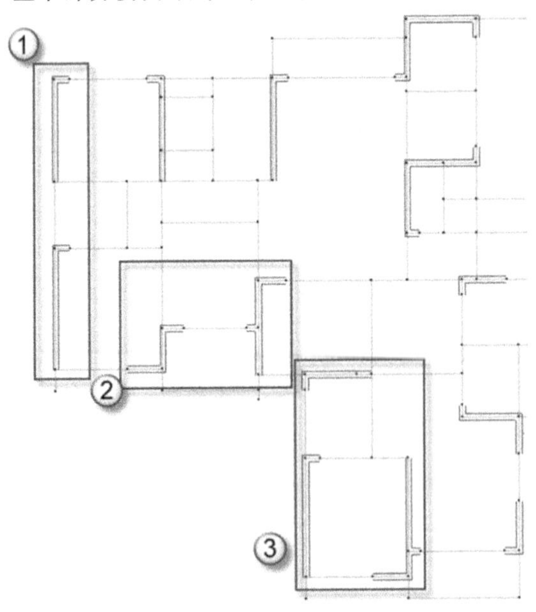

图 2.1.31　左半部分剪力墙

(4) 重复步骤(2),如上一步所示。一层部分剪力墙布置好后如图 2.1.32 所示。

注意:墙定义时不需要定义墙高,因为系统会默认将层高作为墙高,若墙高与层高不一样则可根据工程实际输入墙高。而且这里定义的墙必须是结构承重墙,而不是填充墙。

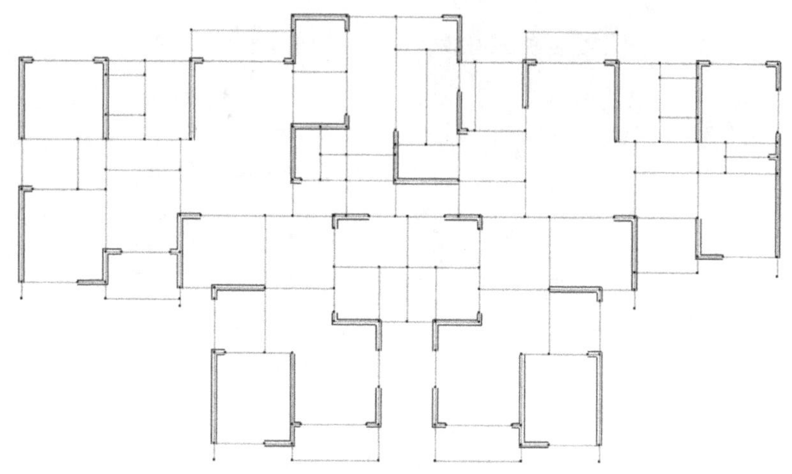

图 2.1.32　200 厚墙布置示意图

(5) 梁布置。剪力墙布置好后将进行梁的布置,单击“主梁布置”按钮,会弹出“梁截面列表”的对话框,如图 2.1.33 所示,单击“新建”按钮,单击“梁的截面形式”按钮,设定梁的截面类型为矩形,因此截面类型为 1,梁宽为 250,梁高为 500,设定材料类别为 6(混凝土),本定义完成后就建立了一个新的梁截面类型。操作步骤如图 2.1.34 所示。

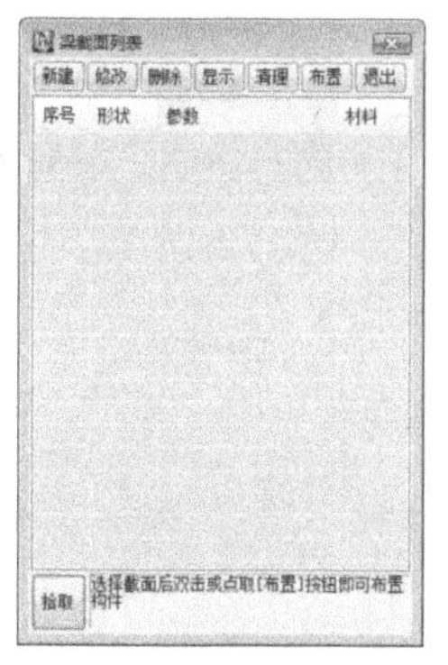

图 2.1.33　“梁截面列表”对话框

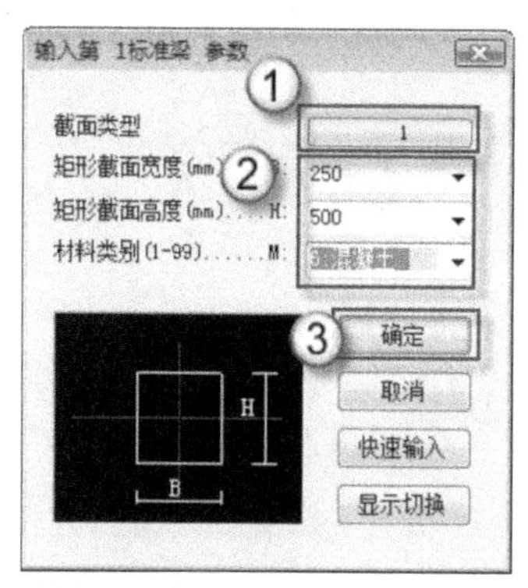

图 2.1.34　“梁参数”对话框

重复上述步骤建立初步布置结构形式时的梁的截面类型。梁的布置应遵循以下原则。

在网格上的梁布置,两节点之间的一段网格上仅能布置一根梁,梁长度即是两节点之间的距离。

设置梁的偏心时,一般输入偏心的绝对值,也称“偏轴距离”(梁截面形心偏移轴线的距离)。布置梁时,光标偏向网格线的哪一边,梁也就向哪边偏心。

(6) 单击“主梁布置”菜单,在梁截面列表中出现已定义的几种梁截面列表,双击 300×600 截面或选中 300×600 截面点布置按钮,弹出布置参数对话框,包括偏轴距离,梁顶标高 1 和梁顶标高 2,移动光标在需要布梁的网格线上布梁。可以用“光标”“沿轴线”“开窗口”“围区”几种方式布置梁。选取梁截面类型对梁进行布置,步骤如图 2.1.35 所示。

注意：本菜单中在网格上布的梁程序都称作主梁。次梁与主梁采用同一套截面定义的数据，如果对主梁的截面进行定义、修改，次梁也会随之修改。

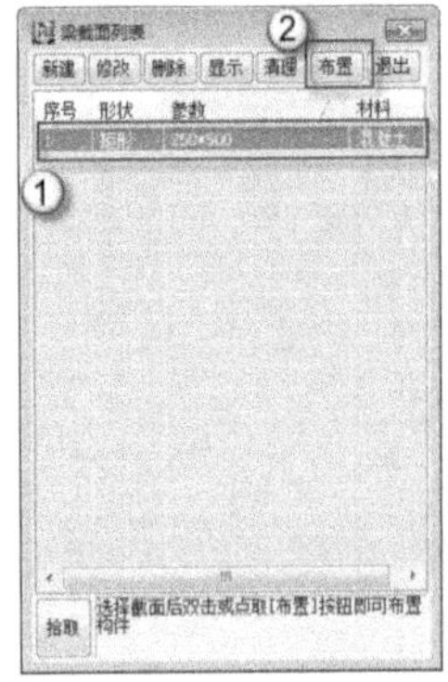

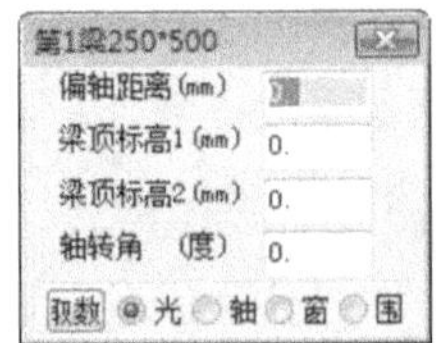

图 2.1.35　主梁截面布置

(7) 对 200×500 梁进行布置，单击“主梁布置”选择“200×500 主梁截面”和“光标选择方式”，光标单击节点间网格，这样就布置好了主梁。布置图如图 2.1.36 所示。

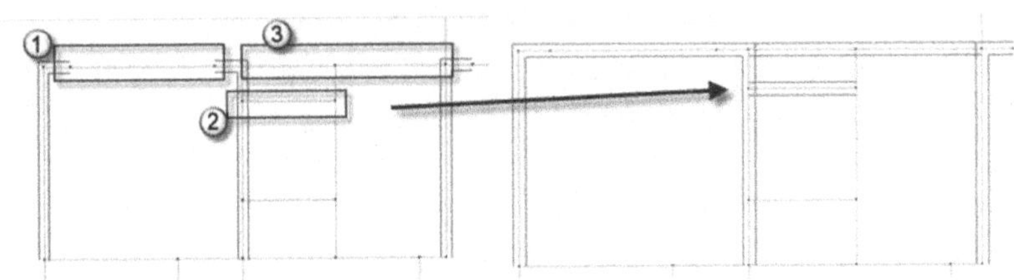

图 2.1.36　主梁布置(光标选择方式)

然后选择“轴线选择方式”布置主梁，依次单击①号、②号轴线即可按“轴线选择方式”布置梁。布置图如图 2.1.37 所示。

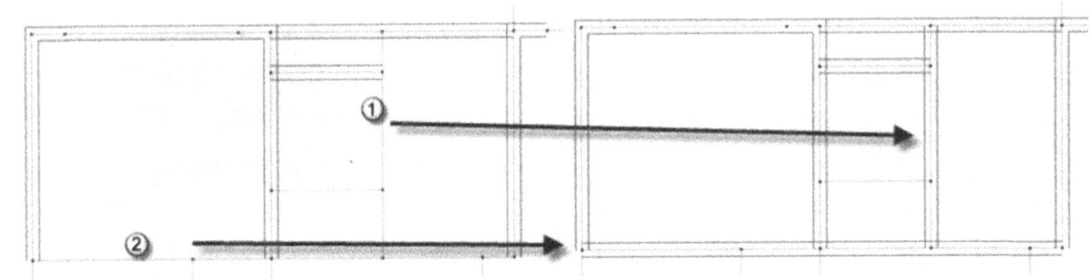

图 2.1.37　主梁布置图(轴线选择方式)

切换“窗口选择方式”进行选择。与选区相交的网格即布置上梁，如图 2.1.38 所示。

以上步骤讲述了以不同的方式布置主梁，其他梁的布置方法如上述步骤所示，梁的布置方式用户可通过选择合适的布置方式对梁进行布置，200×500 梁的布置图如图 2.1.39 所示。

注意：梁与墙的截面宽度是相同的并且偏轴距离也相同，因此梁和墙的边界线是重合的，在屏幕上也就只能看到梁或墙的边线(梁的边线为青色，墙的边线为绿色。)

(8) 布置 200×400 截面的梁。单击“主梁布置”按钮选择“新建”按钮，新建一个 200×400 截面的梁。单击“布置”按钮对结构进行布置。切换至“窗口选择方式”对梁进行布置，如图 2.1.40 所示。

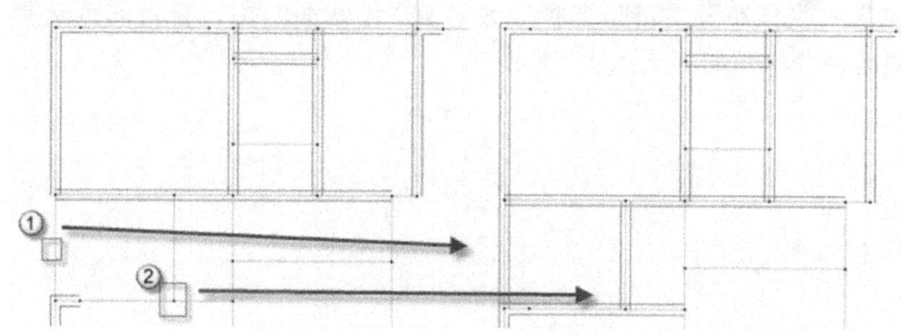

图 2.1.38　主梁布置(窗口布置方式)

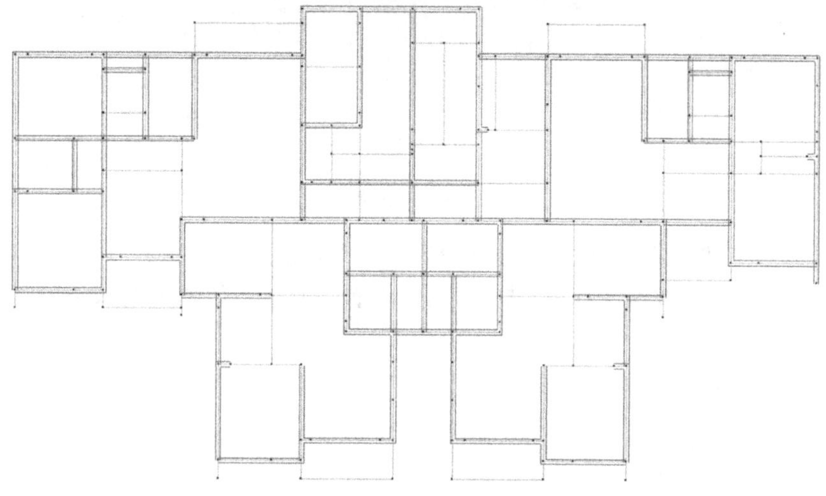

图 2.1.39　200×500 主梁布置图

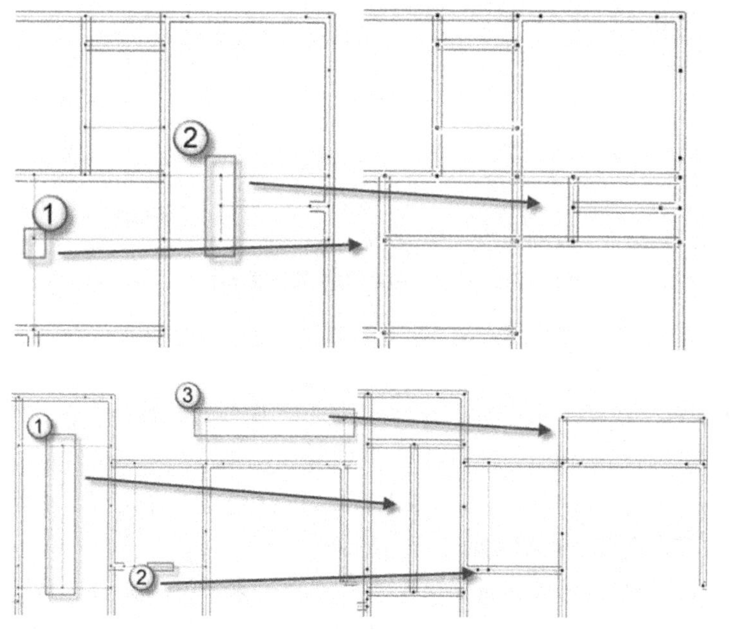

图 2.1.40　200×400 主梁布置图

单击“楼层定义”→“主梁布置”按钮，选择“200×400 梁截面”，用户自行切换选择方式对梁进行布置。200×400 梁截面布置好后如图 2.1.41 所示。

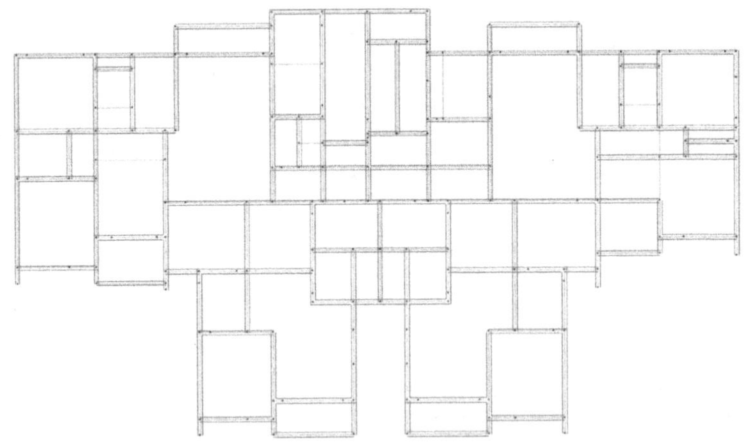

图 2.1.41　200×400 截面梁布置

(9) 布置 100×100 截面梁。单击“主梁布置”选择“新建”按钮，新建 100×100 截面梁。选择 100×100梁截面，单击“布置”按钮，即可对结构进行梁布置。布置图如图 2.1.42 所示。

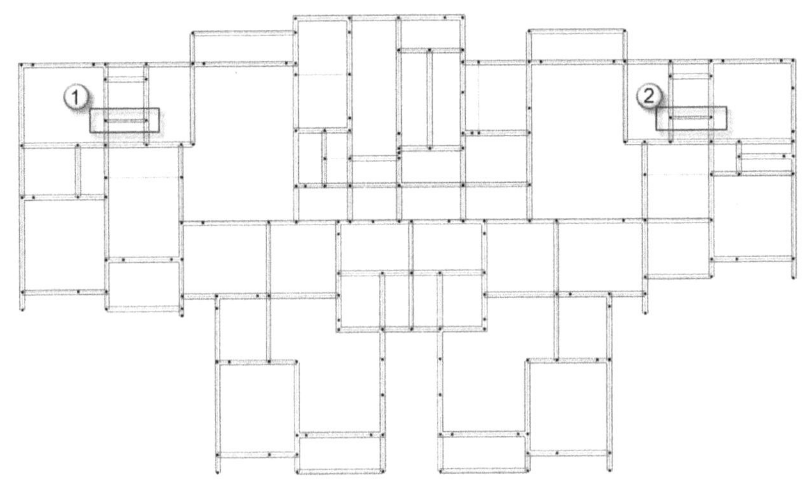

图 2.1.42　100×100 截面梁布置

布置 200×300 截面梁。单击“主梁布置”选择“新建”按钮，新建 200×300 截面梁。选择 200×300 梁截面，单击“布置”按钮，即可对结构进行梁布置。布置图如图 2.1.43 所示。

布置好上述梁之后即完成了一层平面梁的布置。单击“回前菜单”按钮，返回“楼层定义”菜单。

7. 洞口布置

洞口布置在网格上，可在一段网格上布置多个洞口，但是程序会在两洞口之间自动增加节点，如洞口跨越节点布置，则该洞口会被节点截成两个标准的洞口。

注意：某房间部分为楼梯间时，可在楼梯间布置处开设一大洞口。如房间全部为楼梯间时，也可点菜单 4，将该房间板厚修改为 0。房间内所布的洞口，其洞口部分的荷载在荷载传导时扣除。但房间板厚为 0 时，程序仍认为该房间的楼面上有荷载。

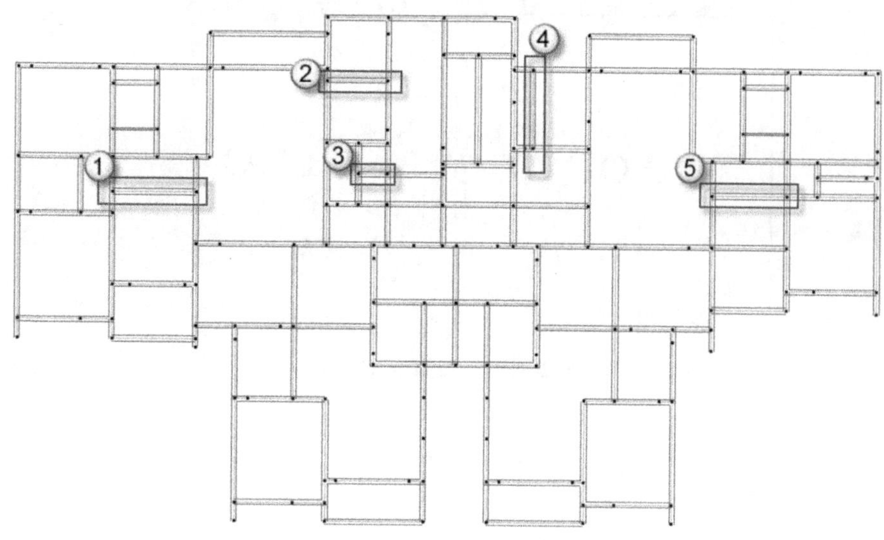

图 2.1.43　200×300 截面梁布置

8. 楼板生成

(1) 单击“楼板生成”菜单选择“生成楼板”按钮。程序将对楼板自行定义厚度,但在实际工程中由于每个房间跨度、荷载情况以及使用功能的不同,一般情况下整层楼板板厚不可能为同一个厚度,当某个房间并非此值时,则可利用修改板厚进行修改。单击“修改板厚”菜单,将这间房板厚度修正。当其房间为空洞口时例如楼梯间,或某房间上内容不打算画出时,可将该房间板厚修改成 0。

在“请用光标点取被修改的房间”提示下,单击某个房间,即将该房间板厚设为已设置的数值,单击“保存”按钮即可退出“修改板厚操作”。

(2) 修改楼板操作步骤:单击“修改板厚”按钮,会出现如图 2.1.44 所示的对话框,在对话框中对板的厚度进行修改,用户应输入相应的板的厚度数值。例如,板厚为 120 厚,选择“光标选择”方式,如图 2.1.45所示。

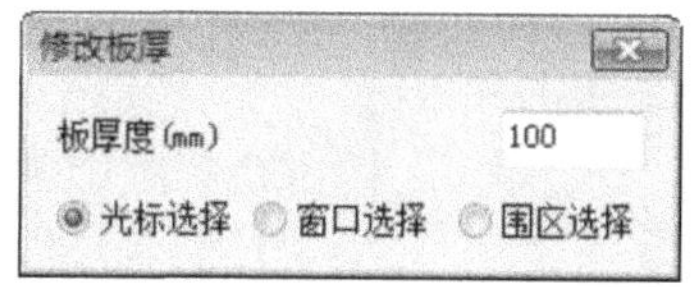

图 2.1.44　“修改板厚”对话框

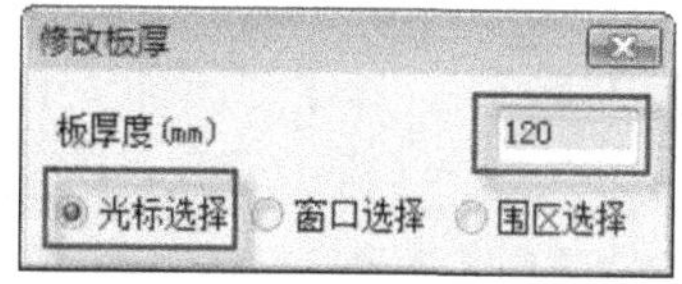

图 2.1.45　120 板厚

用户将鼠标移至要修改的楼板上,当楼板边界显示黄颜色时单击鼠标左键即对楼板进行板厚的修改。操作界面如图 2.1.46 所示。

整体建模中建立了楼梯,通过楼层定义中的修改板厚工具,将楼梯间楼板厚度改为 0。修改后的图如图 2.1.47 所示。

(3) 依照不同的楼板厚度依次对楼板进行修改,修改步骤如上述所示。下面将对 130 板厚进行修改。单击“楼板生成”选择“修改板厚”按钮,切换选择方式,对楼板厚度进行修改,如图 2.1.48 所示。

切换至“光标选择”方式,单击需要修改的楼板厚度即可对板厚进行修改。左半部分的楼面板厚如图 2.1.49 所示。

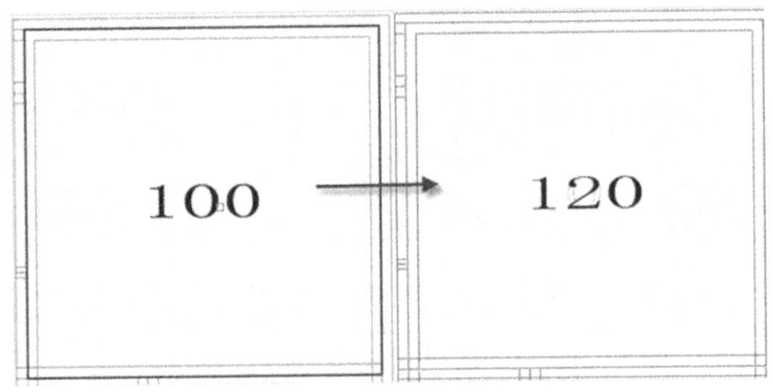

图 2.1.46　板厚修改前后

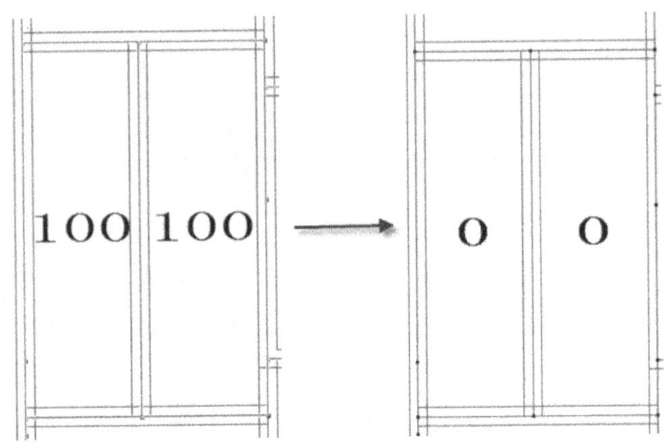

图 2.1.47　楼板厚度修改

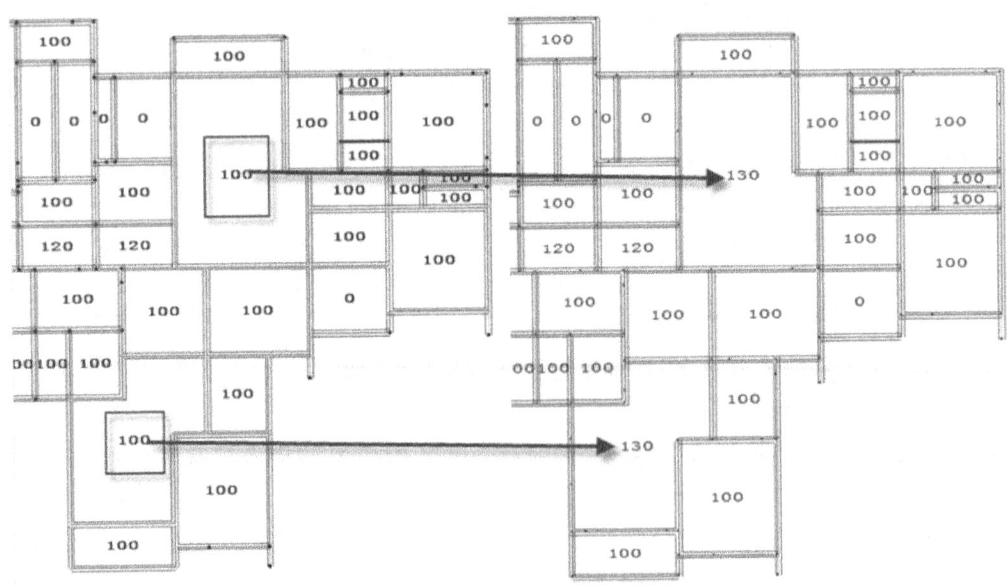

图 2.1.48　130 厚楼板(右半部分)

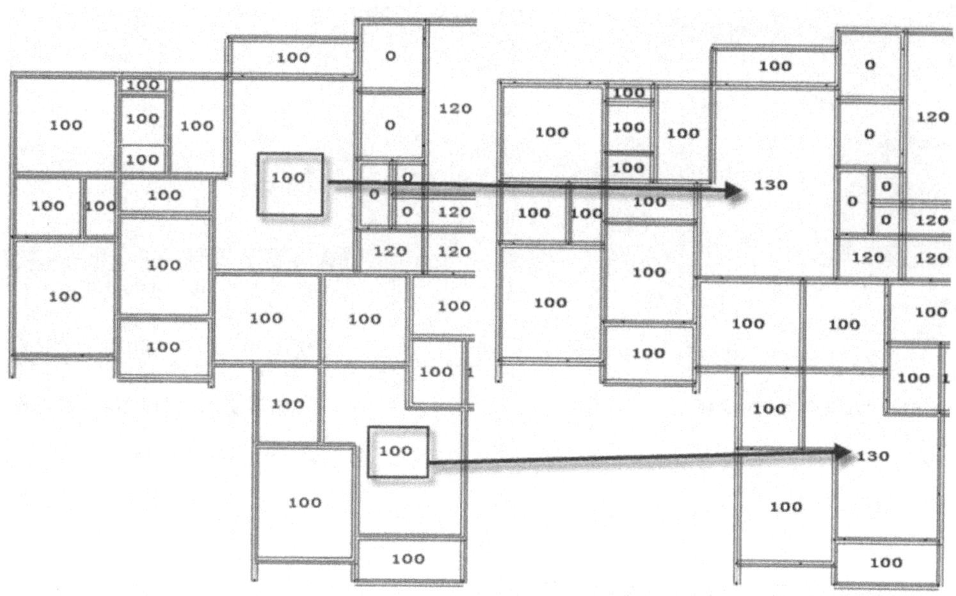

图 2.1.49　130 厚楼板(左半部分)

“楼板生成”菜单下，单击“修改板厚”按钮。输入修改板厚值，切换选择方式后即可对楼板板厚进行修改，修改完成后一层楼板板厚如图 2.1.50 所示。

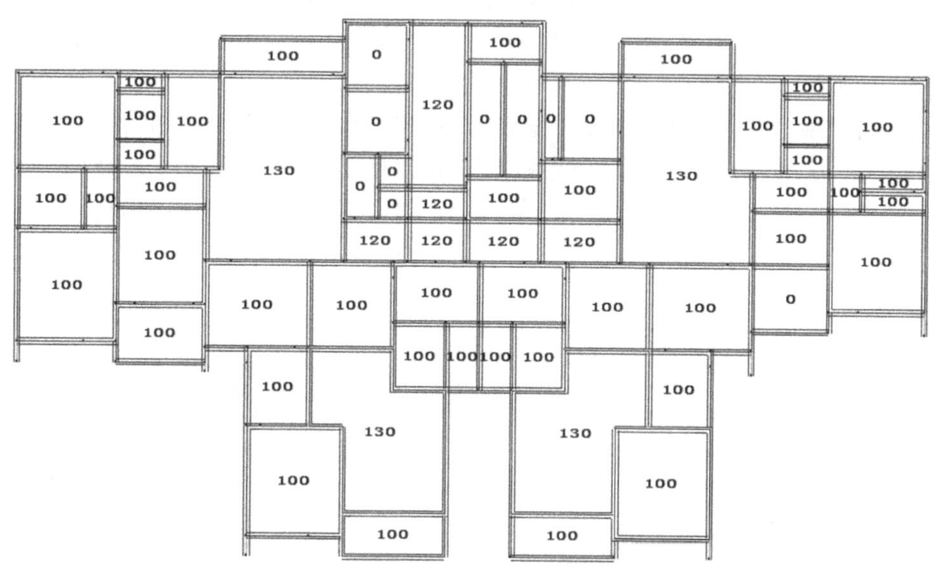

图 2.1.50　一层楼板板厚

9. 本层信息

运用“本层信息”菜单对楼层的一些基本参数信息进行设置，主要有板厚、板混凝土强度等级、板钢筋保护层厚度、柱混凝土强度等级、梁混凝土强度等级、剪力墙混凝土强度等级、梁钢筋类别、柱钢筋类别、墙钢筋类别以及本标准层层高，如图 2.1.51 所示。

单击“楼层定义”会弹出下拉菜单，然后单击“构件删除”按钮，将会弹出“构件删除”对话框，如图 2.1.52所示。

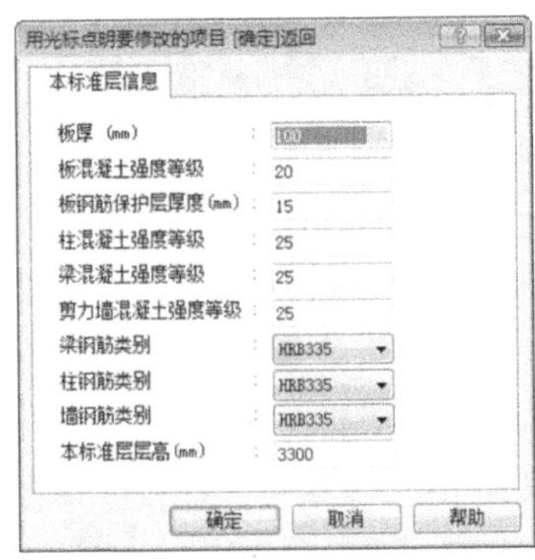

图 2.1.51 “本层信息”对话框

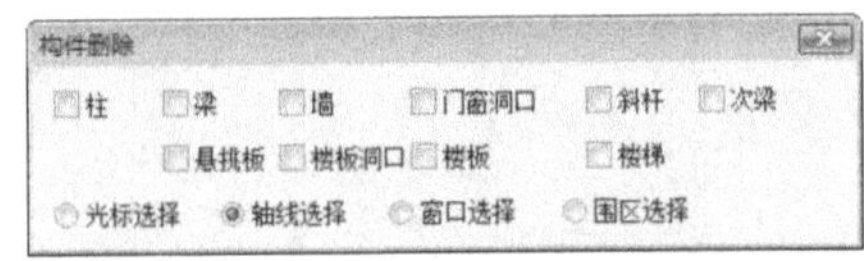

图 2.1.52 “构件删除”对话框

在“构件删除”对话框中选取要删除的构件，可同时选取多个构件。删除的方式有四种：光标选择、轴线选择、窗口选择及围区选择。

10. 本层修改

单击“本层修改”菜单，选择“本层修改”按钮。

(1) 墙替换。

选择“本层修改”，单击“墙替换”按钮将会弹出图 2.1.53 所示“墙替换”对话框。在“选择被替换的标准墙，原截面”提示下，选择 200 厚截面，选中后确认。程序将会弹出如图 2.1.53 所示对话框，单击确定。接着提示栏会提示“选择替换的标准墙新截面”，选择 250 厚墙截面，程序会弹出一个与图 2.1.54 相似的对话框，只是截面类型变为 250 墙截面，单击确定后，所存的 200 厚截面的墙将会自动被替换为 250 厚的墙。

通过“本层修改”菜单对构件进行查改。选择“本层修改”单击“柱查改”按钮，程序会自动提示“请用光标选择查改目标”，选择要修改的柱子，将会弹出“构件信息”对话框，如图 2.1.54 所示。

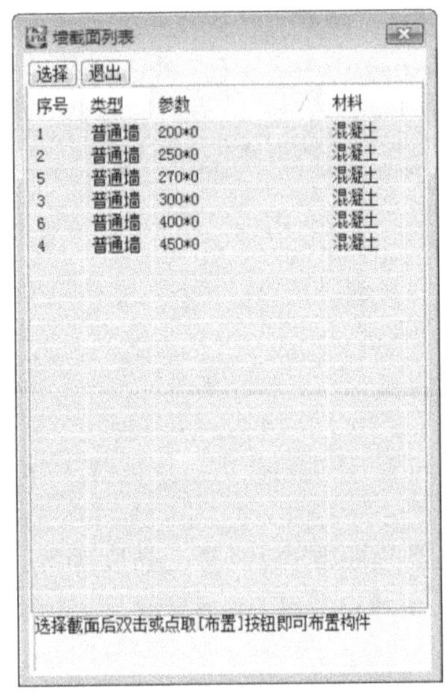

图 2.1.53 “墙替换”对话框

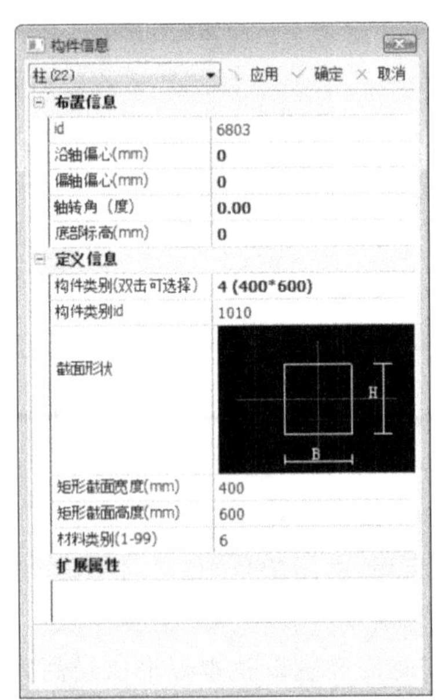

图 2.1.54 查改构件信息

在该对话框中可以看出构件的布置信息、定义信息以及扩展属性。用户根据需要对构件进行修改。单击“回前菜单”，程序返回到“楼层定义”菜单。

柱、梁、洞口等构件的替换方法与墙的替换方法基本相同，不再一一讲述。

(2) 层编辑。

“层编辑”菜单用于在已创建楼层的基础上快速生成其他楼层，可在两标准层之间插入新的标准层以及删除某个标准层。单击“层编辑”菜单，会弹出包含 6 个操作命令的下拉菜单，具体内容如下所示。

① “删标准层”用于删除某一标准层。单击“删标准层”按钮，会弹出如图 2.1.55 所示对话框。在该对话框中单击要删除的标准层，然后单击“确定”按钮即可将选定的标准层删除。

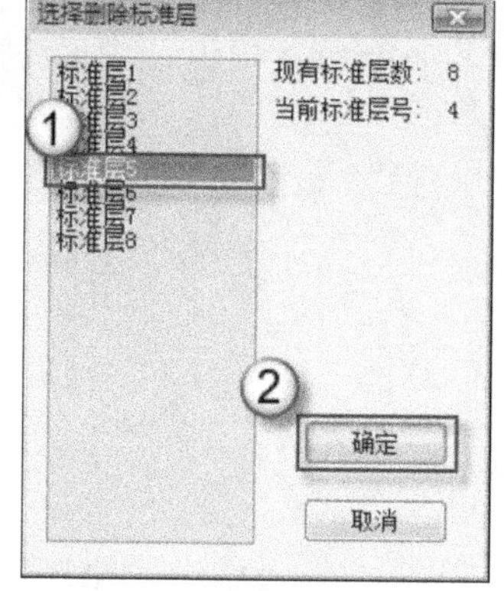

图 2.1.55　“删标准层”对话框

② “插标准层”用于在指定标准层前面插入一新的标准层。

③ “层间编辑”可将操作在多个或全部标准层上同时进行，这样可以省去来回切换到不同标准层再去执行同一菜单项的麻烦。单击“层间编辑”按钮，将会出现“层间编辑设置”对话框。如图 2.1.56 所示，在该对话框内可实现同时编辑多个标准层，“删除”就是取消层间编辑操作。

④ “层间复制”可以实现将当前层的部分对象向已有的目标层复制，与新建标准层和插入层有所不同。

⑤ “单层拼装”可以实现与其他工程或本工程的某一被选标准层之间的对象复制。

⑥ “工程拼装”能够将任一工程中以及布置好的所有的标准层拼装到当前工程的相应标准层中，而“单层拼装”只拼装某一标准层。

(3) 截面显示。

单击“截面显示”，单击“墙显示”按钮，将会弹出如图 2.1.57 所示的下拉菜单，勾选“数据显示”选项，标准层将会显示柱的尺寸和偏心。

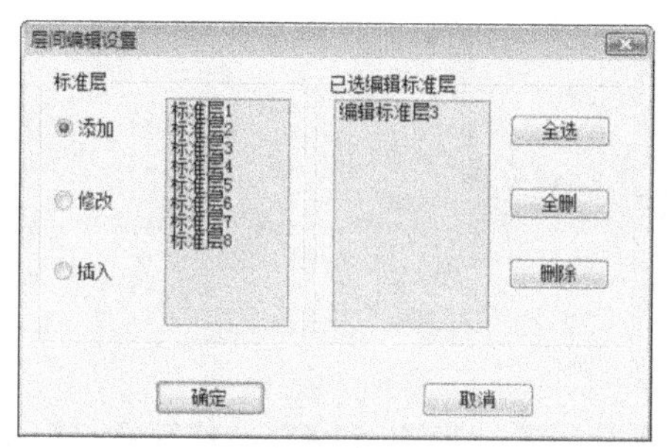

图 2.1.56　“层间编辑设置”对话框

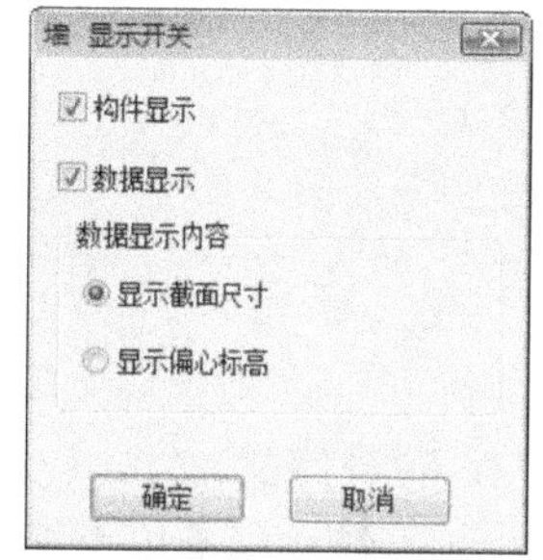

图 2.1.57　墙 显示开关

打开墙显示对话框后单击“确定”按钮，系统将会显示墙的已有信息，显示图如图 2.1.58 所示。

单击“截面显示”，单击“梁 显示”按钮，将会弹出如图 2.1.59 所示的下拉菜单，勾选“数据显示”选项，标准层将会显示梁的尺寸和偏心。显示图如图 2.1.60 所示。

柱显示、洞口显示等构件信息显示的步骤都是相同的，在此不再一一详述。

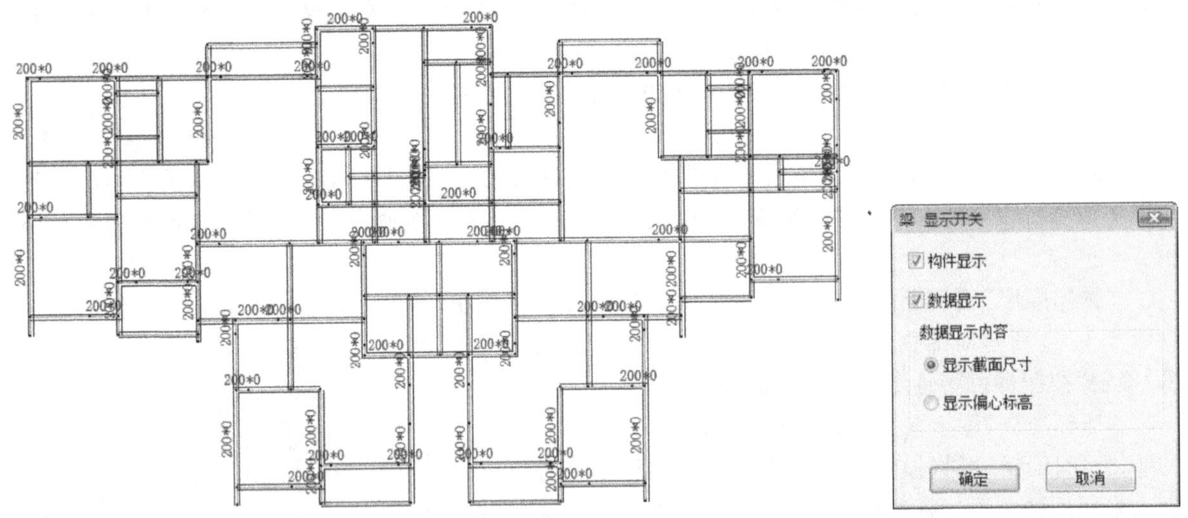

图 2.1.58 墙信息显示图

图 2.1.59 “梁 显示开关”对话框

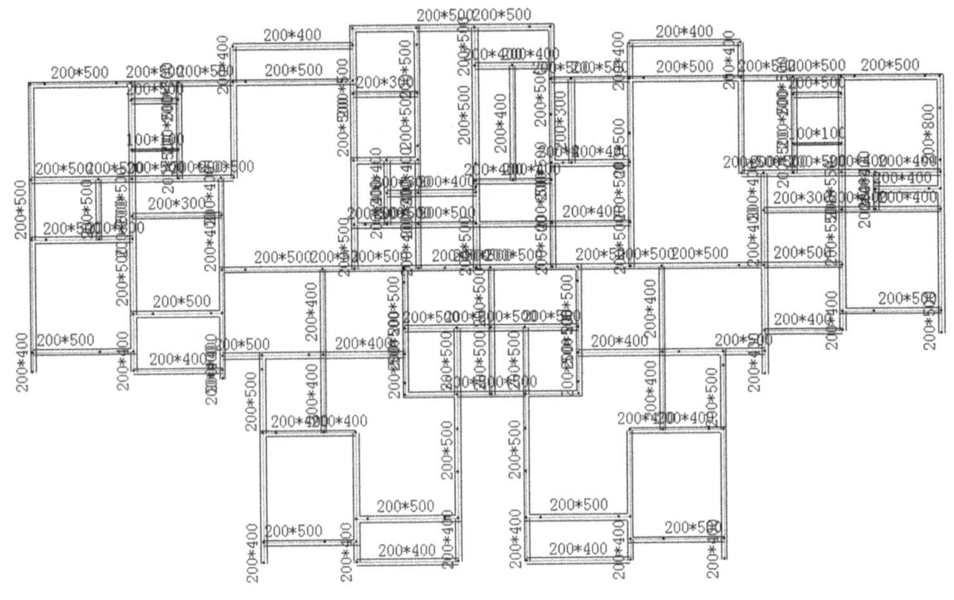

图 2.1.60 梁信息显示图

11. 荷载定义

在同一结构标准层上输入作用在梁、墙、柱和节点上的恒载及活载。程序可以自动计算梁、墙、柱的自重和楼面传导到梁、墙上的恒载及活载,因此这些荷载不需输入。其他外加的梁间、墙间、柱间和节点的恒载及活载要在这里输入。

注意:所有荷载均输入标准值,而非设计值。楼面均布恒载和活载,必须分开输入。楼面均布恒载应包含楼板自重。若程序增加了计算板自重的功能,此时楼面均布恒载应扣除楼板自重。梁、墙、柱自重程序自动计算,不需输入,但框架填充墙应折算成梁间均布线载输入。

(1)“荷载输入”菜单下包括楼面荷载、梁间荷载、柱间荷载、墙间荷载、节点荷载、次梁荷载等命令。

实例的柱子、梁、墙以及楼板都已经生成完毕。接下来开始对荷载进行输入。一是楼面荷载的输入，二是梁间荷载的输入。

(2) 用户可以选择自动计算楼板自重，此时均布恒载不应再计入楼板自重。单击“荷载输入”菜单选择“恒活设置”按钮，将会弹出“荷载定义”对话框，如图 2.1.61 所示，勾选“自动计算现浇楼板自重”，然后即可在“恒载”“活载”设置中对荷载的设置进行修改。修改完成后单击“确定”按钮，即可对楼板进行自动计算。系统自动计算现浇楼板自重，楼板恒载示意图如图 2.1.62 所示。

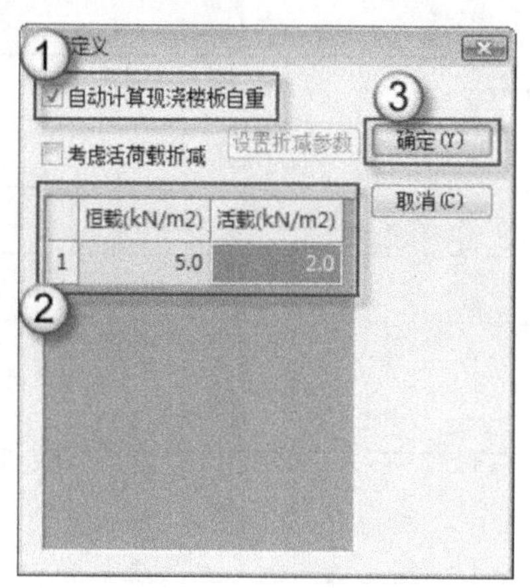

图 2.1.61　荷载定义

注意：荷载可分为下列三类。

(1) 永久荷载，例如结构自重、土压力、预应力等。

(2) 可变荷载，例如楼面活荷载、屋面活荷载和积灰荷载、吊车荷载、风荷载、雪荷载等。

(3) 偶然荷载，例如爆炸力、撞击力等。

自重是指材料自身重量产生的荷载(重力)。

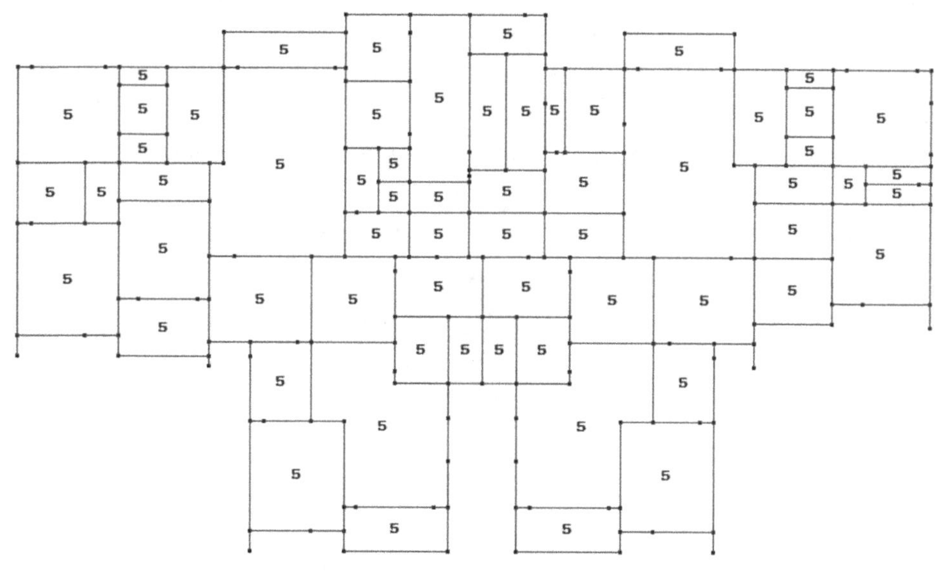

图 2.1.62　楼板恒载示意图

单击“荷载输入”菜单，选择“楼面荷载”选项，单击“楼面恒载”按钮，将会弹出“修改恒载”对话框。在这里可以对楼面恒载值进行设置，如图 2.1.63 所示。

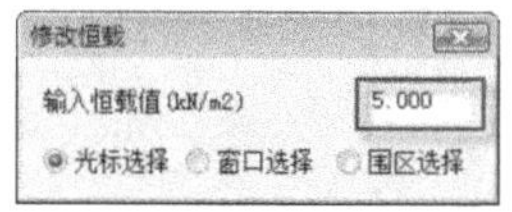

图 2.1.63　楼面恒载设置

注意：这里定义荷载标准层。凡是楼面均布恒载和活载都相同的相邻楼层都应视为同一荷载标准层，需输入该层的楼面均布恒载和活载各一个值，该值应为该层大多数房间的值，对不同楼面均布恒载和活载的房间可在 PMCAD 主菜单 3 中重新定义。

定义各楼面的恒、活均布面荷载标准层，输入的是荷载标准值。楼面荷载的设置应根据《建筑结构荷载规范》(GB 50009—2012)查询得到，基本恒载值如表 2.1.1 所示。

表 2.1.1　基本恒载统计表　　　　单位：kN/m²

序号	房间名称	建筑装修荷载	二次装修荷载	备注	SATWE
1	客厅、餐厅、走廊、门厅	1.0	1.0		2
2	卧室、客房、书房、衣帽间	1.0	1.0		2
3	阳台、露台	1.0	1.0	露台无保温层	2
4	露台	1.0+3.3+0.4×14=9.9	1.0	考虑保温隔热层重3.3，考虑降板 0.4 m	11
5	厨房	1.0	1.0	当调坡距离较长时，尚应考虑相应荷载	2
6	卫生间	0.5+0.4×14=6.1	1.0	考虑降板 0.4 m	7.1
7	上人平屋面	3.0	1.0	另考虑调坡 1.5	5.5
8	楼梯	9.0	1.0	用于两跑，多跑按实际取值	9.0

注意：上述荷载暂未考虑建筑线条、钢挂等具体建筑大样的荷载，如有变化将另外补充更改。以上荷载不含板自重。

依照表 2.1.1 所设置的楼面基本恒载设置，以楼梯恒载为例。单击“楼面恒载”按钮，出现楼面恒载修改对话框，输入相应的恒载值，如图 2.1.64 所示。

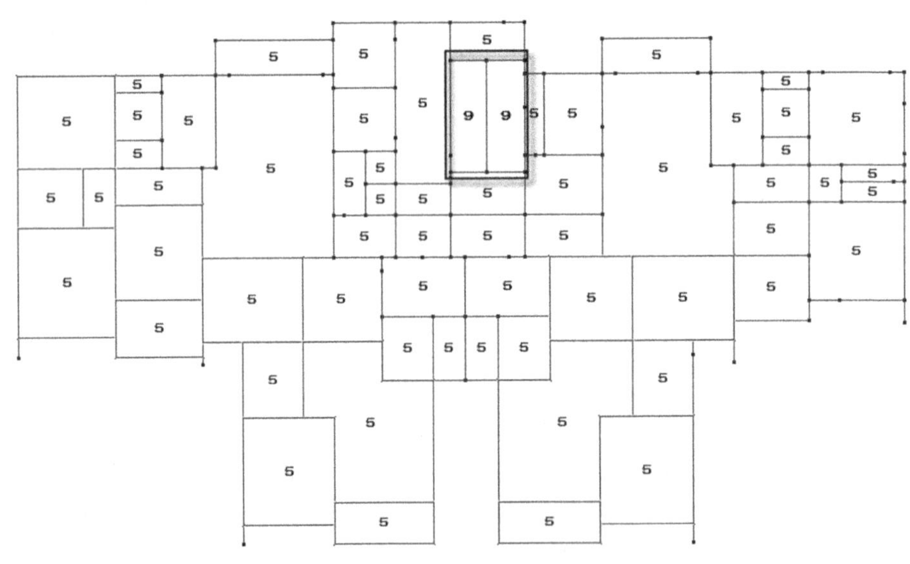

图 2.1.64　楼梯楼板恒载布置图

上述是楼梯恒载的设置步骤，用户按照上述步骤布置其余楼面恒荷载。楼面恒荷载的取值依照《建筑结构荷载规范》(GB 50009—2012)，楼面恒荷载布置图如图 2.1.65 所示。

(3) 楼面板恒载输入完成后输入楼面活载，楼面活载的设置同楼面恒载的设置。楼面活载的取值查询《建筑结构荷载规范》(GB 50009—2012)，民用建筑楼面均布活荷载值见表 2.1.2 所示。

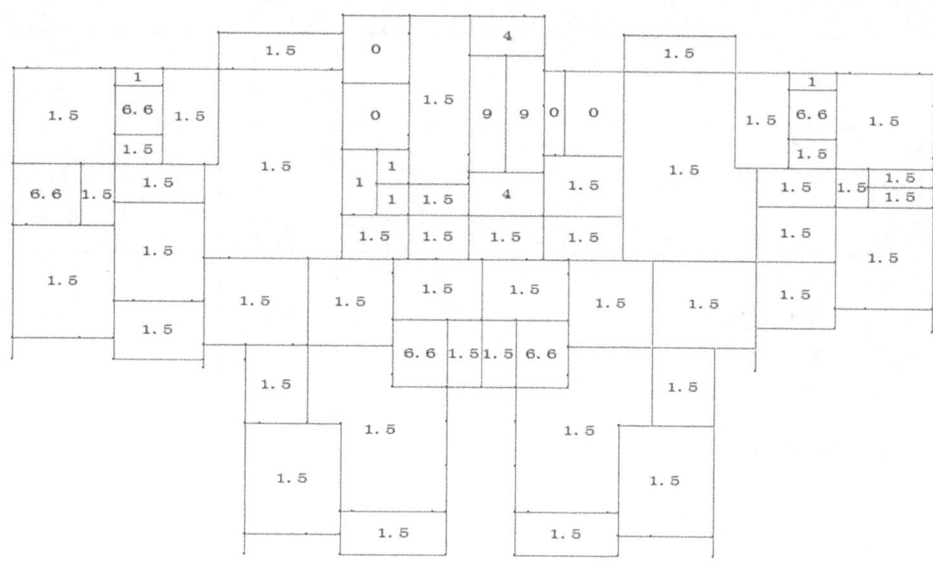

图 2.1.65　楼面恒载值布置示意图

表 2.1.2　民用建筑楼面均布活荷载查询

项次	类　　别	标准值/(kN/m^2)	组合值系数 Ψ_c	频遇值系数 Ψ_f	准永久值系数 Ψ_q
1	(1)住宅、宿舍、旅馆、办公楼、医院病房、托儿所、幼儿园； (2)教室、试验室、阅览室、会议室、医院门诊室	2.0	0.7	0.5 0.6	0.4 0.5
2	食堂、餐厅、一般资料档案室	2.5	0.7	0.6	0.5
3	(1)礼堂、剧场、影院、有固定座位的看台； (2)公共洗衣房	3.0 3.0	0.7 0.7	0.5 0.6	0.3 0.5
4	(1)商店、展览厅、车站、港口、机场大厅及其旅客等候室； (2)无固定座位的看台	3.5 3.5	0.7 0.7	0.6 0.5	0.5 0.3
5	(1)健身房、演出舞台； (2)舞厅	4.0 4.0	0.7 0.7	0.6 0.6	0.5 0.3
6	(1)书库、档案库、贮藏室； (2)密集柜书库	5.0 12.0	0.9	0.9	0.8
7	通风机房、电梯机房	7.0	0.9	0.9	0.8
8	汽车通道及停车库： (1)单向板楼盖(板跨不小于 2 m)： 客车； 消防车 (2)双向板楼盖和无梁楼盖(柱网尺寸不小于 6 m×6 m)： 客车； 消防车	 4.0 35.0 2.5 20.0	 0.7 0.7 0.7 0.7	 0.7 0.7 0.7 0.7	 0.6 0.6 0.6 0.6

续表

项次	类　别	标准值/（kN/m²）	组合值系数 Ψ_c	频遇值系数 Ψ_f	准永久值系数 Ψ_q
9	厨房： (1)一般的； (2)餐厅的	 2.0 4.0	 0.7 0.7	 0.6 0.7	 0.5 0.7
10	浴室、厕所、盥洗室： (1)第 1 项中的民用建筑； (2)其他民用建筑	 2.0 2.5	 0.7 0.7	 0.5 0.6	 0.4 0.5
11	走廊、门厅、楼梯： (1)宿舍、旅馆、医院病房、托儿所、幼儿园、住宅； (2)办公楼、教室、餐厅、医院门诊部； (3)消防疏散楼梯，其他民用建筑	 2.0 2.5 3.5	 0.7 0.7 0.7	 0.5 0.6 0.5	 0.4 0.5 0.3
12	阳台： (1)一般情况； (2)当人群有可能密集时	 2.5 3.5	 0.7	 0.6	 0.5

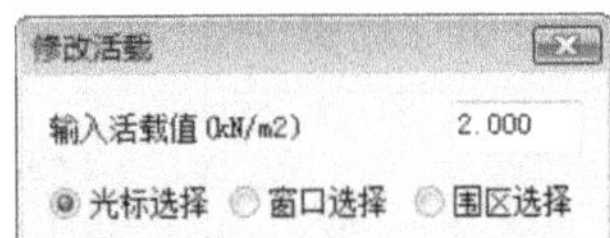

图 2.1.66　楼面活荷载修改

查表可知实例中每个房间的楼面活荷载取值情况。单击“楼面荷载”选择“屋面活载”按钮，会弹出“修改活载”对话框，如图 2.1.66 所示。如果有某个房间的荷载值要进行修改，输入新值，然后选择要修改的房间，即可实现某个房间的荷载值更改。或用窗口点取多个房间同时修改，修改完毕后按 Esc 键退出。系统自动定义的楼面活荷载示意图如图 2.1.67 所示。

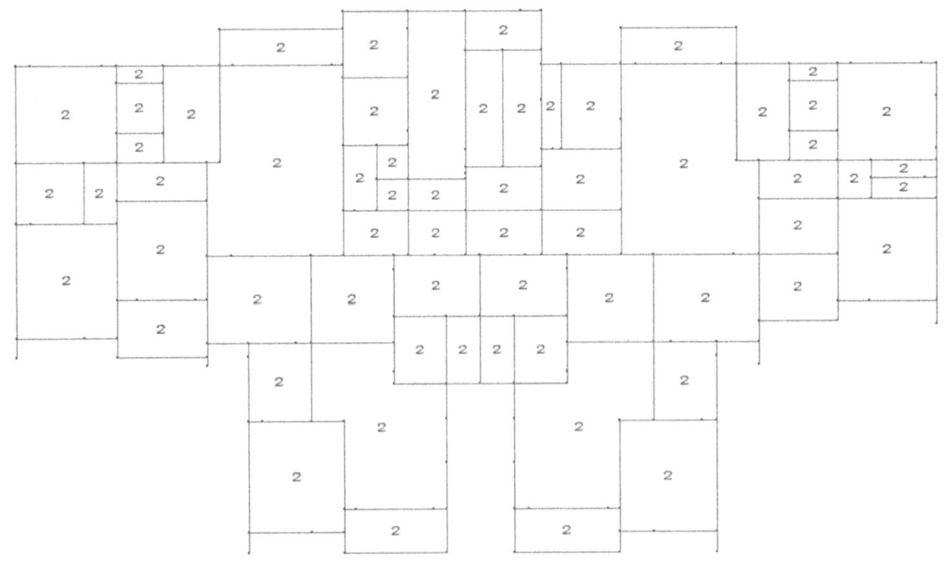

图 2.1.67　楼面活荷载示意图

由民用建筑楼面均布活荷载表查询可得示例中房间的楼面活荷载取值，单击“楼面活载”按钮，会出现楼面活载修改对话框，如图 2.1.68 所示。在提示框中输入要修改的楼面活载值，选择“光标选择”方式对楼面活载进行逐一布置，布置图如图 2.1.69 所示。

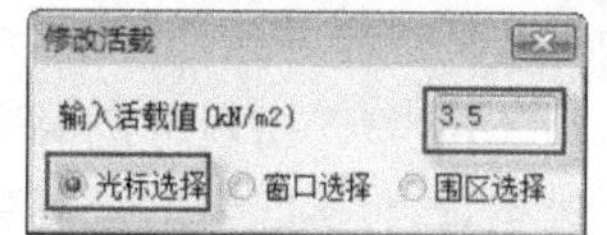

图 2.1.68　活载修改对话框

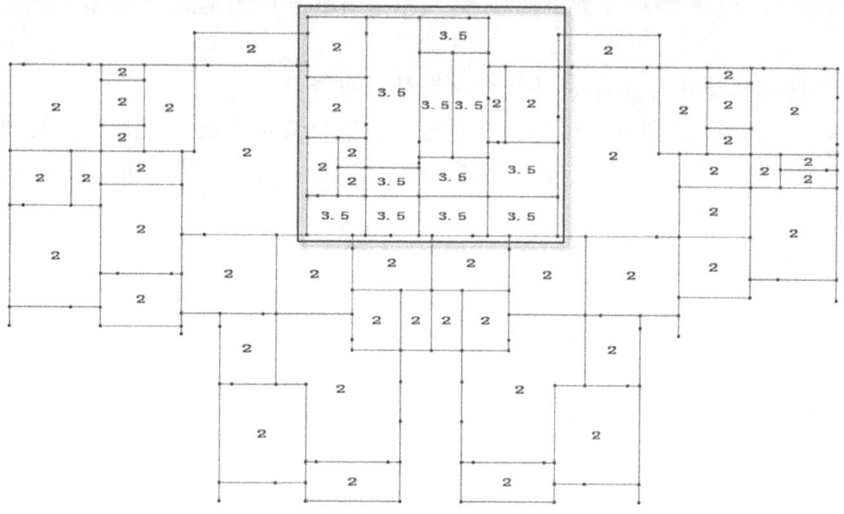

图 2.1.69　楼面活载局部布置示意图

根据《建筑结构荷载规范》(GB 50009—2012)对楼面活载进行取值。楼面活载修改步骤为：单击“楼面活载”按钮，输入活载值，单击选择方式，对楼面活载进行布置。楼面活载完整布置图如图 2.1.70 所示。

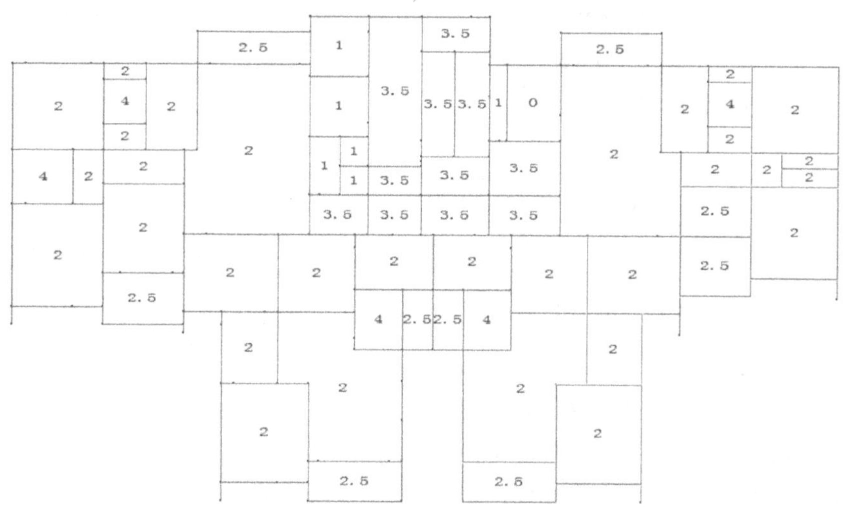

图 2.1.70　楼面活载布置示意图

(4)“导荷方式”菜单下包含如图 2.1.71 所示的三种导荷方式，分别为对边导荷方式、梯形三角形传导以及周边布置。

对边导荷方式：只将荷载向房间两边对导，在矩形房间上铺预制板时，程序按板的布置方向自动取用这种荷载的传导方式。

梯形三角形传导：对现浇混凝土楼板的矩形房间，程序采用这种荷载传导方式。

周边布置：将房间内的总荷载沿房间周长等分成均布荷载布置，对于非矩形房间，程序选用这种传导方式。选用“周边布置”后，可以指定房间的某一边或某几边为不受力边。

“调屈服线”命令。“调屈服线”主要针对梯形、三角形方式导荷的房间，当需要对屈服线角度特殊设定时使用。

完成楼面恒荷载和活荷载布置后，将进行梁间荷载的布置。

(5) 布置梁间荷载。单击“梁间荷载”菜单，左键单击下拉菜单下的“数据开关”按钮，将会弹出“数据显示状态”对话框，如图 2.1.72 所示，勾选“数据显示”选项，单击文本框即可修改字符大小，修改好后单击“确定”按钮。

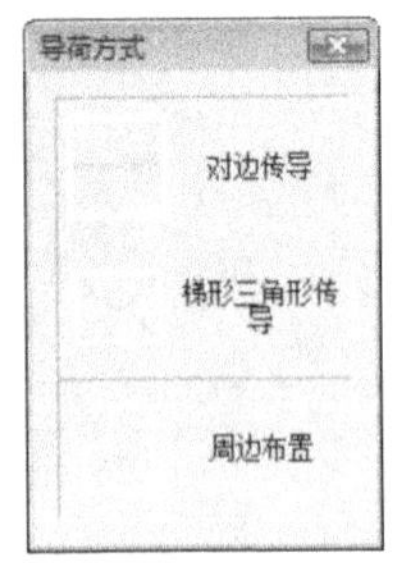

图 2.1.71 导荷方式形式

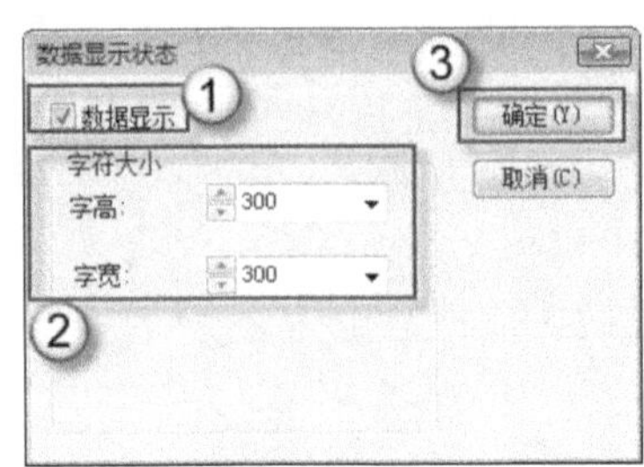

图 2.1.72 “数据显示状态”对话框

在“梁间荷载”下单击“恒载输入”按钮，对梁的恒载进行布置，梁间恒载取值见表 2.1.3 所示。

表 2.1.3 基本梁间恒载统计

序号	墙体(双面粉刷)	墙体自重标准值/(kN/m²)
1	200 厚加气块外墙(考虑贴面砖与保温)	2.8
2	200 厚加气块普通内隔墙	0.2×0.8+0.04×20=2.4
3	150 厚加气块普通内隔墙	0.15+8+0.04×20=2.0
4	150 厚加气块厨厕内隔墙	2.2
5	100 厚加气块普通内隔墙	0.1×8+0.04×20=1.6
6	100 厚加气块厨厕内隔墙(考虑贴面砖)	1.8
7	窗(双层玻璃)	0.8

荷载布置前必须要定义它的类型、值、参数信息。单击“恒载输入”按钮，会弹出如图 2.1.73 所示的对话框，对话框上面是“添加”“修改”“删除”“布置”“退出”按钮。

“添加”：定义一个新的荷载。点“新建”按钮，会弹出“荷载定义”对话框，在对话框中输入荷载的相关参数，即可定义新的荷载。

“修改”：修改已经定义过的荷载信息。如果修改了标准荷载的参数，对于已经布置于各个杆件上的荷载也将自动变化。

“删除”：删除已经定义过的荷载信息。如果删除了标准荷载的参数，对于已经布置于各个杆件上的荷载也将自动删除掉。

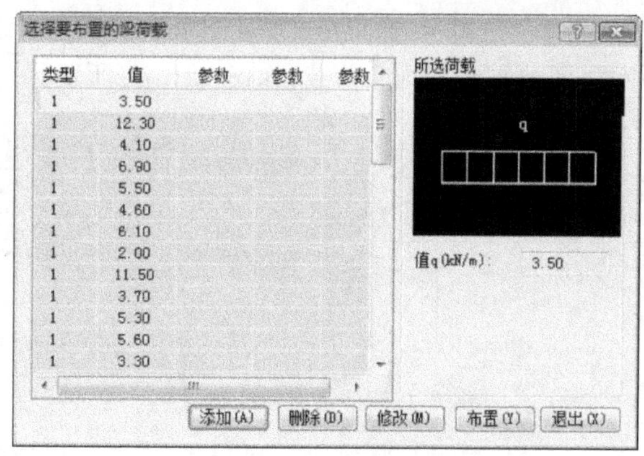

图 2.1.73　梁荷载布置对话框

"布置":选择完某一标准荷载信息后,单击"布置"将它布置到杆件或节点上。荷载布置的方式包括光标选择、轴线选择、框选、围区选择四种方式。

"退出":结束荷载定义或输入。

(6) 定义梁的标准荷载。单击"添加"按钮会弹出"选择荷载类型"对话框,如图 2.1.74 所示。梁荷载类型一共有 7 类。选择完类别后输入相应的参数即可。

定义梁间荷载完成后,对示例房间的各梁进行荷载布置。单击"梁间荷载"→"恒载输入"按钮,会出现梁布置对话框。选择梁间荷载值,单击"布置"按钮,按"Tab"键切换选择方式,如图 2.1.75 所示,按"Tab"键切换至"光标选择"方式,光标单击节点间的网格。部分梁间荷载布置如图 2.1.76 所示。

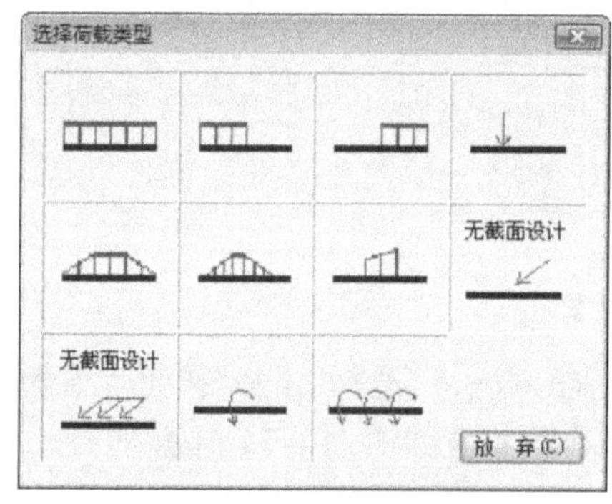

图 2.1.74　梁荷载类型对话框

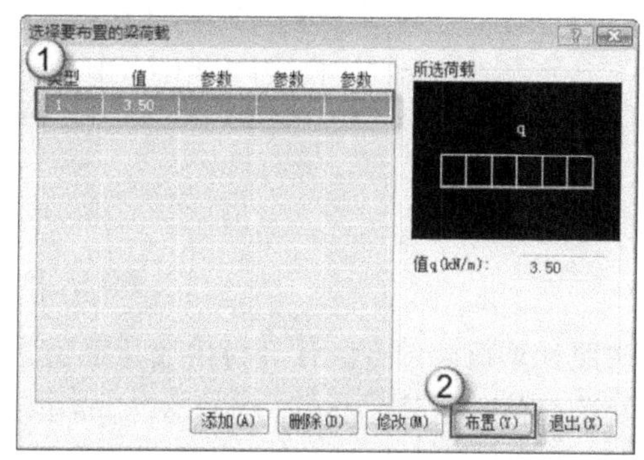

图 2.1.75　梁间荷载对话框

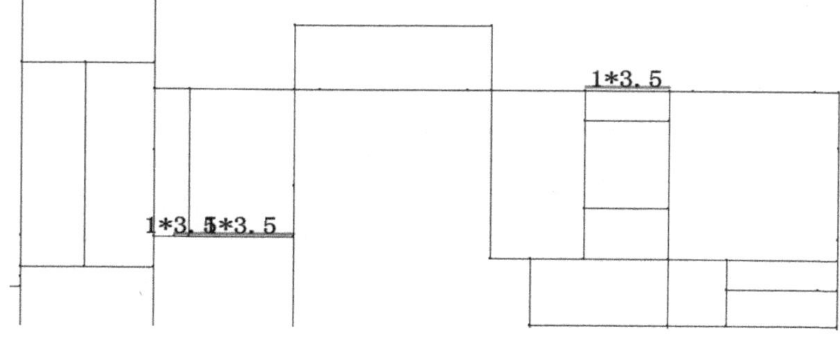

图 2.1.76　梁间部分荷载布置示意图

按“Tab”键切换选择方式，当命令栏提示“窗口方式”时即可布置梁间荷载。用光标拖动，与光标拖动框（蓝色的矩形框）相交的网格即被布置了梁间荷载，如图 2.1.77 所示。

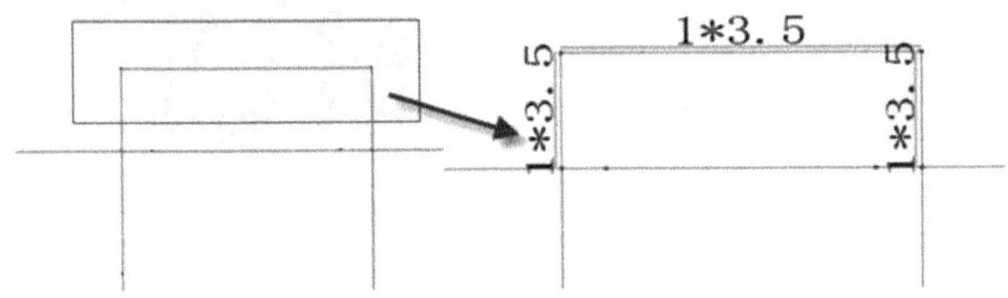

图 2.1.77　梁间荷载布置

按照梁间荷载布置为 3.5 kN/m 的操作步骤布置梁间荷载，用户可以通过“Tab”键切换任一种合适的荷载布置方式。该荷载布置图如图 2.1.78 所示。

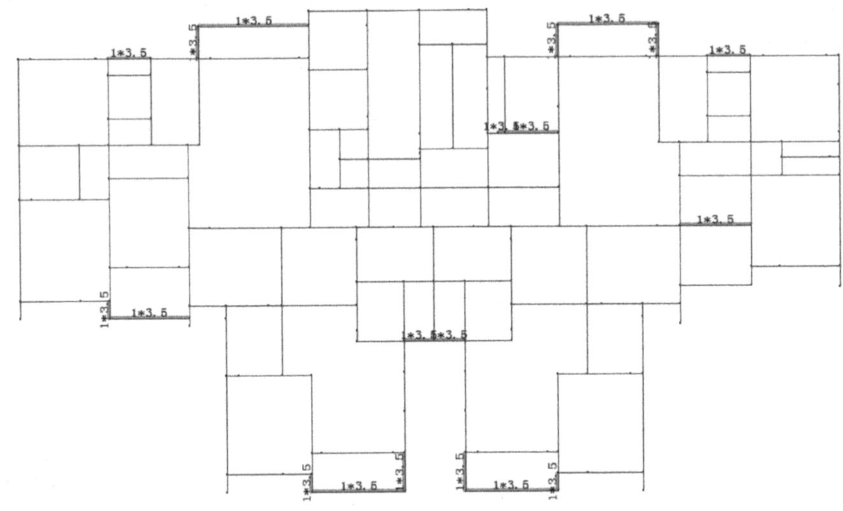

图 2.1.78　梁间部分荷载布置图

按照计算荷载的方法计算得内墙荷载值为 4.1 kN/m，单击“恒载输入”选择“添加”按钮。输入荷载类型及荷载值。选择荷载值为 4.1 kN/m，单击“布置”按钮。该荷载布置如图 2.1.79 所示。

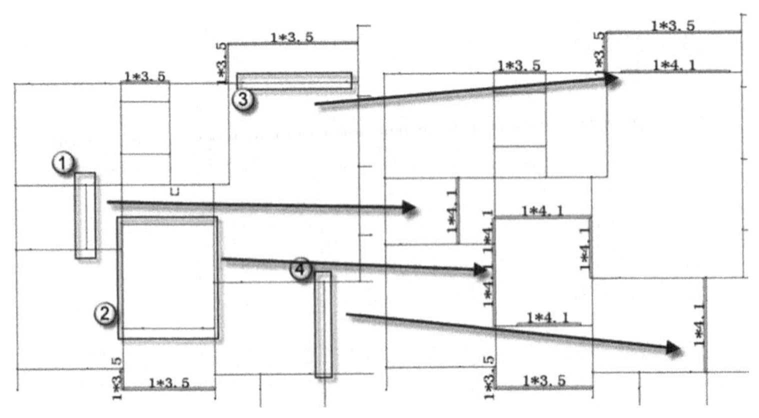

图 2.1.79　梁间荷载布置

重复用布置 3.5 kN/m 梁间荷载的步骤布置其余梁间荷载，布置图如图 2.1.80 所示。

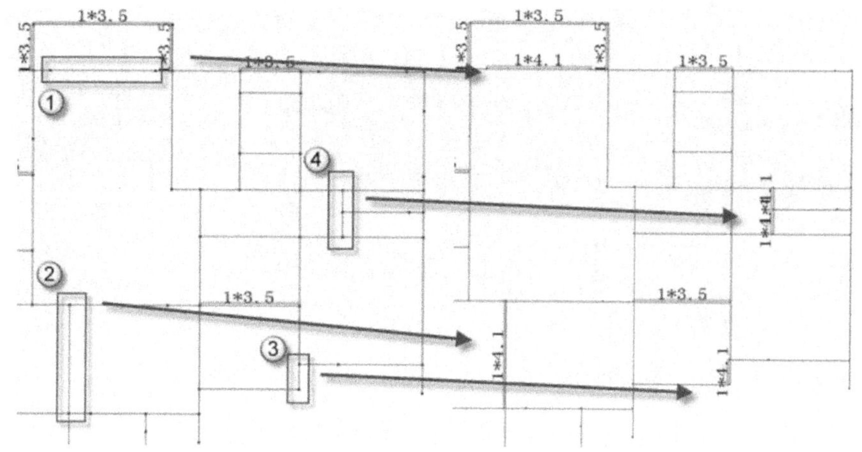

图 2.1.80　梁间荷载布置图

完成上述步骤，荷载为 4.1 kN/m 的布置图即可完成，如图 2.1.81 所示。

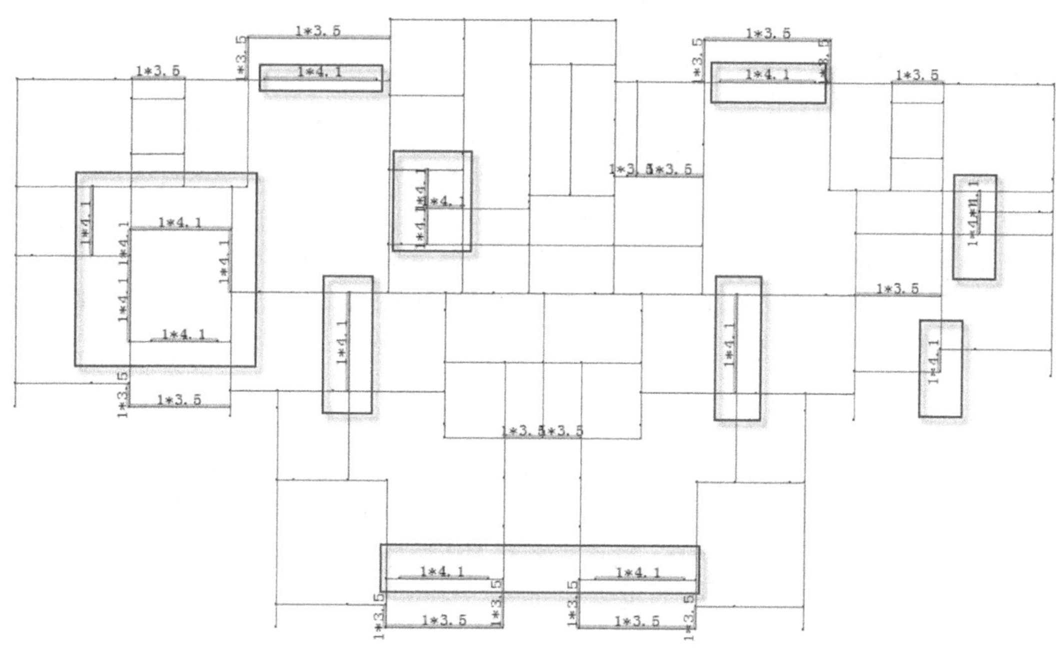

图 2.1.81　恒载布置图

梁间荷载布置关键是对梁间荷载进行取值。新建梁间荷载值，打开梁间荷载值对话框，选择要布置的梁间荷载值，然后选择布置方式，在节点的网格间布置荷载值。完成后的布置图如图 2.1.82 所示。

注意：输入了梁荷载后，如果再作修改节点信息（删除节点、清理网点、形成网点、绘节点等）的操作，由于和相关节点相连的杆件的荷载将作等效替换（合并或拆分），所以此时应核对一下相关的荷载。

墙间荷载主要是指输入墙上的特殊荷载，与梁间荷载的操作方法基本相同。

布置梁间荷载完成后，则已经完成了 PMCAD 主楼地上部分一层平面模型的建立。

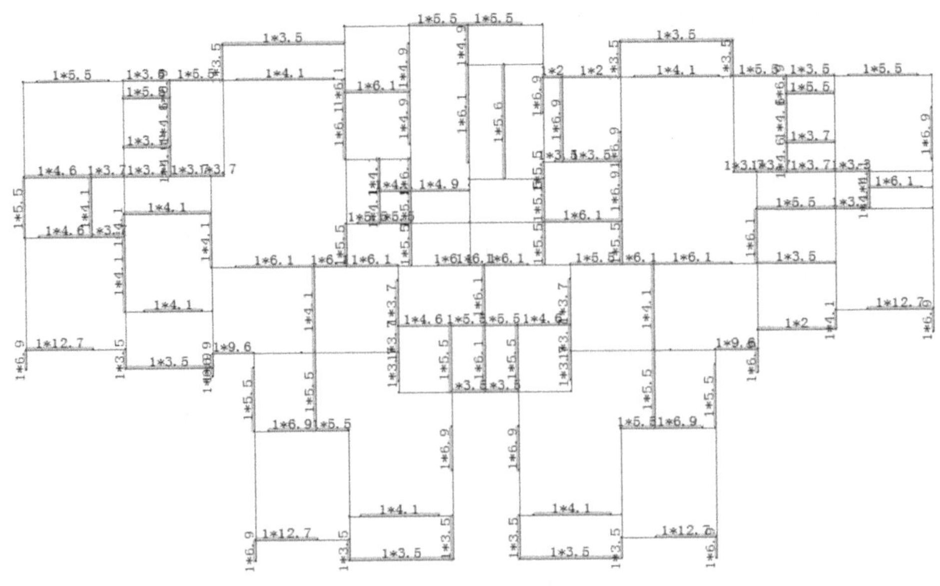

图 2.1.82　梁间荷载布置示意图

2.1.2　中间层平面模型

主楼地上部分的一层平面模型已经完成建模，接下来开始进行中间层平面建模。建模的步骤和一层平面图建模的步骤相似，包括布置剪力墙、布置梁、生成楼板以及输入荷载，输入荷载分输入楼面荷载和输入梁间荷载。现在开始建立中间层平面模型。

1. 生成中间层平面模型

因为中间层平面图和一层平面图结构相似，所以可以通过复制前一标准层，再对其局部进行修改，从而由一层平面图得到中间层平面图。

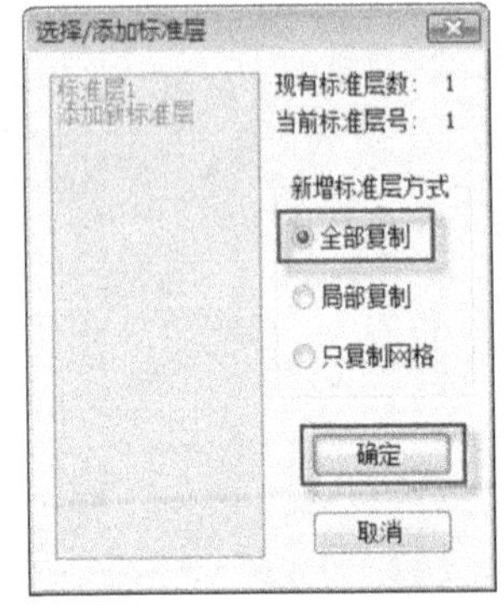

图 2.1.83　选择/添加标准层

(1) 单击“添加新标准层”按钮，系统会弹出“选择/添加标准层”对话框，如图 2.1.83 所示。

在如图所示的对话框中选择要拷贝的内容。选择完毕后，单击“确定”按钮即实现了拷贝。根据前一章已经完成的结构形式图，单击删除( )按钮，删除有四种形式：光标选取、窗口围取、直线截取以及带窗围取，各种形式之间的切换可以通过“Tab”键实现。用户可以自己选择任一方式对一层平面图进行修改或对一层平面模型的一些结构进行删除，这样就可以得到中间层平面图。中间层结构标准层复制完毕后，用户应根据结构布置图对中间层结构图进行参照布置。检查是否有多余的柱、梁或者墙。若缺少某些构件，用户可自行对构件进行重新布置。中间层平面图如图 2.1.84 所示。

(2) 梁布置在节点的网格上，在布置梁之前应增加节点间的网格。单击“轴线输入”选择“两点直线”，在命令框提示“输入第一点”时，选择要画网格的第一点，在命令栏提示“输入下一点”时，即选择下一点即可，如图 2.1.85 所示。

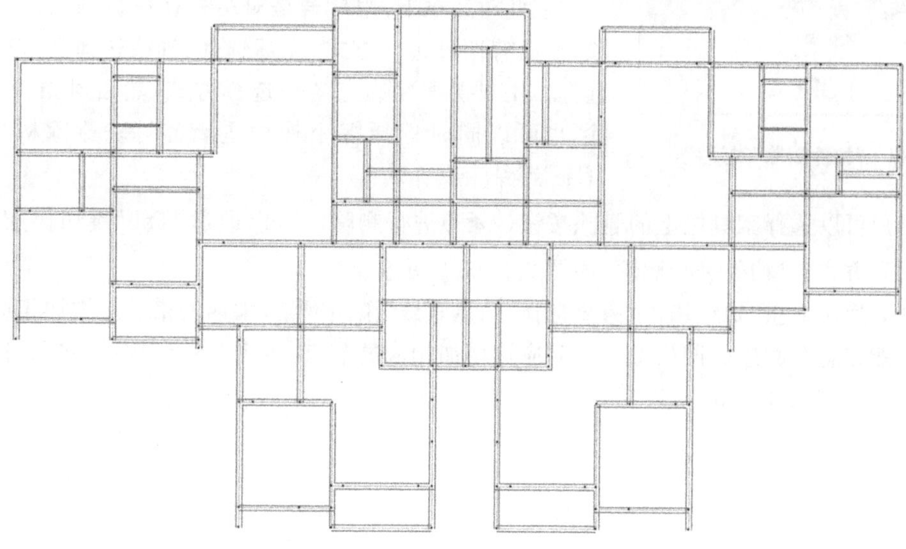

图 2.1.84　复制一层标准层示意图

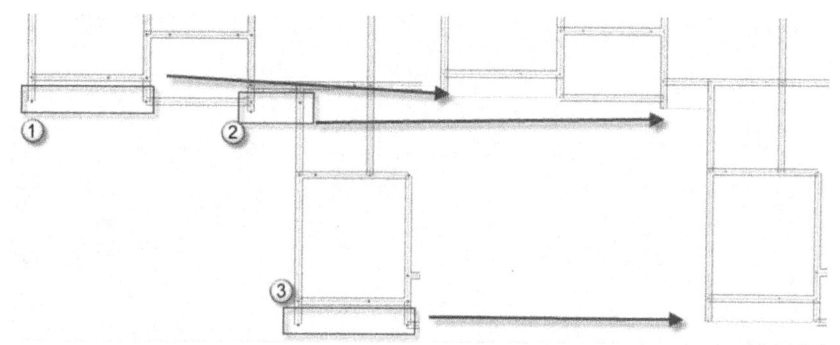

图 2.1.85　绘制网格

按上述操作绘制网格，绘制好网格后即可在网格上布置梁。按照布置图中梁的截面宽度对中间层平面图进行梁布置，效果图如图 2.1.86 所示。

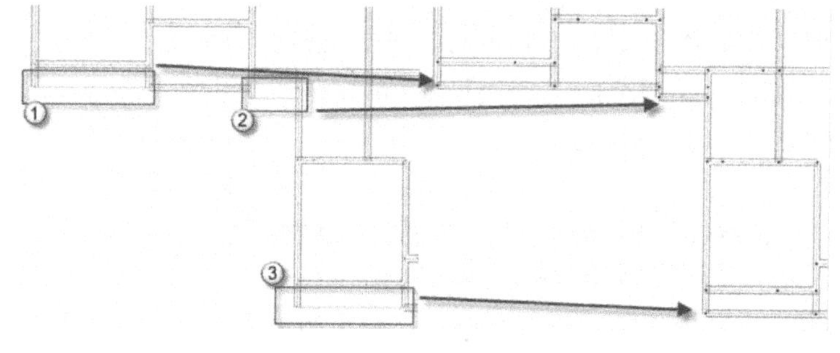

图 2.1.86　布置梁

(3) 对结构中某些构件进行删除，可用“楼层定义”菜单下的“构件删除”按钮对构件进行逐一删除。主要操作步骤如下：单击“楼层定义”菜单，单击“构件删除”按钮，会出现如图 2.1.87 所示的“构件删除”对话框。

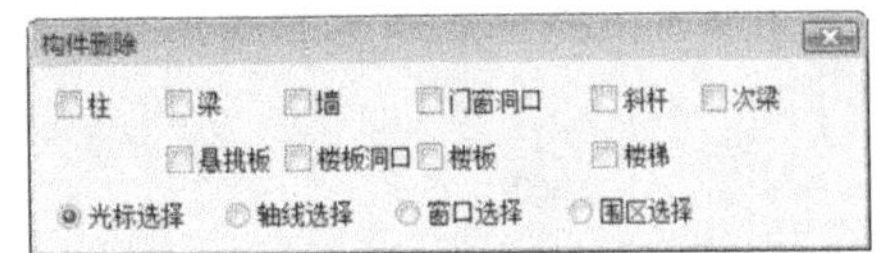

图 2.1.87 “构件删除”对话框

在此对话框下，用户若是对结构柱进行删除，应勾选“柱”选项，下面有四种选择方式，光标选择、轴线选择、窗口选择和围区选择。用户视情况选定某一选择方式，然后对结构构件进行删除，也可以同时选择多个构件进行删除。删除构件完毕后按“Esc”键结束操作。

在这里用户可以选择工具栏上的删除按钮（ ）进行删除。可以通过“Tab”键切换选择方式。切换至“窗口选择”方式，对构件进行删除，如图 2.1.88 所示。

删除构件后通过单击“轴线输入”命令选择“两点直线”添加网格，添加网格后应增加相应的节点，没有节点梁就不能布置在相应的网格上。这时应该增加相应的节点，单击“节点”按钮，在网格的交点处单击即可增加节点。结果如图 2.1.89 所示。

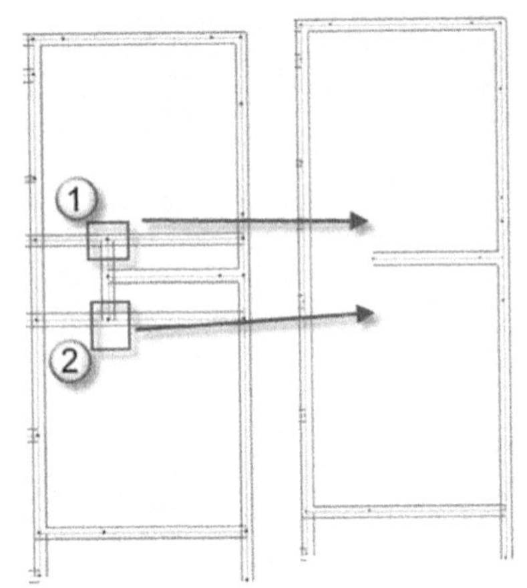

图 2.1.88 构件删除

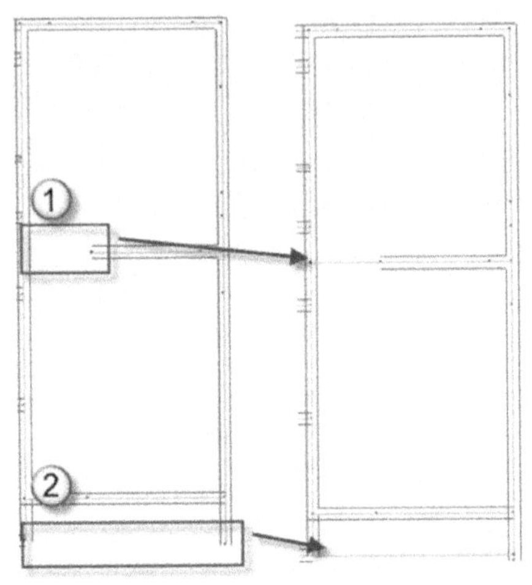

图 2.1.89 绘制节点、网格

(4) 绘制好网格和节点后即可在上面布置梁。单击需要布置的梁截面，切换“光标选择”方式按钮即可布置梁，如图2.1.90 所示。

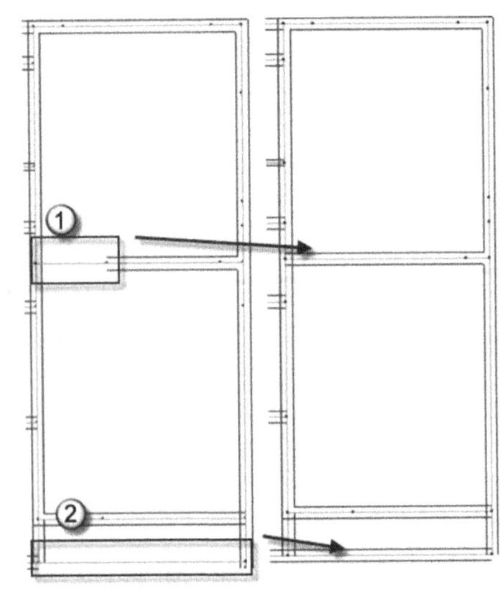

图 2.1.90 布置梁

上述步骤完成后，开始进行构件的删除和网格、节点的绘制。准备工作完成后即可在网格上布置相应的梁。单击“楼层定义”选择“主梁布置”按钮，选择相应的梁截面尺寸，布置在节点间，完成后的布置图如图 2.1.91 所示。

2. 楼板生成

(1) 单击“楼板生成”菜单选择“生成楼板”按钮，程序将对楼板自行进行厚度定义。但在实际工程中，每个房间跨度、荷载以及使用功能不一定相同，一般情况下整层楼板板厚不可能为同一个厚度，当某个房间并非此值时，可利用“修改板厚”进行修改。

单击“修改板厚”菜单，输入要修改的楼板板厚，确定选择方式，对楼板厚度进行修改。具体步骤与一层标准层板厚设置相同。修改后楼板板厚如图 2.1.92 所示。

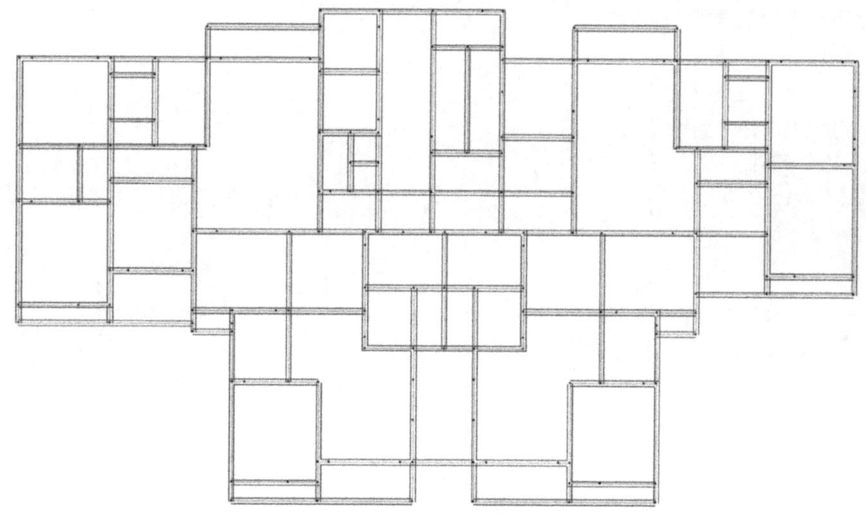

图 2.1.91 中间层平面层

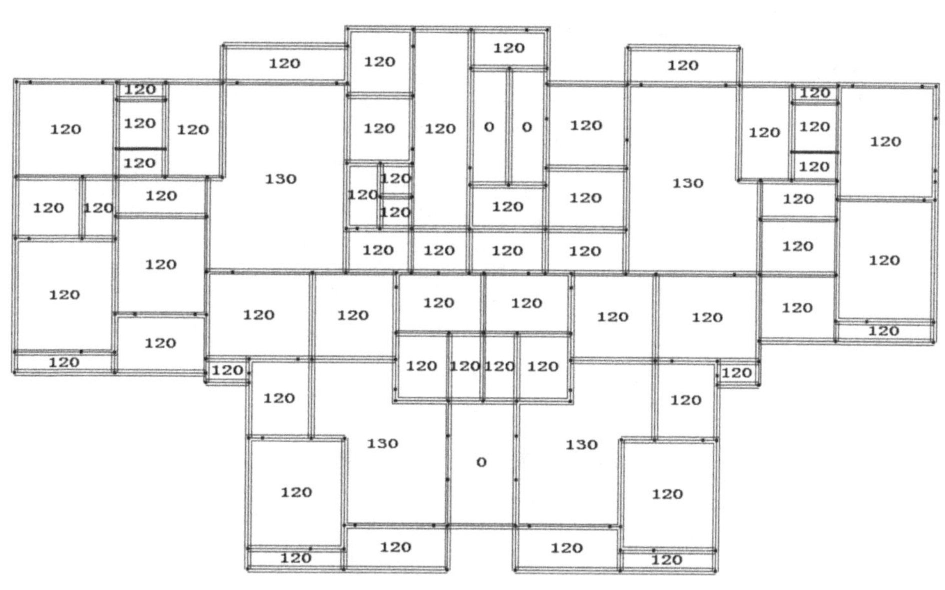

图 2.1.92 中间层楼板板厚

(2) 楼板厚度修改后将进行荷载的输入，首先是楼面荷载，然后是梁间荷载。荷载分恒载和活载。下面开始中间层楼面的荷载布置。单击“荷载输入”选择“恒活设置”按钮，对楼板的自重进行设置，设置图如图 2.1.93 所示。

系统自动定义楼板自重以后再进行楼面的荷载设置。单击“楼面荷载”选择“楼面恒载”命令会弹出“修改恒载”对话框。输入恒载值，如图 2.1.94 所示。

(3) 选择“修改恒载”对话框中的“窗口选择”方式，选定要修改的楼面恒载值，即对楼面恒载值进行修改，修改后如图 2.1.95 所示。

(4) 布置楼面活载。单击“楼面活载”按钮，弹出楼面活载对话框，输入活载值对楼面活载进行修改，操作步骤与上述楼面恒载相同，活载布置图如图 2.1.96 所示。

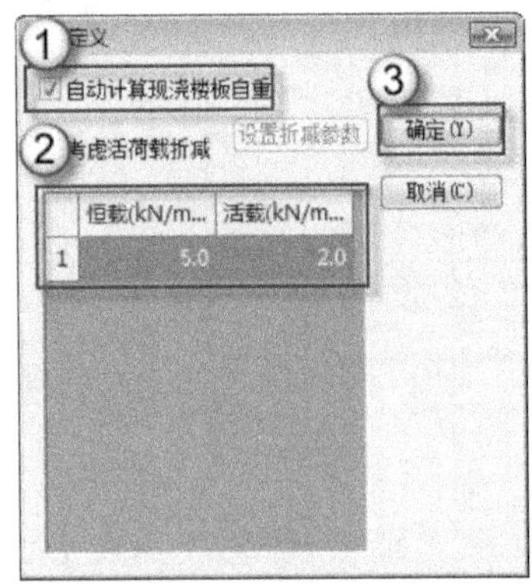

图 2.1.93 “荷载定义”对话框

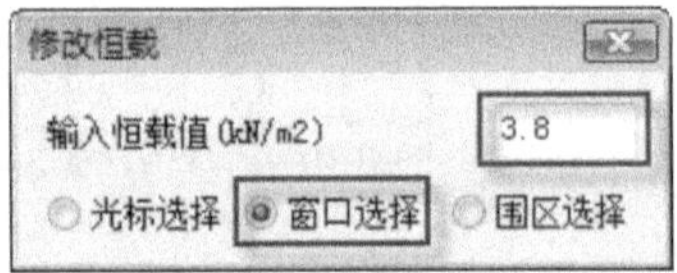

图 2.1.94 “修改恒载”对话框

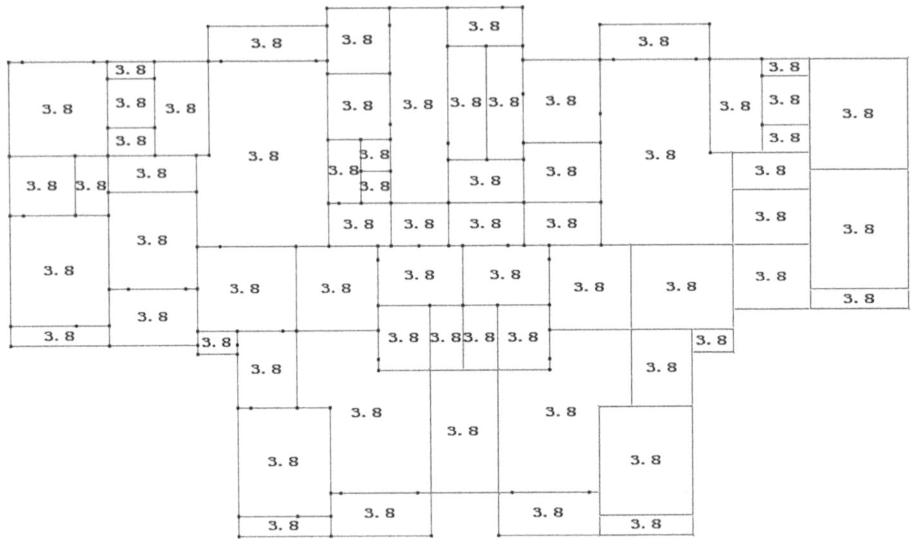

图 2.1.95 中间层楼面恒载

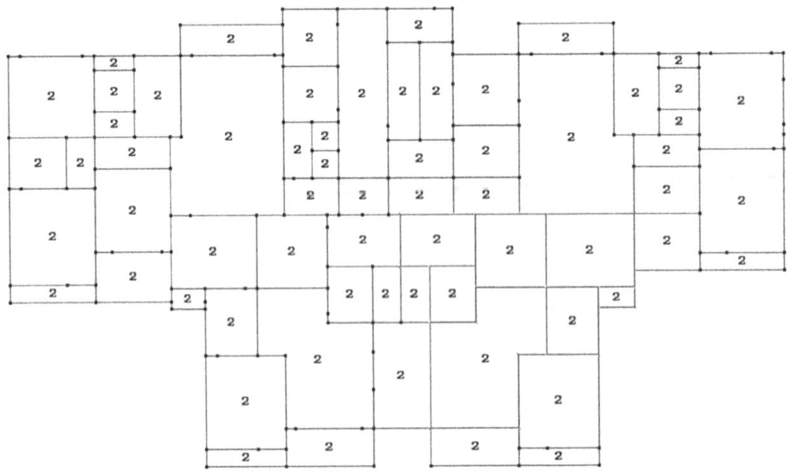

图 2.1.96 楼面活载布置图

(5) 布置梁间荷载。单击“梁间荷载”命令打开“数据开关”,选择“数据显示”单击“确定”按钮。可以通过对字高、字宽的修改来改变字符的大小,如图 2.1.97 所示。

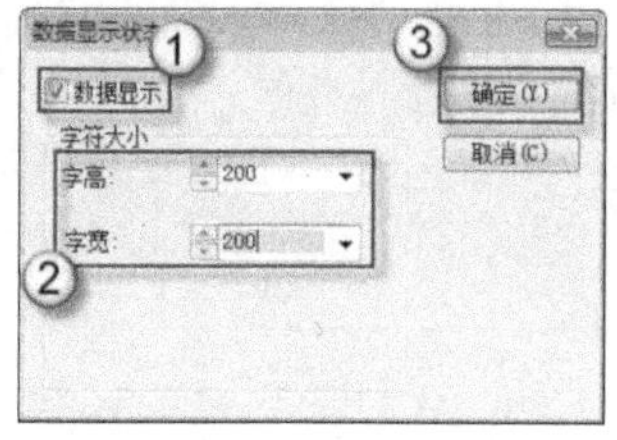

图 2.1.97　数据显示状态

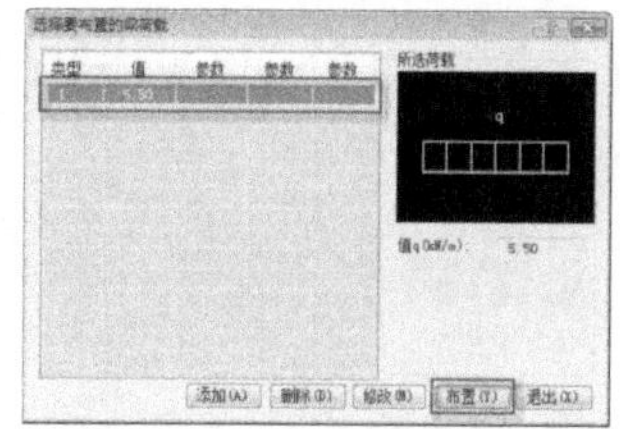

图 2.1.98　选择梁间荷载

单击“恒载输入”按钮,弹出梁的荷载值对话框。选择要布置的梁间荷载,单击“布置”按钮,按“Tab”键切换选择方式,可以根据实际情况选择不同的方式。步骤如图 2.1.98 所示。梁间荷载类型 1 布置图如图 2.1.99 所示。

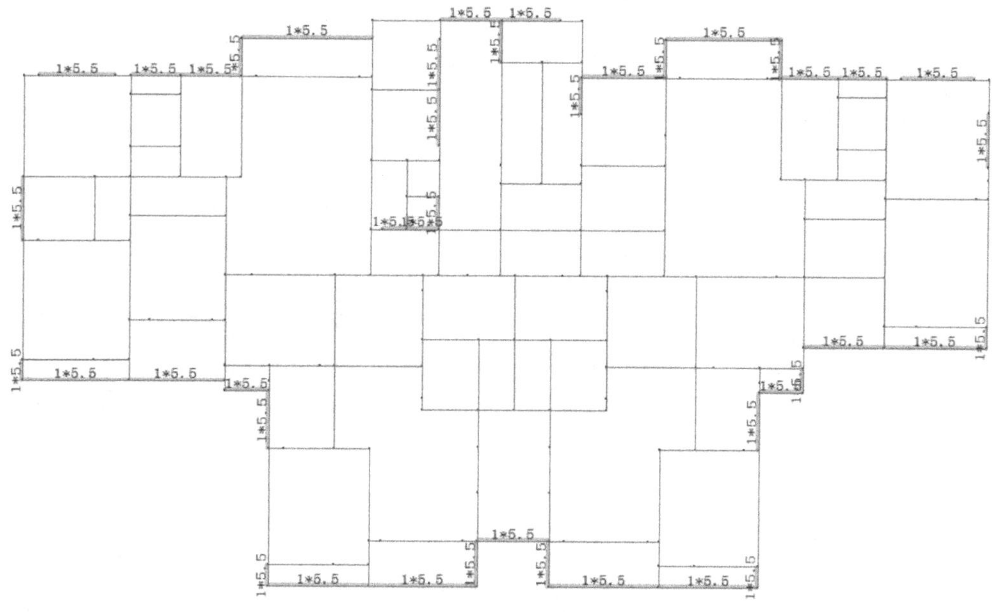

图 2.1.99　梁间荷载类型 1 布置图

(6) 梁间荷载布置关键是梁间荷载取值。新建梁间荷载值,打开梁间荷载值对话框,选择要布置的梁间荷载值。选择布置方式,按“Tab”键对选择方式进行切换。切换选择方式后即可在节点的网格间布置荷载值,布置完成图如图 2.1.100 所示。

布置完梁间荷载后即完成了中间层的建模。

2.1.3　顶层平面模型

主楼地上部分的建模,一层平面模型、中间层平面模型已经完成建模,接下来开始主楼最后一部分顶层平面模型的建立。建模的步骤和前述的模型建立步骤相似,包括布置剪力墙、布置梁、生成楼板以及输入荷载,输入荷载分为输入楼面荷载和输入梁间荷载。现在开始建立顶层平面模型。

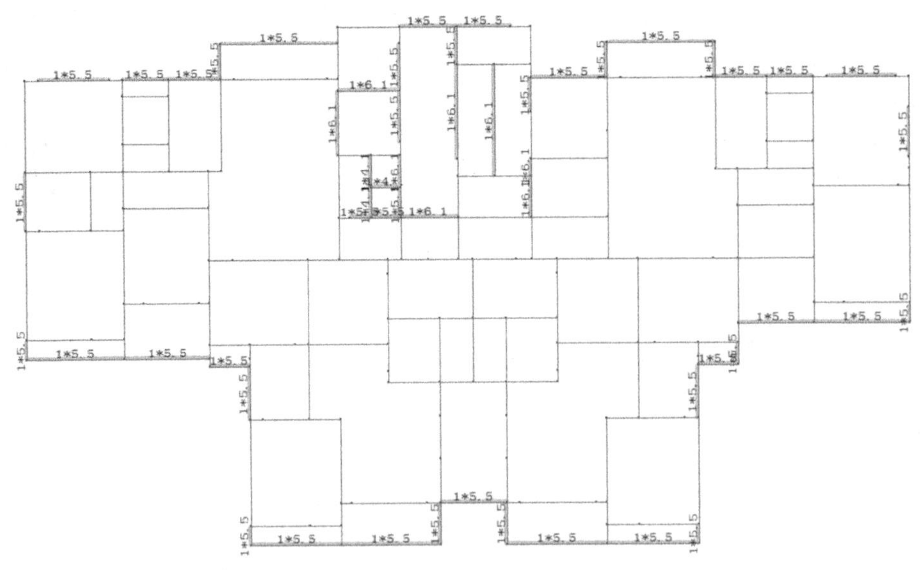

图 2.1.100　中间层平面图梁间荷载

1. 生成顶层平面模型

按照中间层平面复制一层平面模型的方法，顶层平面模型复制中间层平面模型即可。

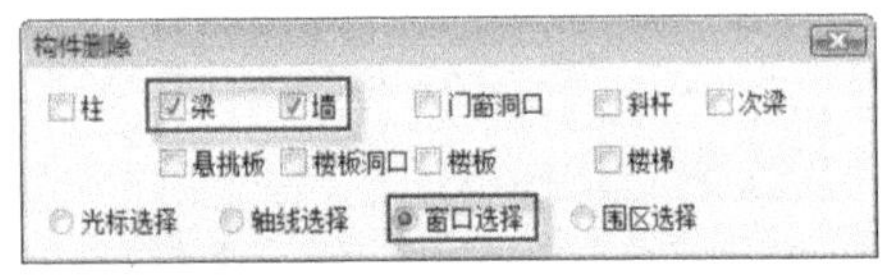

图 2.1.101　构件删除对话框

（1）单击菜单栏中的标准层选择选项，选择“添加新标准层”按钮。具体步骤参照中间层平面模型的复制方法。复制完成后即开始对顶层平面模型进行修改。单击“楼层定义”选择“构件删除”会弹出删除构件的对话框。勾选“梁”“墙”选项，单击“窗口选择”方式，如图 2.1.101 所示。

按照上图选择要删除的构件，用“窗口选择”方式对平面模型进行删除，用光标拖动窗口相交的构件即被删除，删除后的模型如图 2.1.102 所示。

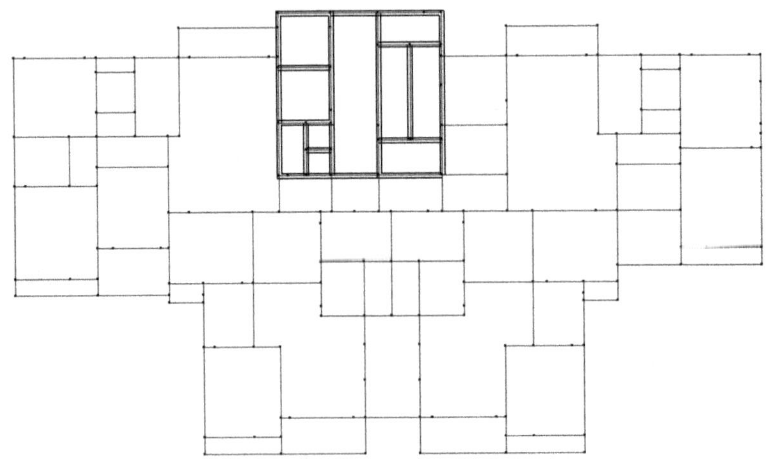

图 2.1.102　删除构件图

用户操作得到图 2.1.102 以后，按照初步布置图的顶层平面结构形式对顶层模型进行修改。删除构件、绘制两点直线、绘制节点，最后布置梁。

单击菜单栏上面的删除工具( )对构件进行删除。单击“网格生成”选择“删除节点”按钮，删除不必要的节点，删除完成后如图 2.1.103 所示。

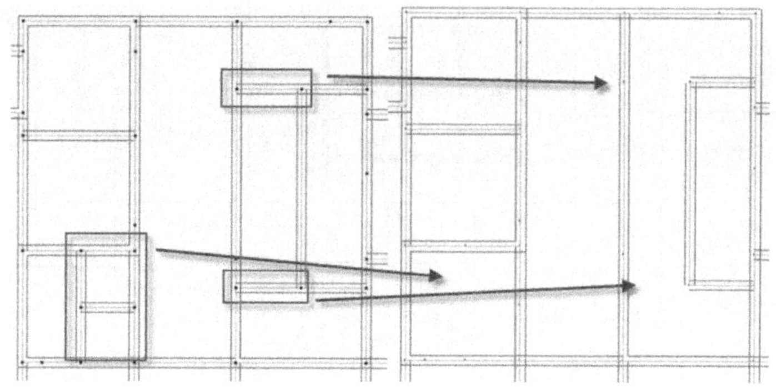

图 2.1.103　删除构件

(2) 完成构件删除后即可绘制平面图的网格、节点。单击“轴线输入”选择“两点直线”按钮。操作后即可绘制网格。绘制网格时应在必要的地方绘制节点。单击“节点”按钮后即可在网格交点处增加节点。完成后的效果图如图 2.1.104 所示。

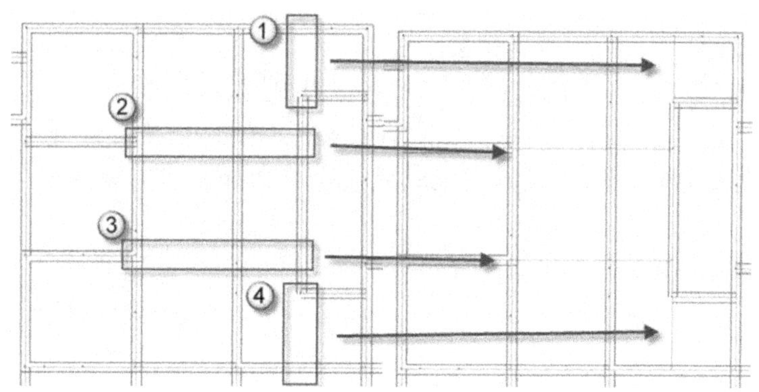

图 2.1.104　绘制网格、节点

完成上述操作后即可对梁进行布置，用户按照布置图选择梁的截面尺寸。单击“楼层定义”选择“主梁布置”按钮，在弹出的梁截面尺寸中选择梁的截面尺寸。单击选择方式对梁进行布置，布置图如图 2.1.105所示。

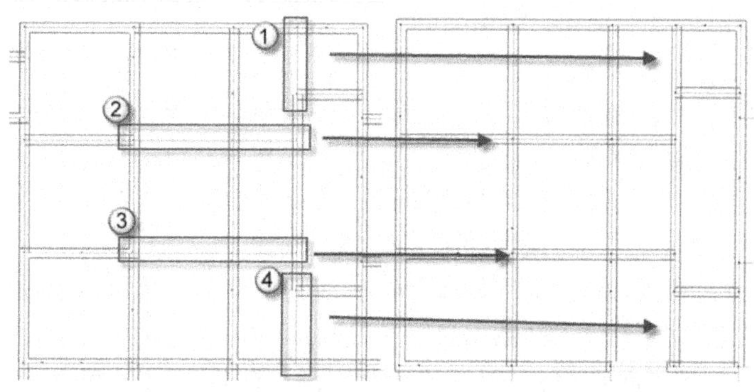

图 2.1.105　梁布置完成图

完成上述步骤,则梁的布置完成。整体布置图如图 2.1.106 所示。

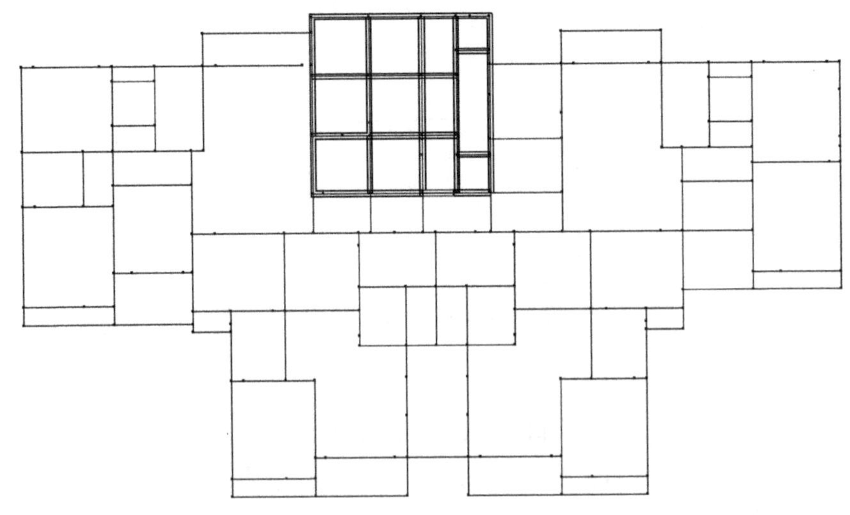

图 2.1.106　顶层布置图

2. 生成楼板

上述操作完成后即可对平面模型进行楼板生成。

(1) 单击“楼板生成”选择“生成楼板”按钮,系统自动生成楼板,结果如图 2.1.107 所示。

生成楼板后,单击“主菜单”回到主菜单,单击“荷载输入”选择“恒活设置”按钮,恒载输入值为1.5,活载输入值为 2.0。输入完成后单击“确定”按钮,系统会自动计算现浇板自重,步骤如图 2.1.108 所示。

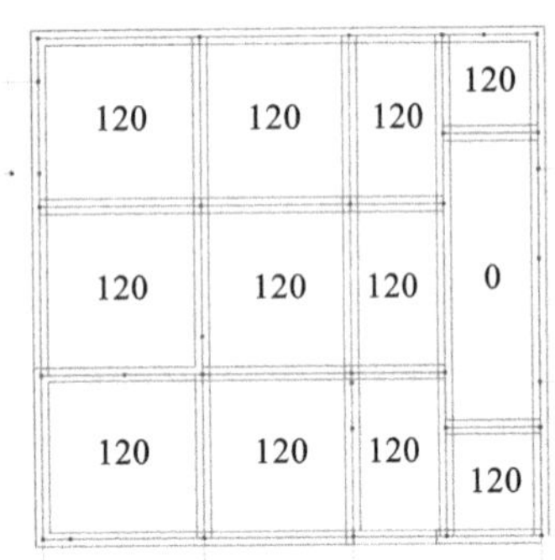

图 2.1.107　楼板厚度图

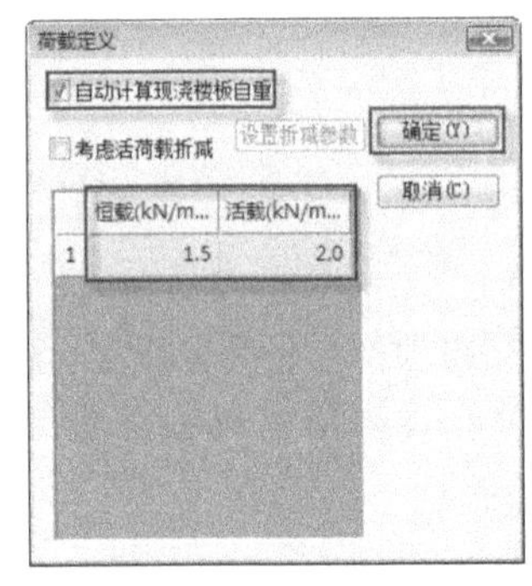

图 2.1.108　荷载定义对话框

(2) 完成上述步骤后,单击“楼面荷载”选择“楼面恒载”按钮,会弹出恒载修改对话框,输入修改值,对楼面恒载进行修改,修改图如图 2.1.109 所示。

按“Esc”键退出恒载的修改,单击“楼面活载”按钮,会弹出活载修改对话框,输入楼面活载值,单击选择方式即可对楼面活载进行修改,修改后如图 2.1.110 所示。

按“Esc”键退出活载的修改,单击“荷载输入”按钮,回到主菜单。单击“梁间荷载”选择“数据开关”按钮,弹出“数据显示状态”对话框,勾选“数据显示”选项,单击“确定”按钮。单击“恒载输入”按钮,弹出“梁荷载选项”对话框,选择梁间荷载值,单击“布置”按钮,即可对梁间荷载进行布置,布置图如图 2.1.111所示。

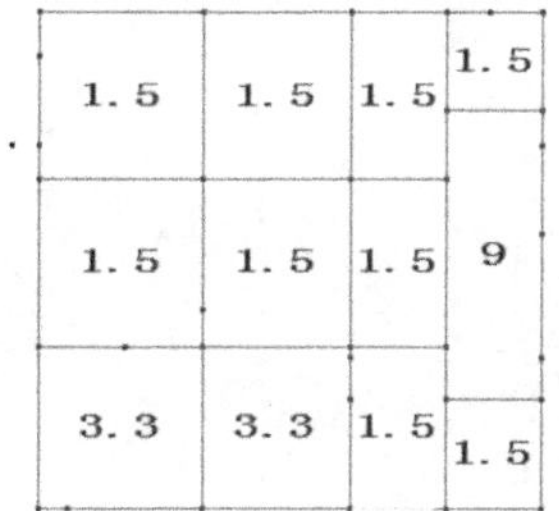

图 2.1.109　修改楼面恒载

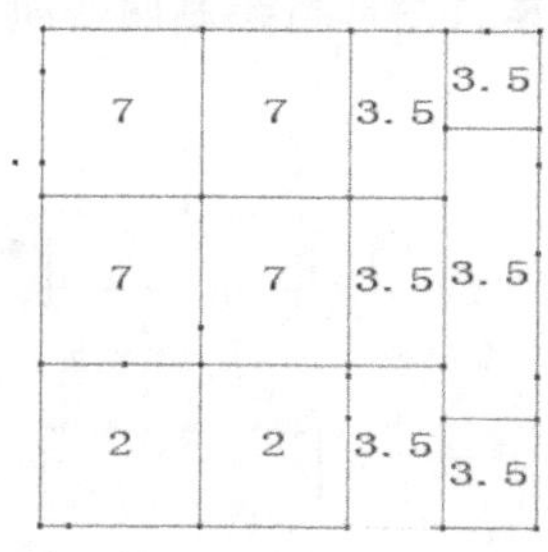

图 2.1.110　修改楼面活载

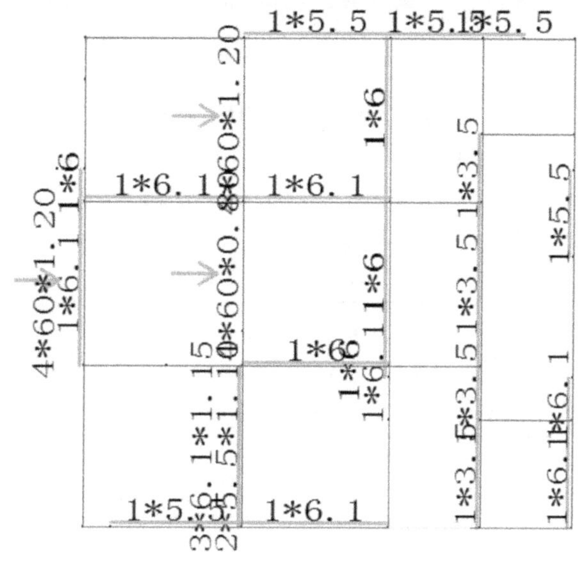

图 2.1.111　梁间荷载布置图

(3) 单击“主菜单”回到首选菜单界面。顶层平面模型还有一部分需要单独建立。具体步骤依照上述操作：首先复制上一层平面模型，删除构件，绘制网格、节点，最后在网格上布置梁。单击工具栏上“删除”按钮，对布置图进行删除，单击“楼层定义”选择“构件删除”按钮，勾选要删除的构件，切换“窗口选择”方式即可对构件进行删除，删除后如图 2.1.112 所示。

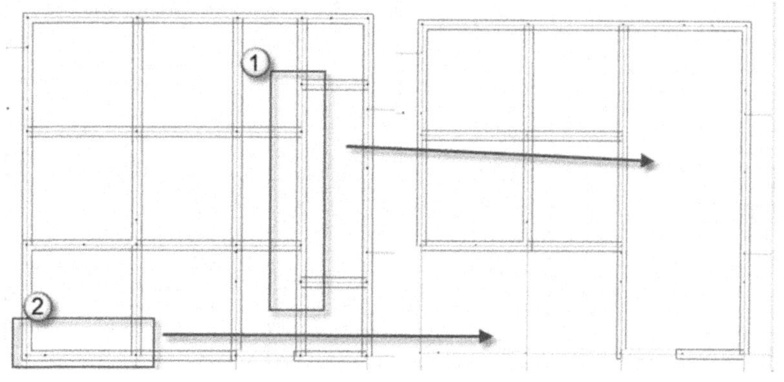

图 2.1.112　构件删除

删除构件后即可绘制网格和节点,如图 2.1.113 所示。

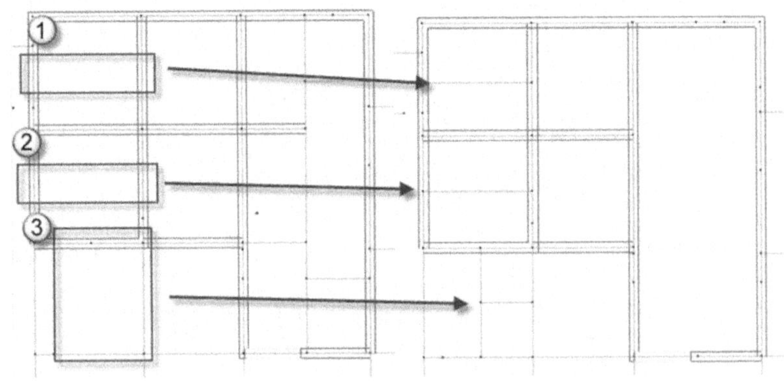

图 2.1.113　绘制网格、节点

(4) 完成网格、节点绘制后即可在上面布置梁。选择要布置的梁截面,切换选择方式进行梁的布置。布置图如图 2.1.114 所示。

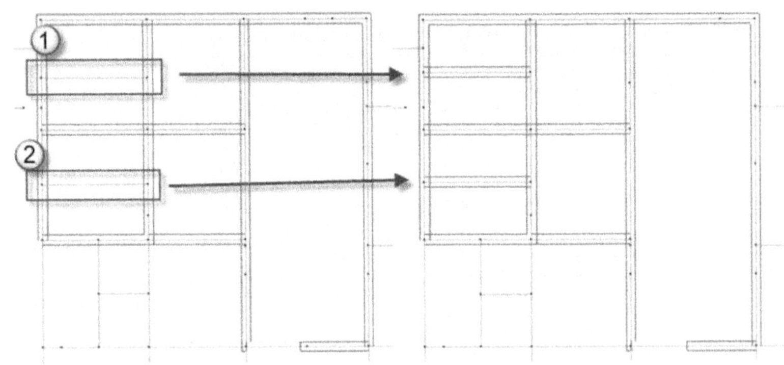

图 2.1.114　梁布置图

完成梁的布置后即完成对顶层结构平面图的绘制,布置图如图 2.1.115 所示。

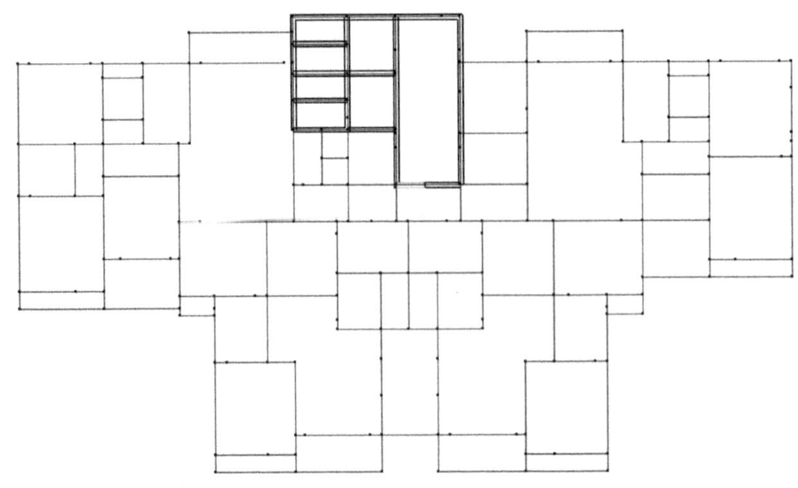

图 2.1.115　顶层结构布置图

(5) 生成楼板:单击"楼层定义"选择"楼板生成"按钮,单击"生成楼板"按钮即可生成楼板,生成后如图 2.1.116 所示。

单击"主菜单"按钮回到主菜单界面,单击"荷载输入"选择"恒活设置"按钮,按照图 2.1.117 设置恒荷载值、活荷载值。单击"确定"按钮即设置完成系统对现浇楼板的自重计算。

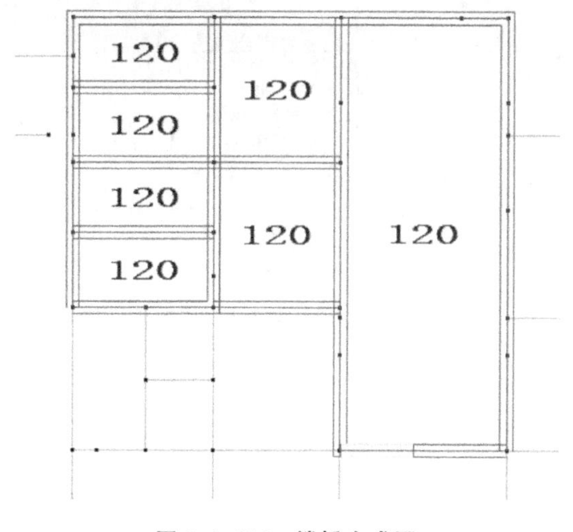

图 2.1.116　楼板生成图

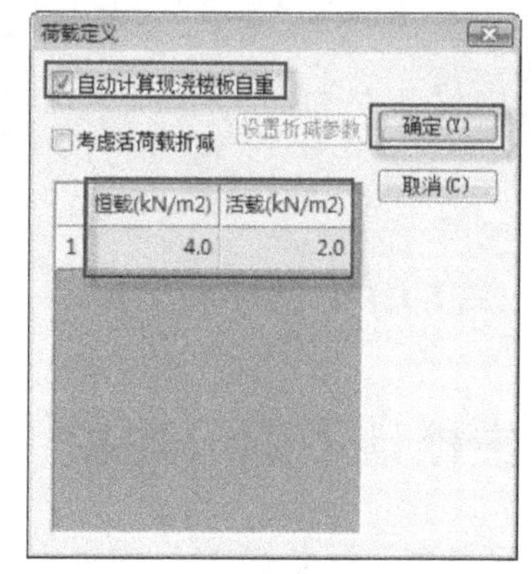

图 2.1.117　恒活设置

(6) 楼面荷载设置,单击"楼面荷载"选择"楼面恒载"按钮。楼面恒载如图 2.1.118 所示。

按"Esc"键回到"楼面荷载"设置界面。单击"楼面活载"按钮,对楼面荷载进行布置,布置图如图 2.1.119所示。

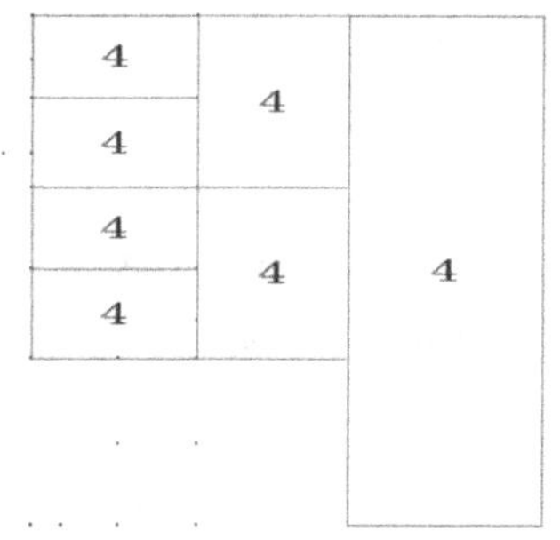

图 2.1.118　楼面恒载设置

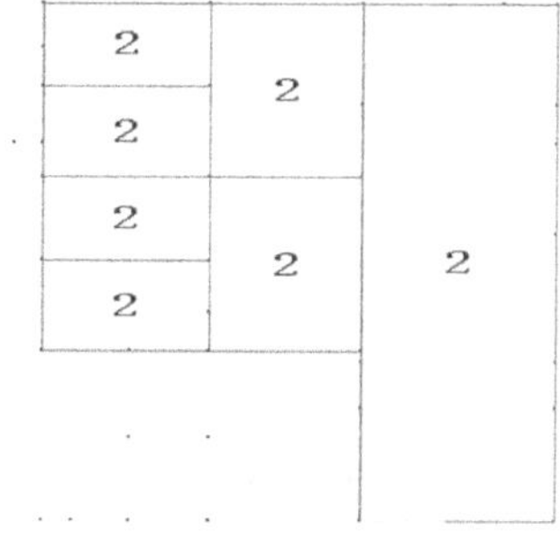

图 2.1.119　楼面活载设置

按"Esc"键回到"楼面荷载"设置界面。单击"荷载输入"选择"梁间荷载"按钮。单击"数据开关"勾选"数据开关",单击"确定"按钮即可打开梁间荷载的数据开关。单击"恒载输入"按钮,选择要布置的梁间荷载值,单击"布置"按钮。按"Tab"键对选择方式进行切换,即可布置梁间荷载。布置图如图 2.1.120所示。

单击"主菜单"按钮,回到主菜单界面。单击"保存"按钮。单击"退出"按钮。选择"存盘退出"。弹出选择后续操作,如图 2.1.121 所示。单击"确定"按钮,系统会自动开始后续操作。此时即完成了主楼地上部分的建模。

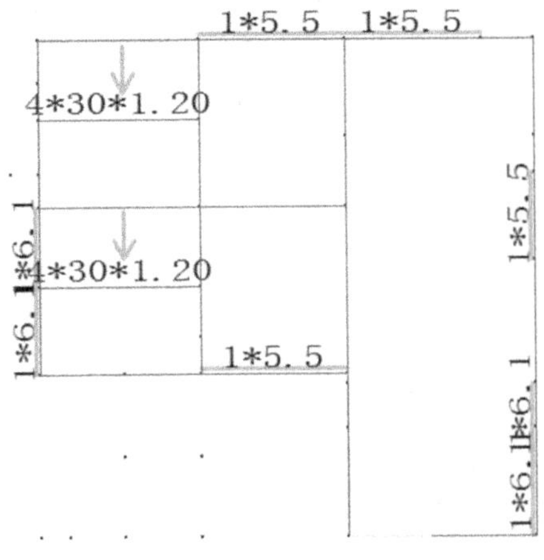

图 2.1.120　梁间荷载布置

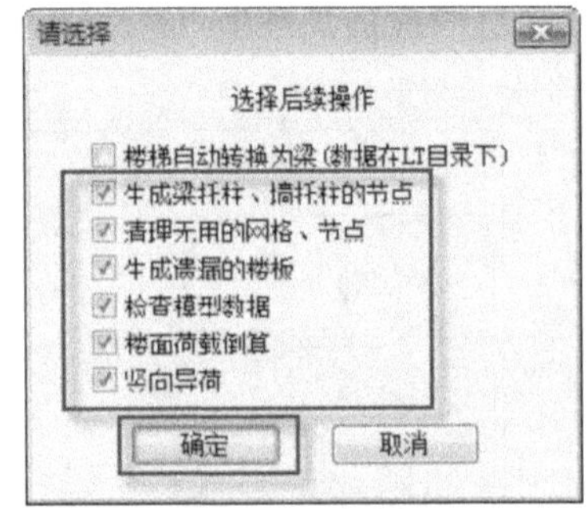

图 2.1.121　退出后续操作

2.2　主楼地下部分建模

主楼的高度一般高于其裙楼，两者在功能上略有不同。裙楼是对主楼功能的补充，如商业功能、配套娱乐功能等，当然也可以和主楼功能一样。在实际工程中，主楼包含地上部分和地下部分，本节介绍主楼地下部分建模。

2.2.1　建立主楼地下室模型

地下室在整体建筑结构中占很重要的一部分，一些重要的设施、管道往往都深埋在地下室。较好地利用地下室的空间可减少很多不必要的麻烦，这个时候地下室的作用就显得尤为重要，地下室的结构在整个建筑中也显得举足轻重。

双击“PKPM”启动软件，建立新文件夹，在 PKPM 中单击“结构”按钮，选择“建筑模型与荷载输入”，单击“改变目录”按钮，选中新建好的文件夹，单击“应用”按钮，如图 2.2.1 PKPM 界面所示。建立模型前，首先应在计算机硬盘上建立该模型的存放目录，在 PKPM 主界面中，选择第一项“建筑模型与荷载输入”，单击“改变目录”，弹出如图 2.2.2“选择工作目录”对话框，单击“确定”按钮，即在硬盘上新建文件夹，用于存放模型的全部文件。

图 2.2.1　PKPM 界面

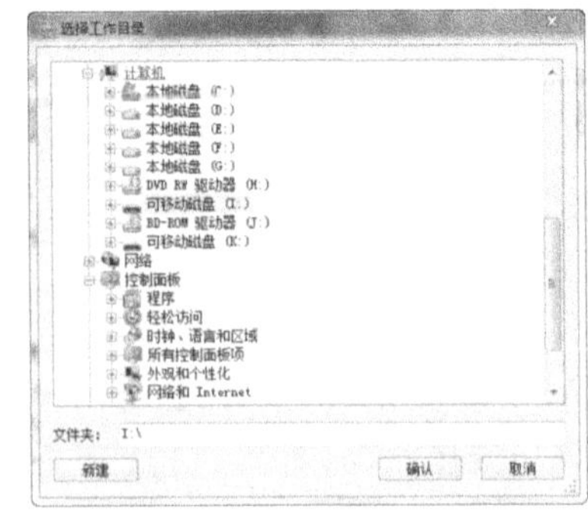

图 2.2.2　选择工作目录

进入 PKPM 软件后会弹出 main frame 界面，如图 2.2.3 所示，输入 pm 工程名，单击“确定”按钮，进入建立模型与荷载输入操作环境。例输入“001”。

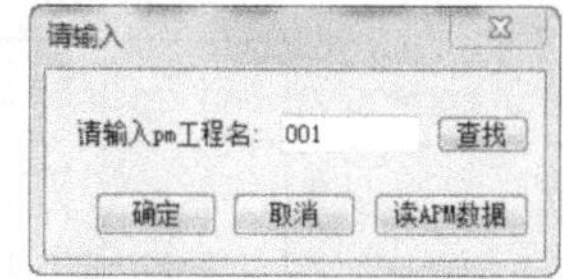

图 2.2.3　main frame

建模环境介绍如下。

◇ 屏幕中部为工程建模区域，绘图比例为 1∶1，单位为 mm。

◇ 屏幕上方为标题栏、下拉菜单区和快捷图标区，是辅助建模的工具命令区。

◇ 屏幕下方为人机交互操作栏和绘图状态提示栏。

◇ 屏幕右方为工程建模主菜单、子菜单和命令区，是建模操作的主要功能区，也是本书的重点。

注意：下拉菜单中的“视窗变换”和左屏幕中上屏幕的三个小方块，是 APM 建筑软件用于平面、立面、剖面多窗口显示切换的，与结构无关，不要点取，以免把视图搞乱而不能回到正常的显示状态。

1. 轴线输入

在作图区右侧会出现一排工具栏，分别是“主菜单”“轴线输入”“网格生成”“楼层定义”“荷载输入”“楼层组装”。

程序要求平面布置的所有构件都要以网格线和节点为基准，因此凡是需要布置构件的位置一定要先用“轴线输入”菜单布置轴线，程序自动在轴线相交处生成节点，两节点之间的一段轴线称为网格线。梁、墙等构件应布置在两节点之间的网格线上，柱布置在节点上。轴线输入是整个建模交互输入中最重要的环节之一，绘制出准确的定位轴网，可为构件布置打下良好的基础。

轴线输入在 PKPM 中有两种常规的输入方法，这两种方法在“PKPM”建模中用得比较多，接下来介绍这两种轴线的输入形式。

第一种轴线输入方法如下。

(1) 在 CAD 中打开模型的平面图，隐藏 CAD 文件中除轴线以外的其他全部图层，如图 2.2.4 所示为图层编辑管理对话框。

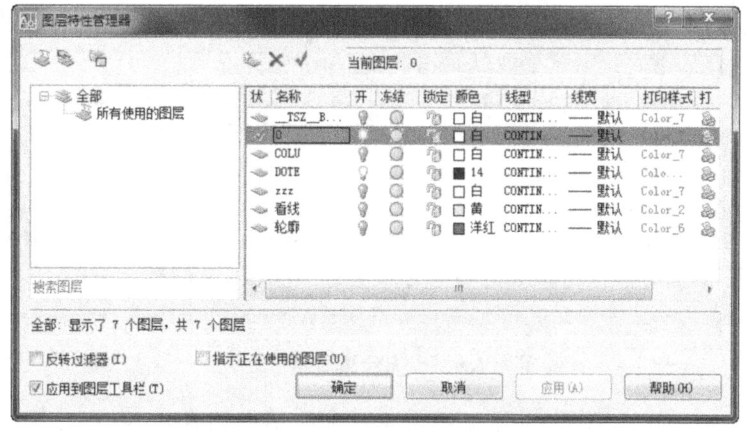

图 2.2.4　图层编辑管理对话框

(2) 隐藏其他图层后单击“确定”按钮，得到如图 2.2.5 所示轴线。

(3) 将文件保存于常用文件夹，启动 PKPM 软件，在 PKPM 界面中选择“结构”→“PMCAD”→“图像编辑、打印及转换”→“应用”。如图 2.2.6 所示为 PKPM 图形转换界面。

(4) 单击“应用”后选择“工具”，在下拉菜单中选择“DWG 转 T 图”按钮，若转图无法完成，则重新选择“新版 DWG 转 T 图”按钮，弹出如图 2.2.6 所示的图形转换对话框。

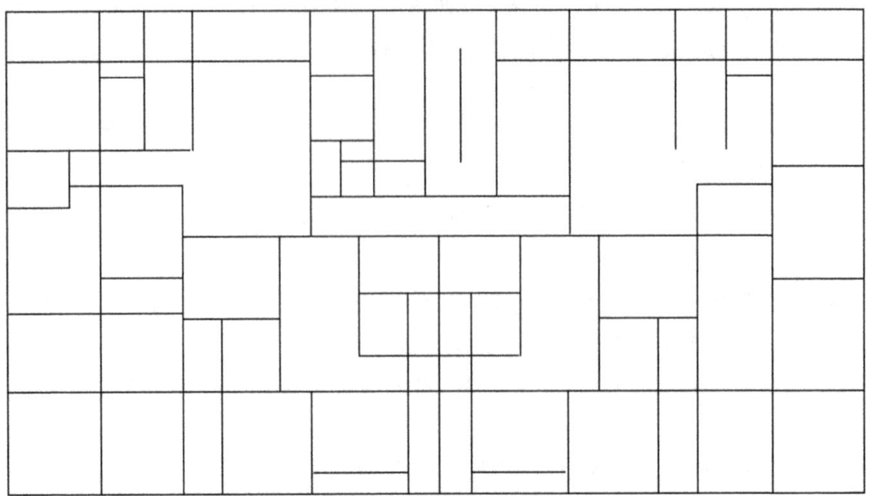

图 2.2.5　轴线编辑

图 2.2.6　PKPM 图形转换界面

(5) 单击“新版 DWG 转 T 图”按钮弹出如图 2.2.7 所示的选择目录，选择修改好的 CAD 目标文件，单击“打开”按钮，完成 DWG 格式向 T 图的转换，选择作图比例为 1∶100，单击“确定”按钮。

(6) 关闭转图页面，重新选择建筑模型与荷载输入，进入 PKPM 建模工作区，选择作图区下方“打开 T 图”按钮。

(7) 打开 T 图，选择转换好的 T 图，单击“确定”按钮，在作图工作区会出现轴网生成图，单击“主菜单”→“网格生成”→“轴线显示”→“形成网点”，得到带节点的网格生成图，如图 2.2.8 所示为轴网生成图。

图 2.2.7　选择目录

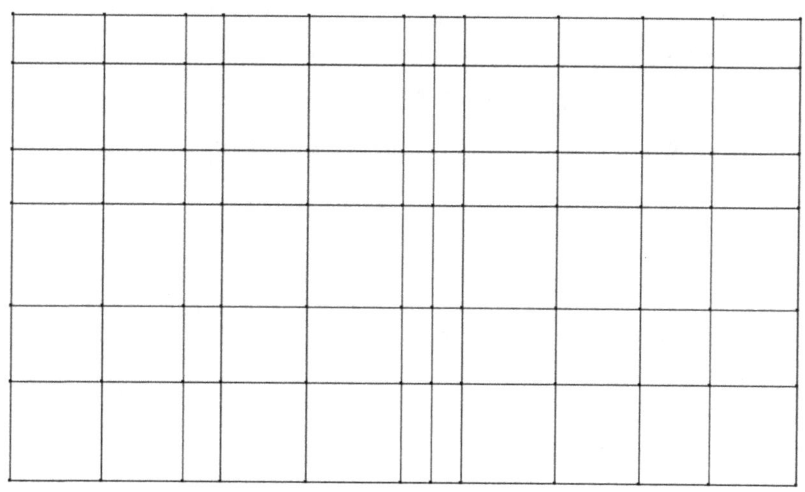

图 2.2.8　轴网生成图

第二种轴线输入方法如下。

单击“主菜单”中的“轴线输入”按钮，打开轴线输入子菜单，程序提供了多种绘制节点和直轴线、弧轴线命令，再配合各种捕捉工具命令，如网格捕捉、节点捕捉、角度捕捉等，可以绘制出各种复杂形式的轴网。选择“轴线输入”菜单，将弹出下拉菜单，各菜单项配合各种捕捉工具、热键和下拉菜单中的各项工具，构成了一个小型绘图系统，用于绘制各种形式的轴线。

(1) 选择“正交轴网”将弹出直线轴网输入对话框，如图 2.2.9 所示。

轴网操作说明：

① “上开间”不输入数据，表示与“下开间”相同，“左进深”不输入数据，表示与“右进深”相同；

② “改变基点”用于改变直线轴网插入的基准点，程序默认的基准点是轴网左下角节点；

③ “数据全清”用于在输入数据混乱时，清除全部已输入数据，以便重新输入；

④ 若勾选“输轴号”，并在其左侧输入“开间”和“进深”的轴线起始号，则程序会自动对轴线命名。

(2) 在“下开间”处依次输入 3600，3200，1500，3400，3700，1200，1200，3700，3400，2800，3500。在

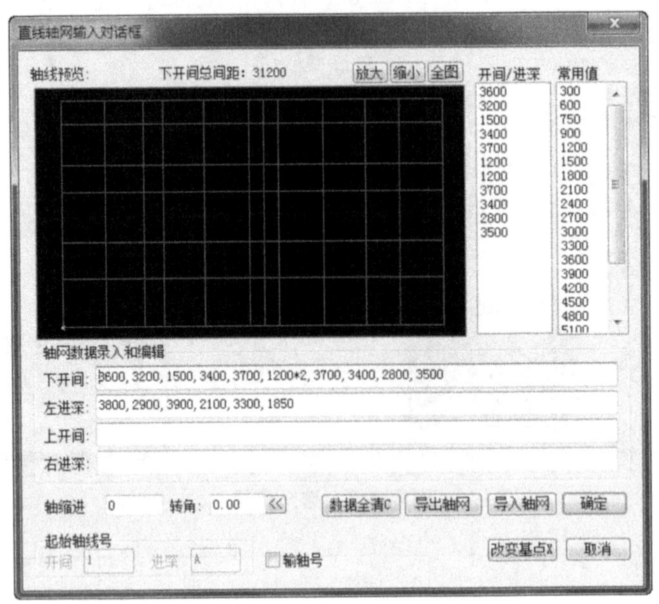

图 2.2.9 直线轴网输入对话框

"左进深"处依次输入 3800,2900,3900,2100,3300,1850。单击"确定"按钮,单击作图区上任一点得到轴网生成图,如图 2.2.10 所示。

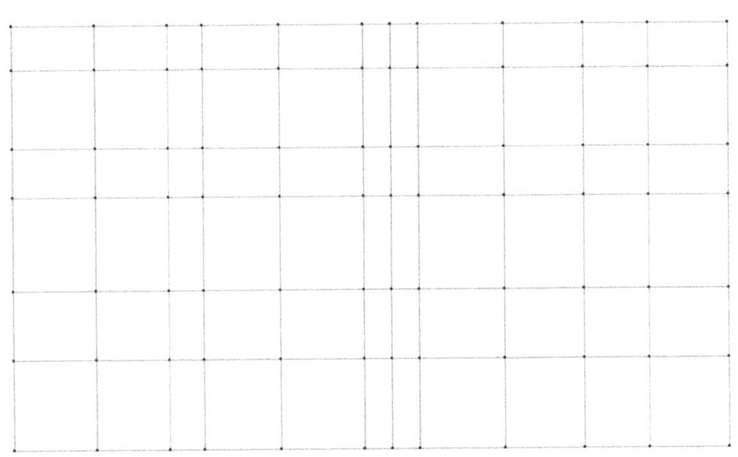

图 2.2.10 轴网生成图

说明:当轴线形成完毕后,在所有轴线相交处及轴线本身的端点、圆弧的圆心处都产生一个白色的"节点",将轴线划分为"网格"与"节点"的过程是在程序内部自动进行的。

(3) 单击"轴线输入"菜单,选择"圆弧"按钮,屏幕下方提示"输入圆弧圆心"。单击屏幕右下角"节点捕捉",激活节点捕捉方式;或单击键盘"S"键,在弹出的捕捉方式中选择"捕捉中点",当光标移动到最右端轴线中部时,光标显示为三角形,即捕捉到直轴线的中点,单击鼠标左键选择该点为圆弧轴线的圆心。屏幕下方即提示:

"输入圆弧半径,起始角"

点选该轴线下端点,接着又提示:

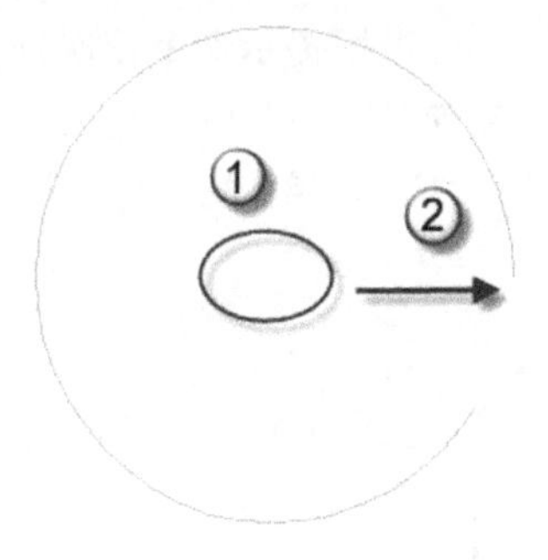

图 2.2.11　圆弧示意图

"输入终止角"

点选该轴线上端点，单击鼠标右键或敲击键盘"Esc"两次，结束绘圆弧命令。如图 2.2.11 所示。

(4) 单击"轴线输入"，选择"辐射线"按钮，屏幕下方会显示：

"输入旋转中心"

点选右端轴线的 A 点，得到提示：

"输入第一点"

再次点取 A 节点，得到提示：

"输入第二点"

单击屏幕右下方"节点捕捉"，当光标沿圆弧移动变成三角形，即捕捉到圆弧中点时单击鼠标左键，绘好右下方的辐射线。用同样的方法绘制右上方的另一条辐射线，如图 2.2.12 所示。

(5) 单击"两点直线"，屏幕下方会提示：

"输入第一点"

选择右轴线的 A 节点作为直线的起点，得到提示：

"输入下一点"

单击键盘功能键"F4"打开正交绘图方式，拉伸水平轴线在与圆弧相交处单击鼠标左键，绘出水平直线，如图 2.2.13 所示。

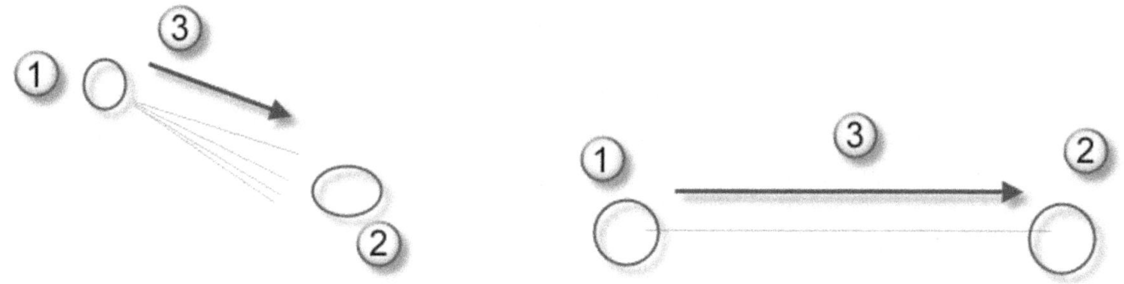

图 2.2.12　辐射线示意图　　图 2.2.13　两点直线示意图

说明：程序提供正交和非正交两种绘直轴线方式，用"F4"功能键切换。同一轴线，可以采用不同的输入方式。

(6) 单击"主菜单"，结束轴网输入，返回建模主菜单。单击"保存"，将绘制完成的轴网图存盘保存。

在 PKPM 的"绘图"工具栏，有六个功能按钮，从左到右依次是"删除""平移复制""拖动复制""移动""旋转"和"镜像复制"。

2. 网格生成

"网格生成"是一组有关轴线和网点编辑、显示和查询的命令。

"轴线命名"是在网点生成后为轴线命名的菜单。在此作出的轴线名可用于实际施工图中，执行此命令可以对光标点取的单根轴线命名，也可以对一组平行的轴线命名。

单击"网格生成"，选择"轴线命名"按钮，屏幕下方提示：

"请用光标选择轴线(多次单击键盘上'Tab'键)"

按"Tab"键一次，若按两次，就又返回到光标逐一选择轴线了。接下来依次出现提示：

"移光标点取起始轴线"；"移光标去掉不标的轴线"；"输入起始轴线名"

根据提示命令依次操作：用鼠标点取①轴，点取不标轴线号的轴线，按“Esc”键，输入数字“1”，敲击键盘“Enter”键；用光标点取 A 轴，选择要去掉的中间的纵向的轴线，按“Esc”键，输入字母“A”，敲击键盘“Enter”键得到显示轴线编号的轴网。如图 2.2.14 所示为带轴号的轴网图。

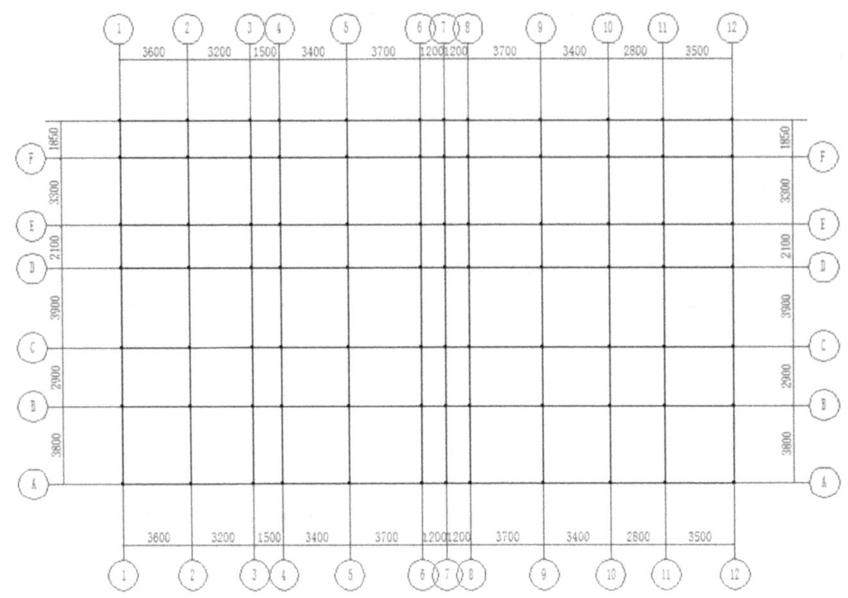

图 2.2.14　带轴号的轴网图

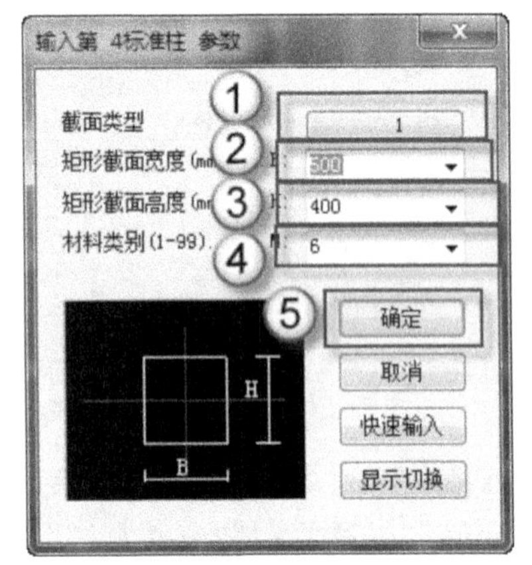

图 2.2.15　输入标准柱参数

3. 轴网显示

单击“网格生成”命令，选择“轴线显示”按钮，这是开关命令，单击显示已命名的轴线号，双击关闭显示。

4. 构件布置

轴线输入完成后，就可以进行柱、梁、墙、板等构件布置。单击“楼层定义”，显示各类构件布置子菜单。

(1) 柱定义。

在 PKPM 主菜单中有“柱布置”按钮，单击“楼层定义”，选择“柱布置”按钮，弹出如图 2.2.15 所示“柱布置”对话框。

单击“新建”按钮，弹出右图所示对话框。选择截面类型为 1，会弹出如图 2.2.16 所示的柱截面形式选项板，共列出了 25 种柱截面形式，矩形柱则选择截面类型为 1。

图 2.2.17 所示为柱截面设置对话框，矩形截面宽度为 500，矩形截面高度为 400，材料类别为 6，会得到一个形状为矩形、参数为 500×500、材料为混凝土的柱。柱截面设置完成，单击“确定”按钮。重复上述步骤，再次新建矩形 400×400，矩形 400×600 的柱截面，分别选择序号类型为①，②，③柱截面。

注意：程序要求所有构件先定义后布置。修改构件定义后，已布置的构件自动更新。

柱定义后，即可进行柱布置。程序规定柱必须布置在节点上，每个节点只能布置一根柱。如果需要修改已布置好的柱截面尺寸或类型，可以单击如图 2.2.18 所示的“修改”按钮，对柱定义数据进行修改，已布置好的柱将自动更新。

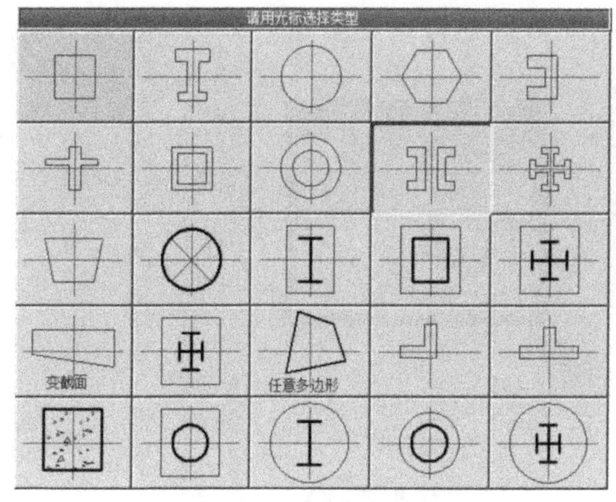

图 2.2.16　柱截面类型

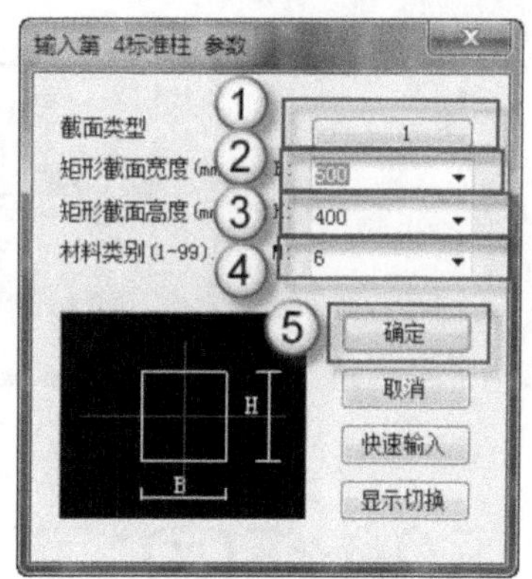

图 2.2.17　柱截面设置对话框

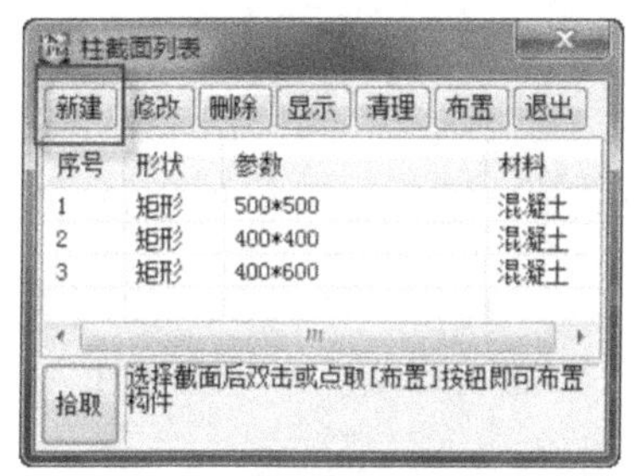

图 2.2.18　截面列表对话框

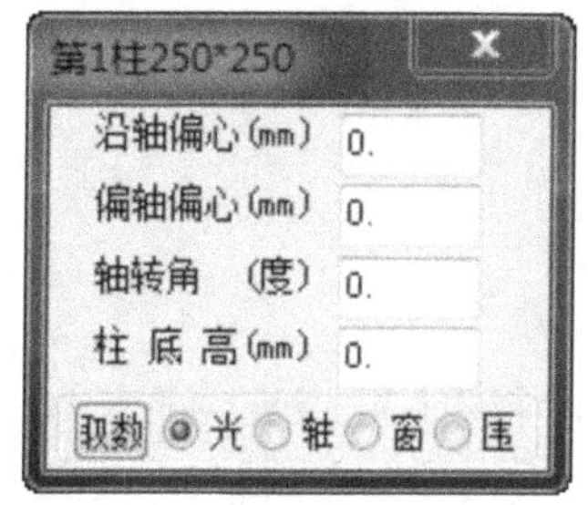

图 2.2.19　柱布置参数对话框

(2) 柱布置：在柱截面列表对话框中选择已定义的矩形柱，单击“布置”按钮，弹出柱布置参数对话框，如图 2.2.19 所示。

◇ 沿轴偏心：取 0，表示柱截面中心在截面宽度方向上与参考节点重合，正值表示在该方向右偏的距离，负值则表示在该方向左偏的距离。

◇ 偏轴偏心：取 0，表示柱截面中心在截面高度方向上与参考节点重合，正值表示在该方向上偏的距离，负值则表示在该方向下偏的距离。

◇ 轴转角：表示柱截面宽度方向与水平轴线的夹角。

◇ 柱底高：取 0，表示柱底与楼层标高相等，正值表示高于层底标高，负值表示低于层底标高。

程序提供四种构件布置方式，通过连续点击“Tab”键，可以在四种方式间依次转换，也可以在相应对话框上直接选择布置方式，四种方式如下。

◇ 光标方式：构件布置在光标选择的节点或网格上面。

◇ 轴线方式：构件布置在光标选择轴线的所有节点或网格上面。

◇ 窗口方式：构件布置在光标围成的矩形窗口内的所有节点或网格线上面。

◇ 围栏方式：构件布置在光标围成的任意围栏内的所有节点或网格线上面。

将模型中所需的柱截面类型设置完成后，开始布置柱，选择所需柱截面类型，单击“布置”按钮，如图 2.2.20 所示。

选择 500×500 柱截面，在偏轴偏心栏里面设置柱的偏心距为 100，选择光标方式，布置第一柱得到一个偏心 100 的偏心柱，如图 2.2.21 所示。

选择 400×600 柱截面，偏轴偏心栏里输入 0，布置第二个柱，如图 2.2.22 所示。

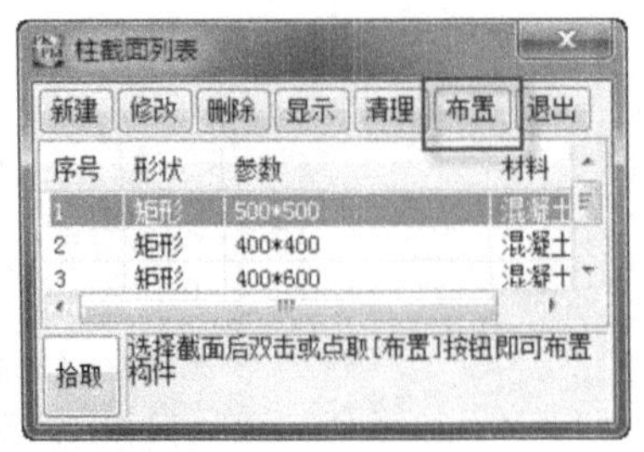

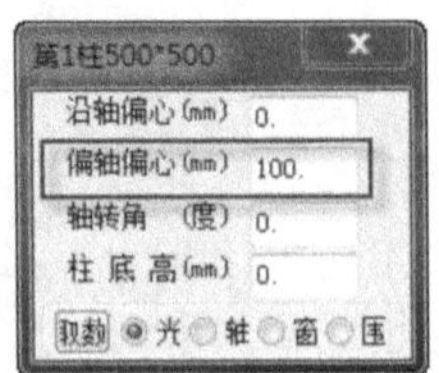

图 2.2.20　柱布置

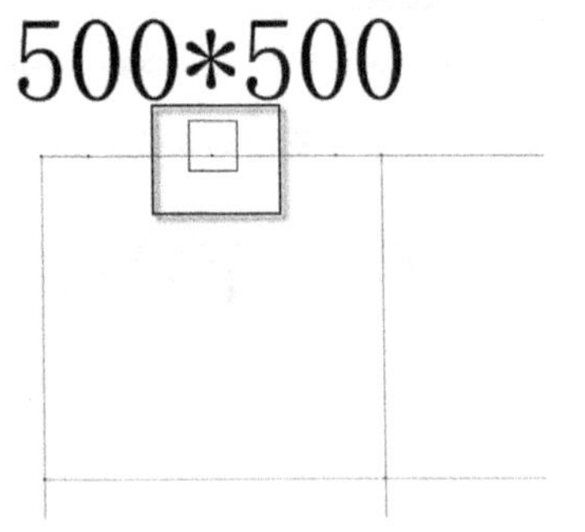

图 2.2.21　500×500 柱①

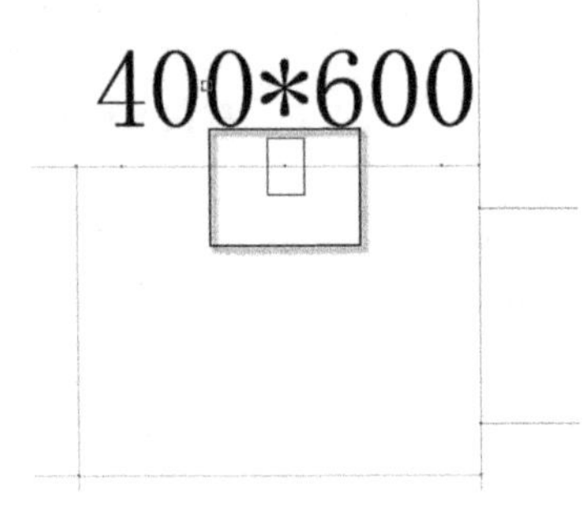

图 2.2.22　400×600 柱①

选择 400×600 柱截面，偏轴偏心栏输入 100，布置第三个柱，如图 2.2.23 所示。

选择 400×400 柱截面，沿轴偏心栏输入 100，如图 2.2.24 所示。

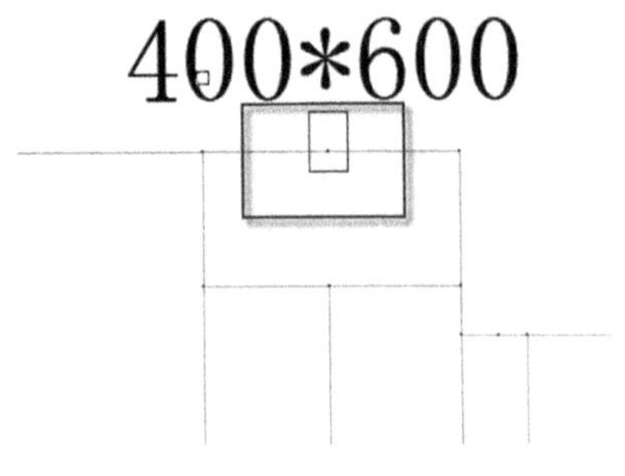

图 2.2.23　400×600 柱②

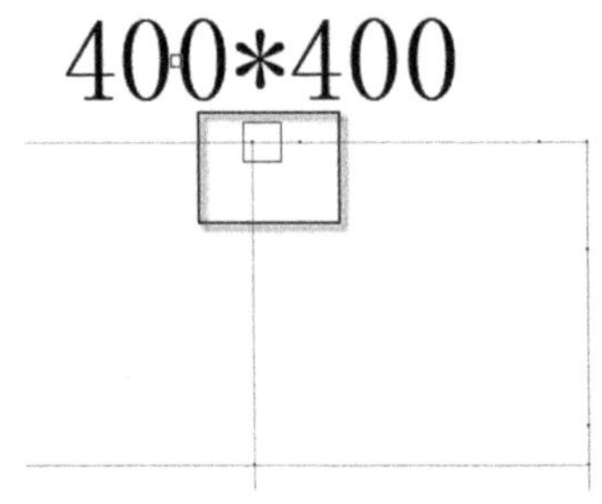

图 2.2.24　400×400 柱①

选择 500×500 柱截面，沿轴偏心栏输入 0，如图 2.2.25 所示。

选择 400×400 柱截面，如图 2.2.26 所示。

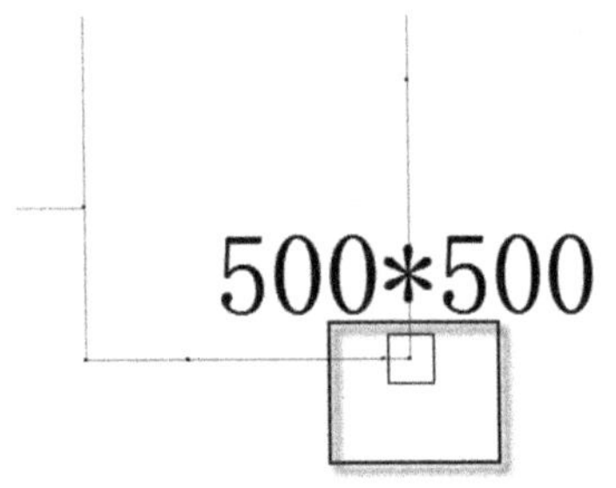

图 2.2.25　500×500 柱②

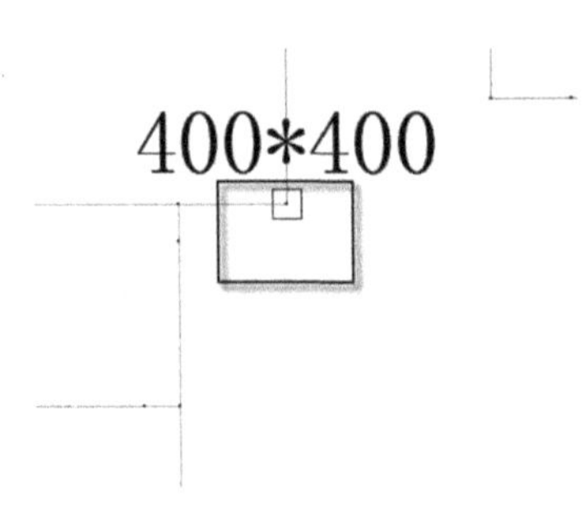

图 2.2.26　400×400 柱②

选择 500×500 柱截面，如图 2.2.27 所示。

本层地下室模型中有 7 个柱，设置完成后，柱布置平面图如图 2.2.28 所示。

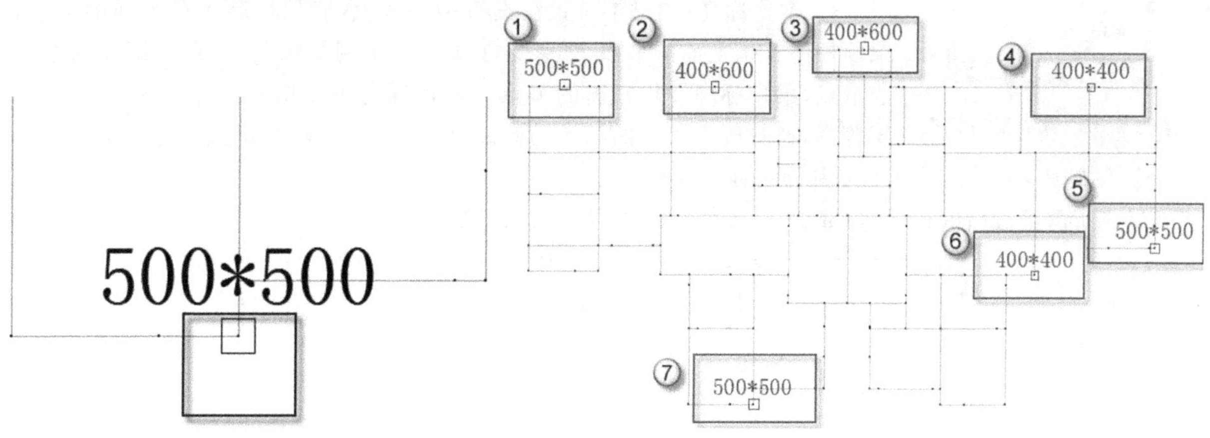

图 2.2.27　500×500 柱 3　　　　图 2.2.28　柱布置平面图

说明：在柱布置时，应遵循以下原则。

(1) 柱布置在节点上，每个节点上只能布置一根柱。

(2) 柱相对于节点可以有偏心和转角，柱宽边方向与 x 轴的夹角称为转角，柱截面形心沿柱宽方向的偏心称为“沿轴偏心”，向右为正，向左为负；柱截面形心沿柱高方向的偏心称为“偏轴偏心”，以上为正，以下为负。“轴转角”即柱截面形心旋转的角度，逆时针为正，顺时针为负。

(3) 如果柱布置采用沿轴线布置方式，则柱的方向自动取轴线方向。

(3) 梁定义：单击“主菜单”按钮，单击“楼层定义”，选择“梁布置”按钮，弹出梁截面设置对话框，如图 2.2.29 所示。

(4) 梁布置：梁定义后即可进行梁布置，程序规定梁必须布置在网格线上，一根网格线的不同标高上可以布置多根主梁。如果需要修改已布置好的梁截面尺寸或类型，可以单击图 2.2.30 中“修改”按钮，对柱定义数据进行修改，已布置好的梁将自动更新。

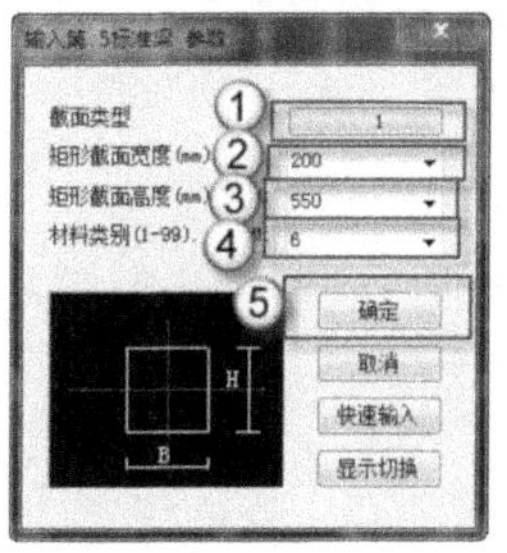

图 2.2.29　梁截面设置对话框

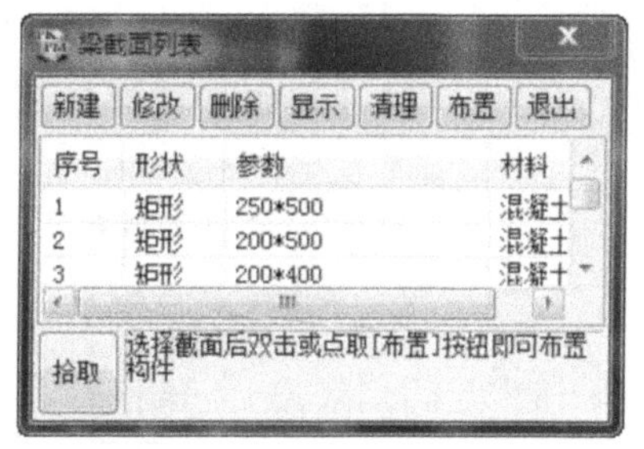

图 2.2.30　梁布置参数对话框

单击图 2.2.30 中“新建”按钮，弹出图 2.2.29 所示对话框，选择截面类型为 1、矩形截面宽度为 200、矩形截面高度为 550、材料类别为 6，会得到一个形状为矩形、参数为 200×550、材料为混凝土的梁截面。设置完成后，重复上述步骤，分别新建矩形 200×500、矩形 200×400、矩形 250×400 的梁截面，分别选择序号①，②，③，④梁截面。在柱截面列表对话框中选择已定义的矩形柱，单击“布置”，弹出柱布置参数对话框，如图 2.2.31 所示。

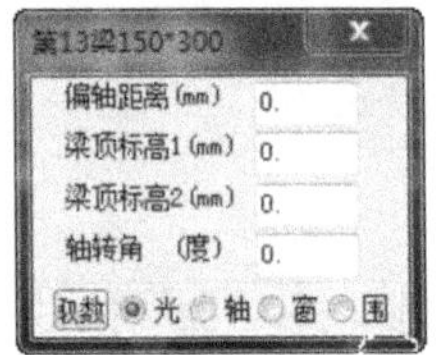

图 2.2.31　梁布置对话框

◇ 偏轴距离：表示梁沿轴方向的中心线与轴线之间的距离，向上为正，向下为负。

◇ 梁顶标高：如果梁布置在垂直网格线上，梁顶标高 1 指下面的节点，梁顶标高 2 指上面的节点，如果梁布置在水平网格线上，梁顶标高 1 指左边的节点，梁顶标高 2 指右边的节点。梁顶标高 1,2 都取 0，表示梁上沿与楼层等高，通过改变梁顶两端点的标高，可以生成斜梁、层间梁和错层梁。

◇ 轴转角：表示梁截面宽度和网格线的夹角。

完成所需梁截面的设置，选择 250×500 梁截面，如图 2.2.32 所示。

图 2.2.32　梁布置 1

选择 200×500 梁截面，如图 2.2.33 所示。

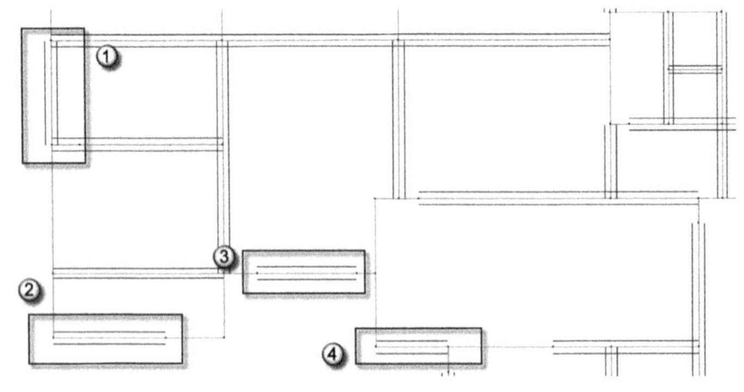

图 2.2.33　梁布置 2

选择 250×400 梁截面，如图 2.2.34 所示。

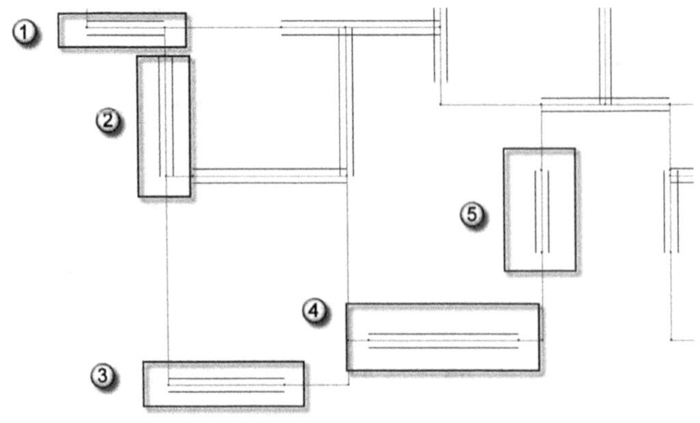

图 2.2.34　梁布置 3

选择 200×300 梁截面，如图 2.2.35 所示。

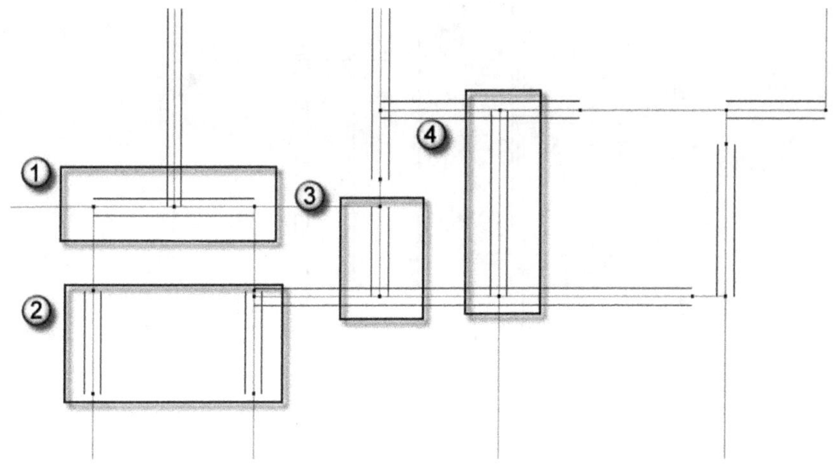

图 2.2.35　梁布置 4

选择 200×550 梁截面，如图 2.2.36 所示。

选择 300×500 梁截面，如图 2.2.37 所示。

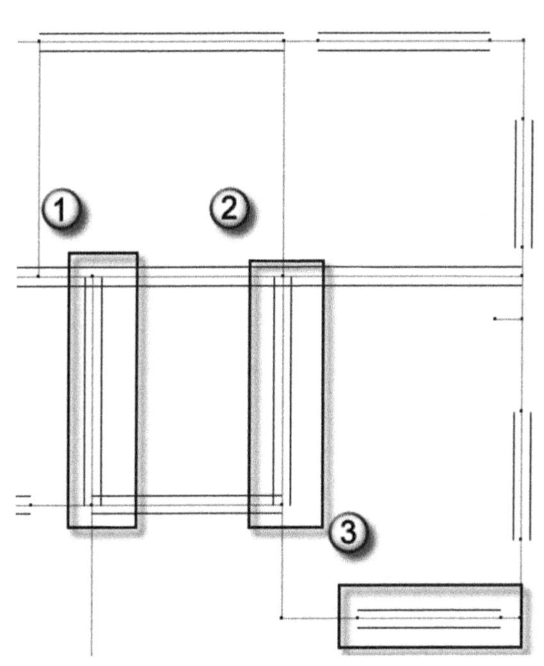

图 2.2.36　梁布置 5

图 2.2.37　梁布置 6

选择 300×550 梁截面，如图 2.2.38 所示。

完成梁布置全图，如图 2.2.39 所示。

如有错误，单击“构件删除”和“本层修改”等命令进行修改。

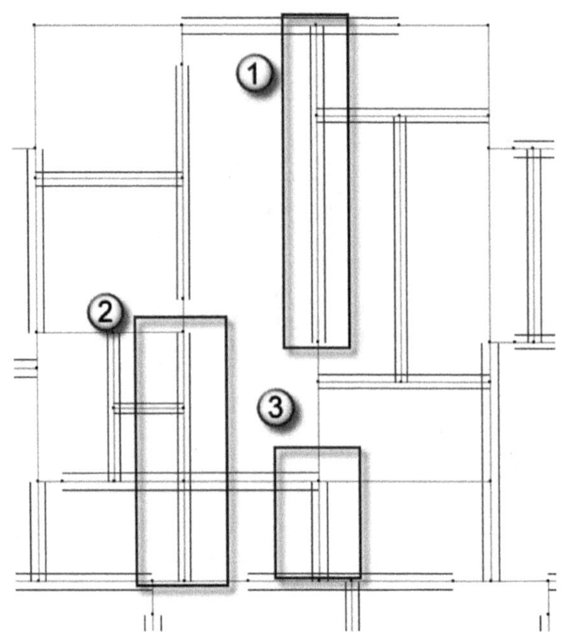

图 2.2.38　梁布置 7

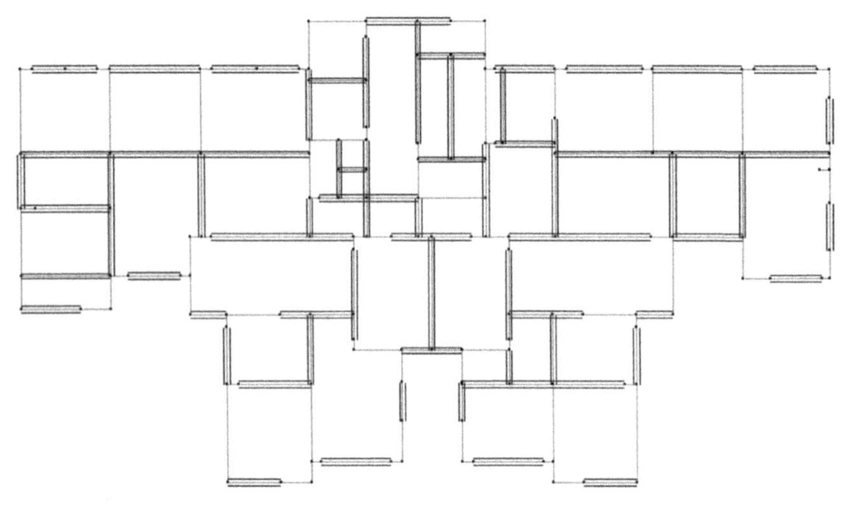

图 2.2.39　梁布置平面图

(5) 墙布置:单击“主菜单”按钮,选择“楼层定义”,单击“墙布置”按钮,弹出如图 2.2.40 所示“墙 截面设置”对话框,单击作图对话框中“新建”按钮,弹出右图所示对话框,选择截面类型为 1、厚度为 200、材料类别为 6,会得到一个类型为普通墙、材料为混凝土、厚度为 200 的墙截面。重复上述步骤,依次新建普通墙厚度为 250,300,450,270,400 的墙截面样式。选择所需墙截面类型,在作图区相应的地方布置相应的墙。

选择 300 厚的墙截面,墙布置 1 如图 2.2.41 所示。

选择 200 厚的墙截面,墙布置 2 如图 2.2.42 所示。

选择 450 厚的墙截面,墙布置 3 如图 2.2.43 所示。

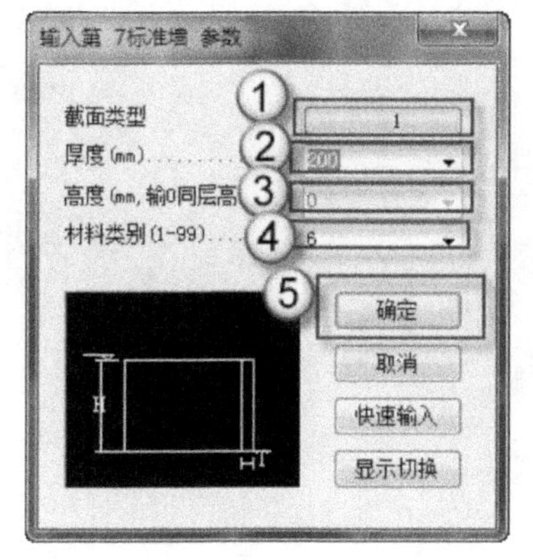

图 2.2.40　墙截面设置对话框

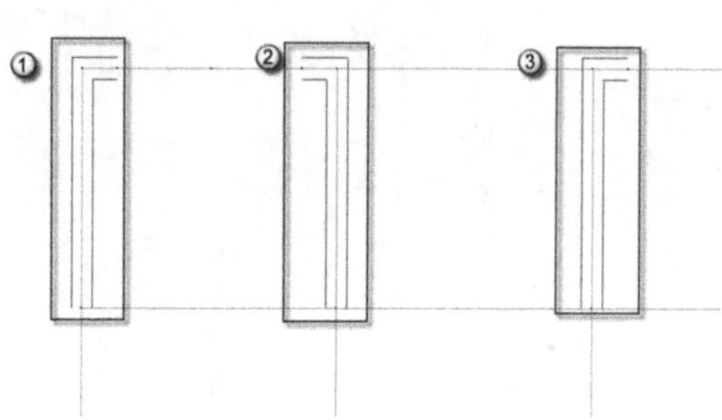

图 2.2.41　墙布置 1

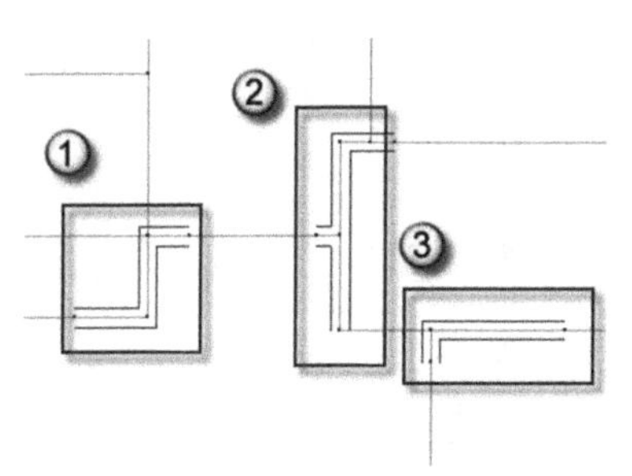

图 2.2.42　墙布置 2

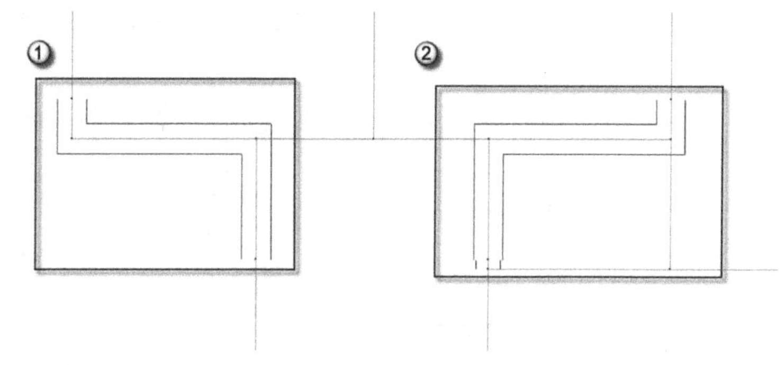

图 2.2.43　墙布置 3

选择 270 厚的墙截面，墙布置 4 如图 2.2.44 所示。

选择 400 厚的墙布置，墙布置 5 如图 2.2.45 所示。

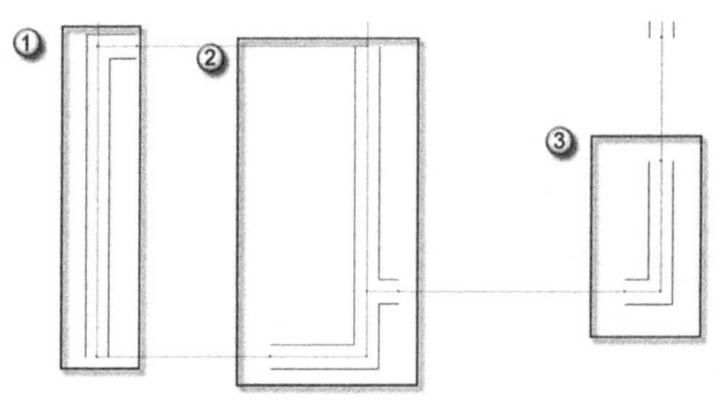

图 2.2.44　墙布置 4

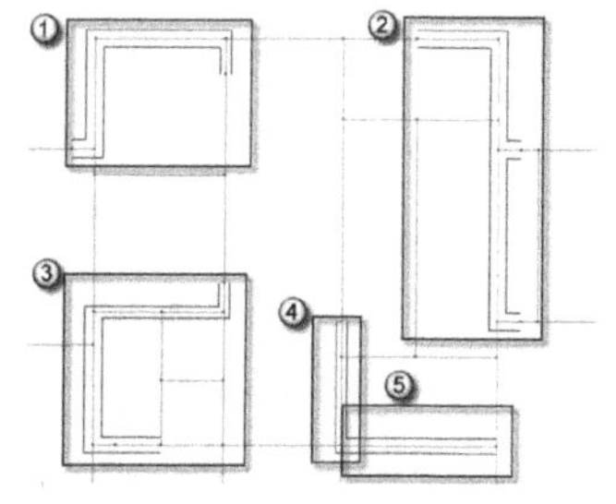

图 2.2.45　墙布置 5

绘制完所有墙截面类型后，得到墙截面布置平面图如图 2.2.46 所示。

完成“柱布置”“梁布置”“墙布置”后得到如图 2.2.47 所示的地下室梁柱墙结构平面图。

5. 楼板生成

(1)“楼板生成”菜单是有关楼板的操作，包含自动生成楼板、楼板错层设置、板厚设置、板洞设置、悬挑板布置、预制板布置等功能。

完成了梁、柱、墙的布置后，下一步是生成楼板。单击“楼板生成”程序自动在本标准层被梁、墙四面封闭的房间中布置楼板，板厚默认与楼层同高。

单击“主菜单”按钮，单击“楼层定义”→“楼板生成”→“生成楼板”命令，如图 2.2.48 所示。作图区

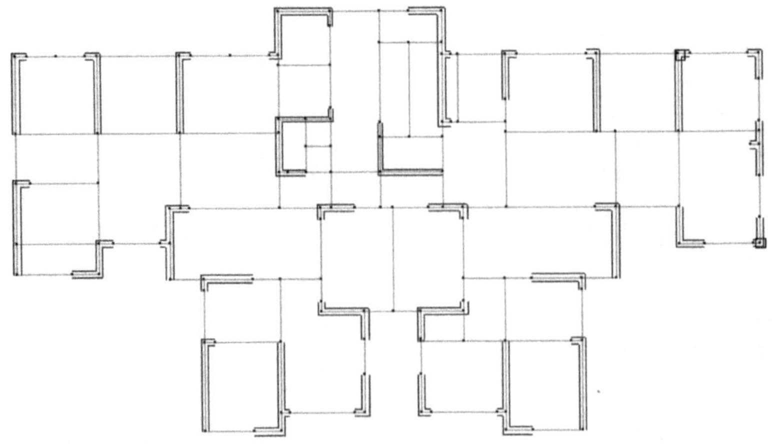

图 2.2.46 墙截面布置平面图

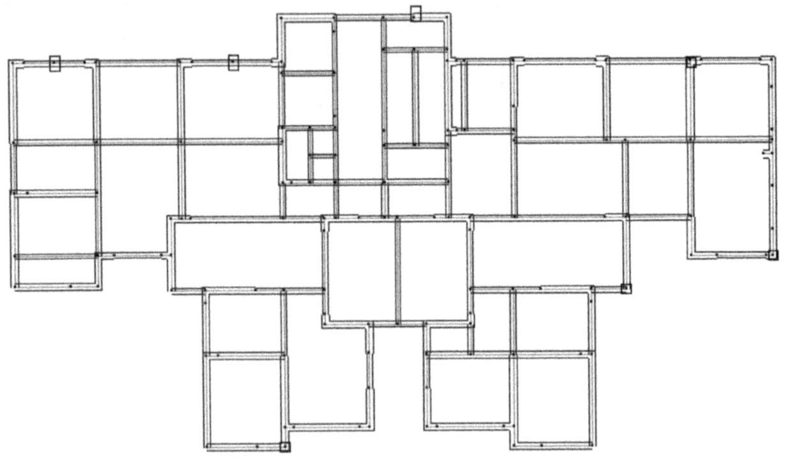

图 2.2.47 地下室梁柱墙结构平面图

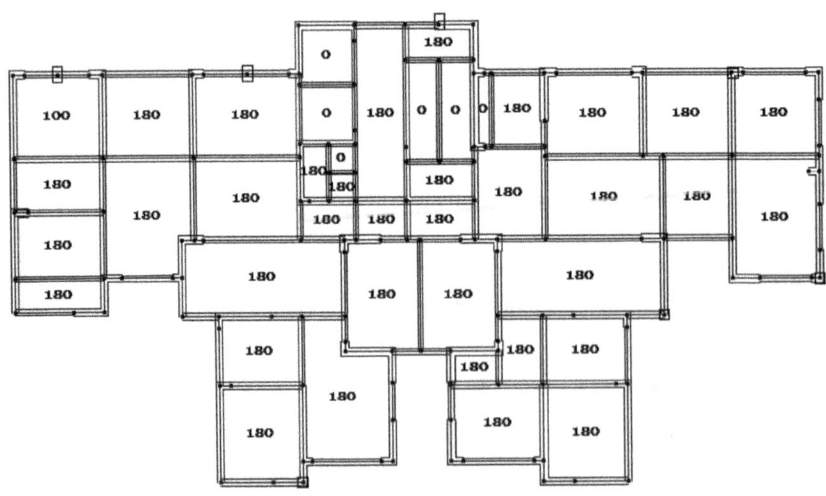

图 2.2.48 生成楼板平面图

会出现每块区域板的厚度。有些开洞的地方板厚是 0，比如楼梯间开洞，其板厚就是 0，此时就需要修改板厚，具体步骤为：依次选择“主菜单”→“楼层定义”→“楼板生成”→“生成楼板”→“修改板厚”命令，弹出如图 2.2.49所示“修改板厚”对话框。

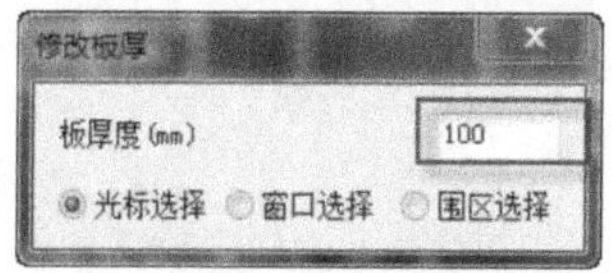

图 2.2.49　修改板厚

在板厚对话框中选择需要的厚度，例如 100，在三种选择方式：光标选择、窗口选择、围区选择中，选择其中一种方式修改板的厚度。

布置错层楼板：单击“楼板生成”，选择“楼板错层”，显示各房间楼板板厚，并弹出楼板错层对话框，例如：输入楼板错层值 70，选择卫生间，使其楼板下降 70。

布置悬挑板：悬挑板是指阳台、雨篷、挑檐、遮阳板等构件，其布置方式与其他构件类似。

不同于 CAD，PKPM 中对修改有特殊的命令，对标准层的修改包括：柱替换，梁替换，墙替换等。在修改柱截面时需要用到“柱替换”命令，修改梁截面时需要用到“梁替换”命令，修改剪力墙时需要用到“墙替换”命令。单击命令会弹出如图 2.2.50 所示对话框。

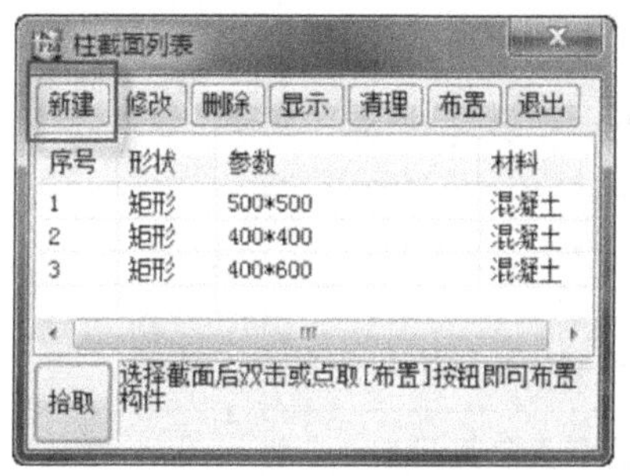

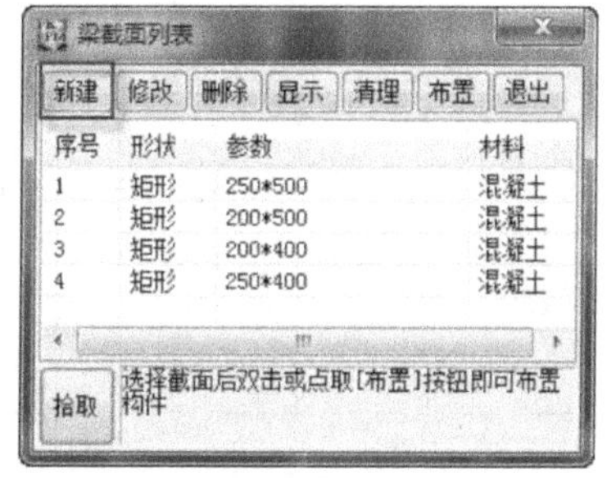

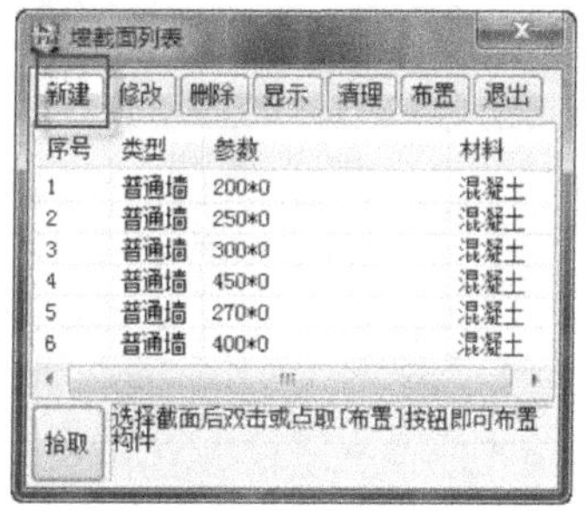

图 2.2.50　柱、梁、墙截面修改对话框

注意：三种命令基本相同，具体步骤：选择需要替换的截面类型，单击图中“选择”按钮，即可在图中修改所需的截面类型。

(2) “楼层定义”命令。在构件布置过程中如发生错误，或需要对部分构件作调整，可以通过“楼层定义”子菜单提供的编辑命令，如通过“构件删除”“本层修改”“偏心对齐”等命令进行修正。

构件删除：单击“构件删除”，弹出构件删除对话框，如图 2.2.51 所示。在对话框中勾选某类或某几类构件，选择构件选择方式，即可完成删除操作，不会删除对话框中未选择的构件。

本层修改：“本层修改”子菜单的命令主要由替换和查改两类操作组成。替换是把平面上已布置的构件类型用另一种构件替代，查改用于显示构件位置、参数、类型等数据，以便校核和修改。

偏心对齐：用于自动完成构件的偏心布置。

(3) “本层信息”命令。单击“本层信息”，弹出本层信息对话框，如图 2.2.52 所示，用于设置当前标准层构件信息，在标准层建模完成后必须打开并进行设置。

如果需要，可对构件中的个别构件设置不同的混凝土强度等级和钢号。

说明：如果构件定义中指定了材料是混凝土，则无法指定这个构件的钢号，反之亦然。对于型钢混凝土构件，二者都可以指定。

6. 荷载输入

“荷载输入”菜单用于定义并布置作用于结构标准层中梁、柱、墙、板等构件和节点上的荷载，以及某些特殊荷载。

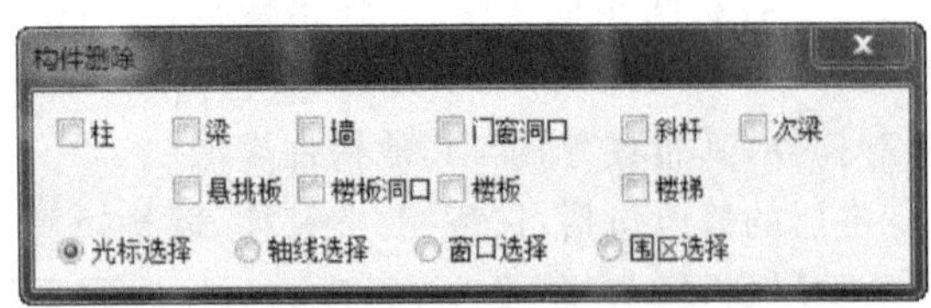

图 2.2.51 构件删除对话框

图 2.2.52 本层信息对话框

荷载输入时所需参数如表 2.2.1、表 2.2.2、表 2.2.3 所示。

表 2.2.1 基本荷载表

单位:kN/m²

序号	房间名称	建筑装修荷载	二次装修荷载	备注	SATWE
1	客厅、餐厅、走廊、门厅	1.0	1.0		2
2	卧室、客房、书房、衣帽间	1.0	1.0		2
3	阳台、露台	1.0	1.0	露台无保温层	2
4	露台	1.0+3.3+0.4×14=9.9	1.0	考虑保温隔热层重 3.3,考虑降板 0.4 m	11
5	厨房	1.0	1.0	当调坡距离较长时,尚应考虑相应荷载	2
6	卫生间	0.5+0.4×14=6.1	1.0	考虑降板 0.4 m	7.1
7	上人平屋面	3.0	1.0	另考虑调坡 1.5	5.5
8	楼梯	9.0		用于两跑,多跑按实际取值	9.0

注:①以上荷载暂未考虑建筑线条、钢挂等具体建筑大样的荷载,如有变化将另外补充更改;

②以上荷载不含板自重。

表 2.2.2 基本活载表

单位:kN/m²

位置	数值	备注
上人屋面	2.0	
阳台	2.5	
不上人屋面、挑檐,雨篷	0.5	
楼梯及走廊	2.0	
厨房,餐厅	2.0	
露台,屋顶平台	2.5	
卫生间	4.0(2.0)	有浴缸(无浴缸)

表 2.2.3　基本线载表　　单位：kN/m²

序号	墙体(双面粉刷)	墙体自重标准值/(kN/m²)
1	200 厚加气块外墙(考虑贴面砖与保温)	2.8
2	200 厚加气块普通内隔墙	0.2×0.8+0.04×20=2.4
3	150 厚加气块普通内隔墙	0.15+8+0.04×20=2.0
4	150 厚加气块厨厕内隔墙(考虑贴面砖)	2.2
5	100 厚加气块普通内隔墙	0.1×8+0.04×20=1.6
6	100 厚加气块厨厕内隔墙(考虑贴面砖)	1.8
7	窗(双层玻璃)	0.8

(1) 单击“主菜单”按钮，选择“荷载输入”命令，单击“恒活设置”，会弹出如图 2.2.53 所示恒荷载、活荷载设置对话框，勾选“自动计算现浇楼板自重，”单击“确定”按钮，这样就完成了荷载的设置，接下来是输入荷载。

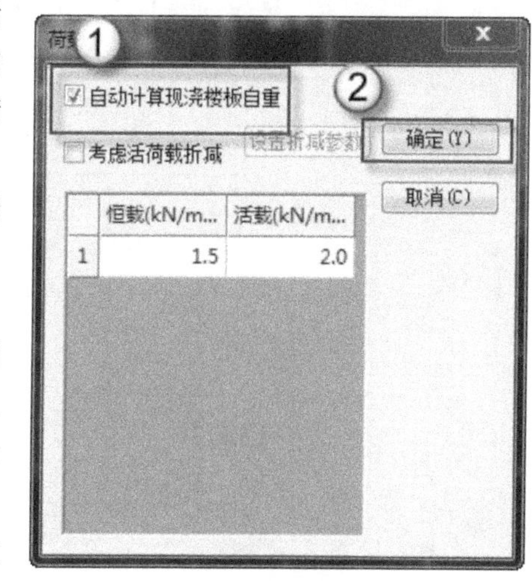

图 2.2.53　恒活荷载设置对话框

输入荷载包括楼面恒载、楼面活载、梁间荷载、柱间荷载、墙间荷载、节点荷载、次梁荷载、墙洞荷载、人防荷载、吊车荷载。

楼面荷载包含楼面活载、楼面恒载。

(2) 单击“主菜单”按钮，选择“荷载输入”命令，单击“楼面荷载”，选择“楼面恒载”命令，此时计算机会自动生成每块板上的楼面恒载，如图 2.2.54 所示。同时会弹出如图 2.2.55 所示的修改恒载对话框。

(3) 将计算机自动生成的楼面恒载中不符合规范的值修改为经计算后适合本楼面实际情况的恒载值，在输入恒载值框中输入所需的数据，例如输入数值 1.5，再在三种修改方式：光标选

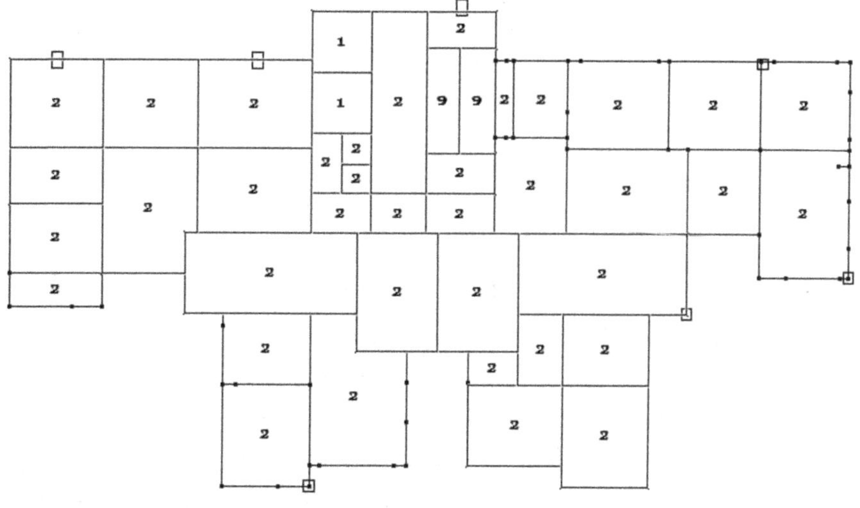

图 2.2.54　楼面恒载平面图

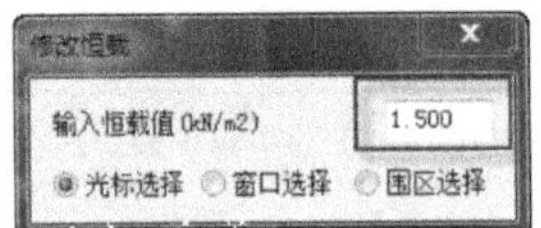

图 2.2.55 修改恒载对话框

择、窗口选择、围区选择中选择一种方式，输入1.500后用光标选择被修改的区域，如图 2.2.56 所示。

按照上述方法修改完成恒载值后得到本层楼面恒载，如图 2.2.57 所示。

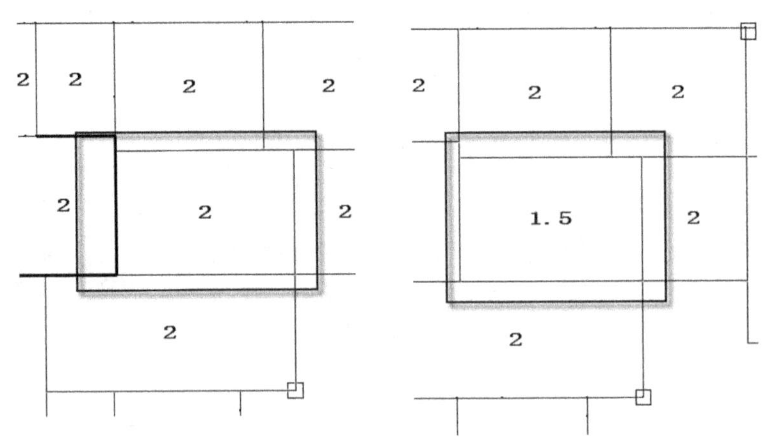

图 2.2.56 修改荷载值

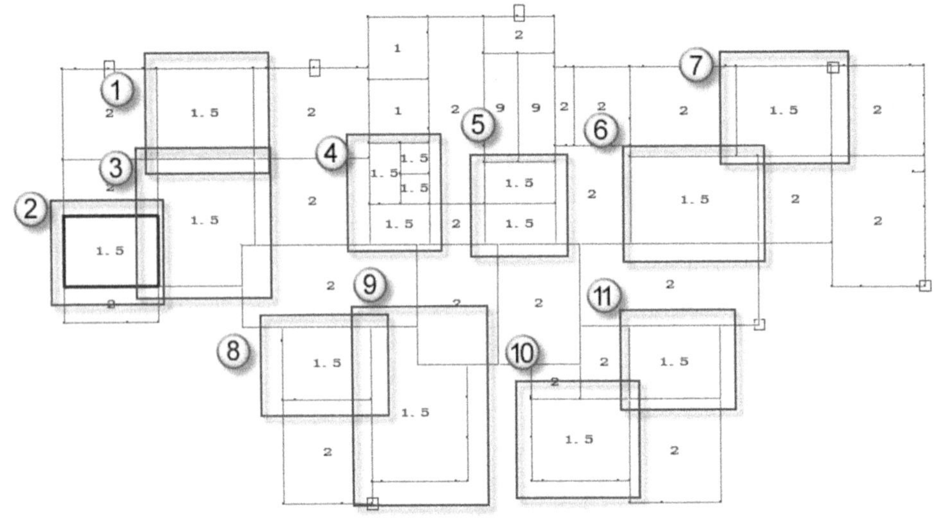

图 2.2.57 楼面恒载修改

(4) 单击“主菜单”按钮，选择“荷载输入”命令，单击“楼面荷载”，选择“楼面活载”命令，此时计算机会自动生成每块板上的楼面活荷载值，如图 2.2.58 楼面活载所示。同时会弹出如图 2.2.59 所示的“修改活载”对话框。

(5) 将计算机自动生成的楼面活载中不符合规范的值修改为经计算后适合本楼面实际情况的荷载值，在输入活载值框中输入所需的数据，例如 2.0，再在三种修改方式：光标选择、窗口选择、围区选择中选择一种方式，在输入正确的活荷载值之后，光标选择所需要修改的区域，如图 2.2.60 和图 2.2.61 所示。

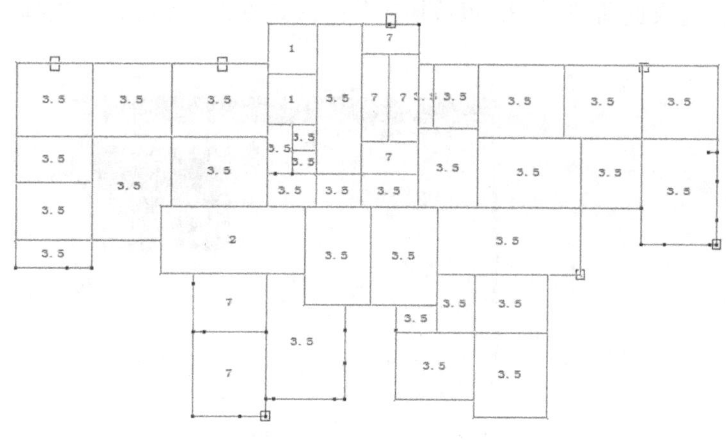

图 2.2.58　楼面活载

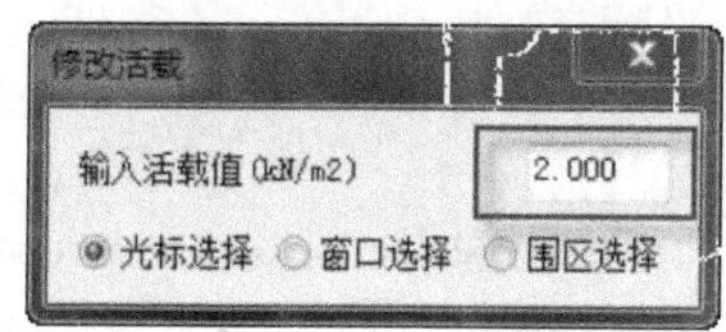

图 2.2.59　“修改活载”对话框

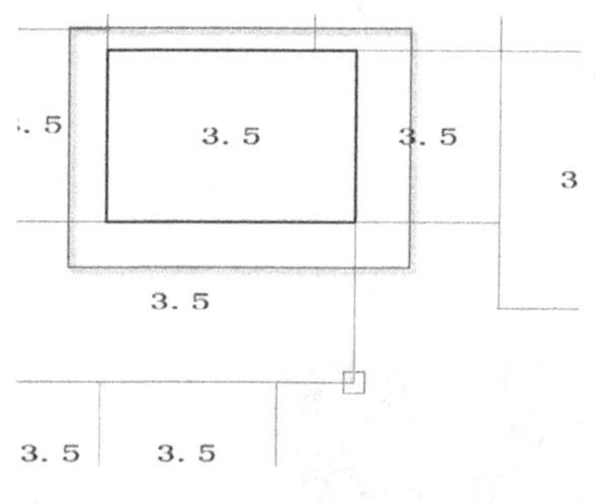

图 2.2.60　活载修改前

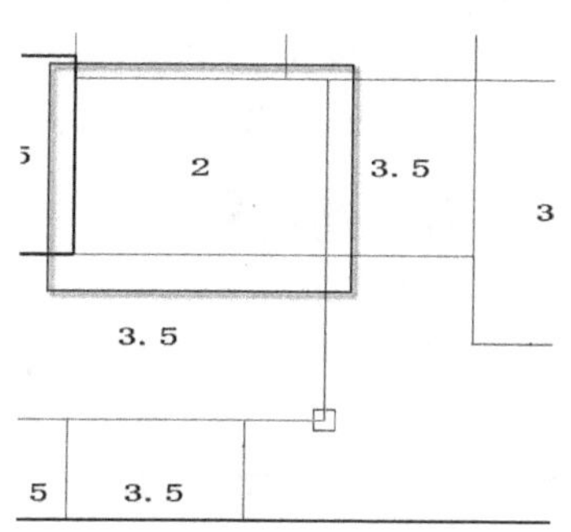

图 2.2.61　活载修改后

依照上述方法完成对楼层活载的修改，最终得到本层楼面活载，如图 2.2.62 所示。

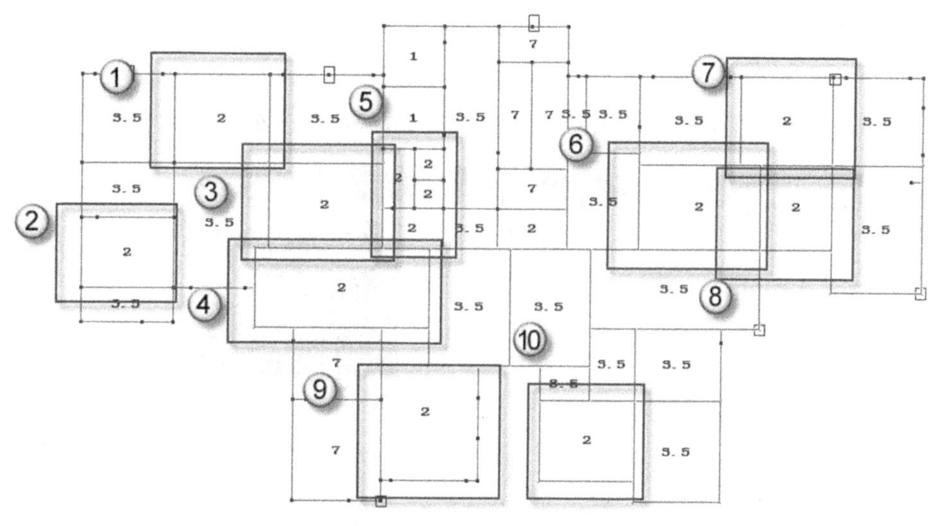

图 2.2.62　楼面活载修改

(6) 梁间荷载：梁间荷载同样分为恒载和活载。单击“主菜单”按钮，选择“荷载输入”命令，单击“梁间荷载”按钮，选择“数据开关”命令，会弹出如图 2.2.63 所示的“数据显示状态”对话框。

勾选数据显示，单击“确定”按钮，开始设置梁间荷载，单击“恒载输入”，弹出如图 2.2.64 所示“选择要布置的梁荷载”对话框。

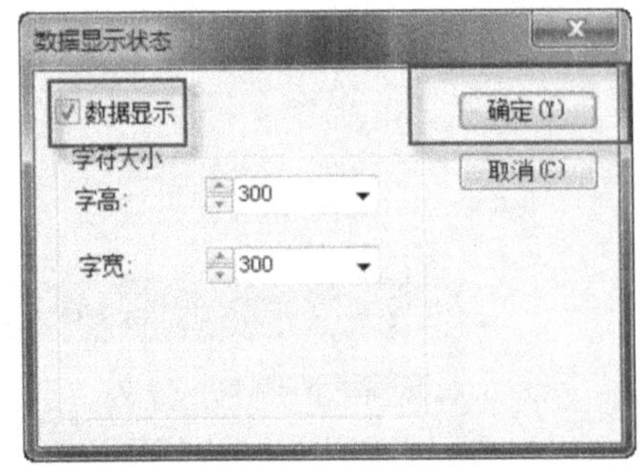

图 2.2.63 “数据显示状态”对话框

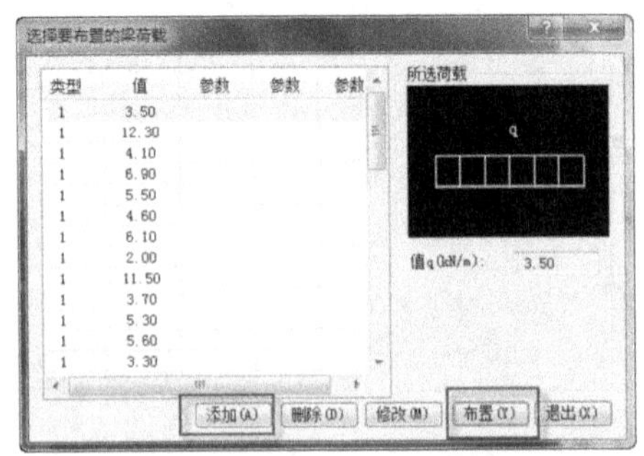

图 2.2.64 “选择要布置的梁荷载”对话框

(7) 单击鼠标左键，选择布置梁荷载对话框中“添加”按钮，弹出如图 2.2.65 所示“选择荷载类型”对话框，选择所需荷载类型(根据地下室结构实际受荷情况，此处选择均布荷载全梁布置，类型为 1，单击左上角第一个按钮，会弹出如图 2.2.66 所示“输入第 1 类型荷载参数”对话框。

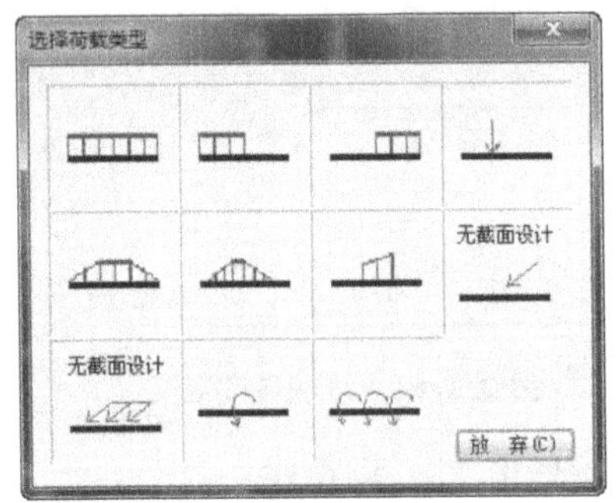

图 2.2.65 “选择荷载类型”对话框

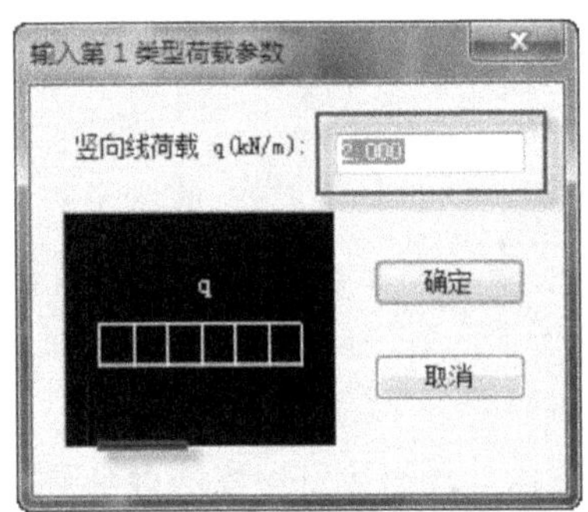

图 2.2.66 “输入第一类型荷载参数”对话框

(8) 输入 200 厚加气块外墙受荷为 2.8，单击“确定”按钮，开始在梁间布置荷载，在 200 厚加气块外墙上布置线荷载。将所需要的荷载值设置完成后在梁上布置荷载，选择 12.3 kN/m，如图 2.2.67 所示。

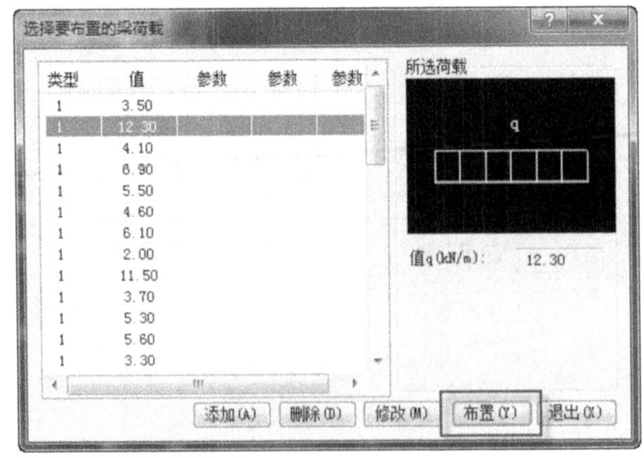

图 2.2.67 选择荷载值

例如 200 厚加气外墙(考虑贴面砖)3.4m:2.8×(3.4−0.4)kN/m=8.4 kN/m

普通开窗:0.8×8.4 kN/m=6.7 kN/m

落地窗打折不小于 0.6,客厅落地大门窗:0.6×8.4 kN/m=5.0 kN/m

阳台栏杆:按照 1.2 m 高、200 厚加气块外墙(考虑贴面砖)统计,另加混凝土翻遍大样 0.5,取 4.0 kN/m。

选择 12.3 kN/m 荷载布置,荷载布置 1 如图 2.2.68 所示。

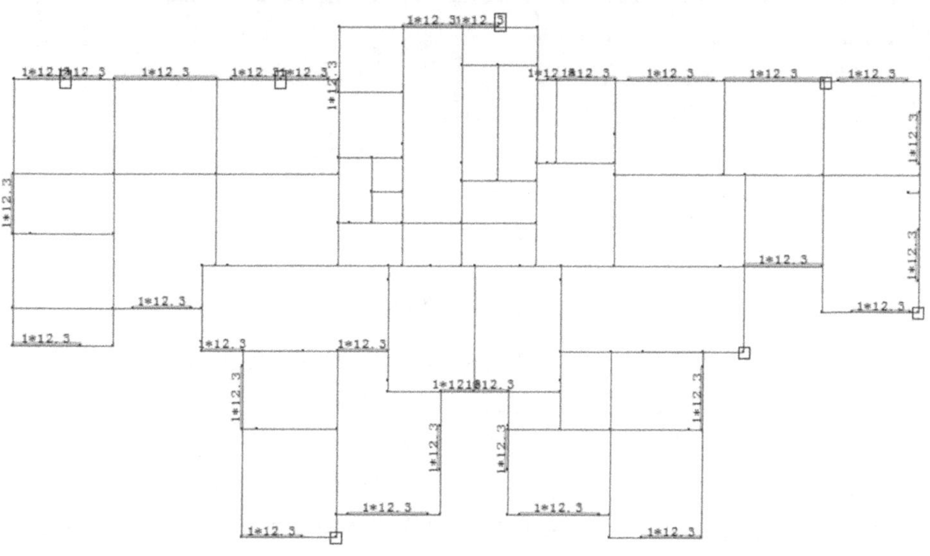

图 2.2.68　荷载布置 1

选择 11.3 kN/m 荷载布置,荷载布置 2 如图 2.2.69 所示。

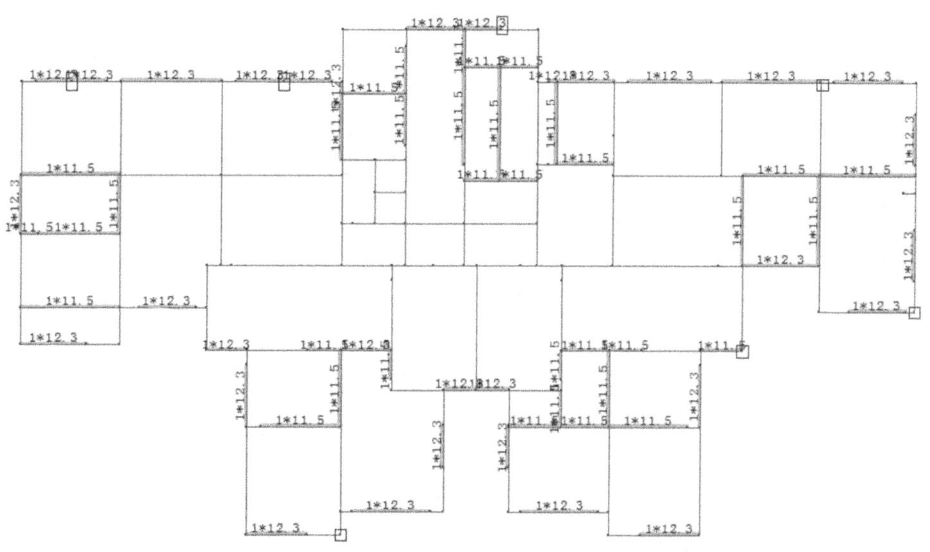

图 2.2.69　荷载布置 2

分别选择 3.5 kN/m,4.1 kN/m,6.9 kN/m,4.6 kN/m,5.5 kN/m,2.0 kN/m 荷载布置,如图 2.2.70所示。

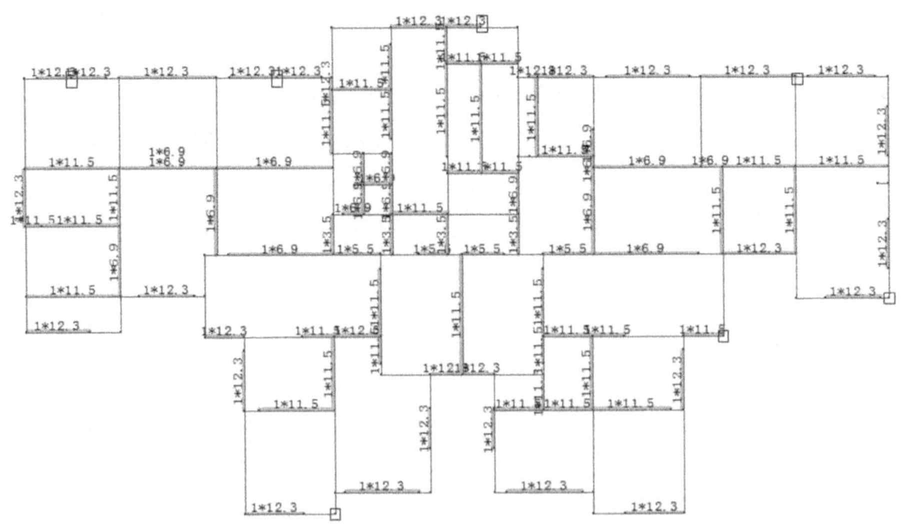

图 2.2.70　荷载布置

说明：在输入梁间荷载的过程中难免会出现错误，当输入错误的荷载值时，首先应删除错误的荷载值，重新选择所需要的荷载值，在相应的区域布置正确的荷载值。

(9) 梁荷载输入：单击"梁间荷载"选择"荷载输入"命令，会弹出选择梁荷载对话框，从列表中选择需要布置的梁荷载，单击"布置"按钮。然后根据操作时的具体情况来选择光标方式、轴线方式或窗口方式，将梁上填充墙荷载布置到相应的梁上。得到地下层梁恒荷载布置结果图，如图 2.2.71 所示。

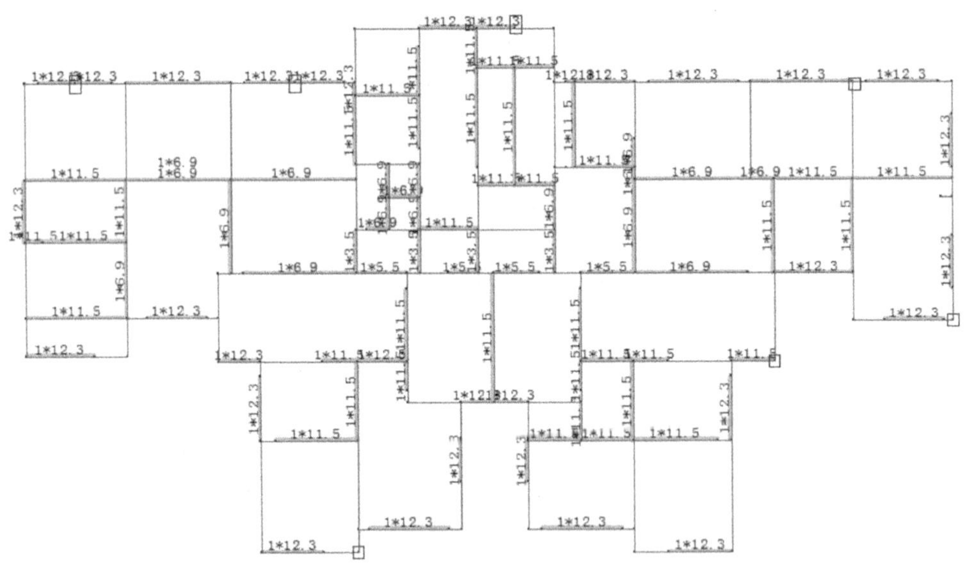

图 2.2.71　地下层梁恒荷载布置图

"柱间荷载""墙间荷载""节点荷载"和"次梁荷载"等命令用于给柱、墙、节点和次梁布置荷载，其操作方法与"梁间荷载"类似。

"人防荷载"和"吊车荷载"菜单用于在结构模型中输入人防荷载(包括核武器和常规武器爆炸荷载)和吊车荷载。

2.2.2　楼层组装

“楼层组装”菜单下包括两项内容:“楼层组装”“设计参数”。它是用于完成建筑物的竖向布局,即把已定义的结构标准层和荷载标准层从上至下进行组装布置,并输入层高连接成整体结构。

1. 楼层组装

“楼层组装”的作用是将完成构件布置和荷载输入的各标准层,按一定规则和顺序组合成整体结构模型。

在完成了一个结构标准层定义后,利用“层编辑”命令在此楼层基础上快速生成其他楼层。

(1) 选择“楼层定义”,单击“层编辑”按钮,选择“插标准层”选项,弹出如图 2.2.72 所示对话框。选定要插入的标准层,并勾选“全部复制”,单击“确定”,即增加了一个标准层。

新增加的标准层可以从 PMCAD 的下拉菜单表框中看到,如图 2.2.73 所示。

图 2.2.72　插标准层对话框

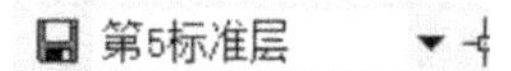

图 2.2.73　查看标准层

(2) 选择“楼层组装”,单击“楼层组装”命令,弹出如图 2.2.74 所示的“楼层组装”对话框。

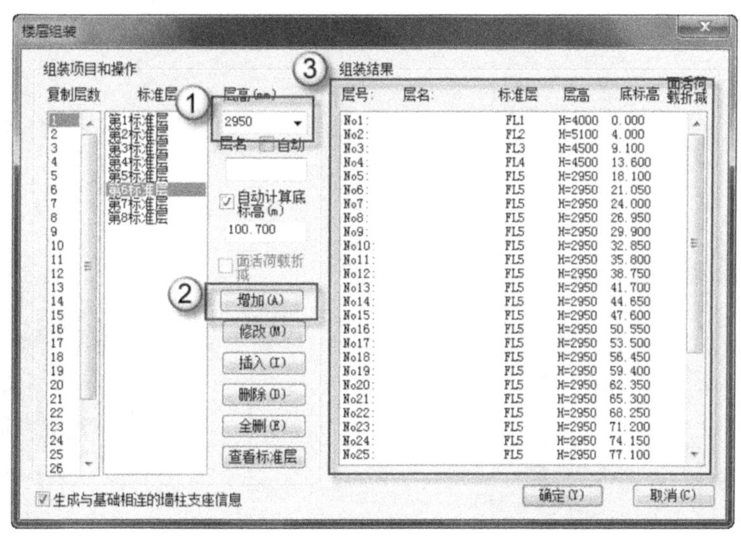

图 2.2.74　“楼层组装”对话框

(3) 在对话框左侧"复制层数"栏里选择第 28 层,在"标准层"下选择第 2 标准层,"层高"栏里指定为 2950,单击"添加按钮"。这时,在组装结果下出现第五层到第三十二层的布置。

(4) 在"复制层数"下选择 4,在"标准层"下选择标准层 3,"层高"设定为 4400,单击"确定"按钮。这时,在组装结果下出现第一层到第四层的布置。

(5) 在"复制层数"下选择 1,在"标准层"下选择标准层 1,"层高"设定为 5100,单击"确定"按钮。这时完成了整个主楼的设置。

(6) 单击"确定"返回到"楼层组装"菜单。

说明:选择自动计算底标高,意味着程序自动计算各自然层的底标高,采用楼层号由低到高顺序排列的普通楼层组装方式,这种组装方式适用于大多数常规工程。如不选择该项,允许为每个自然楼层指定底标高,即采用不按楼层号顺序的广义楼层组装方式,适用于错层多塔大底盘结构建模。

选择生成与基础相连的墙柱支座信息,程序自动生成与基础相连楼层的支座信息并将其传递给基础程序,以便进行基础设计。如果结构支座情况十分复杂,可以通过"设置支座"和"取消支座"命令修改支座。通常楼层组装均应选择此项。

2. 单层拼装和工程拼装

"单层拼装"用于调入其他工程或本工程的任意一个标准层,将其全部或部分拼装到当前标准层上。"工程拼装"用于将其他工程模型拼装到当前工程中,形成一个完整的工程模型,达到提高功效的目的。

以全楼模型显示为例,步骤如下。

为了对组装好的整楼模型进行轴测观察分析,单击"整楼模型",弹出组装方案对话框,如图 2.2.75 所示。选择"重新组装",单击"确定"按钮,屏幕显示整楼模型。

若需要显示三维模型透视图,打开工具栏中的三维实时漫游开关,把线框模型转成实体模型,按下键盘"Shift"键的同时按住鼠标中轮移动鼠标,调整三维视图的透视角度达到最佳,如图2.2.76 所示。

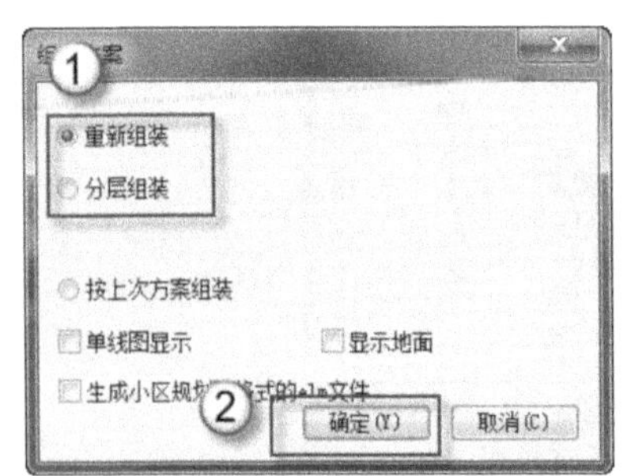

图 2.2.75 "组装方案"对话框

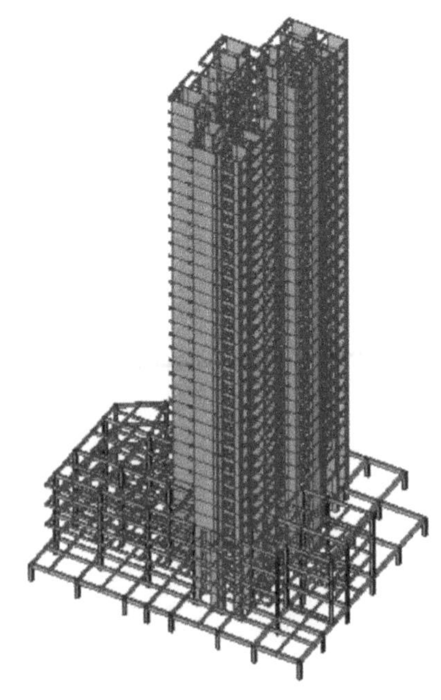

图 2.2.76 全楼模型透视图

说明：

(1) 为了保证首层竖向杆件计算长度正确，该层层高通常从基础顶面算起。

(2) 结构标准层的组装顺序没有要求。

(3) 结构标准层仅要求平面布置相同，不要求层高相同。

(4) 在已组装好的自然层中间插入新楼层，各楼层已布置的荷载不会错乱。

(5) 屋顶楼梯间、电梯间、水箱等通常应参与建模和组装。

(6) 采用 SATWE 等软件进行有限元整体分析时，地下室应与上部结构共同建模和组装。

3. 设计参数

组装好后，选择“设计参数”菜单选项，屏幕弹出图 2.2.77～图 2.2.81 所示各类信息设计参数选项卡。可以根据要求作相应的修改。修改完毕后，按“确定”按钮返回“楼层组装”菜单，或按下“Esc”键放弃修改。

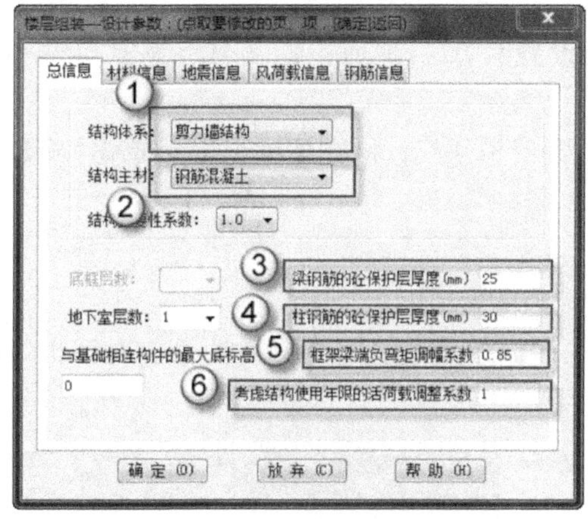

图 2.2.77　总信息设计参数选项卡

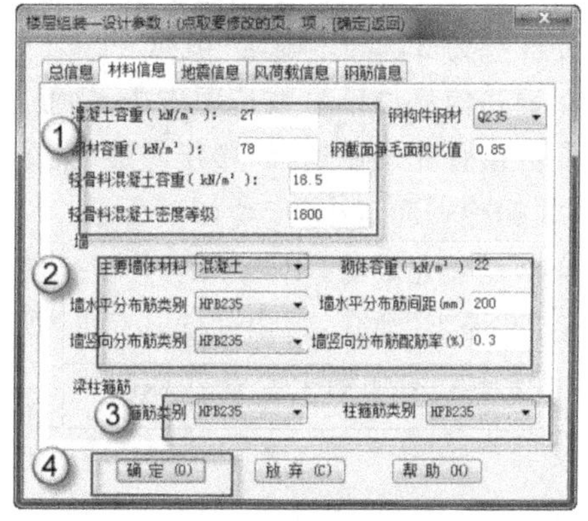

图 2.2.78　材料信息设计参数选项卡

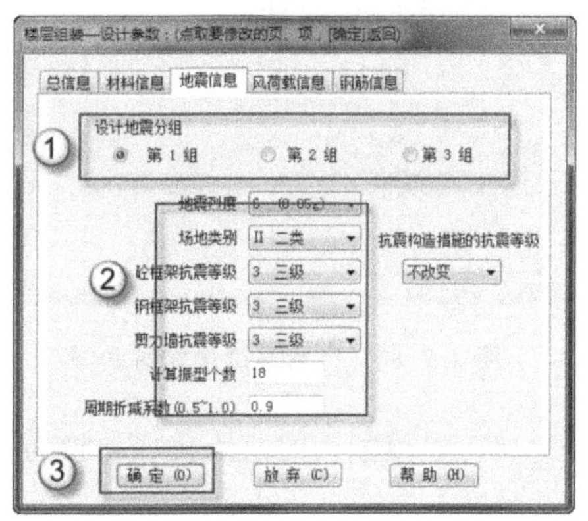

图 2.2.79　地震信息设计参数选项卡

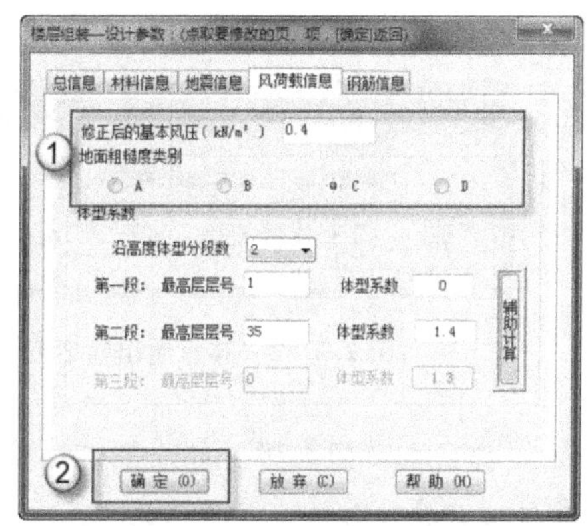

图 2.2.80　风荷载信息设计参数选项卡

在总信息设计参数选项卡中，结构体系选择“剪力墙结构”，结构主材选择“钢筋混凝土”，结构重要性系数选择 1.0，梁钢筋的混凝土保护层厚度设置为 25 cm，柱钢筋的混凝土保护层厚度设置为 30 cm，框架梁端负弯矩调幅系数设置为 0.85，考虑结构使用年限的活荷载调整系数设置为 1，单击“确定”按钮。

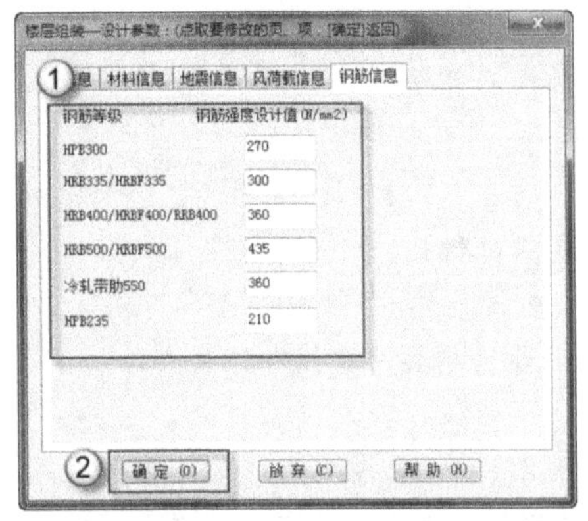

图 2.2.81 钢筋信息设计参数选项卡

在材料信息设计参数选项卡中，混凝土容重设置为 27，钢构件钢材为 Q235，钢材容重为 78，钢截面净毛面积比值设置为 0.85，轻骨料混凝土容重设置为 18.5，轻骨料混凝土密度等级为 1800，主要墙体材料为混凝土，砌体容重为 22，墙水平分布筋类别为 HPB235，墙水平分布筋间距为200 mm，墙竖向分布筋类别为 HPB235，墙竖向分布筋配筋率为 0.3%，梁箍筋类别为 HPB235，柱箍筋类别为 HPB235，单击“确定”按钮。

在地震信息设计参数选项卡中，设计地震分组为第一组，地震烈度为 6(0.05)，场地类别设置为二类，混凝土框架抗震等级为三级，钢框架抗震等级为三级，剪力墙抗震等级为三级，计算振型个数为 18，周期折减系数为 0.9，抗震构造措施的抗震等级设置为不改变，单击“确定”按钮。

在风荷载信息设计参数选项卡中，修正后的基本风压设置为 0.4，地面粗糙度类别为 B 类，沿高度体型分段数为 2，单击“确定”按钮。

在钢筋信息设计参数选项卡中，钢筋强度设计值如图 2.2.81 所示，检查准确无误后单击“确定”按钮。参数设置完成后返回“楼层组装”菜单。

“数据检查和退出”步骤如下所示。

全楼建模完成后，单击“保存”命令，将结构模型数据保存在硬盘中。

单击“退出”命令，弹出如图 2.2.82 所示对话框，选择“存盘退出”按钮，弹出后续操作对话框，如图 2.2.83 所示。对话框中各参数意义如下。

图 2.2.82 存盘退出对话框

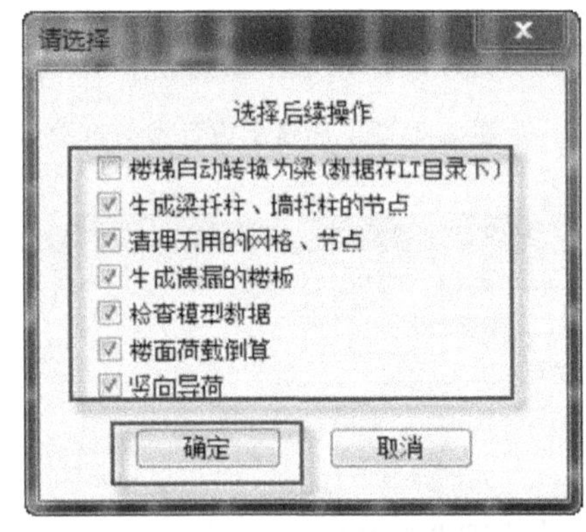

图 2.2.83 存盘后续操作对话框

◇ 楼梯自动转换为梁。如需要楼梯参与建筑和计算，选择此项后建模输入的两跑楼梯转换为三段宽扁梁参与后续计算。

◇ 生成梁托柱、墙托柱的节点。如模型有梁托柱、墙托柱或斜梁与下层梁相交等情况，可选择该选项。程序自动在托梁、托墙和斜梁的相应位置上增设节点，以保证后续结构计算正确进行。上述操作也可以单击“节点下传”命令完成。

◇ 清除无用的网络、节点。模型平面图上的有些网格没有布置构件，有些节点是由辅助线生成或由其他层拷贝而来，这些无用的网格和节点会把整根梁或墙打断成几截，不利于后续计算和施工图绘制，有时还会造成设计误差，因此应选择此项把它们自动清理掉。

◇ 生成遗漏的楼板。选择此选项，程序自动检查各楼层及各房间，将遗漏的楼板自动生成，楼板的厚度取各层信息对话框中定义的楼板厚度。

◇ 检查模型数据。选择此项，程序自动对整楼模型可能存在的不合理之处进行数据检查和提示，由用户选择是返回建模环境进行修改操作，还是直接退出程序。

◇ 楼面荷载导算。选择此项，程序自动完成楼板自重计算和楼面导荷计算。

◇ 竖向导荷。选择此项，程序自动完成从上到下各楼层恒荷载、活荷载的导荷计算，生成作用在基础上的荷载。

单击“确定”按钮，程序完成建模数据检查后退出，返回 PKPM 主界面。至此，建模工作全部完成，可以继续进行计算和绘图等后续操作。

说明：为了检查校对模型荷载输入及传导的正确性，选择 PKPM 主界面“结构”页的第二项“平面荷载显示校核”命令，可以显示各标准层所有构件的荷载详细分布情况。

2.3　裙楼地上部分建模

裙楼是指在一个多层、高层、超高层建筑的主体底部，占地面积大于建筑主体标准层面积的附属筑体。因外形建筑为“凸”字形，就像一个建筑的裙子，所以叫裙楼或裙房。裙楼的地上部分和主楼的地上部分建模方法一致。

PKPM 建模步骤一般为：轴线输入→构件布置→荷载输入→楼层组装。

2.3.1　裙楼一层模型

PKPM 结构软件采用标准层建模方式，首先将整体建筑划分为若干标准层（裙楼一层、二层皆为标准层），然后将各类构件和荷载布置在标准层内，最后将各标准层组装成全楼模型。本教程以一个框架—剪力墙结构的楼层为例贯穿全书。

1. 轴线输入

轴网可以在 TSSD 中绘制完成后再整体导入 PKPM 的 PMCAD 中，也可以在 PMCAD 中直接绘制，应根据工程的实际情况选择绘制方法。下面介绍前一种绘制方法。

绘制操作方法如下。

(1) 打开探索者软件，打开格式为“dwg”的 CAD 目标文件。

(2) 关闭不需要的图层，只保留轴线图层（轴号图层可留可不留），将主体部分隐藏。单击图层栏上的“图层特性管理器”按钮，弹出“图层特性管理器”对话框，如图 2.3.1 所示。右击轴线图层，选择“反向选择”选项，单击“所在视口冻结”列选项下的任意非轴线图层，如图 2.3.2 所示，单击“确定”按钮。

(3) “dwg”格式转换成“t”文件。

在桌面上新建一个工作目录（文件夹），打开 PKPM2010，如图 2.3.3 所示，步骤依次为“结构”→“PMCAD”→“⑦图形编辑、打印及转换”→“工作目录（桌面上新建的）”，单击“应用”按钮。

在弹出的“请输入”对话框中，输入工程名（随意输入）后，单击“确定”按钮，如图 2.3.4 所示。此时屏幕生成新的页面，单击工具栏中的“工具”选项，选择“DWG 转 T 图”选项。

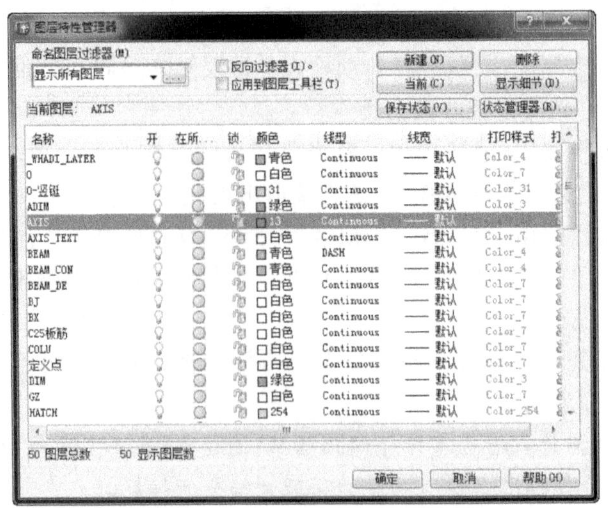

图 2.3.1 图层特性管理器对话框

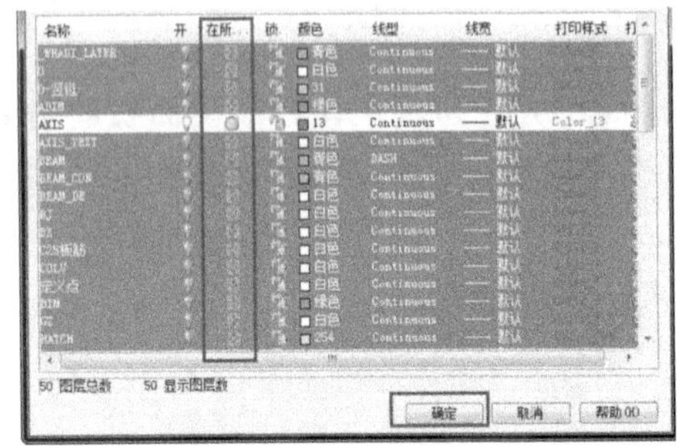

图 2.3.2 反选与冻结

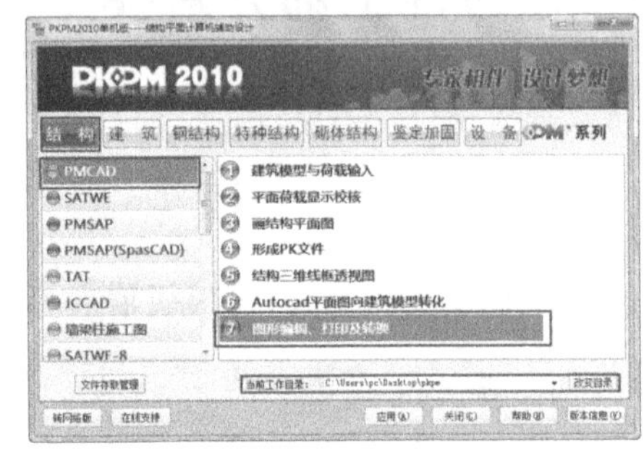

图 2.3.3 图形编辑、打印、转换

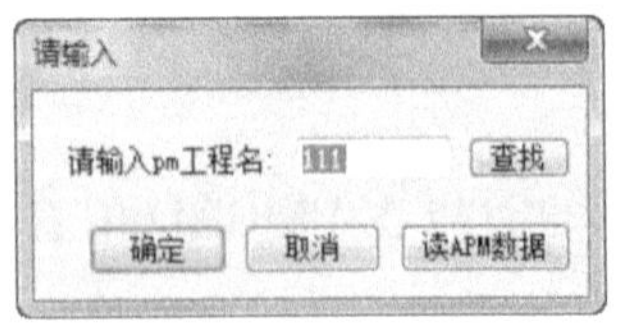

图 2.3.4 请输入工程名对话框

在弹出的打开对话框中找出需要修改的图，如图 2.3.5 所示，单击“打开”按钮。

然后在弹出的请输入对话框中输入比例 1∶100，如图 2.3.6 所示，单击“确定”按钮，保存文件后关闭该窗口。

(4) 网格生成。

打开 PKPM 软件，依次单击“结构”→“PMCAD”→“建筑模型与荷载输入”→“应用”命令，工作目录保持不变。第一次进入会弹出如图 2.3.4 所示请输入工程名对话框，单击“确定”按钮。

在绘图区下方单击“打开 T 图”按钮，打开刚保存的 T 图文件，如图 2.3.7 所示。此时屏幕绘图区出现轴线网，单击“网格生成”菜单下的“轴线显示”和“形成网点”命令，作图区则出现如图 2.3.8 所示的标准图。

(5) 轴线修改。

网格生成后，轴网边缘的轴线可能没有相交或者节点有误，可通过以下操作来加以修改。

若节点与轴线未相交，如图 2.3.9 所示，单击“轴线输入”菜单下的“两点直线”选项，选择该节点沿垂直线延伸到轴线上，单击形成轴线，再选择“节点”选项，将节点布置在该相交处。单击工具栏“网点编辑”菜单下“删除节点”选项，将原先多余的节点删除。

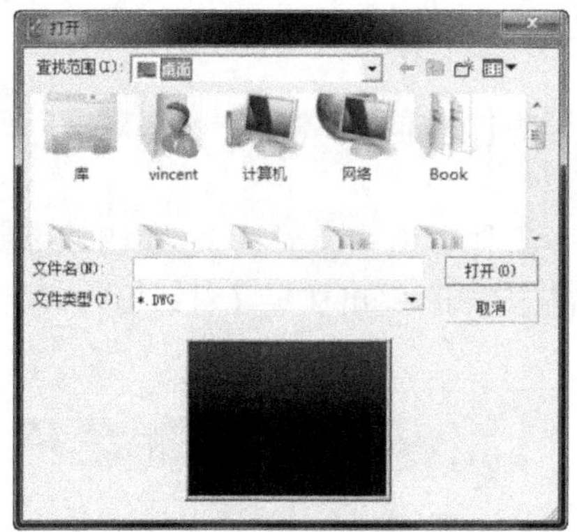

图 2.3.5　“打开”对话框

图 2.3.6　“请输入作图比例”对话框

图 2.3.7　“打开 T 图文件”对话框

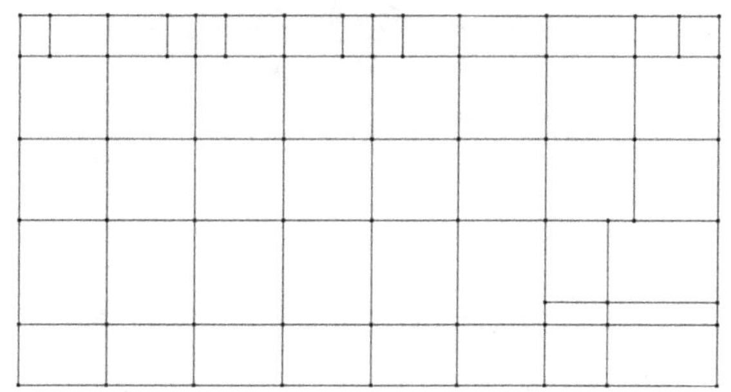

图 2.3.8　网点生成、轴线显示

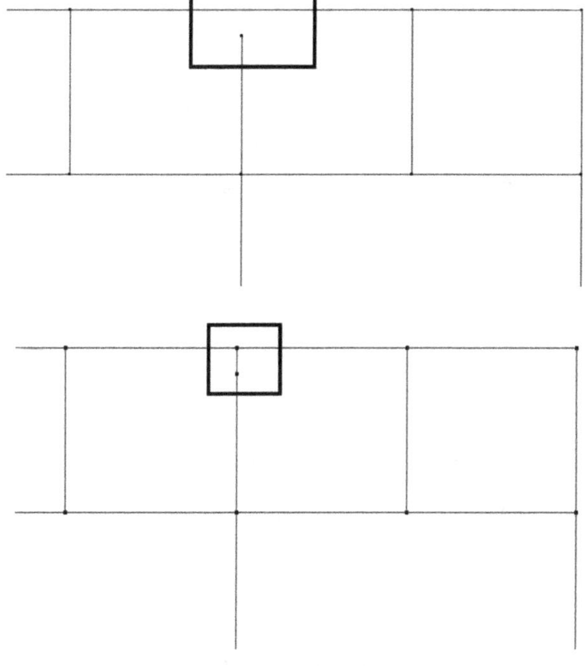

图 2.3.9　节点与轴线未相交

若节点与轴线相交且出头，只需将出头的节点删除即可。

2. 构件布置

轴线输入完成后，就可以进行第一标准层柱、梁、墙、板等构件的布置。单击“楼层定义”命令，显示各类构件布置子菜单。

(1) 柱布置。柱布置前应先定义，单击“柱布置”按钮，弹出柱截面列表对话框，如图 2.3.10 所示，用于对柱进行定义、修改、删除、清理、布置等操作。单击“新建”按钮，弹出柱定义对话框，如果结构有多种不同截面尺寸，则可按此方式定义。

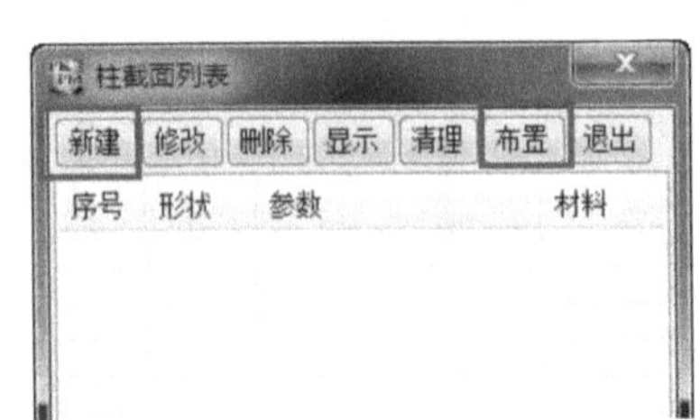

图 2.3.10 柱截面定义与布置

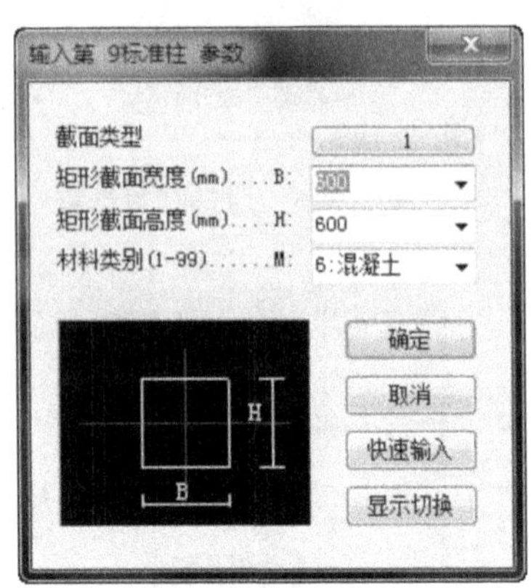

图 2.3.11 柱参数输入对话框

本例题中柱均为矩形，取一截面尺寸为 600×600 柱为例，如图 2.3.11 所示。本例题中柱的截面类型有 700×900，700×1200，700×2000，600×400，600×600，500×500，400×400 和 300×300。定义完成后即可布置。

在柱布置时，应遵循以下原则。

◇ 柱布置在节点上，每个节点上只能布置一根柱。

◇ 柱相对于节点可以有偏心和转角，柱宽边方向与 x 轴的夹角称为转角；柱截面形心沿柱宽方向的偏心称为“沿轴偏心”，向右为正，向左为负；柱截面形心沿柱高方向的偏心称为“偏轴偏心”，以上为正，以下为负。“轴转角”即柱截面形心旋转的角度，逆时针为正，顺时针为负，如图 2.3.12 所示。

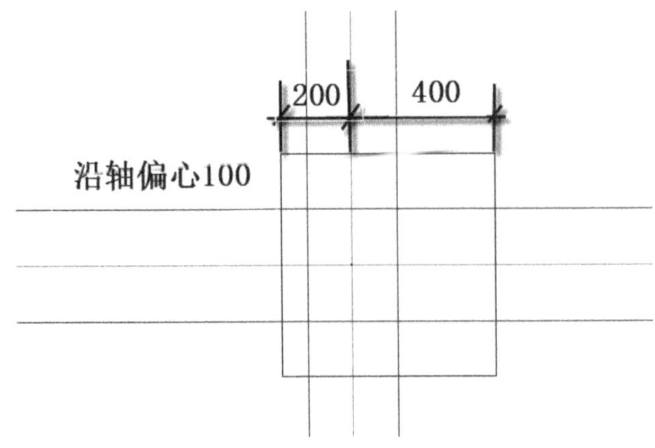

图 2.3.12 沿轴偏心

◇ 当柱布置采用沿轴线布置方式时，柱的方向自动取轴线方向。

柱的布置有四种方式：光标布置、轴线布置、窗口布置和围栏布置，如图 2.3.13 所示。

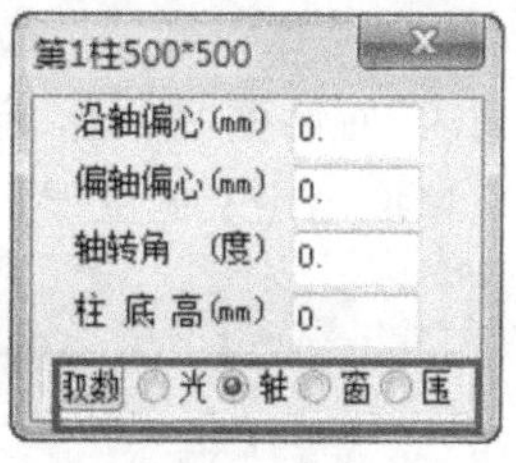

图 2.3.13　柱布置方式

初学者可根据命令栏的提示来操作，本例题优先选择轴线方式布置，点取轴线，程序会自动在轴线上显示柱，例如第一排第一列柱布置，第一排柱布置、第一列柱布置，如图 2.3.14 所示，其余的柱都按此布置，柱布置完成后如图 2.3.15 所示。

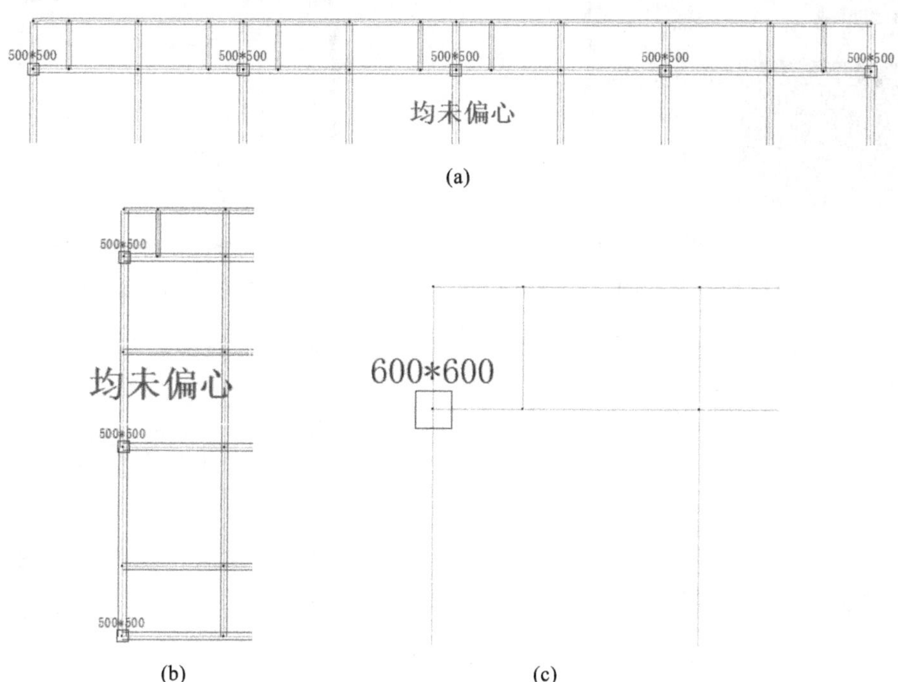

(a)

(b)　(c)

图 2.3.14　柱布置步骤图

(a)第一排柱布置；(b)第一列柱布置；(c)第一排第一列柱布置

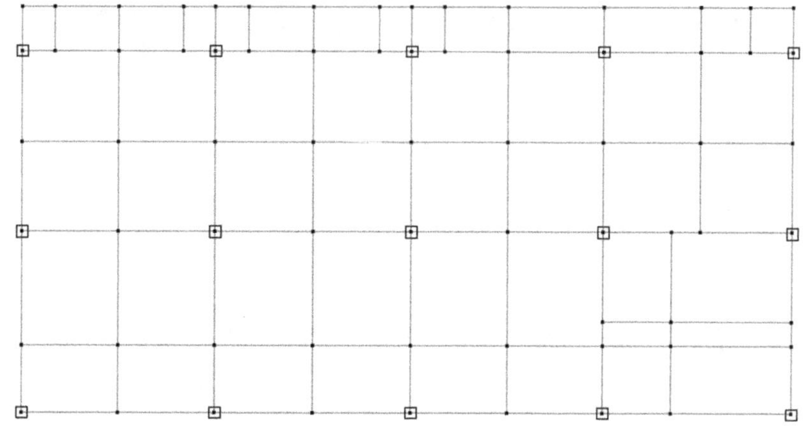

图 2.3.15　柱布置图

(2) 主梁布置。主梁布置前应定义主梁,方法与柱定义一样。单击"主梁布置"菜单,在打开"梁截面列表"对话框中单击"定义"选项,弹出"截面参数"对话框,如图 2.3.16 所示。

选取已定义的主梁,单击"布置"选项如图 2.3.17 所示。

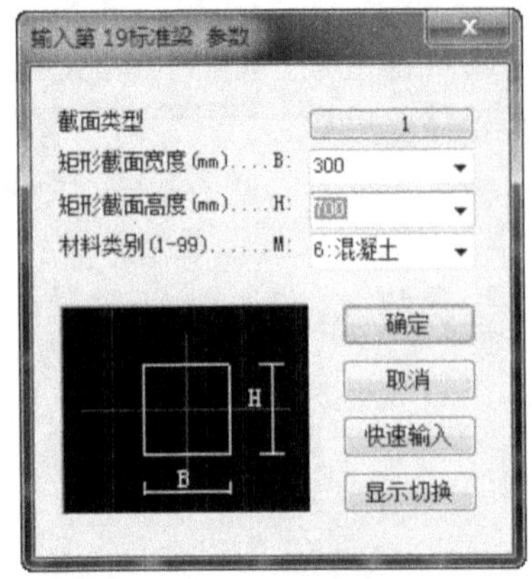

图 2.3.16　梁截面参数对话框

图 2.3.17　梁布置图

然后弹出如图 2.3.18 所示对话框,本例题无斜梁,没有梁偏轴,布置参数均取初始值 0,点取所要布置主梁的轴线段。

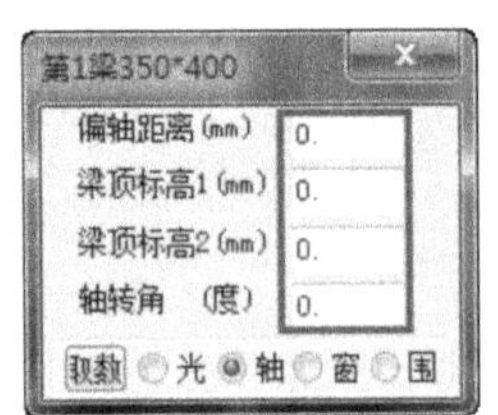

图 2.3.18　梁布置方式

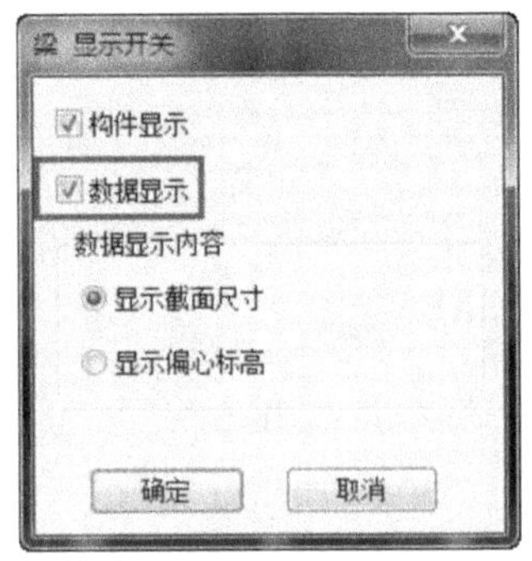

图 2.3.19　梁 显示开关对话框

为了检查梁的布置情况,依次单击"楼层定义"命令、"截面显示"下的"主梁显示"命令,弹出对话框如图 2.3.19 所示。在对话框中勾选"数据显示"和"显示截面尺寸"选项,单击"确定"按钮,可检查构件布置是否完整。

第二排、第三排连续梁如图 2.3.20 所示。

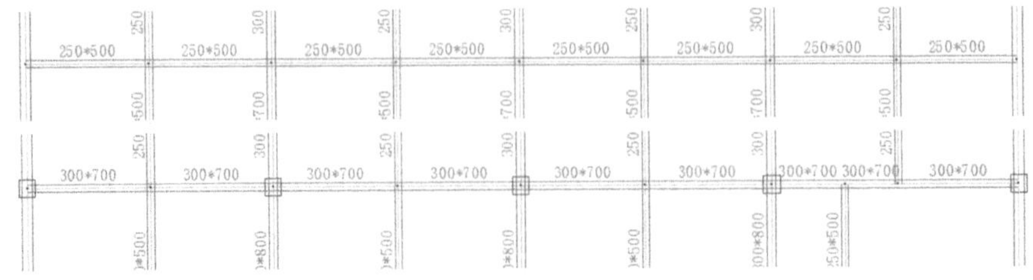

图 2.3.20　第二排、第三排连续梁

奇数列和偶数列连续梁如图 2.3.21 所示。

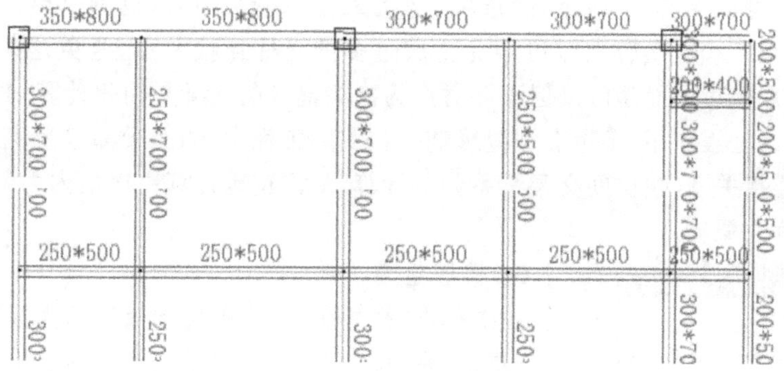

图 2.3.21　奇数列和偶数列连续梁

右下角部分梁布置图如图 2.3.22 所示。

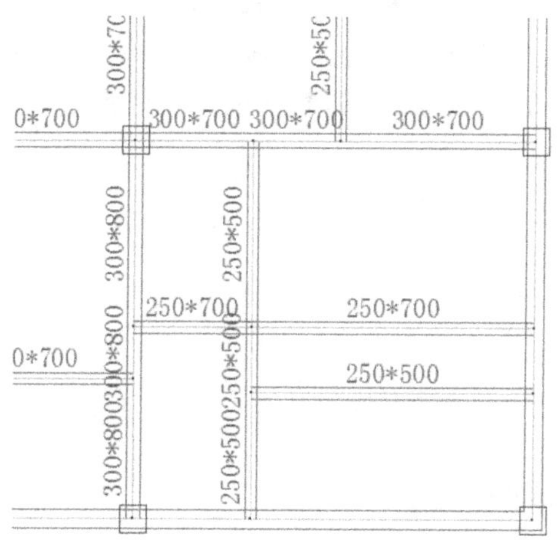

图 2.3.22　右下角部分梁布置

主梁布置后如图 2.3.23 所示。

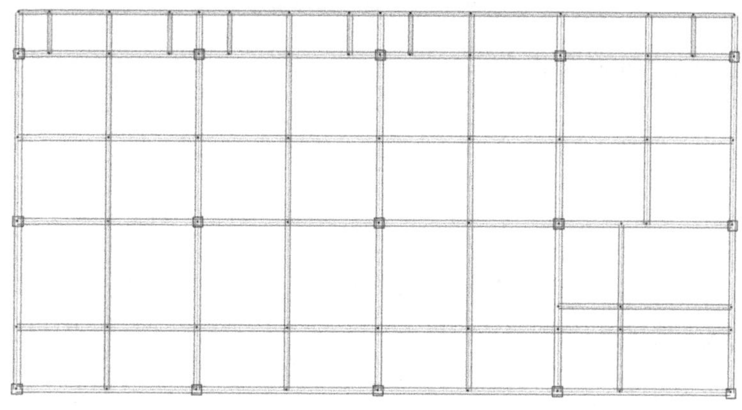

图 2.3.23　梁、柱布置图

(3) 次梁布置。次梁定义和主梁定义相同，但次梁布置与主梁布置不同，次梁不需要先布置网格线，次梁和主梁、墙相交处不产生节点。次梁布置通常应打开“节点捕捉”按钮，点取与次梁两端相交的主梁或墙,连续次梁可以跨越多跨主次梁一次布置,次梁的顶面标高和与它相连的主梁或墙的标高相同。

工程中的次梁既可以单击"主梁布置"选项,把次梁作为主梁输入;也可以单击"次梁布置"选项输入。后者的好处是:当工程规模较大时可避免生成过多的无柱连接节点,避免这些节点将主梁分割过细,造成梁根数和节点数过多而超限。但程序对作为次梁输入的次梁是简化计算,其刚度没有计入结构整体刚度,因此不考虑地震作用,不考虑裂缝影响。在实际工程中,如次梁都作为主梁输入,程序会自动区分主梁和次梁的连接关系,按空间交叉梁系分析计算,从而正确计算主次梁内力配筋。本书采用的例题中所有次梁均作为主梁输入。

图 2.3.24　楼板自动生成对话框

3. 楼板生成

初次单击"楼板生成"会弹出楼板自动生成对话框,如图2.3.24所示,单击"是"按钮,程序会自动在本标准层生成楼板,在墙四面封闭的房间中布置楼板。

根据工程的需要,对部分已生成的楼板进行修改。单击"楼板生成/修改板厚"选项,弹出修改板厚对话框,输入板厚值。在作图区点选需要修改板厚的房间。例如,楼梯间、电梯间不需要布置楼板,可将其厚度修改为 0,如图 2.3.25 所示,即等同于全房间楼板开洞,但该房间仍可输入楼梯的恒荷载、活荷载。

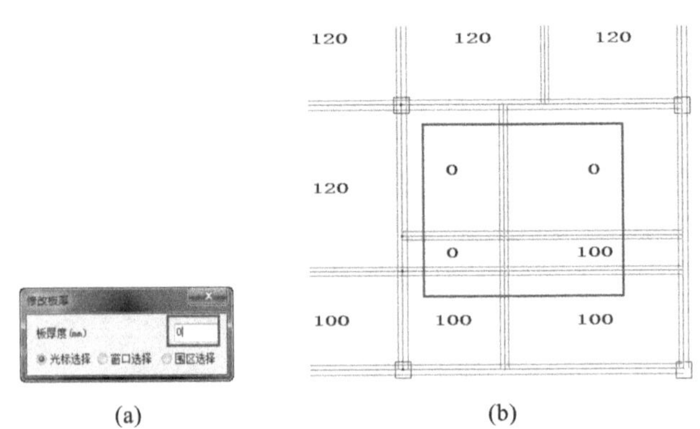

图 2.3.25　修改板厚为 0

有些板需要加厚,可改为 120,如图 2.3.26 所示。

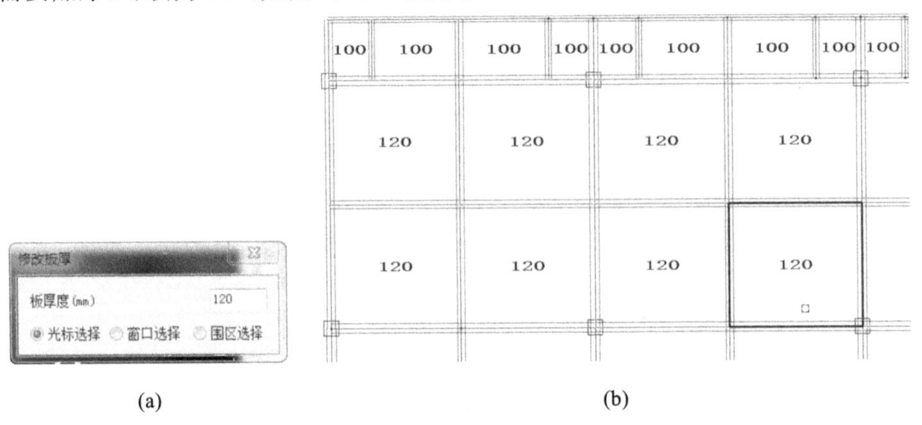

图 2.3.26　修改板厚为 120

修改后的楼板图如图 2.3.27 所示。

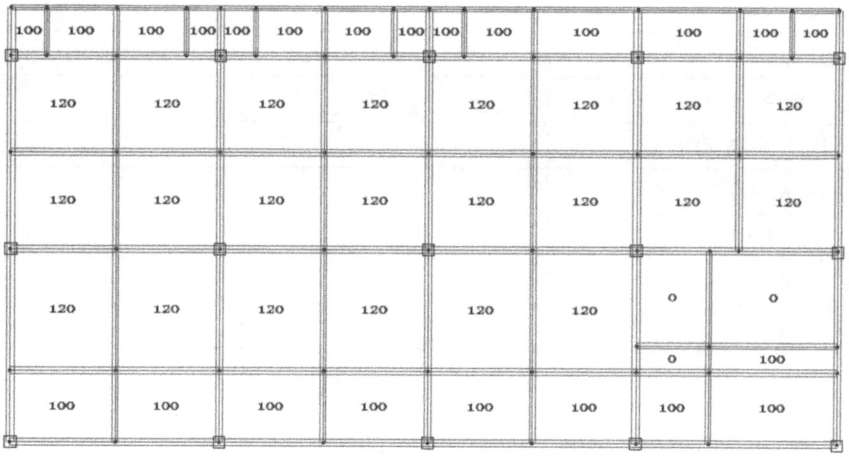

图 2.3.27　修改后的楼板图

4. 荷载输入

“荷载输入”菜单用于定义并布置作用于结构标准层中梁、柱、墙、板等构件和节点上的荷载，以及某些特殊荷载。

注意：做实际工程时，通常是标准层所有构件布置完成后立即布置各构件上的荷载，这样对构件作编辑操作时，荷载也会作相同的操作及联动修改。

荷载输入所需参数如表 2.3.1～表 2.3.3 所示。

表 2.3.1　荷载系数

（楼板装修统计表）

单位：kN/m²

序号	房 间 名 称	建筑装修荷载	二次装修荷载	备　　注	SATWE
1	客厅、餐厅、走廊、门厅	1.0	1.0		2
2	卧室、客房、书房、衣帽间	1.0	1.0		2
3	阳台、露台	1.0	1.0	露台无保温层	2
4	露台	1.0＋3.3＋0.4×14＝9.9	1.0	考虑保温隔热层重 3.3，考虑降板 0.4 m	11
5	厨房	1.0	1.0	当调坡距离较长时，尚应考虑相应荷载	2
6	卫生间	0.5＋0.4×14＝6.1	1.0	考虑降板 0.4 m	7.1
7	上人平屋面	3.0	1.0	另考虑调坡 1.5	5.5
8	楼梯	9.0		用于两跑，多跑按实际取值	9.0

注：①以上荷载暂未考虑建筑线条、钢挂等具体建筑大样的荷载，如有变化将另外补充更改；

②以上荷载不含板自重。

表 2.3.2 活荷载系数

位 置	数 值	备 注
上人屋面	2.0	
阳台	2.5	
不上人屋面、挑檐，雨篷	0.5	
楼梯及走廊	2.0	
厨房，餐厅	2.0	
露台，屋顶平台	2.5	
卫生间	4.0(2.0)	有浴缸(无浴缸)

表 2.3.3 梁上荷载值

(墙体自重表)

单位：kN/m^2

序号	墙体(双面粉刷)	墙体自重标准值
1	200 厚加气块外墙(考虑贴面砖与保温)	2.8
2	200 厚加气块普通内隔墙	0.2×0.8+0.04×20=2.4
3	150 厚加气块普通内隔墙	0.15+8+0.04×20=2.0
4	150 厚加气块厨厕内隔墙(考虑贴面砖)	2.2
5	100 厚加气块普通内隔墙	0.1×8+0.04×20=1.6
6	100 厚加气块厨厕内隔墙(考虑贴面砖)	1.8
7	窗(双层玻璃)	0.8

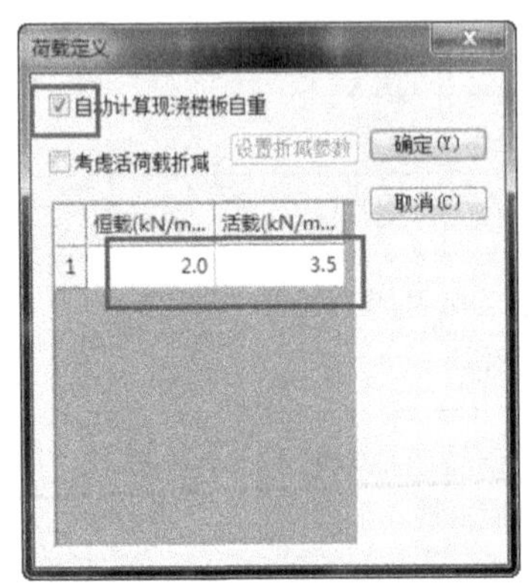

图 2.3.28 “荷载定义”对话框

楼面荷载：在选项板中单击“荷载输入/恒活设置”选项，弹出荷载定义对话框，用于设定当前标准层楼面的恒荷载和活荷载。根据楼板面层自重及荷载规范输入恒载和活载，本例题输入恒荷载 2.0 kN/m^2，活荷载 3.5 kN/m^2，如图 2.3.28 所示。

单击“楼面荷载”命令，显示当前标准层所有房间的恒荷载值与活荷载值，可对其修改，恒荷载值修改如图 2.3.29 所示。活荷载值修改如图 2.3.30 所示。如果需要修改部分房间的荷载值，可在对话框中输入新荷载值再单击需要修改的房间。

本例题的楼面恒荷载图如图 2.3.31 所示，楼面活荷载图如图 2.3.32 所示。

梁间荷载：梁间荷载输入需要先定义，单击“梁间荷载/荷载定义”按钮，弹出选择梁荷载定义对话框，如图 2.3.33 所示。

单击“添加”选项按钮，弹出选择荷载类型对话框，如图 2.3.34 所示，根据工程实际情况选择荷载类型，本书主要为均布荷载。

点选均布荷载，弹出荷载参数对话框，输入荷载值，单击“确定”按钮，如图 2.3.35 所示。

图 2.3.29　恒载修改数值

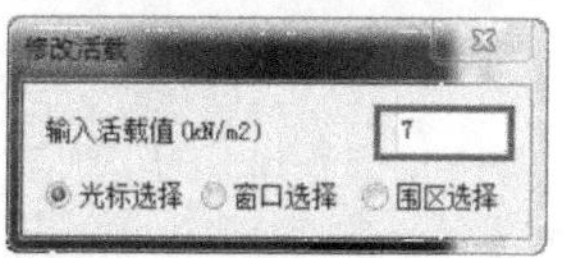

图 2.3.30　活载修改数值

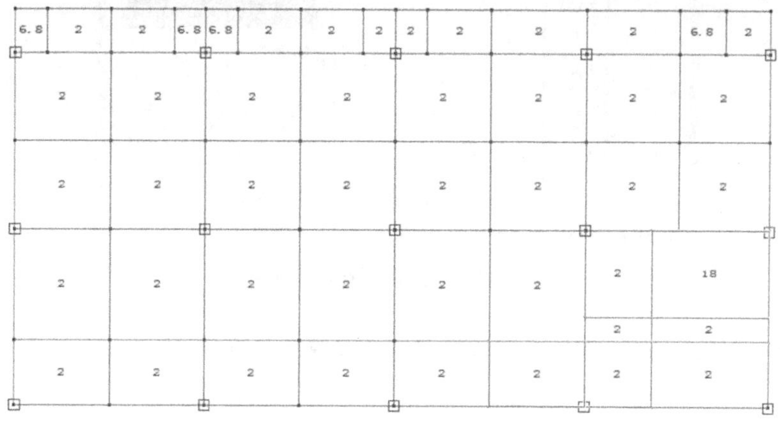

图 2.3.31　楼面恒载图

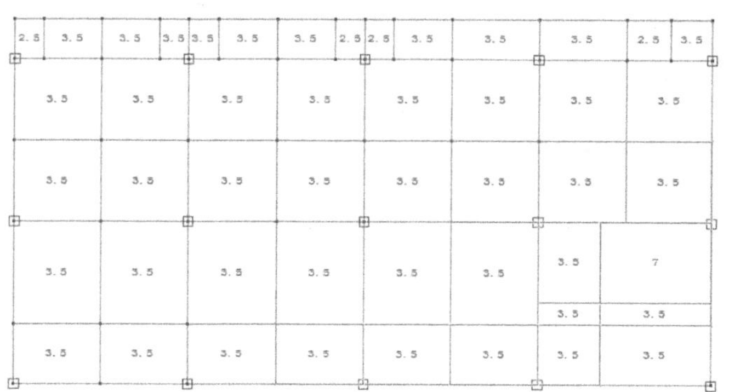

图 2.3.32　楼面活载图

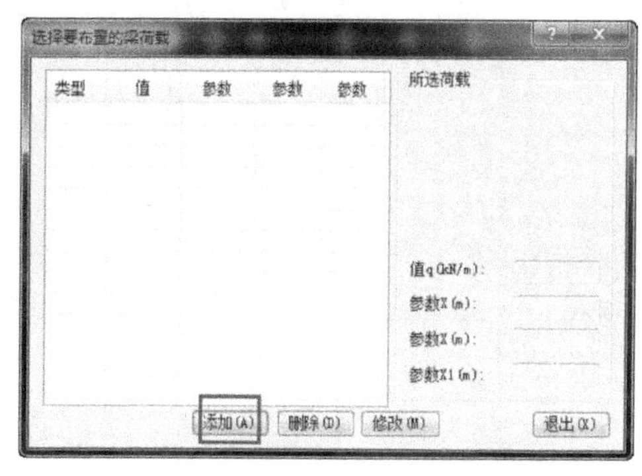

图 2.3.33　“选择要布置的梁荷载”对话框

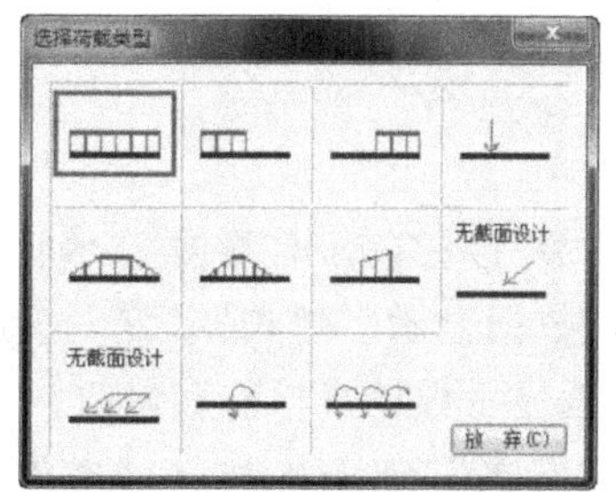

图 2.3.34　荷载类型选择

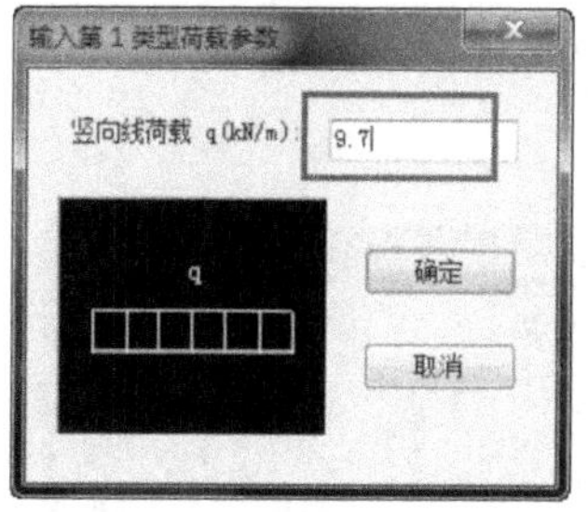

图 2.3.35　荷载参数输入

根据需要添加所有荷载，添加完成后方可进行梁荷载输入。单击“梁间荷载/恒载输入”命令按钮，再次弹出选择梁荷载对话框，从列表中选择需要布置的梁荷载，单击“布置”选项按钮，如图 2.3.36 所示。

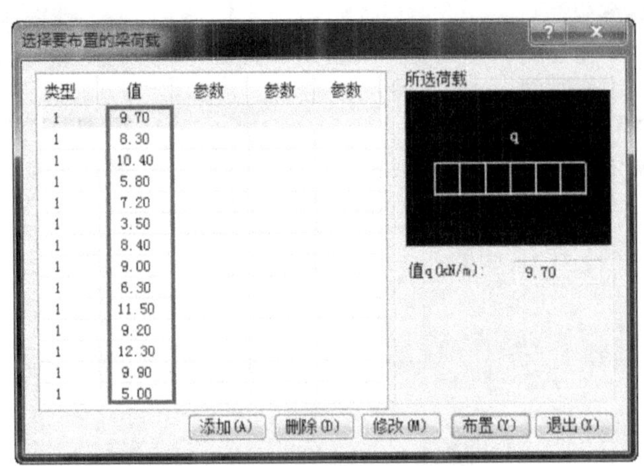

图 2.3.36 选择梁荷载布置图

根据操作方便选择光标方式、轴线方式或窗口方式布置梁上荷载，本例题一层的梁恒载布置图如图 2.3.37 所示。

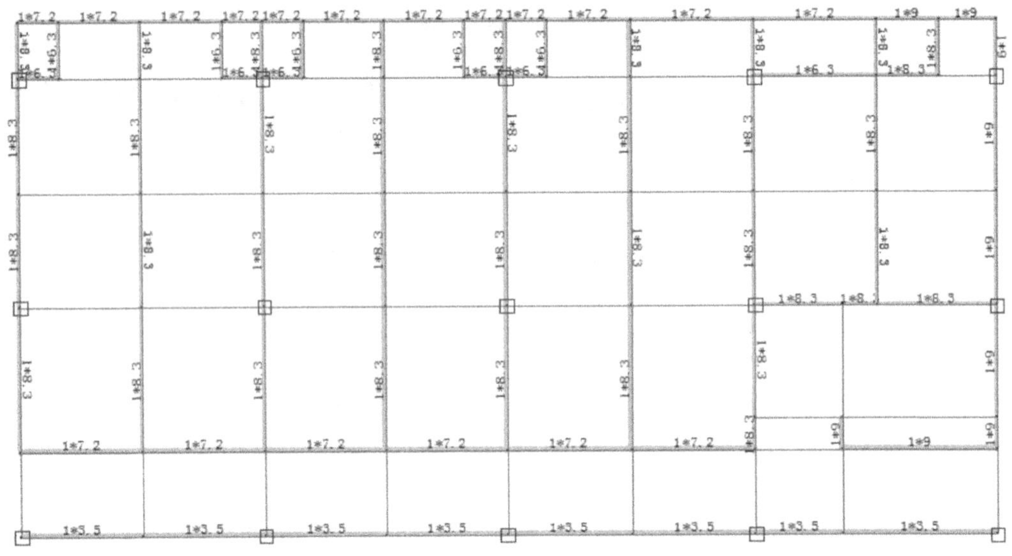

图 2.3.37 梁恒载布置图

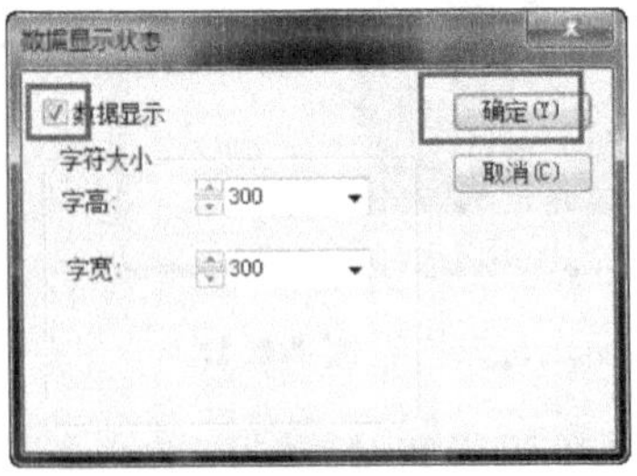

荷载显示，单击“数据开关”按钮，弹出“数据显示状态”对话框，如图 2.3.38 所示，勾选“数据显示”，单击“确定”按钮即可在平面图上显示梁恒荷载，根据显示数据来检查和修改。

图 2.3.38 “数据显示状态”对话框

注意：“柱间荷载”“墙间荷载”“节点荷载”和“次梁荷载”等命令用于给柱、墙、节点和次梁布置荷载，其操作方法与“梁间荷载”类似，本例题均不布置这些荷载，其他荷载如“吊车荷载”都不考虑。

2.3.2　裙楼二层模型

上一节讲述了首层裙楼模型的建立，介绍了模型建立的大致思路与步骤，这一节来讲解裙楼二层的建模，方法与一层类似。本节将不再详细介绍，只粗略回顾并复习。

单击菜单栏“标准层”下拉菜单中的“添加新标准层”图标，在弹出的对话框中勾选“只复制网格”，如图 2.3.39 所示。

此时作图区出现第二标准层的初步轴线网，对其进行修改，删减或增添使其网格生成，如图 2.3.40 所示。此时将进入上一节的“构件布置”。

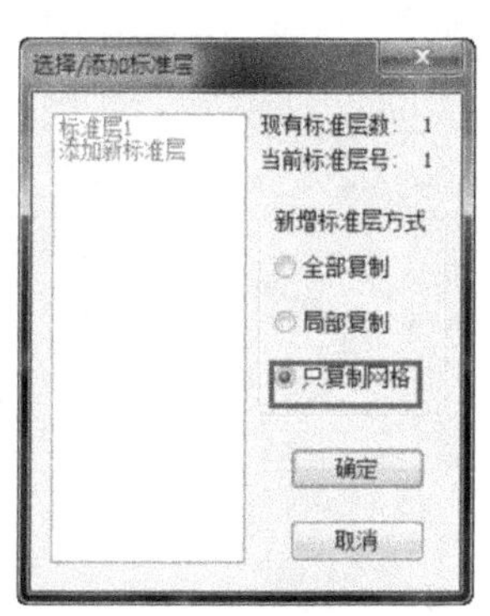

图 2.3.39　添加标准层

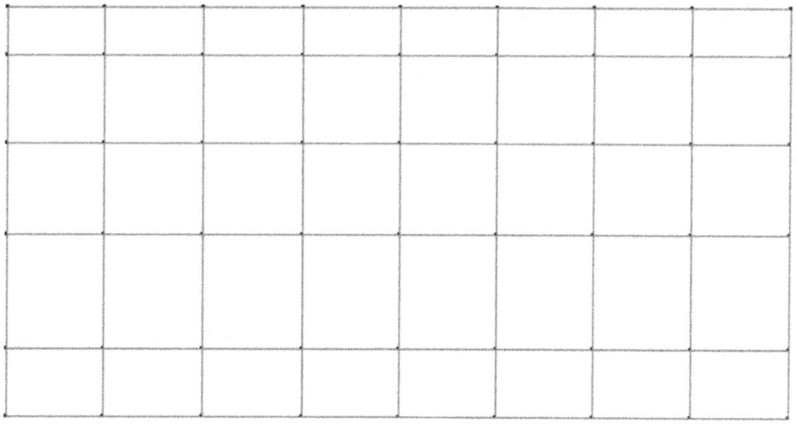

图 2.3.40　网格生成，节点显示

1. 构件布置

单击“楼层定义”菜单，显示各类构件布置子菜单，进行各部件布置。

(1) 柱布置：定义柱，单击“柱布置”命令，弹出柱截面列表对话框(见图 2.3.41)用于对柱进行定义，点取“新建”按钮，弹出柱定义对话框。本例题柱均为矩形，定义完后即可布置。本例题优先选择轴线方式布置，点取轴线，程序会自动在轴线上显示柱，第一排柱布置、第二排柱布置、第三排柱布置如图 2.3.42所示。

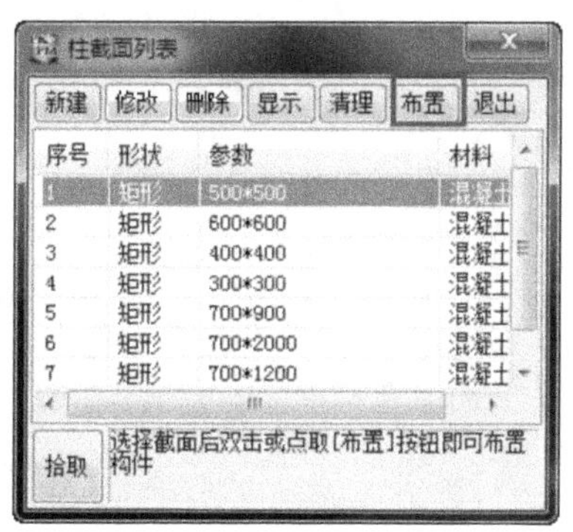

图 2.3.41　柱布置选项

第一列柱布置如图 2.3.43 所示。

柱布置完后如图 2.3.44 所示。

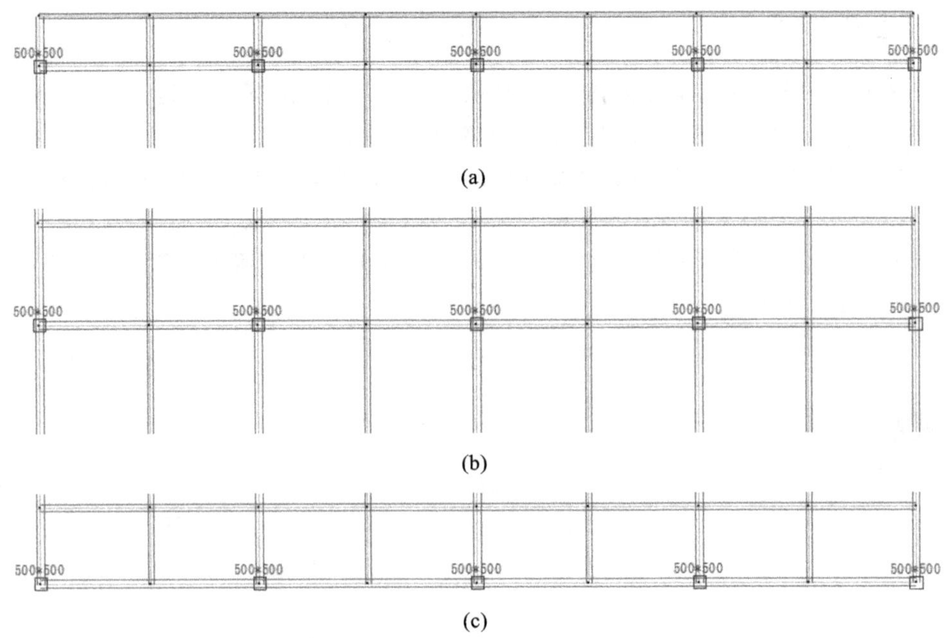

(a)

(b)

(c)

图 2.3.42 柱布置

(a)第一排柱布置;(b)第二排柱布置;(c)第三排柱布置

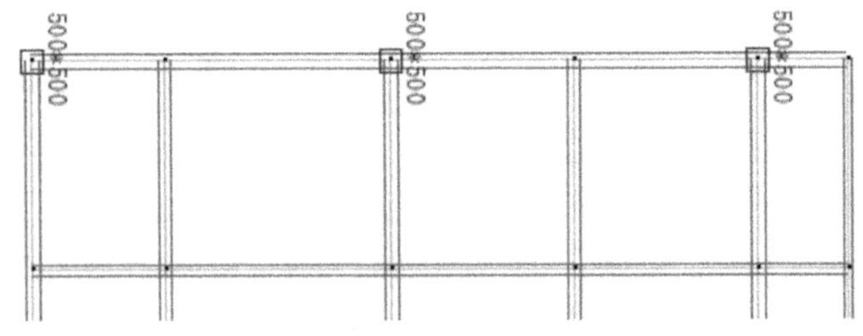

图 2.3.43 第一列柱布置

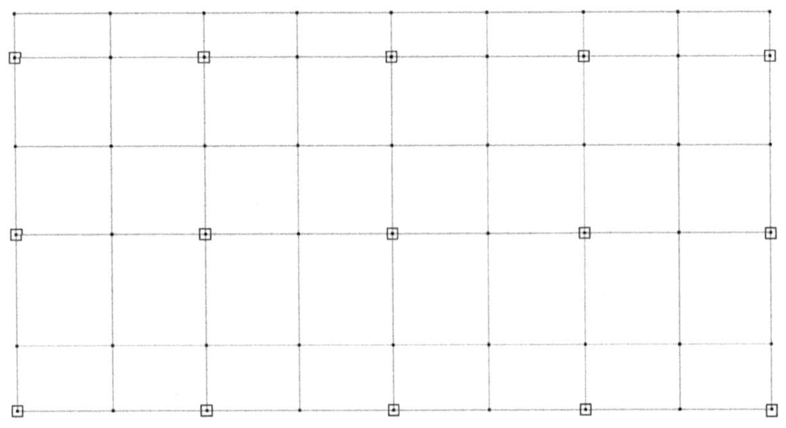

图 2.3.44 柱布置图

(2) 主梁布置：单击“主梁布置”菜单，在“梁截面列表”对话框中单击“定义”选项，弹出“截面参数”对话框，输入参数后按“确定”按钮。选取已定义的主梁，单击“布置”命令，弹出对话框，如图 2.3.45 所示。

图 2.3.45　主梁布置选项

本例题无斜梁，没有梁偏轴，布置参数均取初始值 0，点取所要布置主梁的轴线段。为了检查梁的布置情况，单击“界面显示”选项下的“主梁显示”命令，在对话框中勾选“数据显示”和“显示截面尺寸”，单击“确定”按钮，可检查构件布置是否完整。第一横跨、第二横跨连续连续梁布置图如图 2.3.46 所示。

第一纵跨、第二纵跨连续连续梁布置图如图 2.3.47所示。

主梁布置后如图 2.3.48 所示。

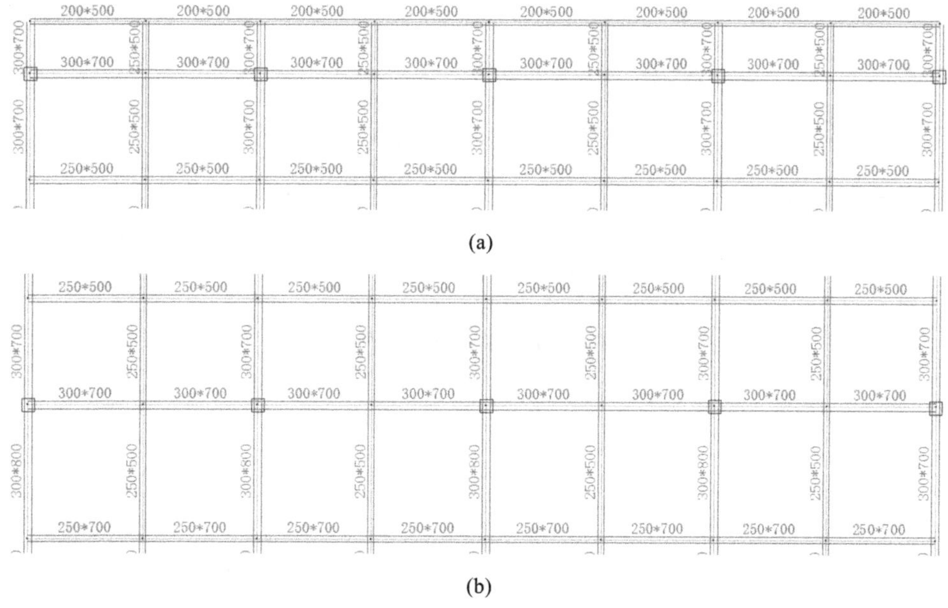

(a)

(b)

图 2.3.46　第一横跨、第二横跨连续连续梁布置

(a)第一横跨连续连续梁布置；(b)第二横跨连续连续梁布置

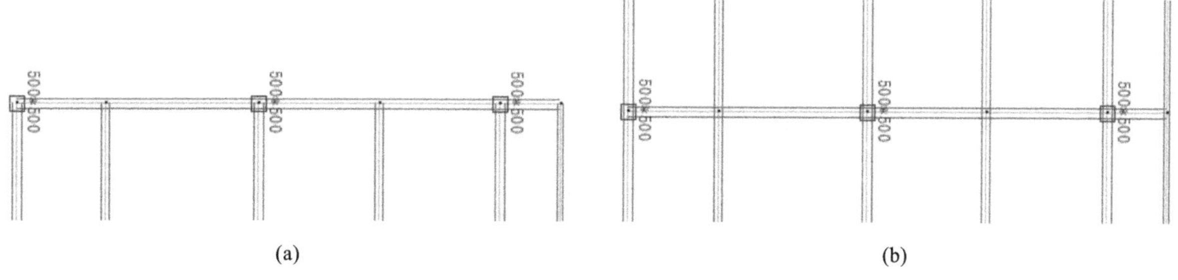

(a)

(b)

图 2.3.47　第一纵跨、第二纵跨连续连续梁布置

(a)第一纵跨连续连续梁布置；(b)第二纵跨连续连续梁布置

图 2.3.48 主梁布置图

(3) 次梁布置:本例题的次梁均作为主梁输入。第一排连续次梁如图 2.3.49 所示。

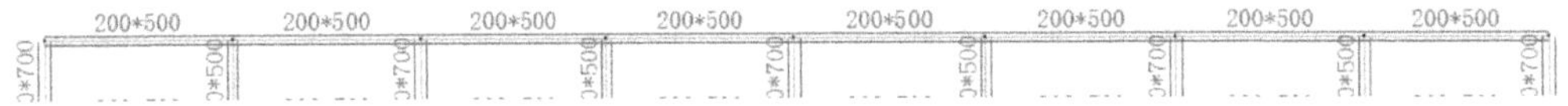

图 2.3.49 第一排连续次梁

第二排连续次梁如图 2.3.50 所示。

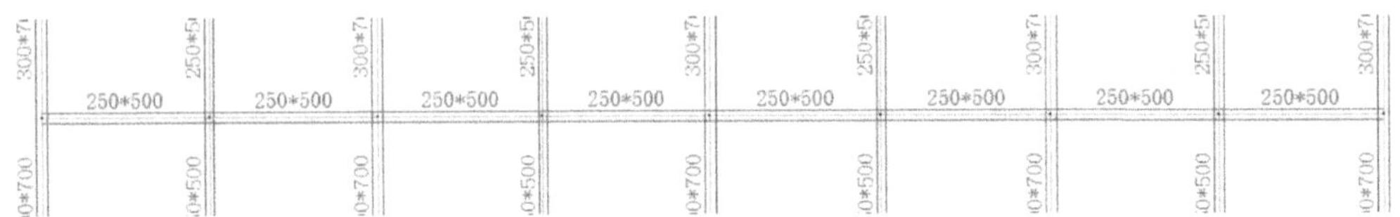

图 2.3.50 第二排连续次梁

第三排连续次梁如图 2.3.51 所示。

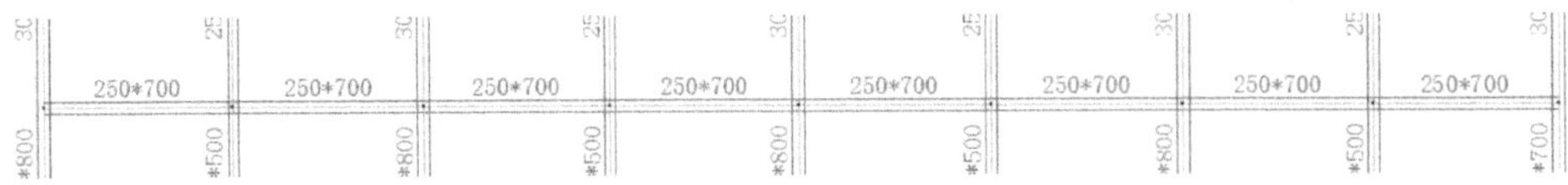

图 2.3.51 第三排连续次梁

次梁布置图如图 2.3.52 所示。

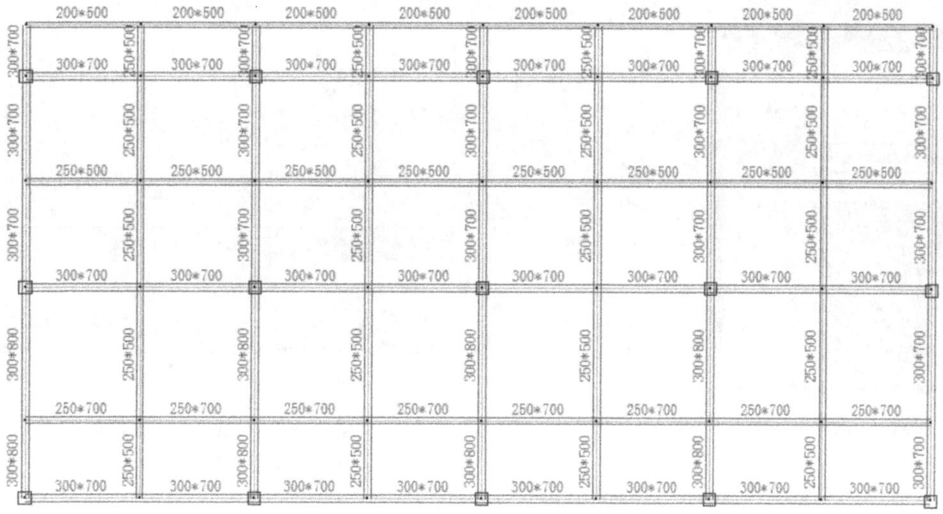

图 2.3.52　次梁布置图

2. 楼板生成

单击“楼板生成”命令，弹出是否自动生成楼板对话框，单击“是”按钮，程序自动在本标准层被梁、墙四面封闭的房间中布置楼板。

单击“楼板生成/修改板厚”命令按钮，弹出“修改板厚”对话框，如图 2.3.53 所示，输入板厚值 120 mm。

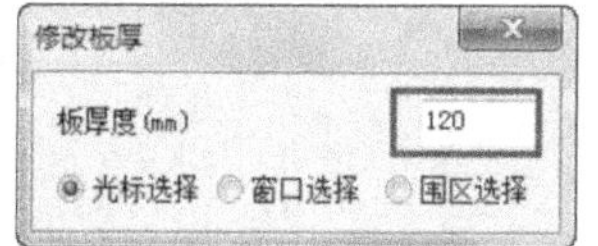

图 2.3.53　梁、柱布置图

修改后的楼板图如图 2.3.54 所示。

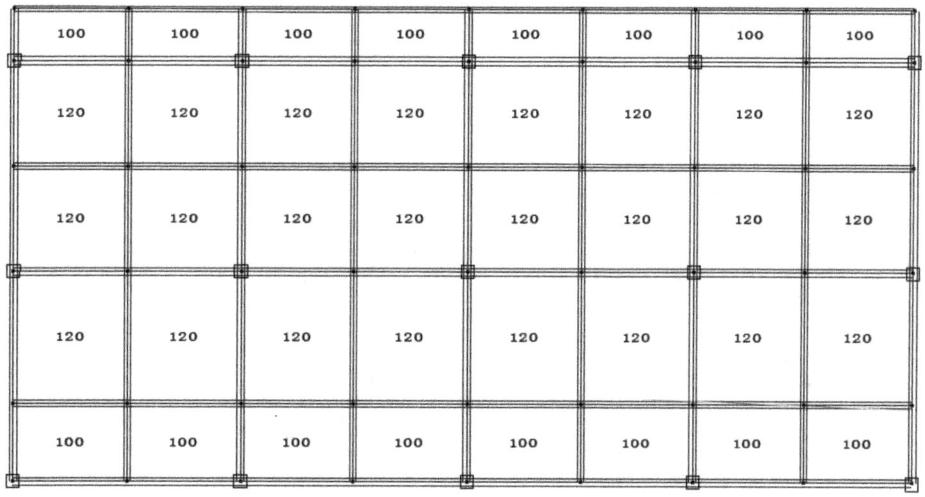

图 2.3.54　修改后的楼板图

3. 荷载输入

单击“荷载输入/恒活设置”命令按钮，弹出“荷载定义”对话框，用于设定当前标准层楼面的恒荷载和活荷载。根据楼板面层自重及荷载规范输入恒载 3.8 kN/m^2，活载 2.0 kN/m^2，如图 2.3.55 所示。

对部分房间荷载修改，恒、活荷载修改对话框如图 2.3.56 所示。

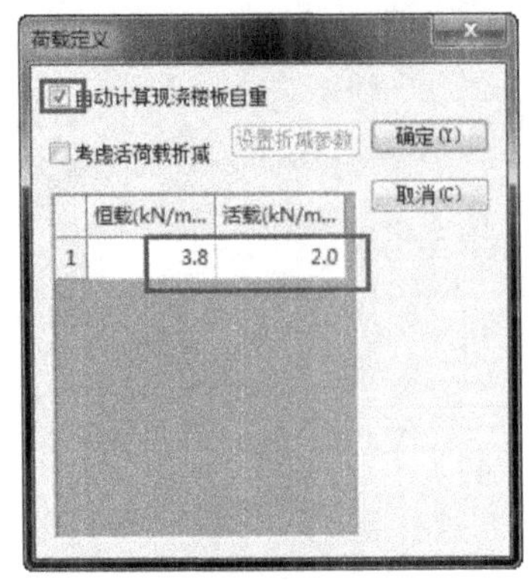

图 2.3.55 “荷载定义”对话框

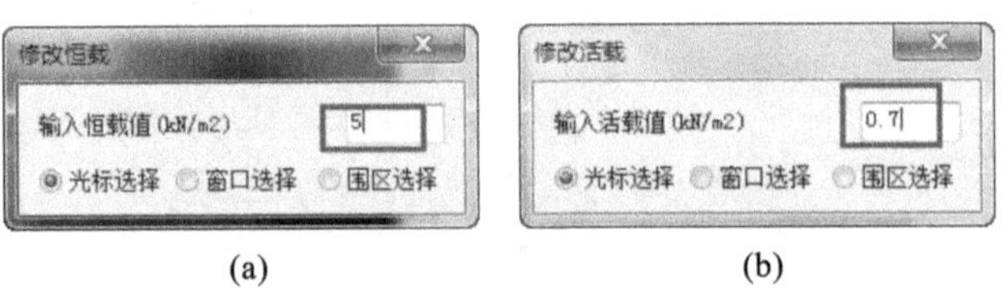

(a) (b)

图 2.3.56 恒、活荷载修改对话框

(a)恒荷载修改对话框;(b)活荷载修改对话框

本层的屋面恒荷载图如图 2.3.57 所示。

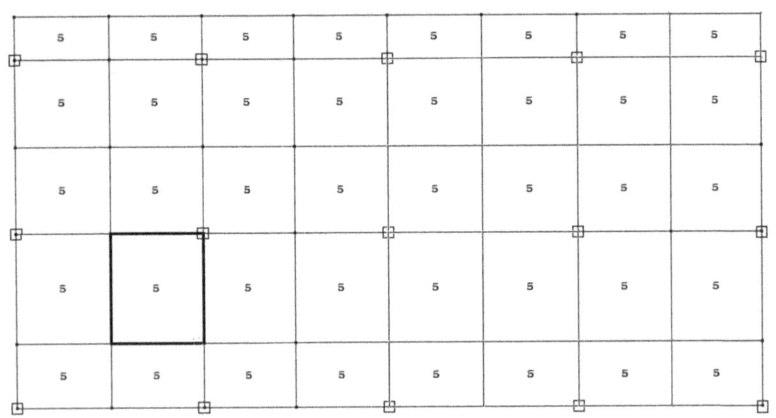

图 2.3.57 恒荷载图

屋面活荷载图如图 2.3.58 所示。

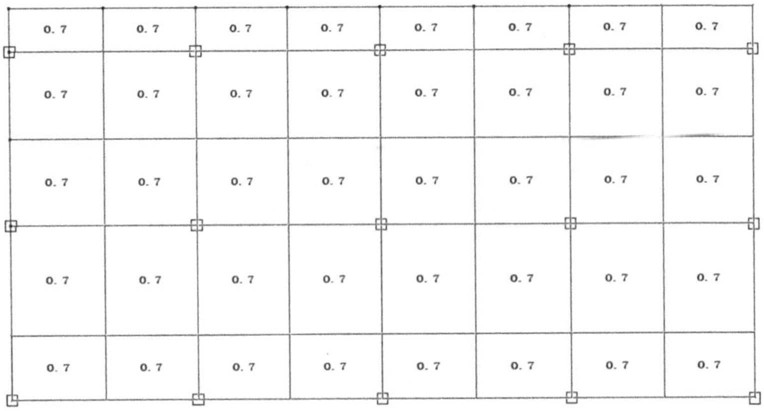

图 2.3.58 活荷载图

定义梁间荷载。屋面上梁间荷载主要在圈梁上，先定义梁间荷载，单击“梁间荷载/荷载定义”命令按钮，弹出选择梁荷载对话框，单击“添加”按钮，弹出选择荷载类型对话框，点选均布荷载，弹出荷载参数对话框，输入荷载值，单击“确定”按钮，如图 2.3.59 所示。

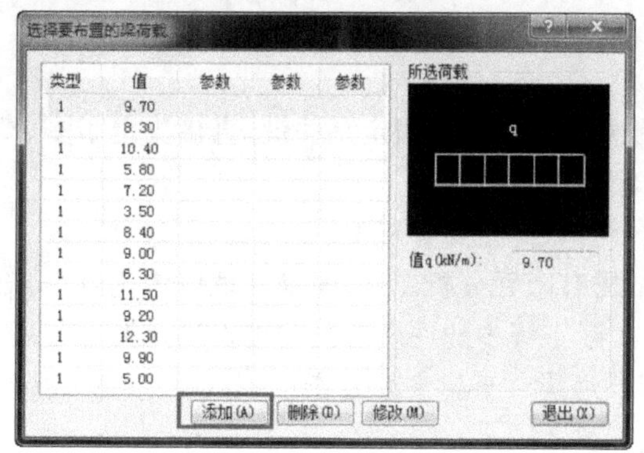

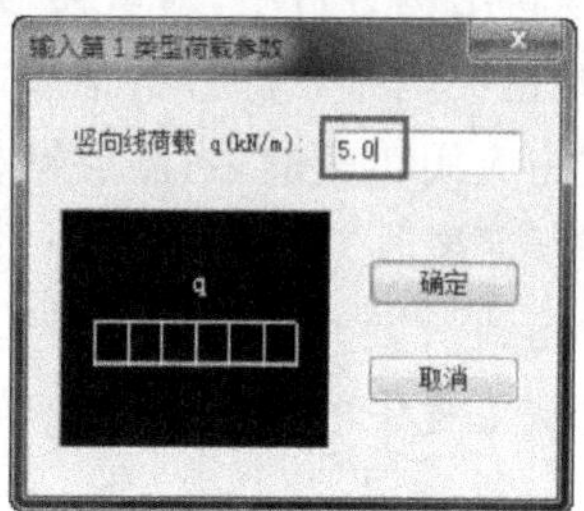

图 2.3.59　荷载定义

单击“梁间荷载/恒载输入”命令，弹出选择梁荷载对话框，从列表中选择需要布置的梁荷载，单击“布置”选项，如图 2.3.60 所示。

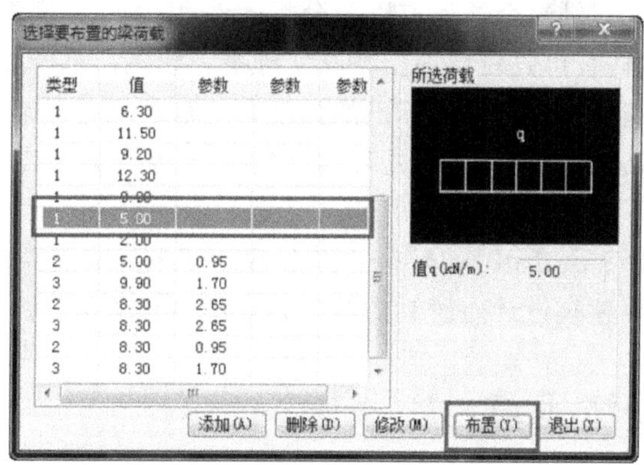

图 2.3.60　选择荷载布置

本例题二层的梁间恒荷载布置图如图 2.3.61 所示。

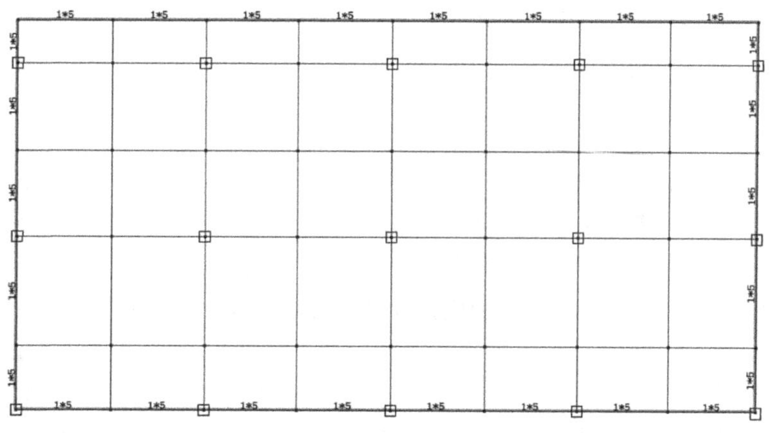

图 2.3.61　梁间恒荷载布置图

第3章　SATWE计算

在多、高层建筑结构分析中，对剪力墙和楼板的模型化假定是关键，直接决定了多、高层结构分析模型的科学性，同时也决定了软件分析结果的精度和可信度。

目前在工程中应用较多的多、高层结构分析软件主要有三类。

第一类是基于薄壁柱理论的三维杆系结构有限元分析软件，薄壁柱理论的优点是自由度小，使复杂的高层结构分析得到了极大的简化。但是，实际工程中的许多剪力墙难以满足薄壁柱理论的基本假定，用薄壁柱单元模拟工程中的剪力墙出入较大，尤其对于越来越复杂的现代多、高层建筑，计算精度难以保证。

第二类是基于薄板理论的结构有限元分析软件，把无洞口或有较小洞口的剪力墙模型化为一个板单元，把有较大洞口的剪力墙模型化为板-梁连接体系。这类软件对剪力墙的模型化不够理想，没有考虑剪力墙的平面外刚度及单元的几何尺寸影响，对于带洞口的剪力墙，其模型化误差较大。

第三类是基于壳元理论的三维组合结构有限元分析软件，由于壳元既具有平面内刚度，又具有平面外刚度，用壳元模拟剪力墙和楼板可以较好地反映其实际受力状态。基于壳元理论的多、高层结构分析模型，理论上比较科学，分析精度高。但美中不足的是现有的基于壳元理论的软件均为通用的有限元分析软件，虽然功能全面，适用领域广，但其前后处理功能较弱，这在一定程度上限制了这类软件在高层结构分析中的应用。

SATWE为Space Analysis of Tall-Buildings with Wall-Element的词头缩写，这是应现代多、高层建筑发展要求，专门为多、高层建筑设计而研制的空间组合结构有限元分析软件。

3.1　结构模型的整体运算

在PKPM中，计算功能主要体现在结构模型的整体运算中。这个过程对计算机性能要求比较高，如果是配置比较低的计算机，会出现没有反应、自动退出、黑屏等问题。特别是高层建筑，由于信息量比较大，计算过程会很长，对计算机性能的要求也会更高。

3.1.1　SATWE的特点和基本功能

1. SATWE的特点

(1) 模型化误差小、分析精度高。

对剪力墙和楼板的合理简化及有限元模拟，是多、高层结构分析的关键。SATWE以壳元理论为基础，构造了一种通用墙元来模拟剪力墙，这种墙元对剪力墙的洞口(仅限于矩形洞)的尺寸和位置无限制，具有较好的适用性。墙元不仅具有平面内刚度，也具有平面外刚度，可以较好地模拟工程中剪力墙的真实受力状态，而且墙元的每个节点都具有空间全部六个自由度，可以方便地与任意空间梁、柱单元连接，而无需任何附加约束。对于楼板，SATWE给出了四种简化假定，即假定楼板整体平面内无限刚、分块无限刚、分块无限刚带弹性连接板带和弹性楼板。上述假定灵活、实用，在应用中可根据工程的实际情况采用其中的一种或几种假定。

(2) 计算速度快、解题能力强。

SATWE 具有自动搜索微机内存功能，可把微机的内存资源充分利用起来，最大限度地发挥微机硬件资源的作用，在一定程度上解决了在微机上运行的结构有限元分析软件的计算速度和解题能力问题。

(3) 前后处理功能强。

SATWE 前接 PMCAD 程序，完成建筑物建模。SATWE 前处理模块读取 PMCAD 生成的建筑物的几何及荷载数据，补充输入 SATWE 的特有信息，诸如特殊构件(弹性楼板、转换梁、框支柱等)、温度荷载、吊车荷载、支座位移、特殊风荷载、多塔，以及局部修改原有材料强度、抗震等级及其他相关参数，完成墙元和弹性楼板单元自动划分等。

2. SATWE 的基本功能

SATWE 的基本功能如下。

(1) 可自动读取经 PMCAD 的建模数据、荷载数据，并自动转换成 SATWE 所需的几何数据和荷载数据格式。

(2) 程序中的空间杆单元除了可以模拟常规的柱、梁外，通过特殊构件定义，还可有效地模拟铰接梁、支撑等。特殊构件记录在 PMCAD 建立的模型中，这样可以随着 PMCAD 建模变化而变化，实现 SATWE 与 PMCAD 的互动。

(3) 随着工程应用的不断拓展，对于自定义任意多边形异型截面和自定义任意多边形、钢结构、型钢的组合截面，需要用户用人机交互的操作方式定义，其他类型的定义都是用参数输入，程序提供针对不同类型截面的参数输入对话框，输入非常简便。

(4) 剪力墙的洞口仅考虑矩形洞，无需为结构模型简化而添加计算洞；墙的材料可以是混凝土、砌体或轻骨料混凝土。

(5) 考虑了多塔、错层、转换层及楼板局部开大洞口等结构的特点，可以高效、准确地分析这些特殊结构。

(6) SATWE 也适用于多层结构、工业厂房以及体育馆等各种复杂结构，并实现了在三维结构分析中活载不利的情况下的布置功能、底框结构计算和吊车荷载计算。

(7) 自动考虑了梁、柱的偏心、刚域影响。

(8) 具有剪力墙墙元和弹性楼板单元自动划分功能。

(9) 具有较完善的数据检查和图形检查功能及较强的容错能力。

(10) 具有模拟施工加载过程的功能，并可以考虑梁上的活荷载不利布置作用。

(11) 可任意指定水平力作用方向，程序自动按转角进行座标变换及风荷载导算，还可根据用户需要进行特殊风荷载计算。

(12) 在单向地震力作用时，可考虑偶然偏心的影响；可进行双向水平地震作用下的扭转地震作用效应计算；可计算多方向输入的地震作用效应；可按振型分解反应谱方法计算竖向地震作用；对于复杂体型的高层结构，可采用振型分解反应谱法进行耦联抗震分析和动力弹性里程分析。

(13) 对于高层结构，程序可以考虑 P-Δ 效应。

(14) 对于底层框架抗震墙结构，可接力 QITI 整体模型计算做底框部分的空间分析和配筋设计；对于配筋砌体结构和复杂砌体结构，可进行空间有限元分析和抗震验算。

(15) 可进行吊车荷载的空间分析和配筋设计。

(16) 可考虑上部结构与地下室的联合工作，上部结构与地下室可同时进行分析与设计。

(17) 具有地下室人防设计功能，在进行上部结构分析与设计的同时即可完成地下室人防设计。

(18) SATWE 计算完成以后,可接力施工图设计软件绘制梁、柱、剪力墙施工图;接力钢结构设计软件 STS 绘制钢结构施工图。

(19) 可为 PKPM 系列中基础设计软件 JCCAD、BOX 提供底层柱、墙内力作为其组合设计荷载的依据,从而使各类基础设计中数据准备的工作大大简化。

3.1.2 SATWE 的程序管理及数据文件管理

PKPM 程序安装完成后,在 Windows 桌面上会出现一个 PKPM 程序的标识符,点取该标识符,即启动了 PKPM 主菜单。Windows 版 SATWE 软件的运行是通过 PKPM 主菜单控制的,如图 3.1.1 所示。

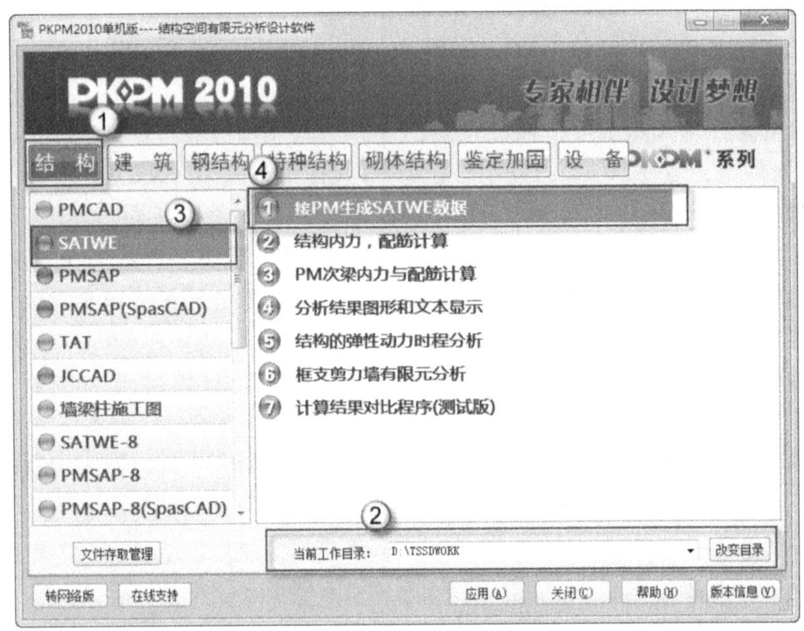

图 3.1.1 PKPM 主菜单

1. SATWE 程序管理

Windows 版 SATWE 软件的程序清单及各程序模块的主要功能如表 3.1.1 所示。

表 3.1.1 Windows 版 SATWE 软件的程序清单及其主要功能

程序文件名	主 要 功 能
Winsat-p. exe	接 PM 生成 SATWE 数据
Winsat-a. exe	结构整体分析和构件内力计算
Winsat-d. exe	分析结果图形和文本显示
Winsat-f. exe	构件配筋与截面验算
SWDB. DAT	地震波数据文件
ZHQ_PJ. exe	剪力墙组合配筋
MWall. exe	剪力墙组合配筋

2. SATWE 软件的数据文件管理

SATWE 软件要求不同的工程要在不同的子目录内进行结构分析与设计，以避免数据文件冲突。SATWE 的数据文件分以下几类。

(1) 工程原始数据文件(工程名. * 和 * . PM)。

指 PMCAD 主菜单 1 生成的数据文件，若工程数据文件名为 AAA，则工程原始数据文件包括 AAA. * 和 * . PM。

(2) SATWE 补充输入数据文件(SAT_ * . PM)。

由于在 PMCAD 中未考虑高层结构的有关特殊信息，所以在 SATWE 的前处理中要补充输入这些信息，包括有关参数的取值、特殊构件的定义和多塔信息等，这些信息都记录在 PM 中，可以跟随模的改动，最大限度地保留已定义的部分，大大减少了重复定义的工作量。

(3) 计算过程的中间数据文件(* . MID 和 * . TMP)。

计算过程的中间数据文件以. mid 或. tmp 为后缀，这部分数据对硬盘空间的占用量比较大。为了节省硬盘空间，这类文件在计算结束后将被删掉。

(4) 计算结果输出文件。

计算结果输出文件分三类，其后缀分别为. SAT，. OUT 和. T。其中以. OUT 为后缀输出的都是文本格式文件，以. T 为后缀输出的都是图形文件。

3.1.3　SATWE 前处理的主要功能

SATWE 第一项主菜单“接 PM 生成 SATWE 数据”的主要功能是在 PMCAD 生成的模型数据基础上，补充结构分析所需的部分参数，并对一些特殊结构(如多塔等)、特殊构件(如转换构件、弹性楼板等)、特殊荷载(如温度荷载等)进行补充定义，最后综合上述所有信息，自动转换成结构有限元分析及设计所需的数据格式，供 SATWE 的第二、三项主菜单调用。

如图 3.1.1 所示，从主菜单下方编号为 2 处的“当前工作目录”选取主楼模型的存储路径，按编号顺序依次点开第一项“接 PMCAD 生成 SATWE 数据”，屏幕弹出如图 3.1.2所示子菜单，具体内容如下。

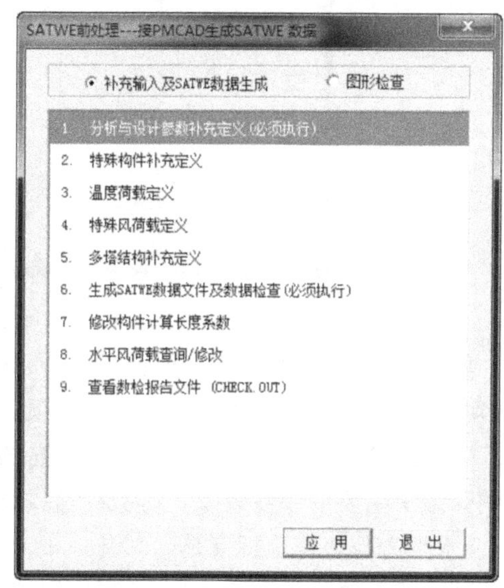

图 3.1.2　SATWE 前处理子菜单

1. 分析与设计参数补充定义

“分析与设计参数补充定义”中的参数信息是 SATWE 计算分析所必需的信息，新建工程必须执行此菜单，确认参数正确后方可进行下一步的操作，此后如果参数不再改动，则可略过此项菜单。

对于一个新建工程，在 PMCAD 模型中已经包含了部分参数，这些参数可以为 PKPM 系列的多个软件模块所公用，但对于结构分析而言并不完备。

在点取“分析与设计参数补充定义”菜单后，弹出参数页切换菜单，共十页，如图 3.1.3 所示，分别为：总信息、风荷载信息、地震信息、活荷信息、调整信息、设计信息、配筋信息、荷载组合、地下室信息和砌体结构。各参数设置不一，但必须紧扣规范。此处用到的规范/规程主要有以下三种：

《建筑结构荷载规范》(GB 50009—2011)；

《建筑抗震设计规范》(GB 50011—2010)；

《高层建筑混凝土结构技术规程》(JGJ 3—2010)。

在第一次启动 SATWE 主菜单时，程序会自动为所有参数赋初始基本值，并在退出菜单时自动保存用户修改的内容。

对于 PMCAD 和 SATWE 共有的参数，程序是自动关联的，修改任一处，则另一处同时更改。

下面对这些参数进行详细说明。

(1) 总信息。

总信息如图 3.1.3 所示。

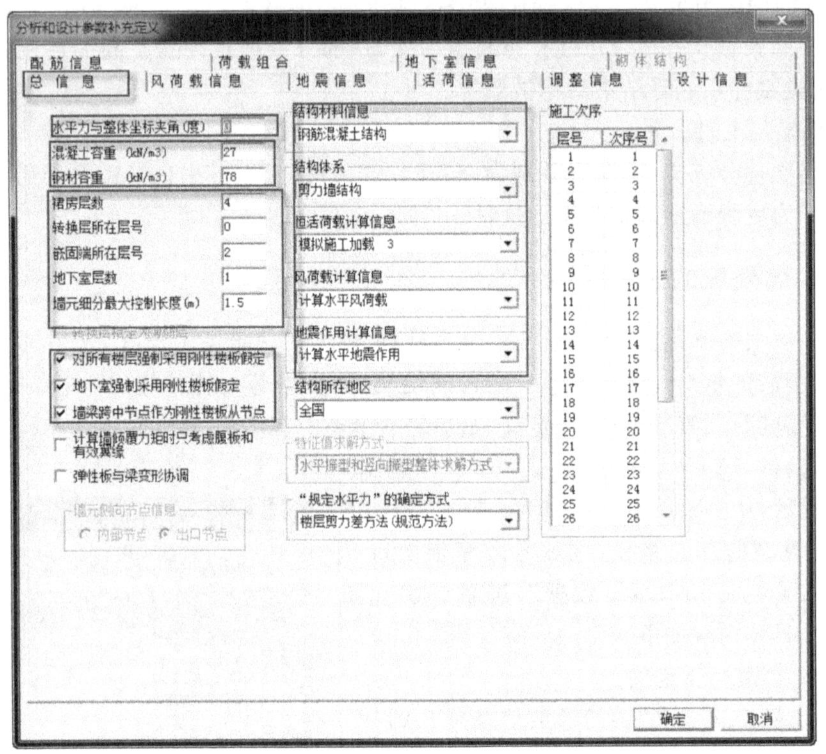

图 3.1.3 总信息选项板

如图 3.1.2 所示，双击“分析与设计参数补充定义(必须执行)”项或选中“分析与设计参数补充定义(必须执行)”后单击“应用”按扭，进入选项。

“总信息”页包含的是结构分析所必需的最基本的参数，里面的内容分布如图 3.1.3 所示，此处结合实例介绍了主要的参数设置，未提及的以默认为主。

“水平力与整体坐标夹角”

结构的参考坐标系建立后，地震作用和风荷载总是沿着坐标轴方向成对作用。当用户认为在原坐标系下风荷载会达到不能控制的最大受力状态时，则可改变坐标系，使得水平力沿坐标系方向作用。一旦改变此参数，地震作用和风荷载的方向将同时改变，建议仅要求改变风荷载作用方向时才采用该参数。

一般以默认的角度“0”度为准，但是需要在 SATWE 计算后进行验算，如果出现了±15 度以上的偏差，则需要重新填入参数，再次进行计算。

单击 PKPM 主菜单中的“SATWE”→“④分析结果图形和文本显示”选项，然后再单击“应用”按钮，如图 3.1.4 所示。这时会进入到“SATWE 后处理”窗口，单击“文本文件输出”按钮，选择“周期 震型 地震力”选项，然后单击“应用”按钮，如图 3.1.5 所示。

图 3.1.4　分析结果图形和文本显示

此时，会弹出一个“WZQ. OUT”记事本文件，如图 3.1.6 所示。在其中找到“地震作用最大的方向＝XXX(度)”位置，这个“XXX”就是“水平力与整体坐标夹角”的具体数值，如果出现了±15 度以上的偏差，需要重新填入参数，再次进行 SATWE 计算。

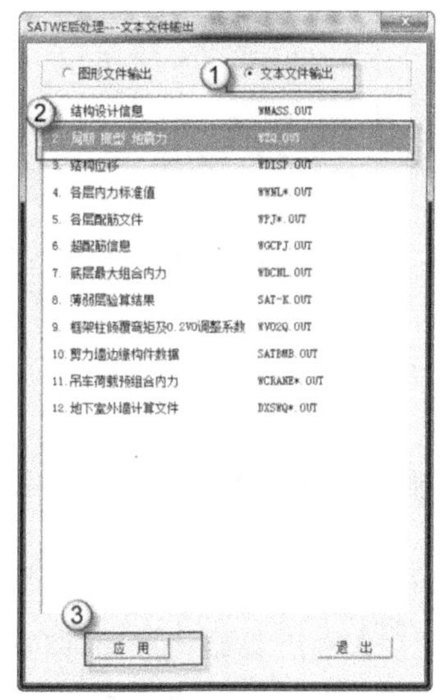

图 3.1.5　周期 震型 地震力

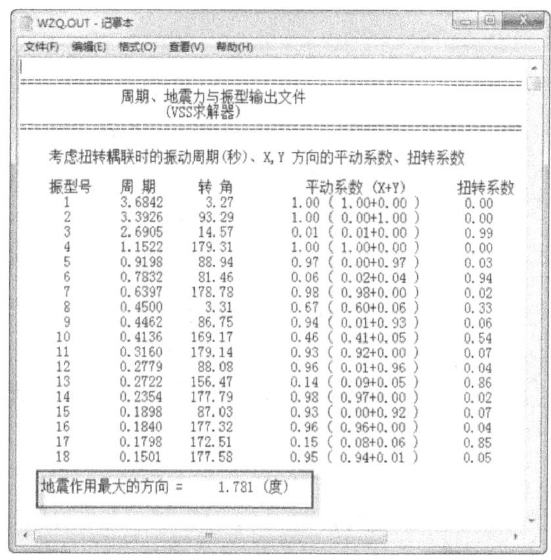
WZQ.OUT - 记事本

文件(F)　编辑(E)　格式(O)　查看(V)　帮助(H)

周期、地震力与振型输出文件
(VSS求解器)

考虑扭转耦联时的振动周期(秒)、X,Y 方向的平动系数、扭转系数

振型号	周 期	转 角	平动系数 (X+Y)	扭转系数
1	3.6842	3.27	1.00 (1.00+0.00)	0.00
2	3.3926	93.29	1.00 (0.00+1.00)	0.00
3	2.6905	14.57	0.01 (0.01+0.00)	0.99
4	1.1522	179.31	1.00 (1.00+0.00)	0.00
5	0.9198	88.94	0.97 (0.00+0.97)	0.03
6	0.7832	81.46	0.06 (0.02+0.04)	0.94
7	0.6397	178.78	0.98 (0.98+0.00)	0.02
8	0.4500	3.31	0.67 (0.60+0.06)	0.33
9	0.4462	86.75	0.94 (0.01+0.93)	0.06
10	0.4136	169.17	0.46 (0.41+0.05)	0.54
11	0.3160	179.14	0.93 (0.92+0.00)	0.07
12	0.2779	88.08	0.96 (0.01+0.96)	0.04
13	0.2722	156.47	0.14 (0.09+0.05)	0.86
14	0.2354	177.79	0.98 (0.97+0.00)	0.02
15	0.1898	87.03	0.93 (0.00+0.92)	0.07
16	0.1840	177.32	0.96 (0.96+0.00)	0.04
17	0.1798	172.51	0.15 (0.08+0.06)	0.85
18	0.1501	177.58	0.95 (0.94+0.01)	0.05

地震作用最大的方向 = 1.781 (度)

图 3.1.6　输出文件

从图 3.1.6 所示结果看，本书所采用的实例无需改变此参数。

“混凝土、钢材容重”

混凝土容重和钢材容重用于求梁、柱、墙自重，一般情况下混凝土容重为 25 kN/m^3，钢材容重为 78.0 kN/m^3，即程序的缺省值。如果要考虑梁柱墙上的抹灰、装修层等荷载，则可以采用加大容重的方法近似考虑，以避免繁琐的荷载导算。若采用轻质混凝土等，也可在此修改容重值。

一般情况下，对于混凝土容重，在框架结构时取 25.5～26 kN/m^3，框-剪结构时取 26～26.5 kN/m^3，剪力墙结构时取 27～28 kN/m^3。

该参数在 PMCAD 和 SATWE 中同时存在，其数值是联动的。

本书所采用的实例修改了该参数的缺省值，将混凝土容重改为 27 kN/m^3，钢材容重不变。

“裙房层数”

《建筑抗震设计规范》(GB 50011—2010)第 6.1.10 条说明指出：有裙房时，加强部位的高度也可以延伸至裙房以上一层。

SATWE 在确定剪力墙底部加强部位高度时，总是将裙房以上一层作为加强区高度判定的一个条件，如果不需要，直接将层数填为零即可。

程序不能自动识别裙房层数，需要人工指定。则应从结构最底层起算(包括地下室)。例如：地下室 3 层、地上裙房 4 层时，裙房层数应填入 7。

本书所采用的实例中地下室 1 层，地上部分 3 层，共 4 层。

裙房层数仅用作 SATWE 中底部加强区高度的判断，规范针对裙房的其他相关规定，程序并未考虑。实际操作中，高层建筑底部加强区高度的选取参照《高层建筑混凝土结构技术规程》(JGJ 3—2010)中第 7.1.4 条的规定。

“转换层所在层号”

《高层建筑混凝土结构技术规程》(JGJ 3—2010)(以下简称《高规》)中第 10.2 节明确规定了两种带转换层结构：底部带托墙转换层的剪力墙结构(即部分框支剪力墙结构)，以及底部带托柱转换层的筒体结构。这两种转换层结构的设计有其相同之处，也有其各自的特殊性。

为适应不同类型转换层结构的设计需要，程序在“结构体系”项新增了“部分框支剪力墙结构”，通过“转换层所在层号”和“结构体系”两项参数来区分不同类型的带转换层结构。

填写了“转换层所在层号”，程序即可判断该结构为带转换层结构，自动执行《高规》第 10.2 节针对两种结构的通用设计规定。

程序不能自动识别转换层，需要人工指定。“转换层所在层号”应按 PMCAD 楼层组装中的自然层号填写。例如：地下室 3 层、转换层位于地上 4 层时，转换层数应填 7。

本书主楼实例中并未设置转换层，则此参数填本程序的缺省值“0”。

“地下室层数”

指与上部结构同时进行内力分析的地下室部分的层数。地下室层数影响风荷载和地震作用计算、内力调整、底部加强区判断等众多内容，是一项重要参数。

“嵌固端所在层号”

《建筑抗震设计规范》(GBJ 50011—2010)第 6.1.3-3 条规定了地下室作为上部结构嵌固部位时应满足的要求；第 6.1.10 条规定了剪力墙底部加强部位的确定与嵌固端有关；第 6.1.14 条提出了地下室顶板作为上部结构的嵌固部位时的相关计算要求；《高规》第 3.5.2-2 条规定了结构底部嵌固层的刚度比不宜小于 1.5。

针对以上条文，2010 版 SATWE 新增了“嵌固端所在层号”这项重要参数。

判断嵌固端位置应由使用者自行完成，程序主要实现如下功能：

其一，确定剪力墙底部加强部位时，将起算层号取为《嵌固端所在“层号-1”》，即默认加强部位延伸到嵌固端下一层，比《抗规》的要求保守一些。

其二，针对《抗规》第 6.1.14 条和《高规》第 12.2.1 条，自动将嵌固端下一层的柱纵向钢筋相对上层对应位置柱纵筋增大 10%，梁端弯矩设计值放大 1.3 倍。

其三，按《高规》3.5.2-2 条规定，当嵌固层为模型底层时，刚度比限值取 1.5。

其四，涉及“底层”的内力调整等，由程序针对嵌固层进行调整。

“墙元细分最大控制长度”

SATWE 从 08 新版开始，采用了与 05 版、08 旧版完全不同的墙元划分方案。为保证网格划分质量，细分尺寸一般要求控制在 1 m 以内，因此程序隐含值为 $D_{max}=1.0$。而早期版本 SATWE 默认值为 2 m，绝大部分工程取值也为 2 m。因此，如果用 08 版或 10 版读入旧版数据时，应注意将该尺寸修改为 1 m 或更小，否则会影响计算结果的准确性。

“对所有楼层强制采用刚性楼板假定”

SATWE 自动搜索全楼楼板，对于符合条件的楼板，自动判断为刚性楼板，并采用刚性楼板假定，无须用户干预；某些工程中为提高分析精度，可在“特殊构件补充定义”菜单中将这部分楼板定义为适合的弹性板。

“强制刚性楼板假定”可能改变结构初始的分析模型，因此其适用范围是有限的，一般仅在计算位移比和周期比时选择。在进行结构内部分析和配筋计算时，仍要遵循结构的真实模型，才能获得正确的分析和设计结果。通常，SATWE 对于地下室楼层总是强制采用刚性楼板假定。

“强制刚性楼板假定时保留弹性板面外刚度”

如果板柱结构的地下室定义了弹性板 3 或弹性板 6，勾选此项时，所有弹性板均按弹性板 3 计算；若不勾选，则按刚性楼板计算。

对于除板柱体系外的结构，如果有类似需要，同样可采用该选项。

“结构材料信息”

提供钢筋混凝土结构、钢与混凝土混合结构、有填充墙钢结构、无填充墙钢结构、砌体结构共 5 个选项。

“结构体系”

按结构布置的实际状况确定。总共提供了 15 个选项：框架结构、框剪结构、框筒结构、筒中筒结构、剪力墙结构、板柱剪力墙结构、异型柱框架结构、异型柱框剪结构、配筋砌块砌体结构、砌体结构、底框结构、部分框支剪力墙结构、单层钢结构厂房、多层钢结构厂房、钢框架结构。

结构体系的选择会影响众多规范条文的执行，必须正确选择。

“恒活载计算信息”

属于竖向荷载计算控制参数，有如下 5 个选项。

不计算恒活荷载、一次性加载、模拟施工加载 1、模拟施工加载 2、模拟施工加载 3。

“风荷载计算信息”

SATWE 通过“风荷载计算信息”参数判断参与内力组合和配筋时的风荷载类型。

不计算风荷载：任何风荷载均不计算。

计算水平风荷载：仅水平风荷载参与内力分析和组合，无论是否存在特殊风荷载数据。

计算特殊风荷载：仅特殊风荷载参与内力分析和组合。

计算水平和特殊风荷载：水平风荷载和特殊风荷载同时参与内力分析和组合。这个选项只用于极特殊的情况，一般工程不建议采用。

特殊风荷载组数等于 4 时：每一组特殊风荷载均按照水平风荷载的方式进行组合；如果同时选择了"计算水平和特殊风荷载"，则水平风荷载和特殊风荷载将分别与恒载、活载、地震作用组合，水平风荷载和特殊风荷载不同时组合。

特殊风荷载组数不等于 4 时：每组特殊风荷载仅与恒、活荷载进行组合，采用风荷载的分项系数计算。

"地震作用计算信息"

不计算地震作用：新《抗规》第 3.1.2 条规定：无须进行抗震设防的地区或者抗震设防烈度为 6 度时的部分结构可以不进行地震作用计算，此时可选择"不计算地震作用"。此参数基本不用。

计算水平地震作用：用于抗震设防烈度为 6～8 度区。

计算水平和竖向地震作用：用于抗震设防烈度为 9 度区。

(2) 风荷载信息。

SATWE 依据《建筑结构荷载规范》(GB 50009—2001)计算风荷载，计算相关的参数在此页填写，若在第一页参数中选择了不计算风荷载，可不必考虑本页参数的取值，如图 3.1.7 所示。

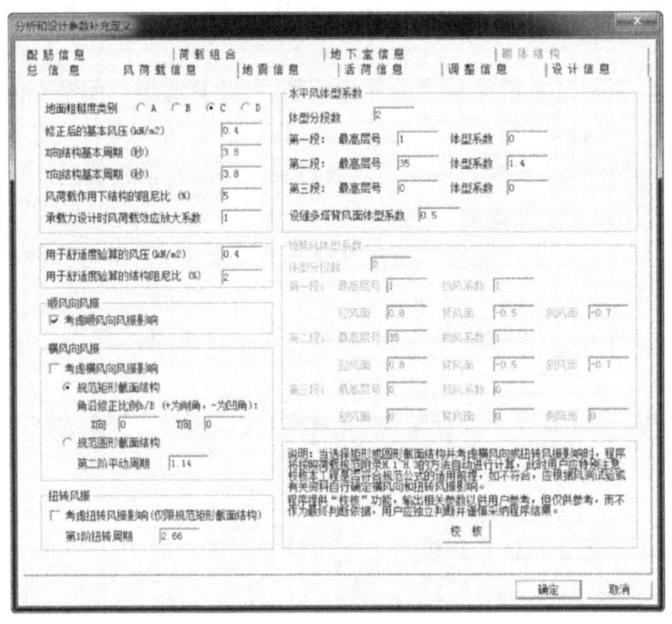

图 3.1.7 风荷载信息

主要参数的含义及取值原则如下所示(未提及的，以默认为主)。

"地面粗糙度类别"

分 A、B、C、D 四类，用于计算风压高度变化系数等。

A 类指近海海面和海岛、海岸、湖岸及沙漠地区。

B 类指田野、乡村、丛林、丘陵以及房屋比较稀疏的乡镇和城市郊区。

C 类指有密集建筑群的城市市区。

D 类指有密集建筑群且房屋较高的城市市区。

此处参数:在城市中一般选择 C 类,在郊区或农村选择 B 类,另外两类很少用到。

“修正后的基本风压”

查《建筑结构荷载规范》(GB 50009—2001)附录 D 中的表,根据建筑物所在地区选择相应的风压参数。注意表中有 $n=10$,$n=50$,$n=100$ 三个选项,即常用的 10 年一遇、50 年一遇与 100 年一遇的风压。

建筑物大于 60 m,采用 100 年一遇的风压;小于 60 m,采用 50 年一遇的风压。

“X、Y 向结构基本周期”

新版 SATWE 可以分别指定 X 向和 Y 向的基本周期,用于 X 向和 Y 向风荷载的计算。对于比较规则的结构,可以采用挖方法计算基本周期:框架结构 $T=(0.08-0.10)N$;框剪结构、框筒结构 $T=(0.06-0.08)N$;剪力墙结构、筒中筒结构 $T=(0.05-0.06)N$,其中 N 为结构层数。

“风荷载作用下结构的阻尼比”

SATWE 程序默认值:混凝土结构及砌体结构 0.05,有填充墙钢结构 0.02,无填充墙钢结构 0.01。

旧版 SATWE 是按照《建筑结构荷载规范》(GB 50009—2001)表 7.4.3 根据结构材料查表取值;10 版则根据公式(7.4.2-2)直接计算,因此新、旧版风荷载值可能略有差异。

“水平风体型分段数、各段体型系数”

当结构立面变化较大时,不同区段内的体型系数可能不一样,程序限定体型系数最多可分三段取值。

由于程序计算风荷载时自动扣除地下室高度,因此分段时只需要考虑上部结构,不用将地下室单独分段。

(3) 地震信息。

“地震信息”是 SATWE 参数设置的第 3 项,其内容的分布如图 3.1.8 所示,此处介绍主要的参数设置,未提及的参数以默认设置为主。

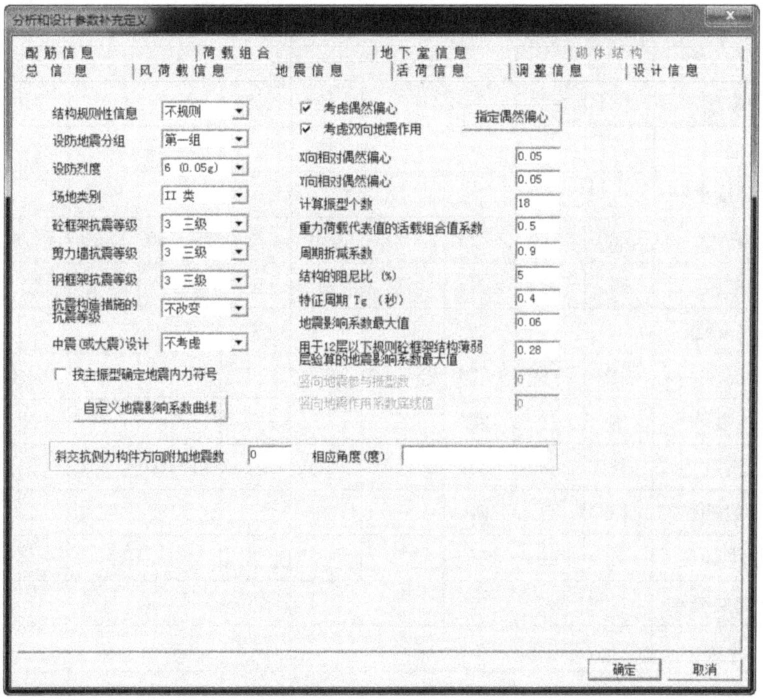

图 3.1.8　地震信息

"结构规则性信息"

结构平面规则性判断见《建筑抗震设计规范》(GB 50011—2010),该参数在程序内部不起作用。

以下简述各不规则平面类型的定义。

扭转不规则:楼层最大的弹性水平位移(或层间位移),是该楼层两端弹性水平位移(或层间位移)平均值的 1.2 倍。

凹凸不规则:结构平面凹进的一侧尺寸,大于相应投影方向总尺寸的 30%。

楼板局部不连续:楼板的尺寸或平面刚度急剧变化。

以下简述各竖向不规则类型的定义。

侧向刚度不规则:该楼层侧向刚度小于上楼层的 70%,或小于上三层楼层平均值的 80%。

竖向抗侧力构件不连续:竖向抗侧力构件由水平转换构件向下传递。

楼层承载力突变:抗侧力的层间受剪承载力小于相邻上一层的 80%。

"设计地震分组/设防烈度"

"设计地震分组"与"设防烈度"这两个参数的详细设置都需要查《建筑抗震设计规范》(GB 50011—2010)的附录 A《我国主要城震设防烈度、设计基本地震加速度和设计地震分组》。

"场地类别"

依据《建筑抗震设计规范》(GB 50011—2010),提供Ⅰ0,Ⅰ1,Ⅱ,Ⅲ,Ⅳ共五类场地类别。其中Ⅰ0 类为 10 版新增的类别。场地类别的填写,由当地勘测院出据的本项目《地质勘测报告》决定。

"混凝土框架/剪力墙、钢框架抗震等级"

见《建筑抗震设计规范》(GB 50011—2010)中相关内容,如表 3.1.2 所示。

表 3.1.2 现浇钢筋混凝土房屋的抗震等级

<table>
<tr><th colspan="2" rowspan="2">结构类型</th><th colspan="10">设防烈度</th></tr>
<tr><th colspan="2">6</th><th colspan="3">7</th><th colspan="3">8</th><th colspan="2">9</th></tr>
<tr><td rowspan="3">框架结构</td><td>高度</td><td>≤24</td><td>>24</td><td colspan="2">≤24</td><td>>24</td><td>≤24</td><td colspan="2">>24</td><td colspan="2">≤24</td></tr>
<tr><td>框架</td><td>四</td><td>三</td><td colspan="2">三</td><td>二</td><td>二</td><td colspan="2">一</td><td colspan="2">一</td></tr>
<tr><td>大跨度框架</td><td colspan="2">三</td><td colspan="3">二</td><td colspan="3">一</td><td colspan="2">一</td></tr>
<tr><td rowspan="3">框架抗震墙结构</td><td>高度</td><td>≤60</td><td>>60</td><td>≤24</td><td>25—60</td><td>>60</td><td>≤24</td><td>25—60</td><td>>60</td><td>≤24</td><td>25—50</td></tr>
<tr><td>框架</td><td>四</td><td>三</td><td>四</td><td>三</td><td>二</td><td>三</td><td>二</td><td>一</td><td>二</td><td>一</td></tr>
<tr><td>抗震墙</td><td colspan="2">三</td><td>三</td><td colspan="2">二</td><td>二</td><td colspan="2">一</td><td colspan="2">一</td></tr>
<tr><td rowspan="2">抗震墙结构</td><td>高度</td><td>≤80</td><td>>80</td><td>≤24</td><td>25—80</td><td>>80</td><td>≤24</td><td>25—80</td><td>>80</td><td>≤24</td><td>25—60</td></tr>
<tr><td>抗震墙</td><td>四</td><td>三</td><td>四</td><td>三</td><td>二</td><td>三</td><td>二</td><td>一</td><td>二</td><td>一</td></tr>
<tr><td rowspan="4">部分框支抗震墙结构</td><td>高度</td><td>≤80</td><td>>80</td><td>≤24</td><td>25—80</td><td>>80</td><td>≤24</td><td>25—80</td><td></td><td></td><td></td></tr>
<tr><td>一般部位</td><td>四</td><td>三</td><td>四</td><td>三</td><td>二</td><td>三</td><td>二</td><td></td><td></td><td></td></tr>
<tr><td>加强部位</td><td>三</td><td>二</td><td>三</td><td>二</td><td>一</td><td>二</td><td>一</td><td></td><td></td><td></td></tr>
<tr><td>框支层框架</td><td colspan="2">二</td><td>二</td><td colspan="2">一</td><td colspan="2">一</td><td></td><td></td><td></td></tr>
<tr><td rowspan="2">框架核心筒结构</td><td>框架</td><td colspan="2">三</td><td colspan="3">二</td><td colspan="3">一</td><td colspan="2">一</td></tr>
<tr><td>核心筒</td><td colspan="2">二</td><td colspan="3">二</td><td colspan="3">一</td><td colspan="2">一</td></tr>
<tr><td>筒中</td><td>外筒</td><td colspan="2">三</td><td colspan="3">二</td><td colspan="3">一</td><td colspan="2">一</td></tr>
</table>

此处指定的抗震等级是全楼适用的。指定后，SATWE 自动对全楼所有构件的抗震等级赋初值，并依据《抗规》《高规》等相关条文，自动对这部分构件的抗震等级进行调整。其中，钢框架的抗震等级是 10 版新增的选项，可依据《抗规》第 8.1.3 条的规定来确定。

"抗震构造措施的抗震等级"

在某些情况下，抗震构造措施的抗震等级可能与抗震措施的抗震等级不同，可能提高或降低，因此程序提供了这个选项。

"按中震(或大震)设计"

这是针对结构抗震性能设计提供的选项。

结构性能设计在具体提出性能设计要点时，才能对其实行有针对性的分析和验算。不同的工程，其性能设计要点可能各不相同，软件不可能提供满足所有设计需求的万能方法，因此，使用者可能需要综合多次计算的结果，自行判断才能得到性能设计的最终结果。

依据《高规》第 3.11 节，综合其提出的 5 类性能水准结构的设计要求，SATWE 提供了中震(或大震)弹性设计、中震(或大震)不屈服设计两种方法。

无论选择弹性设计还是不屈服设计，均应在"地震影响系数最大值"中填入中震或大震的地震影响系数最大值，程序将自动执行如下规则。

中震或大震的弹性设计：与抗震等级有关的增大系数均取为 1。

中震或大震的不屈服设计：

①荷载分项系数均取为 1；

②与抗震等级有关的增大系数均取为 1；

③抗震调整系数 γRE 取为 1；

④钢筋和混凝土材料强度采用标准值。

"考虑偶然偏心、X、Y 向相对偶然偏心值、指定偶然偏心"

若勾选了"考虑偶然偏心"，则允许使用者修改 X 向和 Y 向的相对偶然偏心值，默认值为 0.05。也可单击"指定偶然偏心"按钮，分层分塔填写相对偶然偏心值。

如图 3.1.9 所示，线框出部分为笔者所加，本书中采用的实例并未指定偶然偏心。使用者在填写时应注意在注释行下逐行填写，不要留空行，也不要填入"C"字符，否则表示该行为注释行，将不起作用。

数据记录在 SATINPUTECC.PM 文件中，直接删除该文件或将注释行下内容清空都可使参数恢复默认值。

"考虑双向地震作用"

参考《建筑抗震设计规范》(GB 50011—2010)第 5.1.1 条，内容如下。

①一般情况下，应至少在建筑结构的两个主轴方向分别计算水平地震作用，各方向的水平地震作用应由该方向抗侧力构件承担。

②有斜交抗侧力构件的结构，当相交角度大于 15° 时，应分别计算各抗侧力构件方向的水平地震作用。

③质量和刚度分布明显不对称的结构，应计入双向水平地震作用下的扭转影响；其他情况，应允许采用调整地震作用效应的方法计入扭转影响。

一般情况下应勾选。

"计算振型个数"

在计算地震作用时，振型个数的选取应遵循《建筑抗震设计规范》(GB 50011—2010)第 5.2.2 条规定，"振型个数一般可以取振型参与质量达到总质量的 90%所需的振型数"。

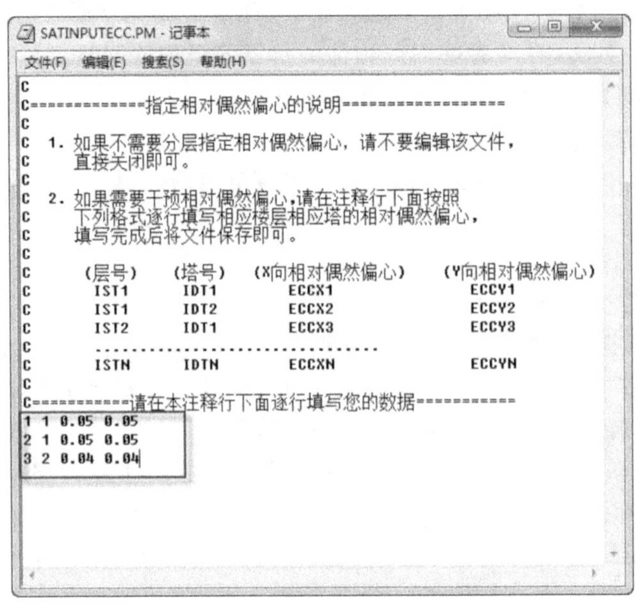

图 3.1.9 指定相对偶然偏心

一般取值为：3≤计算振型个数≤3*N*（*N* 为本建筑的层数）（这个数值必须是“3”的整数倍）。高层建筑的取值最小是 9。这个数值越大，计算得越精细，但是运算时间会越长。

取值是否合理，可以参看“SATWE 后处理——文本文件输出”第二项“周期 振型 地震力”中的“*X*/*Y* 方向有效质量系数”是否大于 0.9(90%)，如图 3.1.10 所示。如果 *X*,*Y* 方向有效质量系数大于 0.9(90%)，说明取值合理；如果小于 0.9(90%)，则必须加大“计算振型个数”的取值，然后重新计算，直到满足“*X*/*Y* 方向有效质量系数”大于 0.9(90%)为止。

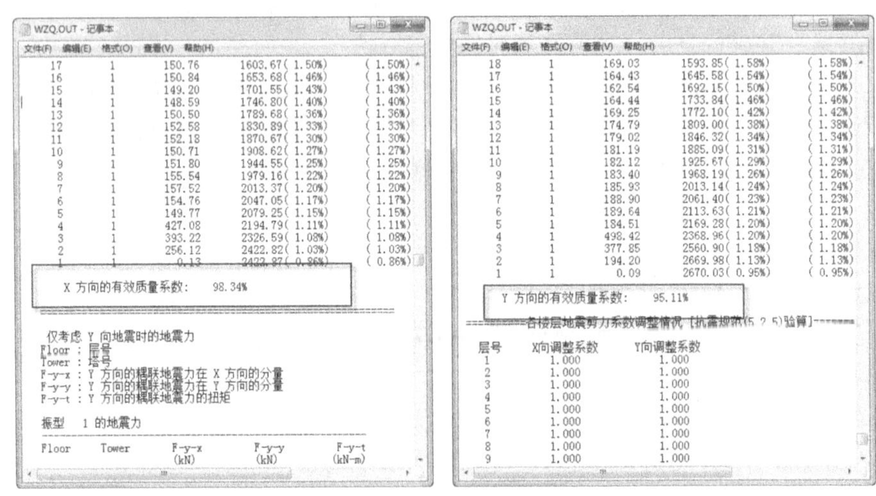

图 3.1.10 *X*,*Y* 方向的有效质量系数

“重力荷载代表值的活载组合值系数”

根据《建筑抗震设计规范》(GB 50011—2010)第 5.1.3 条，计算地震作用时，重力荷载代表值取恒载的标准值与活载组合值之和，对于不同的可变荷载，其组合值系数可能不同，使用时都可在此处修改。

程序的默认值为 0.5。

补充说明一点："荷载组合"页中还有一项"活荷载重力代表值系数"参数，两者容易混淆。前者用于地震作用的计算，后者则用于地震验算，即地震作用效应的基本组合中重力荷载效应的活荷载组合值系数。《建筑抗震设计规范》(GB 50011—2010)第 5.4.1 条和条文说明均明确指出：验算和计算地震作用时，对重力荷载均采用相同的组合值系数。因此这两处系数含义不同，但取值应相同。

若"地震信息"页中修改了"活荷重力代表值组合系数"，则"荷载组合"页中的"活荷重力代表值系数"将联动改变。

"周期折减系数"

周期折减的目的是为了充分考虑框架结构和框架-剪力墙结构的填充墙刚度对计算周期的影响。对于构架结构，若填充墙较多，周期折减系数可取 0.6～0.7，若填充墙较少，可取 0.7～0.8；对于框架-剪力墙结构，可取 0.8～0.9；纯剪力墙结构的周期可不折减。

"结构的阻尼比(%)"

这里指用于地震作用计算的阻尼比。

一般混凝土结构取 0.05，钢结构取 0.02，混合结构在二者之间取值。可参考规范或根据工程实际情况取值。程序默认值为 0.05。

"特征周期、地震影响系数最大值、用于 12 层以下规则混凝土框层验算的地震影响系数最大值"

程序默认依据抗震规范取值，由"总信息"页"结构所在地区"参数、"地震信息"页"场地类别"和"设计地震分组"三个参数确定"特征周期"的默认值；"地震影响系数最大值"和"用于 12 层以下规则混凝土框架结构薄弱层验算的地震影响系数最大值"则由"总信息"页"结构所在地区"参数和"地震信息"页"设防烈度"两个参数共同控制。当改变上述相关参数时，程序将自动按规范重新判断特征周期或地震影响系数最大值。

用户也可以根据需要进行修改，但要注意当上述几项相关参数如"场地类别""设防烈度"等改变时，用户修改的特征周期或地震影响系数值将不保留，自动恢复为规范值，应注意确认。

"斜交抗侧力构件方向附加地震数，相应角度"

《建筑抗震设计规范》(GB 50011—2010)第 5.1.1 条规定：有斜交抗侧力构件的结构，当相交角度大于 15° 时，应分别计算各抗侧力构件方向的水平地震作用。

使用者可以在此处指定附加地震方向。附加地震数可在 0～5 之间取值，在"相应角度"输入框填入各角度值。该角度是与整体坐标系 X 轴正方向的夹角，逆时针方向为正，各角度之间以逗号或空格隔开。

(4) 活荷信息。

"活荷信息"是 SATWE 参数设置的第 4 项，其内容的分布如图 3.1.11 所示，此处介绍主要的参数设置，未提及的参数以默认设置为主。

"柱、墙、基础设计时活荷载是否折减"

《建筑结构荷载规范》(GB 50009—2001)第 4.1.2 条规定：梁、墙、柱及基础设计时，可对楼面活荷载进行折减。

梁设计时的活荷载折减在 PMCAD 中设置；墙、柱及基础设计时的活荷载折减则在 SATWE 中设置，该折减仅用于 SATWE 设计结果的文本及图形输出，在接力 JCCAD 时，SATWE 传递的内力为没有折减的标准内力，由使用者在 JCCAD 中另行指定折减信息。

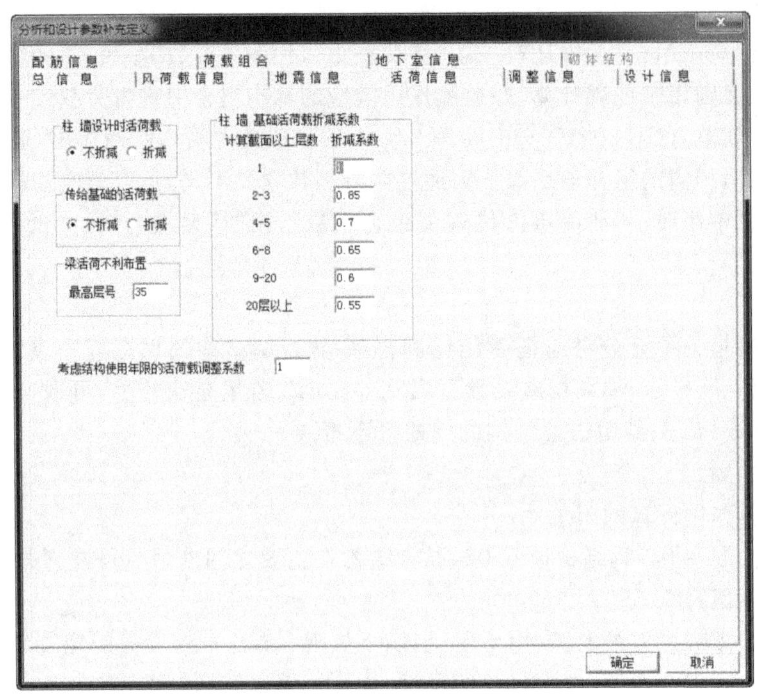

图 3.1.11　活荷载信息

"柱、墙、基础活荷载折减系数"

此处分 6 个层次给出了"计算截面以上的层数"和相应的折减系数，这些参数是根据《建筑结构荷载规范》(GB 50009—2001)给出的隐含值，使用者可以修改。

"梁活荷载不利布置最高层号"

若将此参数填 0，表示不考虑梁活荷载不利布置作用；若填入大于零的数 NL，则表示从 1～NL 各层考虑梁活荷载的不利布置，而(NL＋1)层以上则不考虑梁活荷载不利布置，若 NL 等于结构的层数 Nst，则表示对全楼所有层都考虑活荷载的不利布置。

(5) 调整信息。

"调整信息"是 SATWE 参数设置的第 5 项，参数分布如图 3.1.12 所示，此处介绍主要的参数设置，未提及的参数以默认设置为主。

"梁端负弯矩调幅系数"

在竖向荷载作用下，钢筋混凝土框架梁设计允许考虑混凝土的塑性变形内力重分布，适当减小支座负弯矩，相应增大跨中正弯矩。梁端负弯矩调幅系数可在 0.8～1.0 范围内取值。

"梁活荷载内力放大系数"

用于考虑活荷载不利布置对梁内力的影响。将活荷载作用下的梁内力(包括弯矩、剪力、轴力)放大，然后与其他荷载工况进行组合。一般工程建议取值 1.1～1.2；如果已经考虑了活荷载不利布置，则应填 1。

"梁扭矩折减系数"

对于现浇楼板结构，可以考虑楼板对梁抗扭的作用而对梁的扭矩进行折减。折减系数可在 0.4～1.0 范围内取值。

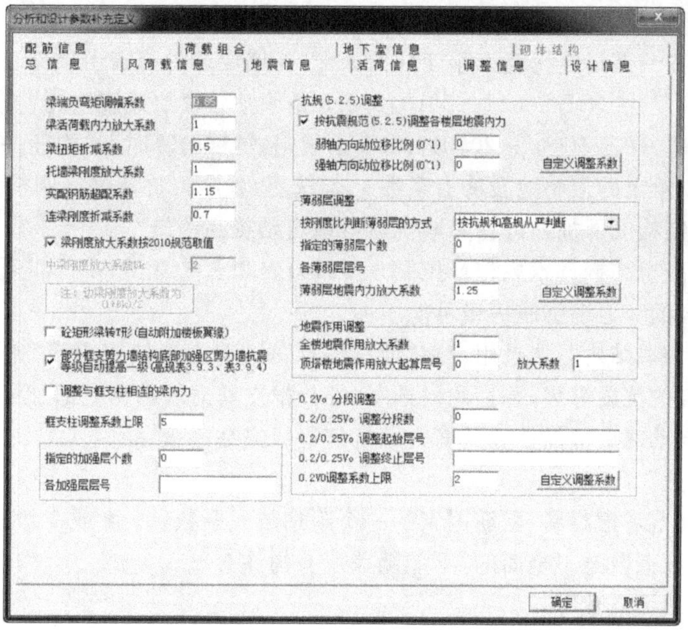

图 3.1.12　调整信息

"连梁刚度折减系数"

多、高层结构设计中允许连梁开裂，开裂后连梁的刚度有所降低，程序通过连梁刚度折减系数来反映开裂后的连梁刚度。为避免连梁开裂过大，此系数不宜取值过小，一般不宜小于 0.5。无论是按照框架梁输入的连梁，还是按照剪力墙输入的洞口上方的墙梁，程序都进行刚度折减。

根据《高层建筑混凝土结构技术规程》(JGJ 3—2010)第 5.2.1 条规定"高层建筑结构地震作用效应计算时，可对剪力墙连梁刚度予以折减，折减系数不宜小于 0.5"。指定该折减系数后，程序在计算时只在集成地震作用计算刚度矩阵时进行折减，竖向荷载和风荷载计算时连梁刚度不予折减。

"梁刚度放大系数按 2010 规范取值"

考虑楼板作为翼缘对梁刚度的贡献时，对于每根梁，由于截面尺寸和楼板厚度的差异，其刚度放大系数可能各不相同，SATWE 提供了按 2010 规范取值的选项，勾选此项后，程序将根据混凝土规范，自动计算每根梁的楼板有效翼缘宽度，按照 T 形截面与梁截面的刚度比例，确定每根梁的刚度系数。

刚度系数计算结果可在"特殊构件补充定义"中查看，也可以在此基础上修改。如果不勾选，则仍按上一条所述，对全楼指定唯一的刚度系数。

"中梁刚度放大系数"

对于现浇楼盖和装配整体式楼盖，宜考虑楼板作为翼缘对梁刚度和承载力的影响。SATWE 可采用"梁刚度放大系数"对梁刚度实行放大，近似考虑楼板对梁刚度的贡献。

刚度放大系数 BK 一般可在 1.0～2.0 范围内取值，程序默认值为 1.0，即不放大。

"调整与框支柱相连的梁内力"

程序按规范要求自动对框支柱弯矩剪力进行调整，由于调整系数往往很大，为了避免异常情况，程序给出一个控制开关，由设计人员决定是否对与框支柱相连的框架梁的弯矩剪力进行相应调整。

"托墙梁刚度放大系数"

当考虑到托墙梁刚度放大时，转换层附近的超筋情况通常可以缓解，而为了使设计保持一定的宽裕度，也可以不考虑或少考虑托墙梁刚度放大。

使用该功能时，用户只需指定托墙梁刚度放大系数，托墙梁段的搜索由软件自动完成。

“按《建筑抗震设计规范》(GB 50011—2010)5.2.5 条调整各楼层地震内力”

《建筑抗震设计规范》(GB 50011—2010)5.2.5 条规定，抗震验算时，结构任一楼层的水平地震的剪重比不应小于表 5.2.5 给出的最小地震剪力系数 λ，勾选后，程序将自动进行调整。

“部分框支剪力墙结构底部加强区剪力墙抗震等级自动提高一级”

根据《高层建筑混凝土结构技术规程》(JGJ 3—2010)表 3.9.3、表 3.9.4，部分框支剪力墙结构底部加强区和非底部加强区的剪力墙抗震等级可能不同。

对于“部分框支剪力墙结构”，如果用户在“地震信息”页“剪力墙抗震等级”中填入部分框支剪力墙结构中一般部位剪力墙的抗震等级，并在此勾选了“部分框支剪力墙结构底部加强区剪力墙抗震等级自动提高一级”，程序将自动对底部加强区的剪力墙抗震等级提高一级。

“实配钢筋超配系数”

超配系数就是按规范考虑材料、配筋因素的一个附加放大系数。9 度或 1 级框架结构，如严格按规范要求设计，用一个超配系数是不全面的，不能涵盖所有构件。

“薄弱层地震内力放大系数”

《抗规》规定薄弱层的地震剪力增大系数不小于 1.15，《高层建筑混凝土结构技术规程》(JGJ 3—2010)要求由 1.15 增大到 1.25。SATWE 对薄弱层地震剪力调整的做法是直接放大薄弱层构件的地震作用内力，因此，新版增加了“薄弱层地震内力放大系数”，由使用者指定放大系数，以满足不同需求。程序默认值为 1.25。

“指定的薄弱层个数相应的各薄弱层层号”

SATWE 自动按刚度比判断薄弱层并对薄弱层进行地震内力放大，但对于竖向构件不规则或承载力不满足要求的楼层，不能自动判断为薄弱层，需要用户在此指定。输入薄弱层楼层号后，程序对薄弱层构件的地震作用内力按“薄弱层地震内力放大系数”进行放大。输入各层号时以逗号或空格隔开。

“指定的加强层个数及相应的各加强层层号”

加强层是新版 SATWE 新增的参数，由用户指定。程序自动实现如下功能：

a. 加强层及相邻层柱、墙抗震等级自动提高一级；

b. 加强层及相邻层轴压比限值减小 0.05；

c. 加强层及相邻层设置约束边缘构件。

“全楼地震作用放大系数”

这是指地震力调整系数，可通过此参数来放大地震作用，提高结构的抗震安全度，其经验取值范围是 1.0～1.5。

“0.2V_0分段调整”

在此处指定 0.2V_0调整的分段数，每段的起始层号和终止层号以空格或逗号隔开。如果不分段，则分段数填 1。如不进行 0.2V_0调整，则应将分段数填为 0。

0.2V_0调整系数的上限值由参数“0.2V_0调整上限”控制，如果将起始层号填为负值，则不受上限控制。

“0.2V_0、框支柱调整上限”

由于程序计算的 0.2V_0调整和框支柱的调整系数值可能很大，用户可设置调整系数的上限值，这样当程序进行相应调整时，采用的调整系数将不会超过这个上限值。

程序默认的 $0.2V_0$ 调整上限为 2.0，框支柱调整上限为 5.0，可以自行修改。

“顶部塔楼地震作用放大起算层号及放大系数”

设计人员可以通过这个系数来放大结构顶部塔楼的地震内力，若不调整顶部塔楼的内力，则可将起算层号及放大系数均填为 0。此项系数仅放大顶塔楼的地震内力，并不改变位移。

(6) 设计信息。

“设计信息”是 SATWE 参数设置的第 5 项，其内容的分布如图 3.1.13 所示，此处介绍主要的参数设置，未提及的参数以默认设置为主。

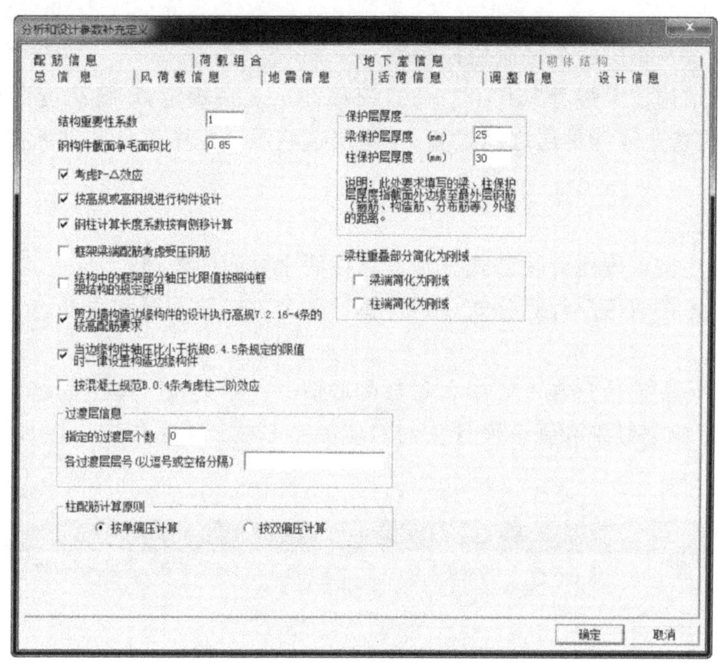

图 3.1.13　设计信息

“考虑 P-Δ 效应”

勾选此项，程序在整体分析时将自动考虑重力二阶效应。

“梁柱重叠部分简化为刚域”

勾选此项则程序将梁柱交叠部分作为刚域计算，否则，将梁柱交叠部分作为梁的一部分计算。

“按《高规》(JGJ 3—2010)或者《高层民用建筑钢结构技术规程》(JGJ 99—98)(以下简称《高钢规》)进行构件设计”

勾选此项，程序按《高规》进行荷载组合计算，按《高钢规》进行构件设计计算；否则，按多层结构进行荷载组合计算，按普通钢结构规范进行构件设计计算。

“钢柱计算长度系数按有侧移计算”

若勾选此项，程序将按《钢结构设计规范》(GB 50017—2003)附录 D-2 的公式计算钢柱的长度系数；否则按《钢结构设计规范》附录 D-1 的公式计算钢柱的长度系数。

“剪力墙构造边缘构件的设计执行《高规》(JGJ 3—2010)7.2.16-4 条”

《高层建筑混凝土结构技术规程》(JGJ 3—2010)7.2.16-4 条规定，抗震设计时，对于连体结构、错层结构以及 B 级高度高层建筑结构中的剪力墙(筒体)，其构造边缘构件的最小配筋应按照要求相应提高。

勾选此项时，程序将一律按照《高层建筑混凝土结构技术规程》(JGJ 3—2010)7.2.16-4 条的要求控制构造边缘构件的最小配筋，即对于不符合上述条件的结构类型，也进行从严控制；如不勾选，则程序一律不执行此条规定。

“结构中的框架部分轴压比按照纯框架结构的规定采用”

根据《高层建筑混凝土结构技术规程》(JGJ 3—2010)8.1.3 条规定，框架-剪力墙结构的底层框架部分承受的地震倾覆力矩的比值在一定范围内时，框架部分的轴压比需要按框架结构的规定采用。勾选此选项后，程序将一律按纯框架结构的规定控制结构中框架的轴压比，除轴压比外，其余设计仍遵循框剪结构的规定。

“指定的过渡层个数及相应的各过渡层层号”

《高层建筑混凝土结构技术规程》(JGJ 3—2010)7.2.14-3 条规定，B 级高度高层建筑的剪力墙，宜在约束边缘构件层与构造边缘构件层之间设置 1～2 层过渡层。程序不自动判断过渡层，使用者可在此指定。

“柱配筋计算原则”

按单偏压计算：程序按单偏压计算公式分别计算柱两个方向的配筋。

按双偏压计算：程序按双偏压计算公式分别计算柱两个方向的配筋和角筋。

(7) 配筋信息。

如图 3.1.14 所示为配筋信息在 PM 中各参数的取值。其中梁、柱、墙主筋级别按标准层分别指定；箍筋级别按全楼定义。钢筋级别和强度设计值的对应关系亦在 PM 中指定。在 SATWE 中仅可查看箍筋强度设计值。

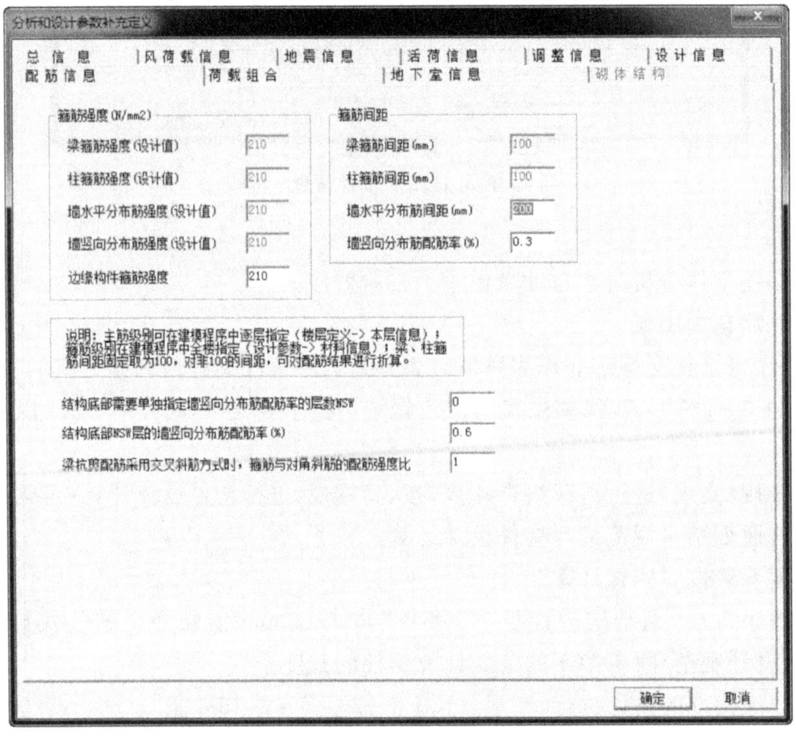

图 3.1.14 配筋信息

“梁、柱箍筋和墙分布筋强度”：这些参数需要从PM参数中读取，此处不能修改。

“梁、柱箍筋间距(单位mm)”：强制设置为100，不允许修改。对于箍筋间距非100的情况，使用者可对配筋结果进行折算。

“墙水平分布筋间距(单位mm)”：可取值100～400。

“墙竖向分布筋配筋率(%)”：可取值0.15～1.2。

“结构底部需单独指定墙竖向分布筋配筋率的层数、配筋率”：这两项参数可以对剪力墙结构设定不同的竖向分布筋配筋率，如加强区和非加强区定义不同的竖向分布筋配筋率。

(8) 荷载组合。

使用者在此处修改的荷载分项系数和组合值系数将影响配筋设计时的荷载组合，其参数项如图3.1.15所示。

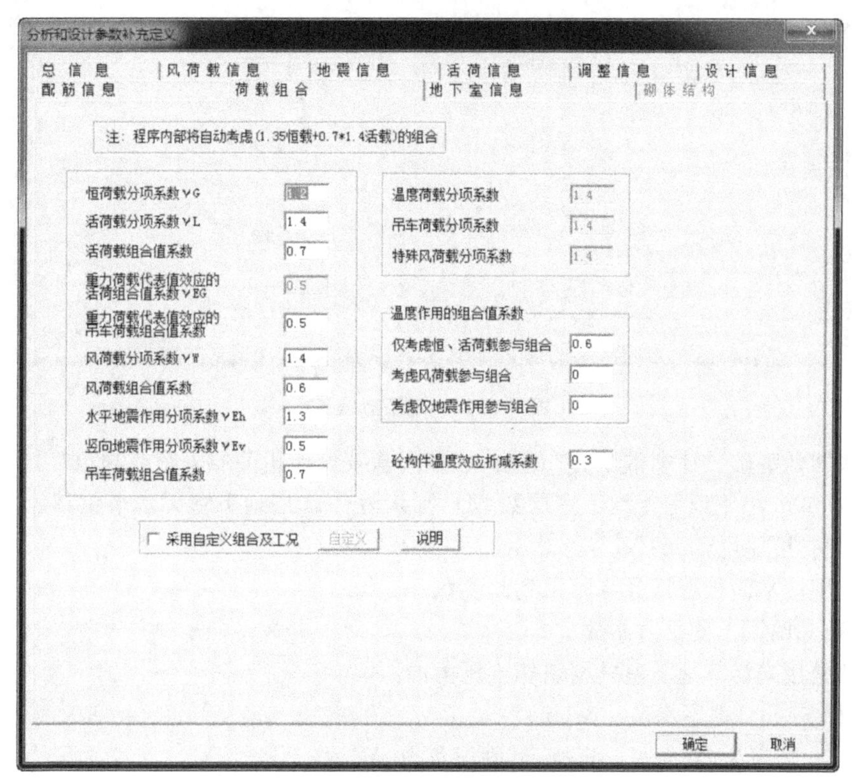

图3.1.15 荷载组合

若勾选“采用自定义组合及工况”，程序会弹出一页对话框，使用者可自定义荷载组合，首次进入该对话框，程序将显示默认值。

(9) 地下室信息。

当地下室层数为零时，“地下室信息”页为灰色，不允许选择；填入地下室层数时，“地下室信息”页变亮，允许选择。本例包含地下室，如图3.1.16所示。

“土层水平抗力系数的比例系数(M值)”

该参数可以参照《建筑桩基技术规范》(JGJ 94—94)中表5.4.5的灌注桩项来取值。M的取值范围一般在2.5～100之间，少数情况下中密、密实的沙砾、碎石类土取值可达100～300。

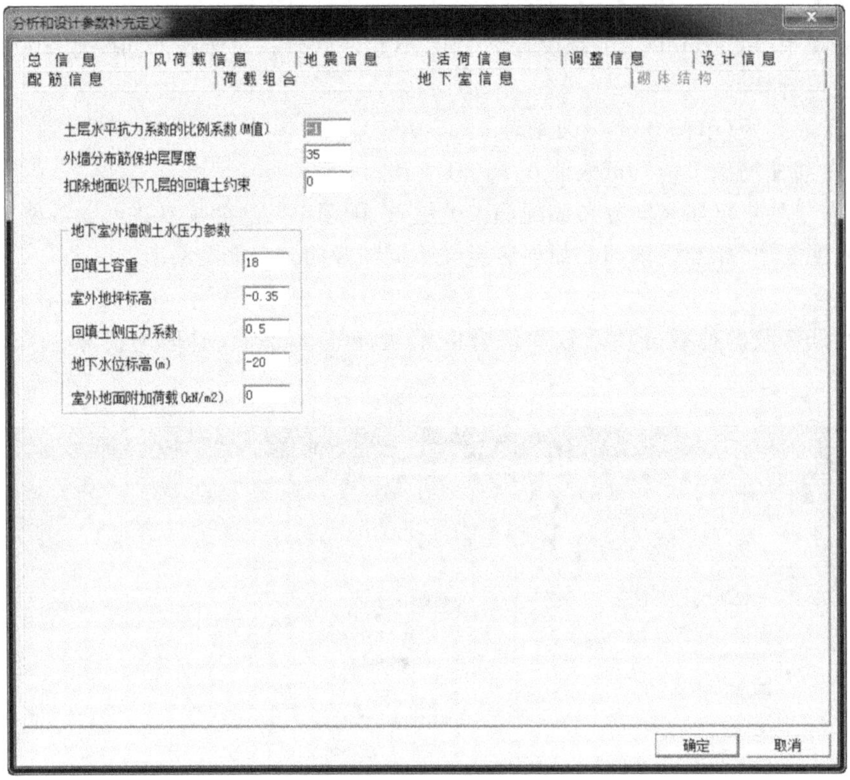

图 3.1.16　地下室信息

其计算方法即是基础设计中常用的“m”法，可参阅基础设计相关的书籍或规范。

若填一负数 m(m 小于或等于地下室层数 M)，则认为有 m 层地下室无水平位移。

“外墙分布保护层厚度(mm)”

在地下室外围墙平面外配筋计算时用到此参数。

“回填土容重和回填土侧压力系数”

这两个参数是用来计算地下室外围墙侧土压力的。

“室外地坪标高(m)，地下水位标高(m)”

以结构±0.00 标高为准，高则填正值，低则填负值。

“室外地面附加荷载”

对于室外地面附加荷载，应考虑地面恒载和活载。活载应包括地面上可能的临时荷载。对于室外地面附加荷载分布不均的情况，应取最大的附加荷载计算，程序按侧压力系数转化为侧土压力。

2. 特殊构件补充定义

本菜单补充定义的信息将用于 SATWE 计算分析和配筋设计，程序已自动对所有属性赋予初值，如无需改动，则直接略过本菜单进行下一步操作即可。即使无需补充定义，亦可利用本菜单查看程序初值。程序以颜色区分数值类信息的缺省值和用户指定值：缺省值以暗灰色显示，用户指定值以亮白色显示。

如图 3.1.17 所示，在点取“特殊构件定义”菜单后，程序会在屏幕上绘出结构首层平面简图，并在右侧提供分级菜单。依次点开分级菜单的各子菜单，出现各个选项如图 3.1.18 所示。此处介绍了主要的参数设置，未提及的参数以默认设置为主。

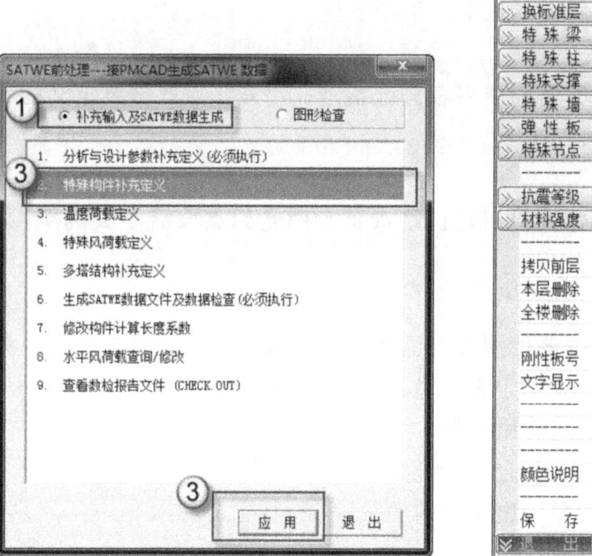

图 3.1.17　特殊结构定义选项和分级菜单

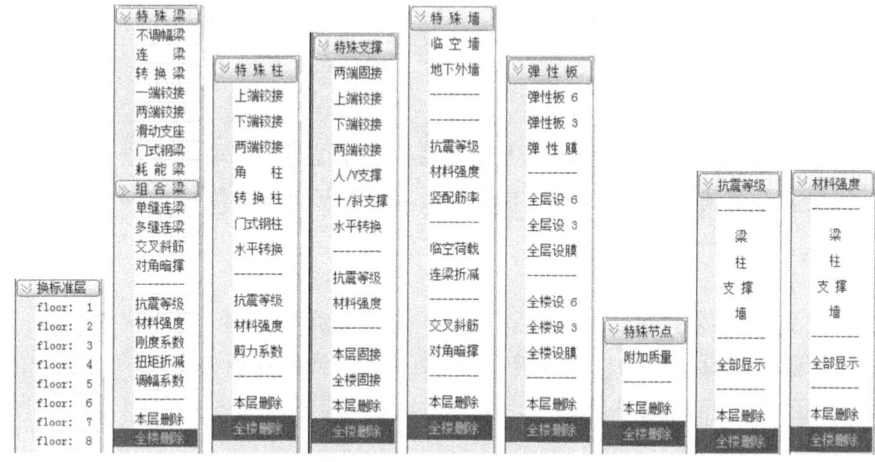

图 3.1.18　特殊结构定义详细菜单

(1) 特殊梁。

“转换梁”

“转换梁”包括“部分框支剪力墙结构”的托墙转换梁(即框支梁)和筒体结构的托柱转换梁，程序没有缺省判断，需要使用者指定，以亮白色显示。

“铰接梁”

铰接梁没有隐含定义，需要使用者自己指定。用光标点取需定义的梁，则该梁在靠近光标的一端会出现一个红色小圆点，表示梁的该端为铰接；若一根梁的两端都为铰接，则需在这根梁上靠近其两端用光标各点一次，使该梁两端均出现一个红色小圆点。

"滑动支座梁"

滑动支座梁没有隐含定义,需要使用者自己指定。用光标点取需定义的梁,则该梁在靠近光标的一端出现一个白色小圆点,表示梁的该端为滑动支座。

"门式钢梁"

门式钢梁没有隐含定义,需要使用者自己指定。用光标点取需要定义的梁,则梁上会现标识 MSGL 字符,表示该梁为门式钢梁。

"耗能梁"

耗能梁没有隐含定义,需要使用者自己指定。用光标点取需定义的梁,则梁上标识 HNL 字符,表示该梁为耗能梁。

"组合梁"

组合梁没有隐含定义,需要使用者自己指定。点取"组合梁"可进入下级菜单。选择"自动生成",程序将从 PM 数据自动生成组合梁定义信息,并在所有组合梁上标注"ZHL",表示该梁为组合梁,使用者可通过右侧菜单查看或修改组合梁参数。

定义/删除:指定某根梁为组合梁,或取消其组合梁属性。

查询/修改:查询或修改单根组合梁的参数。

本层删除:删除本层的组合梁。

全楼删除:删除全楼的组合梁。

注意:在进行特殊梁定义时,不调幅梁、连梁和转换梁三者中只能进行一种定义,但门式钢梁、耗能梁和组合梁可以同时定义,也可以同时和前三种梁中的一种共同定义。

(2) 特殊柱。

"上端铰接柱、下端铰接柱和两端铰接柱"

铰接柱没有隐含定义,使用者自行指定。上端铰接柱为亮白色,下端铰接柱为暗白色,两端铰接柱为亮青色。若想恢复为普通柱,只需在该柱上再点一下,柱颜色变为暗黄色,表明该柱已经被定义为普通柱了。

"角柱"

角柱没有隐含定义,需要使用者用光标依次点取需定义成角柱的柱,则该柱旁显示"JZ",表示该柱已被定义为角柱。若想把定义错的角柱改为普通柱,则只需用光标在该柱上点一下即可,此时"JZ"标识消失,表明该柱已被定义为普通柱了。

"转换柱"

转换柱由使用者自己定义。定义方法与"角柱"相同,框支柱标识为"ZHZ"。

"部分框支抗震墙结构"的框支柱和托柱转换结构的转换柱均应在此指定为"转换柱"。

"门式钢柱"

门式钢柱由使用者自行定义。定义方法与"角柱"相同,门式钢柱标识为"MSGZ"。

"水平转换柱"

带转换层的结构,水平转换构件除采用转换梁外,还可采用桁架、空腹桁架、条形结构、斜撑等,根据《高层建筑混凝土结构技术规程》(JGJ 3—2010)10.2.4 条,水平转换构件在水平地震作用下的计算内力应进行放大。2010 版 SATWE 因此增加了水平转换构件的指定,程序将自动对其进行内力调整。

水平转换柱也由使用者自行指定,以字符"SPZHZ"标识。

(3) 特殊支撑。

"铰接支撑"

铰接支撑的定义方法与"铰接梁"相同,铰接支撑的颜色为亮紫色,并在铰接端显示一红色小圆点。

"水平转换"

水平转换支撑的含义与定义方法与"水平转换柱"类似,以亮白色显示。

"全层固接"

混凝土支撑默认为两端固接,钢支撑默认为两端铰接。能过该菜单,可以方便地将本层支撑全部指定为两端固接。

"全楼固接"

混凝土支撑默认为两端固接,钢支撑默认为两端铰接。能过该菜单,可以方便地将全楼支撑全部指定为两端固接。

(4) 特殊墙。

"临空墙"

点取这项菜单可定义地下室人防设计中的临空墙,以红色宽线显示。只有在人防地下室层,才允许定义临空墙。临空墙由使用者指定,程序不缺省判断。

"竖配筋率"

默认值为参数"配筋信息"页"剪力墙竖向分布筋配筋率",可以在此处指定单片墙的竖向分布筋配筋率。如当某边缘构件纵筋计算值过大时,可以在这里增加所在墙段的竖向分布筋配筋率。当某边缘构件纵筋计算过大时,可以在这里增加所在墙段的竖向分布筋配筋率。

(5) 弹性楼板。

弹性楼板是以房间为单元进行定义的,一个房间为一个弹性楼板单元,定义时,只需用光标在某个房间内点一下即可。

"弹性楼板 6"

程序真实地计算楼板平面内和平面外的刚度。

"弹性楼板 3"

假定楼板平面内无限刚,程序仅真实地计算楼板平面外刚度。

"弹性膜"

程序真实地计算楼板平面内刚度,楼板平面外刚度不考虑(取为零)。

注意:*弹性楼板由使用者人工指定,但对于斜屋面,如果没有指定,程序会默认为弹性膜,使用者可以指定为弹性楼板 6 或者弹性膜,不允许定义刚性楼板或弹性楼板 3。*

(6) 特殊节点。

这里输入的附加节点质量只影响结构地震作用计算时的质量统计。

3. 温度荷载定义

本菜单通过指定结构节点的温度差来定义结构温度荷载,温度荷载记录在文件 SATWE_TEM.PM 中,若想取消定义可简单地将文件删除。

4. 特殊风荷载定义

对于平、立面变化比较复杂或对风荷载有特殊要求的结构或某些部位,例如,空旷结构、体育场馆、工业厂房、有大悬挑结构的广告牌、候车站等,普通风荷载的计算方式可能不能满足要求,此时,可采用"特殊风荷载定义"菜单中的"自动生成"功能以更精细的方式自动生成风荷载,还可在此基础上进行修改。

特殊风荷载数据记录在文件 SPWIND. PM 中。若要取消定义,可简单地将该文件删除。

5. 多塔结构补充定义

多塔定义信息与 PMCAD 的模型数据密切相关,若某层平面布置发生变化,则应相应修改或复核该层的多塔信息,其他标准层的多塔信息不变。如果结构的标准层数发生变化,则多塔定义信息不被保留。

"多塔立面"

如图 3.1.19 所示,通过这个菜单可显示多塔结构各塔(有多个塔时)的关联简图,还可显示或修改各塔的有关参数,其 1~6 项子菜单的功能是显示各层各塔的层高,梁、柱、墙和楼板的混凝土标号以及钢构件的钢号。7~11 项为新增的参数,使用者可在程序默认值基础上修改,也可选择"删除",程序将删除用户自定义的数据,恢复默认值,各项参数默认值如下。

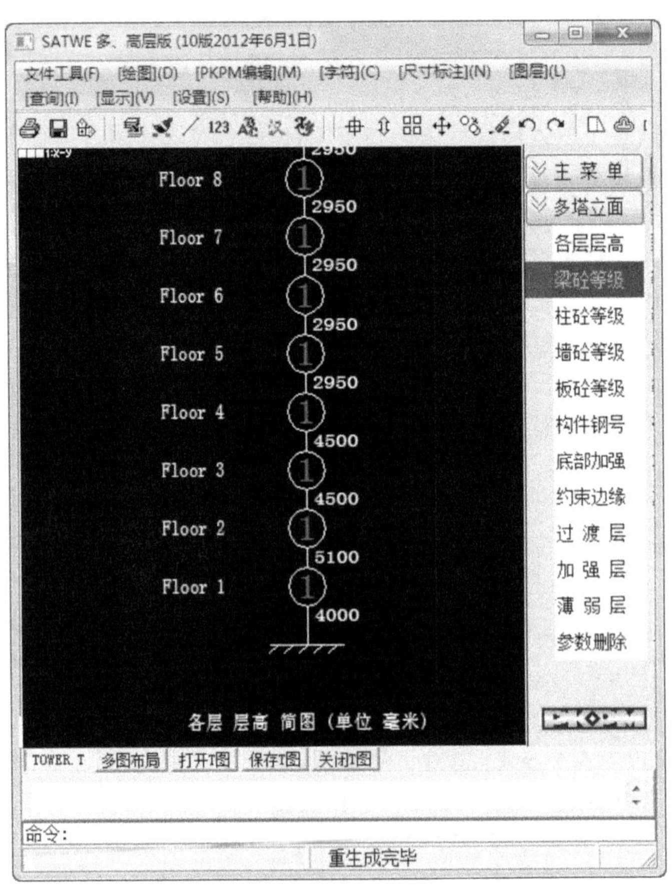

图 3.1.19 多塔结构补充定义——多塔立面

底部加强区:程序自动判断的底部加强区范围。

约束边缘构件层:底部加强区及上一层、加强层及相邻层。

过渡层:参数"设计信息"页指定的过渡层。

加强层:参数"调整信息"页指定的加强层。

薄弱层:参数"调整信息"页指定的薄弱层。

“自动生成”

使用者可以选择由程序对各层平面自动划分多塔。对于多数多塔模型，多塔的自动生成功能都可以进行正确的划分，从而提高用户操作的效率。但对于个别较复杂的楼层不能对多塔自动划分，程序对这样的楼层将给出提示，使用者可按照人工定义多塔的方式作补充输入即可。

无论是多塔自动生成还是人工定义，都需要注意：软件通过围区的方法定义每个塔的范围，构件属于某个塔是以其定位节点为准的，所有定位节点都必须属于某一个塔，即不能存在孤立的不属于任何塔的节点，并且一个节点不能同时属于多个塔，否则计算会出错。可以使用软件提供的“多塔检查”功能对定义的多塔进行检查。

6. 生成 SATWE 数据文件及数据检查

这项菜单是 SATWE 前处理的核心菜单，其功能是综合 PMCAD 生成的建模数据和前述几项菜单输入的补充信息，将其转换成空间结构有限元分析所需的数据格式。所有工程都必须执行本项菜单，正确生成数据并通过数据检查后，方可进行下一步的计算分析。

点取本菜单后，会出现如图 3.1.20 所示的对话框。

退出本菜单后，即可执行 SATWE 主菜单第二步，进行内力分析和配筋计算，不需要再执行“生成 SATWE 数据及数据检查”。

7. 修改构件计算长度系数

点取这项菜单后，程序在屏幕上会显示隐含计算的柱、支撑计算长度系数及梁面外长，使用者可根据工程的实际情况进行交互修改。

8. 水平风荷载查询/修改

使用者执行“生成 SATWE 数据及数据检查”后，程序会自动导算出水平风荷载用于后面的计算。如果使用者认为程序自动导算出的风荷载有必要修改，可在本菜单中查看并修改。

9. 图形检查与修改

这项菜单的功能是以图形方式检查几何数据文件和荷载数据文件的正确性。使用者可通过这项菜单输出的图形复核结构构件的布置、截面尺寸、荷载分布及墙元细分等有关信息。

点取“图形检查与修改”选项后，屏幕上弹出一页图形检查子菜单，如图 3.1.21 所示。

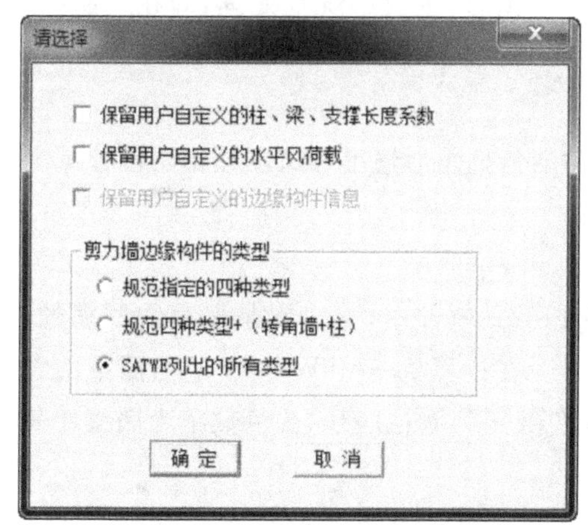

图 3.1.20 SATWE 前处理选项菜单

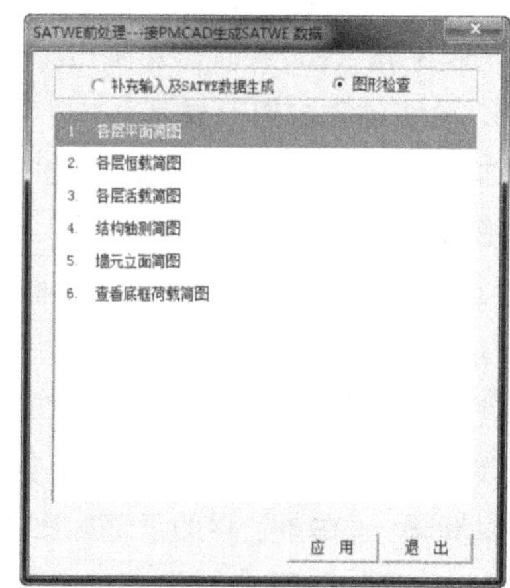

图 3.1.21 图形检查子菜单

“各层平面简图”

通过这项菜单可了解结构的各层平面布置、节点编号、构件截面尺寸等信息。点取“各层平面图检”菜单选项后，屏幕首先显示出结构首层平面简图，并在右侧显示出平面图检子菜单。

“各层荷载简图”

结构每层的恒载和活荷载都是分开显示的，恒载简图的文件名为 Load-d＊.T，活载简图文件名为 Load-d＊.T。

“结构轴侧简图”

通过这项菜单可以以轴侧图的方式复核结构的几何布置是否正确。点取这项菜单后，程序绘出结构首层的轴侧简图。

3.1.4 SATWE 后处理的主要功能

这一节主要介绍 SATWE 的第二、三、四项主菜单功能。“结构内力、配筋计算”和“PM 次梁内力与配筋计算”这两项的主要功能是分析与设计计算，“分析结果图形和文本显示”这一项是辅助菜单，通过这项内容可以图形方式查阅内力、配筋结果及以文本方式输出的内力、配筋等。

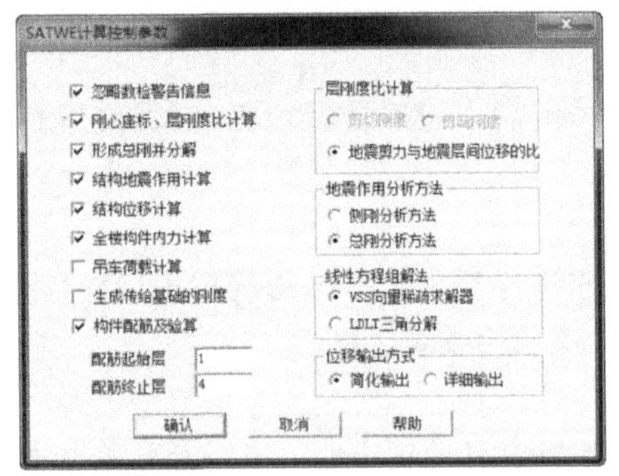

图 3.1.22 SATWE 计算控制参数

1. 结构内力、配筋计算

通过 SATWE 主菜单点取“结构内力、配筋计算”选项后，屏幕弹出如图 3.1.22 所示的计算参数控制图。

用鼠标在计算控制参数各行点取，该行控制参数的取值在“算”和“不算”之间切换，“√”的含义为计算。

2. PM 次梁内力与配筋计算

这项菜单功能是将在 PMCAD 中输入的次梁按“连续梁”简化力学模型进行内力分析，并进行截面配筋设计。在 SATWE 配筋简图中将次梁和 SATWE 计算的梁共同显示在一张图上以便统一查看。在接 PK 绘梁的施工图时，主次梁统一处理，即在一起归并，和主梁一起出施工图，从而达到简化操作程序的目的。

3. 分析结果的图形显示

如图 3.1.23 所示，“分析结果图形和文件显示”项的功能包括图形输出和文本输出两部分。

图形输出的内容有以下各项。

(1) 各层配筋构件编号简图。选项菜单如图 3.1.24 所示。

“墙柱”“墙梁”是 SATWE 软件引入的新概念。在 SATWE 软件中，剪力墙是按直线配筋的。“配筋构件编号简图”上，标注了梁、柱、支撑、墙柱、墙梁的序号。在计算机 SATWE 软件中，图中的青色数字为梁序号，黄色数字为柱序号，紫色数字为支撑序号，绿色数字为墙柱序号，蓝色数字为墙梁序号。对于每根墙梁，还在该墙梁的下部标出了其截面的宽度和高度。

在点取“各层配筋构件编号简图”菜单后，程序首先显示结构首层的配筋构件编号简图，如图 3.1.25所示，图中的双同心圆旁的数字为该层的刚度中心坐标，带十字线的圆环旁的数字为该层的质心坐标。(2) 混凝土构件配筋及钢构件验算简图。

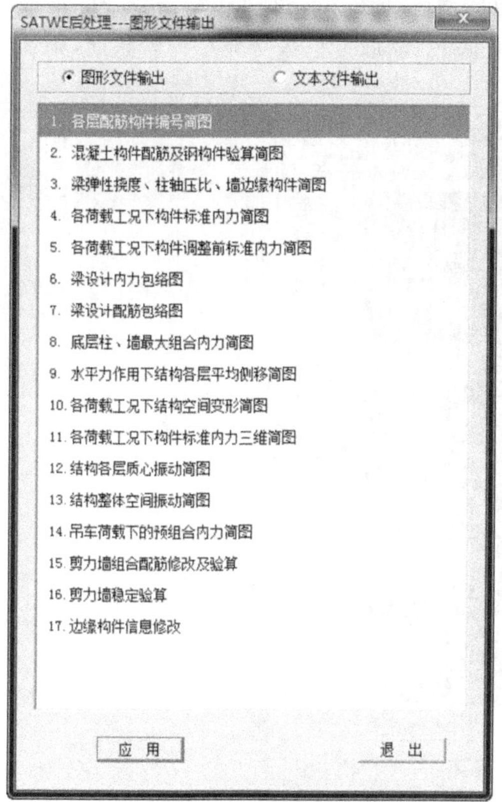

图 3.1.23　分析结果图形

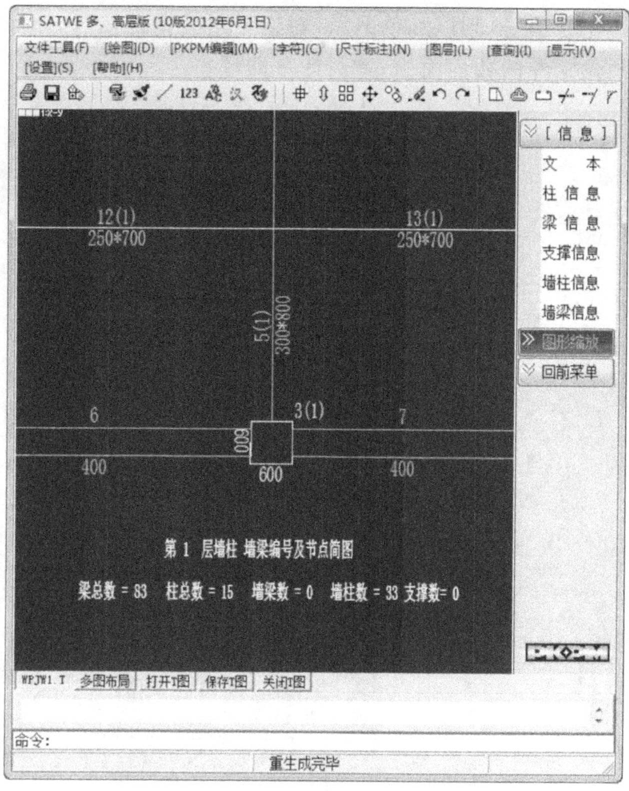

图 3.1.24　第 1 层墙梁编号及节点图

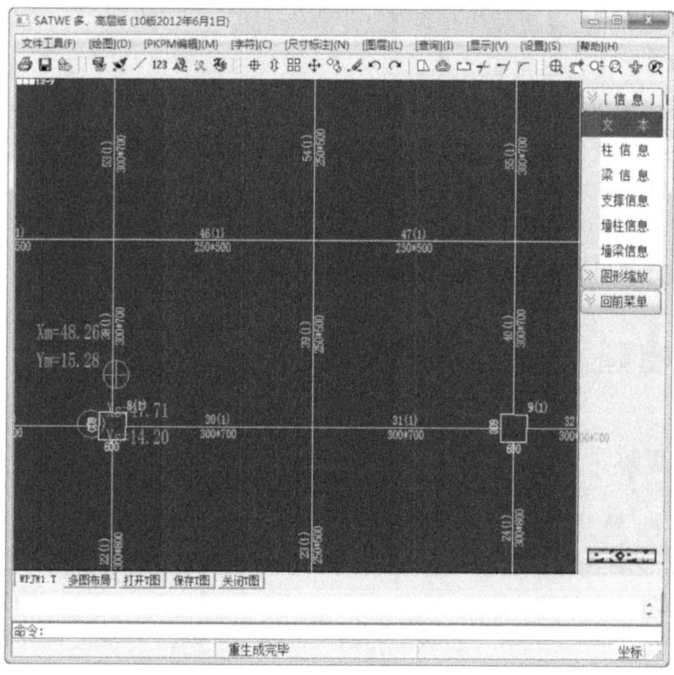

图 3.1.25　刚度中心坐标和质心坐标

这项菜单的功能是以图形方式显示配筋验算结果，其输出的简图如图 3.1.26 所示，若梁、柱、墙肢的配筋超筋，则以红色显示；对于不超筋构件信息，以梁白色、柱黄色、墙肢绿色数字显示。若超筋，则加大此构件的截面面积，重新计算即可。

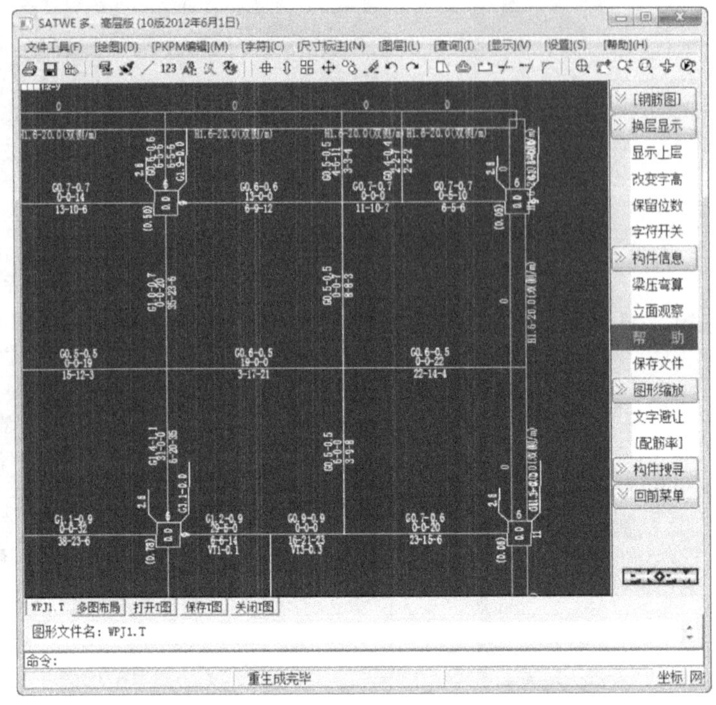

图 3.1.26　混凝土构件配筋及钢构件验算简图

(3) 梁弹性挠度、柱轴压比、墙边缘构件简图。

本菜单以图形方式显示柱轴压比和计算长度系数，梁弹性挠度以及剪力墙、边框柱产生的边缘构件信息。柱、墙肢中心的一个数为柱、墙肢的轴压比，柱两边的两个数分别为该方向的计算长度系数。若柱、墙肢的轴压比超限，则以红色显示；对于不超限的轴压比，以柱白色、墙肢绿色数字显示。

(4) 各荷载工况下构件标准内力简图。

通过这项菜单，可以以图形方式查看各荷载工况下各类构件的内力。

菜单中其他各项均可查看运算结果、检验结构的合理性。

3.2　调整结构模型

3.2.1　宏观指标的调整

结合文本文件输出和《建筑抗震设计规范》(GB 50011—2010)和《高层建筑混凝土结构技术规程》(JGJ 3—2010)查找六大宏观指标。宏观指标主要是从整体上判断结构形式是否合理。

1. 周期比

(1) 作用。

“周期比”主要为控制结构扭转效应，减小扭转对结构产生的不利影响，是最容易超标的宏观指标之一。

(2) 规范/规程。

参看《高层建筑混凝土结构技术规程》(JGJ 3—2010)中的第 3.4.5 条。

结构扭转为主的第一自振周期 T_t 与平动为主的第一自振周期 T_1 之比，A 级高度高层建筑不应大于 0.9，B 级高度高层建筑、超过 A 级高度的混合结构及本规程第 10 章所指的复杂高层建筑不应大于 0.85。

(3) 验算方法。

进入到“SATWE 后处理——文本文件输出”中的第 2 项“2.周期 振型 地震力”中，如图 3.2.1 所示。此时会弹出一个“WZO.OUT”文件，主要看前三个周期，如图 3.2.2 所示。

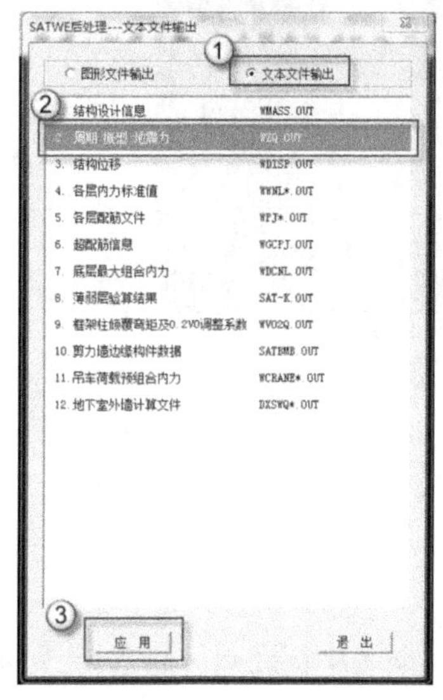

图 3.2.1　总信息

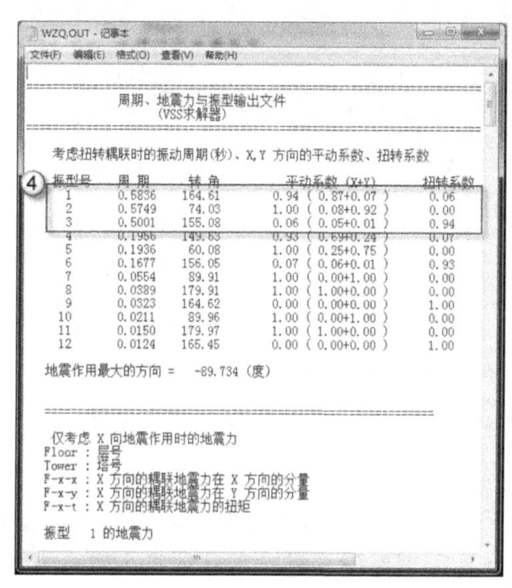

图 3.2.2　WZO.OUT 文件

扭转为主的第一自振周期是 3 号振型，周期为 0.5001 s。平动为主的第一自振周期是 1 号振型，周期是 0.5836 s。

规范/规程的要求是：

周期比＝扭动第一周期(T_t)/平动第一周期(T_1)＝0.5001/0.5836＝0.857≤0.9(满足周期比)

一个好的结构型式，第一、第二自振周期是平动，第三自振周期是扭动。这也可以进入“SATWE 后处理——图文件输出”的第 12 项“12.结构整体空间振动简图”中(如图 3.2.3 所示)选择相应的“振型号”数，来检查第一、二、三号振号是否满足“第一、第二自振周期是平动，第三自振周期是扭动”的要求，如图 3.2.4 所示。

(4) 超标解决方案。

“周期比”超标，从数值上来说是“扭动第一周期/平动第一周期＞0.9”，从现象上来说是扭动周期提前。解决方案是将建筑物周围的梁、柱截面加大，把整个建筑物箍住，防止地震时建筑物扭转。

2. 位移比

(1) 作用。

“位移比”主要为控制结构平面规则性，以免形成扭转，对结构产生不利影响，是最容易超标的指标之一。

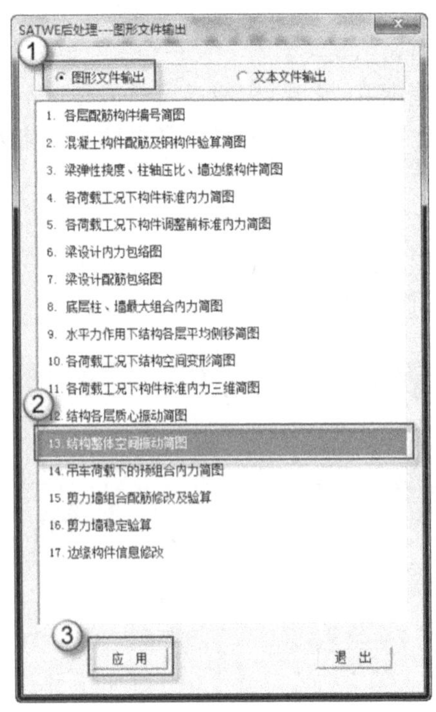

图 3.2.3　进入结构整体空间振动简图

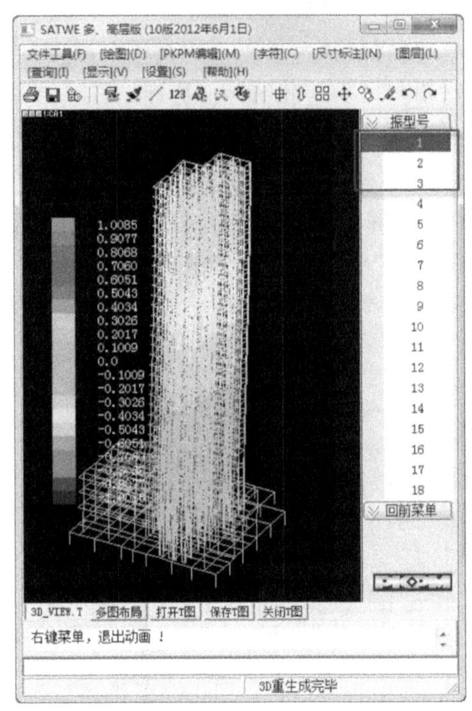

图 3.2.4　结构整体空间振动简图

(2) 规程/规范。

参看《高层建筑混凝土结构技术规程》(JGJ 3—2010)中第 3.4.5 条。

在考虑偶然偏心影响的规定水平地震力作用下，楼层竖向构件最大的水平位移和层间位移，A 级高度高层建筑不宜大于该楼层平均值的 1.2 倍，不应大于该楼层平均值的 1.5 倍；B 级高度高层建筑、超过 A 级高度的混合结构及本规程第 10 章所指的复杂高层建筑不宜大于该楼层平均值的 1.2 倍，不应大于该楼层平均值的 1.4 倍。

(3) 验算方法。

进入到“SATWE 后处理——文本文件输出”中的第 3 项“3. 结构位移”中，如图 3.2.5 所示。此时会弹出一个“WDISP. OUT”文件，看“Ratio-(X)，Ratio-(Y)/Ratio－Dx，Ratio－Dy”这个数值，如图 3.2.6 所示。注意每个工况、每一层都要看。这个值绝对不能超过 1.5，另外不宜超过 1.2。

(4) 超标解决方案。

若“位移比”超标，就找到当层的最大位移所在的节点，将构件的截面尺寸加大即可。

3. 刚度比

(1) 作用。

“刚度比”主要为控制结构竖向规则性，以免竖向刚度突变，形成薄弱层，是容易超标的宏观指标之一。

(2) 规程/规范。

参看《高层建筑混凝土结构技术规程》(JGJ 3—2010)中的第 3.5.2 条。

抗震设计时，高层建筑相邻楼层的侧向刚度变化应符合下列规定：对框架结构，楼层与其相邻上层的侧向刚度比 γ_1 可按式(3.5.2-1)计算，且本层与相邻上层的刚度比值不宜小于 0.7，与相邻上部三层

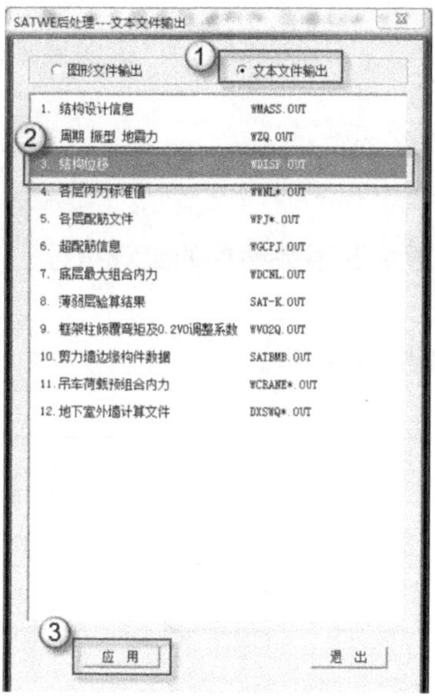

图 3.2.5　结构位移

```
WDISP.OUT - 记事本
文件(F)  编辑(E)  格式(O)  查看(V)  帮助(H)
Ave-Dx , Ave-Dy        : X,Y方向的平均层间位移
Ratio-(X),Ratio-(Y): 最大位移与层平均位移的比值
Ratio-Dx,Ratio-Dy  : 最大层间位移与平均层间位移的比值
Max-Dx/h, Max-Dy/h : X,Y方向的最大层间位移角
DxR/Dx,DyR/Dy        : X,Y方向的有害位移角占总位移角的百分比例
Ratio_AX,Ratio_AY  : 本层位移角与上层位移角的1.3倍及上三层平均位移角
X-Disp, Y-Disp, Z-Disp:节点X,Y,Z方向的位移

=== 工况  1 === X 方向地震力作用下的楼层最大位移

Floor  Tower    Jmax     Max-(X)     Ave-(X)    Ratio-(X)        h
                JmaxD    Max-Dx      Ave-Dx     Ratio-Dx     Max-Dx/h
 35      1      7136      62.68       62.33       1.01          2950.
                7136       1.19        1.18       1.01        1/2487.
 34      1      7099      61.61       61.27       1.01          2950.
                7099       1.21        1.19       1.02        1/2435.
 33      1      6957      60.52       59.69       1.01          2950.
                6957       1.18        1.13       1.04        1/2510.
 32      1      6753      59.46       58.69       1.01          2950.
                6753       1.26        1.22       1.03        1/2345.
 31      1      6552      58.33       57.61       1.01          2950.
                6552       1.34        1.31       1.03        1/2195.
 30      1      6351      57.14       56.47       1.01          2950.
                6351       1.44        1.40       1.02        1/2055.
 29      1      6150      55.86       55.24       1.01          2950.
                6150       1.53        1.50       1.02        1/1934.
 28      1      5949      54.51       53.93       1.01          2950.
                5949       1.61        1.59       1.02        1/1830.
 27      1      5748      53.06       52.53       1.01          2950.
                5748       1.69        1.66       1.01        1/1749.
 26      1      5547      51.54       51.04       1.01          2950.
                5547       1.76        1.74       1.01        1/1673.
 25      1      5346      49.93       49.48       1.01          2950.
                5346       1.84        1.81       1.01        1/1607.
```

图 3.2.6　WDISP.OUT 文件

刚度平均值的比值不宜小于 0.8。

$$\gamma_1 = \frac{V_i \Delta_{i+1}}{V_{i+1} \Delta_i} \tag{3.5.2-1}$$

（3）验算方法。

进入到“SATWE 后处理——文本文件输出”中的第 1 项“1.结构设计信息”中，如图 3.2.7 所示。此时会弹出一个“WMASS.OUT”文件，看“Ratiox1，Ratioy1”这个数值，如图 3.2.8 所示。注意每层中这个值绝对不能小于 1。

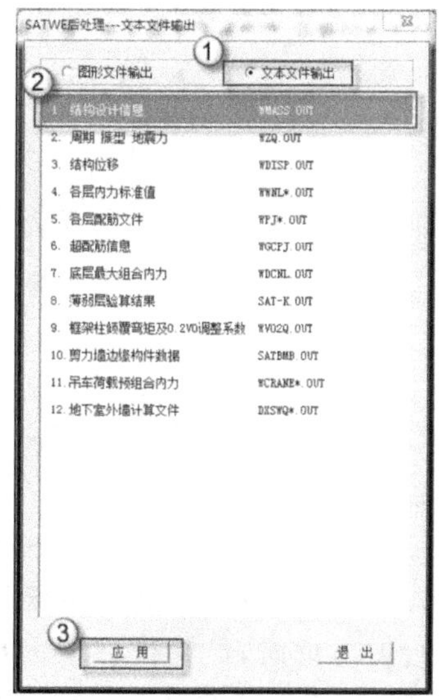

图 3.2.7　结构设计信息

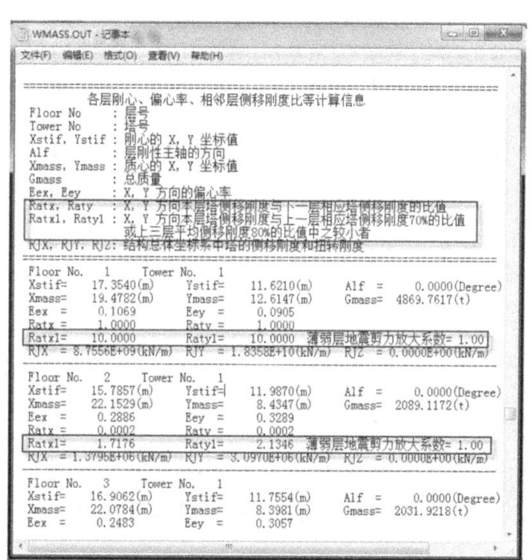

```
WMASS.OUT - 记事本
文件(F)  编辑(E)  格式(O)  查看(V)  帮助(H)
==========================================================================
          各层刚心、偏心率、相邻层侧移刚度比等计算信息
Floor No      : 层号
Tower No      : 塔号
Xstif, Ystif : 刚心的 X, Y 坐标值
Alf           : 层刚性主轴的方向
Xmass, Ymass : 质心的 X, Y 坐标值
Gmass         : 总质量
Eex, Eey      : X, Y 方向的偏心率
Ratx, Raty    : X, Y 方向本层塔侧移刚度与下一层相应塔侧移刚度的比值
Ratx1, Raty1 : X, Y 方向本层塔侧移刚度与上一层相应塔侧移刚度70%的比值
                或上三层平均侧移刚度80%的比值中之较小者
RJX, RJY, RJZ: 结构总体坐标系中塔的侧移刚度和扭转刚度
==========================================================================
Floor No.   1     Tower No.   1
Xstif=    17.3540(m)     Ystif=     11.6210(m)     Alf  =     0.0000(Degree)
Xmass=    19.4782(m)     Ymass=     12.6147(m)     Gmass=  4869.7617(t)
Eex  =     0.1069        Eey  =      0.0905
Ratx =     1.0000        Raty =      1.0000
Ratx1=    10.0000        Raty1=     10.0000  薄弱层地震剪力放大系数= 1.00
RJX  = 8.7556E+09(kN/m)  RJY  = 1.8358E+10(kN/m)  RJZ  = 0.0000E+00(kN/m)
--------------------------------------------------------------------------
Floor No.   2     Tower No.   1
Xstif=    15.7857(m)     Ystif=     11.9870(m)     Alf  =     0.0000(Degree)
Xmass=    22.1529(m)     Ymass=      8.4347(m)     Gmass=  2089.1172(t)
Eex  =     0.2886        Eey  =      0.3289
Ratx =     0.0002        Raty =      0.0002
Ratx1=     1.7176        Raty1=      2.1346  薄弱层地震剪力放大系数= 1.00
RJX  = 1.3795E+06(kN/m)  RJY  = 3.0970E+06(kN/m)  RJZ  = 0.0000E+00(kN/m)
--------------------------------------------------------------------------
Floor No.   3     Tower No.   1
Xstif=    16.9062(m)     Ystif=     11.7554(m)     Alf  =     0.0000(Degree)
Xmass=    22.0784(m)     Ymass=      8.3981(m)     Gmass=  2031.9218(t)
Eex  =     0.2483        Eey  =      0.3057
```

图 3.2.8　WMASS.OUT 文件

(4) 超标解决方法。

如果“刚度比”超标，表明“Ratiox1，Ratioy1”这个数值小于“1”，SATWE 会自动加大“薄弱层地震剪力放大系数”。如果超标过大，则可以增大底层柱/剪力墙截面尺寸。

4. 剪重比

(1) 作用。

“剪重比”主要为控制各楼层最小地震剪力，确保结构安全，是一般情况不会超标的宏观指标。

(2) 规程/规范。

参看《建筑抗震设计规范》(GB 50011—2010)中第 5.2.5 条中的表，如下所示。

楼层最小地震剪力系数值

类　　别	6 度	7 度	8 度	9 度
扭转效应明显或基本周期小于 3.5 s 的结构	0.008	0.016(0.024)	0.032(0.048)	0.064
基本周期大于 5.0 s 的结构	0.006	0.012(0.018)	0.024(0.036)	0.048

注：① 基本周期介于 3.5 s 和 5 s 之间的结构，可插入取值；

② 括号内数值分别用于设计基本地震加速度为 0.15g 和 0.30g 的地区。

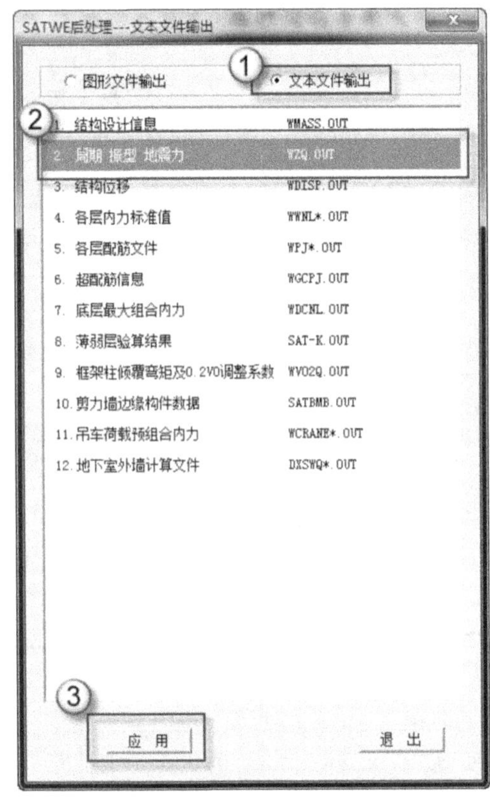

图 3.2.9　周期 振型 地震力

(3) 验算方法。

进入到“SATWE 后处理——文本文件输出”中的第 2 项“2. 周期 振型 地震力”中，如图 3.2.9 所示。此时会弹出一个“WZQ.OUT”文件，看“各层 X/Y 方向作用力(CQC)”栏中的整层剪重比，如图 3.2.10 所示。注意这个值绝对不能小于上述表“楼层最小地震剪力系数值”中所列数据。

(4) 超标解决方案。

如果“剪重比”超标，则哪一层剪重比超标，就增加下面层的柱/剪力墙截面。例如第 4 层剪重比超标，就增加 1～3 层的柱/剪力墙截面。

5. 刚重比

(1) 作用。

“刚重比”就是重力二阶效应和 P-Δ 效应，主要为控制结构的稳定性，以免结构产生滑移和倾覆，是一个一般情况下不会超标的宏观指标。

(2) 规范/规程。

参看《高层建筑混凝土结构技术规程》(JGJ 3—2010)第 5.4 节，其中第 5.4.3 条内容如下。

高层建筑结构的重力二阶效应可采用有限元方法进行计算，也可采用对未考虑重力二阶效应的计算结果乘以增大系数的方法近似考虑。近似考虑时，结构位移增大系数 F_1、F_{1i} 以及结构构件弯矩和剪力增大系数 F_2、F_{2i} 可分别按下列规定计算，位移计算结果仍应满足本规程第 4.7.3 条的规定。

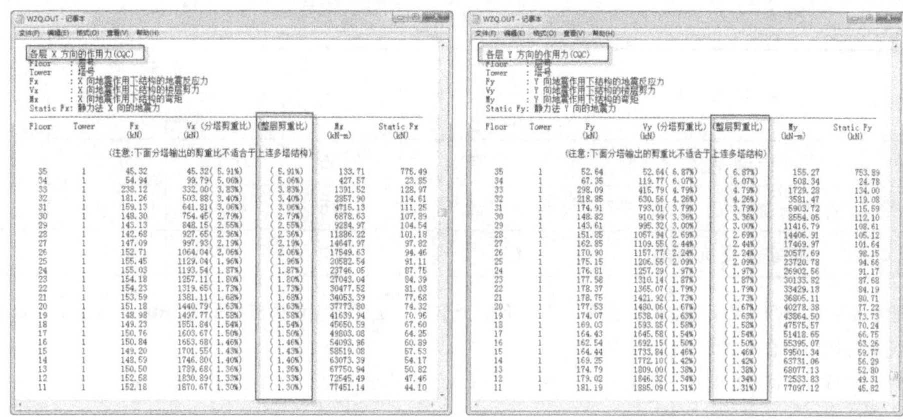

WZQ.OUT - 记事本

各层 X 方向的作用力(CQC)
Floor　: 层号
Tower　: 塔号
Fx　: X 向地震作用下结构的地震反应力
Vx　: X 向地震作用下结构的楼层剪力
Mx　: X 向地震作用下结构的弯矩
Static Fx: 静力法 X 向的地震力

(注意:下面分塔输出的剪重比不适合于上连多塔结构)

Floor	Tower	Fx (kN)	Vx (分塔剪重比) (kN)	(整层剪重比)	Mx (kN-m)	Static Fx (kN)
35	1	45.32	45.32(5.91%)	(5.91%)	133.71	775.49
34	1	54.94	99.79(5.06%)	(5.06%)	427.57	23.85
33	1	238.12	332.00(3.83%)	(3.83%)	1391.52	128.97
32	1	181.26	503.88(3.40%)	(3.40%)	2857.90	114.61
31	1	159.13	641.81(3.06%)	(3.06%)	4715.13	111.25
30	1	148.30	754.45(2.79%)	(2.79%)	6878.63	107.89
29	1	143.13	848.15(2.55%)	(2.55%)	9284.97	104.54
28	1	142.68	927.65(2.36%)	(2.36%)	11886.22	101.18
27	1	147.09	997.93(2.19%)	(2.19%)	14647.97	97.82
26	1	152.71	1064.04(2.06%)	(2.06%)	17549.63	94.46
25	1	155.45	1129.04(1.96%)	(1.96%)	20582.54	91.11
24	1	155.03	1193.54(1.87%)	(1.87%)	23746.05	87.75
23	1	154.18	1257.11(1.80%)	(1.80%)	27043.04	84.39
22	1	154.23	1319.65(1.73%)	(1.73%)	30477.52	81.03
21	1	153.59	1381.11(1.68%)	(1.68%)	34053.39	77.68
20	1	151.18	1440.79(1.63%)	(1.63%)	37773.80	74.32
19	1	148.98	1497.77(1.58%)	(1.58%)	41639.94	70.96
18	1	149.23	1551.84(1.54%)	(1.54%)	45650.59	67.60
17	1	150.76	1603.67(1.50%)	(1.50%)	49803.08	64.25
16	1	150.84	1653.68(1.46%)	(1.46%)	54093.96	60.89
15	1	149.20	1701.55(1.43%)	(1.43%)	58519.08	57.53
14	1	148.59	1746.80(1.40%)	(1.40%)	63073.39	54.17
13	1	150.50	1789.68(1.36%)	(1.36%)	67750.94	50.82
12	1	152.58	1830.89(1.33%)	(1.33%)	72545.49	47.46
11	1	152.18	1870.67(1.30%)	(1.30%)	77451.14	44.10

WZQ.OUT - 记事本

各层 Y 方向的作用力(CQC)
Floor　: 层号
Tower　: 塔号
Fy　: Y 向地震作用下结构的地震反应力
Vy　: Y 向地震作用下结构的楼层剪力
My　: Y 向地震作用下结构的弯矩
Static Fy: 静力法 Y 向的地震力

(注意:下面分塔输出的剪重比不适合于上连多塔结构)

Floor	Tower	Fy (kN)	Vy (分塔剪重比) (kN)	(整层剪重比)	My (kN-m)	Static Fy (kN)
35	1	52.64	52.64(6.87%)	(6.87%)	155.27	753.89
34	1	67.35	119.77(6.07%)	(6.07%)	508.34	24.78
33	1	298.09	415.79(4.79%)	(4.79%)	1729.28	134.00
32	1	218.85	630.56(4.26%)	(4.26%)	3581.47	119.08
31	1	174.91	793.01(3.79%)	(3.79%)	5903.72	115.59
30	1	148.82	910.99(3.36%)	(3.36%)	8554.05	112.10
29	1	143.61	995.32(3.00%)	(3.00%)	11416.79	108.61
28	1	151.85	1057.94(2.69%)	(2.69%)	14406.91	105.12
27	1	162.85	1109.55(2.44%)	(2.44%)	17469.97	101.64
26	1	170.90	1157.77(2.24%)	(2.24%)	20577.69	98.15
25	1	175.15	1206.55(2.09%)	(2.09%)	23720.78	94.66
24	1	176.81	1257.29(1.97%)	(1.97%)	26902.56	91.17
23	1	177.58	1310.14(1.87%)	(1.87%)	30133.82	87.68
22	1	178.37	1365.07(1.79%)	(1.79%)	33429.18	84.19
21	1	178.75	1421.92(1.73%)	(1.73%)	36805.11	80.71
20	1	177.53	1480.06(1.67%)	(1.67%)	40278.38	77.22
19	1	174.07	1538.04(1.63%)	(1.63%)	43864.50	73.73
18	1	169.03	1593.85(1.58%)	(1.58%)	47575.57	70.24
17	1	164.43	1645.58(1.54%)	(1.54%)	51418.65	66.75
16	1	162.54	1692.15(1.50%)	(1.50%)	55395.07	63.26
15	1	164.44	1733.84(1.46%)	(1.46%)	59501.34	59.77
14	1	169.25	1772.10(1.42%)	(1.42%)	63731.06	56.29
13	1	174.79	1809.00(1.38%)	(1.38%)	68077.13	52.80
12	1	179.02	1846.32(1.34%)	(1.34%)	72533.83	49.31
11	1	181.19	1885.09(1.31%)	(1.31%)	77097.12	45.82

图 3.2.10　WZQ.OUT 文件

(3) 验算方法。

进入到“SATWE 后处理——文本文件输出”中的第 1 项“1. 结构设计信息”中，如图 3.2.11 所示。此时会弹出一个“WMASS.OUT”文件，看“结构整体稳定验算结果”这一栏，如图 3.2.12 所示。

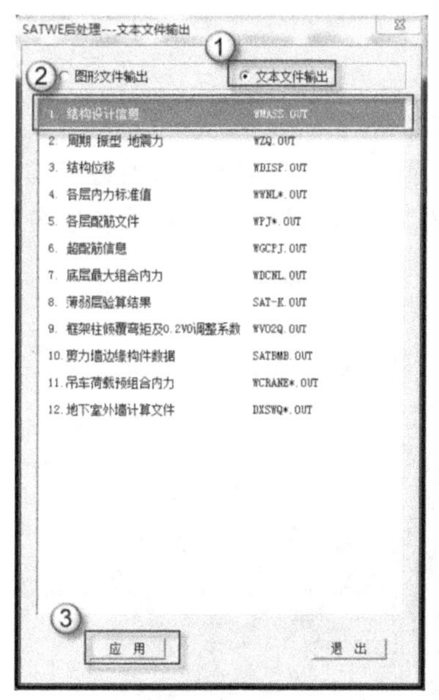

图 3.2.11　结构设计信息

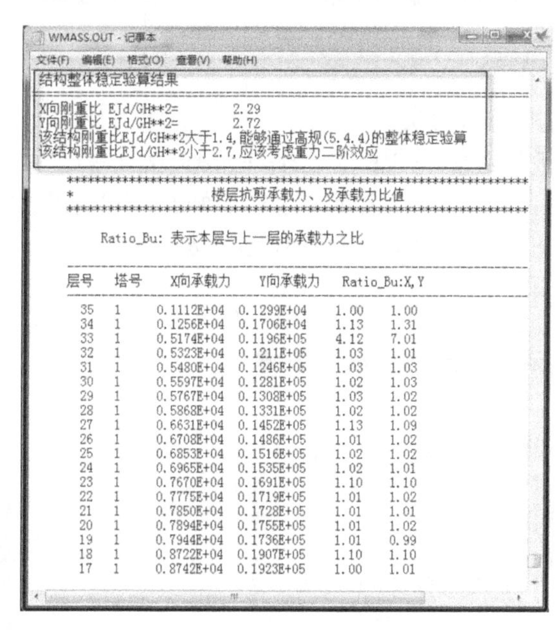

WMASS.OUT - 记事本

结构整体稳定验算结果

X向刚重比 EJd/GH**2=　2.29
Y向刚重比 EJd/GH**2=　2.72
该结构刚重比EJd/GH**2大于1.4，能够通过高规(5.4.4)的整体稳定验算
该结构刚重比EJd/GH**2小于2.7，应该考虑重力二阶效应

* 楼层抗剪承载力、及承载力比值

Ratio_Bu: 表示本层与上一层的承载力之比

层号	塔号	X向承载力	Y向承载力	Ratio_Bu:X	Ratio_Bu:Y
35	1	0.1112E+04	0.1299E+04	1.00	1.00
34	1	0.1256E+04	0.1706E+04	1.13	1.31
33	1	0.5174E+04	0.1196E+05	4.12	7.01
32	1	0.5323E+04	0.1211E+05	1.03	1.01
31	1	0.5480E+04	0.1246E+05	1.03	1.03
30	1	0.5597E+04	0.1281E+05	1.02	1.03
29	1	0.5767E+04	0.1308E+05	1.03	1.02
28	1	0.5868E+04	0.1331E+05	1.02	1.02
27	1	0.6631E+04	0.1452E+05	1.13	1.09
26	1	0.6708E+04	0.1486E+05	1.01	1.02
25	1	0.6853E+04	0.1516E+05	1.02	1.02
24	1	0.6965E+04	0.1535E+05	1.02	1.01
23	1	0.7670E+04	0.1691E+05	1.10	1.10
22	1	0.7775E+04	0.1719E+05	1.01	1.02
21	1	0.7850E+04	0.1728E+05	1.01	1.01
20	1	0.7894E+04	0.1755E+05	1.01	1.02
19	1	0.7944E+04	0.1736E+05	1.01	0.99
18	1	0.8722E+04	0.1907E+05	1.10	1.10
17	1	0.8742E+04	0.1923E+05	1.00	1.01

图 3.2.12　WMASS.OUT 文件

(4) 超标解决方案。

“刚重比”超标后，SATWE 会自动考虑“重力二阶效应”和“P-Δ 效应”，不需要人为作过多设置。

6. 轴压比

(1) 作用。

“轴压比”主要为控制结构的延性，规范对墙肢和柱均有相应限值要求。轴压比是一个容易超标的微观指标，但是解决方法很简单。

(2) 规范/规程。

参看《建筑抗震设计规范》(GB 50011—2010)中的表，如表 3.2.1 所示。

表 3.2.1　柱轴压比限值

结构类型	抗震等级			
	一	二	三	四
框架结构	0.65	0.75	0.85	0.90
框架—抗震墙、板柱—抗震墙、框架—核心筒及筒中筒	0.75	0.85	0.90	0.95
部分框支抗震墙	0.6	0.7	—	

注：①轴压比指柱组合的轴压力设计值与柱的全截面面积和混凝土轴心抗压强度设计值乘积之比值；对本规范规定不进行地震作用计算的结构，可取无地震作用组合的轴力设计值计算；

②表内限值适用于剪跨比大于 2、混凝土强度等级不高于 C60 的柱；剪跨比不大于 2 的柱，轴压比限值应降低 0.05；剪跨比小于 1.5 的柱，轴压比限值应专门研究并采取特殊构造措施；

③沿柱全高采用井字复合箍且箍筋肢距不大于 200 mm、间距不大于 100 mm、直径不小于 12 mm，或沿柱全高采用复合螺旋箍。螺旋间距不大于 100 mm、箍筋肢距不大于 200 mm、直径不小于 12 mm，或沿柱全高采用连续复合矩形螺旋箍且螺旋净距不大于 80 mm、箍筋肢距不大于 200 mm、直径不小于 10 mm，轴压比限值可增加 0.10；上述三种箍筋的最小配箍特征值均应按增大的轴压比由本规范表 6.3.9 确定；

④在柱的截面中部附加芯柱，其中另加的纵向钢筋的总面积不少于柱截面面积的 0.8%，轴压比限值可增加 0.05；此项措施与注③的措施共同采用时，轴压比限值可增加 0.15，但箍筋的体积配箍率仍可按轴压比增加 0.10 的要求确定；

⑤柱轴压比不应大于 1.05。

（3）验算方法。

进入到“SATWE 后处理——图形文件输出”中的第 3 项“3.梁弹性挠度、柱轴压比、墙边缘构件简图”中，如图 3.2.13 所示。此时会弹出一个“轴压比”对话框，如图 3.2.14 所示。可以查看各层各构件的轴压比验算值，如果数值标红，则表明超标。

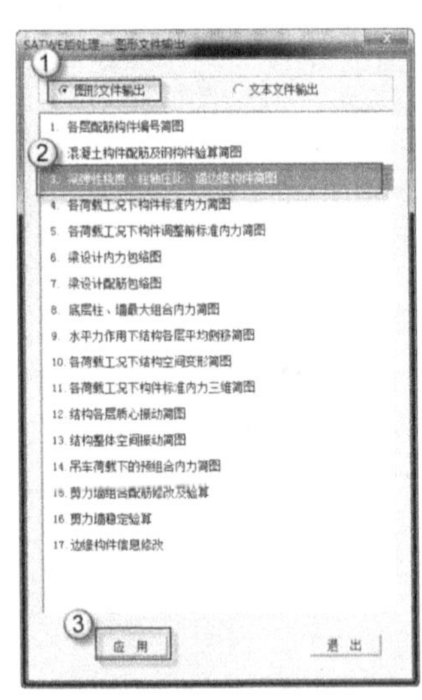

图 3.2.13　图形文件输出系统第 3 项

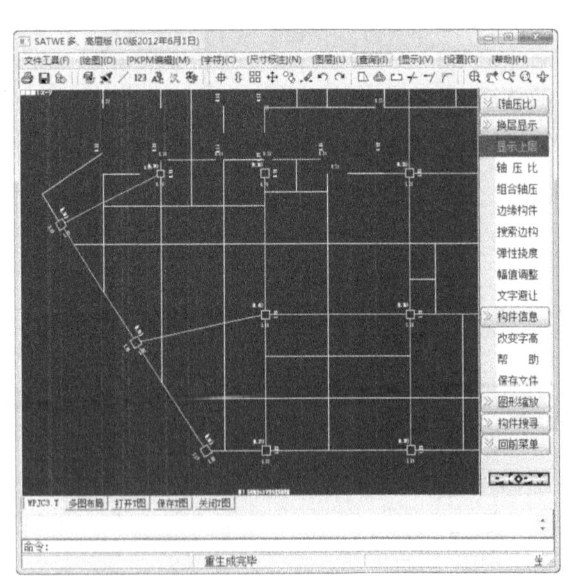

图 3.2.14　轴压比

（4）超标解决方案。

哪个构件的轴压比超标（数值标红），就增大那个构件的截面尺寸。

3.2.2　微观指标

微观指标主要是从建筑物结构特性的一些细节部分去判断结构设计的合理性，此时不需要考虑建筑的整体特性。

1. 超配筋信息

进入到“SATWE 后处理——文本文件输出”中的第 6 项“6. 超配筋信息”中，如图 3.2.15 所示。此时会弹出一个“WGCPJ. OUT”文件，框出部分所示就是超筋信息，如图 3.2.16 所示。

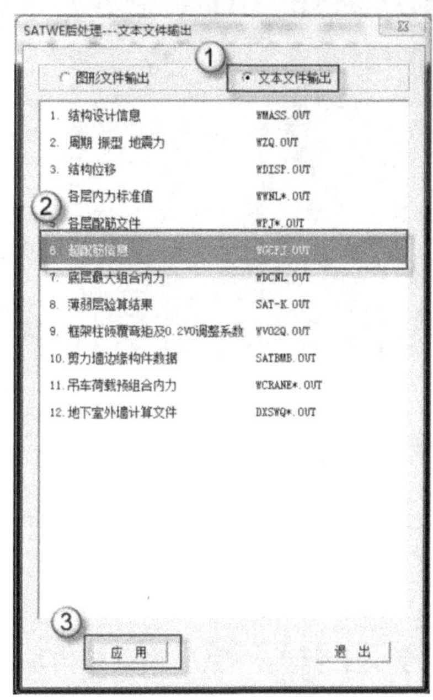

图 3.2.15　超配筋信息

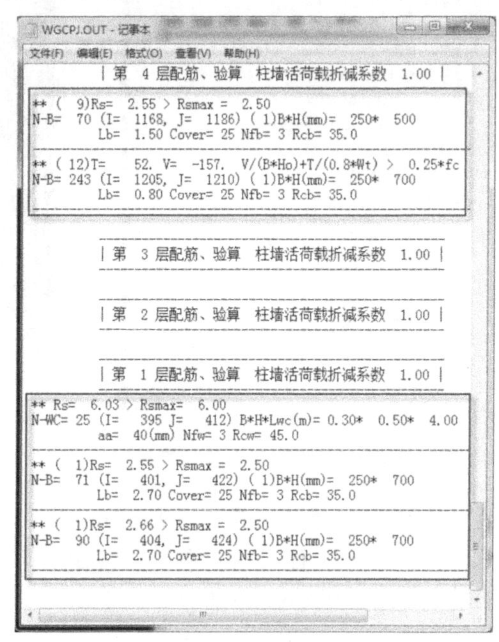

图 3.2.16　WGCPJ. OUT 文件

还可以通过图形文件进行超配筋构件的更详细的查找。进入到“SATWE 后处理——图形文件输出”中的第 2 项“2. 混凝土构件及钢构件验算简图”中，如图 3.2.17 所示。此时会弹出一个钢筋图对话框，如图 3.2.18 所示。如果数值标红，则表明超筋。

哪个构件超筋(数值标红)，就增大那个构件的截面尺寸。

2. 跨高比

“跨高比”是针对梁的一种微观设置，参看《高层建筑混凝土结构技术规程》(JGJ 3—2010)中第 6.3.1条。

框架结构的主梁截面高度可按计算跨度的 1/18～1/10 确定；梁净跨与截面高度之比不宜小于 4。梁的截面宽度不宜小于梁截面高度的 1/4，也不宜小于 200。

当梁高较小或采用扁梁时，除应验算其承载力和受剪截面要求外，尚应满足刚度和裂缝的有关要求。在计算梁的挠度时，可扣除梁的合理起拱值；对现浇梁板结构，宜考虑梁受压翼缘的有利影响。

3. 高厚比

“高厚比”是针对剪力墙的一种微观设置，参看《高层建筑混凝土结构技术规程》(JGJ 3—2010)第 7.2.1条。

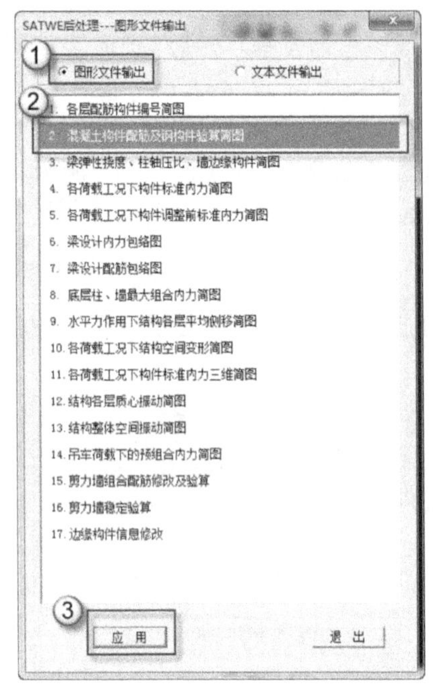

图 3.2.17　混凝土构件及钢构件验算简图

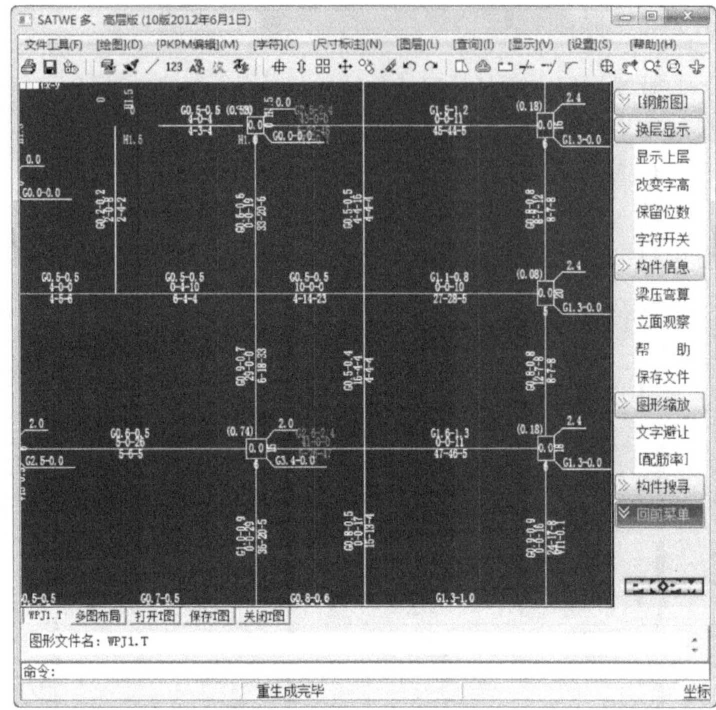

图 3.2.18　钢筋超配筋信息

剪力墙的截面厚度应符合下列规定。

(1) 应符合本规程附录 D 的墙体稳定验算要求。

(2) 一、二级剪力墙：底部加强部位不应小于 200，其他部位不应小于 160；一字形独立剪力墙底部加强部位不应小于 220，其他部位不应小于 180。

(3) 三、四级剪力墙：不应小于 160，一字形独立剪力墙底部加强部位尚不应小于 180。

(4) 非抗震设计时不应小于 160。

(5) 剪力墙井筒中，分隔电梯井或管道井的墙肢截面厚度可适当减小，但不宜小于 160。

注意：本章是 SATWE 后处理验算结果的核心内容，不仅要记下常用的数值选项，还应能找到相应规范/规程的位置。结构设计须遵循的规范非常多，使用者在操作 SATWE 时必须小心谨慎。

第 4 章　主楼地上部分绘制施工图

结构施工图主要表达建筑物的结构布局和各承重构件的材料、形状、大小及其内部构造等情况，用以作为施工放线，挖基槽，配置钢筋，安装模板，设置预埋件，浇灌混凝土，安装柱、梁、板等构件以及编制预算和施工程序的依据。

4.1　剪力墙施工图

剪力墙结构是利用建筑物墙体作为建筑物的竖向承载体系，并用其抵抗水平力的一种结构体系。其侧向刚度大、整体性好、用钢量较省，缺点是自重大。剪力墙墙肢间距一般为 3～5 m，平面布置的灵活性受到限制。剪力墙具有良好的抗侧性、整体性和抗震性能，可以用来建造较高的建筑物。

4.1.1　设置探索者 TSSD 操作界面

前期需要对 PKPM 计算过程中的图纸进行修正、更改，以便于在 TSSDR 软件中对图纸进行整理进而绘制出所需的施工图，具体操作步骤如下。

打开探索者 TSSD 软件，从软件内选取需要的结构布置图。这里以五层平面图为例进行讲解，如图 4.1.1 所示。

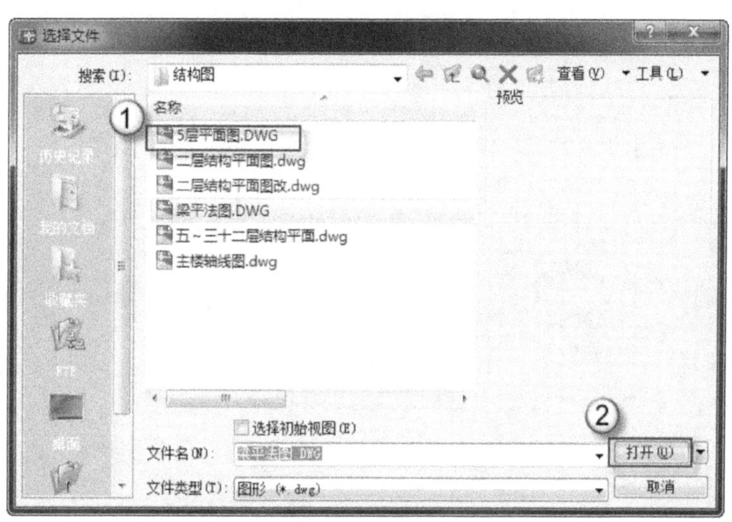

图 4.1.1　打开结构布置图

本章主要讲解主楼地上部分的施工图绘制。从平面结构布置图中可看出，该层平面为中轴对称结构，因此，只需要在右半部分的图纸上进行施工图的绘制，所以应该先在 TSSD 中对图形进行简化，得到需要的图形，具体步骤如下。

首先，应该将不需要的部分删除，此步骤用一般删除方法即可，不做解释。对于很多细小构件，如果采用删除命令一个一个地操作，比较费时费力，于绘制施工图是一个不明智的做法。这时，就可以采用

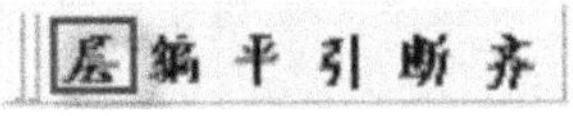

TSSD 中的“层”命令，如图 4.1.2 所示。

层 編 平 引 断 齐

图 4.1.2　层工具栏

如图 4.1.3 所示，选中需要删除的对象，每一个图层中选中一个即可，然后单击层工具栏右侧的“层”命令，TSSD 绘图界面中即可得到对应图层的图形内容，如图 4.1.4 所示。

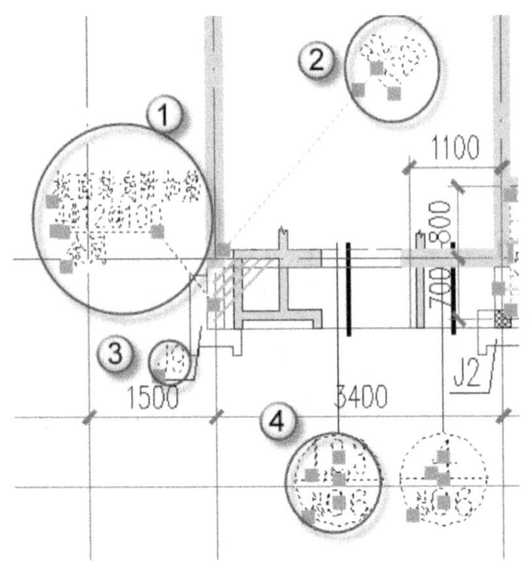

图 4.1.3　选中不需要的图形

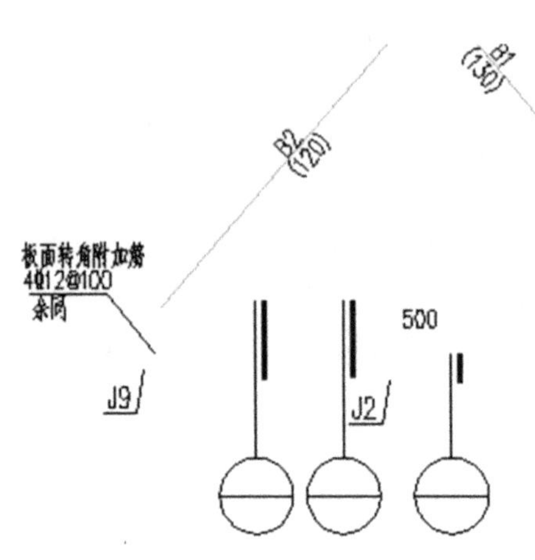

图 4.1.4　对应图层图形内容

输入 AutoCAD 快捷键“E”命令，使用框选操作，将上一步骤得到的内容全部选中，如图 4.1.5 所示，被选中的图形以虚线的样式呈现。

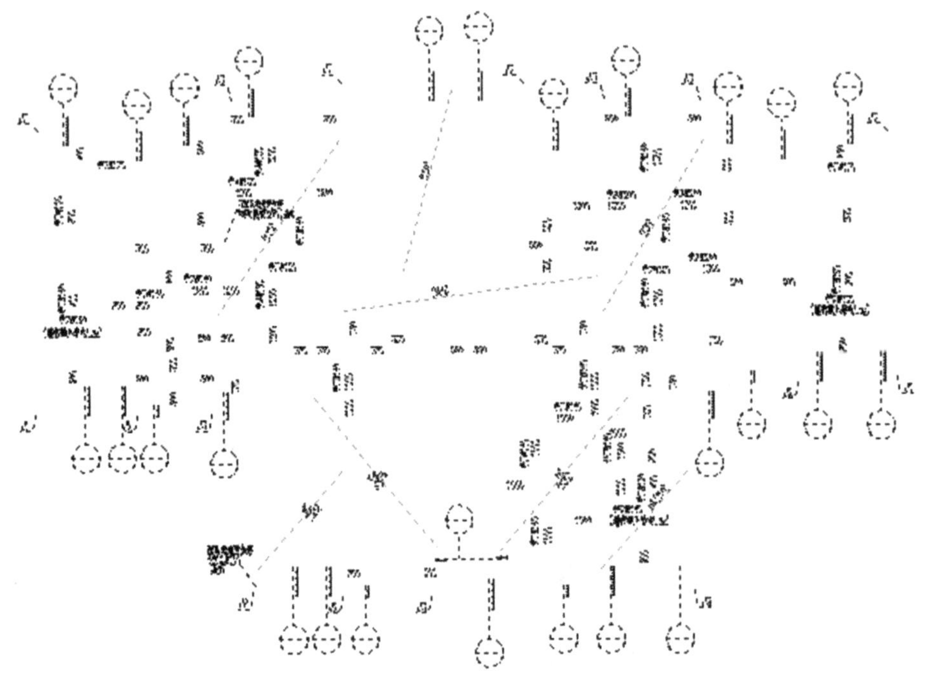

图 4.1.5　框选所需图案

单击键盘的“Enter”按钮，删除被选中的图案。此时层编辑命令显示结束，须退出该命令，才能继续制图：单击层工具栏的“层”命令按钮，然后在图纸空白部位单击光标右键，即可退出层编辑命令，恢复所有的图层的图案。再对照图纸，检查未删除的遗漏构件，重复上述操作步骤，依次将各个需要删除的部分逐渐删除，直至最后得到基本参考制图图形，如图 4.1.6 所示。

完成以上步骤之后，就可以进行接下来的绘图工作，即本章讲述的内容：主楼地上部分绘制施工图。这里将用到 TSSD 中“参照编辑”的命令，此命令可以大大减少制图工作量，加快制图速度，带动制图效率的提高。其具体操作如下。

(1) 用快捷命令“REC”绘制任意一个矩形，然后在命令输入行键入创建块的快捷命令“BL”，会弹出块定义的对话框，如图 4.1.7 所示。按图示顺序，第一步编辑“名称”，然后单击“拾取点”按钮，会回到作图区，单击光标左键选取必要的点或任意一点作为基点即可加到块定义对话框，单击“选择对象”按钮可回到作图区，选取绘制出的任意矩形回到块定义对话框，最后单击“确定”按钮，即可创建出图块。

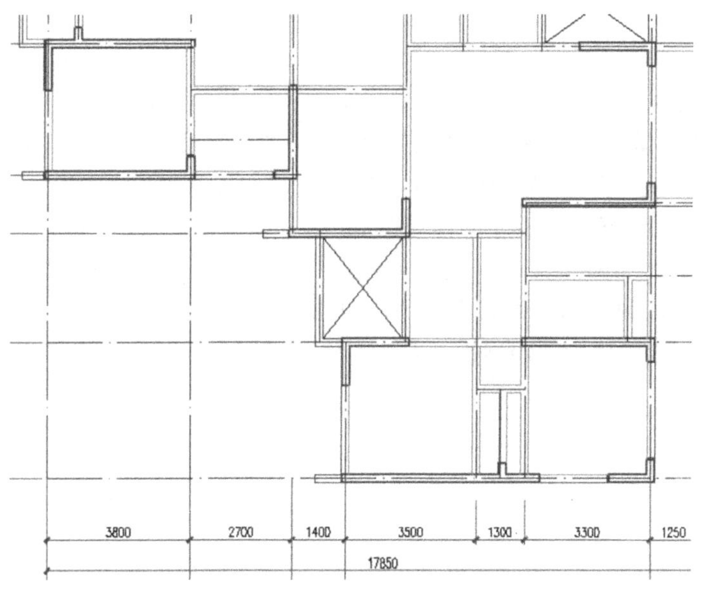

图 4.1.6　基本参考制图图形

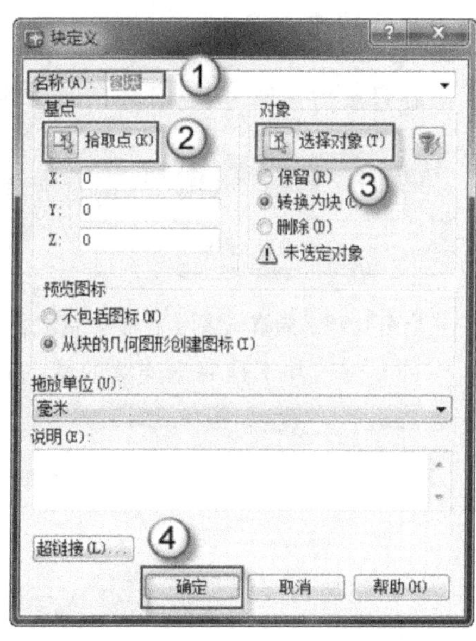

图 4.1.7　图块的创建

(2) 双击已经建立好的图块，即可弹出“参照编辑”的对话框，选中参照的图块后，单击“确定”按钮，可进入对图块的编辑命令，如图 4.1.8 所示。

(3) 完成步骤(2)，进入参照编辑命令后会弹出“参照编辑”工具栏，且图面将变暗，如图 4.1.9 所示。这时，就可以在图块命令下进行图形的绘制。图形绘制完毕后，可单击“参照编辑”工具栏上的“将修改保存到参照”按钮来保存并退出参照编辑命令，或者在绘图区单击右键，将光标移动到下拉菜单的“关闭 REFEDIT”会出现两个选项，选择“保存参照编辑”保存图形的同时退出参照编辑命令。

注意：此步创建图块目的是为了在绘制完成后可以通过移动图块及其以后创建图形的方式将其后绘制的图形一并移动，可以节省时间节省工作量，这一命令是 TSSD 软件的精华部分，同学们在学习过程中应该重点掌握。

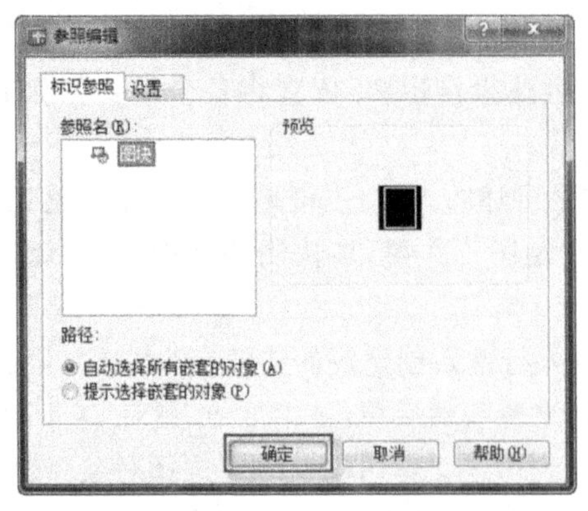

图 4.1.8　图块的参照编辑

图 4.1.9　参照编辑工具栏

4.1.2　设置剪力墙

在设置剪力墙时，应根据 PKPM 中的计算结果来布置，注意剪力墙的走向、墙宽、上下层的关系等。

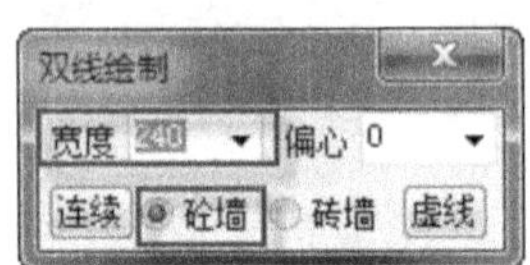

图 4.1.10　画直线墙

(1) 单击探索者 TSSD 右侧工具栏“墙体绘制”→“画直线墙”命令，在弹出的对话框中选择砼墙，并填写墙的尺寸，如图 4.1.10 所示。

(2) 布置墙体结构，单击第一个节点，移动光标至第二个节点，单击光标左键，再将光标移至第三个节点，单击光标左键，单击键盘“Enter”按钮，确定命令完成。这样，一段剪力墙布置完成，如图 4.1.11 所示。

(3) 对于并不是完全连续的墙，如图 4.1.12 所示。先绘制连续部分的墙，采用与步骤(2)一样的操作方法进行布置，如图 4.1.13 所示。

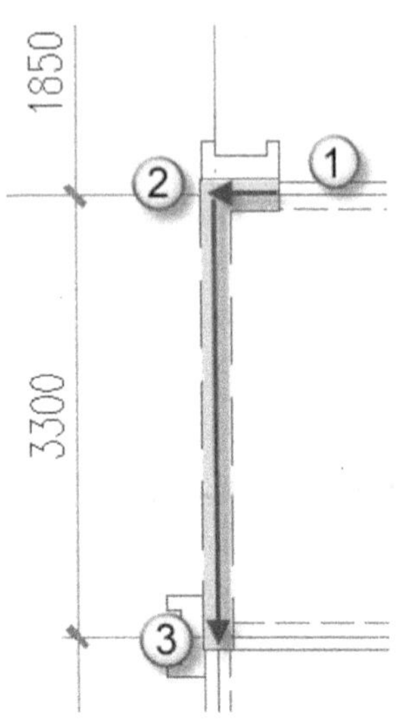

图 4.1.11　绘制一段墙体结构(图中虚线部分为绘制的墙线)

图 4.1.12　不完全连续墙

(4) 绘制连续部分墙后，再绘制剩余部分墙，光标选中左侧节点，单击光标左键，移动光标至右侧节点处，单击光标左键，单击键盘的“Enter”按钮，确定完成命令，剩余部分墙绘制完成，如图 4.1.14 所示。

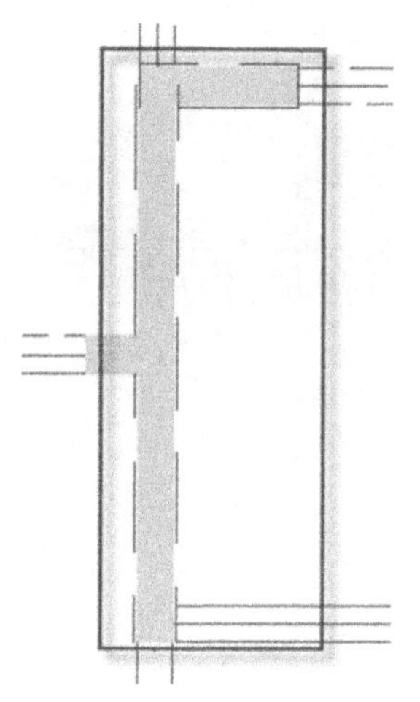

图 4.1.13　布置连续墙部分

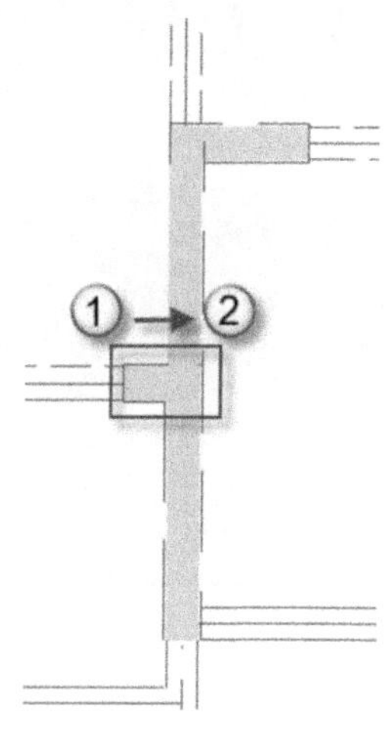

图 4.1.14　绘制剩余部分墙

(5) 绘制墙线时，注意节点的选取，边缘部位选取边缘节点，中间部位选取轴线交点，如图 4.1.15 所示。

(6) 按照步骤，根据 PKPM 生成的数据完成整一层的剪力墙布置，对需要改正的地方进行更改，完善绘图。此时可得到图 4.1.16。

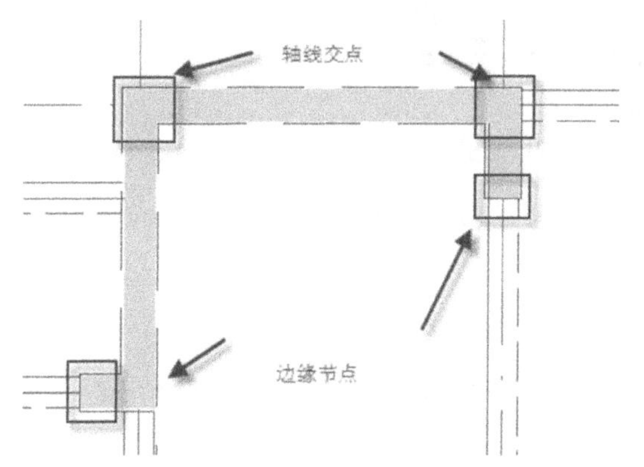

图 4.1.15　节点的选取

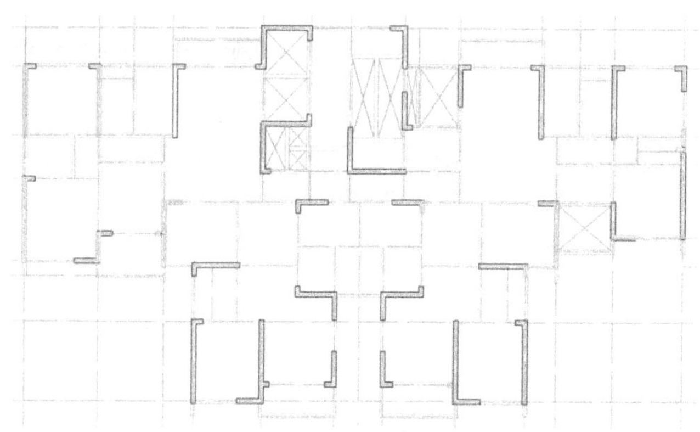

图 4.1.16　剪力墙布置图

(7) 布置梁结构，单击屏幕右侧工具栏“梁绘制”→“画直线梁”命令。

(8) 在弹出的双线绘制对话框中进行梁的设置，宽度按照建筑要求以及 PKPM 计算结果进行设置，在 TSSD 中一般选择主梁、连续和虚线设置，如图 4.1.17 所示。

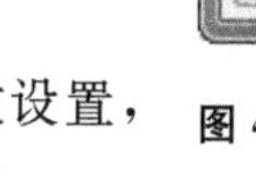

图 4.1.17　双线绘制设置

(9) 梁的布置与剪力墙布置相同，根据不同的梁进行不同的参数设置，此步骤非常关键，注意不要弄错梁的宽度，如图 4.1.18 所示。

(10) 逐步完成各段梁的绘制，如图 4.1.19 所示。

(11) 梁绘制完成之后，单击参照编辑对话框中“将修改保存到参照”命令按钮，保存编辑，如图 4.1.20 所示。

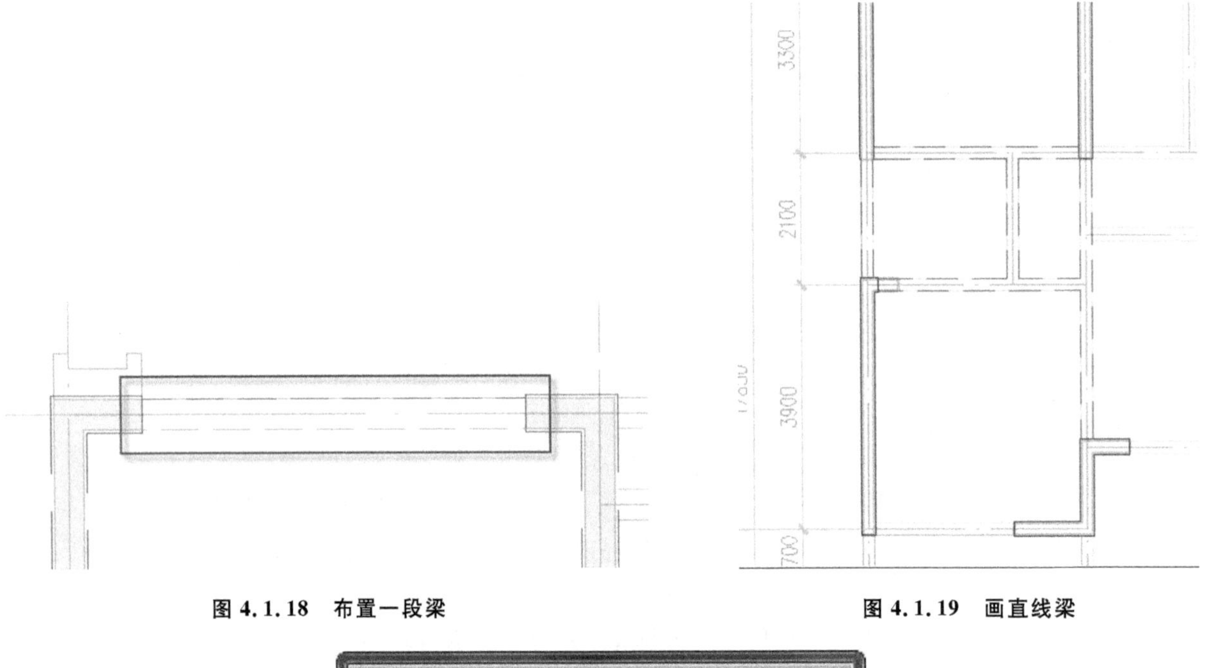

图 4.1.18　布置一段梁　　　　图 4.1.19　画直线梁

参照编辑

sdf

图 4.1.20　保存参照命令

(12) 步骤(11)完成之后，变暗的图纸恢复到正常色调，此时在“参照编辑”命令下的工作已经完成，可以通过命令块对在块命令下完成的绘图工作进行命令。例如：移动块，即是在移动块命令下绘制的图形，如图 4.1.21 所示。

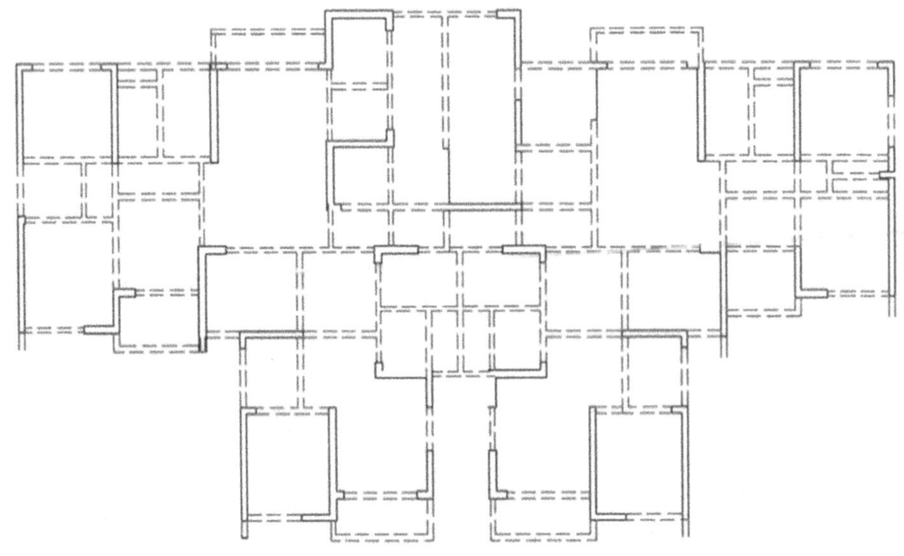

图 4.1.21　移动块

（13）单击选取轴线、轴号、标注，然后单击右侧工具栏“层”命令，将对应的轴线、标注单独列出来，如图 4.1.22 所示。

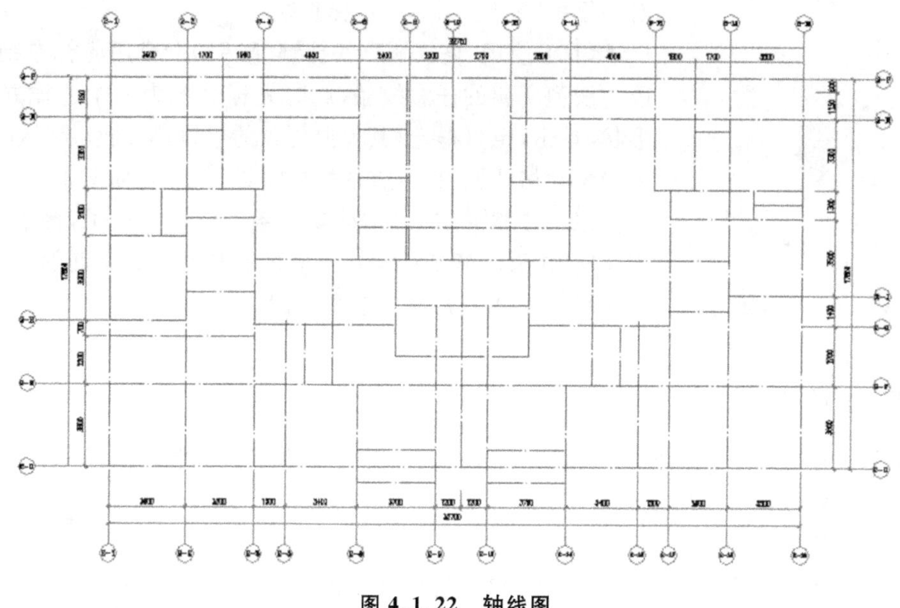

图 4.1.22　轴线图

（14）将轴线图复制到一侧，单击“层”命令，在图纸空白处右击，即可恢复原图，此时将单独提出的轴线图按照位置使用移动命令（快捷键“M”）将其移动到绘制并移动而出的剪力墙以及梁结构，如图 4.1.23 所示。

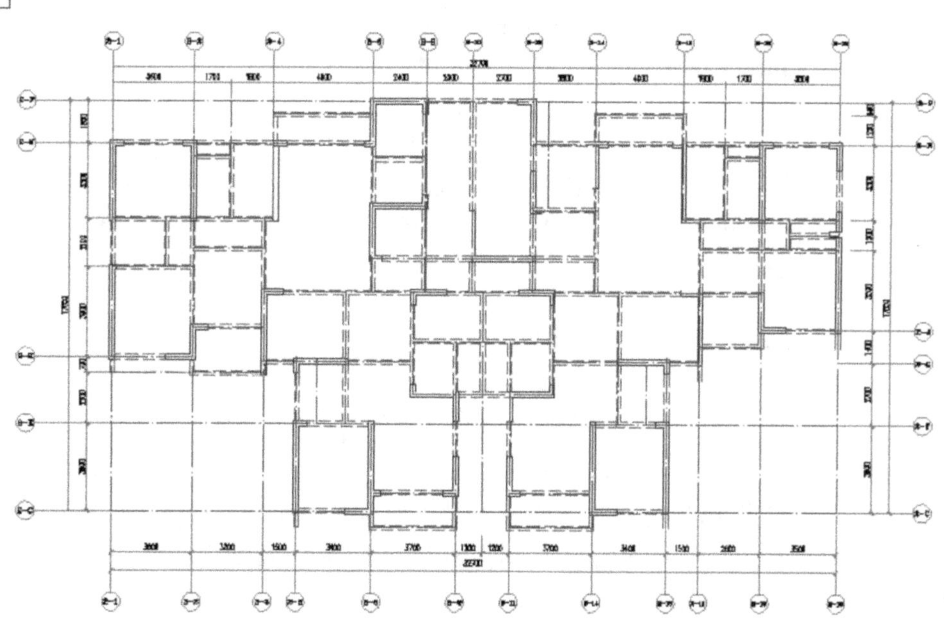

图 4.1.23　移动轴线图后的剪力墙以及梁结构

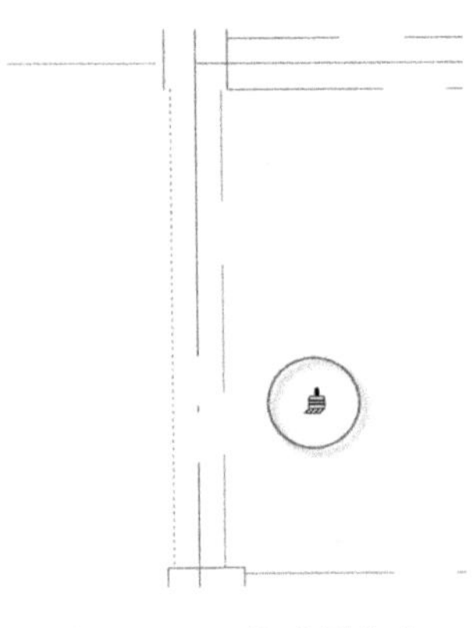

图 4.1.24　格式刷命令

(15) 进行梁的修改，将可看到的轮廓线改为实线，即更改梁边缘线以及降板处内部梁线为实线。双击所要更改的梁线，在弹出的对话框中"线型"菜单中选择直线。

(16) 使用"格式刷"(快捷键"MA")命令用光标左键单击想要更改为线型所属的任意线条，此时光标会变为一个方框并带有刷子的形状，单击(也可框选)其他要更改的梁线，梁线就会变为想要更改成的线型，"格式刷"命令方便快捷可重复使用，如图 4.1.24 所示。

以上步骤完成之后，前期准备工作便完成了，接下来，将要根据 PKPM 中 SATWE 计算结果来绘制剪力墙的钢筋图，此时需要对照 PKPM 的结果图形来绘制配筋图。

4.1.3　参照 SATWE 数据进行配筋

PKPM 运算完成之后，可以生成"含钢量"的数量，也就是单位面积中钢筋截面积数。可以查表求得钢筋的根数与型号，然后绘制配筋图。

(1) 获取 SATWE 计算数据。

打开 PKPM 软件，选择"SATWE"→"分析结果图形和文本显示"→"应用"命令，如图 4.1.25 所示。

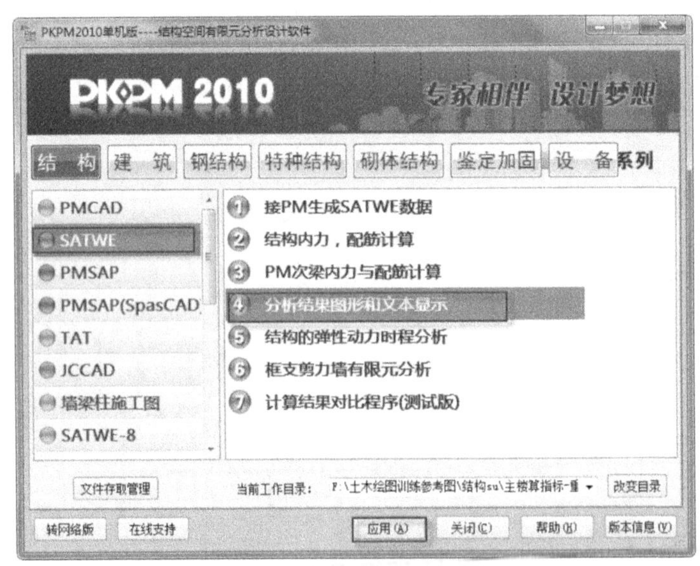

图 4.1.25　界面选择对话框

在弹出的"SATWE 后处理——图形文件输出"菜单中选择"混凝土构件配筋及钢件验算简图"命令，单击"应用"按钮，进入界面，如图 4.1.26 所示。进入混凝土构件配筋及钢件验算简图，由于以第五层为例，故将层数调整到第五层。单击右侧工具栏"显示上层"命令，层数会调整为上一层，依次单击，调整到第五层。

对得到的混凝土构件配筋及钢件验算简图进行分析，剪力墙上部的"0"代表"按暗柱构造配筋"，剪力墙下部的"H1.0"指 Swh 范围内的水平分布钢筋面积，如图 4.1.27 所示。

剪力墙的约束边缘构件截面信息如图 4.1.28 所示。

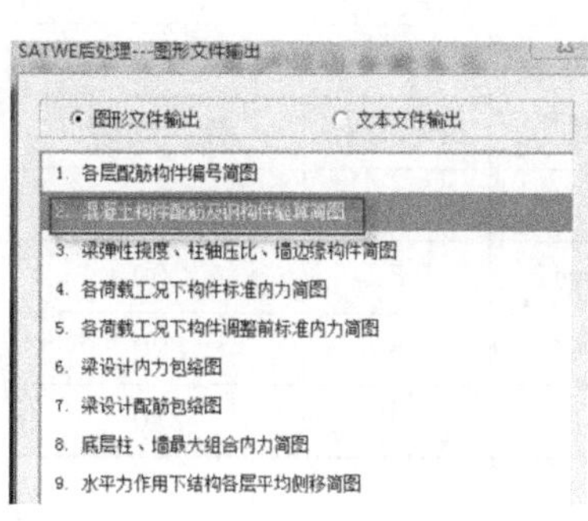

图 4.1.26　选择命令

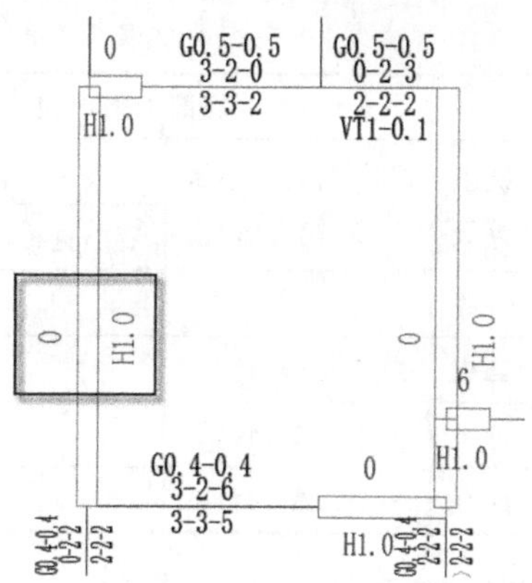

图 4.1.27　混凝土构件配筋及钢件验算简图

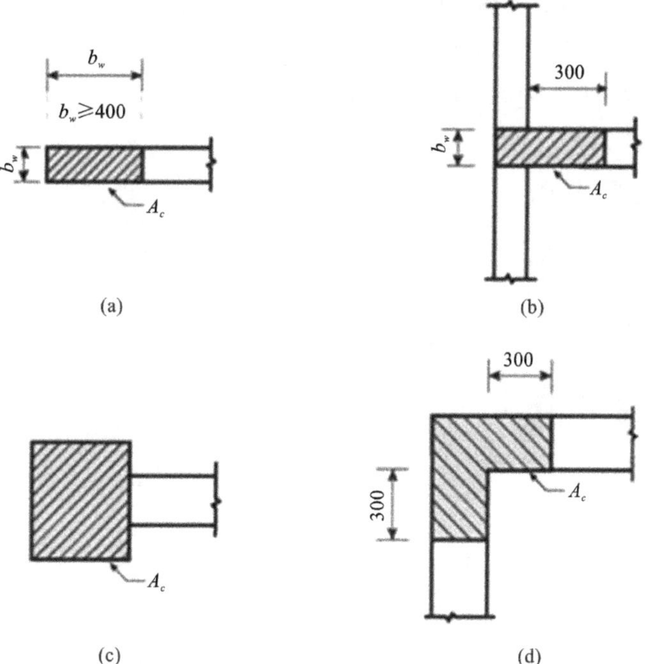

图 4.1.28　构造边缘构件截面信息

构造配筋，应按照图 4.1.28(a)中的样式进行配筋，对此图放大进行分析，如图 4.1.29 所示。

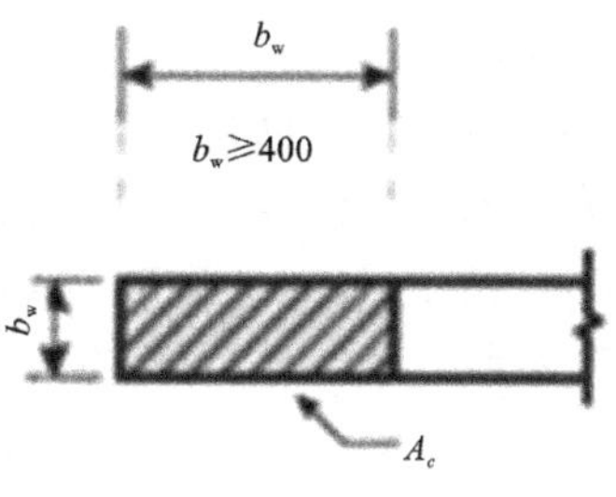

图 4.1.29　构造配筋

表 4.1.1 不同抗震等级下各部位钢筋参数 单位:mm

抗震等级	底部加强部位			其他部位		
	纵向钢筋最小量（取较大值）	箍筋		纵向钢筋最小量（取较大值）	箍筋或拉筋	
		最小直径	最大间距		最小直径	最大间距
一级	—	—	—	$0.008A_c$,6ϕ14	8	150
二级	—	—	—	$0.006A_c$,6ϕ12	8	200
三级	$0.005A_c$,4ϕ12	6	150	$0.004A_c$,4ϕ12	6	200
四级	$0.005A_c$,4ϕ12	6	200	$0.002A_c$,4ϕ12	6	250

(2) 利用"约束柱"菜单生成暗柱。

单击探索者桌面图标，在菜单中选择"剪力墙 06"命令，将菜单更改为剪力墙格式，单击"约束暗柱"→"自动生成"命令，弹出"自动处理"对话框，如图 4.1.30 所示。

在对话框中选择"编号方法"为 03G101(其实现在已有 11G101 版本)，单击"确定"按钮，等待软件处理，可以得到暗柱布置好的图，如图 4.1.31 所示。

图 4.1.30 自动处理对话框

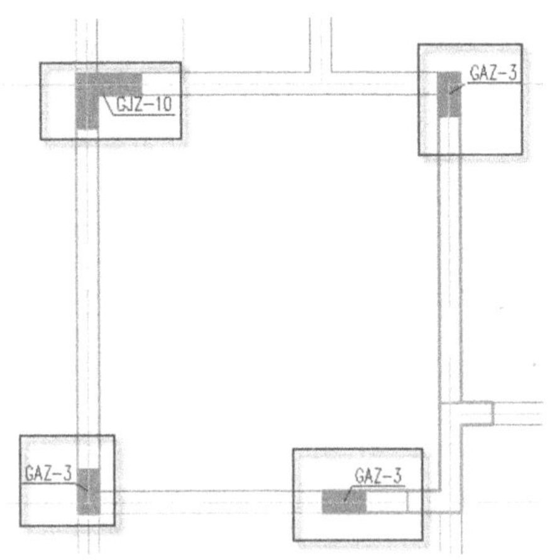

图 4.1.31 暗柱布置

注意:此过程为探索者自动生成步骤。由于一般软件自动生成的内容与实际情况有较大出入，所以需要进行仔细的检验校核。

怎样来检验校核，以图 4.1.31 为例进行说明，左侧下方暗柱长度 $l=400$ mm，即对应 $l_c=400$ mm，满足"对暗柱不应小于墙厚和 400 mm"的要求。

查表 4.1.1 知，此工程为三级抗震，故选择三级抗震下查看 μ_N，μ_N 为墙肢在中立荷载代表值作用下的轴压比，轴压比可以在 PKPM 软件中查询。操作步骤如下：打开 PKPM 软件，选择"SATWE"→"分析结果图形和文本显示"命令，单击"应用"按钮，如图 4.1.32 所示。

在打开的界面中选择"梁弹性挠度、柱轴压比、墙边缘构件简图"按钮，单击"应用"命令，如图4.1.33 所示。

绘图界面展示的为"轴压比及有效长度系数简图"，单击右侧工具栏"显示上层"命令，调节为正在绘制的第五层，打开轴压比简图，如图 4.1.34 所示。

图 4.1.32 打开分析结果图形和文本显示

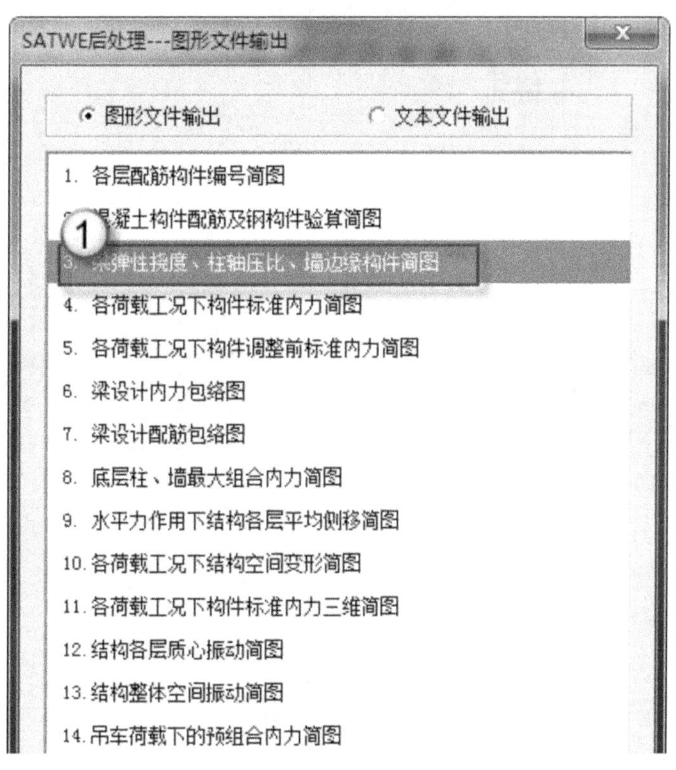

图 4.1.33 打开梁弹性挠度、柱轴压比、墙边缘构件简图

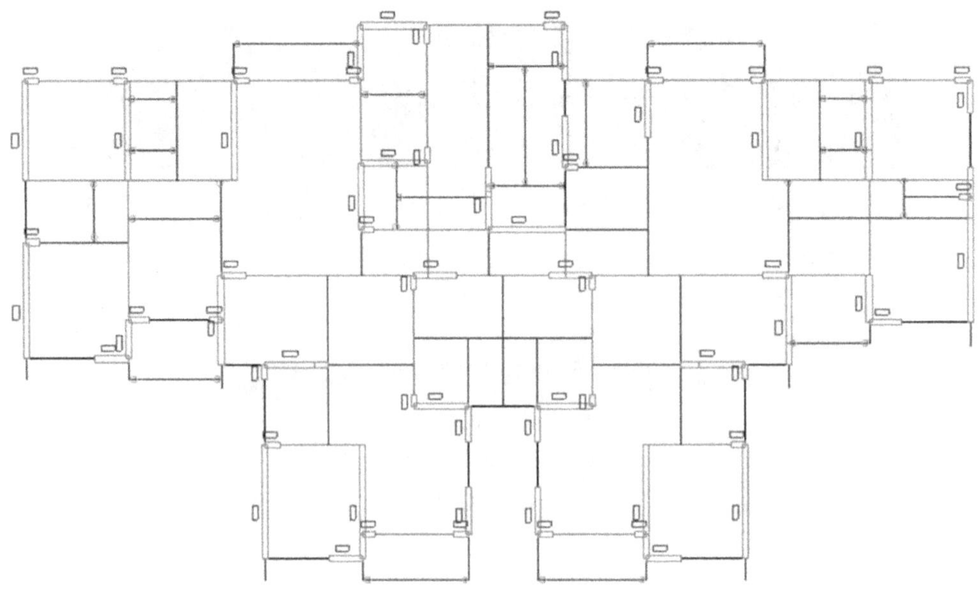

图 4.1.34　轴压比简图

滚动光标滚轮键，并移动光标至需要的剪力墙部位，以查看剪力墙轴压比，进行上一步骤的计算，如图 4.1.35 所示。

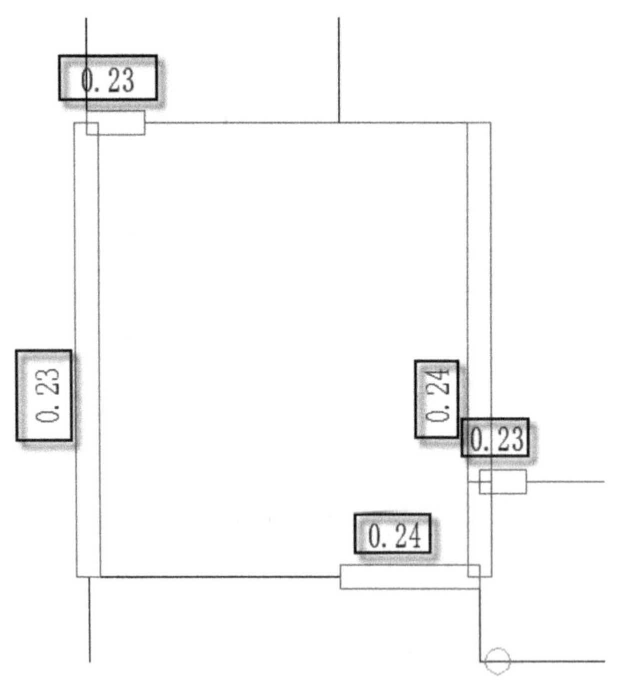

图 4.1.35　剪力墙轴压比

由此图得到，剪力墙轴压比为 0.24，$\mu_N \leqslant 0.4$，所以 $l_c = 0.15h_w = 0.15 \times 4000$ mm $= 600$ mm，$l_c/2 = 300$ mm，为阴影区长度，但是由于对暗柱不应小于墙厚和 400 mm 的较大值，所以应该取阴影区长度为 400 mm，自动生成暗柱符合条件。

(3) 验算转角柱。

如图 4.1.36 所示,为左剪力墙和上剪力墙计算参数。

按照计算方法,在剪力墙 1 上部和下部应各布置一暗柱,在剪力墙 2 的左部和右部应各布置一暗柱。由于计算参数相同,所以暗柱尺寸相同,为 $l_c=0.15h_w=0.15\times4000$ mm=600 mm,$l_c/2=300$ mm,阴影区取值应为 400 mm,由于剪力墙 2 墙肢长为 500 mm>400 mm,所以整段墙肢应设置为阴影区。

同理,剪力墙 1 上部设置长 400 mm 的阴影区,与剪力墙 2 连接起来,便形成了转角墙,如图4.1.37 所示。

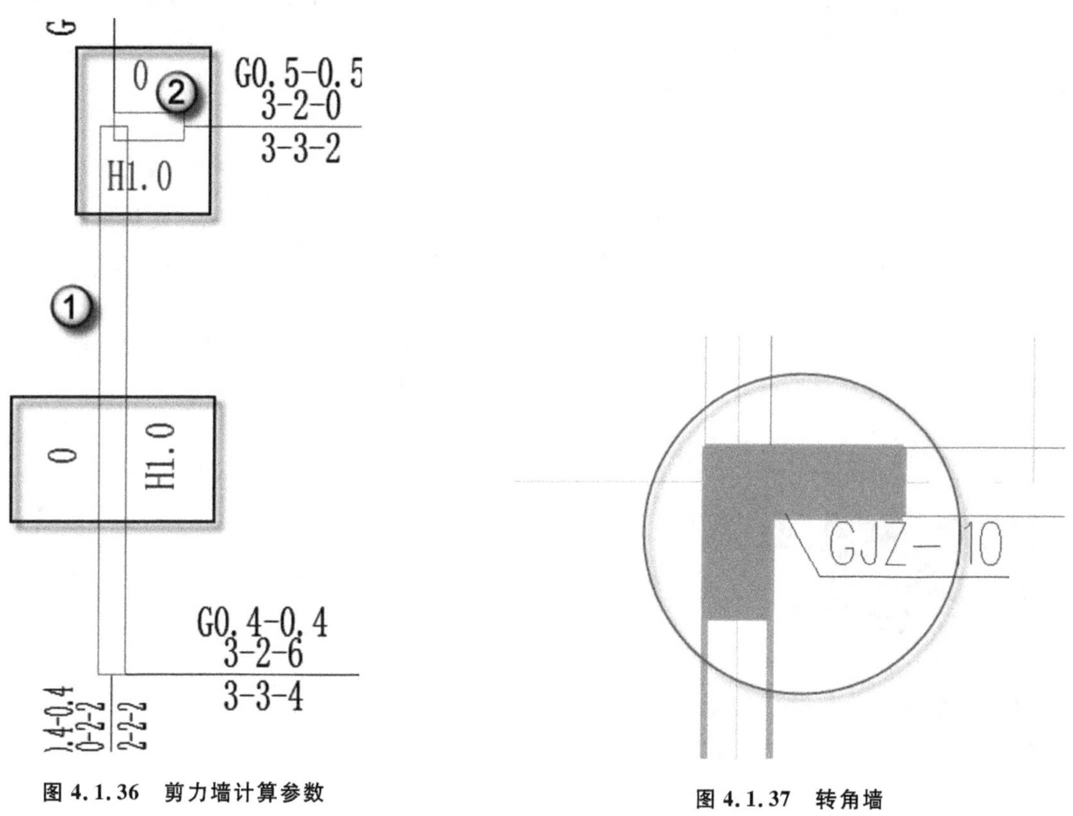

图 4.1.36　剪力墙计算参数　　图 4.1.37　转角墙

(4) 翼缘墙配筋。

打开翼缘墙参数配置图,翼缘墙参数图如图 4.1.38 所示。图中 H1.0 为箍筋计算参数,双侧为 1.0,单侧为 1.0/2=0.5,查表得,ϕ8 为 0.503,ϕ10 为 0.785,故可以选用 ϕ10 进行配筋。

剪力墙约束边缘构件阴影部分的竖向钢筋除应满足正截面受压(受拉)承载力计算要求外,其配筋率一、二、三级时分别不应小于 1.2%、1.0%、1.0%,并分别不应小于 8ϕ6、6ϕ16、6ϕ14 的钢筋(ϕ 表示钢筋直径)。

根据以上要求,进行配筋计算,图 4.1.38 墙设置暗柱,尺寸要求相加应大于墙的长度,故此处墙为翼缘墙。翼缘墙如图 4.1.39 所示。

计算翼缘墙面积,$A=(500\times200+600\times200+500\times200)$ $\mathrm{mm}^2=320000$ mm^2,配筋面积约占翼缘墙面积的 1%,经过计算,应采用 16ϕ14 配置。

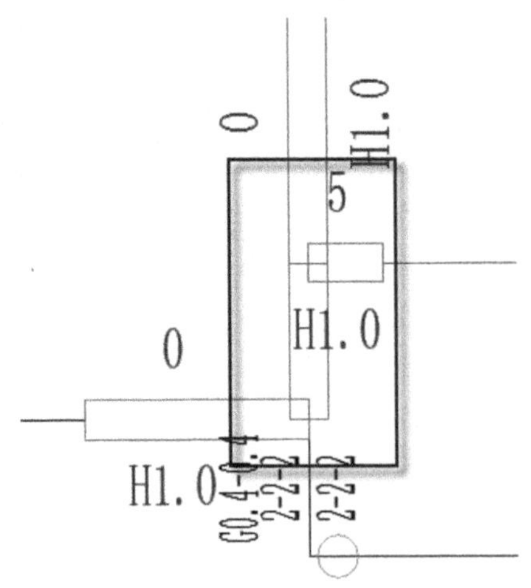

图 4.1.38　翼缘墙参数

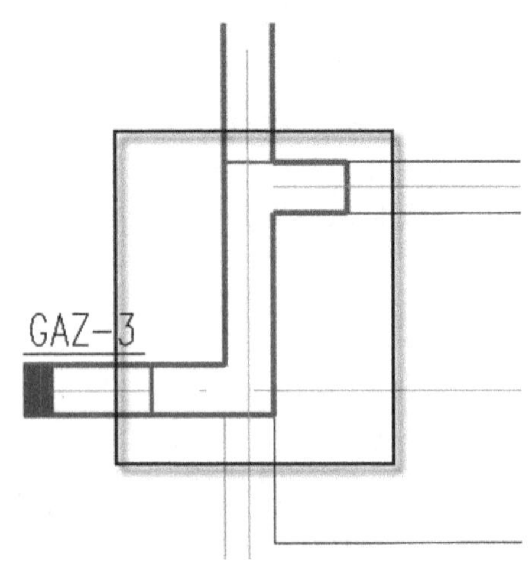

图 4.1.39　翼缘墙

单击菜单栏“工具”→“钢筋”→“箍筋”命令，绘图界面上弹出一个“箍筋参数”对话框，如图 4.1.40 所示。在箍筋参数对话框中，可以对箍筋进行设置：内偏、加钩、上下两排钢筋的数目以及是否布置腰筋。

设置完成后单击“确定”按钮，对剪力墙进行布置，单击剪力墙左上方节点，移动光标至右下方节点，单击光标左键，按下键盘的“Enter”键，确定命令，如图 4.1.41 所示。

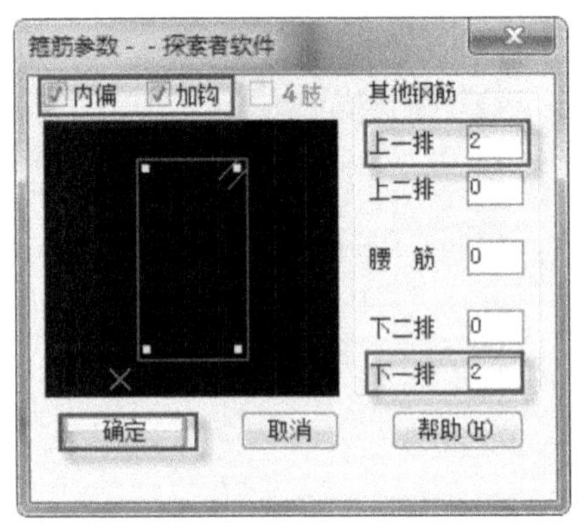

图 4.1.40　箍筋参数对话框

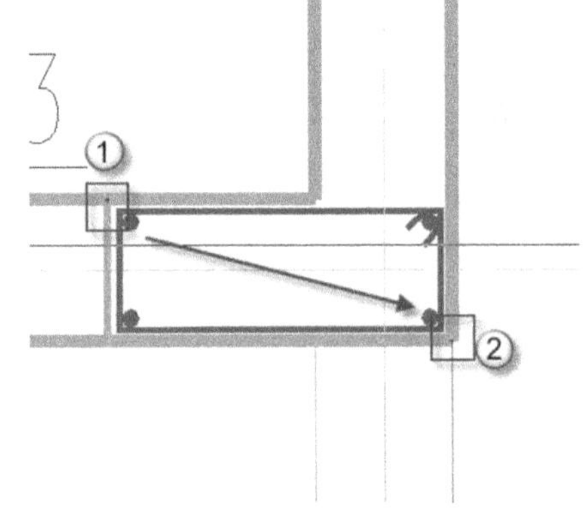

图 4.1.41　绘制一段箍筋

重复此命令，将剩余两段剪力墙箍筋布置完成，如图 4.1.42 所示。

计算结果为 16ϕ14，此时已有 12 根钢筋，剩余 4 根钢筋应该按照钢筋间距原则进行配置，使用 AutoCAD 快捷命令“CO”命令，选中 4 根钢筋，复制至剪力墙指定位置，如图 4.1.43 所示。

单击菜单栏“工具”→“钢筋”→“箍筋”命令，将上下排钢筋数目更改为 0，按照上一步骤的方法，绘制钢筋箍筋，如图 4.1.44 所示。

绘制完成后，需要添加剪力墙配筋说明，使用 AutoCAD 快捷命令“DT”命令，在空白部分拖动文本框，输入剪力墙代号、钢筋型号以及箍筋配筋，如图 4.1.45 所示。

(5) 转角墙布筋。

打开转角墙对应计算参数，如图 4.1.46 所示。

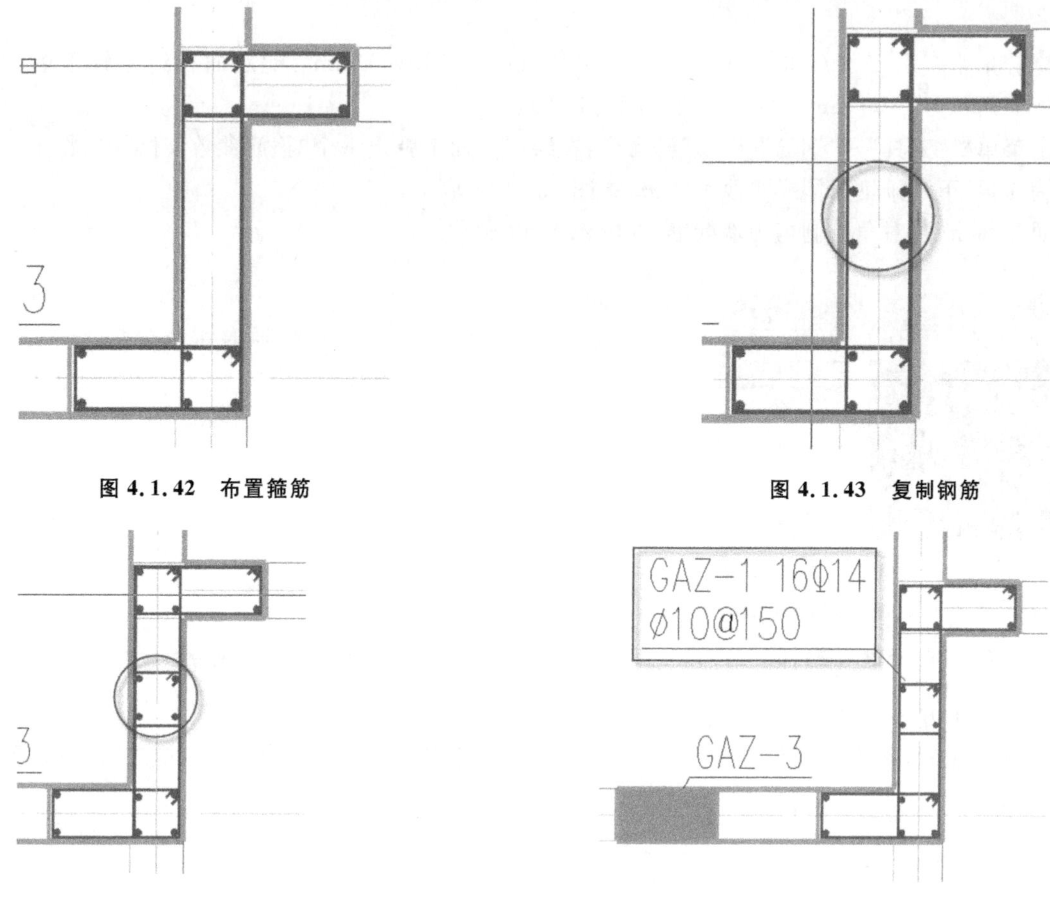

图 4.1.42　布置箍筋

图 4.1.43　复制钢筋

图 4.1.44　绘制箍筋

图 4.1.45　添加说明

打开对应的剪力墙布置图,找到对应位置,如图 4.1.47 所示。

图 4.1.46　转角墙参数

图 4.1.47　参数图对应布置图

计算配筋,H1.0,采用 ϕ10@150 箍筋。

剪力墙约束边缘构件阴影部分的竖向钢筋除应满足正截面受压(受拉)承载力计算要求外,其配筋率一、二、三级时分别不应小于 1.2%、1.0%、1.0%,并分别不应小于 8ϕ6、6ϕ16【ϕ14 的钢筋(ϕ 表示钢筋直径）。

计算转角墙面积：$A=(500\times200+400\times200)\ \mathrm{mm}^2=180000\ \mathrm{mm}^2$，配筋面积约占转角墙面积的1%，故配筋面积为 1800 mm²，经计算，选用 12ϕ12 钢筋。

单击菜单栏“工具”→“钢筋”→“箍筋”命令，在绘图界面上弹出一个“箍筋参数”对话框，将上一排钢筋更改为 4 根，下一排钢筋同样更改为 4 根，如图 4.1.48 所示。

依照先前步骤，对角绘制剪力墙配筋，如图 4.1.49 所示。

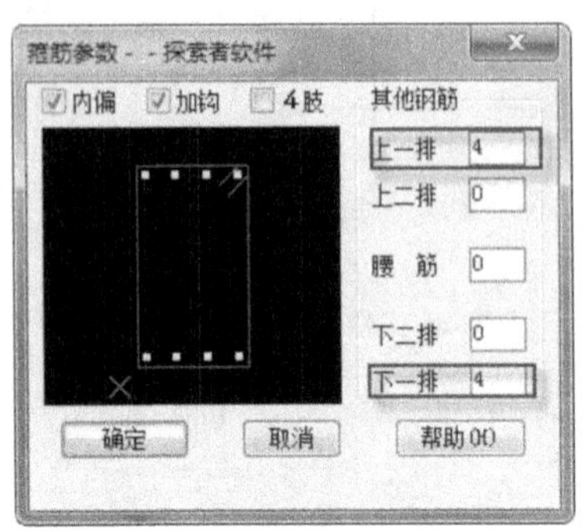

图 4.1.48 更改钢筋数目

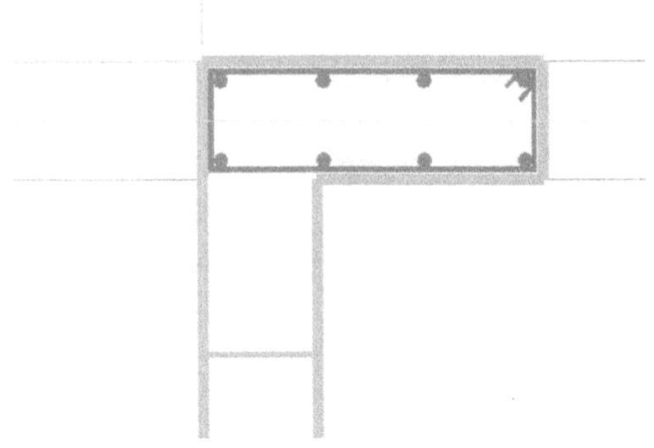

图 4.1.49 绘制配筋图

绘制另一个方向上的剪力墙配筋，如图 4.1.50 所示。

调整钢筋位置，将多余的钢筋删除，尤其是拐角处钢筋布置，并复制钢筋点到应布置的位置，如图 4.1.51 所示。

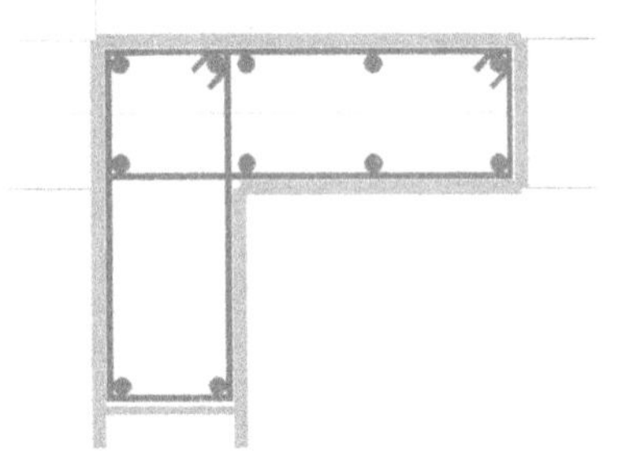

图 4.1.50 绘制另一个方向上的剪力墙配筋

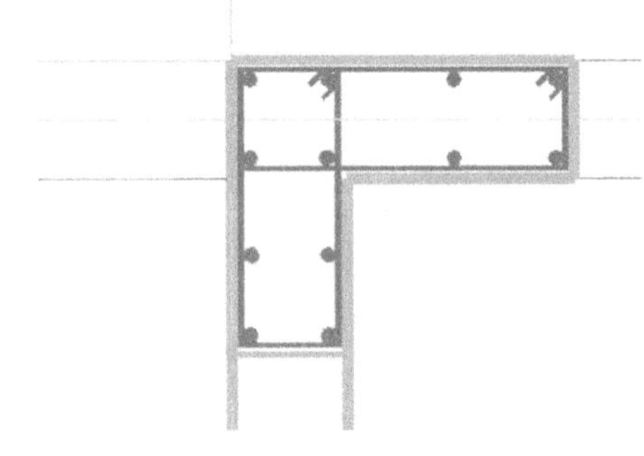

图 4.1.51 调整布置钢筋

单击菜单栏“工具”→“钢筋”→“拉筋”命令，单击首尾两节点，绘制拉筋，并调整位置，如图 4.1.52 所示。

绘制完成后，需要添加剪力墙配筋说明，使用 AutoCAD 快捷命令“DT”，在空白部分拖动文本框，输入剪力墙代号、钢筋型号以及箍筋配筋，如图 4.1.53 所示。

按照以上步骤，完成整个楼层剪力墙布置，完成后得到完整的剪力墙布置图，如图 4.1.54 所示。

1. 剪力墙墙肢边缘构件的设计要求

剪力墙分为约束边缘构件和构造边缘构件两种，在一级、二级抗震设计的剪力墙底部加强部位及其上一层的墙肢端部应设置约束边缘构件，在一级、二级抗震设计的剪力墙的其他部位以及三级、四级抗震设计和非抗震设计的剪力墙墙肢端部应设置构造边缘构件。

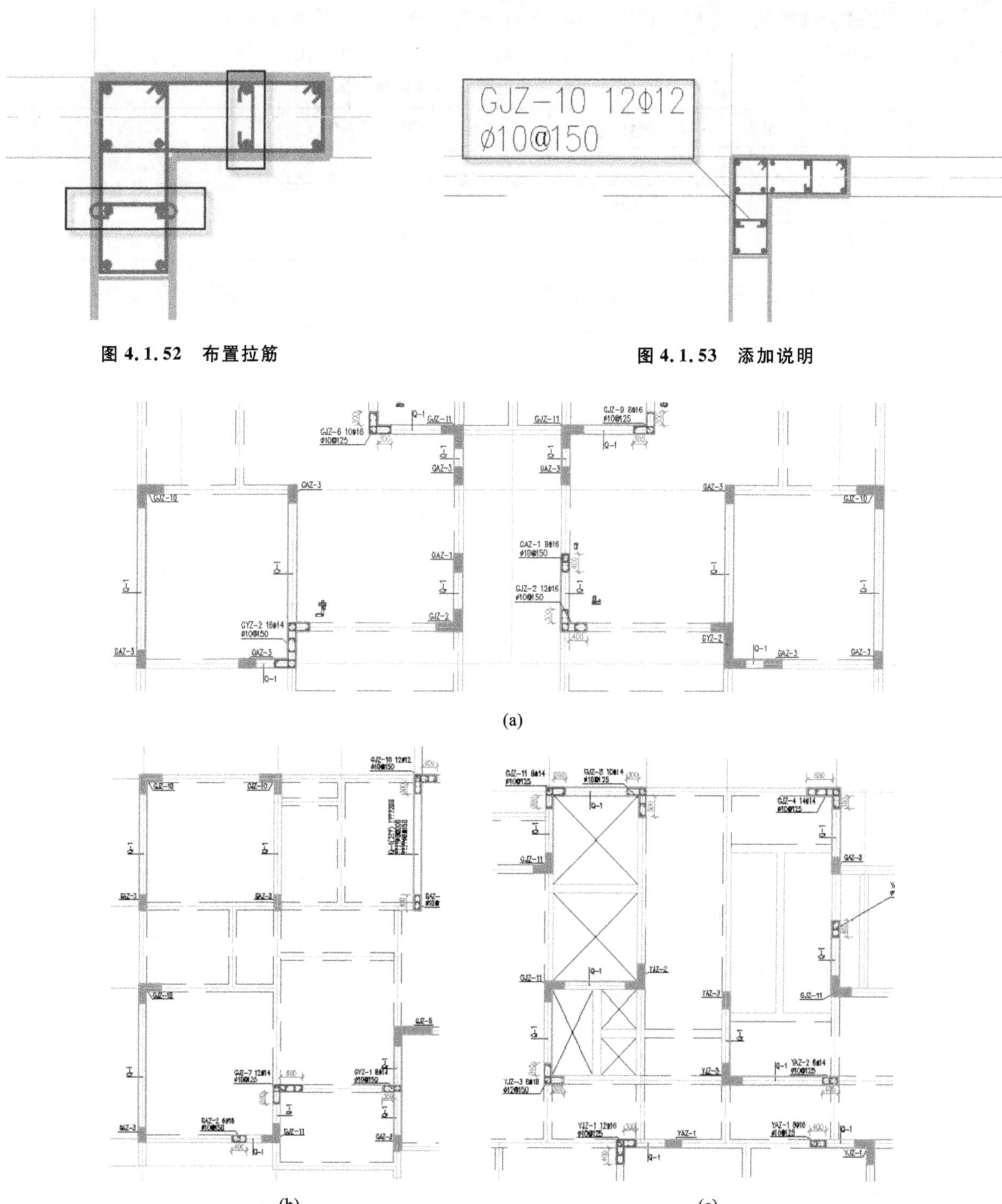

图 4.1.52　布置拉筋

图 4.1.53　添加说明

(a)

(b)

(c)

图 4.1.54　剪力墙布置图(局部)

(a)跨度较大板面剪力墙布置;(b)小跨度板面剪力墙布置;(c)纵向交通区剪力墙布置

剪力墙约束边缘构件的设计要求应符合下列要求。

◇ 约束边缘构件沿墙肢方向的长度 l_c 和箍筋配箍特征值 λ_v 应该符合表 4.1.2 的要求，且一级、二级抗震设计时，箍筋直径均不应小于 8，箍筋间距分别不应小于 100 和 150。

表 4.1.2　约束边缘构件范围 l_c 及其配箍特征值 λ_v

项　　目	一级(9 度)	一级(7,8 度)	二级
λ_v	0.20	0.20	0.20
l_c(暗柱)	$0.25h_w$	$0.20h_w$	$0.20h_w$
l_c(翼墙和端柱)	$0.20h_w$	$0.15h_w$	$0.15h_w$

◇ 约束边缘构件纵向钢筋的配筋范围不应小于图 4.1.55 中的阴影面积，其纵向钢筋最小截面面积，一级、二级抗震设计时分别不应小于图 4.1.55 中阴影面积的 1.2%和 1.0%，并分别不应小于 6ϕ16 和 6ϕ14。

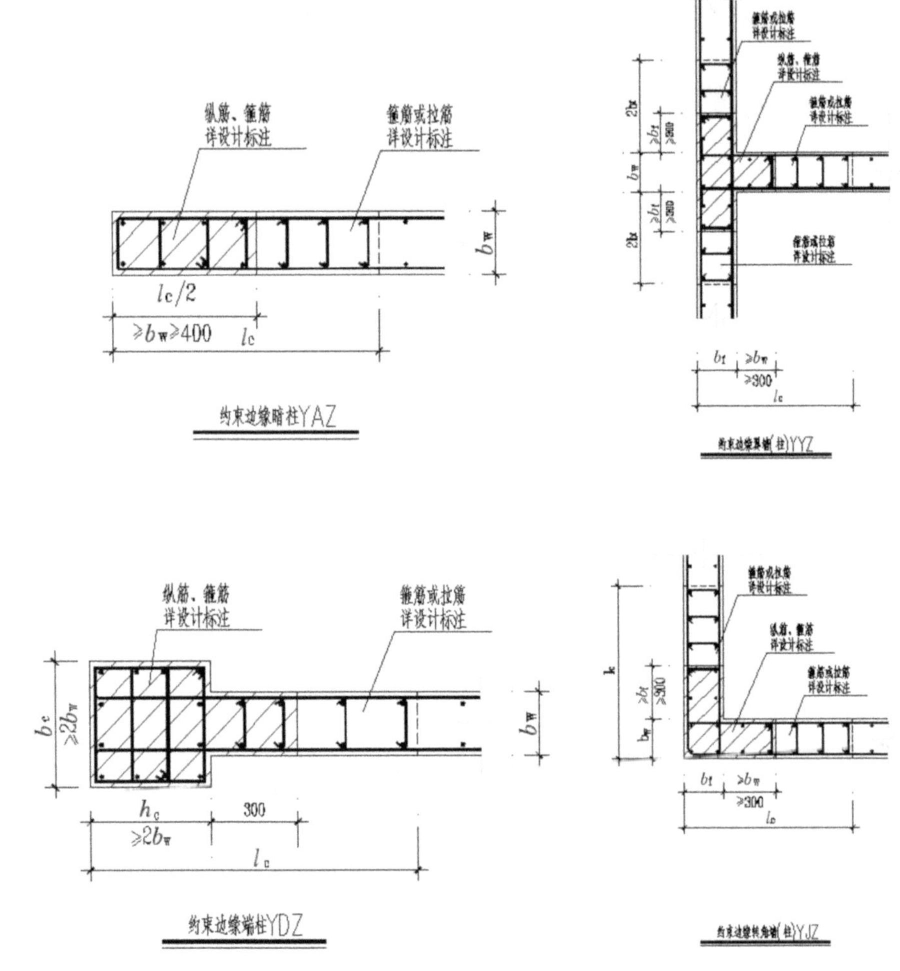

图 4.1.55　剪力墙约束边缘构件

剪力墙构造边缘构件的设计应符合下列要求。

◇ 构造边缘构件的范围和计算纵向钢筋用量的截面面积 A_c 宜取图 4.1.56 的阴影部分。

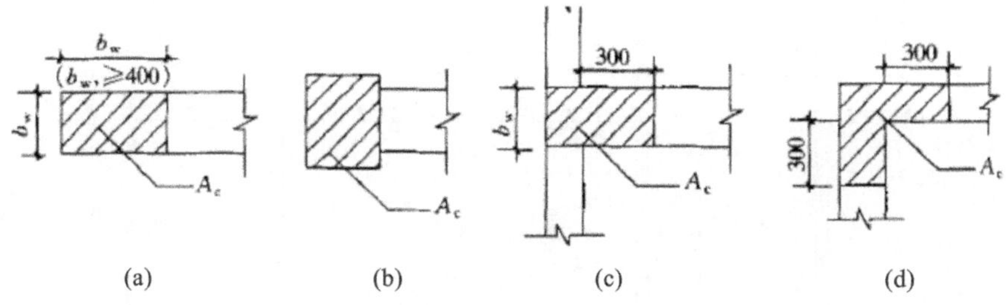

图 4.1.56　剪力墙构造边缘构件

(a)构造边缘暗柱 GAZ；(b)约束边缘端柱 GDZ；(c)构造边缘翼墙(柱)GYZ；(d)构造边缘转角墙(柱)GJZ

◇ 构造边缘的纵向钢筋应满足受弯承载力要求。

◇ 抗震设计时，构造边缘构件的最小配筋率应符合表 4.1.3 的要求，箍筋的水平间距不应大于 300，拉筋的水平间距不应大于纵向钢筋间距的 2 倍。当剪力墙端部为端柱时，端柱中纵向钢筋及箍筋宜按框架柱的构造要求设置。

表 4.1.3　剪力墙构造边缘构件的配筋要求　单位：mm

抗震等级	底部加强部位			其他部位		
	纵向钢筋最小量（取较大值）	箍筋		纵向钢筋最小量（取较大值）	箍筋或拉筋	
		最小直径	最大间距		最小直径	最大间距
一级	—	—	—	$0.008A_c$，$6\phi14$	8	150
二级	—	—	—	$0.006A_c$，$6\phi12$	8	200
三级	$0.005A_c$，$4\phi12$	6	150	$0.004A_c$，$4\phi12$	6	200
四级	$0.005A_c$，$4\phi12$	6	200	$0.002A_c$，$4\phi12$	6	250

注：①ϕ 表示钢筋直径；

②对转角墙的暗柱，表中拉筋宜采用箍筋。

2. 查阅约束边缘构件配筋信息

抗震设计时，剪力墙底部加强区域部位的范围，应符合下列规定。

◇ 底部加强部位的高度，应从地下室顶板算起。

◇ 底部加强部位的高度可取底部两层和墙体总高度的 1/10 这两者中的较大值。

◇ 当结构计算嵌固端位于地下一层地板或以下时，底部加强部位宜延伸到计算嵌固端。

在一栋建筑中，构造约束构件主要集中于地面结构上部，比重很大，故本章前面一部分内容以第五层为例，先介绍了构造约束构件部分绘图方法，下面介绍约束边缘构件部分绘图。

(1) 打开 TSSD 软件，在软件的下拉菜单区中打开简化过的一层平面图，如图 4.1.57 所示。

(2) 利用“约束柱”菜单生成暗柱。单击“Tssd2006”，在拉出的菜单中选择“剪力墙 06”，将菜单更改为“剪力墙格式”，单击“约束暗柱”→“自动生成”命令，弹出“自动处理”对话框，如图 4.1.58 所示。在对话框中选择“编号方法”为 03G101(其实现在已有 11G101 版本)，单击“确定”按钮，等待软件处理，可以得到暗柱布置好的图，如图 4.1.59 所示。

(3) 打开 PKPM 软件，选择“SATWE”→“分析结果图形和文本显示”命令，单击“应用”按钮，如图 4.1.60 所示，会弹出一个对话框，在对话框界面中点选“图形文件输出”，然后点选“梁弹性挠度、柱轴压比、墙边缘构件简图”按钮，单击“应用”按钮，如图 4.1.61 所示。

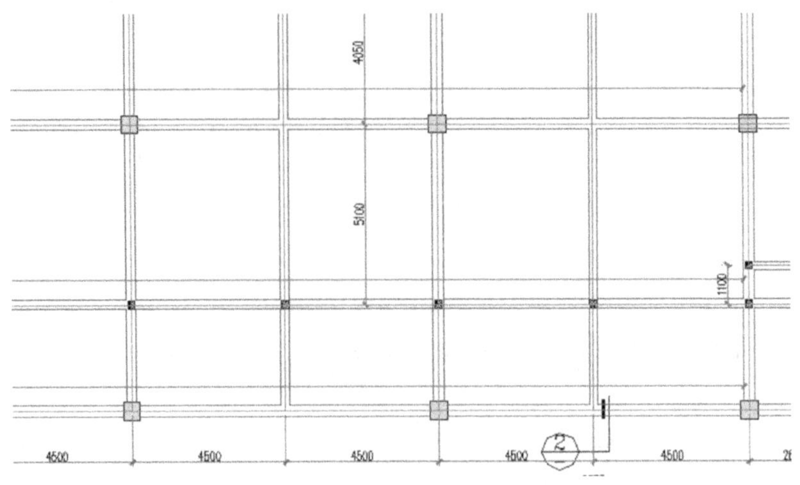

图 4.1.57　一层平面图

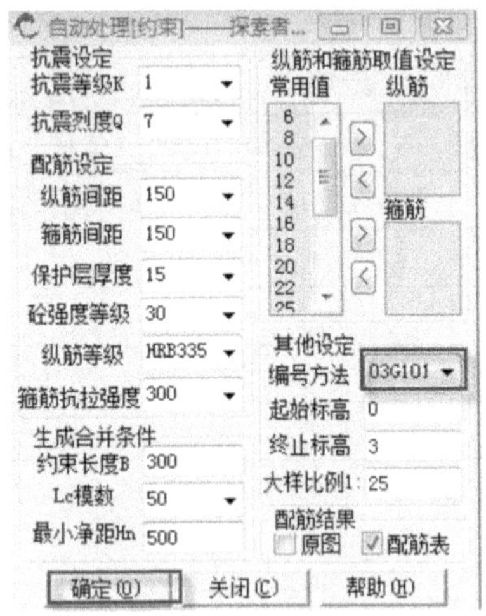

图 4.1.58　自动处理对话框

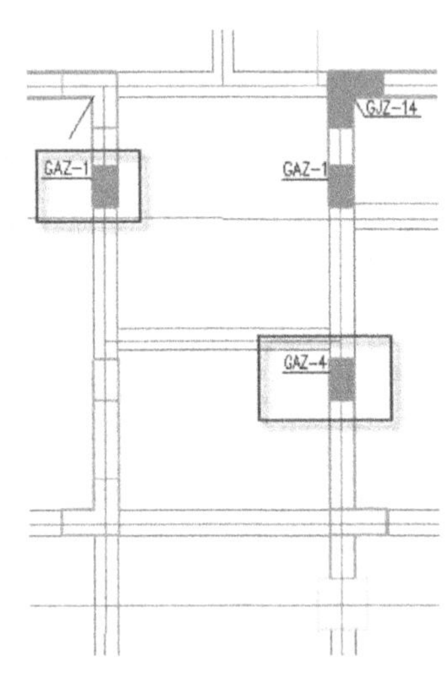

图 4.1.59　生成暗柱

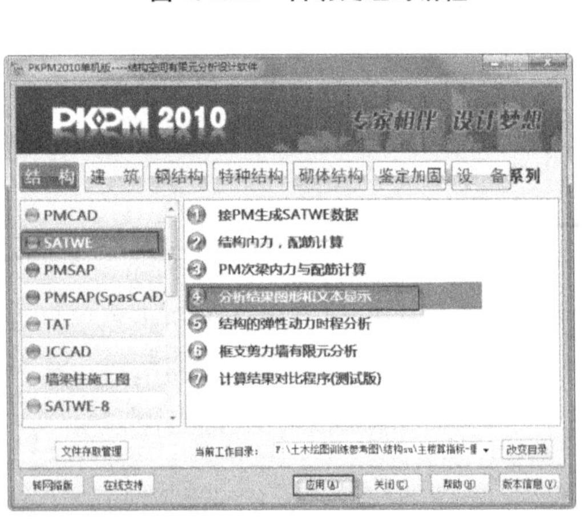

图 4.1.60　界面选择对话框

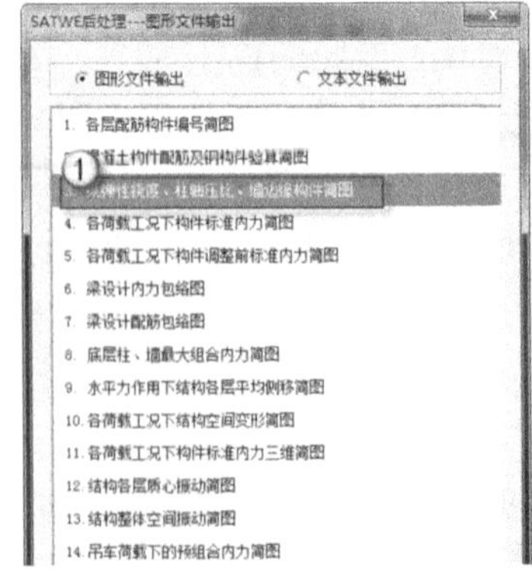

图 4.1.61　梁弹性挠度、柱轴压比、墙边缘构件简图

(4) 进入混凝土构件配筋及钢件验算简图，将层数调整到第一层。对得到的混凝土构件配筋及钢件验算简图进行分析，剪力墙上部的“0”代表“按暗柱构造配筋”，剪力墙下部的“H1.5”指 Swh 范围内的水平分布钢筋面积，如图 4.1.62 所示。

图 4.1.62 中的数据中剪力墙部分与前面介绍应用相同，应用图 4.1.62 中柱子的 SATWE 数据进行配筋。

(5) 配筋数据详图。观察柱子配筋数据详图，如图 4.1.63 所示。

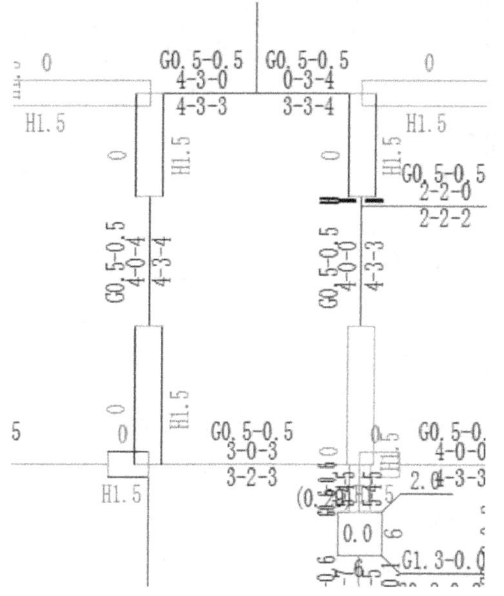

图 4.1.62　SATWE 结果分析

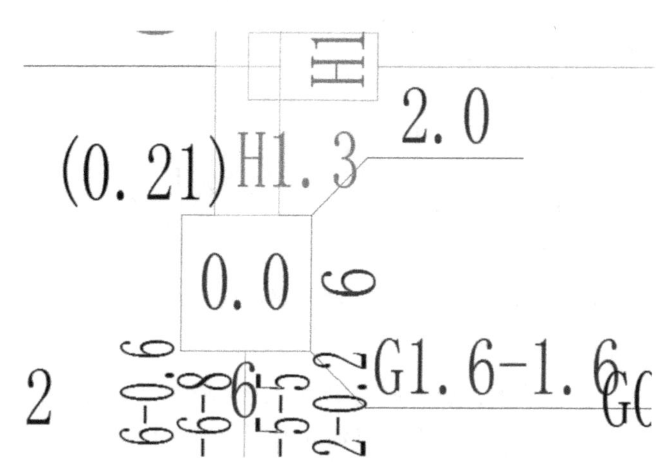

图 4.1.63　柱子配筋数据详图

其中括号内的数字表示柱的轴压比，如图 4.1.64 所示。

柱子两边的数据(在 PKPM 软件中显示为黄色)分别代表该柱 *B* 边和 *H* 边的单边计算出的钢筋的截面积(以 cm^2 为单位)，但是包括了角筋配筋截面积，因此在配筋时注意不要将角筋配筋截面积重复计算，以免造成浪费，如图 4.1.65 所示。

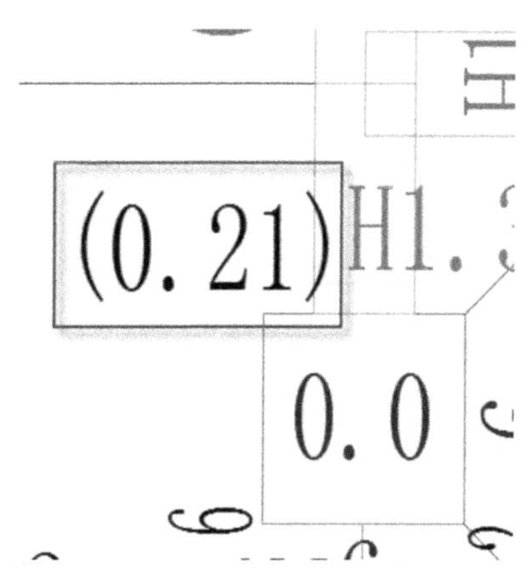

图 4.1.64　柱的轴压比表示

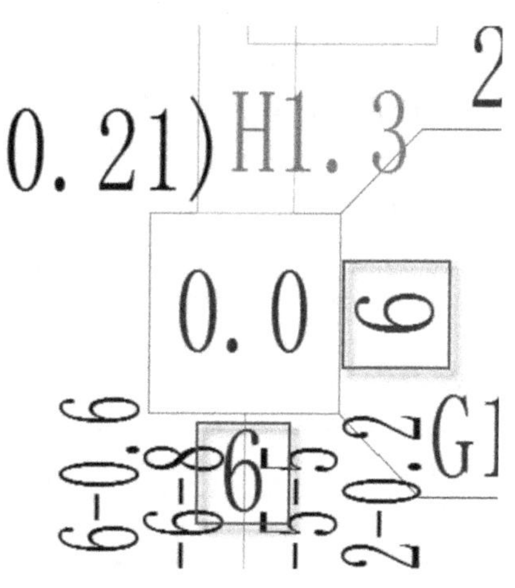

图 4.1.65　柱边的单边配筋

柱子右边下部引出的蓝色数据(在 PKPM 软件中显示为黄色)代表箍筋加密区和非加密区的钢筋截面积,如图 4.1.66 所示。

图中 G1.6-1.6 表示箍筋加密区角筋配筋截面积为 1.6 cm²,非加密区角筋配筋截面积为 1.6 cm²。

柱子右边上边引出的数据(在 PKPM 中显示为黄色)代表柱的一根角筋配筋截面积,采用双偏压计算时,角筋配筋截面积不应小于此值;采用单偏压计算时,角筋配筋截面积可不受此值限制(cm²)。如图 4.1.67 所示,图中 2.0 代表角筋配筋截面积为 2.0 cm²。

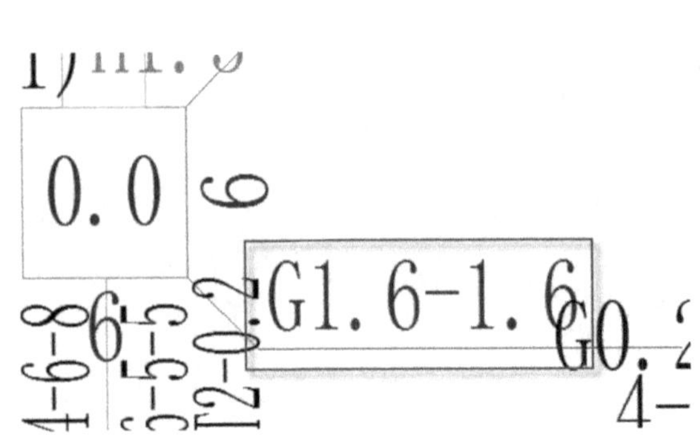

图 4.1.66 箍筋加密区、非加密区计算参数

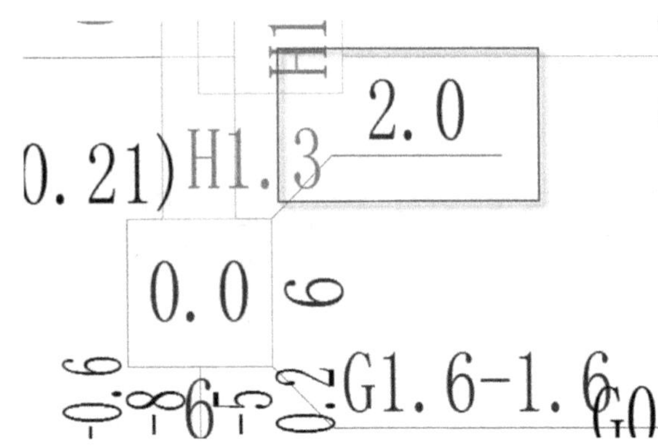

图 4.1.67 角筋配筋面积计算参数

柱配筋说明:

◇ 柱全截面的配筋面积为 $A_s=2\times(A_s x+A_s y)-4\times A_s\_corner$;

◇ 柱的箍筋是按用户输入的箍筋间距计算的,并按加密区内最小体积配箍率要求控制;

◇ 柱的体积配箍率是按双肢箍形式计算的,当柱为构造配筋时,按构造要求的体积配箍率计算的箍筋也是按双肢箍形式给出的。

注意:公式中 A_s_corner 代表柱的一根角筋的面积,$A_s x$、$A_s y$ 分别代表该柱 B 边和 H 边的单边配筋。

计算配筋,查《混凝土设计规范》附录 1,A_{SC}是单根角筋,面积为 2.0 cm²,要配 16 mm 的钢筋,$A_s x-2\times A_s c$ 是 X 边分布纵筋,$A_s y-2\times A_s c$ 是 Y 边分布纵筋。根据角筋直径配纵筋根数,角筋为 16 mm 钢筋,纵筋为一边两根 12 钢筋,并根据图集 11G101-1 查阅箍筋类型。

此外,柱的钢筋设置还应该符合下列要求。

◇ 柱纵向受力钢筋的最小总配筋率应按表 4.1.4 采用,同时每一侧配筋率不应小于 0.2%;对建造于Ⅳ类场地且较高的高层建筑,总配筋率应增加 0.1%。

表 4.1.4 柱截面纵向钢筋的最小总配筋率(百分率)

类别	抗震等级			
	一	二	三	四
中柱和边柱	0.9(1.0)	0.7(0.8)	0.6(0.7)	0.5(0.6)
角柱、框支柱	1.1	0.9	0.8	0.7

◇ 一般情况下,箍筋的最大间距和最小直径应按表 4.1.5 采用。

表 4.1.5 柱箍筋加密区的箍筋最大间距和最小直径 单位:mm

抗震等级	箍筋最大间距(采用最小值)	箍筋最小直径
一	6d,100	10
二	8d,100	8
三	8d,150(柱根 100)	8
四	8d,150(柱根 100)	6(柱根 8)

◇ 一级框架柱的箍筋直径大于 12 mm 且箍筋肢距不大于 150;二级框架柱的箍筋直径不小于 10 mm 且箍筋肢距不大于 200 mm 时,除底层柱下端外,最大间距应允许采用 150 mm;三级框架柱的截面尺寸不大于 400 mm 时,箍筋最小直径应允许采用 6 mm;四级框架柱剪跨比不大于 2 时,箍筋直径不应小于 8 mm。

◇ 框支柱和剪跨比不大于 2 的框架柱,箍筋间距应不大于 100 mm。

3. 对约束边缘构件进行配筋

得到配筋参数后,便可以使用探索者 TSSD 进行钢筋布置。

(1) 单击菜单栏“工具”→“钢筋”→“箍筋”命令,在弹出的对话框中更改上下排钢筋数目为 4,如图 4.1.68 所示。

(2) 单击第一个节点,移动光标至第二个节点,单击光标左键,绘制箍筋及其部分纵筋,如图 4.1.69 所示。

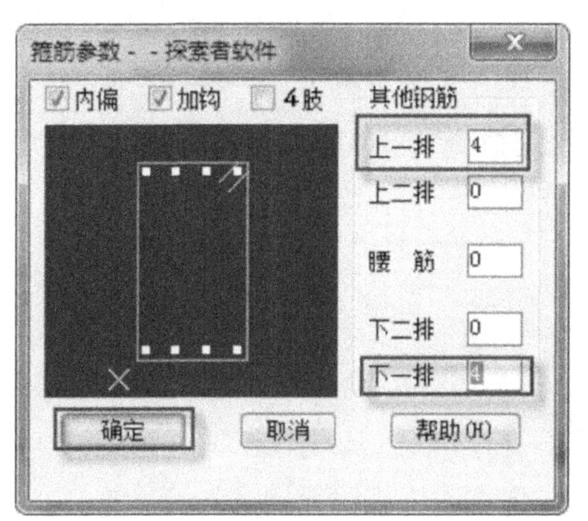

图 4.1.68 箍筋设置对话框

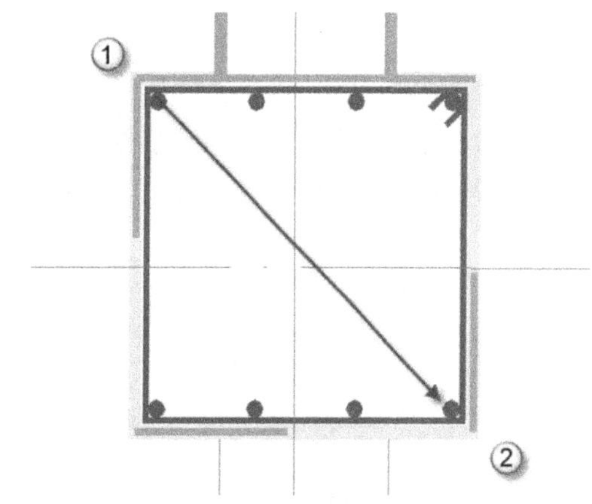

图 4.1.69 绘制箍筋及其部分纵筋

(3) 在命令提示行输入“Copy”(复制)命令,复制纵向点钢筋至左侧柱边,如图 4.1.70 所示。

(4) 重复上述步骤的命令,绘制完成柱子的右边点钢筋,也可以直接复制柱左钢筋至柱右钢筋,如图 4.1.71 所示。

(5) 单击菜单栏“工具”→“钢筋”→“拉筋”命令,单击第一个节点,拖动绘制拉筋,如图 4.1.72 所示。

(6) 重复上一步命令,参照图集 11G101—1 中有关箍筋类型取用的原则,完成柱子剩余拉筋的绘制。绘制完成后即如图 4.1.73 所示。

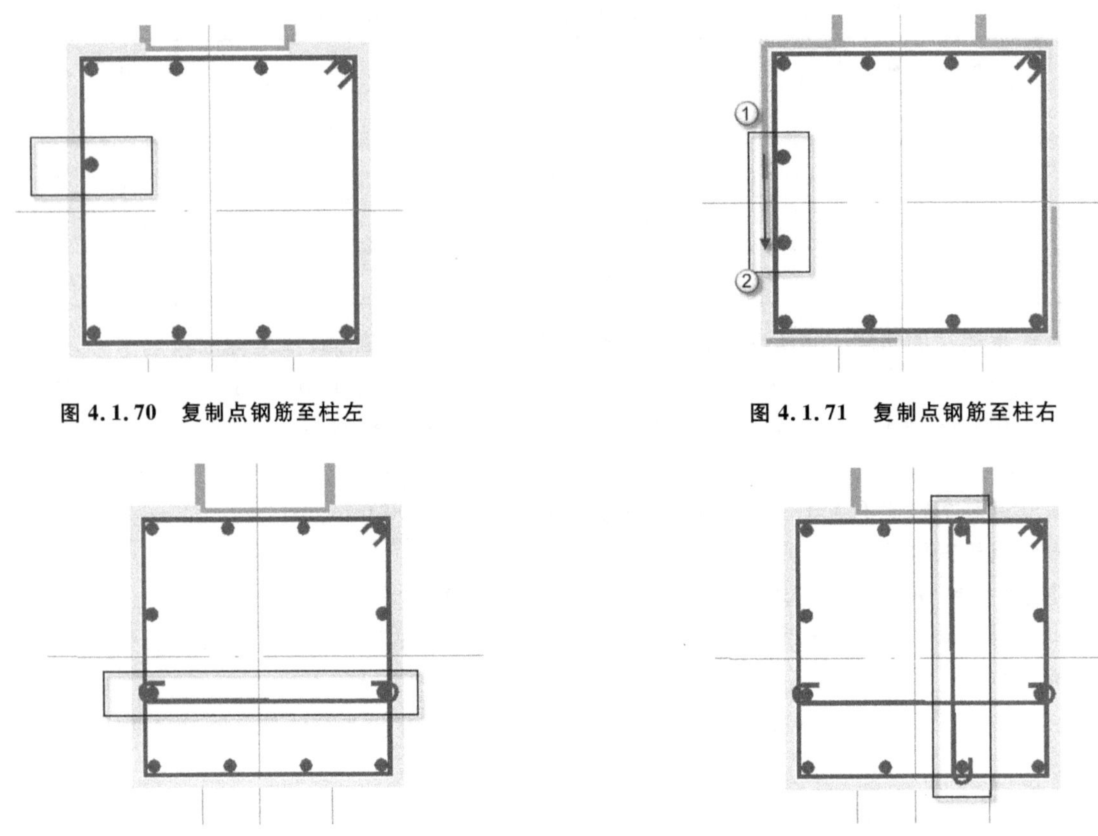

图 4.1.70　复制点钢筋至柱左

图 4.1.71　复制点钢筋至柱右

图 4.1.72　绘制拉筋

图 4.1.73　绘制剩余拉筋

（7）绘制完成后，需要添加柱配筋说明，使用 AutoCAD 快捷命令“DT”，在空白部分拖动文本框，输入剪力墙代号、钢筋型号以及箍筋配筋，如图 4.1.74 所示。

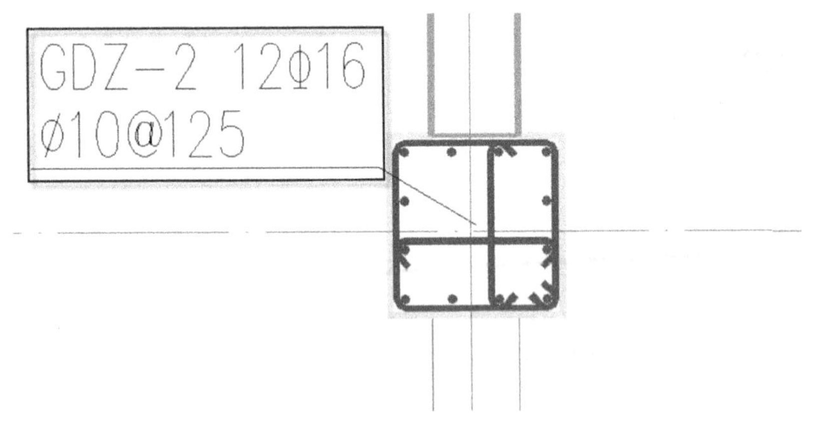

图 4.1.74　添加柱配筋说明

按照本节中的方法对剩余剪力墙暗柱、端柱、翼墙、转角墙结构进行布置，布置完成后即如图 4.1.75 所示。

至此，剪力墙施工图完成，接下来进行梁施工图布置。

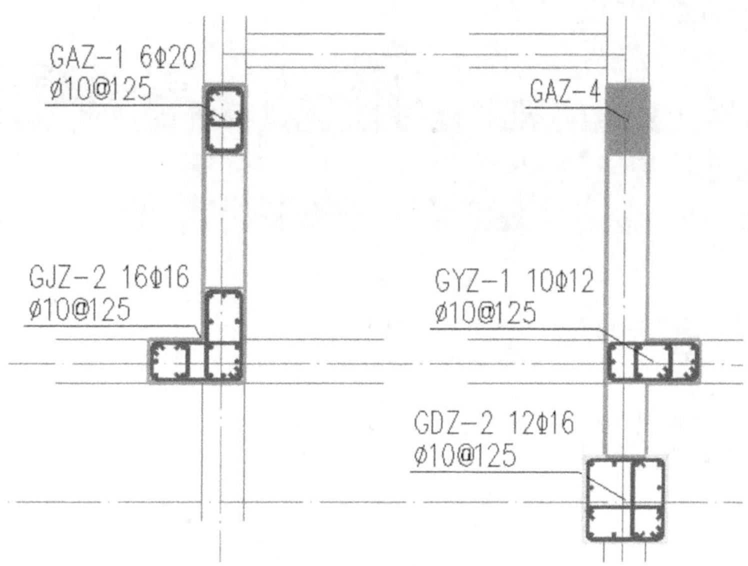

图 4.1.75　剪力墙端柱、转角墙、暗柱结构布置完成

注意:钢筋直径符号应根据钢筋种类不同进行选用,HPB235 钢筋直径为 *A*,可在 TSSD 中输入"%%130"得到该符号,HRB335 钢筋直径为 *B*,可在 TSSD 中输入"%%131"得到该符号,HRB400 钢筋直径为 *C*,可在 TSSD 中输入"%%132"得到该符号。

4.2　梁施工图

梁平法施工图中的梁施工图是在梁平面布置图上采用平面注写方式或者截面注写方式表达。

◇ 平面注写方式。

平面注写方式包括集中标注与原位标注。集中标注表达梁的通用数值,原位标注表达梁的特殊数值。当集中标注的某项数值不适用于梁的某部位时,则将该数值原位标注。施工时,原位标注数值优先。

◇ 截面注写方式。

截面注写方式是指在分标准层绘制的梁平面布置图上,分别在不同编号的梁中选择一根梁用剖面符号引出配筋图,并在其上注写截面尺寸和配筋具体数值,以此来表达梁平法施工图。

4.2.1　认识梁平法施工图的一般表示

首先认识一下梁平法施工图中平面注写方式的各部分名称。

(1) 打开 PKPM 软件,选择"墙梁柱施工图"目录下的"梁平法施工图"选项命令,如图 4.2.1 所示。

(2) 绘制某一层梁平法施工图时,先要调出该层数据。现以五层梁平法施工图为例,单击上侧任务栏"层数"选项,在下拉菜单中单击层数号为五层,如图 4.2.2 所示,PKPM 的界面上即出现一个梁平面图。

(3) 此时图纸上呈现的就是梁平法施工图,由于 PKPM 软件的种种问题,计算出的钢筋用钢量不能完全满足实际要求,同时,根据 PKPM 软件计算结果而自行配筋得到的平法标注也不能解决实际出

图 4.2.1 打开梁平法施工图

图 4.2.2 调整层数

现的问题，因此需要根据 SATWE 计算结果参照 PKPM 自动生成的梁平法施工图进行独立配筋(连续梁的跨数等的取值可以参考)。这里以平面图进行梁平法施工图的平面注写讲解，如图 4.2.3 所示为两个注写例子。

图 4.2.3(a)中“KZL2(5)400×800”，其中 KZL2 指编号为 2 的框架梁；其后“(5)”是指梁是 5 跨，其截面尺寸为宽 400 mm、高 800 mm。若为“(5A)”，则指代 5 跨连续梁一侧带悬挑，A 指一侧带悬挑。

图 4.2.3 中，“400×800”是指梁的宽度乘以高度，单位是 mm；“ϕ8@100/200(4)”是指箍筋为 HPB235 的钢筋，直径为 8 mm，加密区间距为 100 mm，非加密区间距为 200 mm，其中“(4)”是指箍筋肢数为 4。

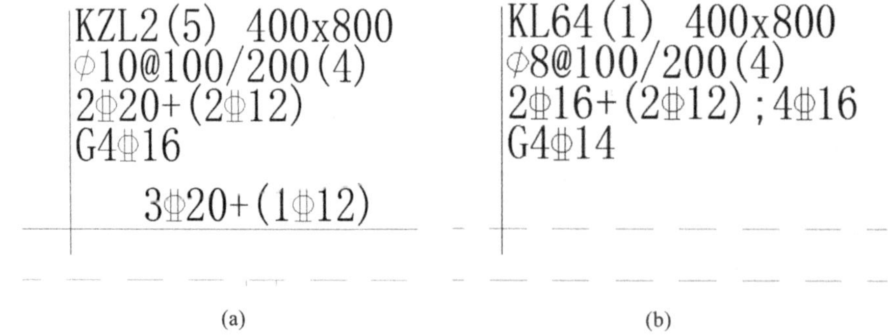

(a) (b)

图 4.2.3 梁平法施工图平面注写

“2C20”是指梁上部受力通长钢筋有 2 根直径为 20 mm 的 HRB400 钢筋。

“G4C16”是指梁的两侧每侧各有 2 根直径为 16 mm 的 HRB400 构造钢筋。

有的梁平法标注最下部中有“(−0.100)”，是指该梁顶标高比所在楼层板顶标高低 100 mm。

4.2.2　提取 PKPM 中梁配筋的信息

PKPM 运算完成之后，可以生成“含钢量”的数据，也就是单位面积中钢筋截面积数。可以查表求得钢筋的根数与型号，然后绘制配筋图。

(1) 打开参数界面。打开 PKPM 软件，选择“SATWE”→“分析结果图形和文本显示”命令，单击“应用”按钮，如图 4.2.4 所示。

(2) 选择“梁弹性挠度、柱轴压比、墙边缘构件简图”命令，如图 4.2.5 所示。

图 4.2.4　界面选择对话框

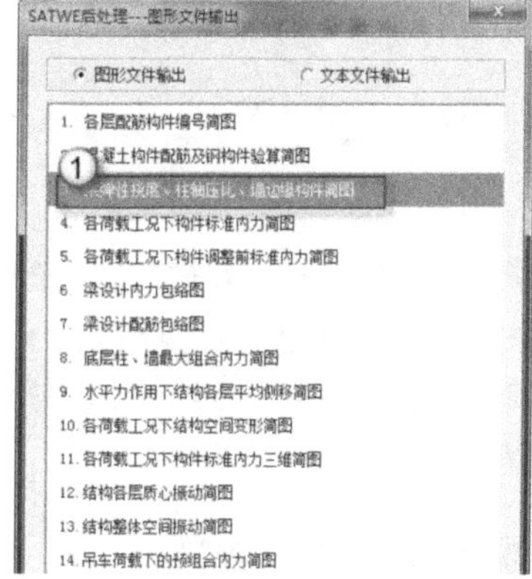

图 4.2.5　打开梁弹性挠度、柱轴压比、墙边缘构件简图

参数图与上一小节为同一幅图，虽然为同一幅参数图，但是所取的数据不同。

(3) 依旧取第五层平面图为做图对象，打开后为一层平面图，单击右侧工具栏“显示上层”命令，调节平面层至第五层平面。观察参数，取梁部分参数，如图 4.2.6 所示。

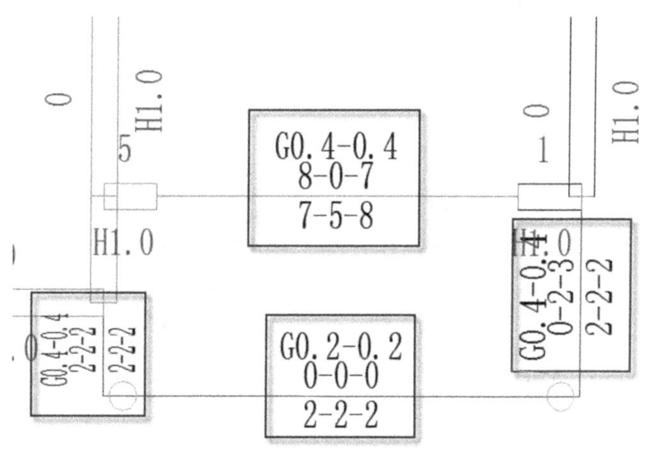

图 4.2.6　梁计算参数

(4) 由于绘制梁平法施工图时不需要剪力墙参数，而剪力墙参数在图上影响绘图，干扰视线，故可以将其隐去。单击右侧工具栏“字符开关”命令，工具栏界面更改，包括“主筋”“箍筋”“轴压比”“梁”“柱”“支撑”“墙”“次梁”“保存文件”几个命令，命令上方更改为 [On/Off] 状态。选择需要关闭的字符，如“墙”，单击光标左键，即关闭。更改后混凝土构件配筋图会变得清晰、有条理，便于观察以及绘图参考，取同样位置计算参数图如图 4.2.7 所示。

G0.4-0.4
8-0-7
7-5-8
G0.4-0.4
0-2-3
2-2-2
G0.4-0.4
2-2-2
2-2-2
G0.2-0.2
0-0-0
2-2-2

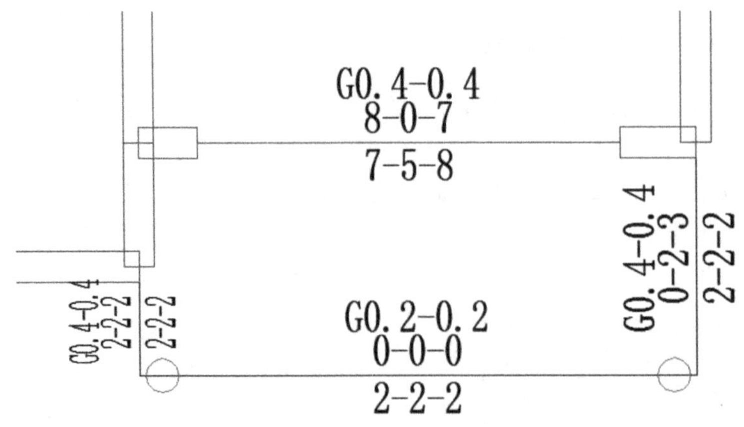

图 4.2.7　去掉墙字符

调整完毕后，单击右侧工具栏“回到菜单”命令，即可以恢复前一菜单。

(5) 根据计算参数图进行计算时，由于字体可能太小，不方便观察，因此可以对字体大小进行设置。找到右侧工具栏“改变字高”命令，光标移至此工具栏处，单击光标左键，字符变小，单击光标右键，字符变大。此处操作与一般操作不同。

4.2.3　了解各项参数的含义

首先了解各项参数的含义，梁配筋计算参数如图 4.2.8 所示。

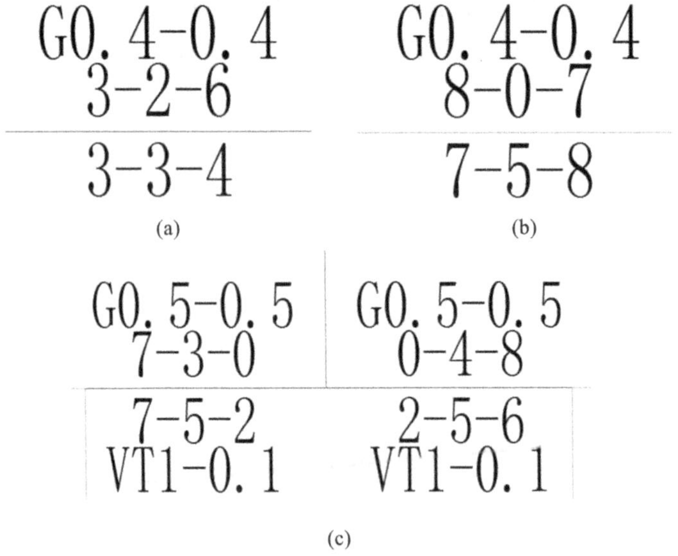

G0.4-0.4
3-2-6
3-3-4
(a)
G0.4-0.4
8-0-7
7-5-8
(b)
G0.5-0.5
7-3-0
7-5-2
VT1-0.1
G0.5-0.5
0-4-8
2-5-6
VT1-0.1
(c)

图 4.2.8　梁配筋计算参数

参数数据含义如下。

(1) 图 4.2.8(a)中横线上部的数字 3,2,6 分别为计算所得的梁上部(负弯矩)左支座、跨中、右支座的钢筋截面积(cm^2)；(b)、(c)与(a)相同。

(2) 图 4.2.8(a)中横线下部的数字 3,3,4,(b)中的 7,5,8 表示梁下部(负弯矩)左支座、跨中、右支座的配筋面积(cm^2)；(c)与(a)、(b)相同。

(3) 图 4.2.8(a)、(b)中的 G0.4-0.4 表示梁在 Sb 范围内的箍筋面积(cm^2),取抗剪箍筋与剪扭箍筋的较大值。

(4) 1 表示梁受扭所需要的纵筋面积(cm^2)。

(5) 0.1 表示梁受扭所需要周边箍筋的单根钢筋的面积(cm^2)。

(6) G,VT 分别为箍筋和剪扭配筋标志。

4.2.4　梁配筋的计算

梁配筋计算说明:

◇ 对于配筋率大于 1%的截面,程序自动按双排筋计算,此时,保护层取 60 mm;

◇ 当按双排筋计算还超限时,程序自动考虑压筋作用,按双筋方式配筋;

◇ 各截面的箍筋都是按用户输入的箍筋间距计算的,并按沿梁全长箍筋的面积配箍率要求控制。

若输入的箍筋间距为加密区间距,则加密区的箍筋计算结果可直接参考使用,如果非加密区与加密区的箍筋间距不同,则应按非加密区箍筋间距对计算结果进行换算。

若输入的箍筋间距为非加密区间距,则非加密区的箍筋计算结果可直接参考使用,如果加密区与非加密区的箍筋间距不同,则应按加密区箍筋间距对计算结果进行换算。

进行梁配筋计算过程如下。

(1) 配置箍筋。

以图 4.2.8(a)为例,G0.4-0.4,梁宽 200 mm,高度 500 mm,混凝土等级为 C35,查阅“框架梁沿梁全场的箍筋配筋系数表”(见附表 2)知,应采用箍筋为 A8@100/200,双肢箍。加密区非加密区按照标准配置。

(2) 配置纵筋。

根据数据 3-2-6,查阅附表 3 进行配置。

(3) 上部钢筋。

3:为梁上部左支座的配筋面积,根据表中的钢筋面积进行查询可知,应选取 2 根 C14 或 2 根 C16 钢筋(在配置中可以稍微配置大一点)。

2:为梁跨中弯矩配筋面积,根据表中的钢筋面积进行查询可知,应选取 2 根 C14 或 2 根 C16 钢筋。

6:为梁上部右支座的配筋面积,根据表中的钢筋面积进行查询可知,应选取 3 根 C16 钢筋。

此梁为单跨梁,根据左右支座钢筋、跨中钢筋综合考虑可以选用 3 根 C16 钢筋,这样左支座、跨中、右支座可以同时满足。

(4) 下部钢筋。

3:为梁下部左支座的配筋面积,根据表中的钢筋面积进行查询可知,应选取 2 根 C14 或 2 根 C16 钢筋。

3:为梁跨中弯矩配筋面积,根据表中的钢筋面积进行查询可知,应选取 2 根 C14 或 2 根 C16 钢筋。

4:为梁下部右支座的配筋面积,根据表中的钢筋面积进行查询可知,应选取 2 根 C16 或 2 根 C18 钢筋(在配置中可以稍微配置大一点)。

单跨梁下部钢筋,根据左右支座钢筋、跨中钢筋综合考虑可以选用 2 根 C16 钢筋,左右支座、跨中同时满足。

梁配筋计算完成后,便可利用计算好的数据绘制梁平法施工图。

4.2.5 进行梁平法施工图的绘制

在结构设计的最终阶段，还要绘制结构施工图。本小节主要介绍如何参照 PKPM 中运算结构，绘制结构专业施工图。具体操作如下。

(1) PKPM 的 T 图转 DWG 图。

前面介绍过，PKPM 软件可以进行梁平法施工图的配置，但是由于软件计算有一定出入，所以要根据计算参数进行独立配置。在这里，需要梁施工图中部分内容，所以应用 PKPM 软件的 T 图转 DWG 图的操作命令。

打开 PKPM 软件，选择"墙梁柱施工图"→"梁平法施工图"命令，进入梁平法施工图界面，如图 4.2.9 所示。以第五层为例，所以将层数调整到第五层。保存 T 图，单击"文件"→"另存为"命令，在弹出的对话框中选择所要存储的位置，更改名称为"五层梁配筋图"，如图 4.2.10 所示。

图 4.2.9 打开梁平法施工图界面

图 4.2.10 保存 T 图

(2) T 图转 DWG。

单击右侧工具栏"退出"命令，安全退出梁施工图，回到 PKPM 主页面。

选择 PKPM 主页面"墙梁柱施工图"→"图形编辑、打印及转换"命令，如图 4.2.11 所示。

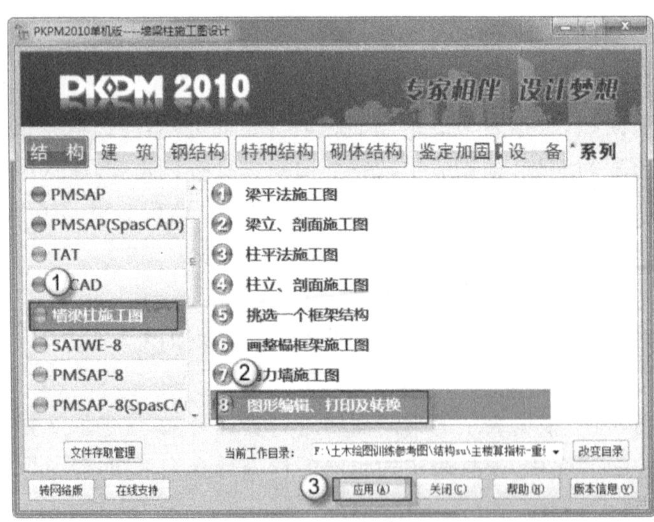

图 4.2.11 打开图形编辑、打印及转换

单击菜单栏"工具"→"T 图转 DWG"命令，如图 4.2.12 所示。

在弹出的对话框中选择所要转换的图纸，单击“打开”命令，开始图纸转换，如图 4.2.13 所示。

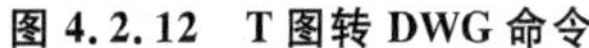

图 4.2.12　T 图转 DWG 命令

图 4.2.13　打开所要转换的图纸

一般来说，转换步骤很短，而且，绘图区域没有变化，转换完毕时在命令栏会有提示，如图 4.2.14 所示。

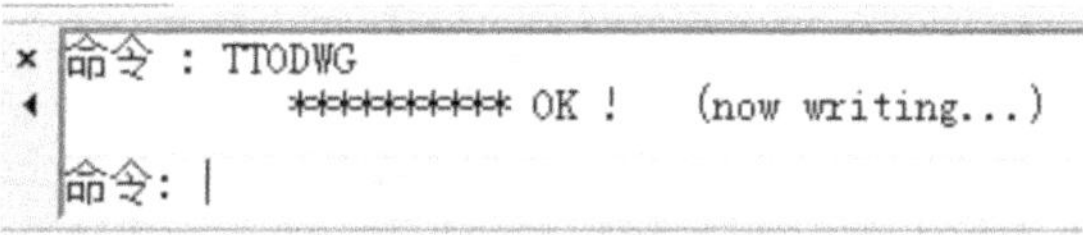

图 4.2.14　转换完毕

转换完毕后，安全退出图形编辑、打印及转换操作界面。

(3) 在探索者中打开转换好的 DWG 文件。

打开 TSSD 软件，打开转换完毕的五层梁配筋图，如图 4.2.15 所示。

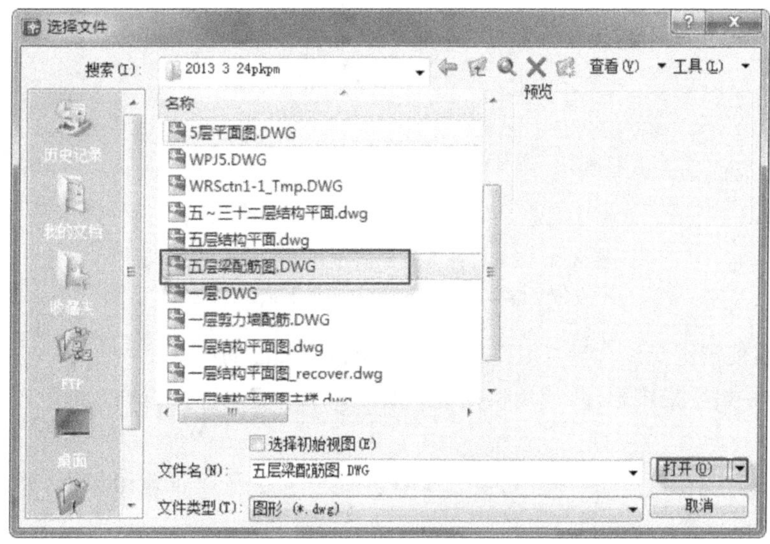

图 4.2.15　打开转换好的图形

再在 TSSD 软件中打开此前绘制好的五层平面布置图，如果应用到剪力墙，则可以参照本章第一节剪力墙布置，重新绘制五层平面布置图，如图 4.2.16 所示。

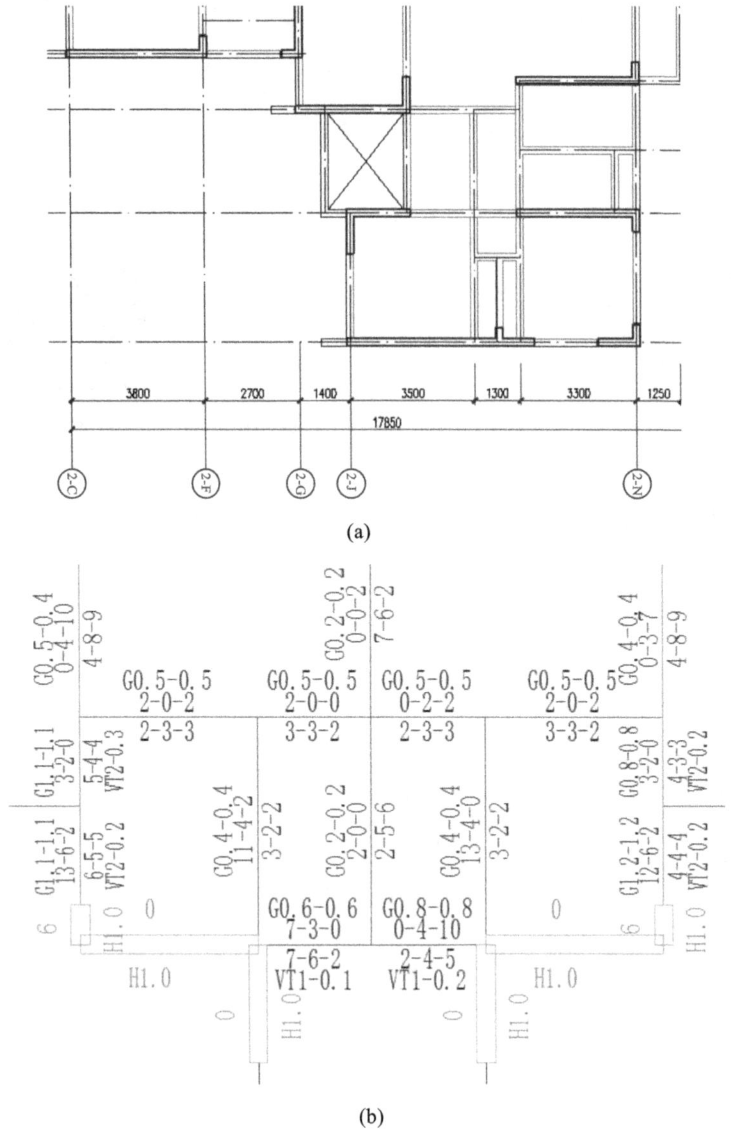

图 4.2.16　打开五层平面布置图和梁配筋图

(a)五层结构平面布置图；(b)五层梁配筋平面图

两幅图的切换：使用键盘组合键“Ctrl”+“Tab”，切换到梁配筋图。

使用光标选择一组梁集中标注，使用快捷键“Ctrl”+“C”，复制选择内容，如图 4.2.17 所示，图示点为夹点。

使用键盘组合键“Ctrl”+“Tab”键，切换 TSSD 界面至五层平面布置图界面，使用快捷键“Ctrl”+“V”，粘贴内容至空白位置。

(4) 调整梁集中标注。

梁集中标注有纵向和横向两种，复制了一个纵向的集中标注，再复制一个横向的集中标注，用同样的方法进行操作。

这里复制此内容是为了要求的格式，T 图转至 DWG 图时便可以关闭。

使用 AutoCAD 快捷命令“M”，移动先前复制的内容至先前计算到的梁的位置，如图 4.2.18 所示。

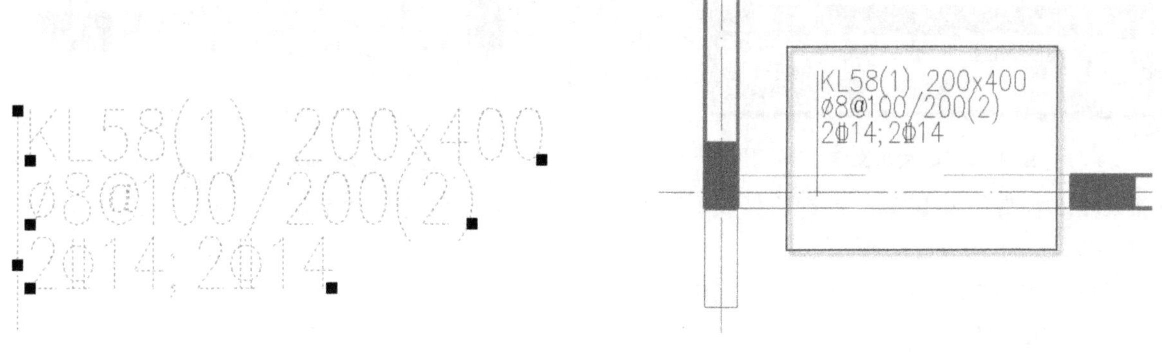

图 4.2.17　选择一组梁集中标注　　　　图 4.2.18　移动内容至梁位置

(5) 将图形放大 1000 倍。

输入 AutoCAD 快捷键“SC”命令，选中所需缩放的内容，单击一基点，输入比例因子，便可以得到放大的内容，如图 4.2.19 所示。

缩放图形前后对比如图 4.2.20 所示。

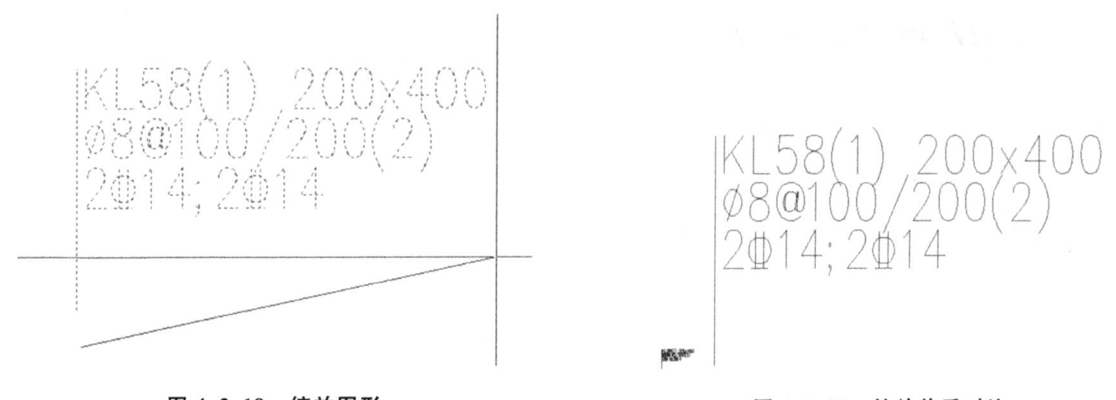

图 4.2.19　缩放图形　　　　图 4.2.20　缩放前后对比

注意：TSSD 软件 T 图转至的 DWG 图比例与自己绘制图形不一样，缩小了 1000 倍，故在移动前应该先将复制内容放大 1000 倍。

(6) 更改文字内容。

双击需要更改集中标注第一行的内容，会弹出一个编辑文字对话框，可以在其中对文字进行更改，如图 4.2.21 所示。

前面已经完成了此段梁的钢筋配置，此梁为框架梁，将其设定为框架梁 1，即 KL1，梁的截面尺寸为 200×500，故编辑文字中输入的内容应为“KL1(1)200×500”，输入文字，单击确定，文字更改完成，如图 4.2.22 所示。

第二行为箍筋配筋，此段梁计算的箍筋为 ϕ8@100/200，双肢箍，与此复制内容相同，不需更改，如若更改，方法与上一步骤相同。

第三行文字为梁上部钢筋和下部钢筋的内容，经计算，此段梁上部采用 3 根直径为 16 mm 的钢筋，

图 4.2.21 编辑文字

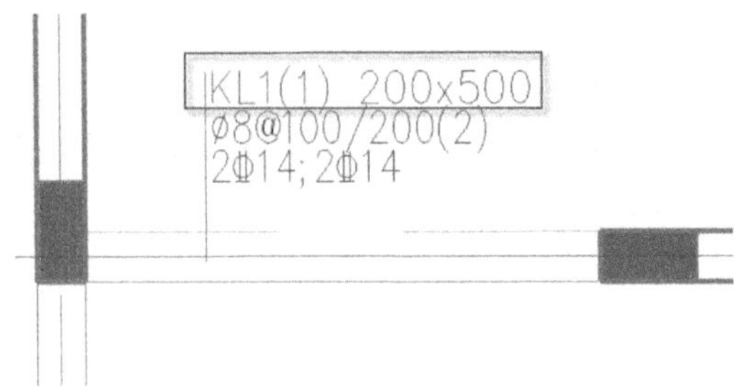

图 4.2.22 更改第一行文字内容

下部采用 2 根直径为 16 mm 的钢筋。双击第三行文字,在弹出的编辑文字对话框中更改内容,如图 4.2.23 所示。

完成上述步骤后,第一段梁的布置完成。

(7) 受扭钢筋的配置。

如图 4.2.24 所示,图中 VT 代表受扭钢筋,1 表示梁受扭所需要的纵筋面积(cm^2);0.1 表示梁受扭所需要的周边箍筋的单根钢筋的截面积(cm^2)。查表 4.1.7,选择 2 根 C10 钢筋。

图 4.2.23 更改第三行文字内容

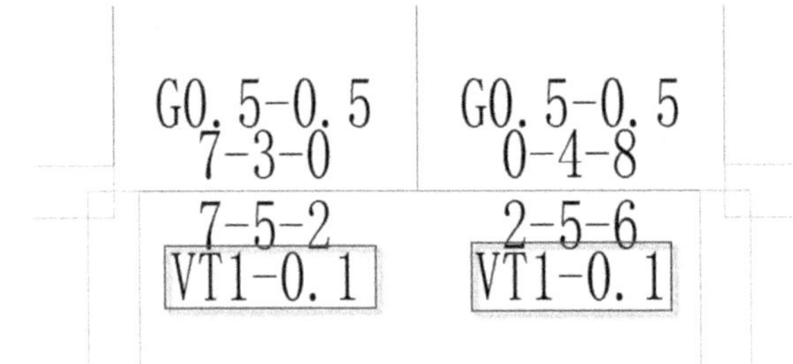

图 4.2.24 受扭钢筋表示

复制梁集中标注至图 4.2.24 对应的平面布置图处,如图 4.2.25 所示。

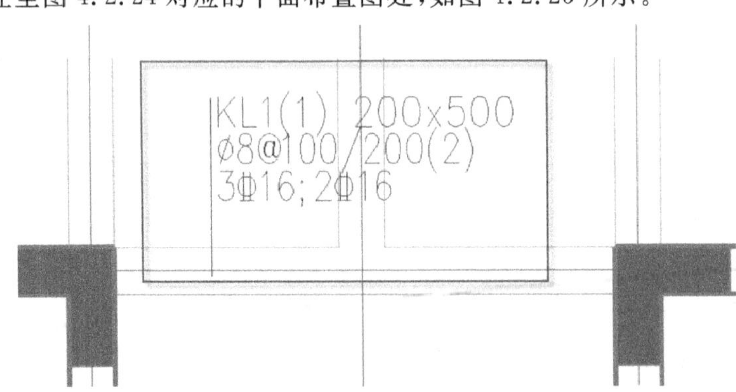

图 4.2.25 复制梁集中标注

双击第一行文字,进行更改,此梁为框架梁,从第一段框架梁算起,此梁为框架梁 8,梁尺寸仍为 200×500,不进行更改。其文字应该改为"KL8(1)　200×500"。

箍筋配筋,梁纵筋配筋依照表 4.1.6、表 4.1.7 进行配置,分别更改其数据,得到与梁集中标注相对应的数据。

复制一行文字至最后一行文字下侧,如图 4.2.26 所示。

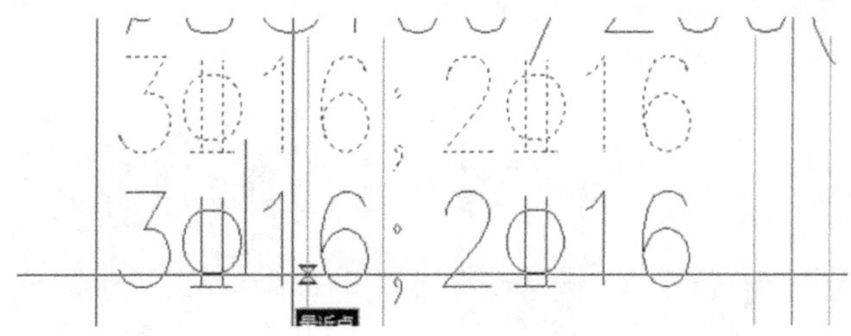

图 4.2.26　复制文字

复制的文字为扭筋配筋数据，依照当前计算，更改配筋数据，完成配筋设置，如图 4.2.27 所示。

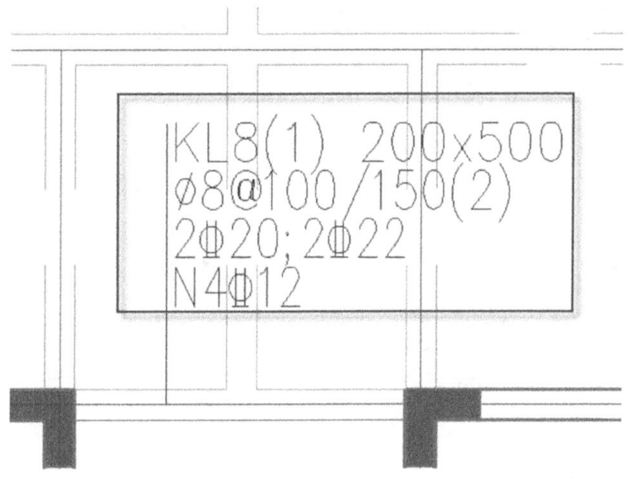

图 4.2.27　配筋完成

(8) 竖直方向上的集中标注。

竖直方向上的集中标注与水平方向上的书写绘制完全相同。在竖直方向上绘制时，可以从先前转好的 DWG 图中直接复制，然后放大，进行应用。也可以通过旋转命令，旋转水平方向上的集中标注，进行应用。

输入 AutoCAD 快捷键“RO”命令，光标框选所需要旋转的内容，如图 4.2.28 所示。

敲击键盘“Enter”键，选择基点，输入旋转角度 90°，完成旋转，如图 4.2.29 所示。

依次按照上述方法，对各个梁进行集中标注，完成后可以得到如图 4.2.30 所示的集中标注图。

图 4.2.28　选中旋转内容

图 4.2.29　旋转完成

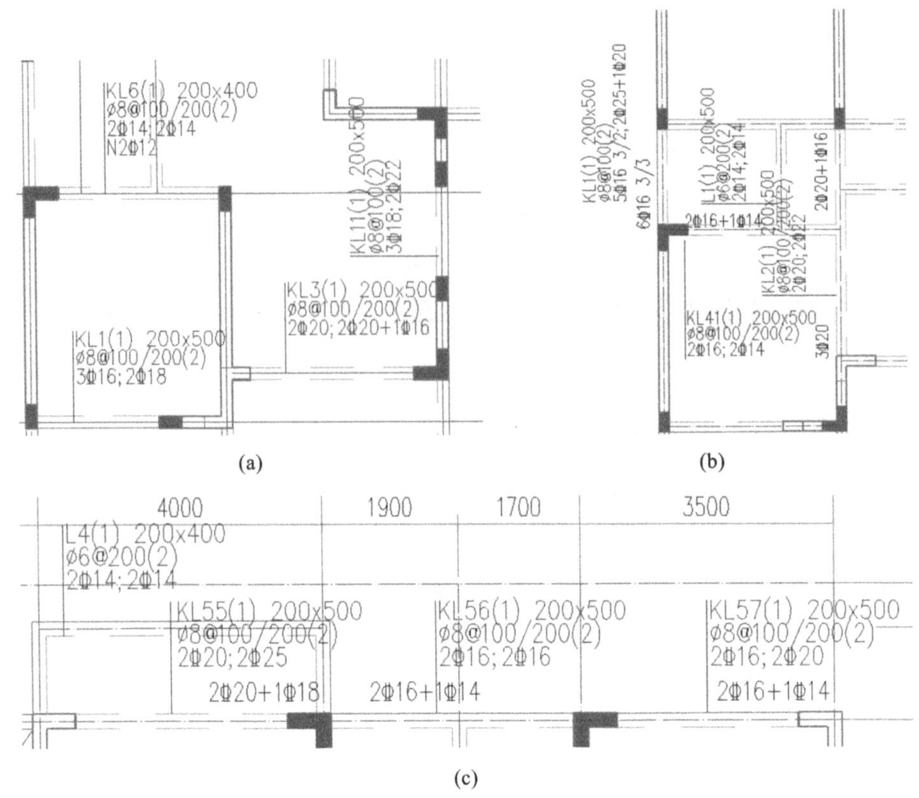

图 4.2.30 梁集中标注图(局部)

(9) 相同梁的标注。

框架梁结构梁平法布置完成,在布置过程中,会发现很多部分梁数据完全相同,如图 4.2.31 所示。

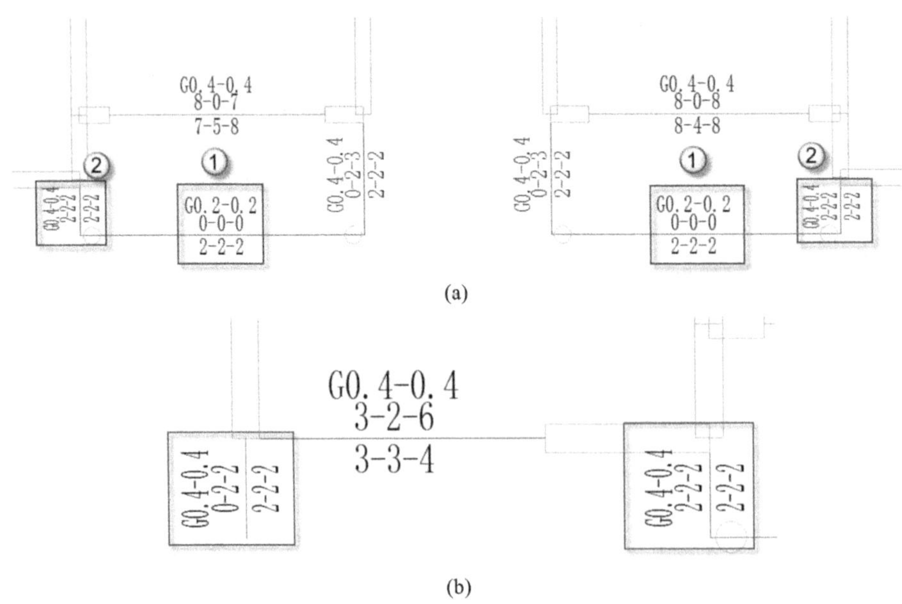

图 4.2.31 部分梁数据相同

这种情况一般出现在梁和挑梁之中，进行梁施工图配置时可以对其进行编号，同类梁只布置一个，其余部分使用其相同代号表示相同布置，如图 4.2.32 所示。

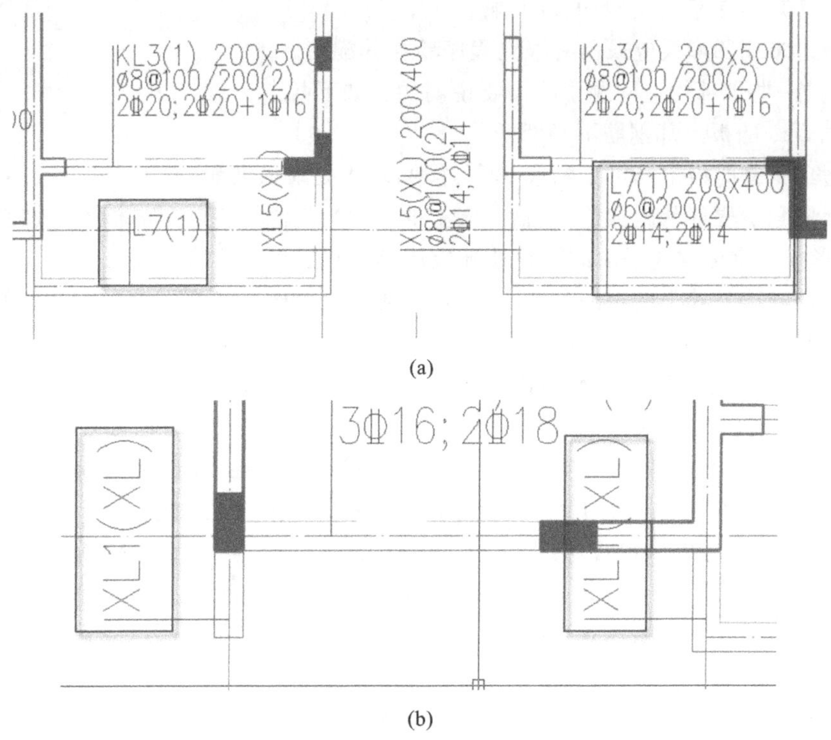

(a)

(b)

图 4.2.32　同类梁布置

4.3　板施工图(结构平面图)

结构平面图是假想沿着楼板面将房屋水平剖开后所作的楼层的水平投影，表示建筑各构件的平面布置的图样。可分为基础平面图、楼层结构平面图、屋面结构平面图。接下来将用 TSSD 进行结构平面图的布置。

4.3.1　板配筋设计使用技巧

首先是配筋一般问题。建议尽量按建设部推荐采用三级钢筋，钢筋间距尽量选用 200 mm(一般跨度小于 6.6 m 的板的裂缝均可满足要求)。板上、下钢筋间距宜相等，直径可不同，但钢筋直径类型也不宜过多。

其次是计算问题。8 m 以下的板均可以采用非预应力板。一般可按塑性计算，尤其是基础底板和人防结构。但结构自防水、不允许出现裂缝和对防水要求严格的建筑，如坡屋顶、平屋顶、厕厕、配电间等应采用弹性计算。配筋计算时可考虑塑性内力重分布，将板上筋乘以 0.8～0.9 的折减系数，将板下筋乘以 1.1～1.2 的放大系数。也可采用 PMCAD 软件自动生成，但 PMCAD 生成的板配筋图应注意以下几点。

◇ 单向板是按塑性计算的，而双向板按弹性计算，宜改成一种计算方法。

◇ 当厚板与薄板相接时，薄板支座按固定端考虑是适当的，但厚板就不合适，宜减小厚板支座配筋，增大跨中配筋。

◇ 非矩形板宜减小支座配筋，增大跨中配筋。

◇ 房间边数过多或凹形板应采用有限元程序验算其配筋。

再者就是板的一些细部构造问题了。需要说明的有如下几点。

◇ 跨度小于 2 m 的板上部钢筋不必断开。

◇ 顶层及考虑抗裂时板上筋可不断或 50%连通，较大处附加钢筋。

◇ 现浇挑板阳角加辐射状附加筋（包括内墙上的阳角），现浇挑板阴角的板下应加斜筋。

◇ L 形、T 形或十字形建筑平面的阴角处板应加厚并双层双向配筋。

◇ 支承在砖混结构外墙上的板的负筋不宜过大，否则会对砖墙产生过大的附加弯矩。一般板厚＞150 mm 时采用 ϕ10@200，否则用 ϕ8@200。

◇ 室内轻隔墙下一般不应加粗钢筋，因为一是轻隔墙有可能移位，二是板整体受力，应整体提高板的配筋。只有垂直单向板长边的不可能移位的隔墙，如厕所与其他房间的隔墙下才可以加粗钢筋。

◇ 坡屋顶板为偏拉构件，应双层双向配筋。挑板配筋应有余地，并应采用大直径钢筋，防止踩弯，挑板内跨板跨度较小，跨中可能出现负弯矩，应将挑板支座的负筋伸过全跨。

◇ 板上开洞（厨、厕、电气及设备）的附加筋不必一定锚入板支座，从洞边锚入 l_a 即可。对于板上开洞的附加筋，如果洞口处板仅有正弯矩，可只在板下加筋；否则应在板上、下均加筋。

◇ 留筋后浇的板宜用虚线表示其范围，并注明用提高一级的膨胀混凝土浇筑。未浇筑前应采取有效支承措施。

◇ 住宅跃层楼梯在楼板上所开大洞，周边不宜加梁，应采用有限元程序计算板的内力和配筋。板适当加厚，洞边加暗梁。

最后需注意的就是楼梯梯段板的设计了。楼梯梯段板计算方法：当休息平台板厚为 80～100 mm、梯段板厚为 100～130 mm、梯段板跨度小于 4 m 时，应采用 1/10 的计算系数，并上下配筋；当休息平台板厚为 80～100 mm、梯段板厚为 160～200 mm、梯段板跨度约 6 m 时，应采用 1/8 的计算系数，板上配筋可取跨中的 1/4～1/3，并不得过大。此两种计算方法是偏于保守的。任何时候休息平台与梯段板平行方向的上筋均应拉通，并应与梯段板的配筋相应。当板式楼梯跨度大于 5 m 时，挠度不容易满足，应注明加大反拱。

4.3.2　正式绘图前的准备工作

本小节中主要介绍如何显示出 PKPM 的运行结果。根据这个结果可以查表，使用探索者软件绘制钢筋图。具体操作如下。

(1) 打开 PKPM 软件，单击“PMCAD”→“画结构平面图”→“应用”命令，进入板施工图界面，如图 4.3.1 所示。

(2) 单击工具栏“PKPM 标准”工具栏右侧的标准层选择栏，单击右侧向下选择键，选择第五标准层。以 PKPM 计算数据为基础，在 TSSD 软件中进行修缮及完善布置，单击右侧“楼板计算”命令。此时界面将变成需要的计算参数界面，在结构平面图的布置中将以其为基础，如图 4.3.2 所示（此图为局部图）。

(3) 在 PKPM 中的准备工作已经完成，接下来打开 TSSD 软件，打开对应提取的第五标准层的建筑平面图，得到需要的轴线图，并进行剪力墙、梁的布置。最终得到如图 4.3.3 所示的结构平面图。

图 4.3.1　画结构平面图

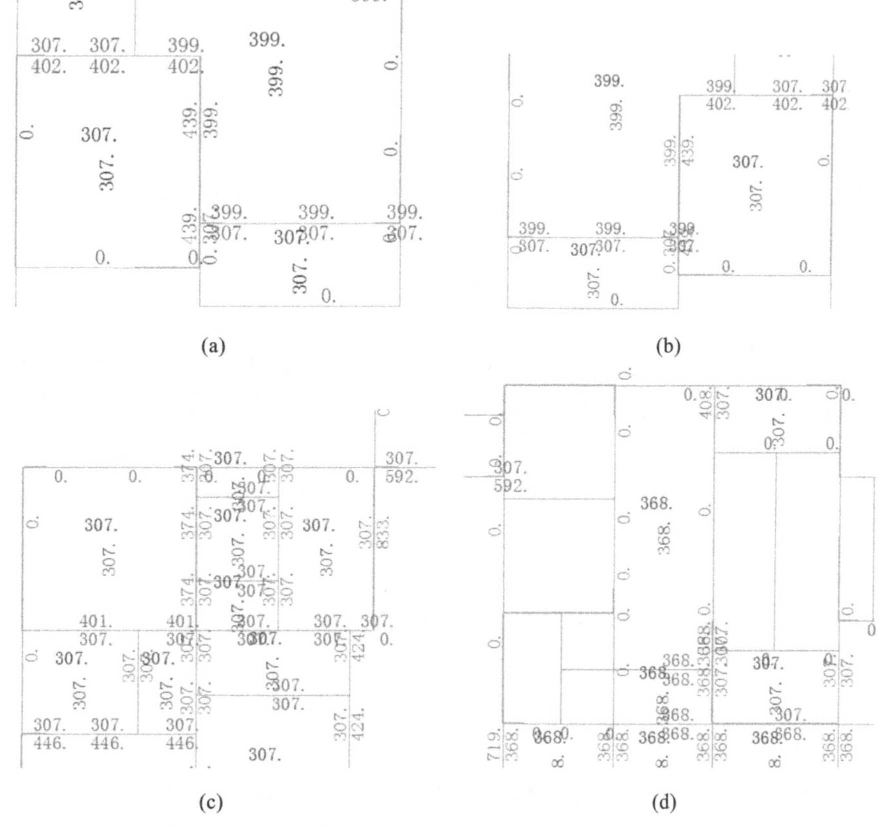

图 4.3.2　计算参数图(局部)

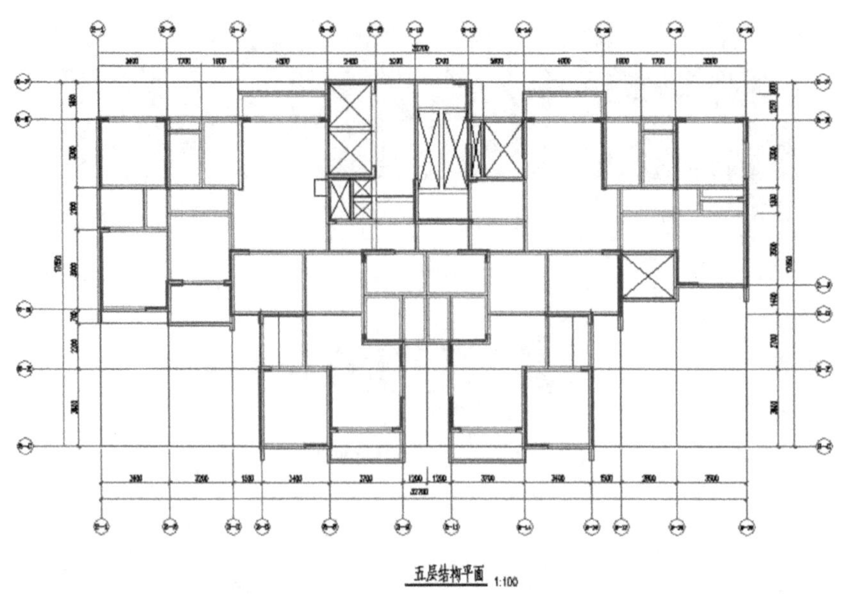

图 4.3.3 结构平面图

参照计算参考图的参数进行计算，依次为“布置负筋”“布置正筋”“布置构造钢筋”这几步。

注意：布置负筋与布置正筋原理相同，可以采用同时布置的方式，布置构造钢筋与前两者稍微有些区别。对于 TSSD 软件初学者来说，不建议同时进行前两步，以免产生混乱，导致绘图错误，影响绘图进度。

4.3.3 布置负筋

位于楼板顶部的钢筋承受负弯矩作用，所以叫作“负筋”（也叫“面筋”），本小节介绍负筋的绘制方法。具体操作如下。

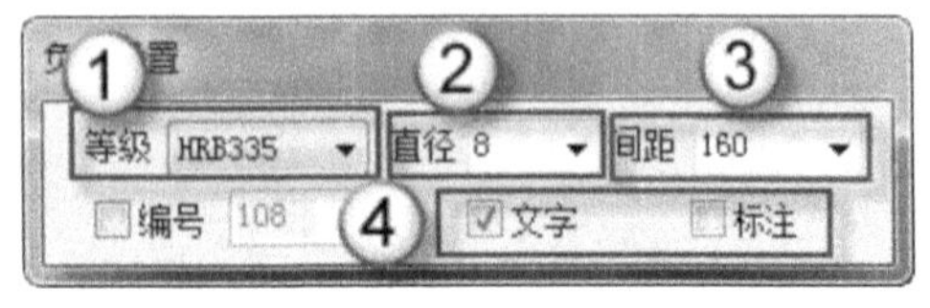

图 4.3.4 负筋设置

（1）单击 TSSD 软件绘图区右侧工具栏“钢筋绘制”→“任意负筋”命令，进行负筋绘制。

（2）完成步骤（1）后，弹出一个负筋设置对话框，在此对负筋进行设置。依次按照要求选择所需要的钢筋等级、直径、间距以及是否需要文字、标注和编号，完成这些设置，即可在结构平面图中绘制负筋，如图 4.3.4 所示。

（3）按照在 PKPM 中得到的计算参数图上的数据，绝大部分板的参数为“307　307”，小部分板的参数为“368　368”以及“399　399”。如图 4.3.5 所示。

（4）根据附表 1 每米板宽内各种钢筋间距的钢筋截面面积，对板配筋进行计算，参数“307　307”可以选用 $\phi8@160$ 钢筋。

（5）在参数设置对话框中选择对应的钢筋参数等级、直径、间距，单击结构平面图中对应板的位置，拖动绘制负筋，如图 4.3.6 所示。

（6）按照以上步骤依次绘制本层其他板所需配置负筋，原理相同，步骤相同。

绘制结构平面图时，双向板应该按照以上步骤绘制；如果遇到单向板，则应采用双层双向布置，具体步骤相同，如图 4.3.7 所示。

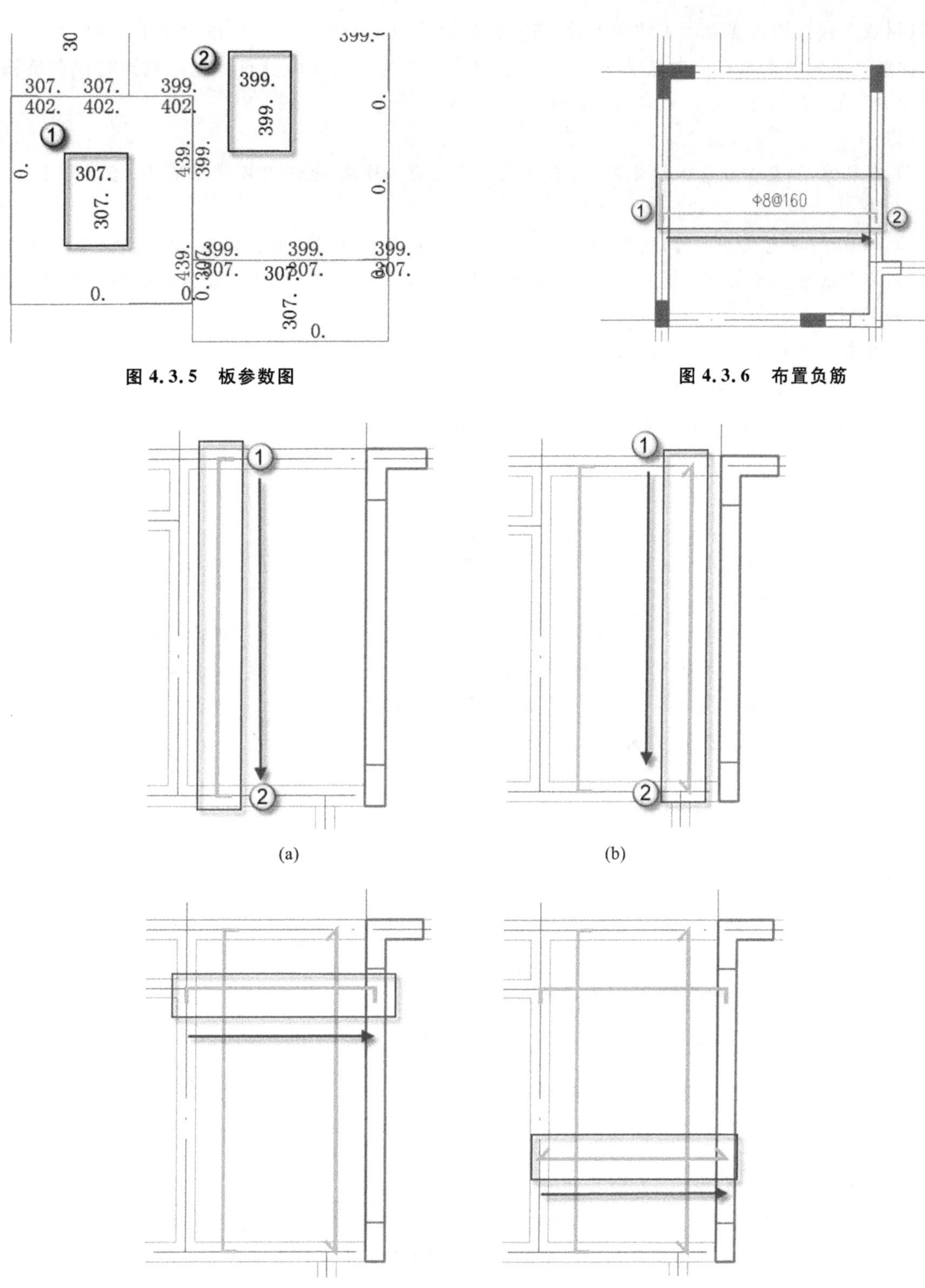

图 4.3.5　板参数图

图 4.3.6　布置负筋

图 4.3.7　双层双向布筋

双层双向板是指现浇混凝土结构中，钢筋分布为双层双向的楼板。顶层的为面筋，底层的为底筋。底筋、面筋又可同时沿水平方向纵横交错分布，这种分布称为双层双向分布。也可能同时存在负筋（受力筋）及分布筋，它们也可双层双向分布。

注意：

（1）布筋时，钢筋应该深入墙体内部，不可以悬浮在墙体外侧，也不可以穿越墙体，否则与实际施工建筑不相符；

（2）布筋时，注意文字和标注，各个文字之间不要相互掩盖、阻挡，不要交叉，以免影响正常的阅读；

（3）由于板的参数大都相同，故可以选择某一种钢筋，省略其文字，并在整张图纸后说明未注明钢筋为何种钢筋；

（4）注意绘图的连贯性，不要有遗漏；

（5）注意绘图的美观性。

负筋布置完成之后，注意整理图纸，然后参照计算参数图以及板钢筋计算参数图进行正筋的计算及绘制。

4.3.4 布置正筋

位于楼板底部的钢筋承受正弯矩作用，所以叫作“正筋”（也叫“底筋”），本小节介绍正筋的绘制方法，具体操作如下。

（1）单击 TSSD 软件绘图区右侧工具栏“钢筋绘制”→“任意正筋”命令，进行正筋绘制。

（2）完成步骤（1）后，弹出一个正筋设置对话框，在此对正筋进行设置，根据板钢筋计算参数表，依次按照要求选择所需要的钢筋等级、直径、间距，如图 4.3.8 所示。

（3）按照要求绘制正筋图，如图 4.3.9 所示。

图 4.3.8 正筋设置

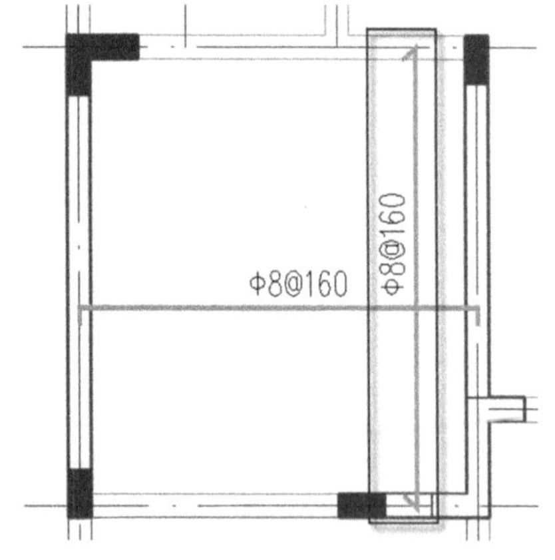

图 4.3.9 布置正筋

（4）按照以上步骤依次绘制本层其他板所需配置的正筋。

注意：双层双向板应单独布筋。由于板的参数大都相同，故可以选择某一种钢筋，省略其文字，并在整张图纸后说明未注明钢筋为何种钢筋。为使图面整洁，建议省略文字内容。

负筋、正筋布置完成后，简单处理，节约空间，为布置构造筋做准备，以利于构造钢筋的绘制，节省绘图工作量。

在钢筋混凝土中，按照构造需要设置的钢筋，相对于受力钢筋而言，构造钢筋不承受主要的作用力，只起维护、拉结、分布作用。

构造筋的类型有：分布筋、构造腰筋、架立钢筋、与主梁垂直的钢筋、与承重墙垂直的钢筋、板角的附加钢筋。

板的构造筋又可以称为板支座原位标注的钢筋。板支座原位标注的钢筋为：板支座上部非贯穿纵筋和悬挑板上部受力钢筋。

板支座原位标注的钢筋，应配置在相同跨的第一跨表达（当在梁悬挑部位单独配置时则在原位表达）。在配置相同跨的第一跨（或梁悬挑部位），垂直于板支座（梁或墙）绘制一段适宜长度的中粗实线（当该筋通长设置在悬挑板或短跨板上部时，实线段应画至对边或贯通短跨），以该线段代表支座上部非贯通纵筋，并在线段上方注写钢筋编号、配筋值、横向连续布置的跨数（注写在括号内，且当为一跨时可不注）以及是否横向布置到梁的悬挑端。

4.3.5　构造筋布置

楼板的钢筋除了正筋与负筋之外，还有一定的构造筋。这种类型的钢筋不是为了受力，而是为了满足结构细部构造的要求。具体操作如下。

（1）打开 PKPM 计算参数图，按照 PKPM 得到的参数，以图 4.3.10 为例进行计算。钢筋间距不应大于 200 mm，直径不应小于 6 mm，其伸出墙边的长度不应小于 $L/7$（L 为单向板的跨度或双向板短边跨度），通常取 $L/5$，且取 50 的倍整数。图 4.3.10 中所介绍红色圆圈中的参数，左侧为 439，右侧为 399，两者处于同一条梁的不同侧，故可以按照同一钢筋布置，取两者较大者，故取参数 439。对应结构平面图，短跨的长度为 3400 mm，计算得长度应为 700 mm。

（2）单击 TSSD 软件绘图区右侧工具栏“钢筋绘制”→“任意负筋”命令，进行负筋绘制。

（3）在参数设置对话框中选择对应的钢筋参数等级、直径、间距，单击结构平面图中对应板的位置，拖动绘制负筋，如图 4.3.11 所示。

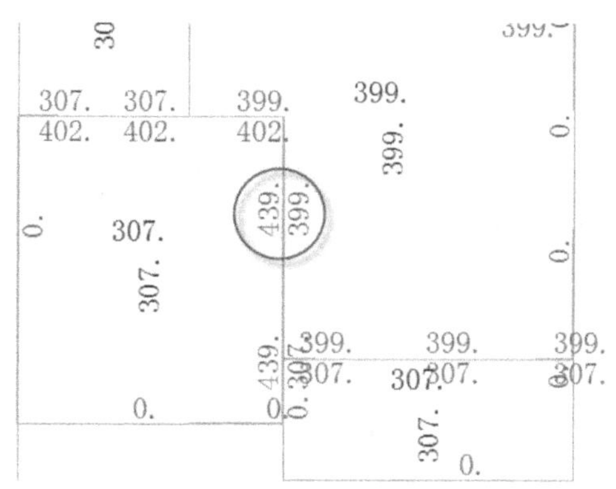

图 4.3.10　构造筋参数图

图 4.3.11　负筋设置

注意：*构造筋布置，要求必须有标注。*

（4）光标单击所要布置构造筋区域，拖动光标，并输入构造筋长度，完成构造筋布置，如图 4.3.12 所示。

（5）移动文字至右侧，如图 4.3.13 所示。

（6）使用“移动”命令，移动钢筋型号至一侧，并使用“更改”命令更改钢筋伸出墙外距离为两边各 700 mm，如图 4.3.13 所示。

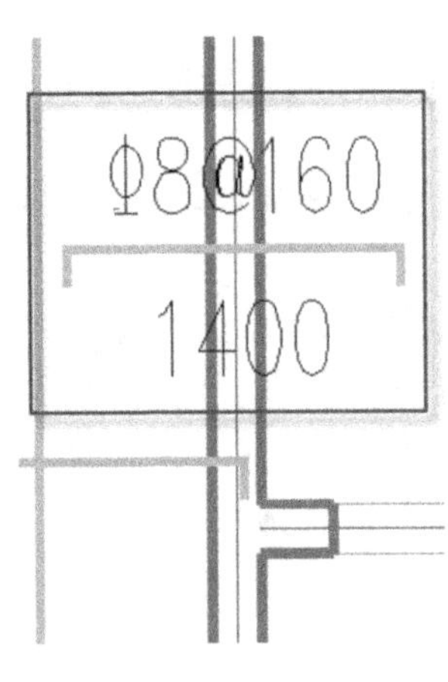

图 4.3.12　构造筋布置

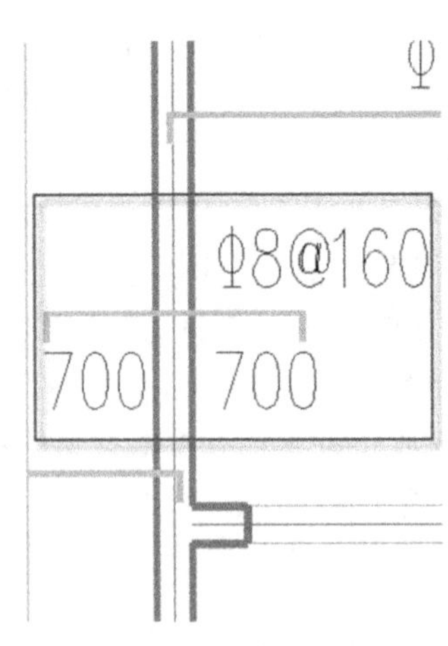

图 4.3.13　移动文字

板支座上部非贯通钢筋自支座中线向跨内的伸出长度，注写在线段的下方位置。

当支座中间、支座上部非贯通纵筋向支座两侧对称伸出时，可仅在支座一侧线段下方标注伸出长度，另一侧不标注，如图 4.3.14 所示。

当向支座两侧非对称伸出时，应分别在支座两侧线段下方注写伸出长度，如图 4.3.15 所示。

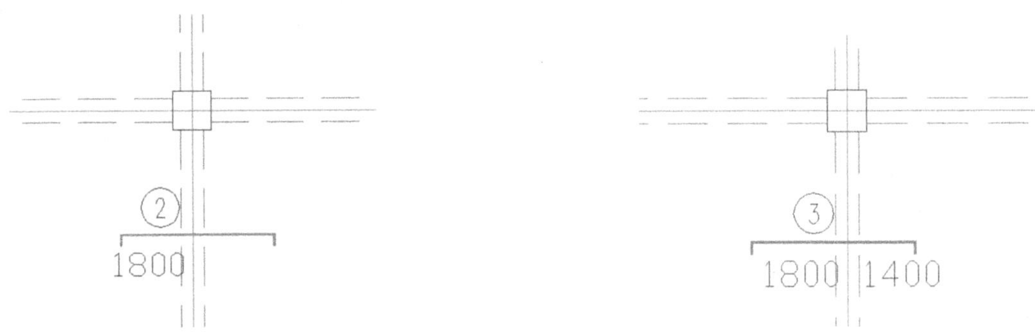

图 4.3.14　板支座上部非贯通筋对称伸出

图 4.3.15　板支座上部非贯通筋非对称伸出

对线段画至对边贯通全跨或贯通全悬挑长度的上部通长纵筋，贯通全跨或伸出至全悬挑一侧的长度值不标注，只注明非贯通筋另一侧的伸出长度值，如图 4.3.16 所示。

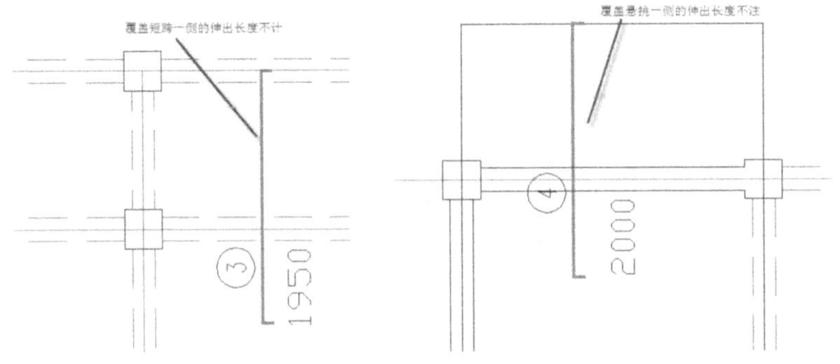

图 4.3.16　板支座非贯通筋

另外，在结构边缘部分，构造筋并非两边贯穿，布置时按照计算要求，布置一侧即可，绘制方法与上述相同，如图 4.3.17 所示。

注意：部分图由于存在对称性，故一般只绘制一半钢筋，然后采用“镜像”命令进行镜像，从而得到图纸。此时，正筋、负筋布置与实际要求相反，所以，在绘制配筋时，使用“镜像”命令须正确处理，否则，容易产生错误。

计算参数图，有些边缘部位参数为“0”，如图 4.3.18 所示圆圈中标注的一样，意味着不进行配筋，而是按照板的计算参数布置构造筋。

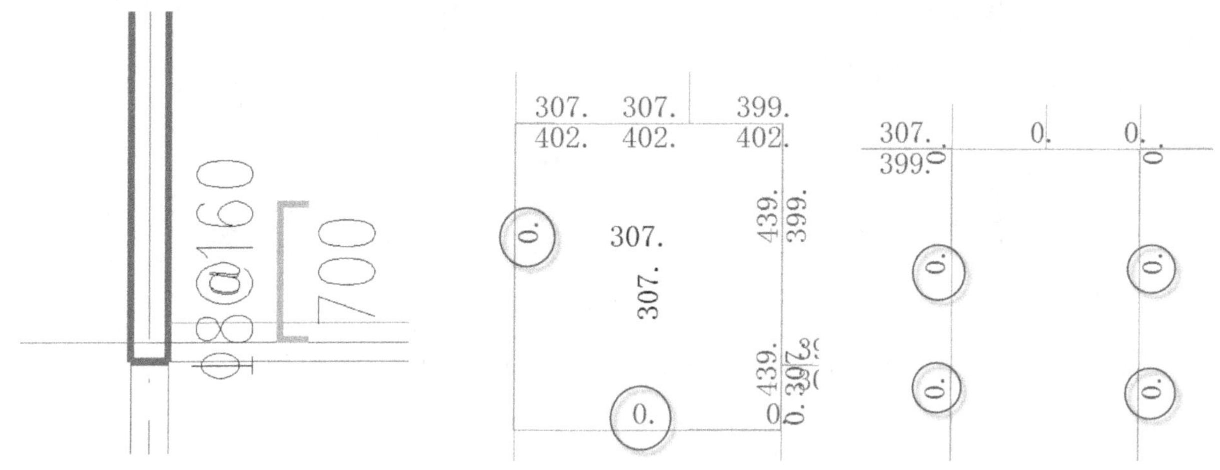

图 4.3.17　单侧布置

图 4.3.18　板计算参数图边缘部位

根据板参数进行配置，并布置对应平面图，如图 4.3.19 所示。

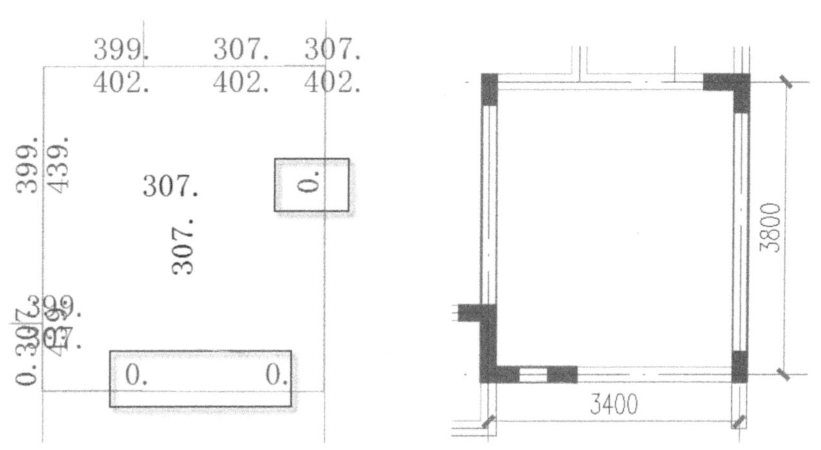

图 4.3.19　板计算参数图及对应平面图

钢筋间距不应该大于 200 mm，直径不应小于 6 mm，其伸出墙边的长度不应小于 $L/7$（L 为单向板的跨度或双向板短边跨度），通常取 $L/5$，且取 50 的整倍数。由平面图中可以知道，此板为双向板，短边跨度为 3400 mm，由公式计算 3400/5 mm＝680 mm，取 50 的整倍数为 700 mm，钢筋型号与板配筋图相同。

单击 TSSD 软件绘图区右侧工具栏“钢筋绘制”→“任意构造筋”命令，进行构造筋绘制，在弹出的对话框中更改钢筋的型号。

单击梁上一点，移动光标找准布筋方向，输入 700，敲击键盘“Enter”键，完成构造筋配置，如图 4.3.20所示。

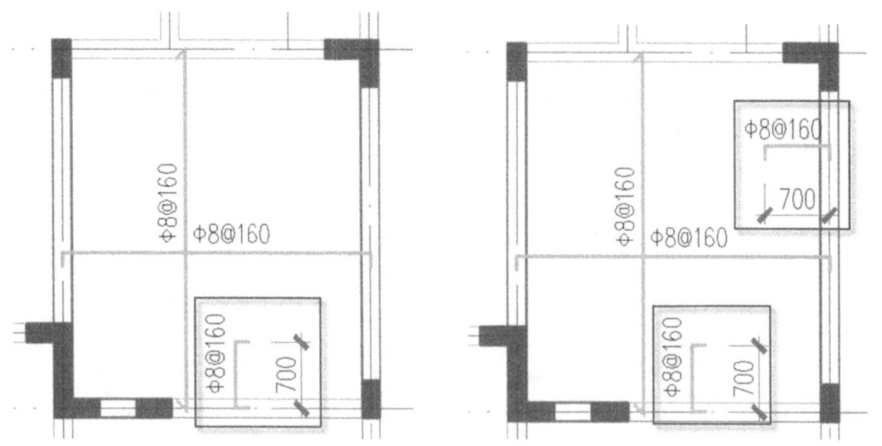

图 4.3.20 布置边缘构造筋

按照上述方法，对板进行配筋布置，布置完成后，可得到所需要的板配筋平面图。

第 5 章　主楼地下部分绘制施工图

第 4 章讲述了主楼地上部分施工图的绘制，相信读者朋友已对施工图的绘制有了较深的了解。接下来将介绍主楼地下部分的施工图绘制。绘制步骤同主楼地上部分施工图的绘制一样，首先绘制剪力墙施工图，然后绘制梁施工图，最后绘制板施工图。

5.1　剪力墙施工图

在 PKPM 结构设计软件中的“施工图设计”包含“剪力墙施工图”，用户可绘制钢筋混凝土结构的剪力墙施工图。接下来介绍结构软件的配筋流程。首先用 PMCAD 程序对工程进行建模，再用 PKPM 系列软件中任一种多、高层结构整体分析软件（STAWE/TAT 或 PMSAP）进行计算。由剪力墙施工图程序读取指定层的配筋面积计算结果，按使用者设定的配筋规格进行选筋，并通过归并整理与智能分析生成墙内配筋。

5.1.1　PKPM 画施工图

在 PKPM 系列设计软件的主菜单中，剪力墙施工图位于“结构”页内的“墙梁柱施工图”项下。

1. PKPM 主界面

打开 PKPM 软件，单击“墙梁柱施工图”选择“剪力墙施工图”按钮，如图 5.1.1 所示。

图 5.1.1　墙梁柱施工图

弹出上述对话框后，单击“应用”按钮，进入剪力墙施工图界面。下面主要介绍右侧菜单的使用。

2. PKPM 绘制施工图一般步骤

进入上述界面后，单击右侧菜单中的“自动配筋”按钮，弹出“自动配筋”对话框，如图 5.1.2 所示。PKPM 软件将自动对剪力墙进行配筋。单击“墙身表”按钮即可得到剪力墙的水平分布钢筋、垂直分布钢筋以及拉筋的配筋形式。剪力墙身表如表 5.1.1 所示。

表 5.1.1　剪力墙身表

名称	墙厚	水平分布筋	垂直分布筋	拉筋
Q-2(2 排)	300	ϕ10@200	ϕ10@150	ϕ6@600
Q-3(2 排)	300	ϕ14@100	ϕ8@100	ϕ6@400
Q-4(2 排)	300	ϕ12@200	ϕ12@200	ϕ6@400
Q-5(2 排)	300	ϕ12@200	ϕ10@150	ϕ6@600
Q-7(2 排)	250	ϕ8@150	ϕ10@200	ϕ6@600
Q-8(2 排)	200	ϕ8@200	ϕ8@150	ϕ6@600
Q-9(2 排)	200	ϕ10@200	ϕ10@200	ϕ6@400

单击“墙柱大样表”按钮，系统则自动生成墙柱大样表，如表 5.1.2 所示。

表 5.1.2　墙柱大样表

截面	400; 200 (250)	300; 200; 300; 600	(200) 250; 300; 200; 300
编号	GAZ1(GAZ2)	GAZ9	GAZ3(GAZ4)
标高	16.770～39.970 m	16.770～39.970 m	16.770～39.970 m
纵筋	6Φ12	16Φ12	12Φ12
箍筋	ϕ8@200(ϕ8@150)	ϕ8@150	ϕ8@150(ϕ8@200)

墙柱大样自动生成选项参数设置，如图 5.1.3 所示。

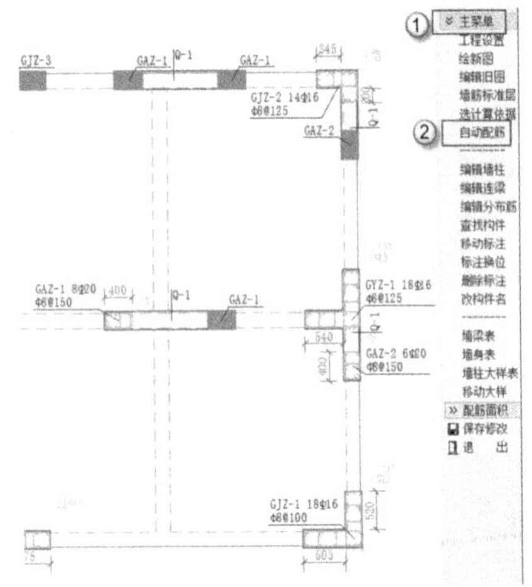

图 5.1.2　“自动配筋”对话框

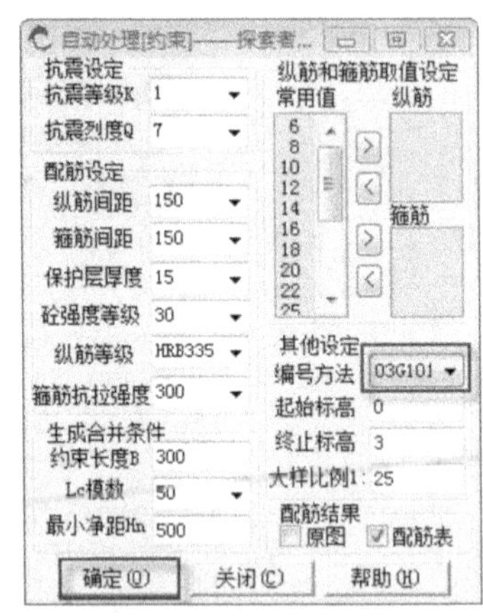

图 5.1.3　参数设置对话框

如上操作即可绘制出剪力墙身表和墙柱大样表。单击“配筋面积”按钮，会出现一系列的下拉菜单，如“墙柱计算结果”“墙身计算结果”“墙柱实配数量”“墙身实配数量”以及“清除面积显示”五个选项，单击上述菜单即可得到剪力墙的各项配筋信息。

单击“退出”按钮，选择“是”选项，即可退出 PKPM 剪力墙施工图的绘制。

上述操作是针对 PKPM 对剪力墙进行配筋，计算结果不应完全应用到实际工程中，仅作参考。用户应根据《高层建筑混凝土结构技术规程》(JGJ 3—2010)、《建筑抗震设计规范》(GB 50011—2010)对剪力墙的各项配筋进行计算。接下来将运用 TSSD 探索者软件对剪力墙的配筋进行讲解。

5.1.2　TSSD 探索者自动绘制施工图

TSSD 探索者软件中有很多“自动”功能，能够生成结构施工图中常用的一些图、表，这为绘图简化了不少工作。具体操作如下。

1. 探索者基本设置

打开 TSSD 探索者软件，单击菜单栏上的“打开”按钮，选择地下主楼部分图，对地下主楼进行施工图绘制。打开地下主楼的图纸后，单击右侧菜单的“TSSD2006”按钮，切换成“剪力墙 06”菜单，进行此操作后下拉菜单也会随之改变。单击“约束暗柱”按钮，选择下拉菜单的“预处理”按钮。单击后剪力墙的墙身颜色将会变成红色。

单击“基本设置”按钮，将会弹出探索者软件基本设置对话框，如图 5.1.4 所示。

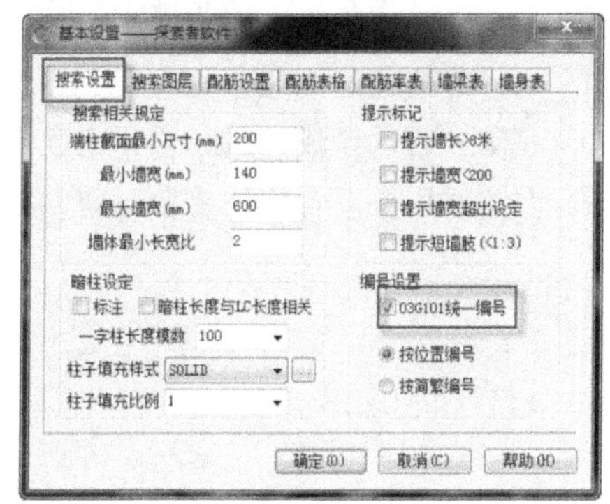

图 5.1.4　探索者基本设置

搜索设置是对已经打开的原图的图层进行搜索编辑指定，指出所要搜索的图层。当用户未指定图层，即右面为空时，程序默认的搜索图层为 WALL 层，不区分大小写。搜索图层可以有多个，不再局限于一个图层或两个图层，可由用户自己设置。设置方法为：选中左框中所列图层名，单击按钮加入右框中。用于全选左框图层进行加入。若要去掉右框中的图层名，单击另外两个按钮即可。

单击切换为配筋设置，软件自动对配筋进行了设置。用户在此对拉筋设置方式和约束钢筋方式进行设置，在配筋过程中的细节也可以在此设置，如图 5.1.5 所示。

单击切换配筋表格，给出了配筋表格的各尺寸参数及表头文字，用户可以依照示意图进行修改，如图 5.1.6 所示。

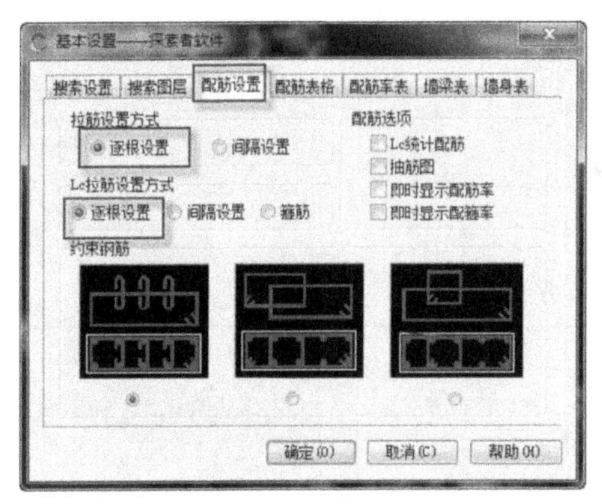

图 5.1.5　配筋设置

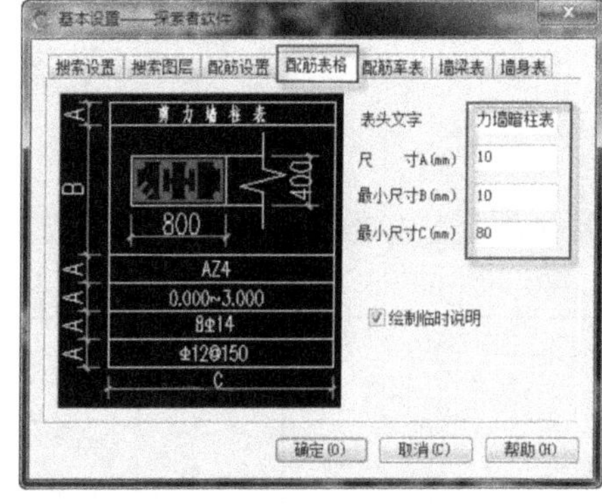

图 5.1.6　配筋表格

设置完成后，程序会按照设定值生成表格，如果生成的图形过大，用户设置的 B 值和 C 值不能满足要求，则程序可以实际图形所占的大小另行确定 B 值和 C 值。

单击切换墙梁表，软件给出了剪力墙连梁表的各尺寸参数，用户可以根据需要修改，如图 5.1.7 所示。

单击切换墙身表选项，其给出了剪力墙身表的各尺寸参数，用户可以根据需要修改，如图 5.1.8 所示。

完成上述设置后即可开始对结构进行配筋了。

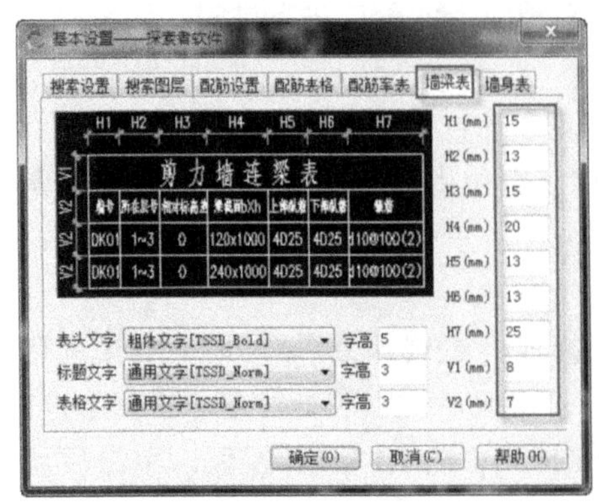

图 5.1.7 剪力墙连梁表

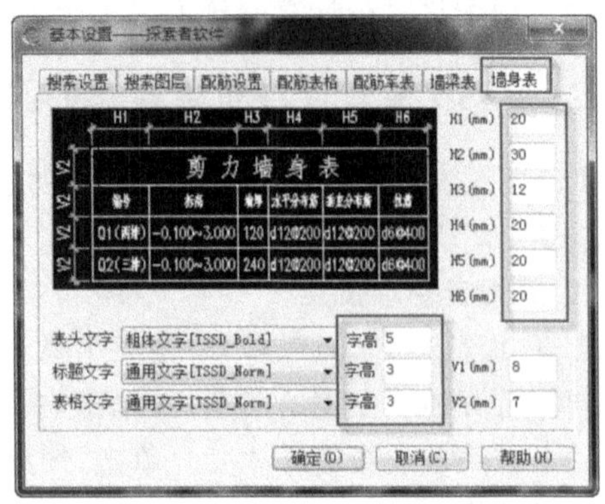

图 5.1.8 剪力墙身表

2. 自动配筋一般步骤

单击"自动生成"按钮，会弹出配筋自动处理对话框，如图 5.1.3 所示。用户对对话框中的数据进行设置，设置好后探索者软件将会对剪力墙的暗柱进行配筋，单击"确定"按钮即可。结果如图 5.1.9 所示。

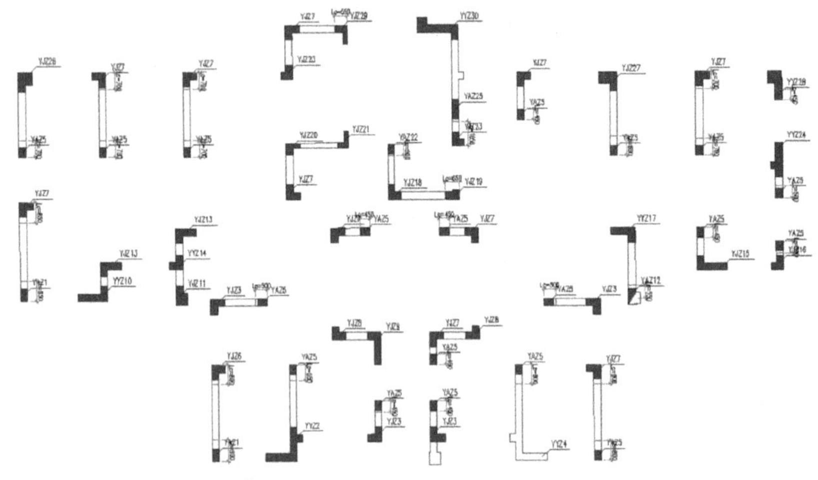

图 5.1.9 暗柱布置图

系统自动生成暗柱后，同时自行生成剪力墙暗柱表，如表 5.1.3 所示。

表 5.1.3 剪力墙暗柱表(部分)

截面				
编号	YAZ1	YYZ2	YJZ3	YYZ4
标高	0.000～3.000	0.000～3.000	0.000～3.000	0.000～3.000
纵筋	10Φ18	18Φ18	18Φ18	34Φ10
箍筋	Φ10@150	Φ12@150	Φ10@150	Φ8@150

单击“墙身表”按钮，软件将自动生成剪力墙身表，如表 5.1.4 所示。

表 5.1.4　剪力墙身表

编号	标高	墙厚	水平分布筋	垂直分布筋	拉筋
Q1(两排)	−0.100～3.000	0.8281	ϕ12@200	ϕ12@200	ϕ6@400
Q2(两排)	−0.100～3.000	200	ϕ12@200	ϕ12@200	ϕ6@400
Q3(两排)	−0.100～3.000	250	ϕ12@200	ϕ12@200	ϕ6@400
Q4(两排)	−0.100～3.000	299.865	ϕ12@200	ϕ12@200	ϕ6@400
Q5(两排)	−0.100～3.000	400	ϕ12@200	ϕ12@200	ϕ6@400
Q6(两排)	−0.100～3.000	499.999	ϕ12@200	ϕ12@200	ϕ6@400

5.1.3　根据 PKPM 计算结果配筋

步骤 2 操作是软件自动进行剪力墙配筋的过程。用户可以先对结构进行配筋计算，然后再对软件自动生成的配筋信息进行核对。

软件自动生成的配筋会有很多的误差。用户应根据《高层建筑混凝土结构技术规程》(JGJ 3—2010)、《建筑抗震设计规范》(GB 50011—2010)对剪力墙的各项配筋进行手动计算。接下来将根据上述两本规范对剪力墙进行配筋。

1. 剪力墙基本介绍

剪力墙又称抗风墙或抗震墙、结构墙。它是房屋或构筑物中主要承受风荷载或地震作用引起的水平荷载的墙体，主要作用是防止结构剪切破坏。建筑物中的竖向承重构件主要由墙体承担时，这种墙体既承受水平构件传来的竖向荷载，同时也承受风力或地震作用传来的水平地震作用〕剪力墙是建筑物的分隔墙和围护墙，因此墙体的布置必须同时满足建筑平面布置和结构布置的要求。

剪力墙结构体系有很好的承载能力、整体性和空间作用，比框架结构有更好的抗侧力能力，因此，可用于建造较高的建筑物。

剪力墙结构的优点是侧向刚度大，在水平荷载作用下侧移小；其缺点是对剪力墙的间距有一定限制，建筑平面布置不灵活，不适合要求大空间的公共建筑，另外结构自重也较大，灵活性较差。剪力墙结构一般适用于住宅、公寓和旅馆。

通过上面对剪力墙的了解，接下来就开始对已经布置好的剪力墙进行配筋计算。剪力墙布置如图 5.1.10 所示。

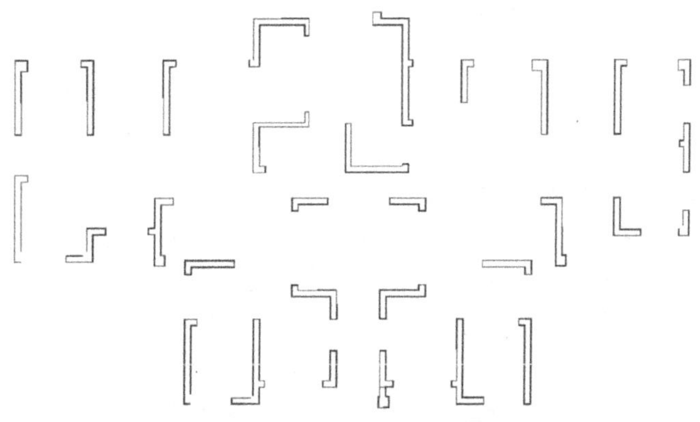

图 5.1.10　剪力墙布置图

◇ 剪力墙的布置应该遵循以下原则。

剪力墙结构中全部竖向荷载和水平力都由钢筋混凝土墙承受，所以剪力墙应沿平面主要轴线方向布置。

矩形、L 形、T 形平面的剪力墙沿两个正交的主轴方向布置；三角形及 Y 形平面的剪力墙可沿三个方向布置；正多边形、圆形和弧形平面的剪力墙则可沿径向及环向布置。

单片剪力墙的长度不宜过大：长度很大的剪力墙，刚度过大将导致结构的周期过短，地震力太大不经济；剪力墙处于受弯工作状态时，才能有足够的延性，故剪力墙应当是高细的。如果剪力墙太长，将形成低宽剪力墙，就会受剪破坏，剪力墙呈脆性，不利于抗震。故同一轴线上的连续剪力墙过长时，应用楼板或小连梁分成若干个墙段，每个墙段的高宽比应不小于 3。每个墙段可以是单片墙、小开口墙或联肢墙。每个墙肢的宽度不宜大于 8.0 m，以保证墙肢由受弯承载力控制，并充分发挥竖向分布筋的作用。内力计算时，墙段之间的楼板或弱连梁不考虑其作用，每个墙段作为一片独立剪力墙计算。

◇ 剪力墙结构特有的约束。

剪力墙约束分为约束边缘构件和构造边缘构件，有四种形式，如图 5.1.11 所示。

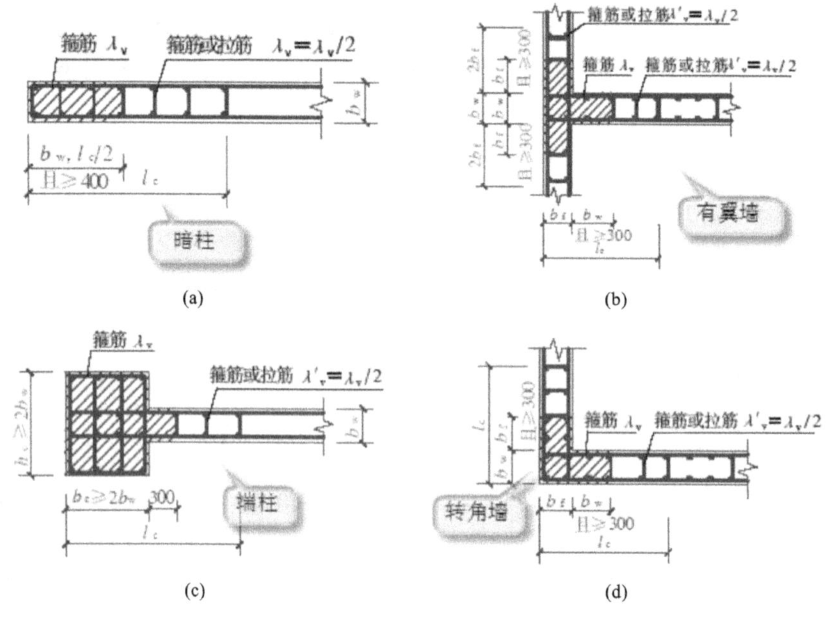

图 5.1.11　剪力墙约束的四种形式

设置约束边缘构件的部位有：一、二级抗震设计的剪力墙底部加强部位及其上一层的墙肢端部，约束边缘构件的截面尺寸及配筋都比构造边缘构件高，其长度及箍筋配置量都需要通过计算确定。

设置构造边缘构件的部位有：一、二级抗震设计的剪力墙除约束边缘构件外的其他部位，三、四级抗震设计和非抗震设计的剪力墙墙肢端部应设置构造边缘构件。

抗震设计时，一般剪力墙结构底部加强部位的高度可取墙肢总高度的 1/8 和底部两层二者中的较大值。当剪力墙高度超过 150 m 时，其底部加强部位的高度可取墙肢总高度的 1/10；部分框支剪力墙结构底部加强部位的高度应符合《高层建筑混凝土结构技术规程》(JGJ 3—2010)第 10.2.4 条的规定。

◇ 剪力墙中的配筋分为竖向分布钢筋和水平分布钢筋以及约束构件的配筋。

首先对剪力墙竖向和水平方向进行配筋计算。查看《高层建筑混凝土结构技术规程》(JGJ 3—2010)可知以下内容。

高层建筑剪力墙中竖向分布钢筋和水平分布钢筋，不应采用单排配筋。对于竖向分布钢筋和水平分布钢筋最小配筋率，一、二、三级抗震墙均不应小于 0.25%，四级抗震墙不应小于 0.20%；钢筋最大间距不应大于 300 mm，最小直径不应小于 8 mm。部分框支抗震墙结构的抗震墙底部加强部位，竖向、水平分布钢筋配筋率均不应小于 0.3%，钢筋间距不应大于 200 mm。抗震墙竖向、水平分布钢筋的钢筋直径不宜大于墙厚的 1/10。

2. PKPM 剪力墙计算数据

通过 PKPM 对结构的计算，得出剪力墙的计算数据。打开 PKPM 软件，单击“STAWE”按钮，选择 STAWE 第四项，单击“应用”按钮后会弹出 STAWE 后处理对话框。如图 5.1.12 所示。

弹出对话框后单击第二项，选择“应用”按钮即可进入混凝土构件配筋及钢构件应力比简图，如图 5.1.13 所示。用户可以单击“显示上层”按钮，来切换成其他标准层的应力比简图。

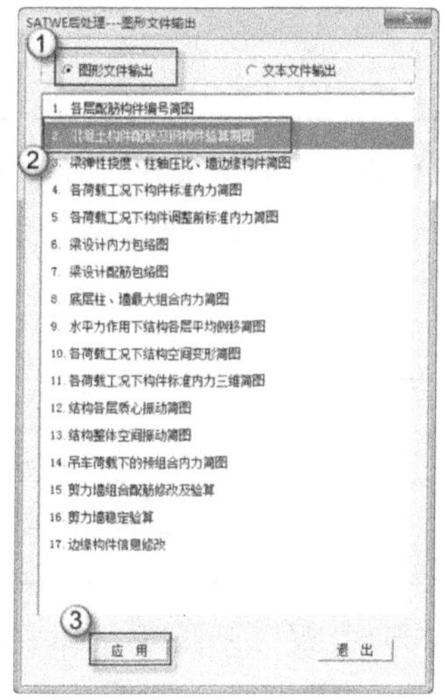

图 5.1.12　STAWE 后处理

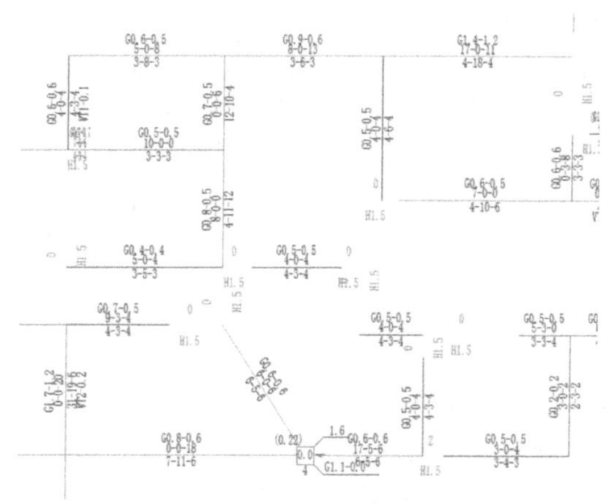

图 5.1.13　混凝土构件配筋及钢构件应力比简图

按照上述 PKPM 结构图的计算简图，以及剪力墙竖向和水平钢筋规定即可配出剪力墙的竖向和水平钢筋，如图 5.1.14 所示。

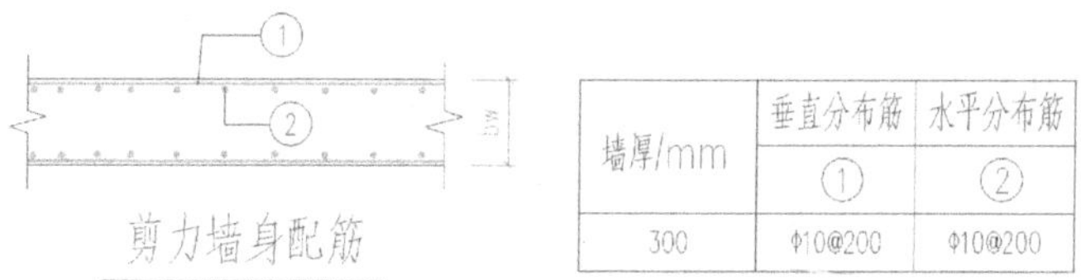

墙厚/mm	垂直分布筋	水平分布筋
	①	②
300	φ10@200	φ10@200

图 5.1.14　墙身配筋图及配筋

3. 剪力墙拉筋进行配筋的配置原则

◇ 拉筋的配筋方法如下所示。

间距不应大于 600 mm，直径不应小于 6 mm（一般取为 ϕ6@600）。

底部加强部位、约束边缘构件以外的拉筋间距应适当加密（一般取为 ϕ6@400）。

构造边缘构件阴影区域内拉筋的水平间距不应大于纵向钢筋间距的 2 倍（见《混凝土结构设计规范》（GB 50010—2010）11.7.16 条）。

按照上述配拉筋原则，即可确定剪力墙拉筋配置形式，如图 5.1.15 所示。配筋表如表 5.1.5 所示。

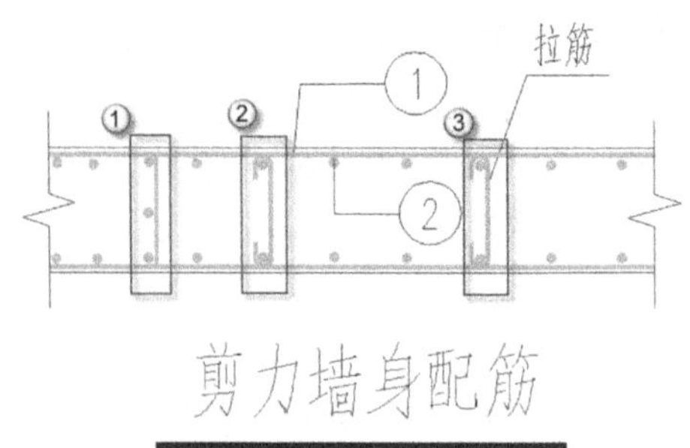

图 5.1.15　拉筋配置

表 5.1.5　剪力墙身配筋表

编号	标高/m	墙厚/mm	垂直分布筋	水平分布筋	拉筋	备注
			①	②		
Q1	基础顶面～地下室顶板面	300	ϕ100@200	ϕ10@200	ϕ6@400	

经过上述操作后，剪力墙的竖向钢筋、水平钢筋以及拉筋都已经配置完成。接下来开始对剪力约束边缘进行配置钢筋。首先确定约束边缘构件沿墙肢长度，约束边缘构件长度按照《建筑抗震设计规范》(GB 50011—2010)取值，如表 5.1.6 所示。

表 5.1.6　约束边缘构件以及配箍特征值

项目	一级(9 度)	一级(8 度)	二级
λ_v	0.2	0.2	0.2
l_c(暗柱)	$0.25h_w$	$0.20h_w$	$0.20h_w$
l_c(有翼墙或墙柱)	$0.20h_w$	$0.15h_w$	$0.15h_w$

◇ 抗震墙的翼墙长度小于其 3 倍厚度或端柱截面边长小于 2 倍墙厚时，视为无翼墙、无端柱。

l_c为约束边缘构件沿墙肢长度，不应小于表内数值、$1.5b_w$ 和 450 mm 三者中的最大值；有翼墙或端柱时不应小于翼墙厚度或端柱沿墙肢方向截面高度加 300 mm。

λ_v 为约束边缘构件的配箍特征值，计算配箍率时，箍筋或拉筋抗拉强度设计值超过 360 N/mm^2，应按 360 N/mm^2 计算；箍筋或拉筋沿竖向间距，一级不宜大于 100 mm，二级不宜大于 150 mm。

h_w 为抗震墙墙肢长度。

根据上述规范原则，计算结构剪力墙构造边缘构件范围。取值范围如图 4.2.8 所示。计算暗柱、端柱以及转角柱约束边缘构件范围分别如图 5.1.16、图 5.1.17 以及图 5.1.18 所示。

按上述操作布置好后即可对构造边缘构件进行配筋。布置图如图 5.1.19 所示。

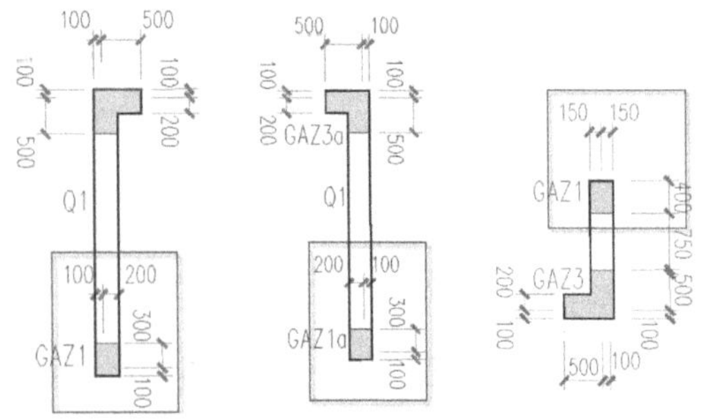

图 5.1.16　暗柱约束边缘构件

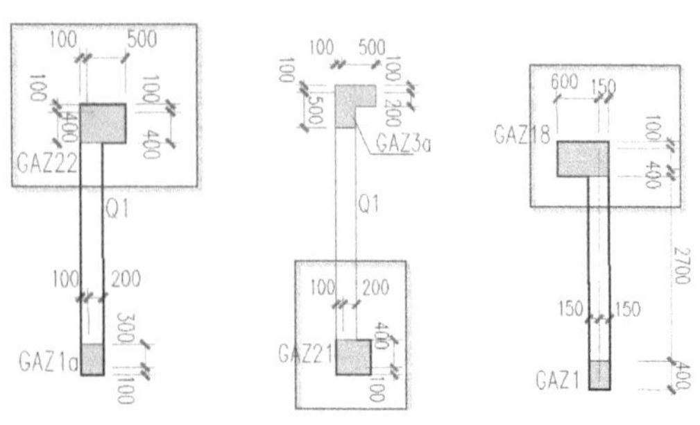

图 5.1.17　端柱约束边缘长度

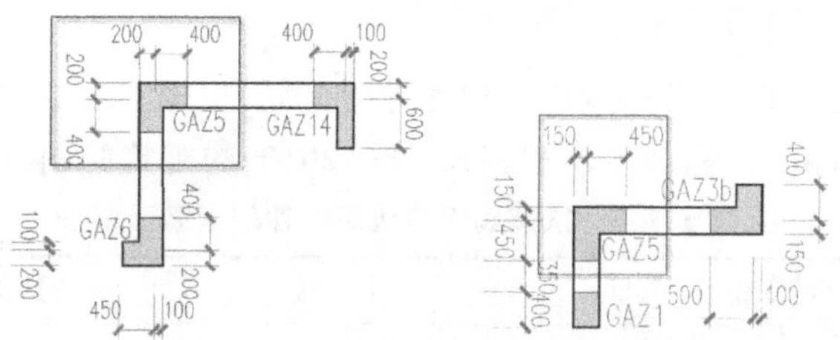

图 5.1.18　转角柱约束边缘长度

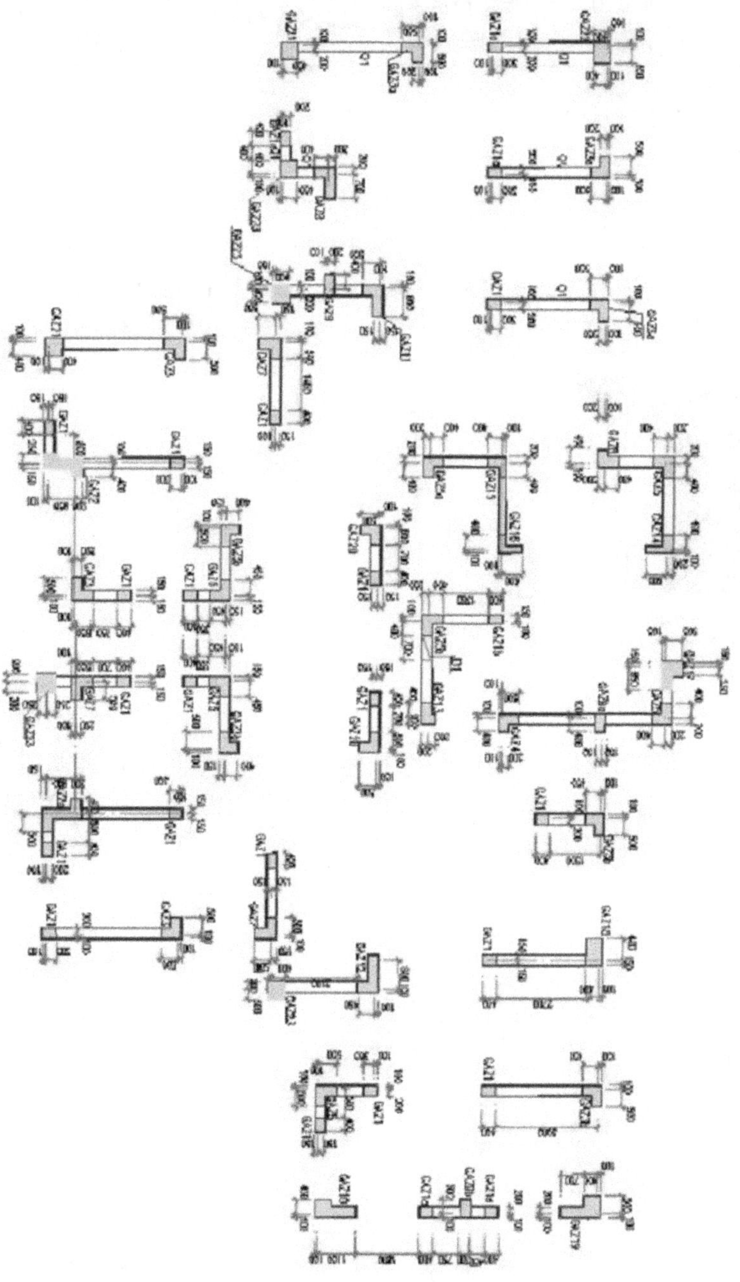

图 5.1.19　结构构造边缘构件布置图

4. 构造边缘构件配筋

布置好构造边缘约束图后即可对构造边缘构件进行配筋，根据 PKPM 计算数据对构造边缘构件进行配筋。根据《高层建筑混凝土结构技术规程》(JGJ 3—2010)的配箍筋图计算，如表 5.1.7 所示。

表 5.1.7 抗震墙构造边缘构件的配筋要求

<table>
<tr><td rowspan="3">抗震等级</td><td colspan="3">底部加强部位</td><td colspan="3">其他部位</td></tr>
<tr><td rowspan="2">纵向钢筋最小量（取较大值）</td><td colspan="2">箍筋</td><td rowspan="2">纵向钢筋最小量</td><td colspan="2">拉筋</td></tr>
<tr><td>最小直径/mm</td><td>沿竖向最大间距/mm</td><td>最小直径/mm</td><td>沿竖向最大间距/mm</td></tr>
<tr><td>一</td><td>$0.010A_c$,$6\phi16$</td><td>8</td><td>100</td><td>$6\phi14$</td><td>8</td><td>150</td></tr>
<tr><td>二</td><td>$0.008A_c$,$6\phi14$</td><td>8</td><td>150</td><td>$6\phi12$</td><td>8</td><td>200</td></tr>
<tr><td>三</td><td>$0.005A_c$,$4\phi12$</td><td>6</td><td>150</td><td>$6\phi12$</td><td>8</td><td>200</td></tr>
<tr><td>四</td><td>$0.005A_c$,$4\phi12$</td><td>6</td><td>200</td><td>$6\phi12$</td><td>8</td><td>250</td></tr>
</table>

按照步骤 3 对构造柱①进行配筋图绘制。单击“TS 工具”按钮选择“钢筋”选项，单击“箍筋”按钮，会弹出“箍筋参数设置”对话框，如图 5.1.20 所示。

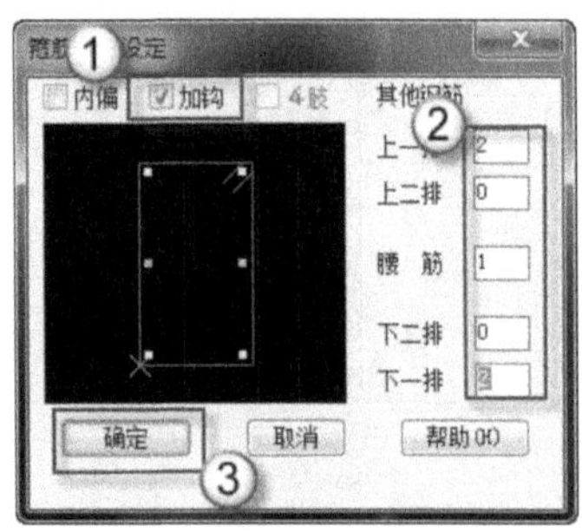

图 5.1.20 箍筋参数设定

图 5.1.21 初步绘制箍筋

按照图中步骤对箍筋进行设置。单击“确定”按钮，然后在绘图区绘制箍筋，如图 5.1.21 所示。单击“TS 工具”按钮选择“钢筋”选项，单击“拉筋”按钮，然后在上述图上绘制拉筋，如图 5.1.22 所示。

综上可得出暗柱①的配筋形式，如图 5.1.23 所示。

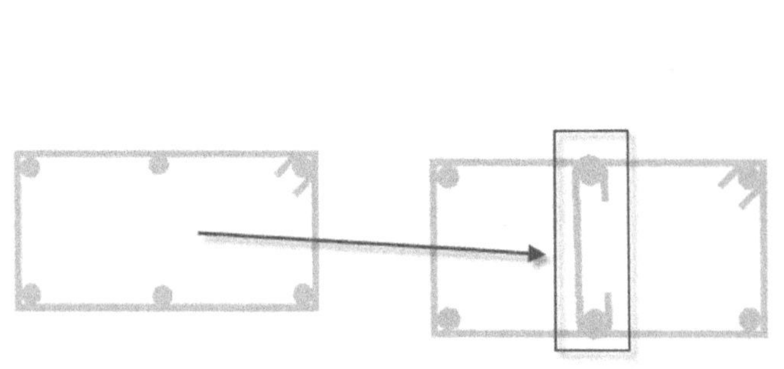

图 5.1.22 绘制拉筋

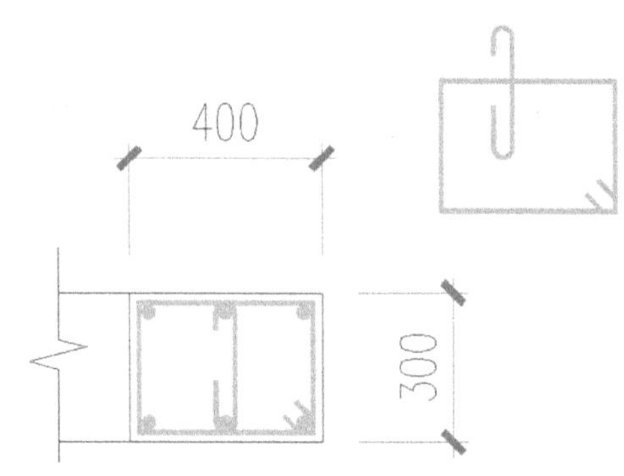

图 5.1.23 暗柱①配筋形式

上述操作完成后即完成了暗柱 1 的配筋绘制，如图 5.1.24 所示。

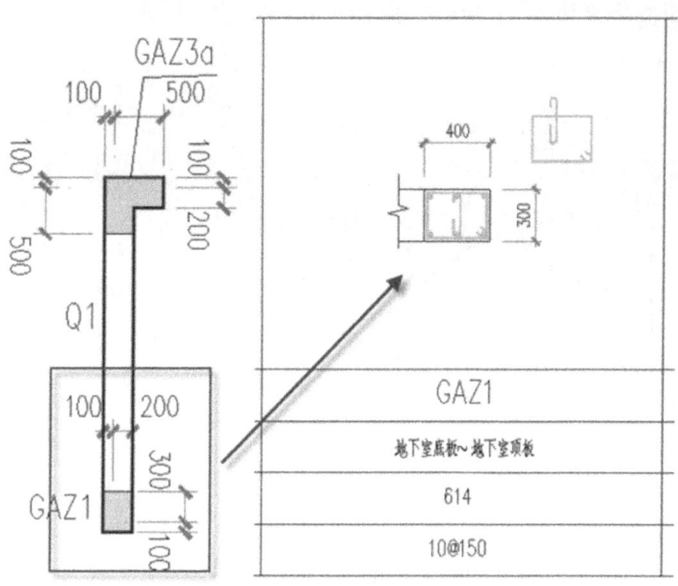

图 5.1.24　暗柱 1 配筋

按照上述步骤配置构造边缘构件 22 的配筋形式。单击“TS 工具”按钮选择“钢筋”选项，单击“箍筋”按钮。弹出对话框后对箍筋参数进行设定，如图 5.1.25 所示。单击“确定”按钮后即可绘制箍筋，如图 5.1.26 所示。

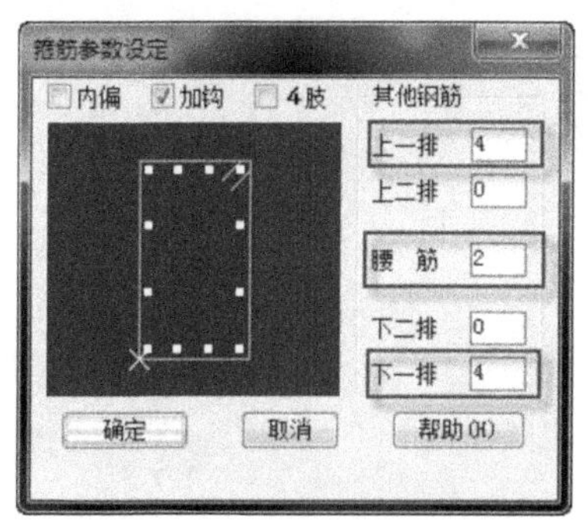

图 5.1.25　箍筋参数设定

图 5.1.26　初步绘制箍筋

重复上述步骤。单击“TS 工具”按钮选择“钢筋”选项，单击“箍筋”按钮，绘制箍筋，如图 5.1.27 所示。

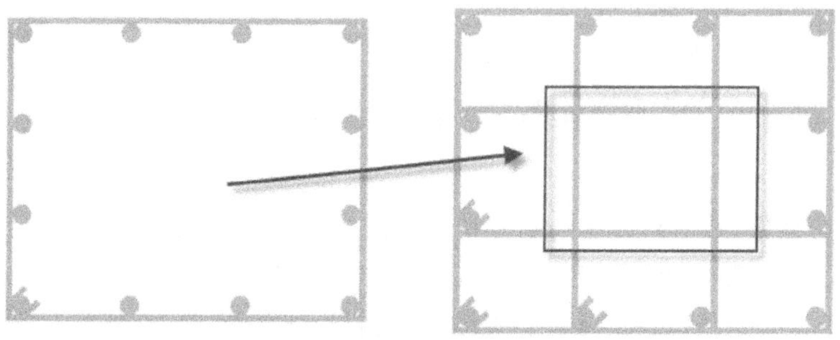

图 5.1.27　绘制箍筋

绘制箍筋完成后，构造边缘构件 22 的配筋形式，如图 5.1.28 所示。

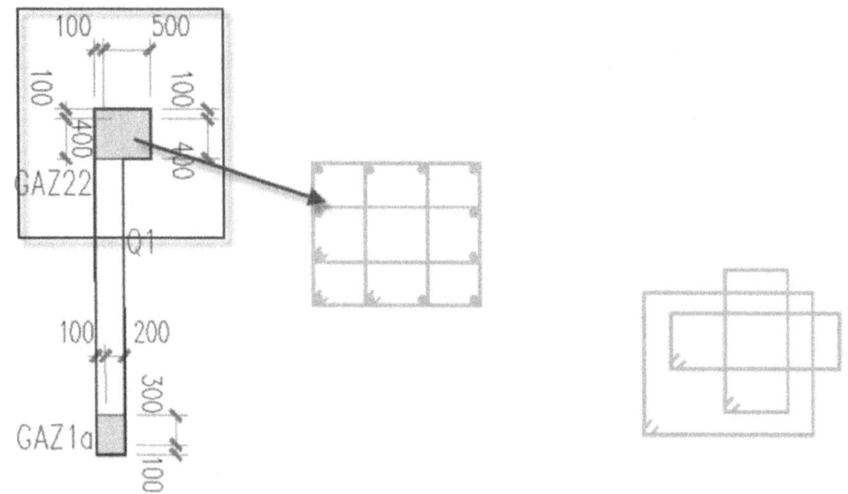

图 5.1.28 端柱配筋图

完成上述操作即完成了一段剪力墙的配筋，具体形式如图 5.1.29 所示。

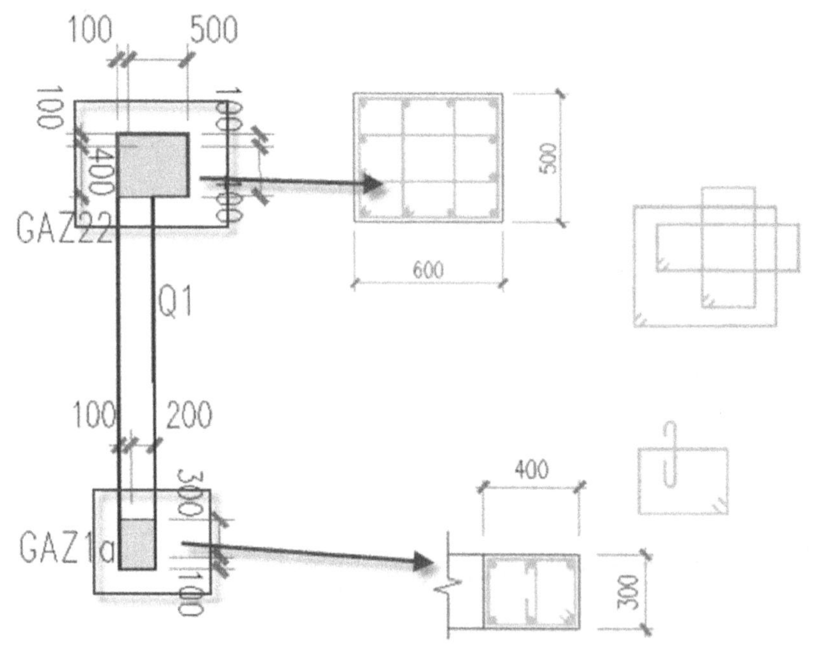

图 5.1.29 剪力墙约束配筋

5. 转角柱配筋

重复上述步骤(4)操作，接下来开始绘制转角柱的配筋图。对构造边缘构件 5、构造边缘构件 6 以及构造边缘构件 14 进行配筋。单击“TS 工具”按钮选择“钢筋”选项，单击“箍筋”按钮，按上述操作分别绘制出构造边缘构件 5、构造边缘构件 6 以及构造边缘构件 14 的配筋，如图 5.1.30、图 5.1.31 以及图 5.1.32 所示。

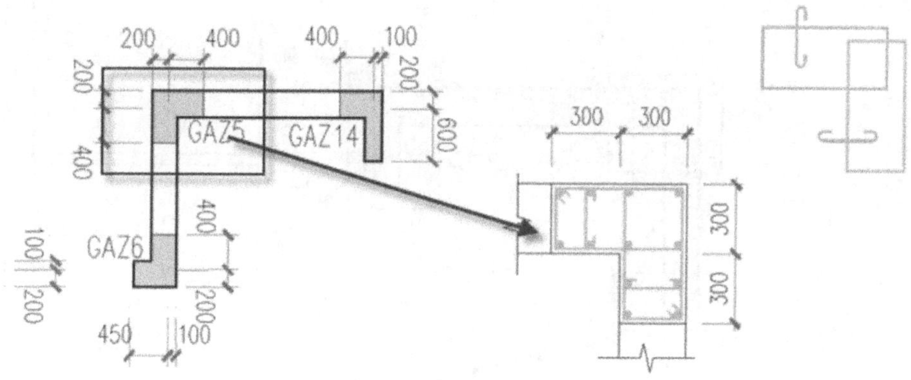

图 5.1.30　转角墙 5 配筋图

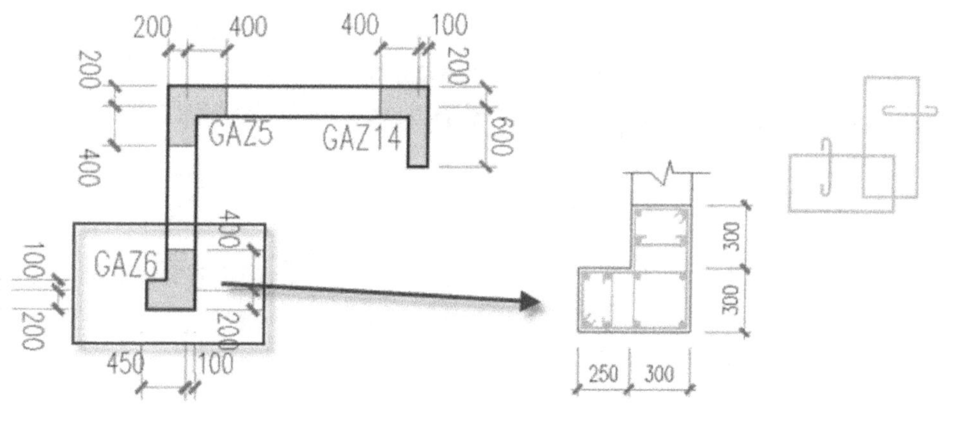

图 5.1.31　转角墙 6 配筋图

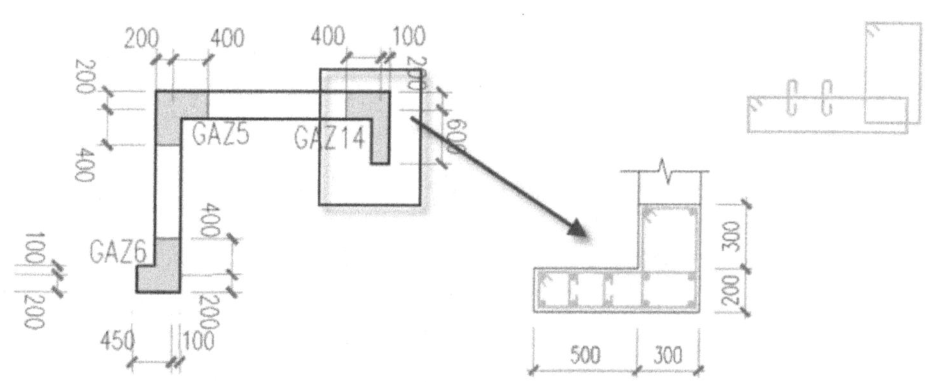

图 5.1.32　转角墙 14 配筋图

绘制上述转角墙后即完成绘制一段剪力墙的构造约束构件的配筋形式，如图 5.1.33 所示。

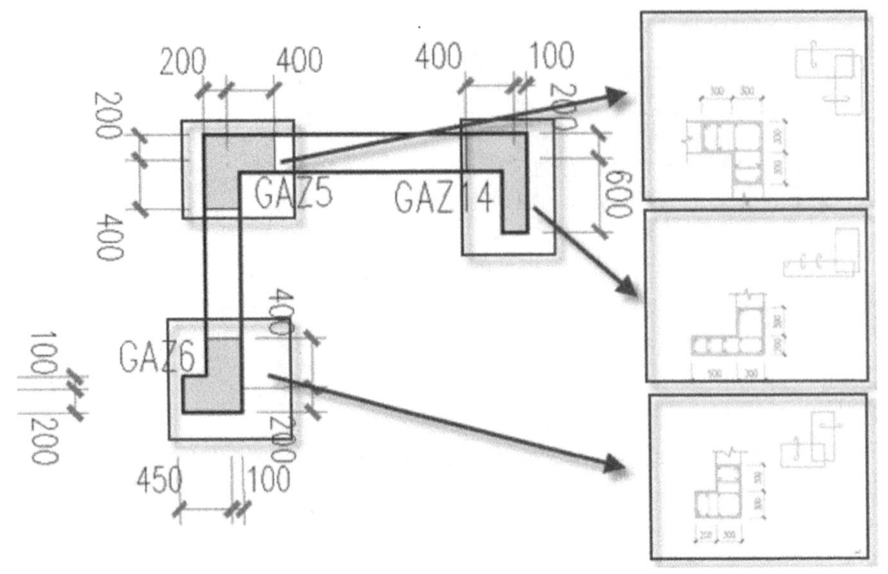

图 5.1.33　转角墙配筋

上述操作完成后即完成了对剪力墙部分构件的配筋，具体剪力墙部分如图 5.1.34 所示。

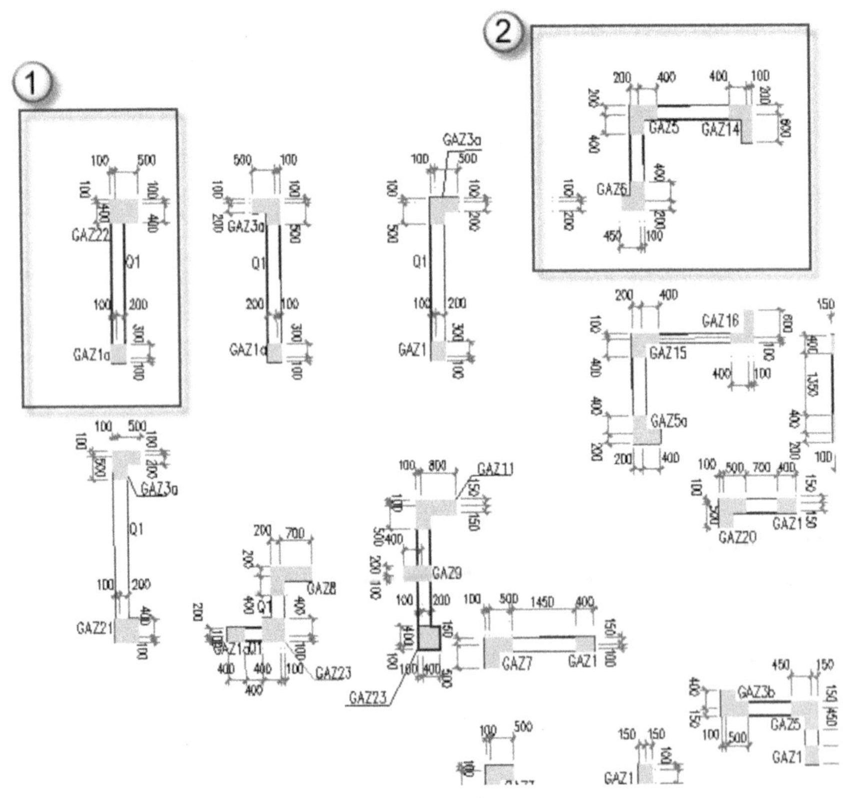

图 5.1.34　剪力墙约束构件配筋

6. 构造边缘构件配筋表

上述操作只是针对剪力墙的部分结构进行配筋，其中包括了暗柱的配筋、端柱的配筋以及转角墙的配筋。具体布置钢筋的步骤如上述操作所示。具体构造边缘构件配筋不予赘述，构造边缘构件配筋表如表 5.1.8 所示。

表 5.1.8　构造边缘构件配筋表(部分)

截面	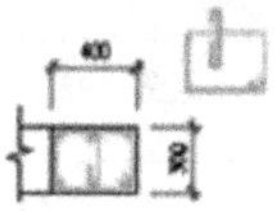	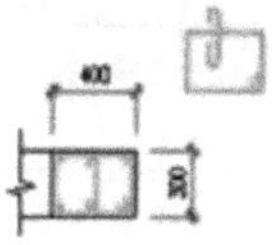	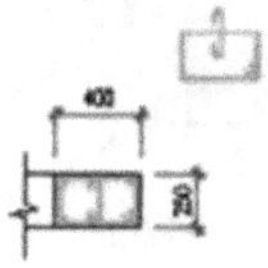	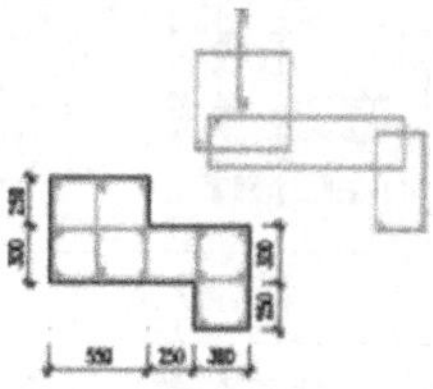	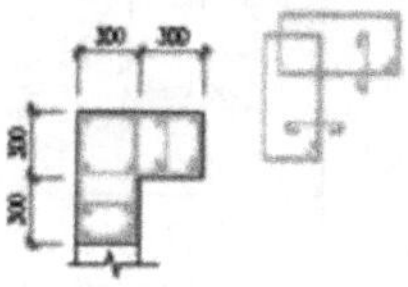
编号	GAZ1	GAZ1a	GAZ1b	GAZ2	GAZ3
标高	地下配筋表～地下配筋表	地下配筋表～地下配筋表	地下配筋表～地下配筋表	地下配筋表～地下配筋表	地下配筋表～地下配筋表
配筋	614	616	614	1416	1212
箍筋	10Φ50	10Φ150	10Φ150	10Φ140	10Φ150

截面	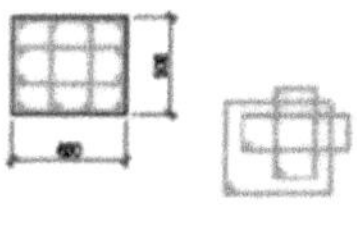	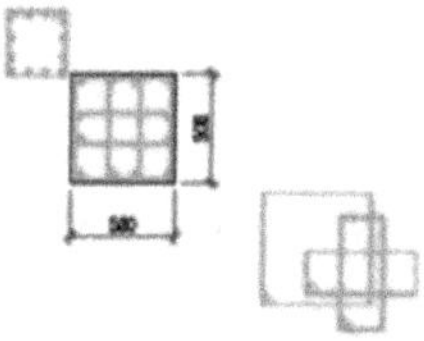	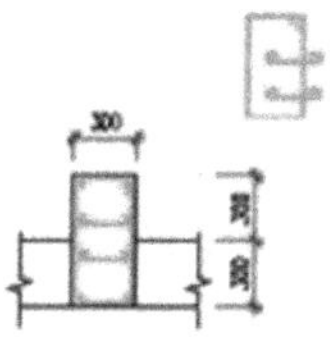	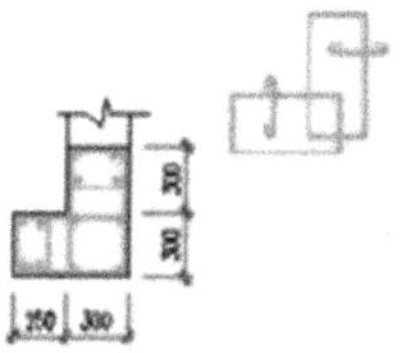	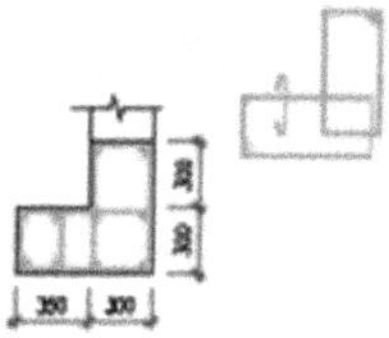
编号	GAZ22	GAZ23	GAZ9b	GAZ6	GAZ7
标高	地下配筋表～地下配筋表	地下配筋表～地下配筋表	地下配筋表～地下配筋表	地下配筋表～地下配筋表	地下配筋表～地下配筋表
配筋	1225	1214	812	1212	1014
箍筋	10Φ150	10Φ100	10Φ150	10Φ150	10Φ150

截面	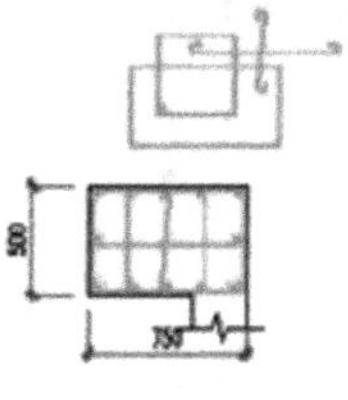	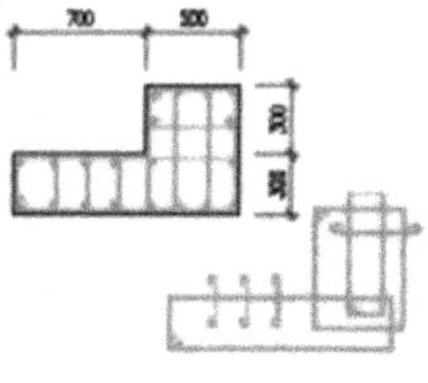	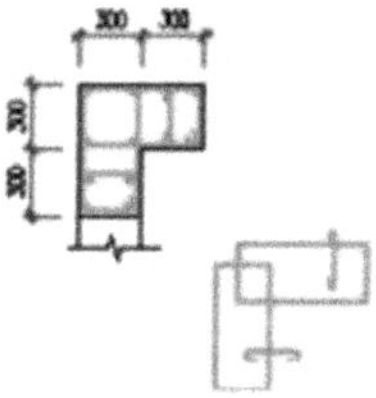	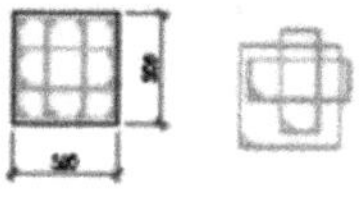	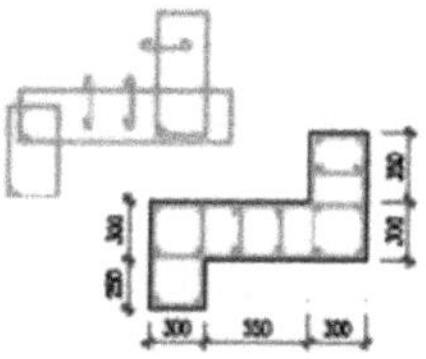
编号	GAZ18	GAZ19	GAZ20	GAZ21	GAZ2a
标高	地下配筋表～地下配筋表	地下配筋表～地下配筋表	地下配筋表～地下配筋表	地下配筋表～地下配筋表	地下配筋表～地下配筋表
纵筋	1216	2025	1214	1212	1814
箍筋	10Φ50	10Φ150	10Φ160	10Φ150	10Φ140

续表

截面					
编号	GAZ13	GAZ14	GAZ15	GAZ16	GAZ17
标高	地下配筋表～地下配筋表	地下配筋表～地下配筋表	地下配筋表～地下配筋表	地下配筋表～地下配筋表	地下配筋表～地下配筋表
纵筋	1012	1212	1212	1012	1414
箍筋	10ф150	10ф150	10ф100	10ф150	10ф150

这里主要讲解了剪力墙的构造和配筋，相信读者朋友对剪力墙施工图的绘制也有了一定的理解。下一节将会讲解梁施工图的绘制。

5.2 梁施工图

本节讲述梁施工图的绘制。对梁进行配筋首先对应导出 PKPM 计算数据。

5.2.1 导出 PKPM 计算数据

PKPM 实际上并不是一个最终软件，好多功能都还需要在探索者中完成，所以需要将其计算的数据导出。具体操作如下。

打开 PKPM 软件，单击“STAWE”按钮，选择“分析结果图形和文本显示”选项，单击“应用”按钮即可进入 STAWE 后处理。界面如图 5.2.1 所示。选择第二项“混凝土构件配筋及钢构件验算简图”。界面如图 5.2.2 所示。接下来将对 T 图进行转换，以便后面读图。具体步骤如下操作。

图 5.2.1 进入 STAWE 后处理对话框

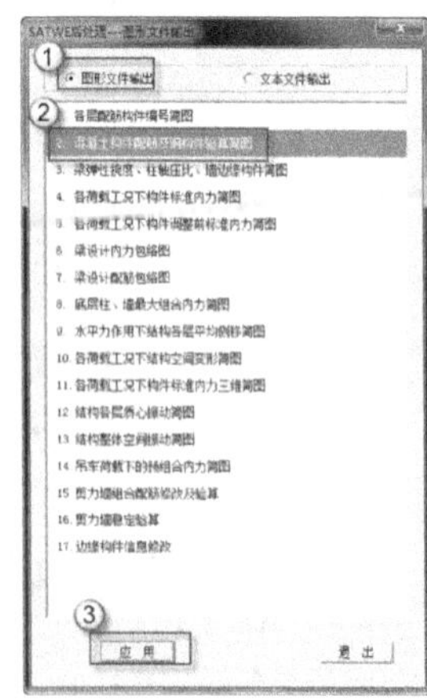

图 5.2.2 图形文本输出

单击菜单栏“文件工具”按钮，选择“另存为”选项，会弹出如图 5.2.3 所示的对话框，选择保存路径，注意文件格式，然后单击“保存”按钮即可。

单击右侧菜单栏选择“回前菜单”，单击“退出”按钮即可回到 PKPM 主界面。接下来将另存为的 T 图转为 DWG 格式。单击“PMCAD”按钮，选择“图形编辑、打印及转换”选项，如图 5.2.4 所示。

单击“应用”按钮，会弹出“图形编辑、打印及转换”界面，如图 5.2.5 所示。界面出来后单击菜单栏上面的“工具”按钮，选择“T 图转 DWG”选项。选择要转换格式的 T 图，单击“打开”按钮即完成了“T 图转 DWG”的操作。

完成上述步骤后即可在探索者或 AutoCAD 中打开计算数据图。

图 5.2.3　T 图另存为对话框

图 5.2.4　PKPM 主界面

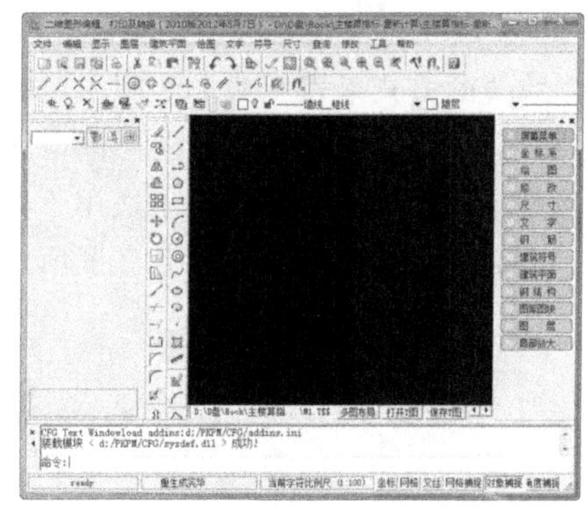

图 5.2.5　图形编辑、打印及转换界面

5.2.2　数据讲解

本小节对 PKPM 的计算数据进行讲解，以便读者朋友更好地理解图上数据的含义。首先图形下面有一系列的说明，例如混凝土强度等级，梁、柱、墙的钢筋强度以及梁的数量和层高。最重要的是单位设置，读者朋友应多加注意。简图说明如图 5.2.6 所示。

下面开始对上述一些重要的 PKPM 计算数据进行举例说明，如图 5.2.7 所示。

第 1 层混凝土构件配筋及钢构件应力比简图（单位：cm*cm）

本层：层高 = 4000 (mm) 梁总数 = 322 柱总数 = 42 支撑数 = 0

墙总数 = 89　墙柱数 = 72　墙梁数 = 0

混凝土强度等级：梁 Cb = 35　柱 Cc = 45　墙 Cw = 45

主筋强度：梁 FIB = 360　柱 FIC = 360　墙 FIW = 360

(白色墙体为短肢剪力墙)

图 5.2.6　计算简图说明

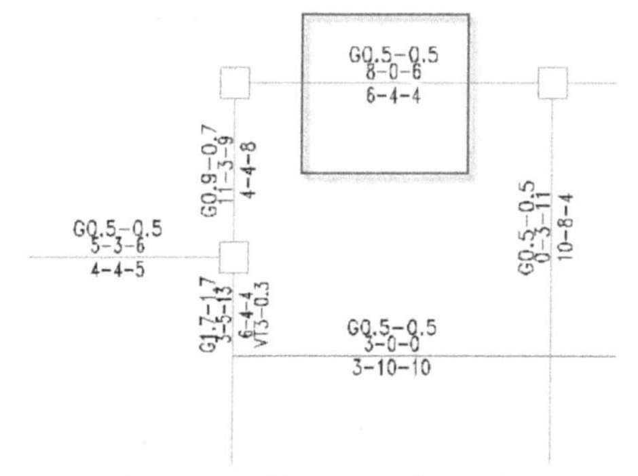

图 5.2.7　梁 PKPM 计算数据

“G0.5-0.5”表示梁跨左端箍筋面积为 50 mm²，梁跨右端箍筋面积为 50 mm²。“8-0-6”表示梁跨左端面筋面积为 800 mm²，梁跨右端面筋面积为 600 mm²。同理，“6-4-4”表示梁下部受拉钢筋面积。根据 PKPM 计算数据再运用探索者软件进行配筋。梁的施工图是按《平面整体表示方法制图规则和构造详图》(11G 101—1)绘制的。用户朋友应该熟悉此方法。

5.2.3 平法基本知识

梁平法施工图的表示方法如下。

(1) 梁平法施工图系在梁平面布置图上采用平面注写方式或截面注写方式表达。

(2) 梁平面布置图，应分别按梁的不同结构层(标准层)，将全部梁和与其相关联的柱、墙、板一起采用适当比例绘制。

(3) 在梁平法施工图中，应按《平面整体表示方法制图规则和构造详图》(11G101—1)规则第 1.0.8 条规定注明各结构层的顶面标高及相应的结构层号。

平面注写方式如下。

(1) 平面注写方式系在梁平面布置图上，分别在不同编号的梁中各选一根梁，用在其上注写截面尺寸具体数值的方式来表示梁平法施工图。

(2) 平面注写包括集中标注与原位标注，集中标注表达梁的通用数值，原位标注表达梁的特殊数值。当集中标注中的某项数值不适用于梁的某部位时，应将该项数值原位标注，施工时，原位标注取值优先。平面注写方式示例如图 5.2.8 所示。

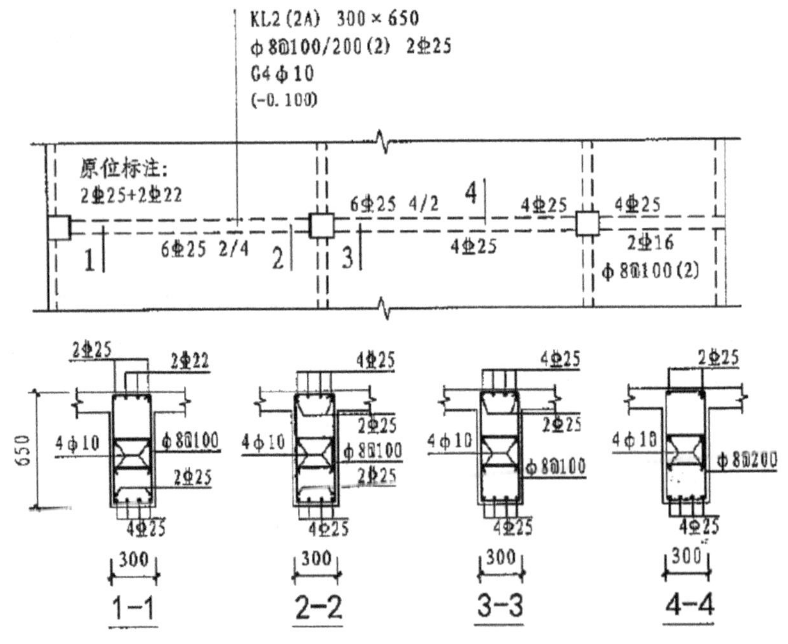

图 5.2.8 平面注写方式示例

梁编号由梁类型代号、序号、跨数及有无悬挑代号几项组成，并应符合《平面整体表示方法制图规则和构造详图》(11G101—1)表 5.2.1 的规定。

表 5.2.1　梁编号表

梁类型	代号	序号	跨数及是否带有悬挑
楼层框架梁	KL	××	(××)、(××A)或(××B)
屋面框架梁	WKL	××	(××)、(××A)或(××B)
框支梁	KZL	××	(××)、(××A)或(××B)
非框架梁	L	××	(××)、(××A)或(××B)
悬挑梁	XL	××	
井字梁	JZL	××	(××)、(××A)或(××B)

示例：KJ7(5A)表示第 7 号框架梁，5 跨，一端有悬挑；

L9(7B)表示第 9 号非框架梁，7 跨，两端有悬挑。

5.2.4　绘制梁施工图

了解《混凝土结构施工图平面整体表示方法制图规则和构造详图》(11G101—1)后，就可以开始对梁的施工图进行绘制。首先打开地下主楼部分结构图。地下主楼结构图如图 5.2.9 所示。

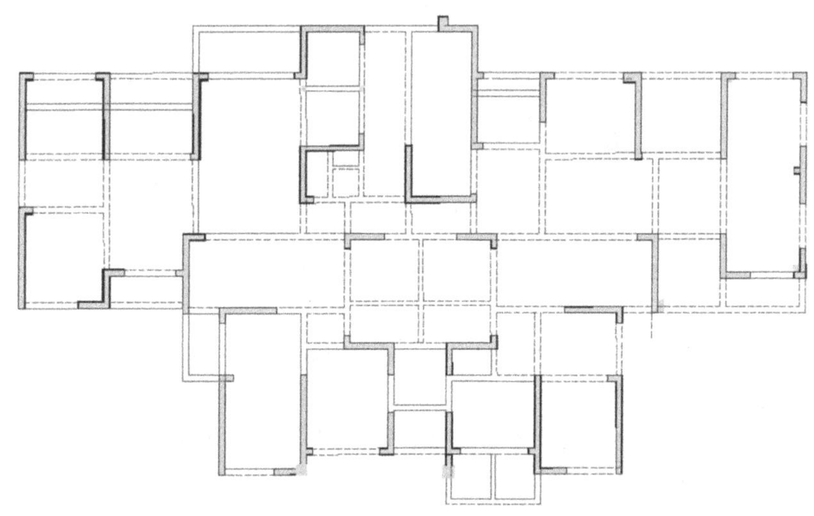

图 5.2.9　地下主楼结构图

1. 绘制集中标注

单击探索者右侧菜单栏的“梁绘制”按钮，选择“梁集中标注”选项，将会弹出集中标注对话框，如图 5.2.10 所示。

在对话框中，系统会自动对梁的配筋信息进行标注。用户应根据 PKPM 的计算数据对梁的配筋进行计算，然后在对话框的相应的栏下填入手动计算的数据，最后再标注在结构图上。用户输入好数据后，单击“确定”按钮。

按照软件给的提示：

“选取梁的一条边”后，则单击梁的一条边，然后用光标单击梁的一侧即完成对梁的集中标注。

完成上述提示后绘图，如图 5.2.11 所示。

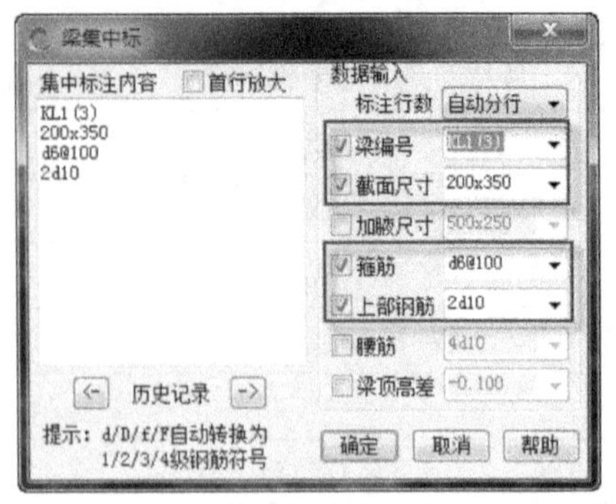

图 5.2.10　集中标注对话框

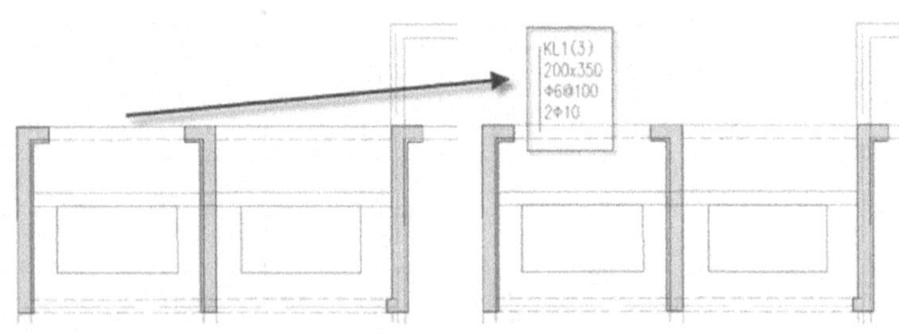

图 5.2.11　梁集中标注

上述例子讲述了对梁集中标注的一般操作。原位标注步骤与集中标注的操作步骤类似。下面开始进行地下主楼梁的标注。打开 T 图转的 DWG PKPM 计算简图，根据计算结果进行梁的配筋。计算数据如图 5.2.12 所示。

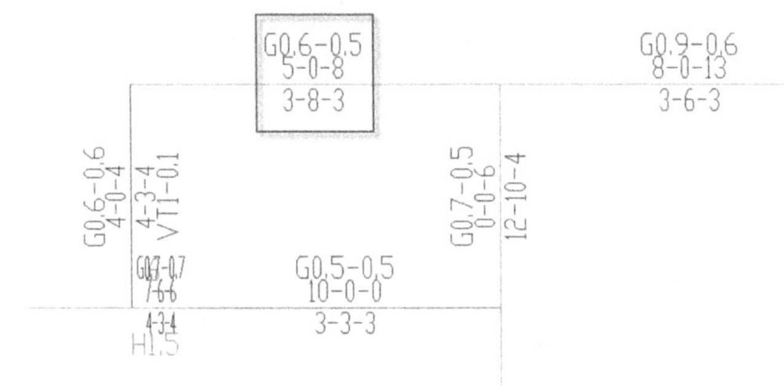

图 5.2.12　PKPM 计算简图

2. 绘制箍筋

上述截图标注处，根据上图 PKPM 计算数据，下面开始配箍筋。

◇ 梁中箍筋的间距应符合下列规定。

梁中箍筋的最大间距宜符合表 5.2.2 的规定，当 $V>0.7f_tbh_0+0.05N_{p0}$ 时，箍筋的配筋率 ρ_{sv}（$\rho_{sv}=A_{sv}/b_s$）尚不应小于 $0.24f_t/f_{yv}$。

表 5.2.2　梁的箍筋最大间距

梁高 h	$V>0.7f_tbh_0+0.05N_{p0}$	$V\leqslant0.7f_tbh_0+0.05N_{p0}$
$150<h\leqslant300$	150	200
$300<h\leqslant500$	200	300
$500<h\leqslant800$	250	350
$h>800$	300	400

当梁中配有按计算需要的纵向受压钢筋时，箍筋应做成封闭式的，此时，箍筋间距不应大于 $15d$（d 为纵向受压钢筋的最小直径），同时不应大于 400 mm；当一层内的纵向受压钢筋多于 5 根且直径大于 18 mm 时，箍筋间距不应大于 $10d$；当梁的宽度大于 400 mm 且一层内的纵向受压钢筋多于 3 根时，或当梁的宽度不大于 400 mm，但一层内的纵向受压钢筋多于 4 根时，应设置复合箍筋。

◇ 梁中纵向受力钢筋搭接长度范围内的箍筋间距应符合《混凝土结构施工图平面整体表示方法制

图规则和构造详图》(11G101—1)9.4.5 条的规定。

对截面高度 $h>800$ mm 的梁，其箍筋直径不宜小于 8 mm；对截面高度 $h\leqslant 800$ mm 的梁，其箍筋直径不宜小于 6 mm。梁中配有计算需要的纵向受压钢筋时，箍筋直径尚不应小于纵向受压钢筋最大直径的 0.25 倍。

梁的截面尺寸为 250×500。根据上述规定，再由 PKPM 计算箍筋的面积，则选取箍筋直径为 8 mm、间距为 200 mm 的双肢箍。选好箍筋后进行面筋的选取，根据 PKPM 计算面筋的面积，查钢筋附表 4 选取 3 根直径为 16 mm 的钢筋。拉力筋的计算面积，查钢筋表可得拉筋选取 3 根直径为 16 mm 的钢筋。

3. 绘制集中标注

单击探索者右侧菜单栏的“梁绘制”按钮，选择“梁集中标注”选项，将会弹出集中标注对话框。在对话框中输入上述已经配好的钢筋，如图 5.2.13 所示。

用户输入好数据后，单击“确定”按钮。

按照软件给的提示，“选取梁的一条边”后，则单击梁的一条边，然后用光标单击梁的一侧即完成梁的集中标注，如图 5.2.14 所示。

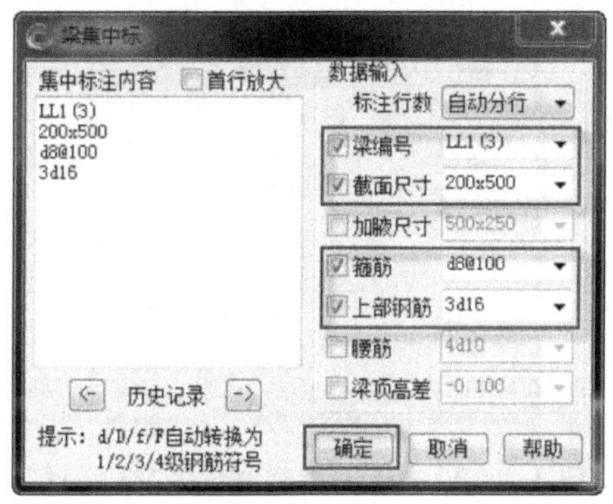

图 5.2.13　输入数据对话框

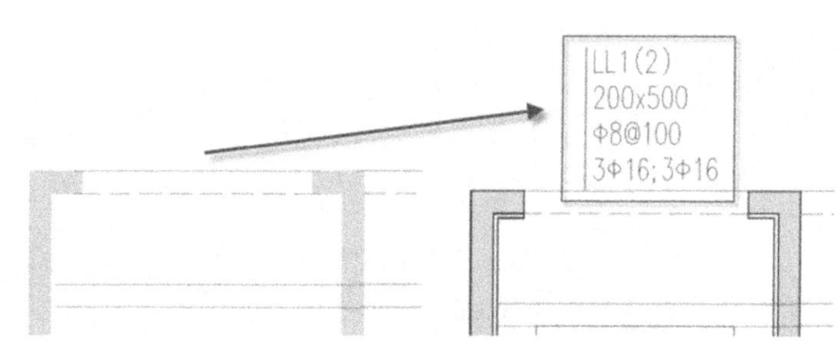

图 5.2.14　梁配筋

重复上述步骤，根据 PKPM 计算数据对梁进行配筋，下面开始对梁进行配筋。PKPM 计算数据如图 5.2.15 所示。

按照上述步骤对梁进行配筋，梁截面为 300×500，根据计算数据得箍筋选取直径为 8 mm，加密区箍筋间距为 100 mm，非加密区箍筋间距为 150 mm 的双肢箍。梁的上部面筋是 3 根直径为 16 mm 的钢筋，下部也是 3 根直径为 16 mm 的钢筋。

单击探索者右侧菜单栏的“梁绘制”按钮，选择“梁集中标注”选项，将会弹出集中标注对话框。在对话框中输入上述已经配好的钢筋，如图 5.2.16 所示。

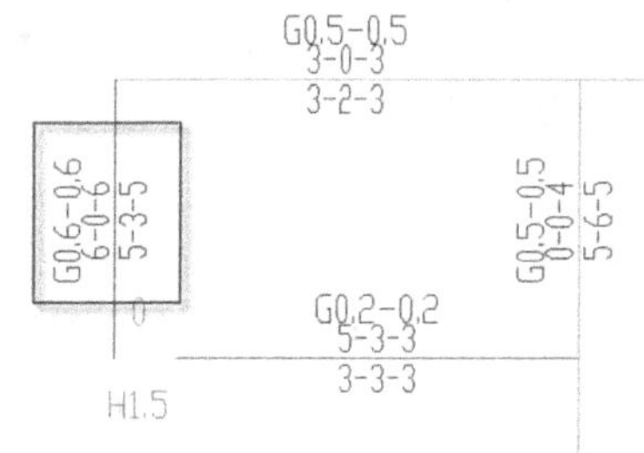

图 5.2.15　梁计算简图

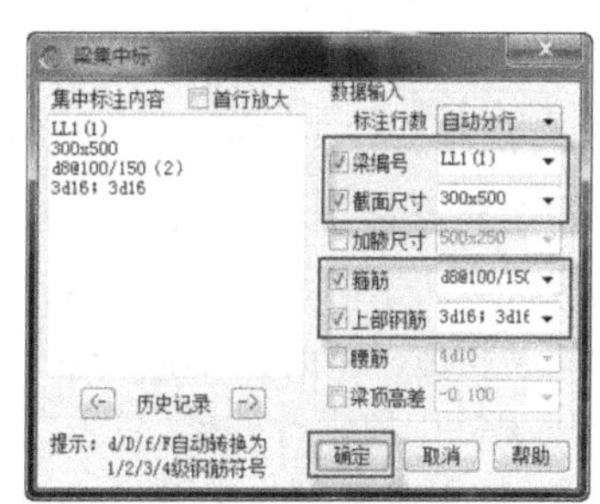

图 5.2.16　梁集中标记对话框

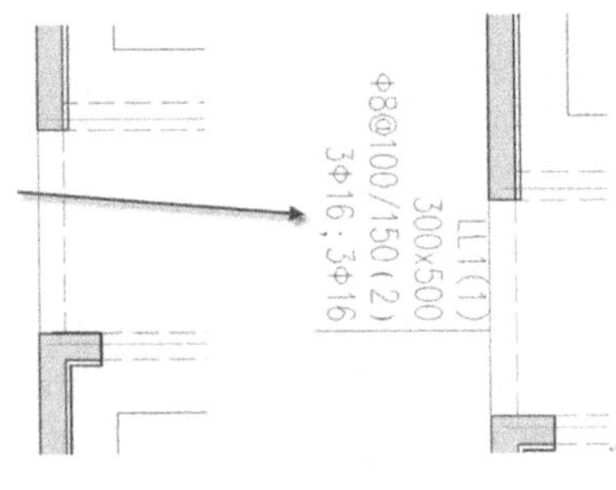

图 5.2.17 梁集中标记

用户输入好数据后，单击"确定"按钮。

按照软件给的提示，"选取梁的一条边"后，则单击梁的一条边，然后用光标单击梁的一侧即完成梁的集中标注，如图 5.2.17 所示。

4. 梁配筋一般步骤

在这里多举几个例子以便读者朋友更熟悉对梁配筋的一般步骤。梁的配筋步骤是查看 PKPM 计算数据→通过数据选用钢筋→查钢筋表→用探索者绘制梁的配筋。具体步骤就是这些，读者朋友应该多加练习。下面继续对梁进行配筋。打开 PKPM 计算简图，如图 5.2.18 所示。

根据计算简图进行配筋，①号框架梁的截面尺寸为 250×400，箍筋选取直径为 8 mm，加密区箍筋间距为 100 mm、非加密区箍筋间距为 200 mm 的双肢箍。梁的上部面筋选取 2 根直径为 16 mm 的钢筋，下部底筋选取 3 根直径为 16 mm 的钢筋。打开 TSSD 探索者软件，单击"集中标记"，弹出如图 5.2.19所示对话框，在对话框中输入上述配筋信息，标注在相应的梁上，如图 5.2.20 所示。

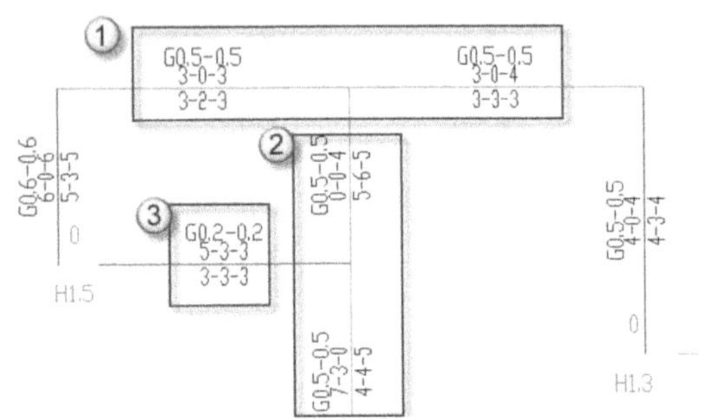

图 5.2.18 梁计算简图

图 5.2.19 ①号框架梁集中标注对话框

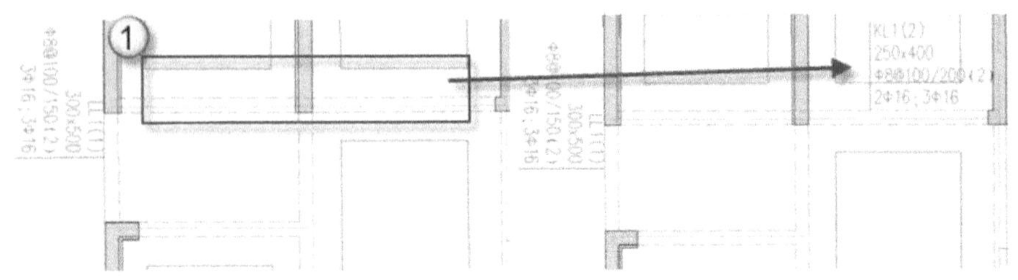

图 5.2.20 ②号框架梁集中标注

②号框架梁，截面尺寸为 250×500，箍筋选取直径为 8 mm，加密区箍筋间距为 100 mm，非加密区箍筋间距为 200 mm 的双肢箍。梁的上部面筋选取 2 根直径为 18 mm 的钢筋，下部底筋选取 4 根直径为 16 mm 的钢筋。打开 TSSD 探索者软件，单击"集中标记"，弹出如图 5.2.21 所示对话框，在对话框中输入上述配筋信息，标注在相应的梁上，如图 5.2.22 所示。

③号框架梁，截面尺寸为 250×500，箍筋选取直径为 8，加密区箍筋间距为 100，非加密区箍筋间距为 200 mm 双肢箍。梁的上部面筋选取 3 根直径为 16 mm 的钢筋，下部底筋选取 3 根直径为 16 mm 的钢筋。打开 TSSD 探索者软件，单击"集中标记"，弹出如图 5.2.23 所示的对话框。在对话框中输入上述配筋信息，标注在相应的梁上，如图 5.2.24 所示。

综合上述梁钢筋的绘制，即完成了一小部分梁的配筋标注，如图 5.2.25 所示。

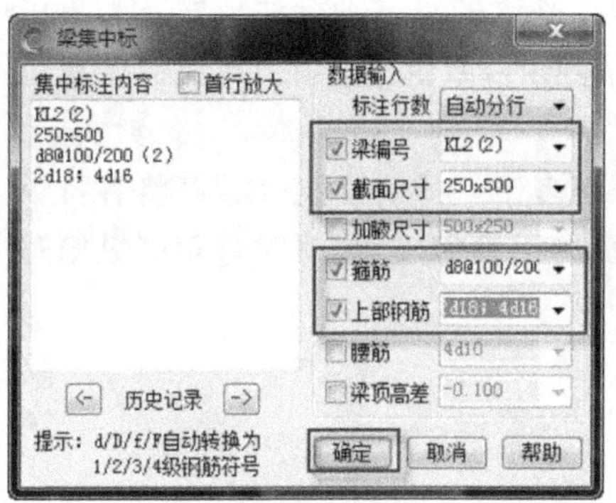

图 5.2.21　②号框架梁集中标注

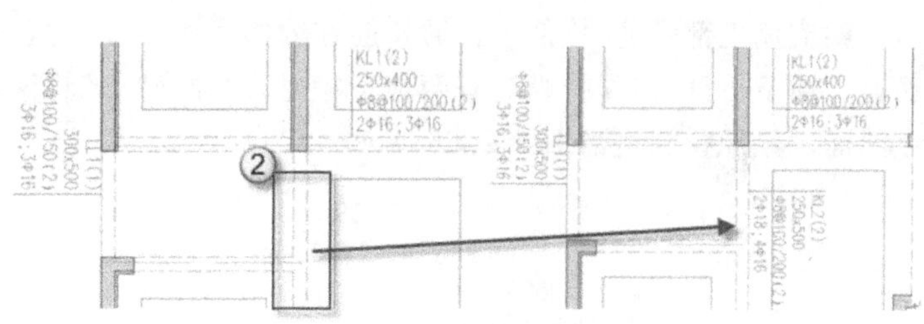

图 5.2.22　②号框架梁配筋

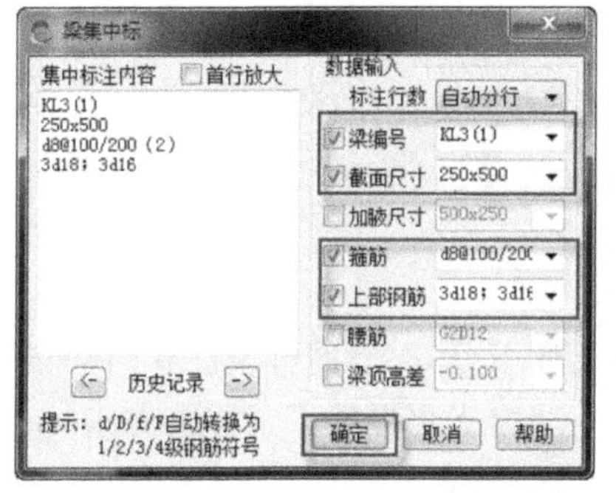

图 5.2.23　③号框架梁集中标注对话框

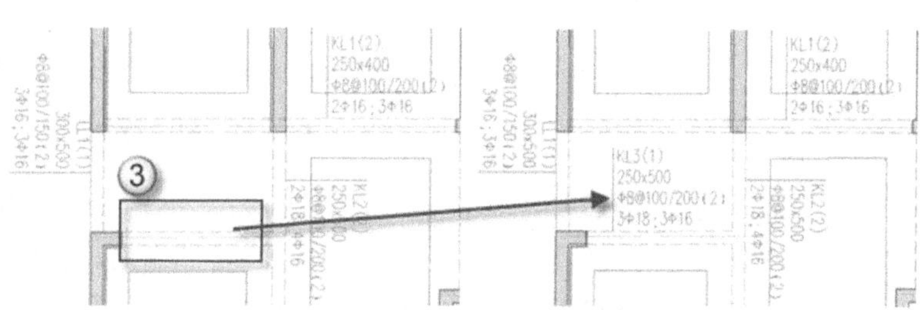

图 5.2.24　③号框架梁配筋

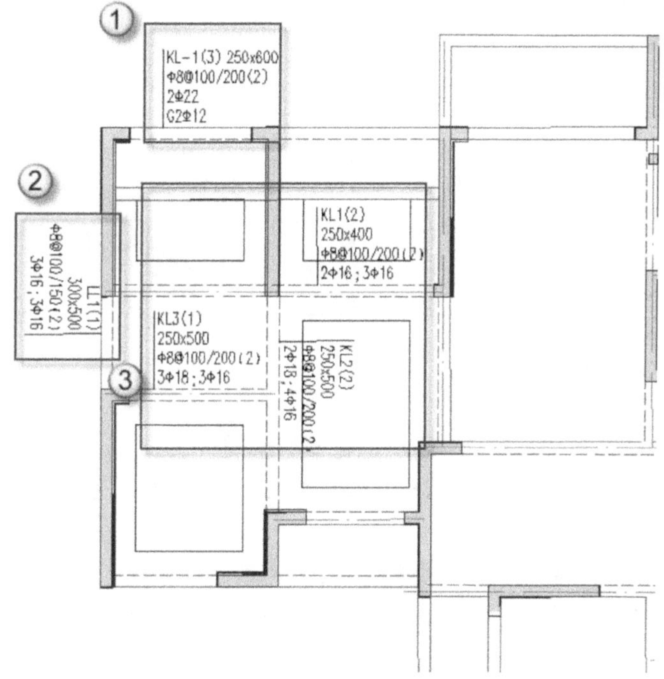

图 5.2.25　部分梁集中标注

梁施工图中不会完全是集中标注，还有一部分是原位标注。原位标注是梁的另一种标注形式。当集中标注中的某项数值不适用于梁的某部位时，应将该数值原位标注。施工时，原位标注取值优先。梁原位标注的内容规定如下。

梁支座上部纵筋：该部位含通长筋在内的所有纵筋。当上部纵筋多于一排时，用斜线“/”将各排纵筋自上而下分开；当同排纵筋有两种直径时，用加号“＋”将两种直径的纵筋相连，注写时将角部纵筋写在前面。梁原位标注如图 5.2.26 所示。

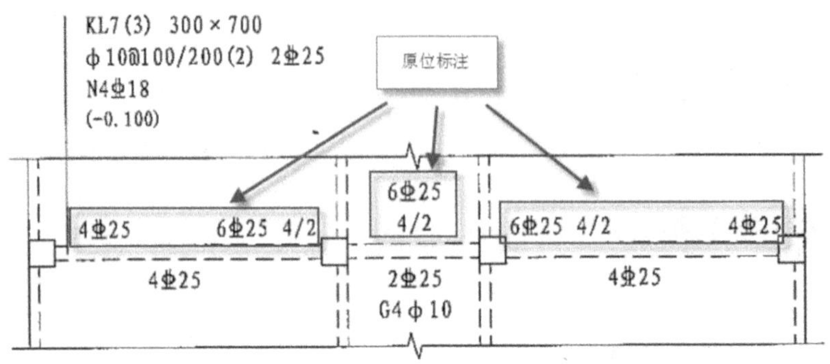

图 5.2.26　梁原位标注

梁下部纵筋：当下部纵筋多于一排时，用斜线“/”将各排纵筋自上而下分开；当同排纵筋有两种直径时，用加号“＋”将两种直径的纵筋相连，注写时将角部纵筋写在前面；当梁下部纵筋不全伸入支座时，将梁支座下部纵筋减少的数量写在括号内。梁下部钢筋标注如图 5.2.27 所示。

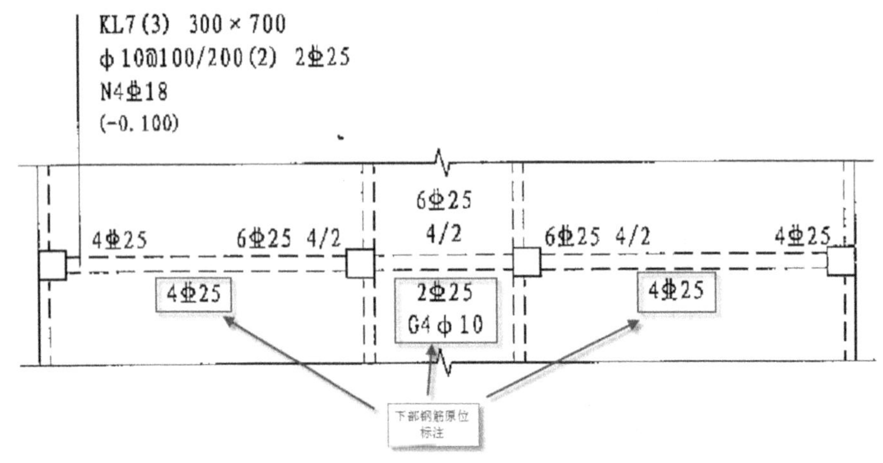

图 5.2.27　梁下部钢筋标注

注意：当梁的集中标注中已按上述原则分别注写了梁上部和下部均为通长的纵筋值时，不需要再在梁下部重复做原位标注。

附加箍筋或吊筋，将其直接画在平面图中的主梁上，用线引注总配筋值(附加箍筋的肢数注在括号内)，如图 5.2.28 所示。当多数附加箍筋或吊筋相同时，可在梁平法施工图上统一注明，少数与统一注明值不同时，再原位引注。

按照上述原位标注原则，下面通过对结构梁施工图的一些原位标注作实例进行讲解。打开 PKPM 计算数据，如图 5.2.29 所示。选取标注的梁如图 5.2.30 所示。

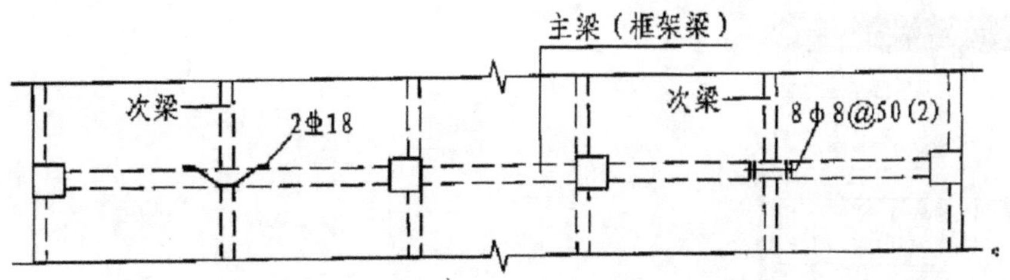

图 5.2.28　附加箍筋和吊筋的画法示意图

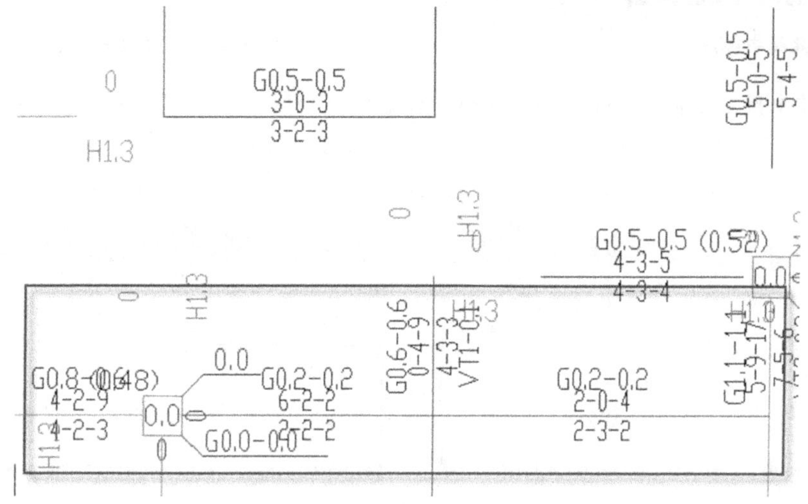

图 5.2.29　PKPM 计算简图

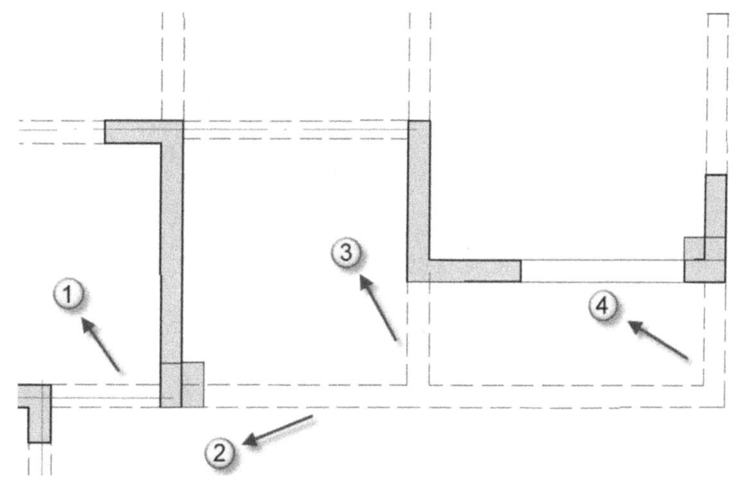

图 5.2.30　选取梁标注

查看计算数据，对梁进行集中标注。截面为 250×400，选取箍筋直径为 8 mm，加密区箍筋间距为 100 mm，非加密区箍筋间距为 200 mm 的双肢箍。梁的上部纵筋选取 2 根直径为 18 mm 的钢筋，下部纵筋选取 3 根直径为 16 mm 的钢筋。单击“集中标注”按钮，在对话框中输入计算数值，如图 5.2.31 所示。输入完成后单击“确定”按钮，开始标注，如图 5.2.32 所示。

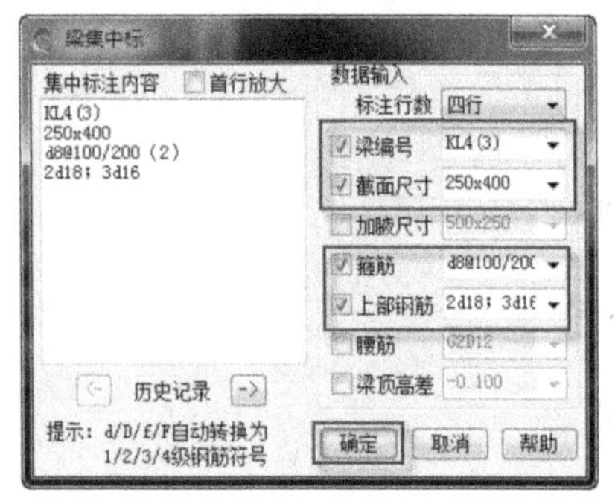

图 5.2.31　梁集中标注

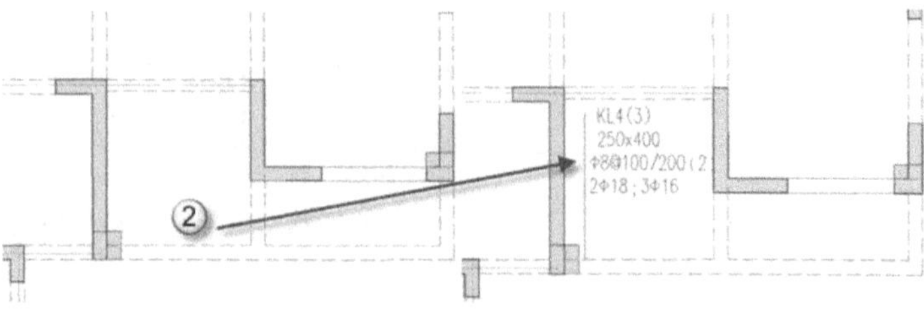

图 5.2.32　梁集中标注

①号梁跨左端上部纵筋配 2 根直径为 18 mm 和 2 根直径为 16 mm 的钢筋。左边一跨梁箍筋选取直径为 10 mm 的钢筋，加密区箍筋间距为 100 mm，非加密区箍筋间距为 150 mm 的双肢箍。

单击“梁原位标注”按钮，会弹出“文字输入”对话框。输入计算配置的梁上部纵筋，如图 5.2.33 所示。

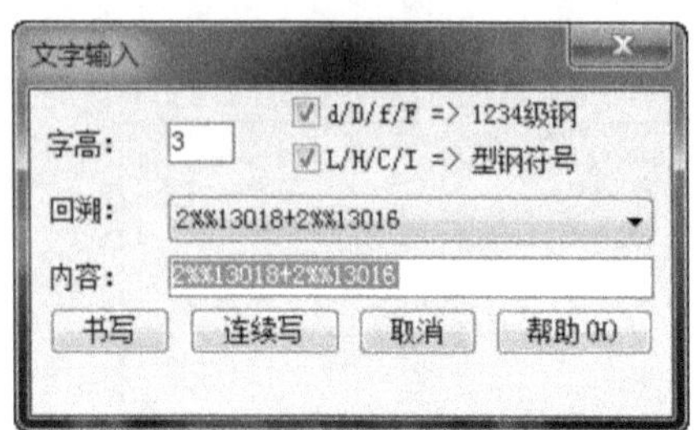

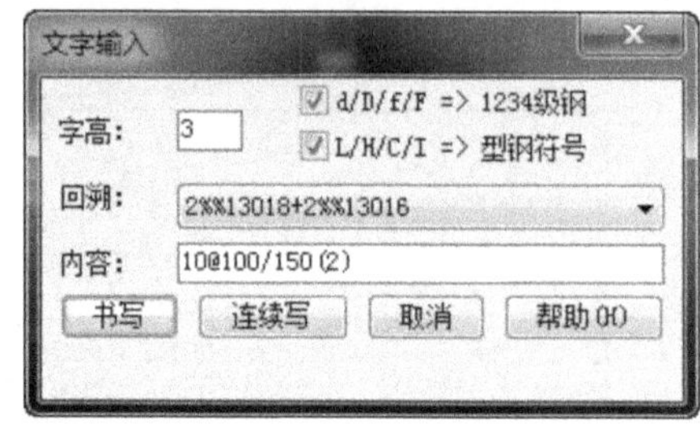

图 5.2.33　梁原位标注对话框

输入计算配置的梁上部纵筋，单击“书写”按钮即可在梁上进行原位标注，如图 5.2.34 所示。

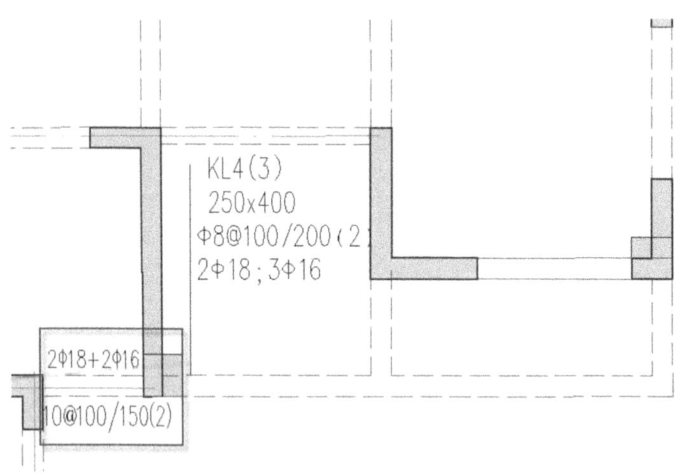

图 5.2.34　①号框架梁上部纵筋

根据 PKPM 计算结果，②号框架梁选取箍筋直径为 6 mm、箍筋间距为 200 mm 的双肢箍。单击“梁原位标注”按钮，输入修改数据，如图 5.2.35 所示。单击“书写”按钮即可对梁进行原位标注，如图 5.2.36 所示。

接着开始对③号悬挑梁进行钢筋的配置。由 PKPM 计算数据可选择 2 根直径为 18 mm 的钢筋加

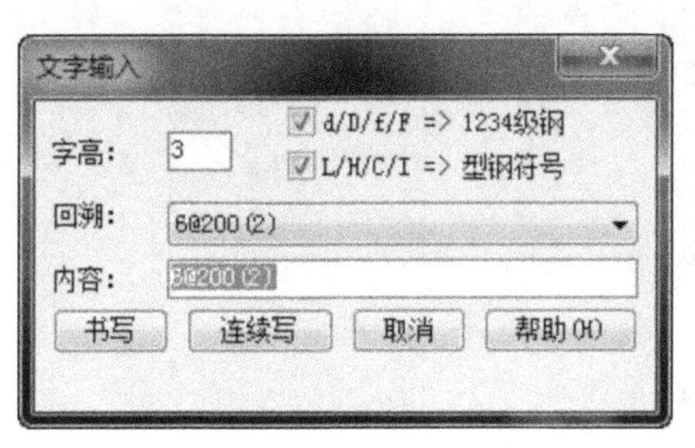

图 5.2.35　文字输入对话框

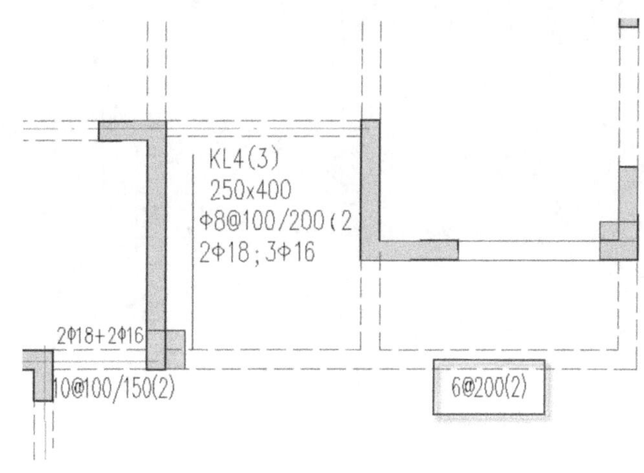

图 5.2.36　②号梁原位标注

2 根直径为 20 mm 的钢筋。单击“梁原位标注”按钮，输入钢筋截面面积，如图 5.2.37 所示。单击“书写”按钮，对梁进行原位标注，标注图如图 5.2.38 所示。

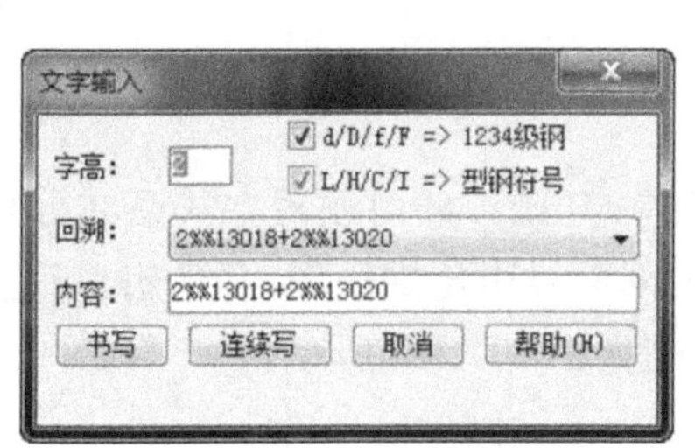

图 5.2.37　文字输入对话框

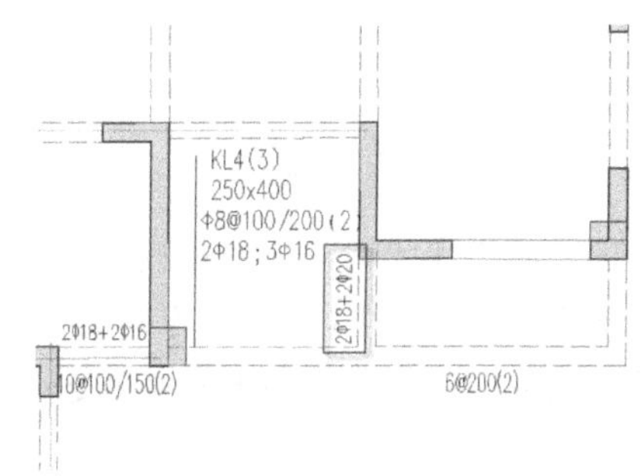

图 5.2.38　③号梁原位标注

根据 PKPM 计算数据，可以对④号悬挑梁进行配筋。梁的上部钢筋可配置 2 根直径为 22 mm 钢筋加 4 根直径为 20 mm 的钢筋。上面一排放置 4 根钢筋：角部 2 根直径为 22 mm 的钢筋，中间 2 根直径为 20 mm 的钢筋。第二排放置 2 根直径为 20 mm 的钢筋。单击“梁原位标”按钮，弹出如图 5.2.39 所示对话框，输入钢筋截面尺寸，即可在梁上进行原位标注，如图 5.2.40 所示。

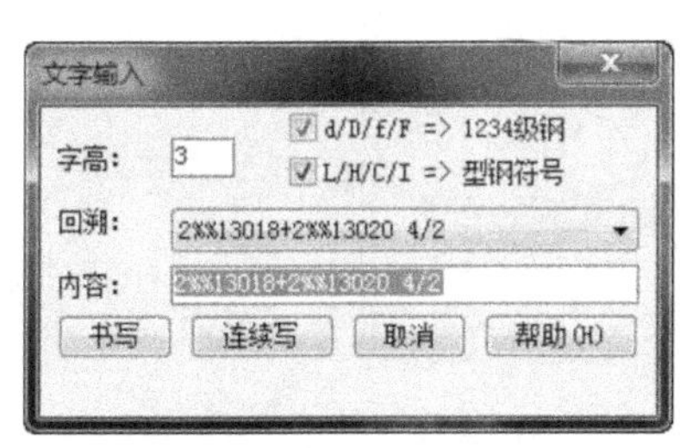

图 5.2.39　文字输入对话框

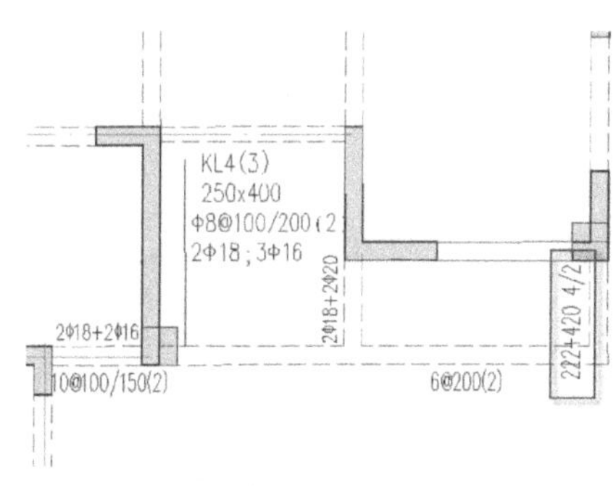

图 5.2.40　梁原位标注

完成手输配筋步骤后，即完成了部分梁的配筋。通过这些实例，相信读者朋友已经对原位标注有了一定的了解，对具体步骤也有了一定的熟悉。配筋完成后如图5.2.41所示。

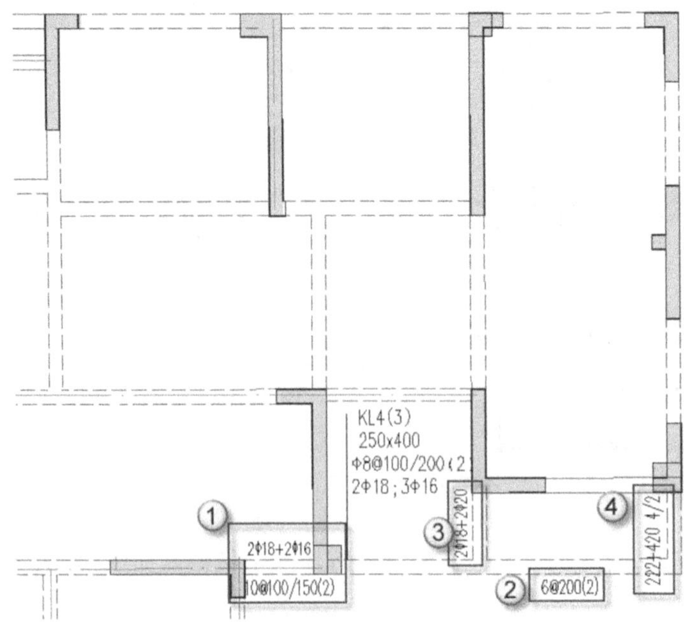

图 5.2.41 部分梁配筋标注

5.2.5 截面注写方式

除上面讲述的梁平法的一般注写方式外，还有一种截面注写方式。截面注写方式系在分标准层绘制的梁平面布置图上，分别在不同编号的梁中各选择一根梁用剖面号引出配筋图，并采用在其上注写截面尺寸和配筋具体数值的方式来表达梁平法施工图。具体实例如图 5.2.42 所示。

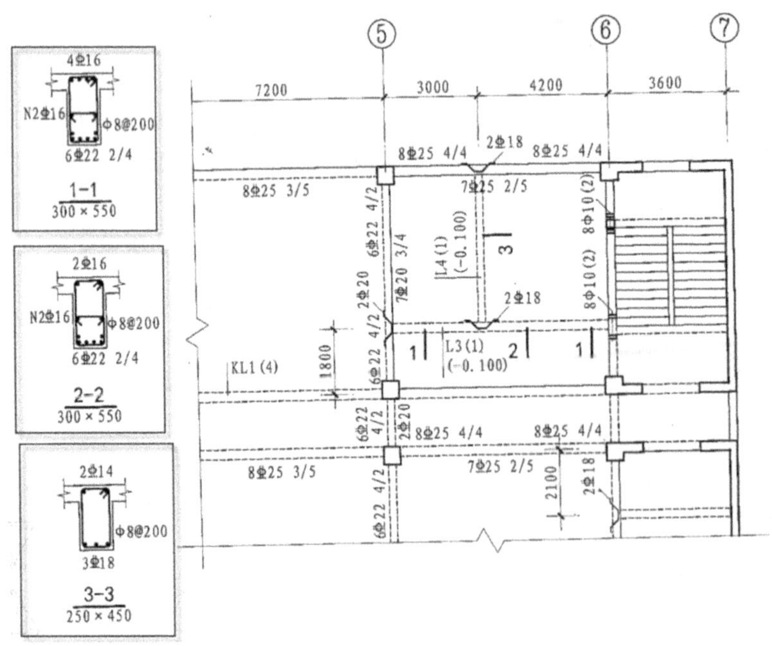

图 5.2.42 截面注写方式

1. 平法梁的截面注写方式

下面对梁的截面注写方式进行详细的讲解，同时也对梁截面的绘制进行讲解。操作步骤大致如下。

首先打开 TSSD 探索者软件。单击“TS 计算”按钮，选择“钢筋”选项，单击“箍筋”按钮，弹出对话框，如图 5.2.43 所示。输入相应数据，上一排钢筋的数量、上二排钢筋的数量、腰筋的数量、下二排钢筋的数量、下一排钢筋的数量，输入完成后单击“确定”按钮，最后在绘图区即可绘制出梁的截面配筋。配筋图如图5.2.44所示。

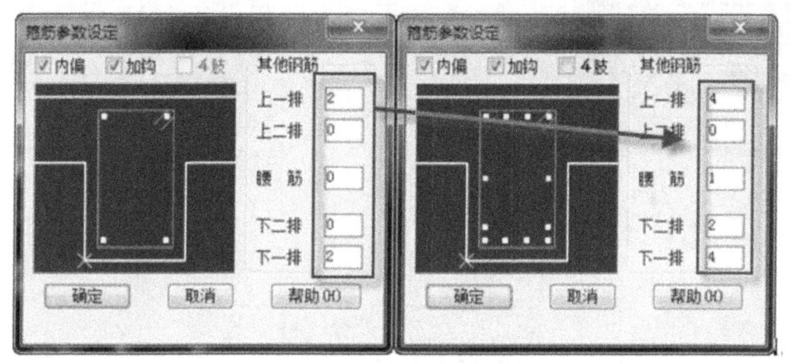

图 5.2.43　输入参数对话框

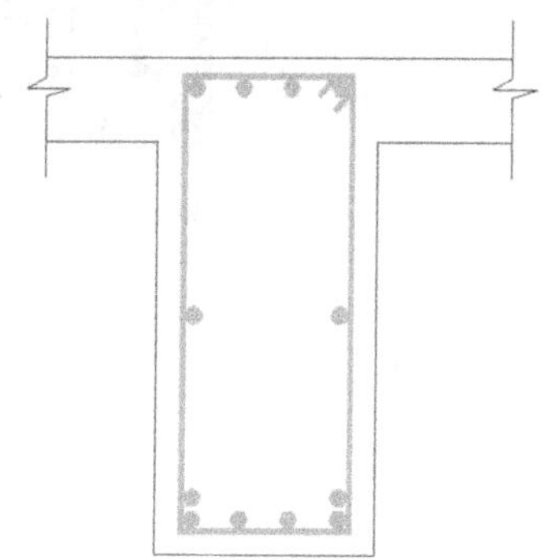

图 5.2.44　初步绘制截面配筋

2. 绘制拉筋

单击“TS 工具”按钮，选择“拉筋”选项，在命令栏提示“输入第一点时”单击左边腰筋，提示“输入另一点”时，单击腰筋另一点即可绘制出拉筋。集体操作步骤如图 5.2.45 所示。配筋图绘制完成后如图 5.2.46 所示。

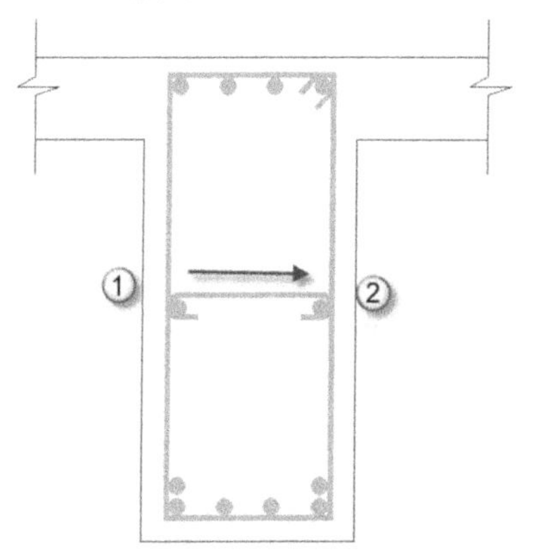

图 5.2.45　绘制拉筋

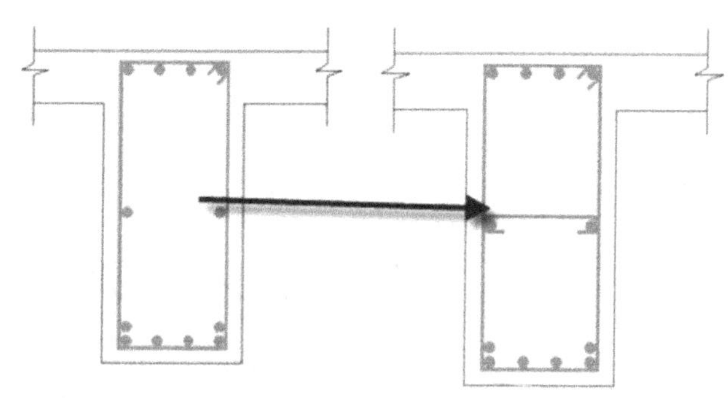

图 5.2.46　截面配筋绘制

3. 原位标注

单击“梁绘制”按钮，选择“梁原位标”选项。弹出对话框，输入相应的参数。完成参数设定后即可在梁上进行标注。重复此次操作步骤依次绘制出梁的原位标注，如图 5.2.47、图 5.2.48、图 5.2.49 和图 5.2.50 所示。

按照上述截面配筋步骤，对梁的截面进行配筋绘制。单击“TS 计算”按钮，选择“钢筋”选项，单击“箍筋”按钮，弹出如图 5.2.51 所示对话框。输入相应数据，上一排钢筋的数量、上二排钢筋的数量、腰

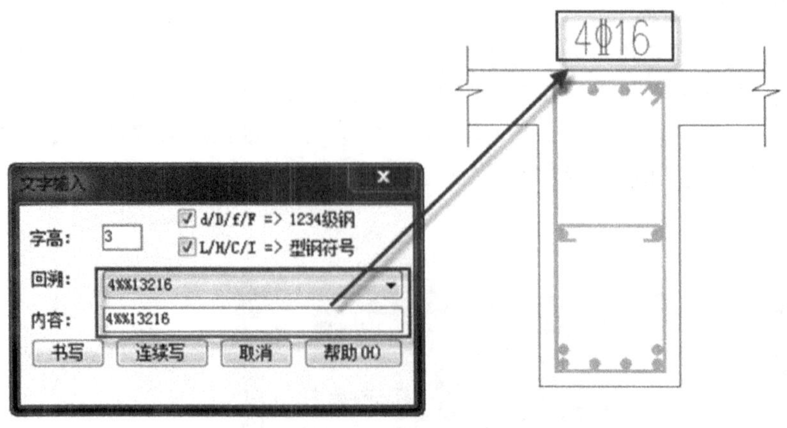

图 5.2.47　梁上部纵筋

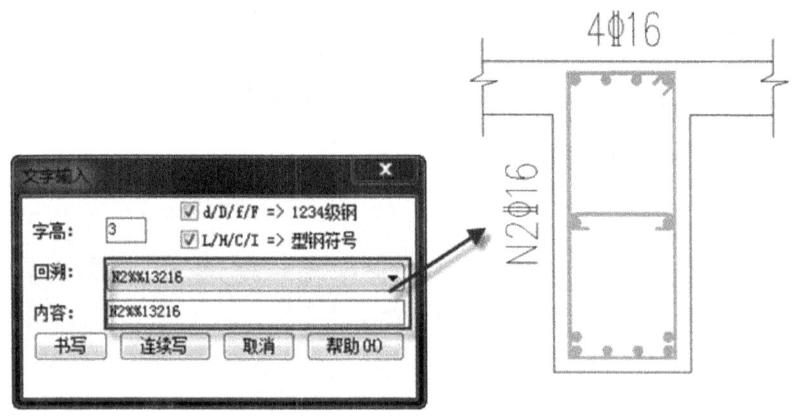

图 5.2.48　梁腰筋

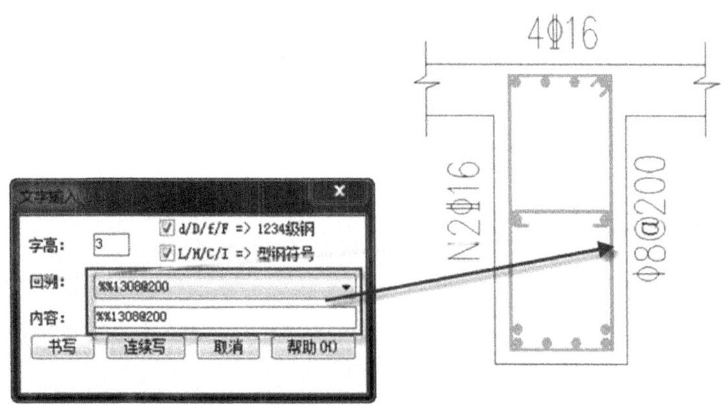

图 5.2.49　梁箍筋

筋、下二排钢筋的数量、下一排钢筋的数量，输入完成后单击“确定”按钮，最后在绘图区即可绘制出梁的截面配筋。配筋图如图 5.2.52 所示。

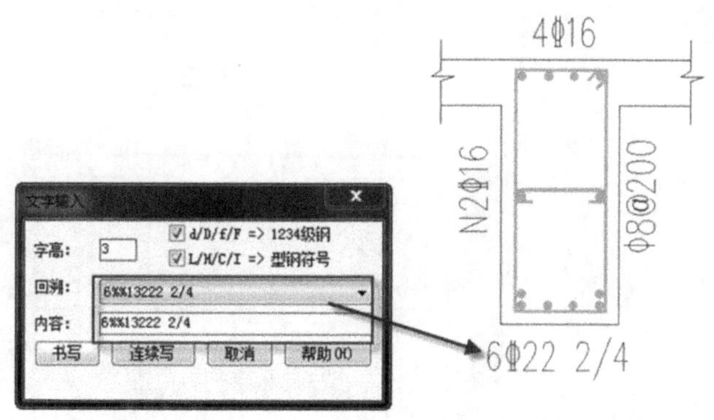

图 5.2.50　梁下部纵筋

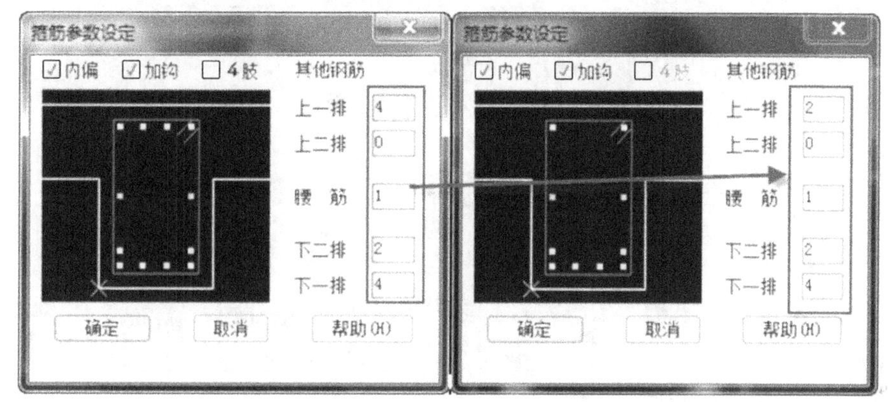

图 5.2.51　参数设定

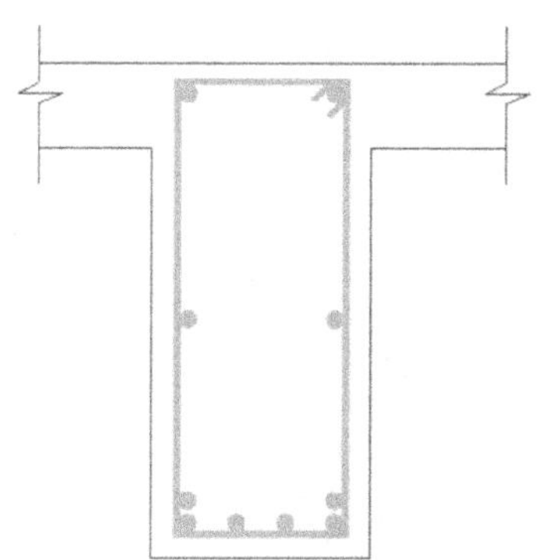

图 5.2.52　初步配筋形式

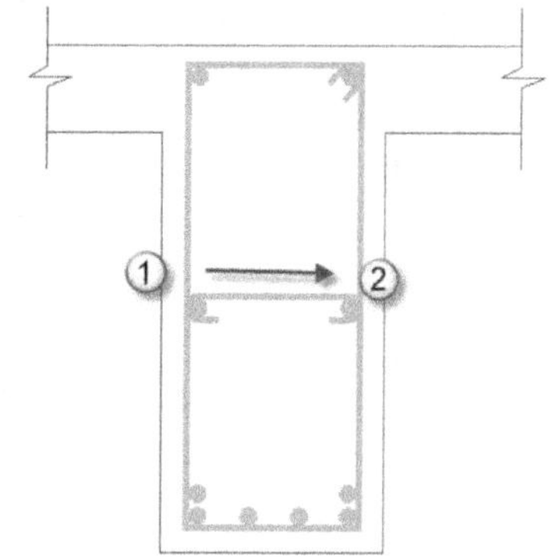

图 5.2.53　绘制拉筋

注意:上述描述的是梁的截面注写方式。在梁平法施工图的平面图中,当局部区域的梁布置过密时,除了采用截面注写方式表达外,也可将过密区用虚线框出,适当放大比例后再用平面注写方式表示。当表达异形截面梁的尺寸与配筋时,用截面注写方式相对比较方便。

对梁的截面注写方式内容已经讲述完,对绘制梁的施工图具体步骤就是以上内容。结构其余梁的配筋请读者自己计算。其余梁的配筋如图 5.2.54 所示。

到这里已经完成了对梁施工图的绘制。通过这一流程,相信读者朋友对梁施工图的绘制步骤已经有了一定了解。

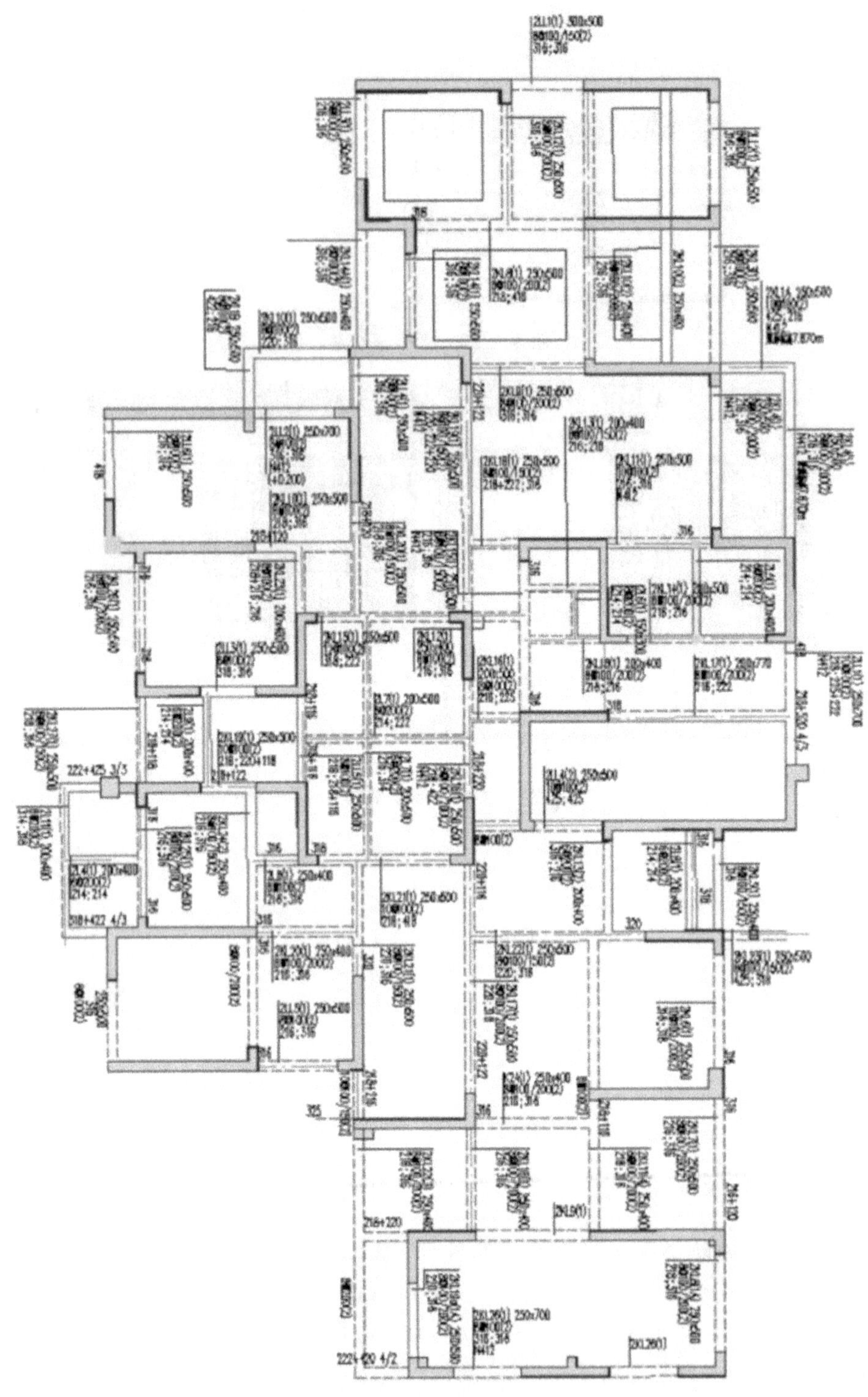

图 5.2.54　梁施工图

5.3　板施工图(结构平面图)

绘制完梁施工图以后，将开始对板施工图的绘制进行讲解。首先，对板的一些规范规定进行一定的讲解。

5.3.1　板的基本规定

在结构施工图中，板施工图需要表达的内容是：板厚、板跨、正负筋、构造筋、板的混凝土等级。

1. 板厚的取值

对于板厚度的规定，现浇钢筋混凝土板的厚度不应小于表 5.3.1 规定的数值。

表 5.3.1　现浇钢筋混凝土板的最小厚度

板的类别		最小厚度/mm
单向板	屋面板	60
	民用建筑楼板	60
	工业建筑楼板	70
	行车道下的楼板	80
双向板		80
密肋板	肋间距小于或等于 700 mm	40
	肋间距大于 700 mm	50
悬臂板	板的悬臂长度小于或等于 500 mm	60
	板的悬臂长度大于 500 mm	80
无梁楼板		150

2. 混凝土板计算原则

两对边支承的板应按单向板计算。四边支承的板应按下列规定计算：当长边与短边长度之比小于或等于 2.0 时，应按双向板计算；当长边与短边长度之比大于 2.0，但小于 3.0 时，宜按双向板计算；当按沿短边方向受力的单向板计算时，应沿长边方向布置足够数量的构造钢筋；当长边与短边长度之比大于或等于 3.0 时，可按沿短边方向受力的单向板计算。

3. 板中受力钢筋的间距

当板厚 $h \leqslant 150$ mm 时，受力钢筋间距不宜大于 200 mm；当板厚 $h > 150$ mm 时，受力钢筋间距不宜大于 $1.5h$，且不宜大于 250 mm。

对于板的配筋，应符合上述规定。但是在使用软件进行配筋时，应通过 PKPM 的计算数据进行配筋。具体操作步骤如下。

导出 PKPM 板计算数据，了解板计算数据的含义，然后根据计算数据，查找配筋表，最后再根据上述规定对选用钢筋进行布置。下面按照上述步骤开始对板进行配筋。

5.3.2　绘制板施工图

由于板的跨度可以在建筑施工图中表示，板的混凝土等级可以在结构设计说明中表示，所以板施工图只需要表示相应的钢筋信息就可以了。具体操作如下。

1. 导出 PKPM 计算数据

打开 PKPM 主界面，单击“PMCAD”选项，选择第三项“画结构平面图”。单击“应用”按钮即可进入“画结构平面图”界面。出现此界面后，单击“楼板计算”按钮，软件即自动对楼板进行计算。完成后即可得到板配筋图计算数据。单击菜单栏上楼层切换的按钮，选择需要的某一层楼板计算信息，如图5.3.1所示。

出现图 5.3.1 所示下拉菜单时，即可对楼层进行切换。在这里需要选择一层楼面，绘图区将会出现该层现浇板面积图，如图 5.3.2 所示。

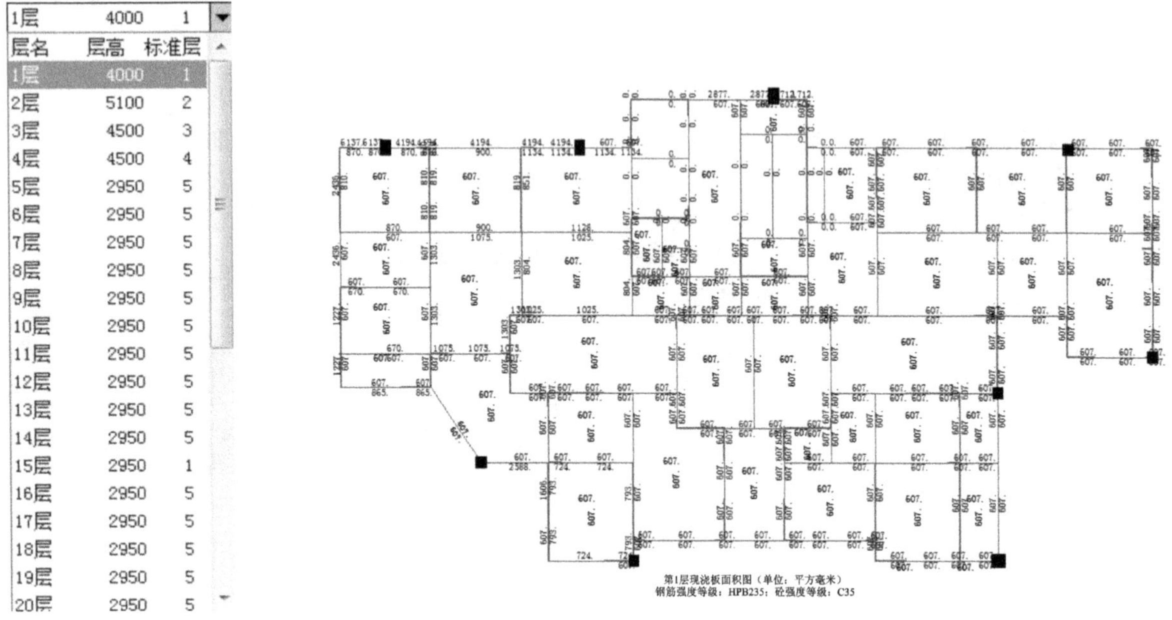

图 5.3.1　切换楼层

图 5.3.2　现浇板面积图

2. T 图转 DWG

单击菜单栏“文件”按钮，选择“另存为”选项。保存为“T 图”格式。按照梁配筋图 T 图转 DWG 图的步骤，单击“PMCAD”按钮，选择“图形变换、打印及转换”选项。弹出界面后，单击菜单栏“工具”按钮，选择“T 图转 DWG”选项，将该板配筋计算数据转为 DWG。右击图标，选择“属性”按钮，如图 5.3.3 所示。

3. 计算数据解释

下面开始对板计算数据进行解释，以便读者朋友能够看懂 PKPM 板配筋计算简图，如图 5.3.4 所示。下面以部分板配筋计算数据为例进行讲解。

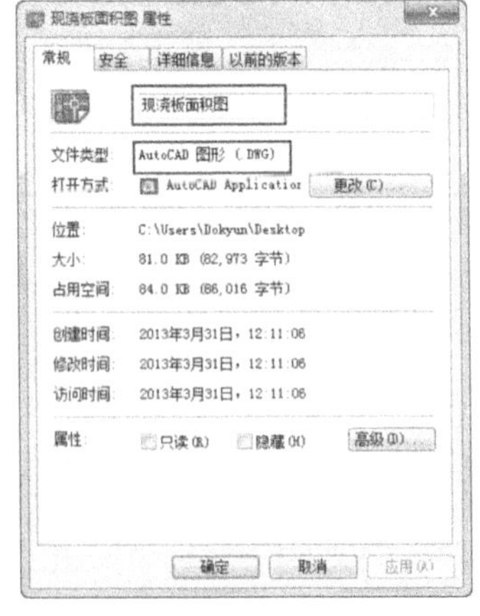

图 5.3.3　T 图转 DWG

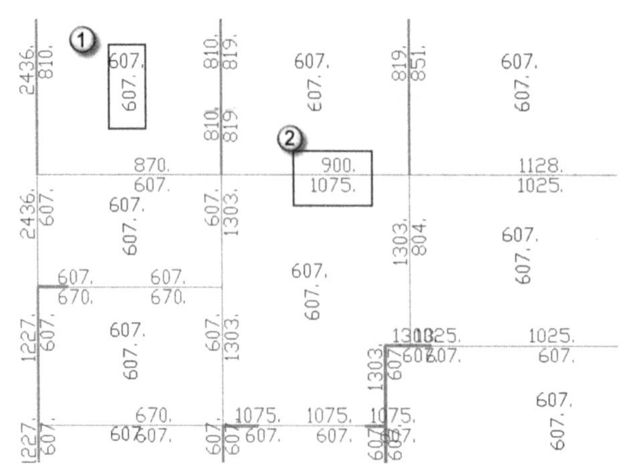

图 5.3.4　PKPM 板计算简图(部分)

图 5.3.4 中标注的数据是板的钢筋面积，如标记 1 表示板内的受力钢筋面积为 607 mm^2；标记 2 表示两个板连接的钢筋面积为 900 mm^2 和 1075 mm^2。根据上述解释可以看出钢筋面积，查本书附录中附表 1 可知。

4. 查表选取钢筋

下面开始根据钢筋截面面积，查本书配套光盘中"常见表格.DWG"文件相关表格选取需要选用的钢筋以及钢筋间距。现在开始对板进行配筋。计算数据如图 5.3.5 所示。

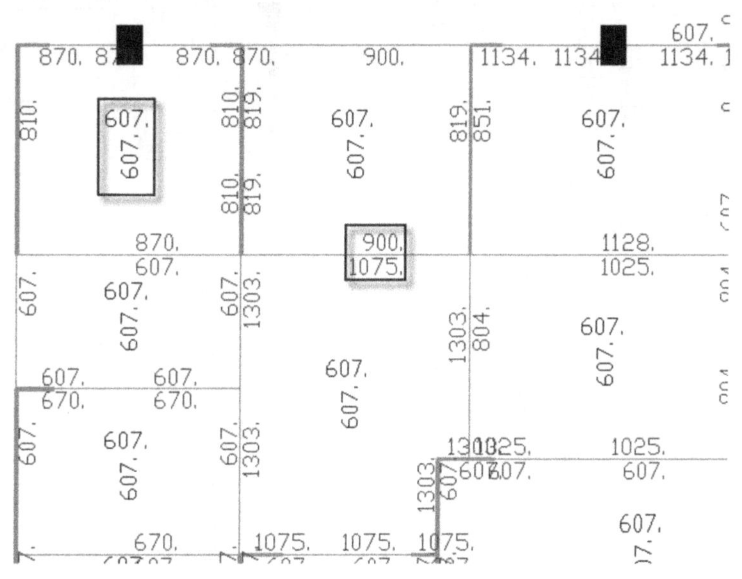

图 5.3.5　PKPM 计算简图(部分)

根据上述计算数据，大部分受力钢筋都是 607 mm^2，则可查表知配取钢筋为三级钢，直径为 10 mm，间距为 125 mm。钢筋选择好后即可对板钢筋进行绘制。

5. 绘制正筋

打开 TSSD 探索者，单击右侧菜单栏的"钢筋绘制"按钮，将会弹出一系列下拉菜单。单击"自动正筋"按钮，弹出正筋设置对话框。根据上述选择好的钢筋，输入相应的数值，如图 5.3.6 所示。

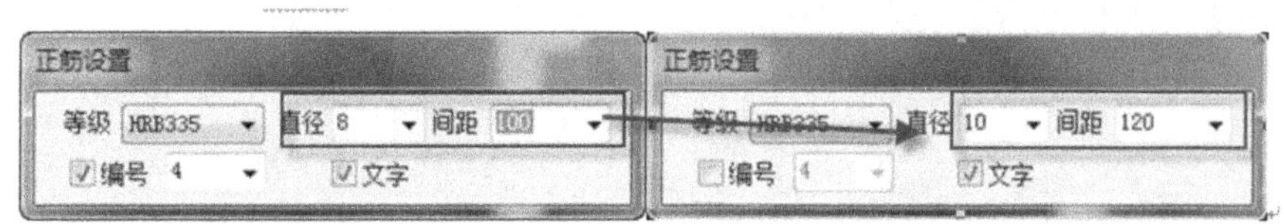

图 5.3.6　正筋设置

输入完成后即可对板钢筋进行绘制。当命令栏提示"请选择钢筋起点"时，选择钢筋起点，当软件提示"请选择钢筋终点"时，选择钢筋终点，如图 5.3.7 所示。

按照上述步骤绘制板内分布钢筋和受力钢筋，如图 5.3.8 所示。

重复上述步骤绘制其他楼板的分布钢筋和受力钢筋，如图 5.3.9、图 5.3.10 所示。

6. 绘制负筋

布置好正筋后开始布置负筋，首先计算负筋长度：短跨计算长度×1/4，得到的数值取 50 的整数倍。

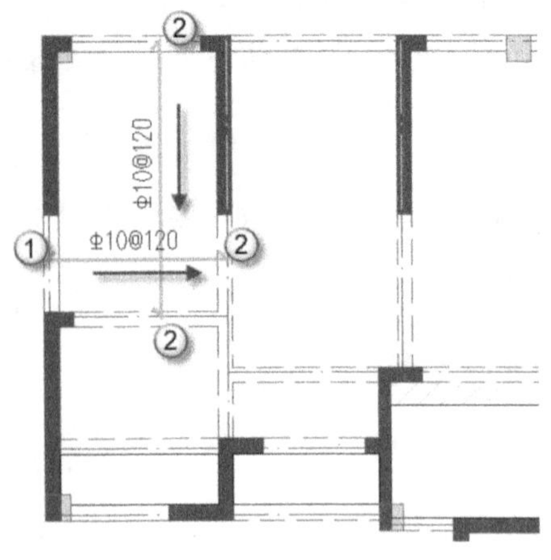

图 5.3.7　绘制正筋

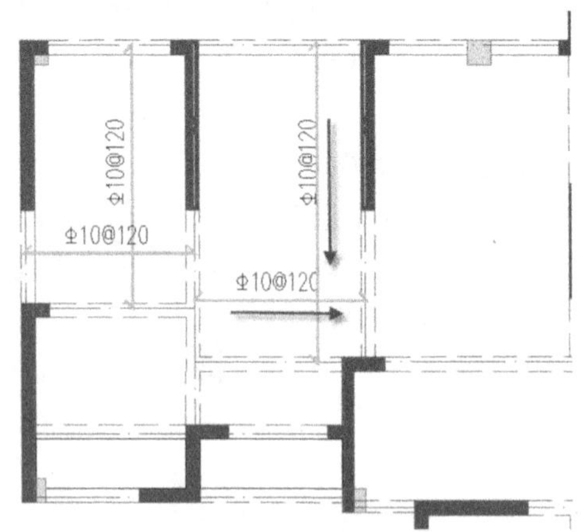

图 5.3.8　绘制正筋

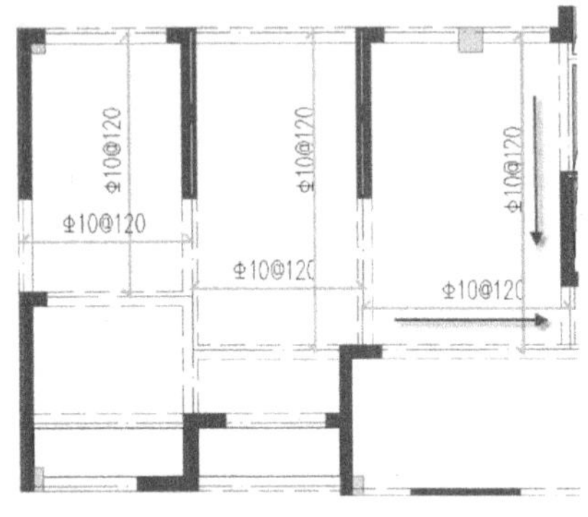

图 5.3.9　绘制正筋

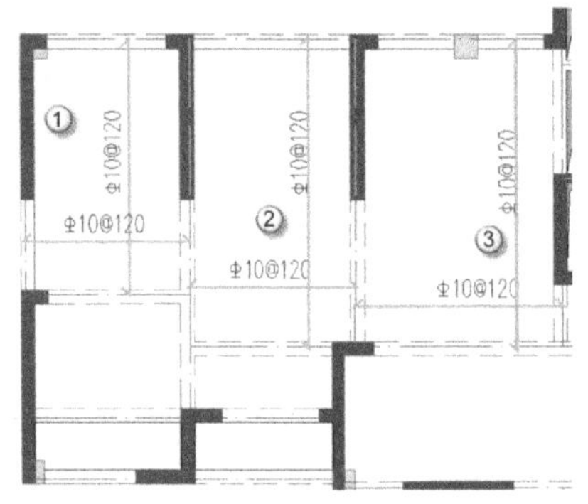

图 5.3.10　部分正筋绘制

下面举例对负筋长度进行计算。板跨度如图 5.3.11 所示。

图 5.3.12 中，短边跨度为 3900 mm，1/4 为 975 mm，板面负筋取 50 的整数倍为 1000 mm。参看源图，右边的板短跨为 4200 mm，则板面负筋取 1050 mm。两板相连，且板面标高相同，则板面负筋取大值，即：如计算结果所示，左边为 341 mm，右边为 1065 mm，两边均取 1050 mm，按 1065 mm 配筋，即直径为 12 mm、间距 100 mm，如图 5.3.12 所示。

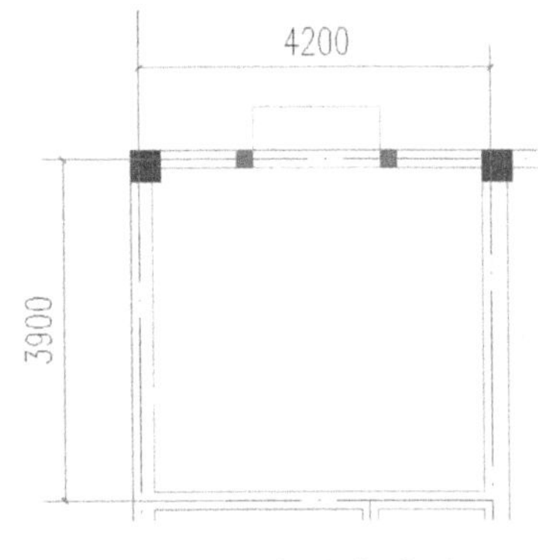

图 5.3.11　板跨度(部分)

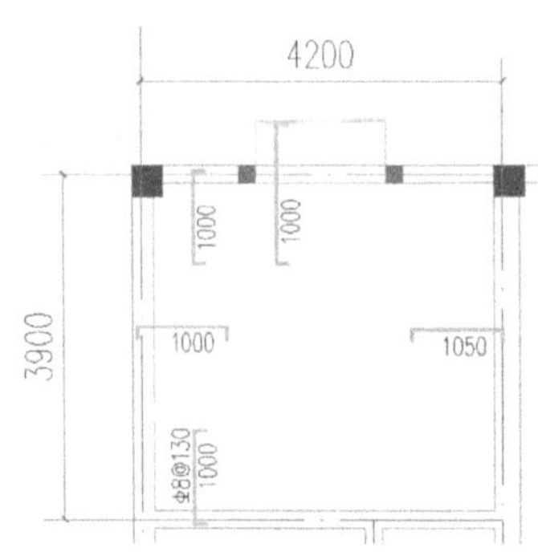

图 5.3.12　绘制负筋

注意：配筋时尽量取半径较小的钢筋，间距不宜小于 100 mm。

按照上述计算步骤，单击“任意负筋”按钮，弹出“负筋设置”对话框，如图 5.3.13 所示。修改数值，完成修改后，按照软件提示步骤进行绘制。选取起点，再输入相应的长度“1000”。布置图如图 5.3.14 所示。

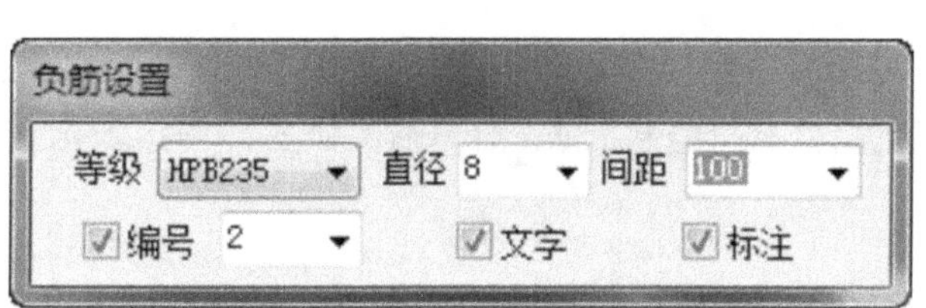

图 5.3.13　“负筋设置”对话框

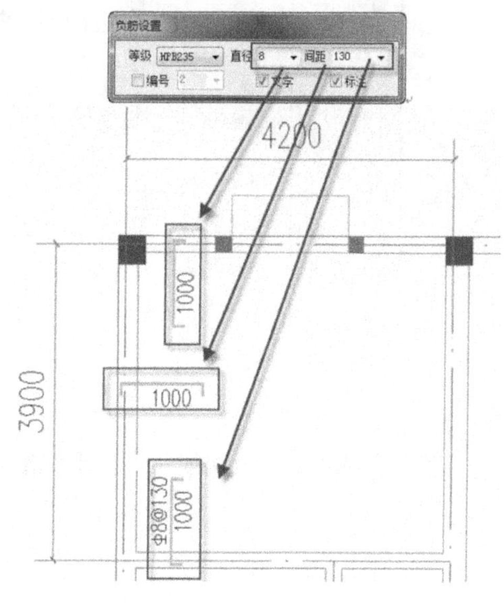

图 5.3.14　负筋布置图

重复上述步骤，单击“任意负筋”按钮，弹出“负筋设置”对话框，输入相应的数值，然后按照软件提示的步骤绘制负筋，如图 5.3.15 所示。

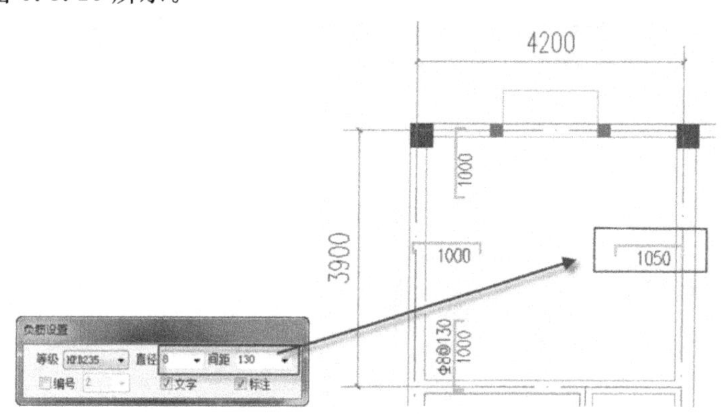

图 5.3.15　绘制负筋

当板的跨度较小时，可采用双层双向直接拉通。

如图 5.3.16，中间小板短边跨度为 1200，过小，故采用双层双向直接拉通，由于计算文件均为 200，满足构造配筋，图注中已有说明故不必原位标注。双层双向配筋图如图 5.3.17 所示。

当按单向板设计时，除沿受力方向布置受力钢筋外，尚应在垂直受力方向布置分布钢筋。单位长度上分布钢筋的截面面积不宜小于单位宽度上受力钢筋截面面积的 15%，且不宜小于该方向板截面面积的 0.15%；分布钢筋的间距不宜大于 250 mm，直径不宜小于 6 mm；对集中荷载较大的情况，分布钢筋的截面面积应适当增加，其间距不宜大于 200 mm。

注意：当有实践经验或可靠措施时，预制单向板的分布钢筋可不受本条限制。

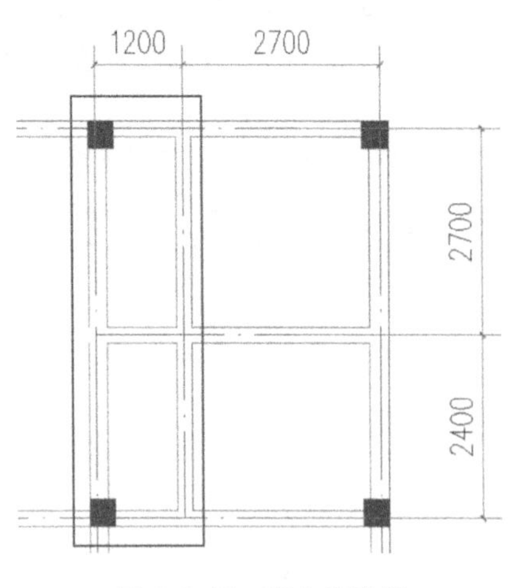

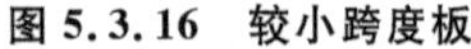

图 5.3.16　较小跨度板

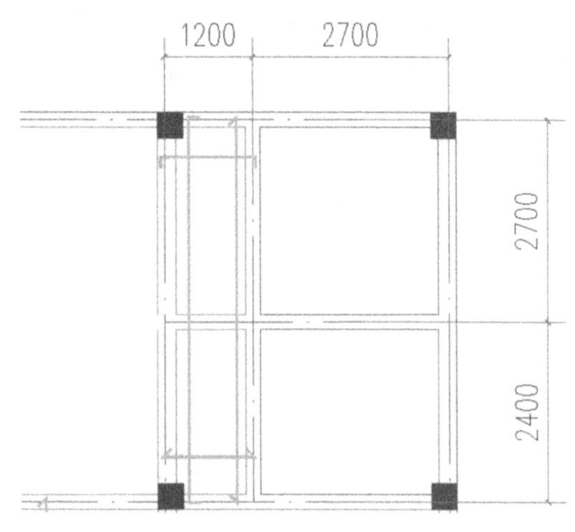

图 5.3.17　双层双向配筋

按照上述计算负筋方法，开始对该结构进行负筋计算，然后再绘制负筋。计算简图如图 5.3.18 所示。

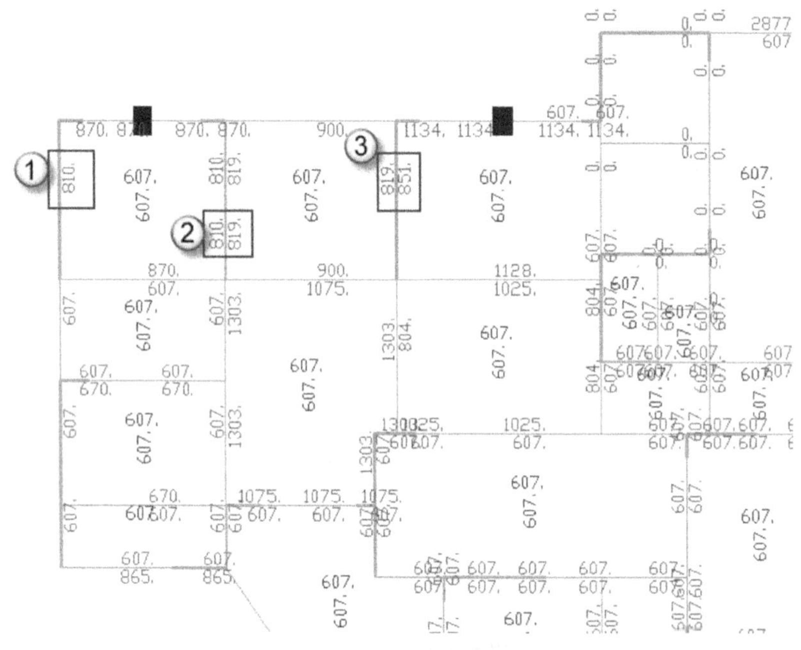

图 5.3.18　PKPM 计算简图

按照上述选取负筋的方法，则①号负筋选取直径为 10 mm 的三级钢筋，间距为 150 mm，负筋的长度为 900 mm；②号负筋选取直径为 10 mm 的三级钢筋，间距为 150 mm，负筋的长度为 900 mm。选取负筋以及计算长度后，即可开始绘制负筋。绘制①、②号负筋如图 5.3.19 所示。

重复上述步骤，对③号负筋进行选取和计算。选取直径为 16 mm 的三级钢筋，间距为 150 mm，计算长度为 1150 mm。单击“任意负筋”按钮，即可在绘图区进行绘制负筋，如图 5.3.20 所示。

最后开始绘制最后一部分的负筋，计算数据如图 5.3.21 所示。①号负筋选取直径为 10 mm 的三级钢筋，间距为 300 mm。负筋伸出长度为 900 mm。单击“任意负筋”按钮，弹出负筋设置对话框。设置数值，即可在绘图区绘制负筋，如图 5.3.22 所示。

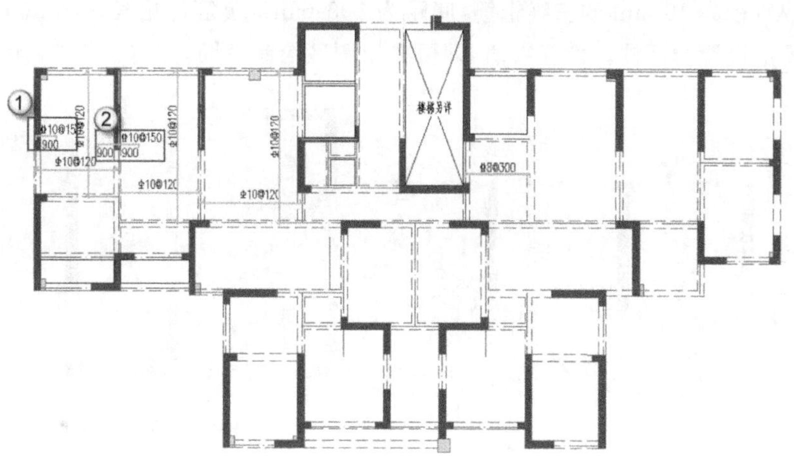

图 5.3.19　绘制①、②号负筋

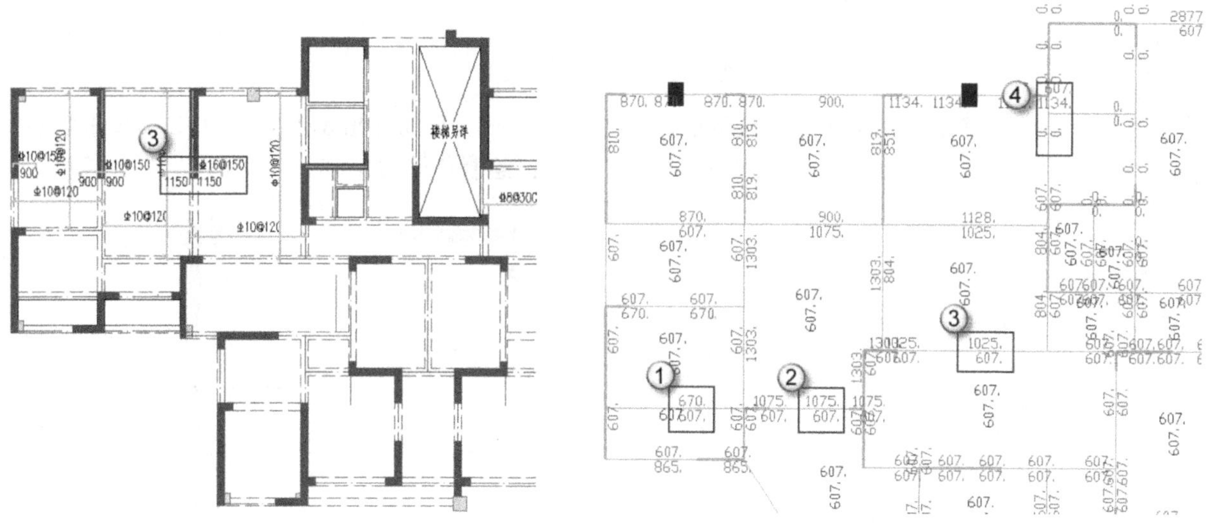

图 5.3.20　绘制③号负筋

图 5.3.21　PKPM 计算数据

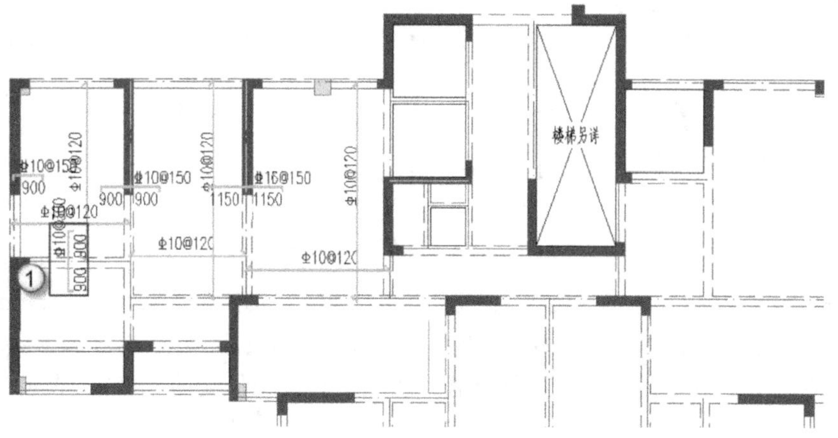

图 5.3.22　绘制①号负筋

②号负筋选取直径为 10 mm 的三级钢筋，间距为 300 mm。负筋伸出长度为 900 mm。单击“任意负筋”按钮，弹出负筋设置对话框。设置数值，即可在绘图区绘制负筋，如图 5.3.23 所示。

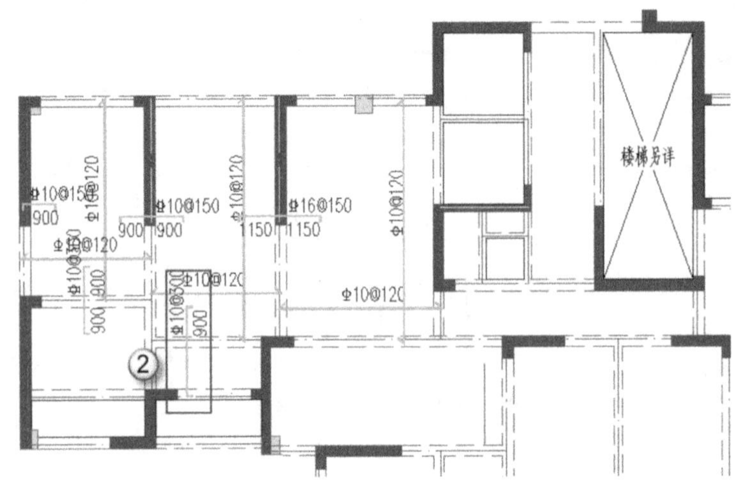

图 5.3.23　绘制②号负筋

③号负筋选取直径为 10 mm 的三级钢筋，间距为 150 mm。负筋伸出长度为 1150 m。单击“任意负筋”按钮，弹出负筋设置对话框。设置数值，即可在绘图区绘制负筋，如图 5.3.24 所示。

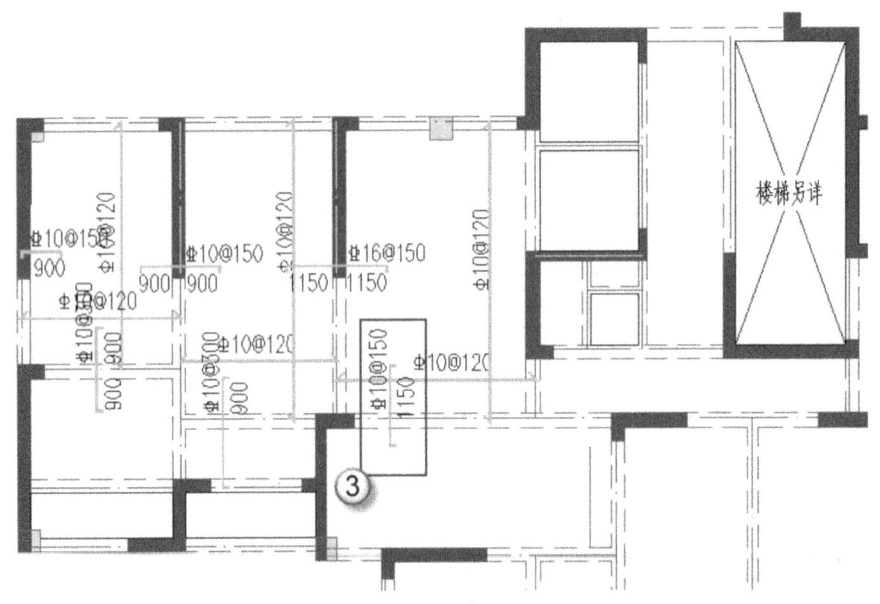

图 5.3.24　绘制③号负筋

④号负筋选取直径为 16 mm 的三级钢筋，间距为 150 mm。负筋伸出长度为 1150 mm。单击“任意负筋”按钮，弹出负筋设置对话框。设置数值，即可在绘图区绘制负筋，如图 5.3.25 所示。

这里已经绘制了大部分板的钢筋。其余的钢筋选取以及负筋长度的计算，读者请自行计算。板的配筋如图 5.3.26 所示。

上述描述的是板施工图的绘制。下面将介绍钢筋锚固的一些规范、要求。

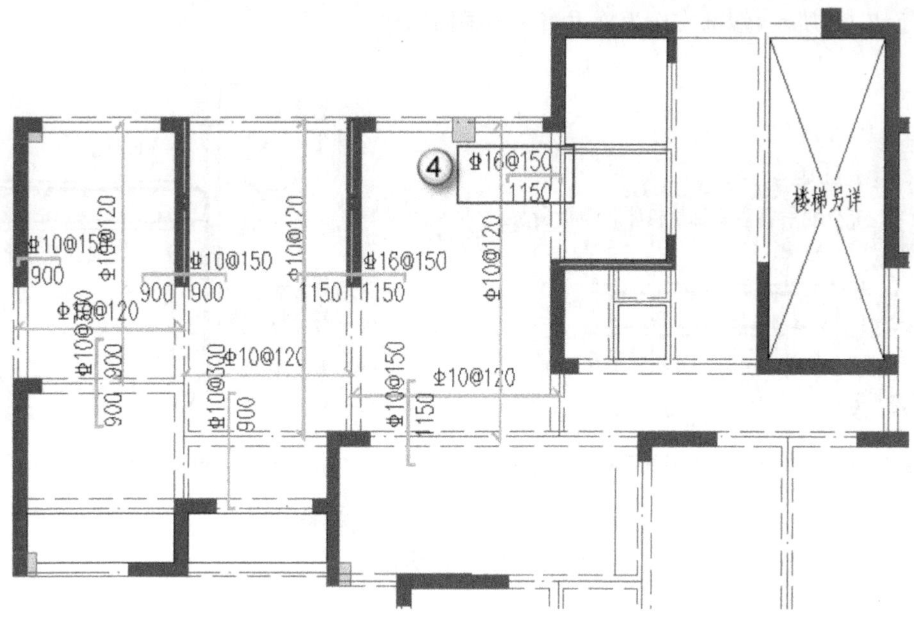

图 5.3.25　绘制④号负筋

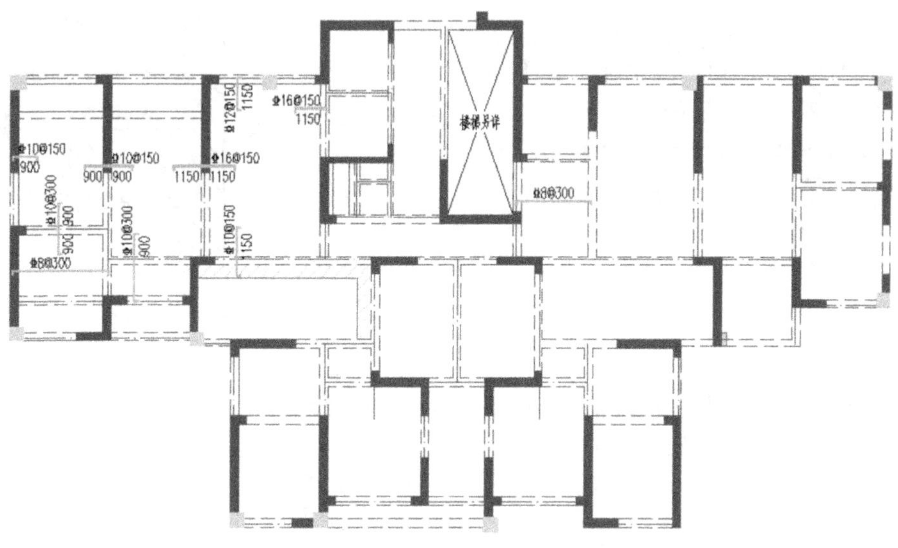

图 5.3.26　绘制地下板施工图

5.3.3　钢筋锚固构造

钢筋的锚固是指钢筋被包裹在混凝土中,以增强混凝土与钢筋的连接。其作用是使混凝土与钢筋能共同工作以承担各种应力(协同工作承受来自各种荷载产生压力、拉力以及弯矩、扭矩等)。所以在这里必须对板的锚固构造进行讲解。

1. 板的锚固构造

板的锚固构造分为以下四种。

◇ 如图 5.3.27 所示,端部支座为梁时的锚固构造。

◇ 如图 5.3.28 所示，端部支座为剪力墙时的锚固构造。

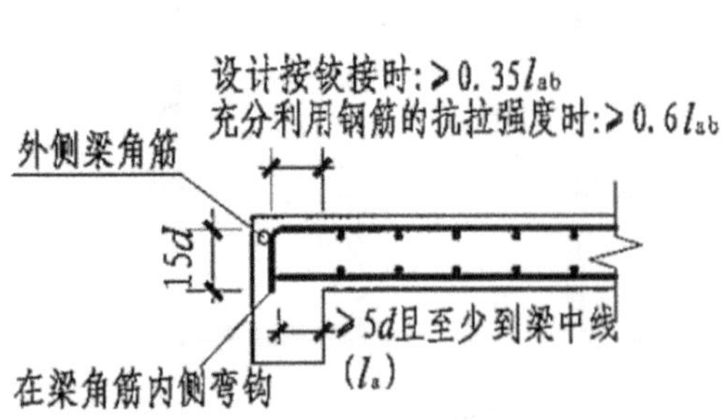

图 5.3.27 端部支座为梁时锚固构造

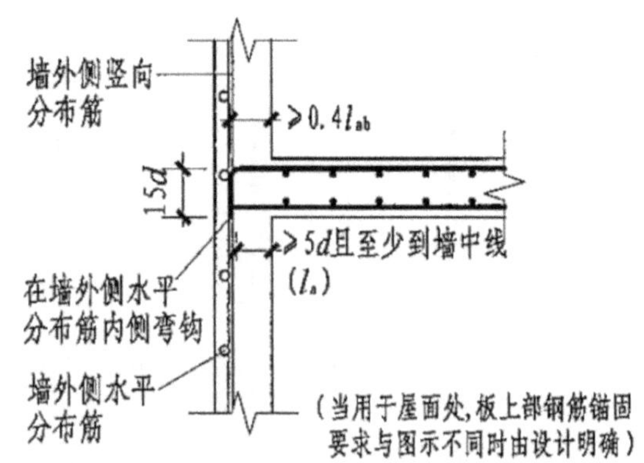

图 5.3.28 端部支座为剪力墙时锚固构造

◇ 如图 5.3.29 所示，端部支座为砌体墙的圈梁时的锚固构造。

◇ 如图 5.3.30 所示，端部支座为砌体墙时的锚固构造。

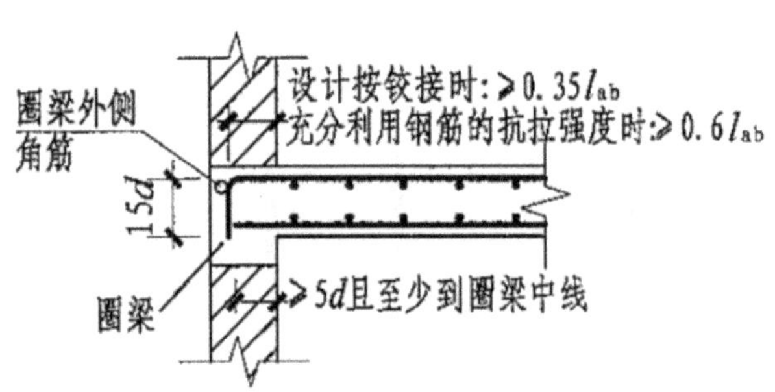

图 5.3.29 端部支座为砌体墙的圈梁时锚固构造

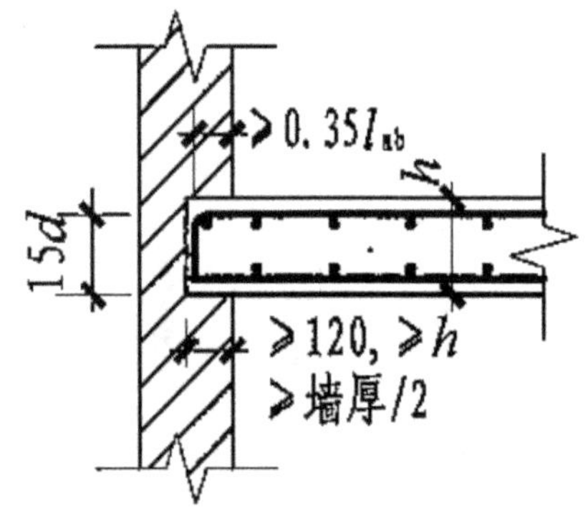

图 5.3.30 端部支座为砌体墙时锚固构造

2. 单(双)板配筋示意图

单(双)板配筋示意图分为分离式配筋和部分贯通式配筋两种。

◇ 如图 5.3.31 所示为分离式配筋。

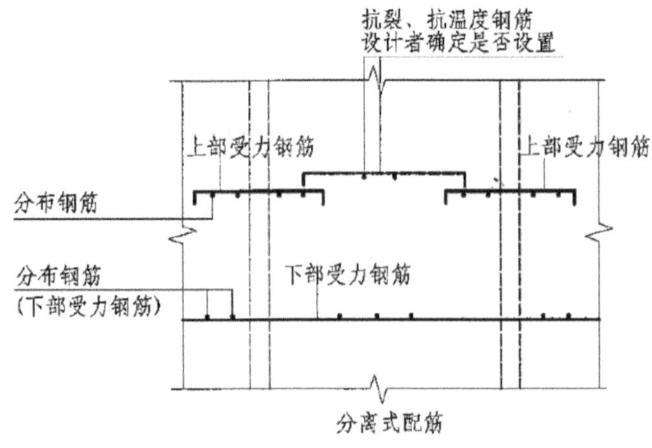

图 5.3.31 分离式配筋

◇ 如图 5.3.32 所示为部分贯通式配筋。

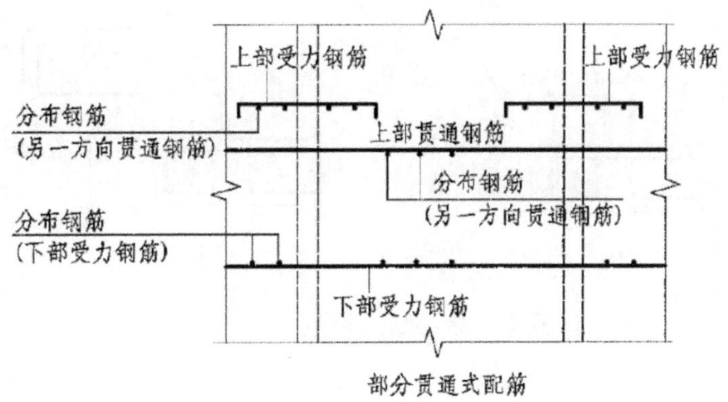

图 5.3.32　部分贯通式配筋

3. 悬挑板的钢筋构造

悬挑板的钢筋构造如图 5.3.33 所示。

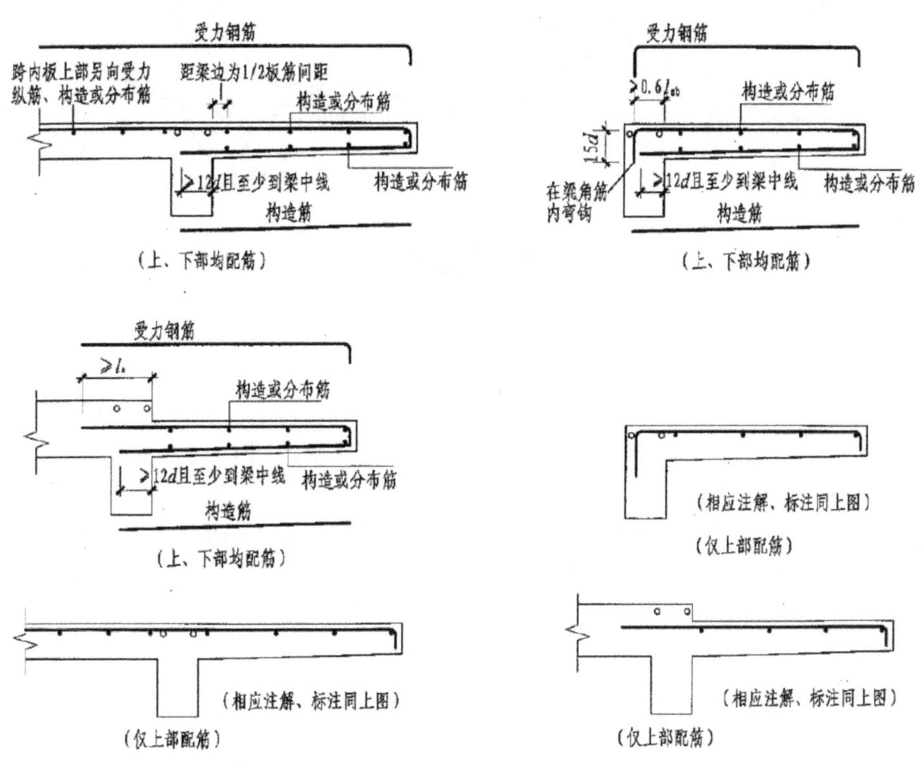

图 5.3.33　悬挑板的钢筋构造

4. 无支撑板端部封边构造

无支撑板端部封边构造如图 5.3.34 所示。

5. 折板配筋构造

折板配筋构造如图 5.3.35 所示。

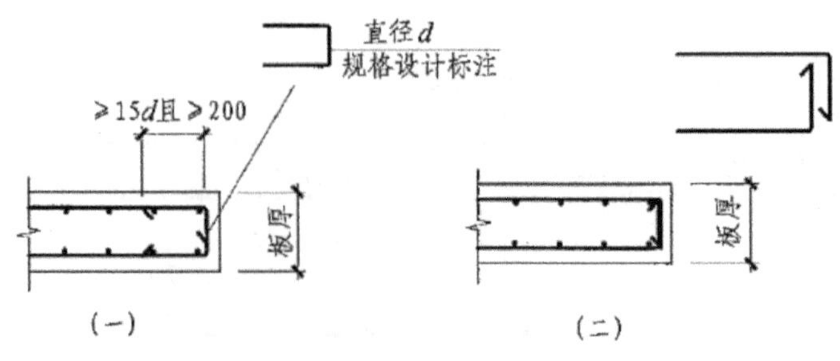

无支撑板端部封边构造

(当板厚≥150时)

图 5.3.34　无支撑板端部封边构造

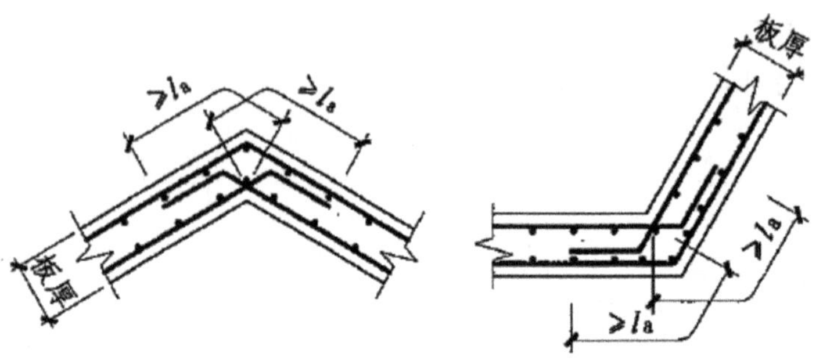

折板配筋构造

图 5.3.35　折板配筋构造

上述均为板的基本钢筋锚固构造。在用 TSSD 探索者作出施工图之后,施工员就是根据这些钢筋的锚固对工程构造进行建立的。所以,对于绘制施工图而言,钢筋的锚固是必须要了解的知识。具体构造查看《混凝土结构施工图平面整体表示方法制图规则和构造详图》(现浇框架柱、剪力墙、梁、板)(11G101—1)图集。

本章已经讲完了主楼地下施工图的绘制,即剪力墙施工图、梁施工图以及板施工图的绘制。之后将讲解对裙楼地上部分绘制施工图。学完主楼施工图绘制的相关知识,对于绘制裙楼施工图的学习会有很大的帮助。

第 6 章　裙楼地上部分绘制施工图

裙楼一般在一个多层、高层、超高层建筑的主体底部，其占地面积大于建筑主体标准层面积的附属建筑体。在一个多高层建筑的主体下半部分，修建的横切面积大于建筑主体本身横切面积的低层附属建筑体。比如一些楼的 2～3 层的长度和宽度都比建筑物上面楼层的长度和宽度要大，这样下面几层整个会凸出来，就是建筑下部面积会加大。这部分建筑使整栋楼看起来像加了个裙边，大部分用于商场、开敞空间的办公室以及部分较完善的高层楼建筑。

6.1　柱施工图

在实际工程中柱施工图所占据的比重很大，直接影响工程的成败，因此，柱施工图就显得尤为重要。在探索者 TSSD 中打开 dwg 格式文件，将除裙楼部分结构图层外的其他图层隐藏。这样操作可以避免其他图形文件的干扰。

6.1.1　在结构平面图上布置柱

PKPM 运算之后，柱的位置不一定精准，结构工程师需要重新在探索者中插入柱。PKPM 中柱的位置只作为参照。具体操作如下。

(1) 单击“布置柱”命令，选择“插方类柱”按钮，弹出如图 6.1.1 所示方类柱设置对话框。

(2) 设置方类柱样式。第一步：选择类型为矩形柱；第二步：选择柱截面为 500×500，分别在纵向和横向中部输入 500，单击“单点”按钮，则完成了一个方柱的设置，在结构平面图上单点上 500×500 的方柱，如图 6.1.2 所示。

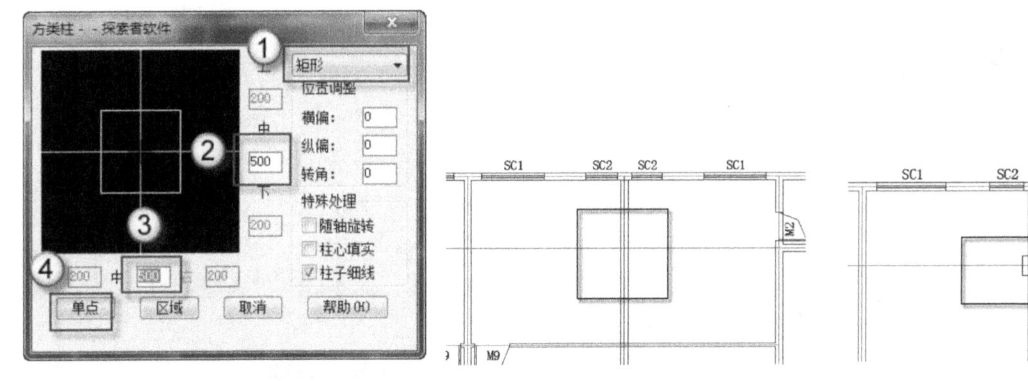

图 6.1.1　方类柱设置对话框

图 6.1.2　500×500 柱 1

(3) 设置 500×500 柱 2。使用同样的方法，将本层中所有 500×500 柱布置完，如图 6.1.3 所示。

(4) 设置 500×500 柱 3，完成后如图 6.1.4 所示。

(5) 设置 500×550 方类柱样式，与设置 500×500 方类柱类似，单击“插方类柱”命令弹出如图

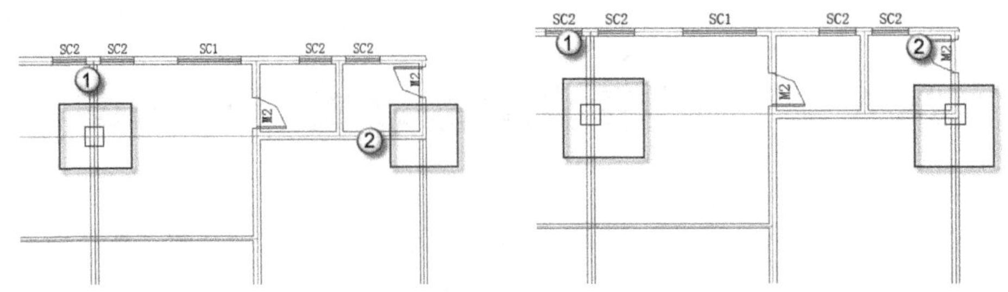

图 6.1.3　500×500 柱 2

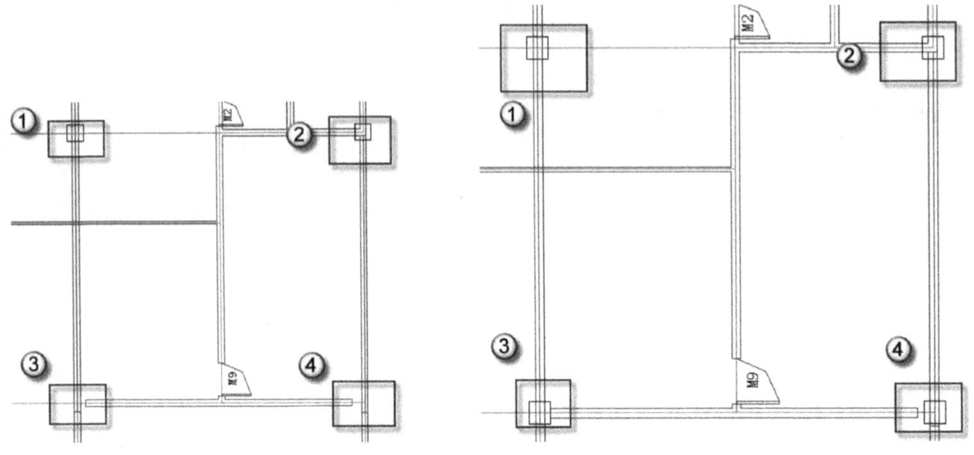

图 6.1.4　500×500 柱 3

6.1.5所示偏心柱 500×550 设置对话框，设置偏心柱，第一步在纵向中输入 550，在横向中输入 500，在纵偏栏输入“－75”，单击“单点”按钮，在平面图上布置 500×550 方类柱，如图 6.1.6 所示。

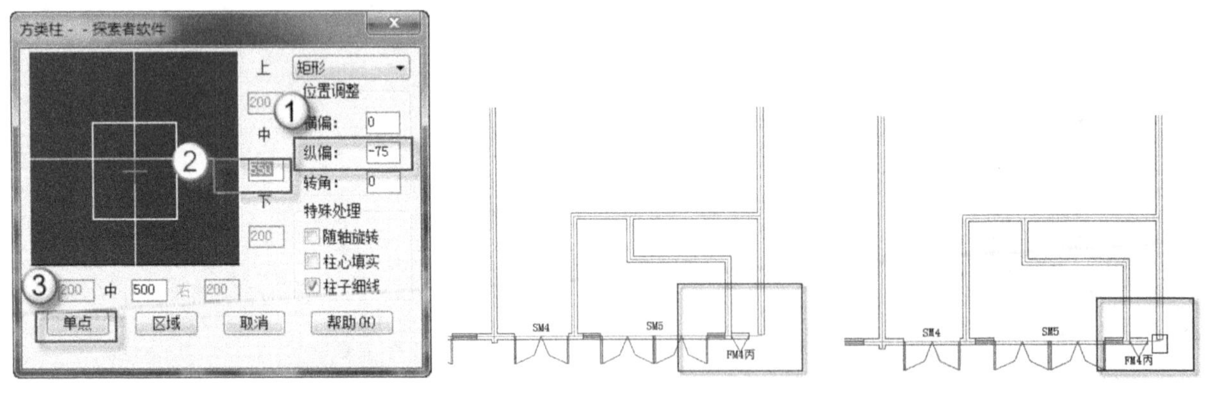

图 6.1.5　偏心柱 500×550 设置对话框　　　　图 6.1.6　500×550 柱布置

本层中的柱类别有 500×500 和 500×550 两种柱样式，按上述方法完成对本层平面图的柱布置，如图 6.1.7 所示。

布置完柱后接下来布置梁，建筑物的荷载通过梁传给柱，梁在结构中同样有着重要作用。

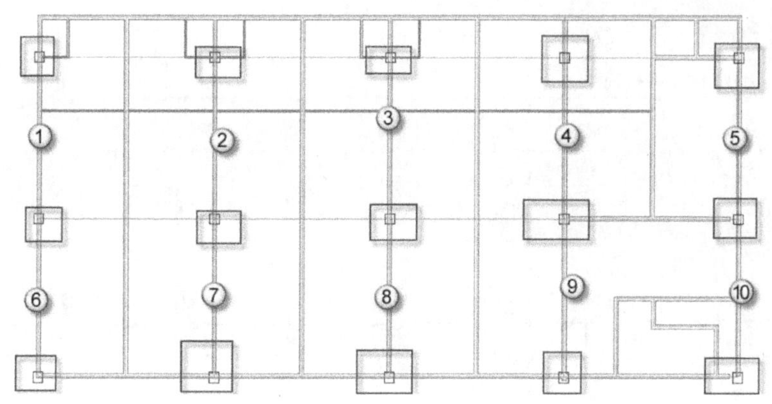

图 6.1.7　本层柱布置平面图

6.1.2　梁绘制

不论是单跨梁还是连续梁，都要着力在柱子上，所以绘图方法也是先绘制柱子再绘制梁。具体操作如下。

(1) 单击“梁绘制”命令，选择“画直线梁”按钮，弹出如图6.1.8所示梁设置对话框。

(2) 选择宽度为 300，勾选“主梁”，完成了对梁的设置，可以在作图区布置梁，如图 6.1.9 所示，300 宽梁。

(3) 在该轴线上的梁宽均是 300，按上述画法可以画出该轴线上的全部梁，如图 6.1.10 所示。

图 6.1.8　梁设置对话框

拾取第一点后依次拾取第三、五、七点，完成该轴线方向梁的绘制。

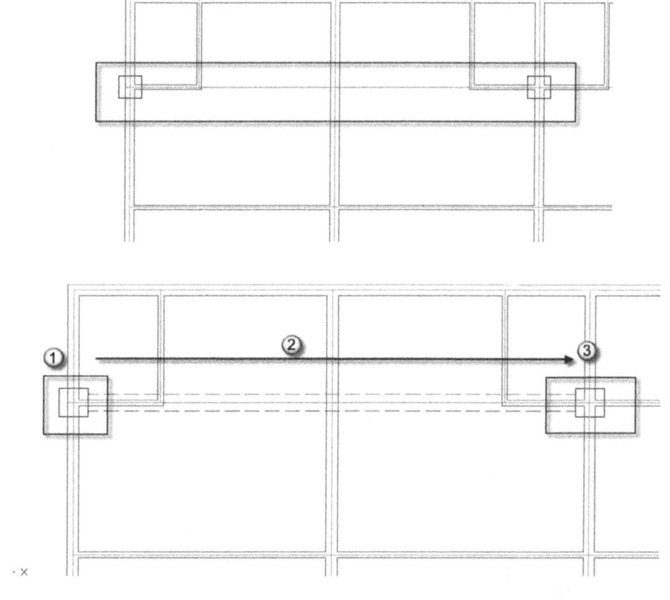

图 6.1.9　300 宽梁布置 1

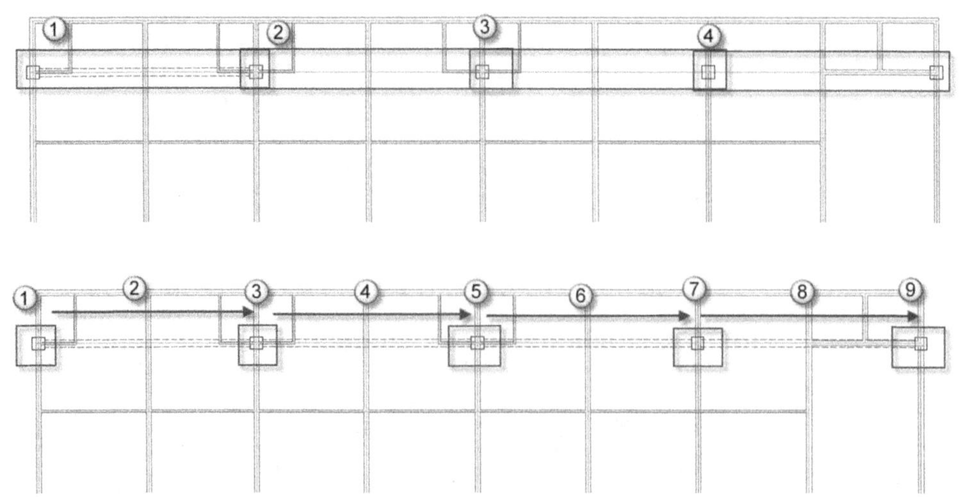

图 6.1.10　300 宽梁布置 2

(4) 布置 300×700 梁 1,如图 6.1.11 所示。

(5) 布置 300×700 梁 2 时,选取第一点沿 X 轴方向延伸,到达第二点转折沿 Y 轴方向延伸到达第三点。完成本图层 300×700 梁截面的绘制,如图 6.1.12 所示。

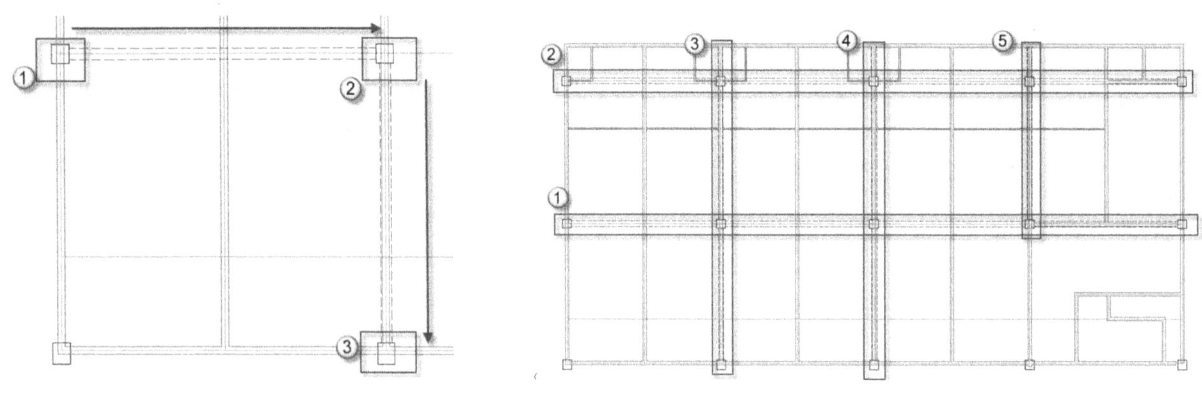

图 6.1.11　300×700 梁布置 1　　　图 6.1.12　300×700 梁布置 2

(6) 单击"画直线梁"按钮,弹出如图 6.1.13 所示对话框,选择宽度为 250×700 梁截面,在作图区布置,如图 6.1.14 所示。

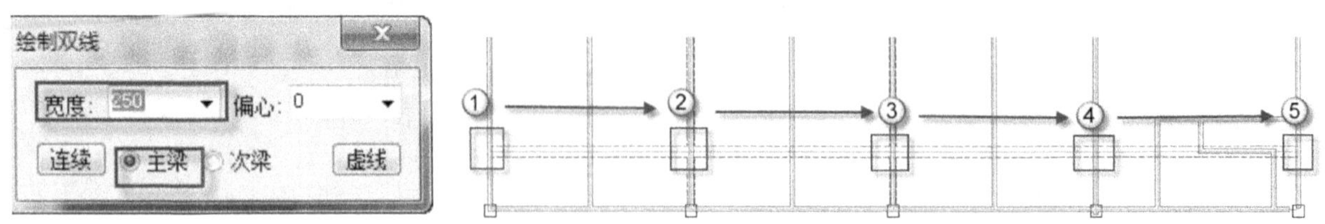

图 6.1.13　梁设置对话框　　　图 6.1.14　250×700 梁布置

(7) 与上述梁布置相同,布置 250 宽的梁。

(8) 依次设置截面为 250×500 和 200×400 梁布置，得到本层梁布置平面图，如图 6.1.15 所示。

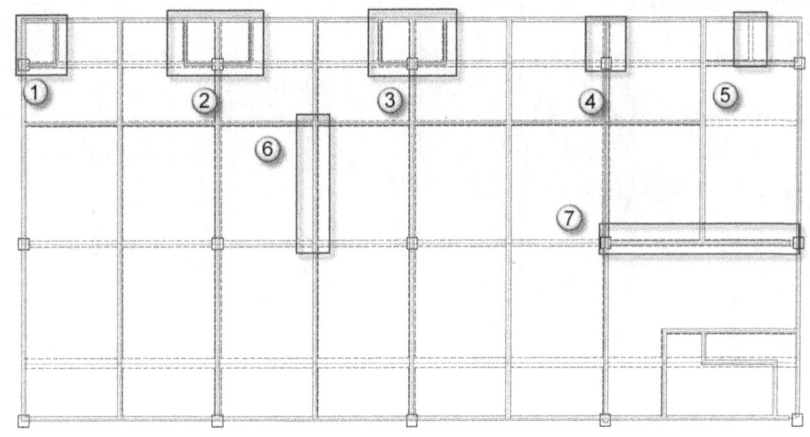

图 6.1.15　本层梁布置平面图

6.1.3　墙布置

完成了梁、柱布置，接下来是墙布置。在结构施工图中，只涉及承重构件的绘制，而不管围合构件的绘制。因此这里只需要绘制剪力墙面，具体操作如下。

(1) 单击“墙体绘制”命令，选择“画直线墙”按钮，弹出如图 6.1.16 所示对话框。

(2) 在宽度栏输入 400，勾选“混凝土墙”，在平面图上绘制墙体，如图 6.1.17 所示。

图 6.1.16　墙设置对话框

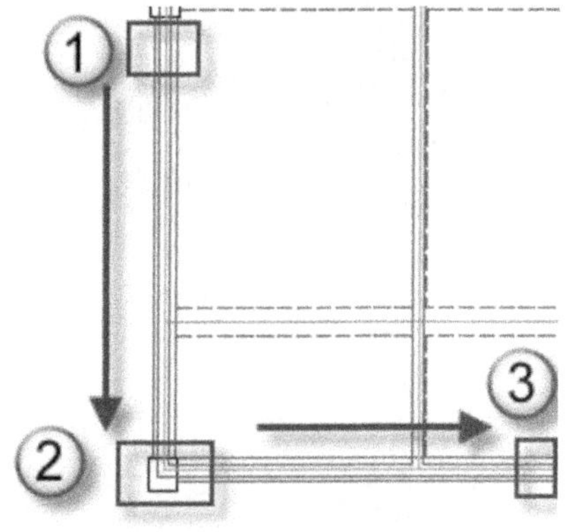

图 6.1.17　400 厚墙体设置

(3) 本层只有一种墙厚的墙体，故完成本层墙体绘制后得到如图 6.1.18 所示本层墙绘制平面图。

柱截面尺寸宜符合下列规定。

◇ 矩形截面柱的边长，非抗震设计时不宜小于 250 mm，抗震设计时，四级不宜小于 300 mm，一、二、三级不宜小于 400 mm。

◇ 柱剪跨比宜大于 2。

◇ 柱截面高宽比不宜大于 3。

(4) 在完成裙楼地下部分结构平面图后，在 PKPM 中查看混凝土结构构件配筋及钢构件验算简图，打开 PKPM 软件选择裙楼地下建模文件夹，单击“SATWE”命令，选择“分析结果图形和文本显示”命令，如图 6.1.19 所示。

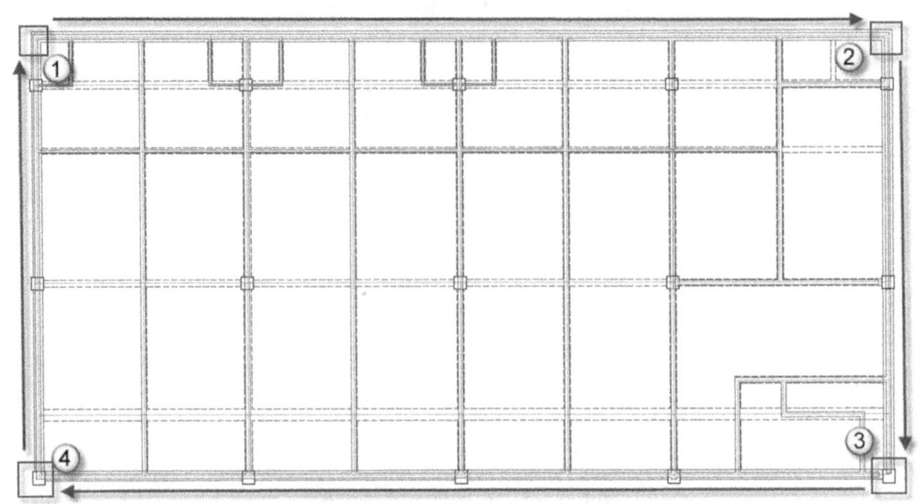

图 6.1.18　本层墙绘制平面图

图 6.1.19　PKPM 选择界面

打开 TSSD 软件，单击“打开”按钮，选择地下主楼部分图，对地下主楼进行施工图绘制。打开地下裙楼的图纸后，单击“TSSD2012”按钮，切换成“柱设置”菜单模式。单击“约束暗柱”按钮，选择“预处理”按钮。单击“基本设置”按钮，将会弹出探索者软件基本设置对话框，如图 6.1.20 所示。

说明：搜索设置是指对已经打开的原图的图层进行搜索编辑指定，指出所要搜索的图层。当用户未指定图层，即右面为空时，程序默认的搜索图层为 WALL 层，不区分大小写。搜索图层可以有多个，不再局限于一个图层或两个图层，可由用户自己设置。

设置方法：选中左框中所列图层名，单击按钮将其加入右框中。用于全选左框图层进行加入。若要去掉右框中的图层名，单击另外两个按钮即可。

(5) 单击菜单栏切换为配筋设置，在里面软件自动对配筋进行了设置。用户在此对拉筋设置方式和约束钢筋方式进行设置，在配筋过程中的细节也可以在此设置，如图 6.1.21 所示。

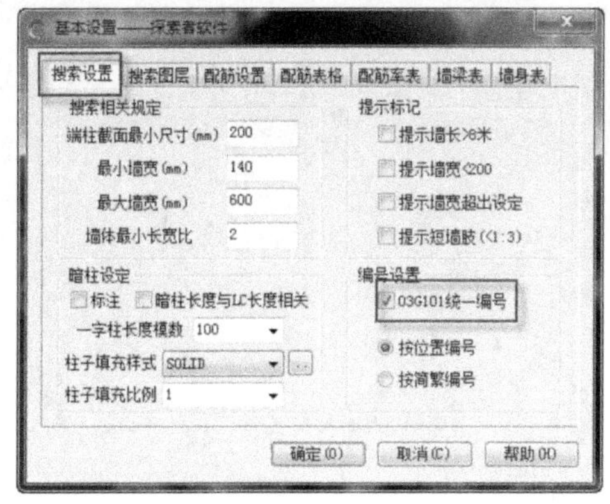

图 6.1.20　探索者基本设置对话框

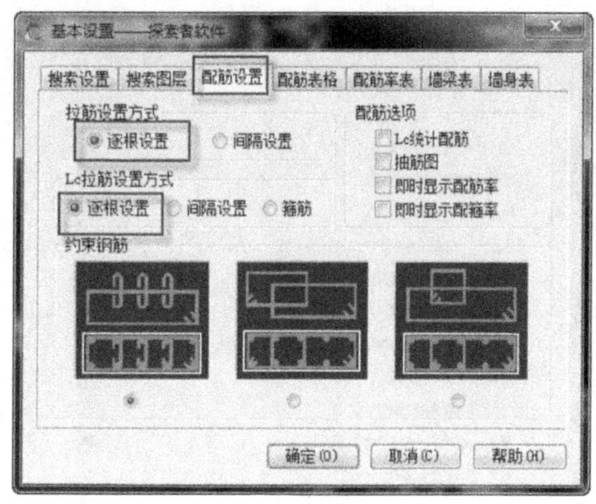

图 6.1.21　配筋设置对话框

(6) 单击菜单栏切换为配筋表格，给出了配筋表格的各尺寸参数及表头文字，用户可以依照示意图进行修改，如图 6.1.22 所示。

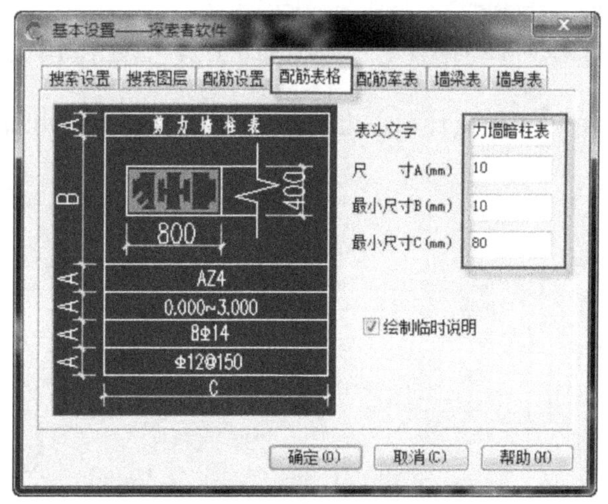

图 6.1.22　配筋表格设置对话框

(7) 在设置完成后，程序会按照设定值生成表格，如果生成的图形过大，用户设置的 B 值和 C 值不能满足要求，则程序以实际图形所占的大小另行确定 B 值和 C 值。

6.1.4　墙柱配筋

剪力墙与柱一样都属于抗压构件，所以在配筋时往往一并处理，这是由其力学性质所决定的。具体操作如下。

1. 导出 PKPM 运算结果

(1) 单击“应用”按钮，会弹出“SATWE 后处理——图形文件输出”对话框，如图 6.1.23 所示。

(2) 选择“图形文件输出”，单击“混凝土构件配筋及钢构件验算简图”按钮，单击“应用”命令，如图 6.1.24 所示。其中括号内的数字表示柱的轴压比，如图 6.1.25 所示。

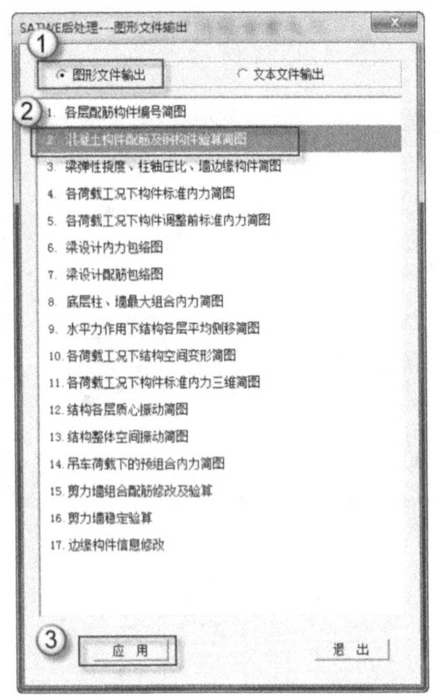

图 6.1.23　SATWE 后处理——图形文件输出对话框

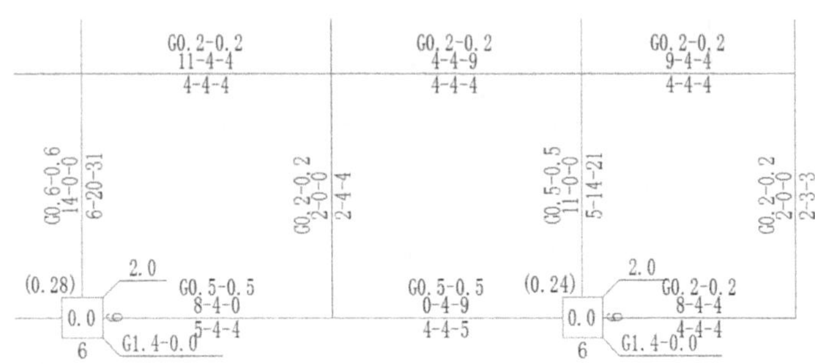

图 6.1.24　混凝土构件配筋及钢构件验算简图

(3) 柱子两边的数据(在 PKPM 软件中应为黄色)分别代表该柱 B 边和 H 边的单边配筋,包括角筋,如图 6.1.26 所示。

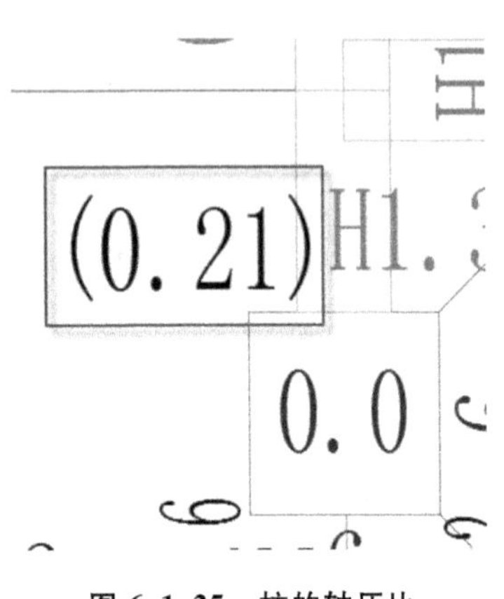

图 6.1.25　柱的轴压比

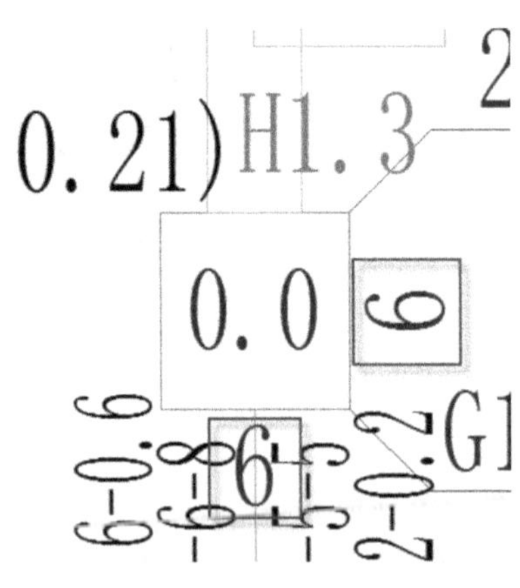

图 6.1.26　柱边的单边配筋

(4) 柱子右边下部引出的数据(在 PKPM 软件中应为黄色)代表箍筋加密区、非加密区的配筋面积,如图 6.1.27 所示。图中"G1.6-1.6"表示箍筋加密区为 1.6 cm²,非加密区为 1.6 cm²。

(5) 柱子右边上边引出的数据(在 PKPM 软件中应为黄色)代表柱一根角筋的面积,采用双偏压计算时,角筋面积不应小于此值;采用单偏压计算时,角筋面积可不受此值限制(cm²)。角筋配筋面积计算参数如图 6.1.28 所示,"2.0"代表角筋面积为 2.0 cm²。

柱配筋说明如下。

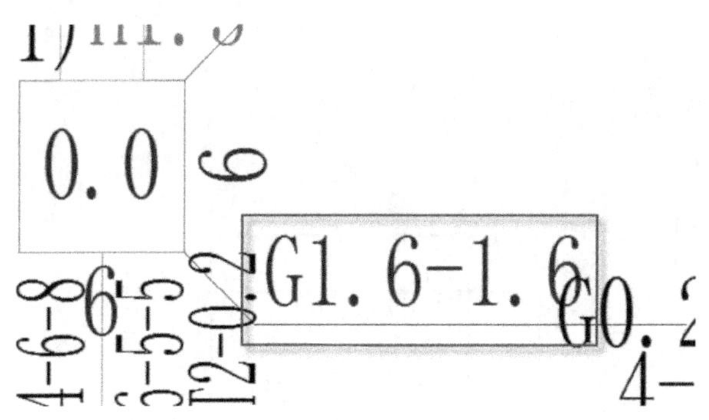

图 6.1.27　箍筋加密区、非加密区计算参数

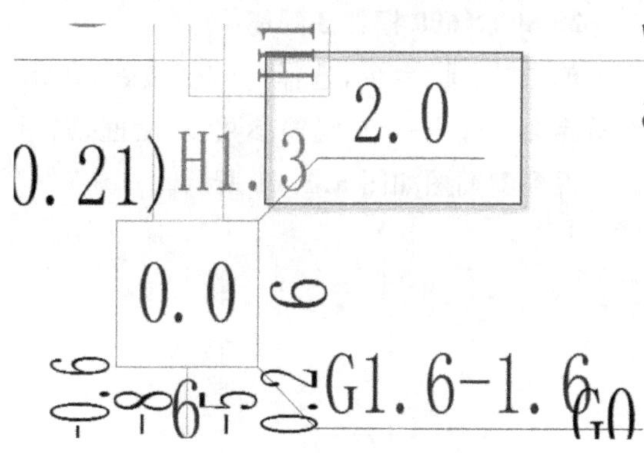

图 6.1.28　角筋配筋面积计算参数

◇ 柱全截面的配筋面积为 $A_s=2\times(A_{sx}+A_{sy})-4\times A_s$_corner。

◇ 柱的箍筋是按用户输入的箍筋间距计算的，并按加密区内最小体积配箍率要求控制。

◇ 柱的体积配箍率是按双肢箍形式计算的，当柱为构造配筋时，按构造要求的体积配箍率计算的箍筋也是按双肢箍形式给出的。

注：上述公式中 A_s_corner 代表柱中一根角筋的面积，A_{sx}和 A_{sy}分别代表该柱 B 边和 H 边的单边配筋。

(6) 计算配筋，查附录 1，A_{sc}是单根角筋，面积为 2.0 cm^2，要配直径为 16 mm 的钢筋，A_{sx}—$2\times A_{sc}$是 X 边分布纵筋，A_{sy}—$2\times A_{sc}$是 Y 边分布纵筋。根据角筋直径配纵筋根数，角筋直径为 16 mm 钢筋，纵筋为一边两根直径为 12 mm 钢筋。并根据图集 11G101-1 查阅箍筋类型。

(7) 框柱 600×600 混凝土构件配筋及钢构件验算简图如图 6.1.29 所示。

(8) 单击“工具”命令，选择“钢筋”按钮，单击“箍筋”命令，绘图界面将弹出一个“箍筋参数”对话框，如图 6.1.30 所示。在箍筋参数对话框中，可以对箍筋进行设置，内偏、加钩、上下两排钢筋的数目以及是否腰筋的布置等选项。依据本书附录中的附表 1 选用箍筋。

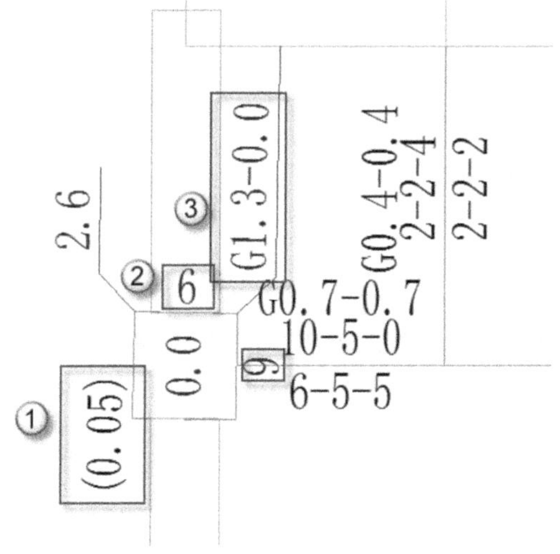

图 6.1.29　600×600 框柱部分应力比简图

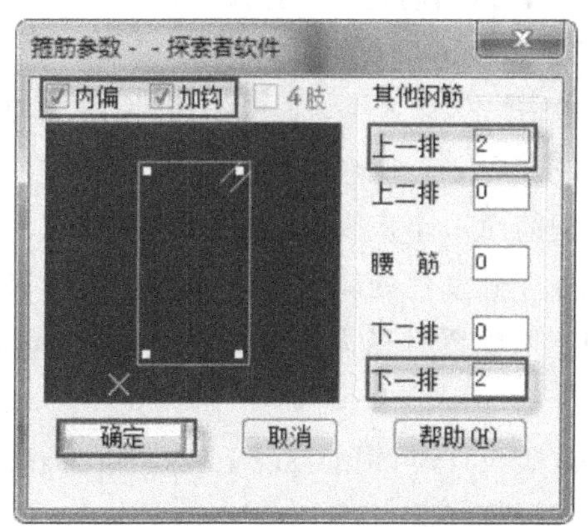

图 6.1.30　箍筋参数对话框

2. 600×600 框柱 3 配筋

单击“工具”命令，选择“钢筋”按钮，单击“箍筋”命令，绘图界面将弹出一个“箍筋参数”对话框，如图 6.1.30 所示。

得到配筋图如图 6.1.31 所示。

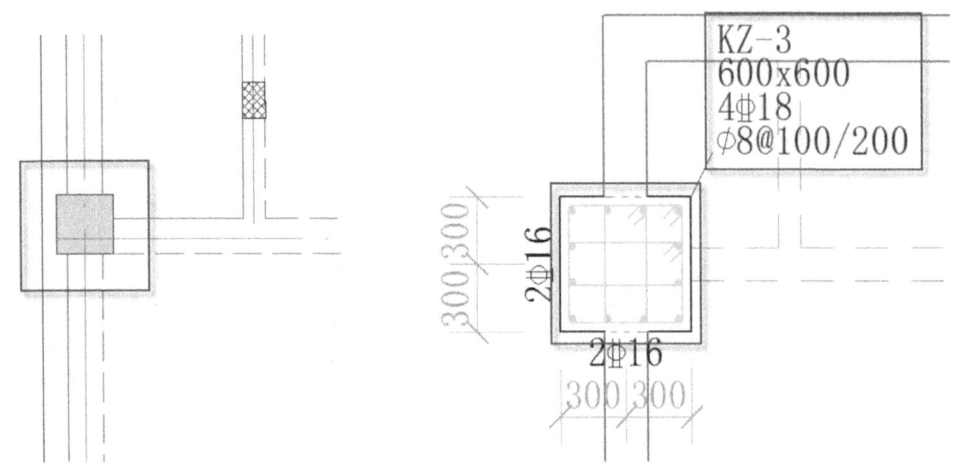

图 6.1.31 600×600 框柱 3 配筋图

采用 4 根直径为 18 mm 的二级钢为受力钢筋，箍筋在加密区选用直径为 8 mm、间距为 100 mm，非加密区选用直径为 8 mm、间距为 200 mm，满足配筋要求。

柱截面尺寸宜符合下列规定。

◇ 矩形截面柱的边长，非抗震设计时不宜小于 250 mm；抗震设计时，四级不宜小于 300 mm，一、二、三级不宜小于 400 mm。圆柱直径，非抗震和四级抗震设计时不宜小于 350 mm，一、二、三级抗震设计时不宜小于 450 mm。

◇ 柱剪跨比宜大于 2。

◇ 柱截面高宽比不宜大于 3。

3. 600×600 框柱 2 配筋

单击“工具”命令，选择“钢筋”按钮，单击“箍筋”命令，绘图界面将弹出一个“箍筋参数”对话框，如图 6.1.32 所示。

配筋面积计算参数如图 6.1.33 所示。

在 2 号框柱处应该选用 4 根直径为 18 mm 的二级钢筋为受力筋，同样分为加密区与非加密区，在加密区配置直径为 8 mm、间距 100 mm 的箍筋，非加密区配置直径为 8 mm、间距为 200 mm 的箍筋。

抗震设计时，钢筋混凝土柱轴压比不宜超过表 6.1.1 的规定；对于Ⅳ类场地上较高的高层建筑，其轴压比限值应适当减小。

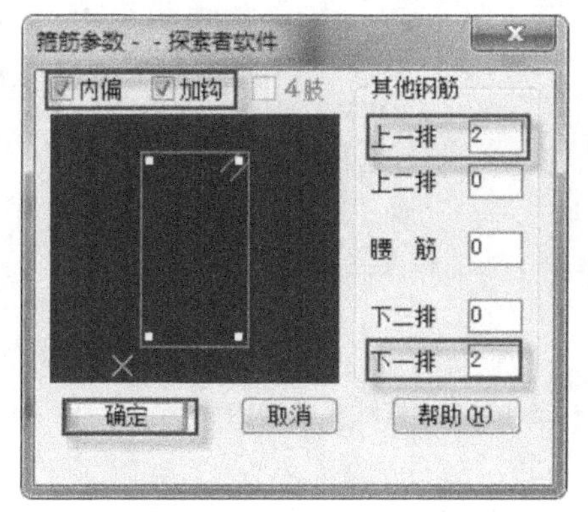

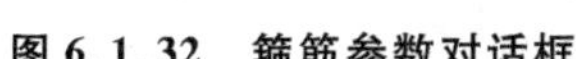
图 6.1.32　箍筋参数对话框

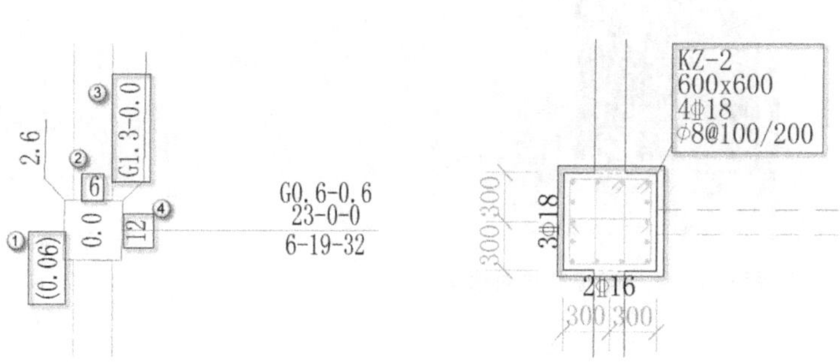

图 6.1.33　600×600 框柱②配筋图

表 6.1.1　柱轴压比限值

结构类型	抗震等级			
	一	二	三	四
框架结构	0.65	0.75	0.85	0
板柱—剪力墙、框架—剪力墙 框架—核心筒、筒中筒结构	0.75	0.85	0.9	0.95
部分框支剪力墙结构	0.6	0.7	0	0

注:①轴压比指柱考虑地震作用组合的轴压力设计值与柱全截面面积和混凝土轴心抗压强度设计值乘积的比值。

② 表内数值适用于混凝土强度等级不高于 C60 的柱。当混凝土强度等级为 C65～C70 时,轴压比限值应比表中数值降低 0.05;当混凝土强度等级为 C75～C80 时,轴压比限值应比表中数值降低 0.10。

③ 表内数值适用于剪跨比大于 2 的柱;剪跨比不大于 2 但不小于 1.5 的柱,其轴压比限值应比表中数值减少 0.05;剪跨比小于 1.5 的柱,其轴压比限值应专门研究并采取特殊构造措施。

④ 当沿柱全高采用井字复合箍,箍筋间距不大于 100 mm、肢距不大于 200 mm、直径不小于 12 mm,或当沿柱全高采用复合螺旋箍,箍筋螺距不大于 100 mm、肢距不大于 200 mm、直径不小于 12 mm,或当沿柱全高采用连续复合螺旋箍,且螺距不大于 80 mm、肢距不大于 200 mm,直径不小于 10 mm,轴压比限值可增加 0.10。

⑤ 当柱截面中部设置由附加纵向钢筋形成的芯柱,且附加纵向钢筋的截面面积不小于柱截面面积的 0.8%时,柱轴压比限值可增加 0.05。当本项措施与(4)中的措施共同采用时,柱轴压比限值可比表中数值增加 0.15,但箍筋的配箍特征值仍可按轴压比增加 0.10 的要求确定。

⑥ 调整后的柱轴压比限值不应大于 1.05。

4. 500×500 框柱 1 配筋

单击“工具”命令,选择“钢筋”按钮,单击“箍筋”命令,绘图界面将弹出一个“箍筋参数”对话框,如图 6.1.35 所示。

配筋计算参数及配筋图如图 6.1.36 所示。

单击菜单栏“工具”→“钢筋”→“拉筋”命令,单击首尾两节点,绘制拉筋,并调整位置,如图 6.1.37 所示。

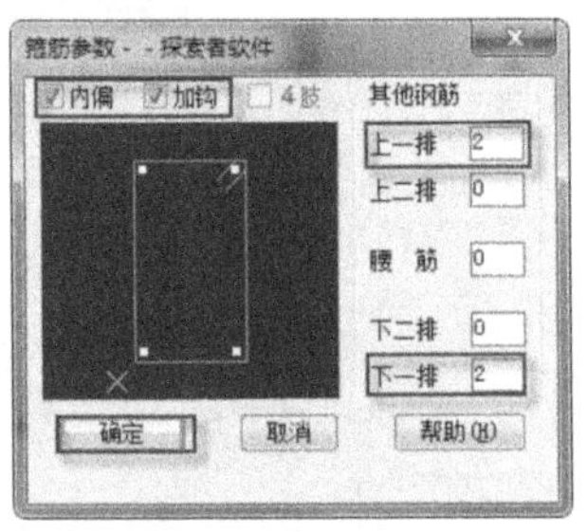

图 6.1.34　箍筋参数对话框

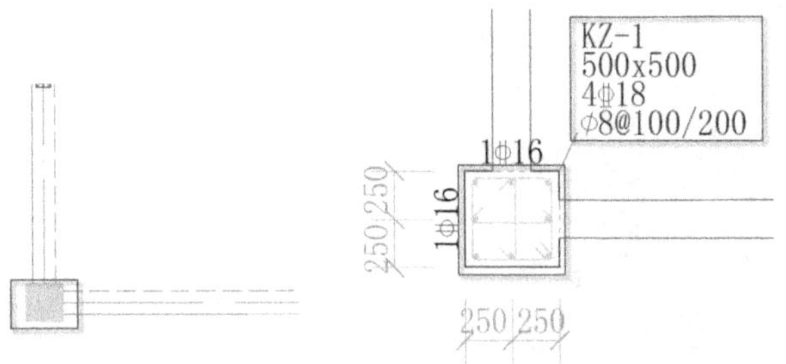

图 6.1.35　500×500 框柱 1 配筋图

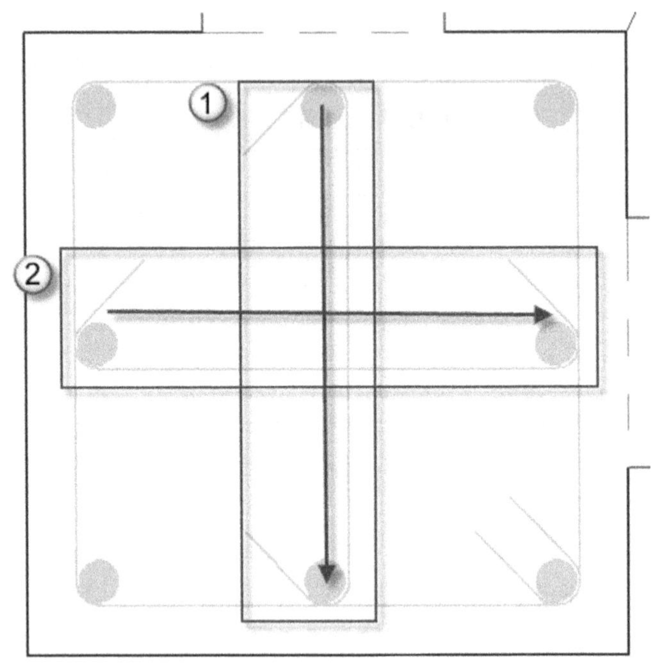

图 6.1.36　拉筋配置图

在 500×500 框柱①处应该选用 4 根直径为 18 mm 的二级钢为受力筋，在加密区配置直径为 8 mm、间距为 100 mm 的箍筋，非加密区配置直径为 8 mm、间距为 200 mm 的箍筋。在横向和纵向分别配置一根直径为 16 的拉筋。

柱纵向钢筋和箍筋配置应符合下列要求。

◇ 柱全部纵向钢筋的配筋率，不应小于表 6.1.2 的规定值，且柱截面每一侧纵向钢筋配筋率不应小于 0.2%；抗震设计时，对Ⅳ类场地上较高的高层建筑，表中数值应增加 0.1。

表 6.1.2　柱纵向受力钢筋最小配筋率百分率　　单位：%

柱 类 型	抗 震 等 级				非 抗 震
	一级	二级	三级	四级	
中柱边柱	0.9(1.0)	0.7(0.8)0.6(0.7)0.5(0.6)	0.6(0.7)	0.5(0.6)	0.5
角柱	1.1	0.9	0.8	0.7	0.5

续表

柱 类 型	抗震等级				非 抗 震
	一级	二级	三级	四级	
框支柱	1.1	0.9	0	0	0.7

注：①表中括号内数值使用于框架结构；

② 采用 335MPa，400MPa 级纵向受力钢筋时，应分别按表中数值增加 0.1 和 0.05 采用；

③ 当混凝土强度等级高于 C60 时，上述数值应增加 0.1 采用。

抗震设计时，柱箍筋在规定的范围内应加密，加密区的箍筋间距和直径，应符合下列要求。

◇ 箍筋的最大间距和最小直径，应按表 6.1.3 采用。

表 6.1.3　柱端加密区的构造要求　　单位：mm

抗 震 等 级	箍筋最大间距	箍筋最小直径
一级	6*d* 和 100 的较小值	10
二级	8*d* 和 100 的较小值	8
三级	8*d* 和 150(柱根 100)的较小值	8
四级	8*d* 和 150(柱根 100)的较小值	6(柱根 8)

注：① *d* 为柱纵向钢筋直径(mm)；

② 柱根指框架柱底部嵌固部位。

◇ 一级框架柱的箍筋直径大于 12 mm 且箍筋肢距不大于 150 mm 及二级框架柱箍筋直径不小于 10 mm 且肢距不大于 200 mm 时，除柱根外最大间距应允许采用 150 mm，三级框架柱的截面尺寸不大于 400 mm 时，箍筋最小直径应允许采用 6 mm，四级框架柱的剪跨比不大于 2 或柱中全部纵向钢筋的配筋率大于 3%时，箍筋直径不应小于 8 mm。

◇ 剪跨比不大于 2 的柱，箍筋直径不宜大于 100 mm。

5. 600×600 框柱 5 配筋

单击“工具”命令，选择“钢筋”按钮，单击“箍筋”命令，绘图界面将弹出一个箍筋参数对话框，如图 6.1.37 所示。

配筋计算参数及配筋图如图 6.1.38 所示。

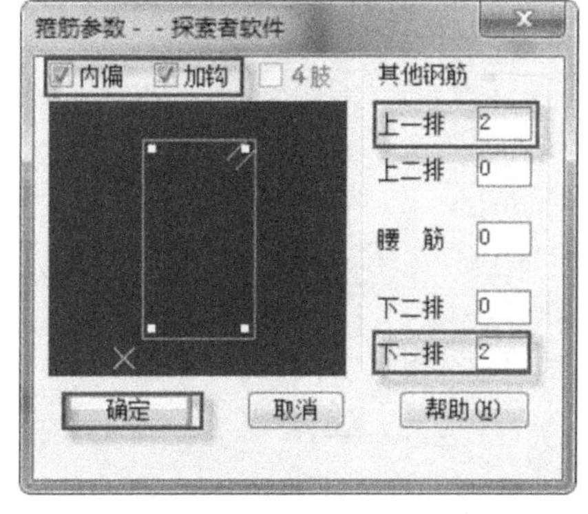

图 6.1.37　箍筋参数对话框

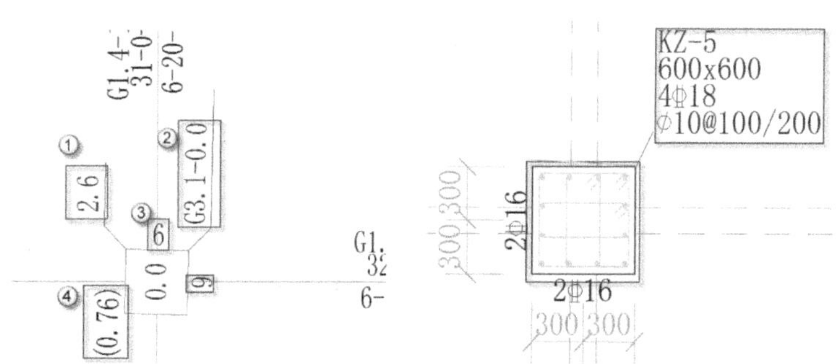

图 6.1.38　600×600 框柱⑤配筋图

在 600×600 框柱⑤中采用 4 根直径为 18 mm 的二级钢为受力钢筋，箍筋在加密区选用直径为 8 mm、间距为 100 mm，非加密区选用直径为 8 mm、间距为 200 mm，满足配筋要求。

柱的纵向钢筋配置，尚应满足下列规定。

◇ 抗震设计时宜采用对称配筋。

◇ 截面尺寸大于 400×400 的柱，一、二、三级抗震设计时其纵向钢筋间距不宜大于 200 mm，四级抗震和非抗震设计时，柱纵向钢筋间距不宜大于 300 mm，柱纵向钢筋净距均不宜小于 50 mm。

◇ 全部纵向钢筋的配筋率，非抗震设计时不宜大于 5%，不应大于 6%，抗震设计时不应大于 5%。

◇ 一级且剪跨比不大于 2 的柱，其单侧纵向受拉钢筋的配筋率不宜大于 1.2%。

◇ 边柱、角柱及剪力墙端柱考虑地震作用组合产生小偏心受拉时，柱内纵筋总截面面积应比计算值增加 25%。

在本层裙楼地上模型中有 6 个 600×600 框柱⑤，依次按上述方式配筋，如图 6.1.39 所示。

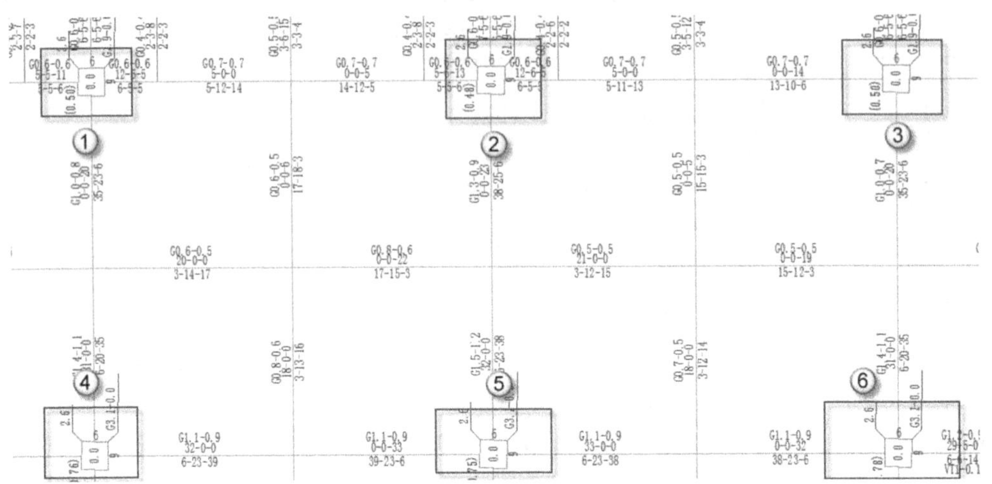

图 6.1.39　配筋参数图

根据参数配置钢筋，参考附表 1 可以得到该种柱的全部配筋图，如图 6.1.40 所示。

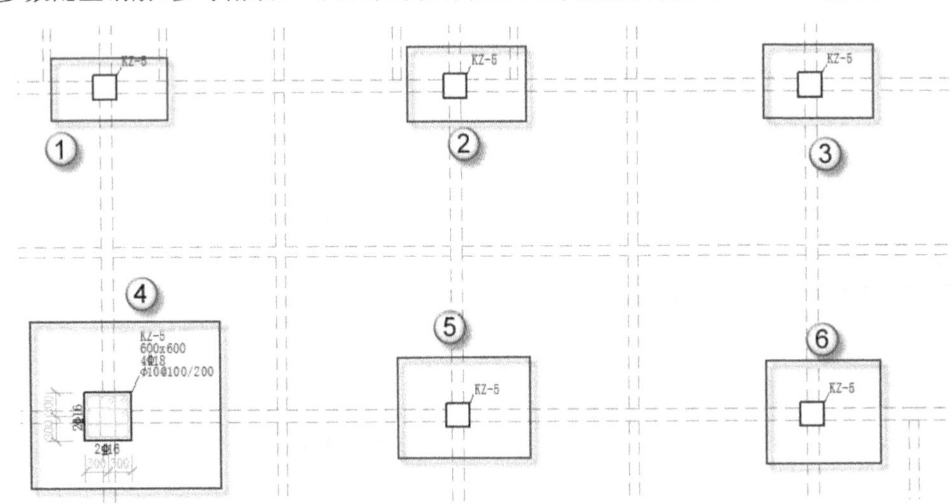

图 6.1.40　本层中所有 600×600 框柱 5 配筋图

6. 600×600 框柱 4 配筋

根据配筋参数配筋得到如图 6.1.41 所示配筋图。

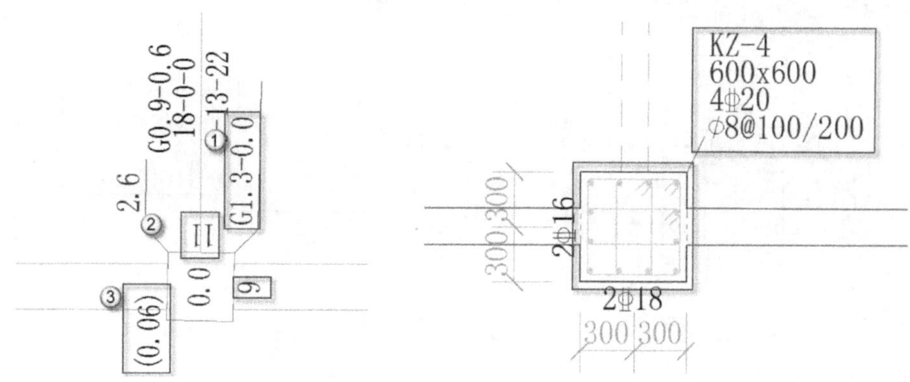

图 6.1.41　600×600 框柱 4 配筋图

柱箍筋的配筋形式，应考虑浇筑混凝土的工艺要求，在柱截面中心部位应留出浇筑混凝土所用导管的空间。

7. 600×600 框柱 6 配筋

根据配筋参数配筋得到如图 6.1.42 所示配筋图。

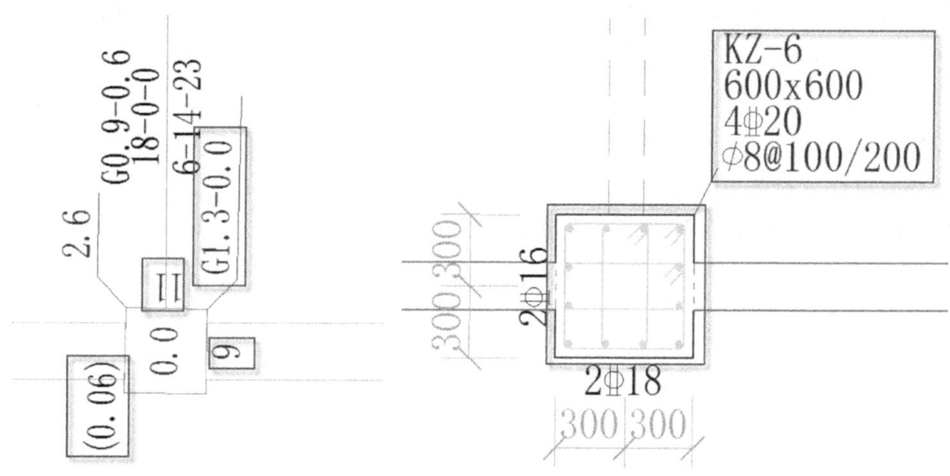

图 6.1.42　600×600 框柱⑥配筋图

注意：柱的纵筋不应与箍筋、拉筋及预埋件等焊接。

抗震设计时柱箍筋的加密区的范围应符合下列规定。

◇ 底层柱的上端和其他各层柱的两端，应取矩形截面柱之长边尺寸(或圆形截面柱之直径)、柱净高之 1/6 和 500 mm 三者之最大值范围。底层柱刚性地面上、下各 500 mm 的范围。

◇ 底层柱柱根以上 1/3 柱净高的范围。

◇ 剪跨比不大于 2 的柱和因填充墙变形等形成的柱净高与截面高度之比不大于 4 的柱全高范围。

◇ 一、二级框架角柱的全高范围。

◇ 需要提高变形能力的柱的全高范围。

8. 600×600 框柱 7 配筋

根据配筋参数配筋得到如图 6.1.43 所示配筋图。

抗震设计时，柱箍筋设置尚应符合下列规定。

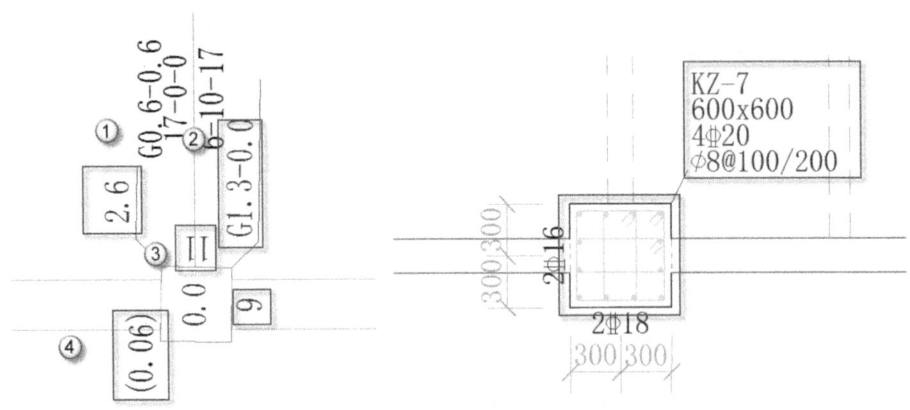

图 6.1.43　600×600 框柱⑦配筋图

◇ 箍筋应为封闭式，其末端应做成 135°弯钩且弯钩末端平直段长度不应小于 10 倍的箍筋直径，且不应小于 75 mm。

◇ 箍筋加密区的箍筋肢距，一级不宜大于 200 mm，二、三级不宜大于 250 mm 与 20 倍箍筋直径两者中的较大值，四级不宜大于 300 mm。每隔一根纵向钢筋宜在两个方向有箍筋约束；采用拉筋组合箍时，拉筋宜紧靠纵向钢筋并勾住封闭箍筋。

◇ 柱非加密区的箍筋，其体积配箍率不宜小于加密区的一半；其箍筋间距，不应大于加密区箍筋间距的 2 倍，且一、二级不应大于 10 倍纵向钢筋直径，三、四级不应大于 15 倍纵向钢筋直径。

9．600×600 框柱 8 配筋

根据配筋参数配筋得到如图 6.1.44 所示配筋图。

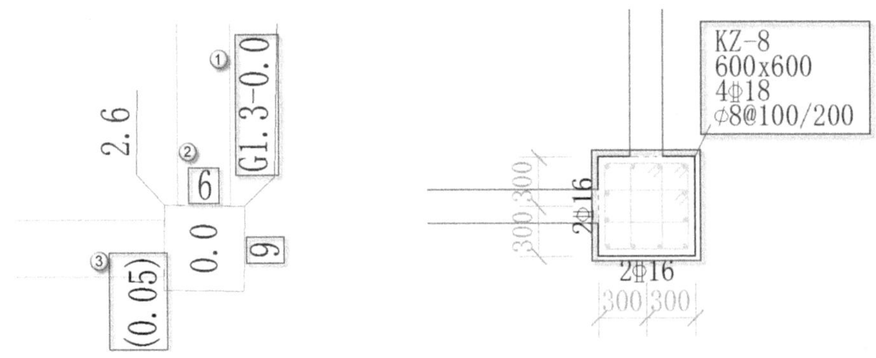

图 6.1.44　600×600 框柱⑧配筋图

柱加密区范围内箍筋的体积配箍率，应符合下列规定。

◇ 柱箍筋加密区箍筋的体积配箍率，应符合下式要求。

$$\rho_v \geqslant \lambda_v f_c / f_{yv}$$

式中：ρ_v——柱箍筋的体积配箍率；

λ_v——柱最小配箍特征值，宜按表 6.1.4 采用；

f_c——混凝土轴心抗压强度设计值，当柱混凝土强度等级低于 C35 时，应按 C35 计算；

f_{yv}——柱箍筋或拉筋的抗拉强度设计值。

表 6.1.4　柱端箍筋加密区最小配筋特征值

抗震等级	箍筋形式	柱轴压比								
		≤0.30	0.4	0.5	0.6	0.7	0.8	0.9	1	1.05
一	普通箍、复合箍	0.1	0.11	0.13	0.15	0.17	0.2	0.23	0	0
	螺旋箍、连续复合螺旋箍 复合螺旋箍	0.08	0.09	0.11	0.13	0.15	0.18	0.21	0	0
二	普通箍、复合箍	0.08	0.09	0.11	0.13	0.15	0.17	0.19	0.2	0.24
	螺旋箍、连续复合螺旋箍 复合螺旋箍	0.06	0.07	0.09	0.11	0.13	0.15	0.17	0.2	0.22
三	普通箍、复合箍	0.06	0.07	0.09	0.11	0.13	0.15	0.17	0.2	0.22
	螺旋箍、连续复合螺旋箍 复合螺旋箍	0.05	0.06	0.07	0.09	0.11	0.13	0.15	0.2	0.2

注：普通箍指单个矩形箍或单个圆形箍；螺旋箍指单个连续螺旋箍筋；复合箍指由矩形、多边形、圆形箍或拉筋组成的箍筋；复合螺旋箍指由螺旋箍与矩形、多边形、圆形箍或拉筋组成的箍筋；连续复合螺旋箍指全部螺旋箍由同一根钢筋加工而成的箍筋。

◇ 对一、二、三、四级框架柱，其箍筋加密区范围内箍筋的体积配箍率分别不应小于 0.8%、0.6%、0.4%和 0.4%。

◇ 剪跨比不大于 2 的柱宜采用复合螺旋箍或井字复合箍，其体积配箍率不应小于 1.2%；设防烈度为 9 度时，不应小于 1.5%。

◇ 计算复合箍筋的体积配箍率时，可不扣除重叠部分的箍筋体积；计算复合螺旋箍筋的体积配箍率时，其非螺旋箍筋的体积应乘以换算系数 0.8。

10．600×600 框柱⑨，⑩配筋

根据配筋参数配筋得到如图 6.1.45 所示配筋图。

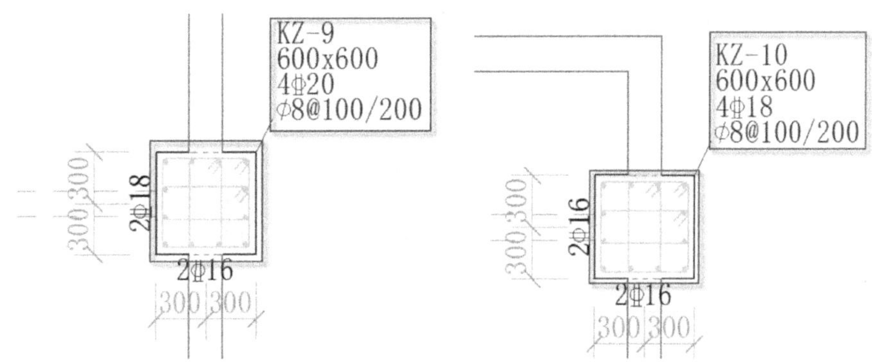

图 6.1.45　600×600 框柱⑨，⑩配筋图

非抗震设计时，柱中箍筋应符合下列规定。

◇ 周边箍筋应为封闭式。

◇ 箍筋间距不应大于 400 mm，且不应大于构件截面的短边尺寸和最小纵向受力钢筋直径的 15 倍。

◇ 箍筋直径不应小于最大纵向钢筋直径的 1/4，且不应小于 6 mm。

◇ 当柱中全部纵向受力钢筋的配筋率超过 3%时，箍筋直径不应小于 8 mm，箍筋间距不应大于最小纵向钢筋直径的 10 倍，且不应大于 200 mm，箍筋末端应做成 135°弯钩且弯钩末端平直段长度不应小于 10 倍箍筋直径。

◇ 当柱每边纵筋多于 3 根时，应设置复合箍筋。

◇ 柱内纵向钢筋采用搭接做法时，搭接长度范围内箍筋直径不应小于搭接钢筋较大直径的 1/4；在纵向受拉钢筋的搭接长度范围内的箍筋间距不应大于搭接钢筋较小直径的 5 倍，且不应大于 100 mm；在纵向受压钢筋的搭接长度范围内的箍筋间距不应大于搭接钢筋较小直径的 10 倍，且不应大于 200 mm。当受压钢筋直径大于 25 mm 时，尚应在搭接接头端面外 100 mm 的范围内各设置两道箍筋。

至此，完成了所有裙楼地上部分的柱配筋，得到本层柱配筋图如图 6.1.46 所示。

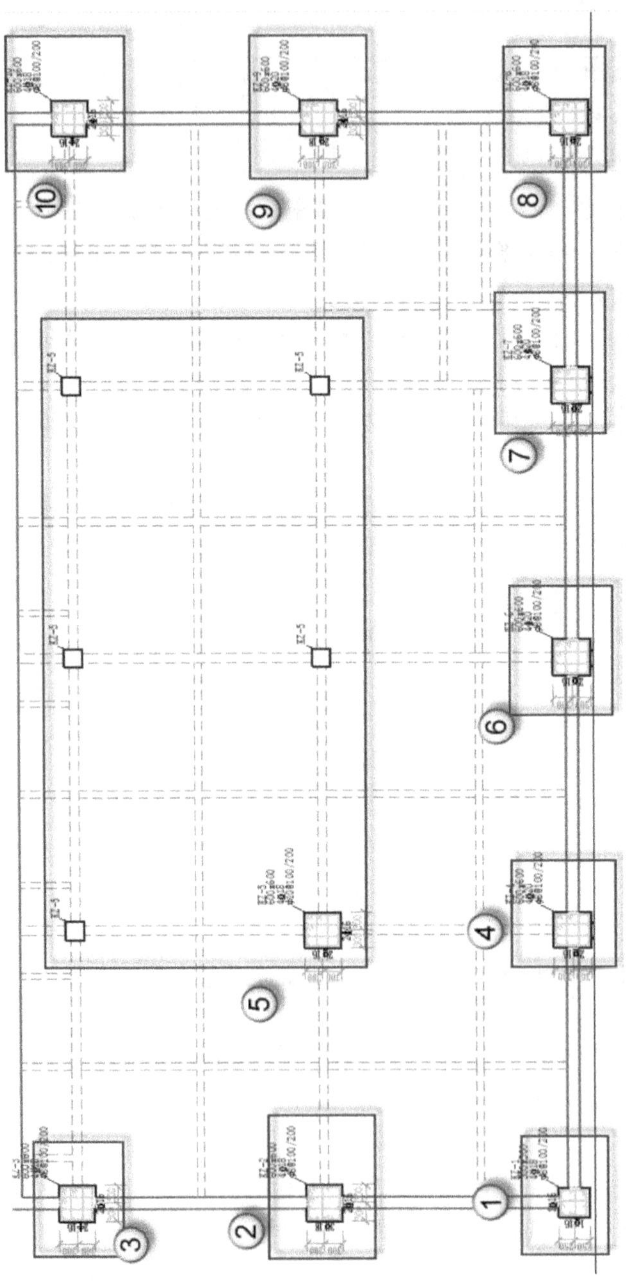

图 6.1.46　本层柱配筋图

柱截面纵向钢筋的最小总配筋率(百分率)如表6.1.5所示。

表6.1.5　柱截面纵向钢筋的最小总配筋率　　单位:%

类　别	抗震等级			
	一	二	三	四
中柱和边柱	0.9(1.0)	0.7(0.8)	0.6(0.7)	0.5(0.6)
角柱、框支柱	1.1	0.9	0.8	0.7

注:①表中括号内数值用于框架结构的柱;

②钢筋强度标准值小于400MPa时,表中数值应增加0.1,钢筋强度标准值为400 MPa时,表中数值应增加0.05;

③混凝土强度高于C60时,上述数值应相应增加0.1。

框架节点核心区应设置水平箍筋,且应符合下列规定。

◇ 非抗震设计时,箍筋配置应符合《建筑抗震设计规范》(GB 50011—2010)第6.4.9条的有关规定,但箍筋间距不宜大于250 mm;对四边有梁与之相连的节点,可仅沿节点周边设置矩形箍筋。

◇ 抗震设计时,箍筋的最大间距和最小直径宜符合《建筑抗震设计规范》(GB 50011—2010)第6.4.3条有关柱箍筋的规定。一、二、三级框架节点核心区配箍特征值分别不宜小于0.12,0.10和0.08,且箍筋体积配箍率分别不宜小于0.6%、0.5%和0.4%。柱剪跨比不大于2的框架节点核心区的体积配箍率不宜小于核心区上、下柱端体积配箍率中的较大值。

6.2　梁施工图

本节中介绍梁施工图的绘制方法。裙楼处梁的变化要比主楼多一些。因为跨度不一样,特别是梁截面有很多形式,每类型的截面配筋也不同。请读者对比PKPM中的运算结果,然后观察钢筋的形式,找出一般规律。

6.2.1　导出PKPM梁运算结构简图

打开PKPM软件,进入"SATWE"→"分析结果图形和文本显示"命令,如图6.2.1所示。在弹出的"SATWE后处理—图形文件输出"对话框中,选择"混凝土构件配筋及钢构件验算简图"选项,单击"应用"按钮,如图6.2.2所示,会得到梁构件应力比简图,如图6.2.3所示。单击"字符开关"命令,选择"墙"按钮,可得到除墙外其他构件应力比简图。

注意:根据规范,框架结构的主梁截面高度可按计算跨度的1/18～1/10确定,梁净跨与截面高度之比不宜小于4。梁的截面宽度不宜小于梁截面高度的1/4,也不宜小于200 mm。

当梁高较小或采用扁梁时,除应验算其承载力和受剪截面要求外,尚应满足刚度和裂缝的有关要求,在计算梁的挠度时,可扣除梁的合理起拱值;对现浇梁板结构,宜考虑梁受压翼缘的有利影响。

通过光标左右键单击"改变字高"命令可以调节字符的大小,光标左键单击一次,字符缩小一个幅度,光标右键单击一次,字符增大一个幅度,单击"字符开关"按钮,可以调节显示构件,如"主筋""箍筋""轴压比""梁""柱""支撑""墙""次梁"等按钮,读者可以根据需要自行调节。

图 6.2.1 PKPM 选择界面

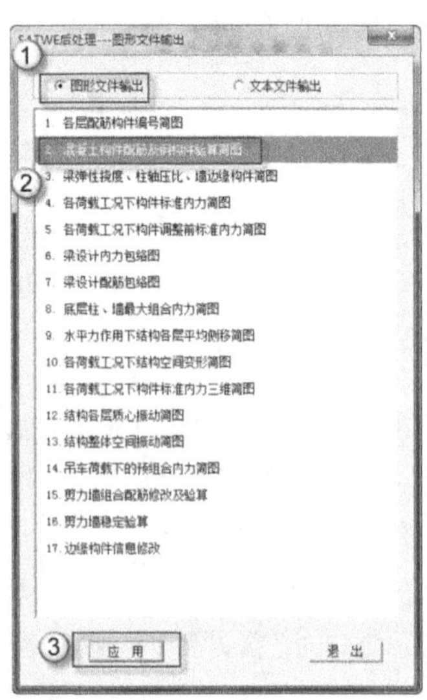

图 6.2.2 图形文件输出对话框

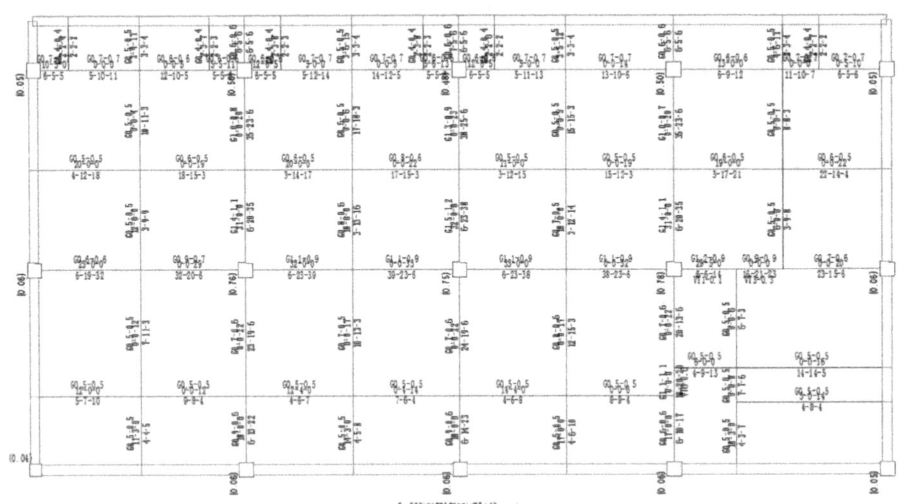

图 6.2.3 梁构件应力比简图

选取一个跨度梁上部分的轴压比简图分析数据的意义，该跨度上的主梁截面尺寸为 300×700 如图 6.2.4 所示。

参数数据含义如下。

(1) 10,5,0 或 0,0,0 表示梁上部(负弯矩)左支座、跨中、右支座的配筋面积。

(2) 6,5,5 或 5,10,11 表示梁下部(负弯矩)左支座、跨中、右支座的配筋面积。

(3) 0.7-0.7 表示梁在规范内的箍筋面积，取抗剪箍筋与剪扭箍筋的较大值。有的梁会出现 VT1-0.1 标注，需要考虑抗扭等因素，如图 6.2.5 所示。

(4) 1 表示梁受扭所需要的纵筋面积。

(5) 0.1 表示梁受扭所需要周边箍筋的单根钢筋的面积。

(6) G,VT 分别为箍筋和剪扭配筋标志。

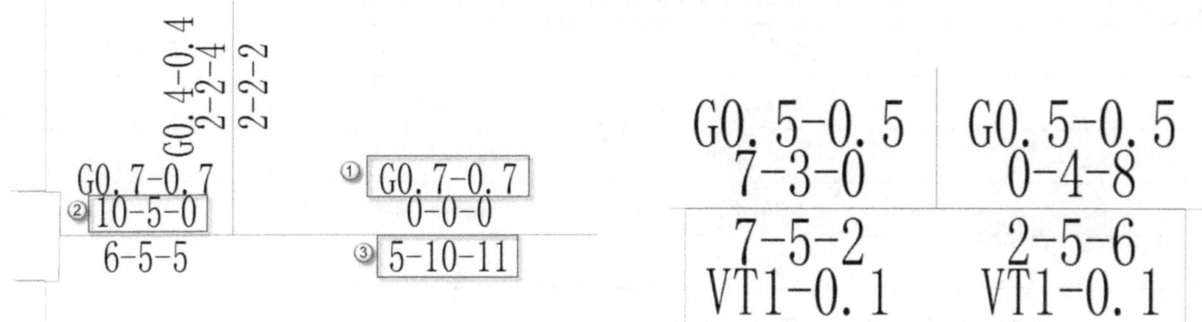

图 6.2.4　300×700 梁截面部分轴压比简图

图 6.2.5　特殊梁配筋参数简图

注意：

(1) 对于配筋率大于 1%的截面，程序自动按双排筋计算，此时，保护层取 60 mm；

(2) 当按双排筋计算还超限时，程序自动考虑压筋作用，按双筋方式配筋；

(3) 各截面的箍筋都是按用户输入的箍筋间距计算的，并按沿梁全长箍筋的面积配箍率要求控制；

(4) 若输入的箍筋间距为加密区间距，则加密区的箍筋计算结果可直接参考使用，如果非加密区与加密区的箍筋间距不同，则应按非加密区箍筋间距对计算结果进行换算。

6.2.2　配置箍筋

如图 6.2.6 所示，G0.7-0.7，梁宽为 300 mm，高度为 700 mm，混凝土等级为 C35，查阅附表“框架梁沿梁全场的箍筋配筋系数表”可选用箍筋为 ϕ8@100/200，双肢箍。加密区、非加密区按照标准配置。

框架梁设计应符合下列要求。

◇ 抗震设计时，计入受压钢筋作用的梁端截面混凝土受压区高度与有效高度之比值，一级不应大于 0.25，二、三级不应大于 0.35。

◇ 纵向受拉钢筋的最小配筋率，非抗震设计时，不应小于 0.2 和 $45f_t/f_y$ 两者中的较大值；抗震设计时，不应小于表 6.2.1 规定的数值。

表 6.2.1　梁纵向受拉钢筋最小配筋率　　单位：%

抗震等级	位置	
	支座（取较大值）	跨中（取较大值）
一级	0.40 和 $80f_t/f_y$	0.30 和 $65f_t/f_y$
二级	0.30 和 $65f_t/f_y$	0.25 和 $55f_t/f_y$
三级	0.25 和 $55f_t/f_y$	0.20 和 $45f_t/f_y$

◇ 抗震设计时，梁端截面的底面和顶面纵向钢筋截面面积的比值，除按计算确定外，一级不应小于 0.5，二、三级不应小于 0.3。

◇ 抗震设计时，梁端箍筋的加密区长度、箍筋最大间距和最小直径应符合表 6.2.2 的要求；当梁端纵向钢筋大于 2%时，表中箍筋最小直径应增大 2 mm。

表 6.2.2　梁端箍筋加密区的长度、箍筋最大间距和最小直径　　单位：mm

抗 震 等 级	加密区长度	箍筋最大间距	箍筋最小直径
一	2.0h_b，500	h_b/4，6d，100	10
二	2.0h_b，500	h_b/4，8d，100	8
三	2.0h_b，500	h_b/4，8d，150	8
四	2.0h_b，500	h_b/4，8d，150	6

注：① d 为纵向钢筋直径，h_b为梁截面高度；

② 一、二级抗震等级框架梁，当箍筋直径大于 12 mm、肢数不小于 4 肢且肢距不大于 150 mm 时，箍筋加密区最大间距应允许适当放松，且不应大于 150 mm。

6.2.3　左侧梁配筋

由于梁配筋很复杂，结构工程师往往分类进行配筋。本小节中介绍左侧的梁是如何参照运算结果配筋。具体操作如下。

(1) 根据 300×700 梁配筋计算参数，计算配筋得到如图 6.2.6 所示。

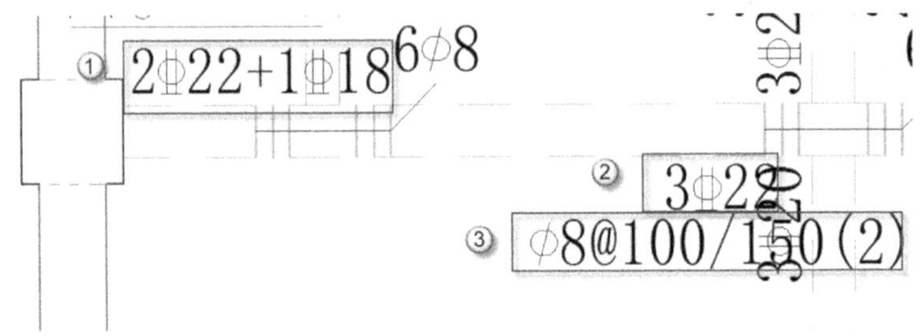

图 6.2.6　300×700 梁配筋图

(2) 单击“书写文字”命令，选择“文字输入”按钮，弹出如图 6.2.7 所示对话框。

(3) 设置文字高度，用户根据需要设置字高，勾选钢筋类型与钢筋型号，在内容栏中输入该区段梁中所有钢筋型号，如图 6.2.8 所示。

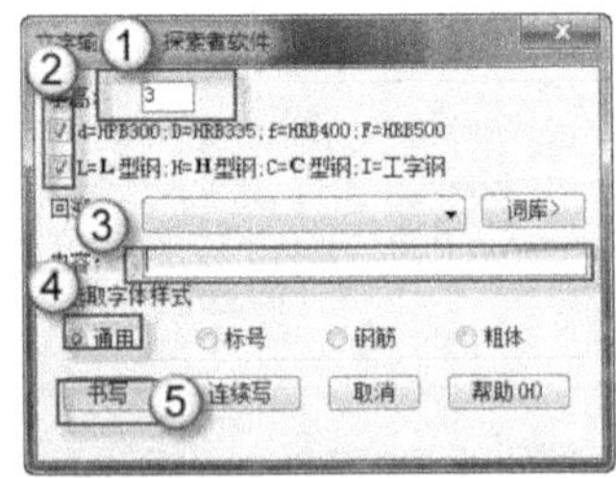

图 6.2.7　文字输入对话框

KL12(1)　250x700
φ8@100/200(2)
2Φ16;3Φ25
G4Φ12

图 6.2.8　文字

(4) 在该端梁上全长布置 2 根直径为 22 和 1 根直径为 18 mm 的面筋，底筋选择 3 根直径为22 mm 的二级钢筋，两种箍筋选择直径为 8 mm、加密区间距为 100 mm，非加密区间距为 150 mm 的一级钢筋。

(5) 根据 200×400 梁截面配筋参数配筋得到如图 6.2.9 所示配筋图。

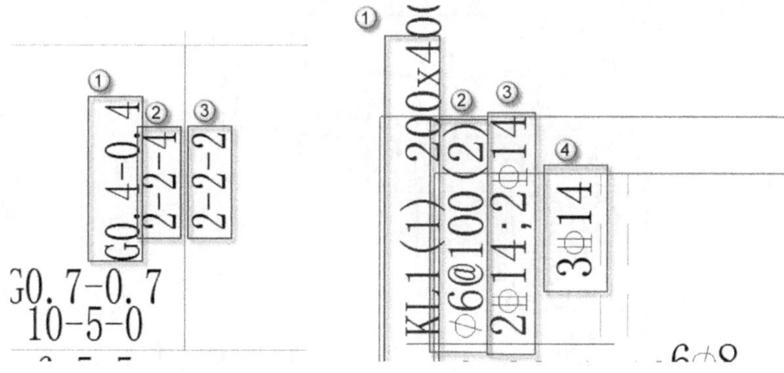

图 6.2.9　200×400 梁截面配筋图

(6) 在框梁①上配置面筋，4 根直径为 14 mm 的二级钢筋，分 2 排摆放，底筋选择 3 根直径为 14 mm 的二级钢筋，箍筋选择直径为 6 mm，间距为 100 mm 的双肢箍。

非抗震设计时，框架梁箍筋配筋构造应符合下列规定。

◇ 应沿梁全长配置箍筋，第一个箍筋应设置在距支座边缘 50 mm 处。

◇ 截面高度大于 800 mm 的梁，其箍筋直径不宜小于 8 mm；其余截面高度的梁不应小于 6。在受力钢筋搭接长度范围内，箍筋直径不应小于搭接钢筋最大直径的 1/4。

◇ 箍筋间距要求：

在 h_b 不大于 300 mm 时，V 大于 $0.7f_tbh_0$，箍筋最大间距为 150 mm；V 小于等于 $0.7f_tbh_0$，箍筋最大间距为 200。

在 h_b 大于 300 mm 且小于 500 mm 时，V 大于 $0.7f_tbh_0$，箍筋最大间距为 200 mm；V 小于 $0.7f_tbh_0$，箍筋最大间距为 300。

在 h_b 大于 500 mm 且小于 800 mm 时，V 大于 $0.7f_tbh_0$，箍筋最大间距为 250 mm；V 小于 $0.7f_tbh_0$，箍筋最大间距为 350。

在 h_b 大于 800 mm 时，V 大于 $0.7f_tbh_0$，箍筋最大间距为 300 mm；V 小于 $0.7f_tbh_0$，箍筋最大间距为 400 mm。

在纵向受拉钢筋的搭接长度范围内，箍筋间距尚不应大于搭接钢筋较小直径的 5 倍且不应大于 100 mm，在纵向受压钢筋的搭接长度范围内，箍筋间距尚不应大于搭接钢筋较小直径的 10 倍且不应大于 200 mm。

◇ 承受弯矩和剪力的梁，当梁的剪力设计值大于 $0.7f_tbh_0$ 时，其箍筋的面积配筋率应符合下列规定。

(7) 根据 250×700 截面梁尺寸配筋参数配筋，如图 6.2.10 所示。

(8) 在框梁⑫(1)250×700 截面梁面筋选用 2 根直径为 16 mm 的二级钢筋，底筋选择 3 根直径为 25 mm 的二级钢筋，箍筋选用双肢箍，直径为 8 mm，加密区间距为 100 mm，非加密区间距为 200 mm。

根据《建筑抗震设计规范》(GB 50011—2010)，当梁中配有计算需要的纵向受压钢筋时，其箍筋配置尚应符合下列规定。

◇ 箍筋直径不应小于纵向受压钢筋最大直径的 1/4。

◇ 箍筋应做成封闭式。

◇ 箍筋间距不应大于 $15d$ 且不应大于 400 mm；当一层内的受压钢筋多于 5 根且直径大于 18 mm

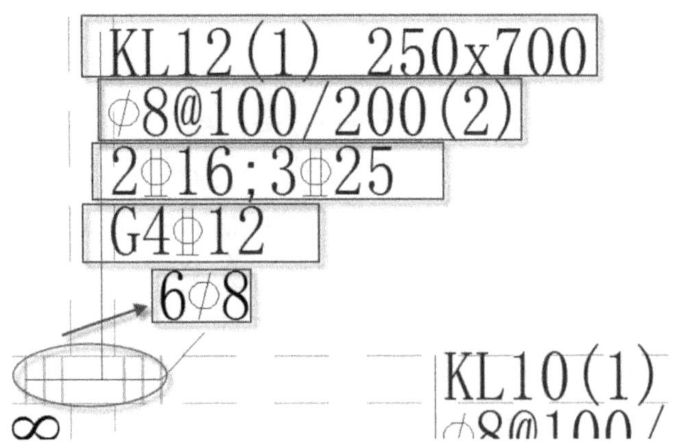

图 6.2.10　250×700 截面梁配筋图

时，箍筋间距不应大于 10*d*(*d* 为纵向受压钢筋的最小直径)。

◇ 当梁截面宽度大于 400 mm 且一层内的纵向受压钢筋多于 3 根时，或当梁截面宽度不大于 400 mm，但一层内的纵向受压钢筋多于 4 根时，应设置复合箍筋。

(9) 框梁④截面尺寸为 200×500，在 PKPM 中计算得到配筋参数，如图 6.2.11 所示，根据参数，参考规范知：该梁应选择直径为 8 mm 双肢箍，面筋选择 3 根直径为 18 mm 的二级钢筋，底筋选用 2 根直径为 14 mm 的二级钢筋。

在 TSSD 软件下文字输入中输入该段梁所选用的钢筋，200×500 截面梁配筋图如图 6.2.12 所示。

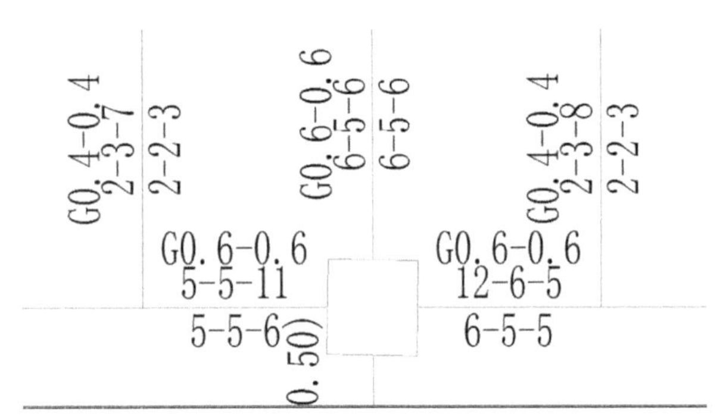

图 6.2.11　200×500 截面梁配筋计算参数

图 6.2.12　200×500 截面梁配筋图

注意：

(1) 对于支座两边不同配筋值的上部纵筋，宜尽可能选用相同直径(不同根数)，使其贯穿支座，避免支座两边不同直径的上部纵筋均在支座内锚固。

(2) 对于以边柱、角柱为端支座的屋面框架梁，当能够满足配筋截面面积要求时，其梁的上部钢筋应尽可能只配置一层，以避免梁柱纵筋在柱顶处因层数过多、密度过大导致不方便施工和影响混凝土浇筑质量。

(10) 250×500 横梁计算配筋参数如图 6.2.13 所示，跨中的参数为 G0.6-0.6、0-0-19、18-15-3，查看附表，面筋选用 2 根直径为 20 mm 的二级钢，底筋选用 2 根直径 25 mm+2 根直径 22 mm 的二级钢筋，加密区双肢箍直径为 8 mm，间距为 100 mm，非加密区双肢箍直径为 8 mm，间距为 150 mm。

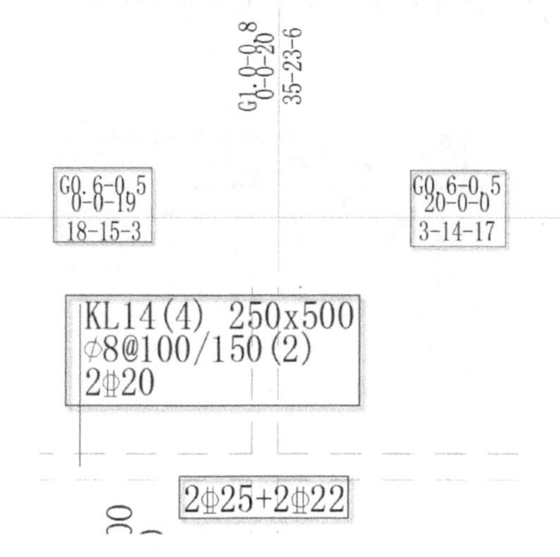

图 6.2.13　框梁 14 配筋图

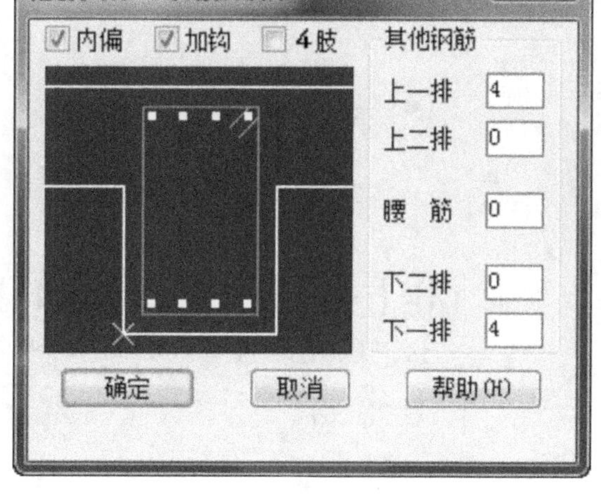

图 6.2.14　钢筋参数对话框

(11) 在 TSSD 中输入 AutoCAD 快捷键命令“L”在屏幕作图区绘制图左部分，单击菜单栏“TSSD12”按钮，会得到包含“钢结构 12”“剪力墙 12”“Tspt2012”“水工 2012”“TSSD2012”等按钮，用户可以根据需要选择不同的绘图环境，单击“钢筋绘制”按钮，选择“箍筋”命令，将会弹出如图 6.2.14 所示对话框，按图 4.3.64 中第二步从左上点拉到右下端，形成箍筋的样式，由于此截面需要配置拉筋，单击“拉筋”按钮，可以在作图区设置拉筋，图中拉筋的设置是从左侧拉到右侧，形成拉筋样式。该截面图如图 6.2.15 所示。

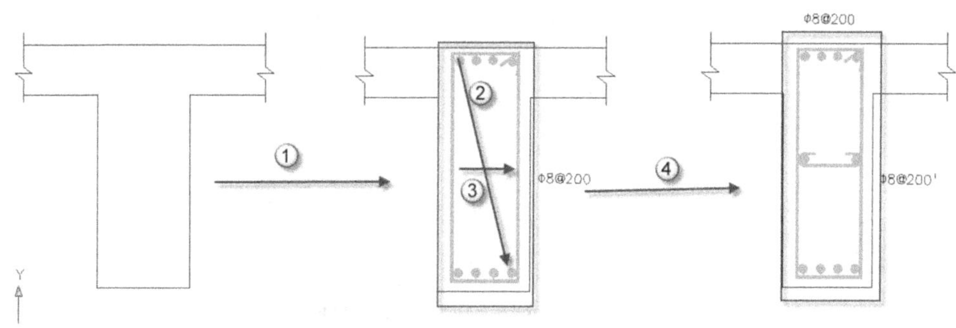

图 6.2.15　框梁 14 剖面图

说明：AutoCAD 中快捷键“SC”可以对图形中构件进行扩大或缩小到所需的大小，用户可自行定义。

梁的纵向钢筋配置，尚应符合下列规定。

◇ 抗震设计时，梁端纵向受拉钢筋的配筋率不宜大于 2.5%，不应大于 2.75%；当梁端受拉钢筋的配筋率大于 2.5%时，受压钢筋的配筋率不应小于受拉钢筋的一半。

◇ 沿梁全长顶面和底面应至少各配置两根纵向配筋，一、二级抗震设计时钢筋直径不应小于 14 mm，且分别不应小于梁两端顶面和底面纵向配筋中较大截面面积的 1/4，三、四级抗震设计和非抗震设计时钢筋直径不宜小于 12 mm。

◇ 一、二、三级抗震等级的框架梁内贯通中柱的每根纵向钢筋的直径，对矩形截面柱，不宜大于柱在该方向截面尺寸的 1/20；对圆形截面柱，不宜大于纵向钢筋所在位置柱截面弦长的 1/20。

(12) 梁截面为 200×500 的梁配筋参数图，根据上述规范及标准配筋表，得到该梁的配筋图，如图 6.2.16 所示。

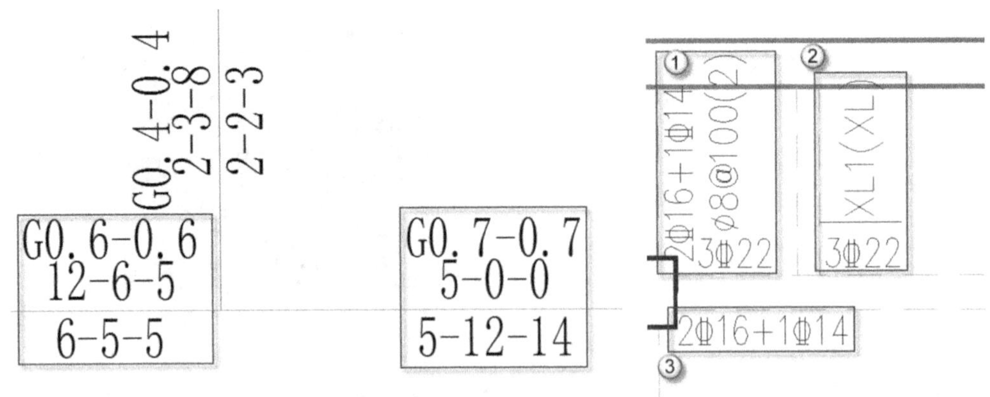

图 6.2.16　200×500 部分梁配筋图

(13) 根据图中梁配筋参数可查附表得到，箍筋选择直径为 8 mm、间距为 100 mm 的双肢箍，面筋选择 2 根直径为 16 mm 和 1 根直径为 14 mm 的钢筋，全长贯通，底筋选择 3 根直径为 22 mm 的钢筋，全长贯通。对梁进行集中标注，单击“文字输入”按钮，在弹出对话框中输入所需所有钢筋的型号及用量。

(14) 梁截面为 200×500 的梁配筋参数图，根据上述规范及标准配筋表，得到该梁的配筋图，如图 6.2.17 所示。

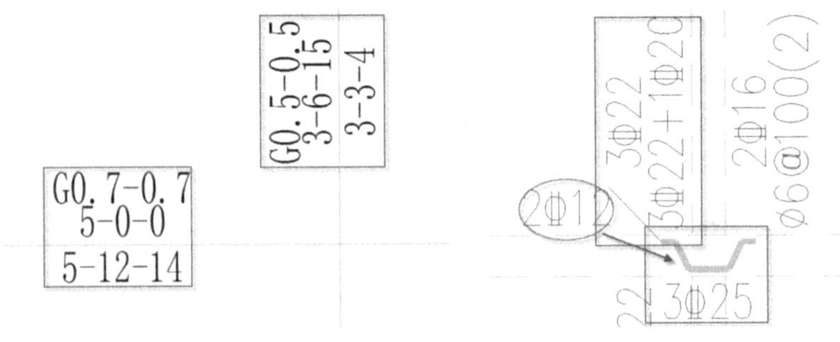

图 6.2.17　200×500 部分梁配筋图

(15) 根据图中梁配筋参数查附表可得到，箍筋选择直径为 8 mm、间距为 100 mm 的双肢箍，面筋选择 2 根直径为 16 mm 和 1 根直径为 14 mm 的钢筋，全长贯通，底筋选择 3 根直径为 22 mm 的钢筋，全长贯通，该段两种需要配置吊筋，选用 2 根直径为 12 mm 的钢筋在连系梁处，对梁进行集中标注，单击“文字输入”按钮，在弹出对话框中输入所需所有钢筋的型号及用量。

(16) 梁截面为 300×700 的梁配筋参数图，根据上述规范及标准配筋表，得到该梁的配筋图，如图 6.2.18 所示。

(17) 根据图中梁配筋参数查附表可得到，箍筋选择直径为 8 mm、间距为 100 mm 的双肢箍，面筋选择 2 根直径为 16 mm 和 1 根直径为 14 mm 的钢筋，全长贯通，底筋选择 4 根直径为 22 mm 的钢筋，全长贯通，在连系梁处设置 4 根直径为 12 mm 的吊筋，对梁进行集中标注，单击“文字输入”按钮，在弹出对话框中输入所需所有钢筋的型号及用量。

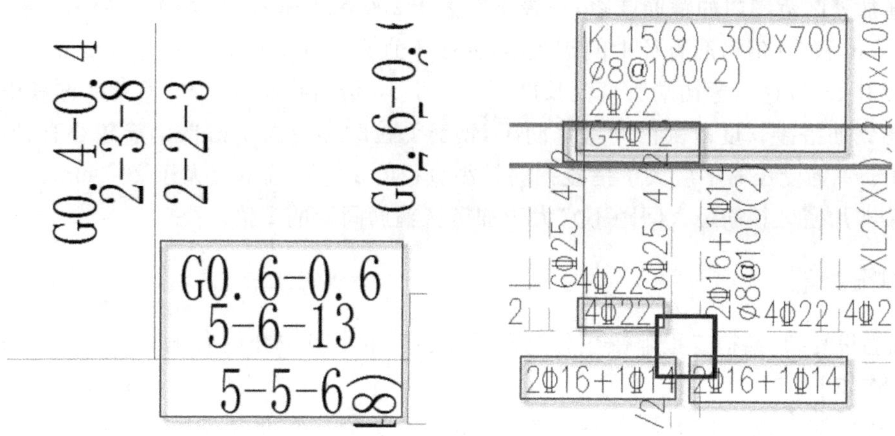

图 6.2.18　300×700 部分梁配筋图

(18) 梁截面为 300×700 的梁配筋参数图，根据上述规范及标准配筋表，得到该梁的配筋图，如图 6.2.19 所示。

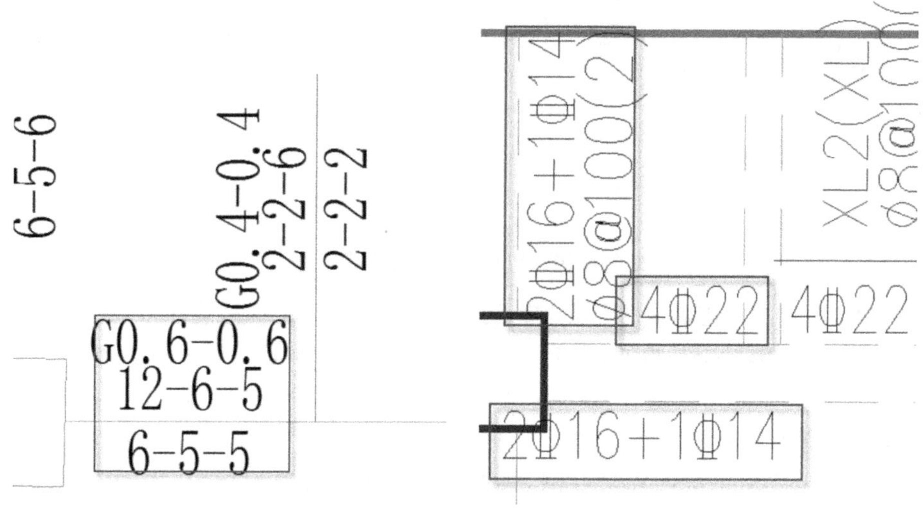

图 6.2.19　300×700 部分梁配筋图

(19) 根据图中梁配筋参数，查本收配套光盘中“常见表格.DWG”文件相关表格可得到，箍筋选择直径为 8 mm、间距为 100 mm 的双肢箍，面筋选择 2 根直径为 16 mm 和 1 根直径为 14 mm 的钢筋，全长贯通，底筋选择 4 根直径为 22 mm 的钢筋，全长贯通，对梁进行集中标注，单击“文字输入”按钮，在弹出对话框中输入所需所有钢筋的型号及用量。

抗震设计时，框架梁的箍筋尚应符合下列构造要求。

◇ 沿梁全长箍筋的面积配筋率应符合下列规定。

一级　　$\rho_{sv} \geqslant 0.30 f_t / f_{yv}$

二级　　$\rho_{sv} \geqslant 0.28 f_t / f_{yv}$

三级　　$\rho_{sv} \geqslant 0.26 f_t / f_{yv}$

式中：ρ_{sv}——框架梁沿梁全长箍筋的面积配筋率。

◇ 在箍筋加密区范围内的箍筋肢距：一级不宜大于 200 mm 和 20 倍箍筋直径中的较大值，二、三级不宜大于 250 mm 和 20 倍箍筋直径中的较大值，四级不宜大于 300 mm。

◇ 箍筋应有 135°弯钩，弯钩端头直段长度不应小于 10 倍的箍筋直径和 75 mm 两者中的较大值。

◇ 在纵向钢筋搭接长度范围内的箍筋间距，钢筋受拉时不应大于搭接钢筋较小直径的 5 倍，且不应大于 100 mm；钢筋受压时不应大于搭接钢筋较小直径的 10 倍，且不应大于 200 mm。

◇ 框架梁非加密区箍筋最大间距不宜大于加密区箍筋间距的 2 倍。

6.2.4 右侧梁配筋

由于梁配筋很复杂，结构工程师往往分类进行配筋。本小节中介绍右侧的梁是如何参照运算结果配筋。具体操作如下。

(1) 梁截面为 300×700 的梁配筋参数图，根据上述规范及标准配筋表，得到该梁的配筋图，如图 6.2.20所示。

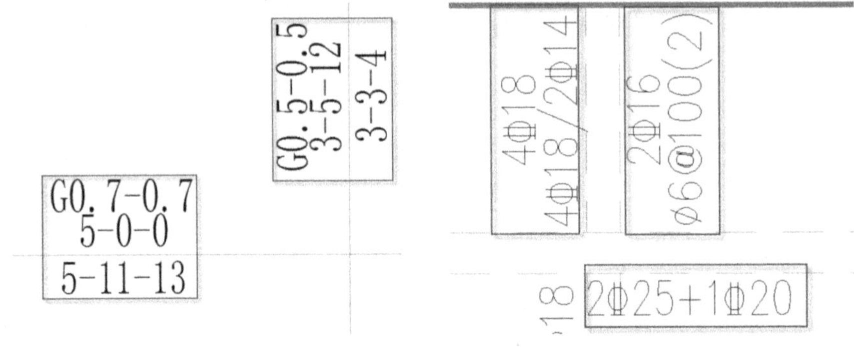

图 6.2.20 300×700 部分梁配筋图

(2) 根据图中梁配筋参数查附表可得到，箍筋选择直径为 6 mm、间距为 100 mm 的双肢箍，面筋选择 4 根直径为 18 mm 的钢筋，全长贯通，底筋选择 4 根直径为 18 mm 和 2 根直径为 14 mm 的钢筋，全长贯通，在连系梁处配置 2 根直径为 16 mm 的钢筋，对梁进行集中标注，单击“文字输入”按钮，在弹出对话框中输入所需所有钢筋的型号及用量。

(3) 梁截面为 300×700 的梁配筋参数图，根据上述规范及标准配筋表，得到该梁的配筋图，如图 6.2.21所示。

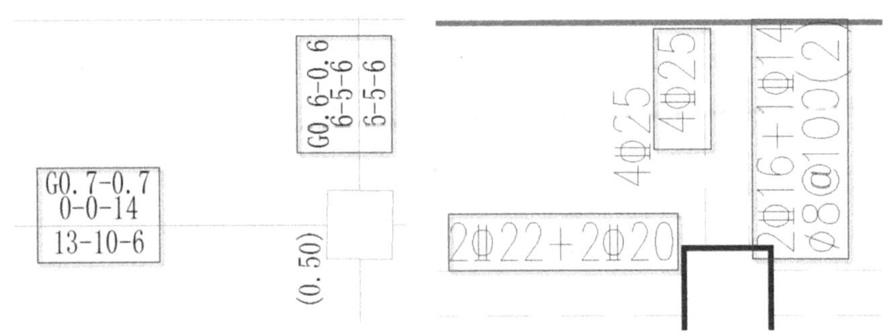

图 6.2.21 300×700 部分梁配筋图

(4) 根据图中梁配筋参数，查本书配套光盘中“常见表格.DWG”文件相关表格可得到，箍筋选择直径为 8 mm、间距为 100 mm 的双肢箍，面筋选择 2 根直径为 22 mm 和 2 根直径为 20 mm 的钢筋，全长贯通，底筋选择 4 根直径为 25 mm 的钢筋，全长贯通，对梁进行集中标注，单击“文字输入”按钮，在弹出对话框中输入所需所有钢筋的型号及用量。

（5）梁截面为 300×700 的梁配筋参数图，根据上述规范及标准配筋表，得到该梁的配筋图，如图 6.2.22所示。

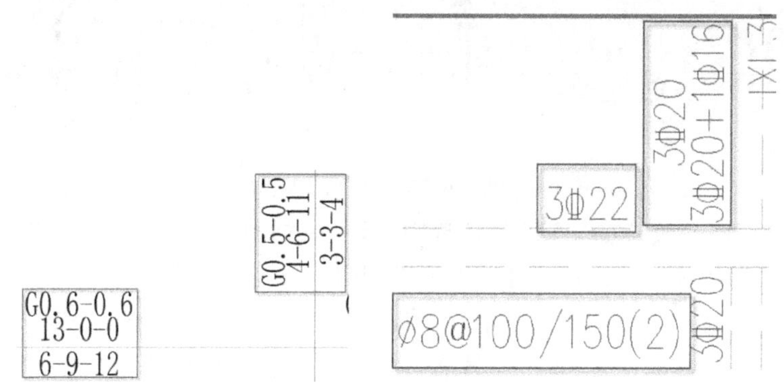

图 6.2.22　300×700 部分梁配筋图

（6）根据图中梁配筋参数，查本书配套光盘中“常见表格. DWG”文件相关表格可得到，箍筋选择直径为 8 mm、加密区间距 100 mm、非加密区间距为 150 mm 的双肢箍，面筋选择 3 根直径为 20 mm 和 1 根直径为 16 mm 的钢筋，全长贯通，底筋选择 3 根直径为 22 mm 的钢筋，全长贯通，对梁进行集中标注，单击“文字输入”按钮，在弹出对话框中输入所需所有钢筋的型号及用量。

说明：框架梁的纵向钢筋不应与箍筋、拉筋及预埋件等焊接。

（7）梁截面为 250×500 的梁配筋参数图，根据上述规范及标准配筋表，得到该梁的配筋图，如图 6.2.23所示。

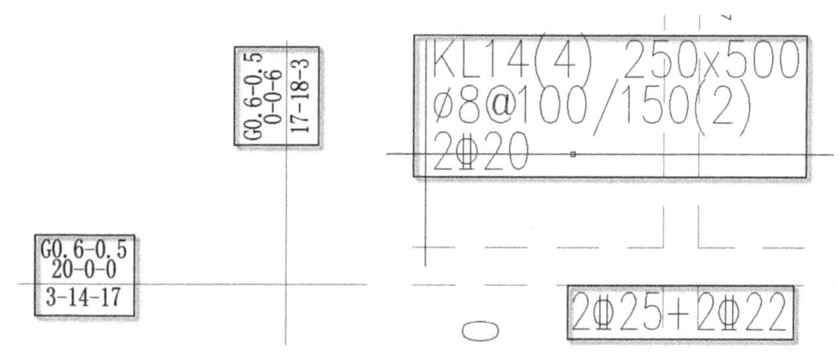

图 6.2.23　250×500 部分梁配筋图

（8）根据图中梁配筋参数，查本书配套光盘中“常见表格. DWG”文件相关表格可得到，箍筋选择直径为 8 mm、加密区间距 100 mm、非加密区间距为 150 mm 的双肢箍，面筋选择 2 根直径为 25 mm 和 2 根直径为 22 mm 的钢筋，全长贯通，底筋选择 2 根直径为 20 mm 的钢筋，全长贯通，对梁进行集中标注，单击“文字输入”按钮，在弹出对话框中输入所需所有钢筋的型号及用量。

（9）框架梁上开洞时，洞口位置宜位于梁跨中 1/3 区段，洞口高度不应大于梁高的 40%；开洞较大时应该进行承载力验算。梁上洞口周围应配置附加纵向钢筋和箍筋，并应符合计算及构造要求。

（10）梁截面为 300×700 的梁配筋参数图，根据上述规范及标准配筋表，得到该梁的配筋图，如图 6.2.24 所示。

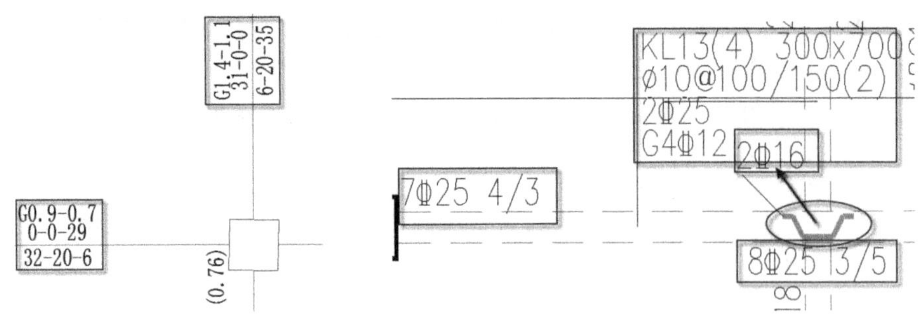

图 6.2.24　300×700 部分梁配筋图

(11) 根据图中梁配筋参数,查本书配套光盘中"常见表格.DWG"文件相关表格可得到,箍筋选择直径为 10 mm,加密区间距为 100 mm、非加密区间距为 150 mm 的双肢箍,面筋选择 7 根直径为 25 mm 钢筋全长贯通,分 2 排布置,上面 4 根,下面 3 根,底筋选择 8 根直径为 25 mm 钢筋全长贯通,上面 3 根,下面 5 根,连系梁处选用 2 根直径为 16 mm 吊筋,对梁进行集中标注,单击"文字输入"按钮,在弹出对话框中输入所需所有钢筋的型号及用量。

当梁(不包括框支梁)下部纵筋不全部伸入支座时,不伸入支座的梁下部纵筋截断点距支座边的距离,在标注构造详图中统一取为 $0.1l_{ni}$。

在确定不伸入支座的梁下部纵筋的数量时,应符合《混凝土结构设计规范》(GB 50010—2010)的有关规定。

(12) 梁截面为 300×700 的梁配筋参数图,根据上述规范及标准配筋表,得到该梁的配筋图,如图 6.2.25 所示。

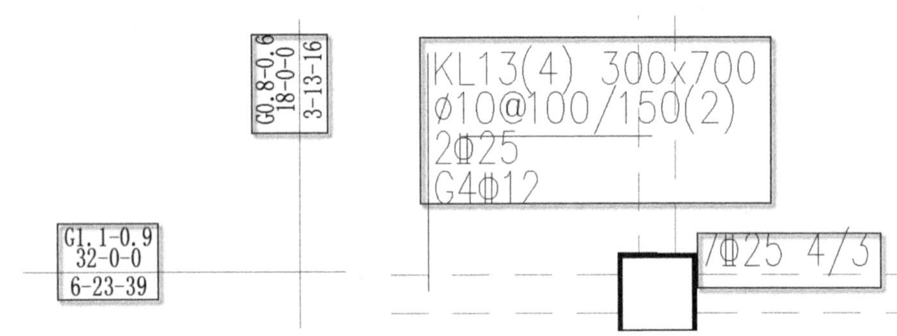

图 6.2.25　300×700 部分梁配筋图

(13) 根据图中梁配筋参数,查本书配套光盘中"常见表格.DWG"文件相关表格可得到,箍筋选择直径为 10 mm,加密区间距为 100 mm、非加密区间距为 150 mm 的双肢箍,面筋选择 7 根直径为 25 mm 的钢筋,全长贯通,分 2 排布置,上面 4 根,下面 3 根,底筋选择 8 根直径为 25 mm 的钢筋,全长贯通,上面 3 根,下面 5 根,连系梁处选用 2 根直径为 16 mm 的吊筋,对梁进行集中标注,单击"文字输入"按钮,在弹出对话框中输入所需所有钢筋的型号及用量。

(14) 梁截面为 250×700 的梁配筋参数图,根据上述规范及标准配筋表,得到该梁的配筋图,如图 6.2.26 所示。

(15) 根据图中梁配筋参数,查本书配套光盘中"常见表格.DWG"文件相关表格可得到,箍筋选择直径为 8 mm,加密区间距为 100 mm、非加密区间距为 200 mm 的双肢箍,面筋选择 2 根直径为 22 mm 的钢筋,全长贯通,底筋选择 2 根直径为 22 mm 的钢筋,全长贯通,连系梁处选用 2 根直径为 16 mm 的

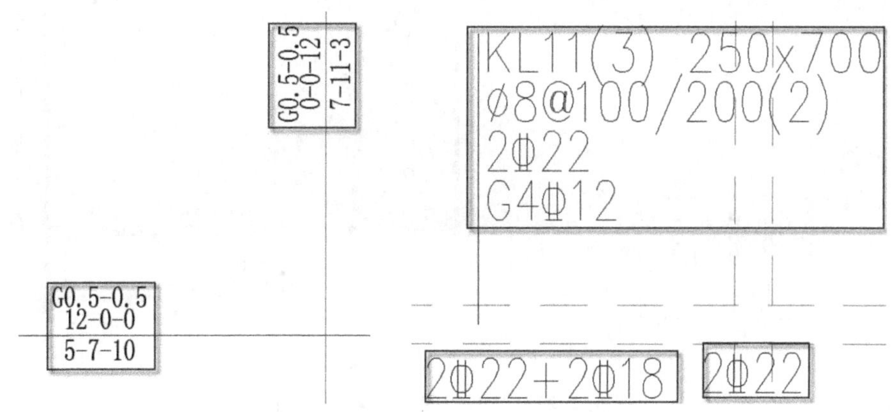

图 6.2.26　250×700 部分梁配筋图

吊筋，对梁进行集中标注，单击"文字输入"按钮，在弹出对话框中输入所需所有钢筋的型号及用量。

非框架梁的下部纵向钢筋在中间支座和端支座的锚固长度，当计算中需要充分利用下部纵向钢筋的抗压强度或抗拉强度，或具体工程有特殊要求时，其锚固长度应由设计者按照《混凝土结构设计规范》(GB 50010—2010)的相关规定进行变更。

(16) 梁截面为 250×700 的梁配筋参数图，根据上述规范及标准配筋表，得到该梁的配筋图，如图 6.2.27 所示。

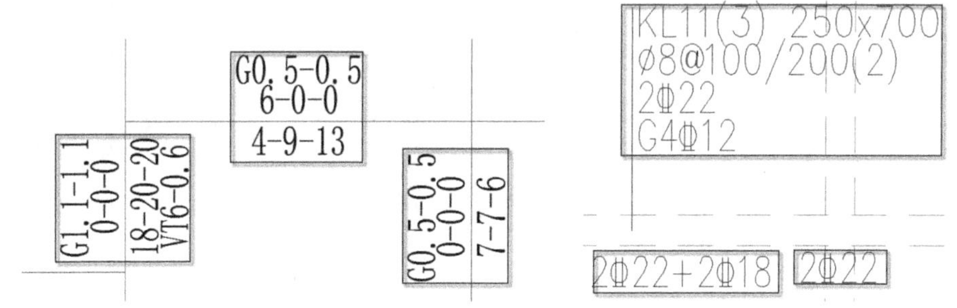

图 6.2.27　250×700 部分梁配筋图

(17) 根据图中梁配筋参数，查本书配套光盘中"常见表格.DWG"文件相关表格可得到，箍筋选择直径为 8 mm，加密区间距为 100 mm、非加密区间距为 200 mm 的双肢箍，面筋选择 2 根直径为 22 mm 钢筋，全长贯通，底筋选择 2 根直径为 22 mm 钢筋，全长贯通，连系梁处选用 2 根直径为 16 mm 吊筋，对梁进行集中标注，单击"文字输入"按钮，在弹出对话框中输入所需所有钢筋的型号及用量。

当梁纵筋兼作温度应力钢筋时，其锚入支座的长度由设计确定。

当两楼层之间设有层间梁时(如结构夹层位置处的梁)，应将设置该部分梁的区域划出另行绘制梁结构布置图，然后在其上表达梁平法施工图。

(18) 梁截面为 250×700 的梁配筋参数图，根据上述规范及标准配筋表，得到该梁的配筋图，如图 6.2.28 所示。

(19) 根据图中梁配筋参数，查本书配套光盘中"常见表格.DWG"文件相关表格可得到，箍筋选择直径为 8 mm，加密区间距为 100 mm、非加密区间距为 200 mm 的双肢箍，面筋 2 排布置，上面 2 根直径为 16 mm、下面 3 根直径为 25 mm 钢筋，全长贯通，底筋选择 8 根直径为 22 mm 钢筋全长贯通，上面 4

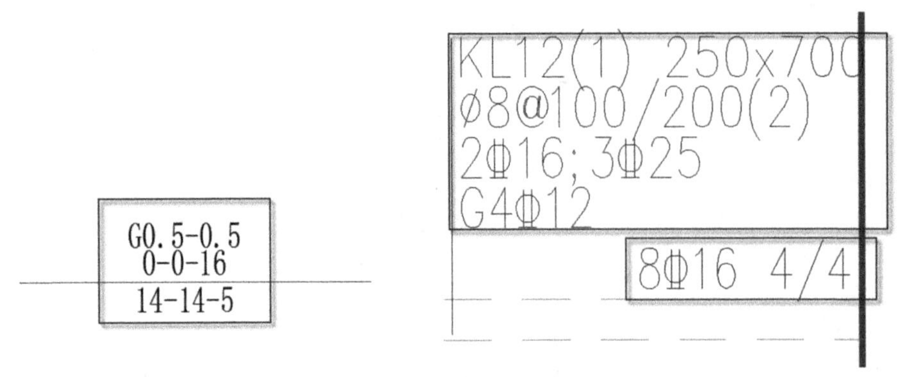

图 6.2.28　250×700 部分梁配筋图

根，下面 4 根，连系梁处选用 2 根直径为 16 mm 吊筋，对梁进行集中标注，单击“文字输入”按钮，在弹出对话框中输入所需所有钢筋的型号及用量。

(20) 梁截面为 300×700 的梁配筋参数图，根据上述规范及标准配筋表，得到该梁的配筋图，如图 6.2.29 所示。

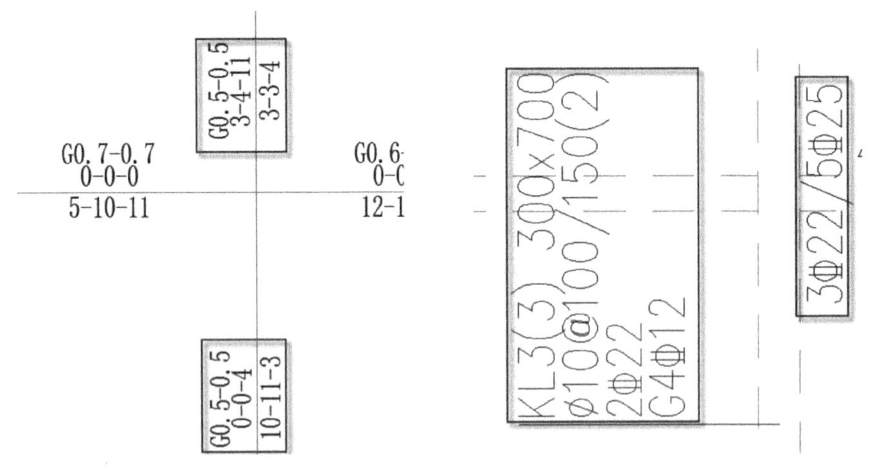

图 6.2.29　300×700 部分梁配筋图

(21) 根据图中梁配筋参数，查本书配套光盘中“常见表格.DWG”文件相关表格可得到，箍筋选择直径为 8 mm，加密区间距为 100 mm、非加密区间距为 150 mm 的双肢箍，面筋选择 2 根直径为 22 mm 钢筋，全长贯通，底筋选择 3 根直径为 22 mm 和 5 根直径为 25 mm 钢筋，全长贯通，分 2 排布置，上面布置 3 根，下面布置 5 根，对梁进行集中标注，单击“文字输入”按钮，在弹出对话框中输入所需所有钢筋的型号及用量。

(22) 梁截面为 200×400 的梁配筋参数图，根据上述规范及标准配筋表，得到该梁的配筋图，如图 6.2.30 所示。

(23) 根据图中梁配筋参数，查本书配套光盘中“常见表格.DWG”文件相关表格可得到，箍筋选择直径为 8 mm、间距为 100 mm 的双肢箍，面筋选择 3 根直径为 16 mm 钢筋，全长贯通，底筋选择 2 根直径为 14 mm 的钢筋，全长贯通，对梁进行集中标注，单击“文字输入”按钮，在弹出对话框中输入所需所有钢筋的型号及用量。

注意：

(1) 当井字梁连续设置在两片或多排网格区域时，才具有上面提及的井字梁中间支座。

(2) 当某根井字梁端支座与其所在网格区域之外的非框架梁相连时，该位置上部钢筋的连续布置方式须由设计者注明。

(24) 梁截面为 250×500 的梁配筋参数图，根据上述规范及标准配筋表，得到该梁的配筋图，如图 6.2.31 所示。

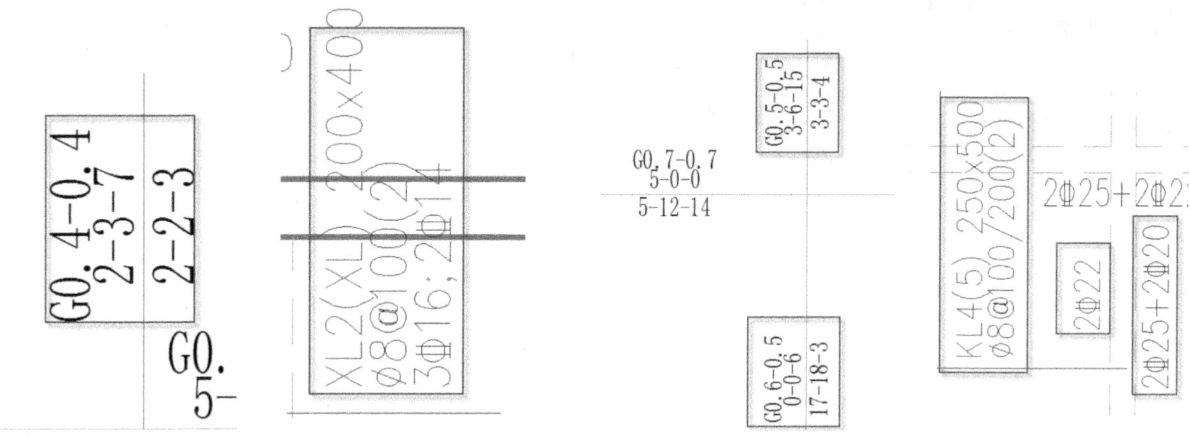

图 6.2.30　200×400 部分梁配筋图　　　　图 6.2.31　250×500 部分梁配筋图

(25) 根据图中梁配筋参数，查本书配套光盘中“常见表格.DWG”文件相关表格可得到，箍筋选择直径为 8 mm，加密区间距为 100 mm、非加密区间距为 200 mm 的双肢箍，面筋选择 2 根直径为 22 mm 钢筋，全长贯通，底筋选择 2 根直径为 25 mm 和 2 根直径为 20 mm 钢筋，全长贯通，对梁进行集中标注，单击“文字输入”按钮，在弹出对话框中输入所需所有钢筋的型号及用量。

在梁平法施工图中，当局部梁的布置过密时，可将过密区用虚线框画出，适当放大比例后再用平面注写方式表示。

(26) 梁截面为 300×700 的梁配筋参数图，根据上述规范及标准配筋表，得到该梁的配筋图，如图 6.2.32 所示。

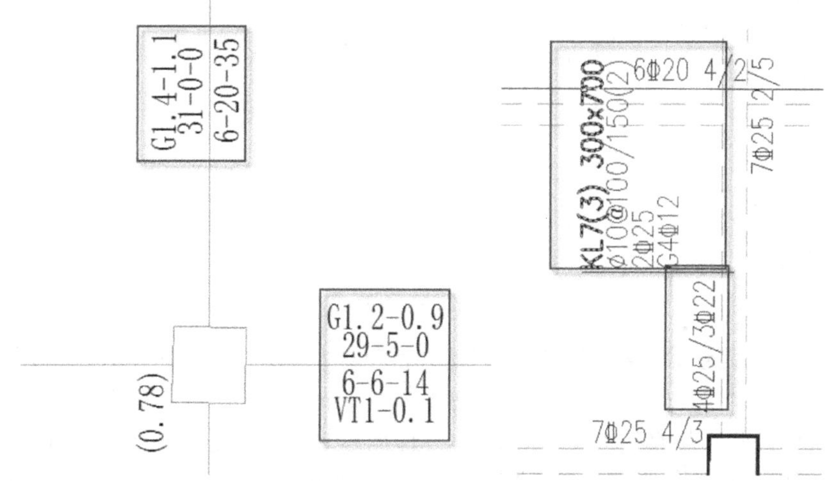

图 6.2.32　300×700 部分梁配筋图

(27) 根据图中梁配筋参数，查本书配套光盘中“常见表格.DWG”文件相关表格可得到，箍筋选择直径为 10 mm，加密区间距为 100 mm、非加密区间距为 150 mm 的双肢箍，面筋选择 2 根直径为 25 mm 钢筋，全长贯通，底筋选择 3 根直径为 22 mm 和 4 根直径为 25 mm 钢筋，全长贯通，分 2 排布置，上面配置 3 根，下面配置 4 根，对梁进行集中标注，单击“文字输入”按钮，在弹出对话框中输入所需所有钢筋的型号及用量。

(28) 梁截面为 250×500 的梁配筋参数图，根据上述规范及标准配筋表，得到该梁的配筋图，如图 6.2.33 所示。

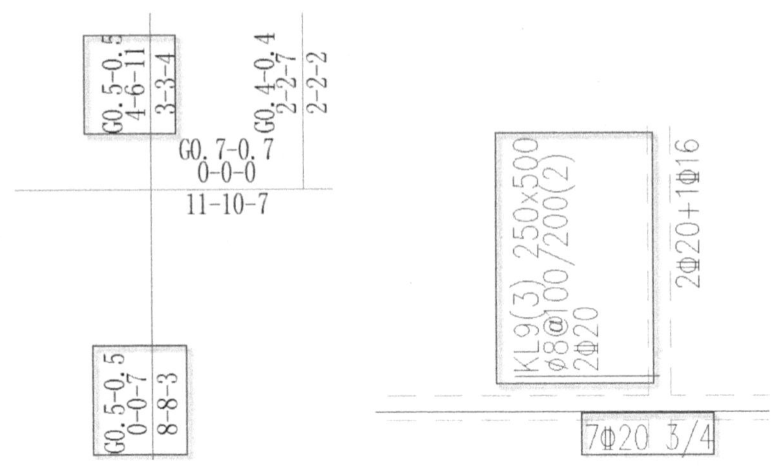

图 6.2.33　250×500 部分梁配筋图

(29) 根据图中梁配筋参数，查本书配套光盘中“常见表格.DWG”文件相关表格可得到，箍筋选择直径为 8 mm，加密区间距为 100 mm、非加密区间距为 200 mm 的双肢箍，面筋选择 2 根直径为 20 mm 的钢筋，全长贯通，底筋选择 7 根直径为 20 mm 的钢筋，全长贯通，分 2 排配置，上面配置 3 根，下面配置 4 根，对梁进行集中标注，单击“文字输入”按钮，在弹出对话框中输入所需所有钢筋的型号及用量。

(30) 梁截面为 250×500 的梁配筋参数图，根据上述规范及标准配筋表，得到该梁的配筋图，如图 6.2.34 所示。

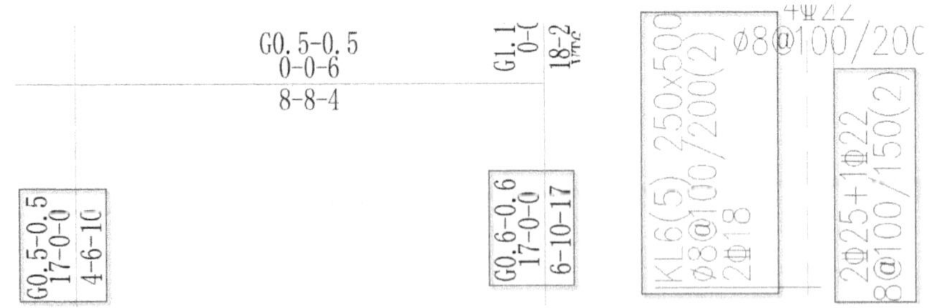

图 6.2.34　250×500 部分梁配筋图

(31) 根据图中梁配筋参数，查本书配套光盘中“常见表格.DWG”文件相关表格可得到，箍筋选择直径为 8 mm，加密区间距为 100 mm、非加密区间距为 200 mm 的双肢箍，面筋选择 2 根直径为 18 mm 钢筋，全长贯通，底筋选择 2 根直径为 25 mm 和 1 根直径为 22 mm 钢筋，全长贯通，对梁进行集中标注，单击“文字输入”按钮，在弹出对话框中输入所需所有钢筋的型号及用量。

(32) 梁截面为 250×500 的梁配筋参数图，根据上述规范及标准配筋表，得到该梁的配筋图，如图 6.2.35 所示。

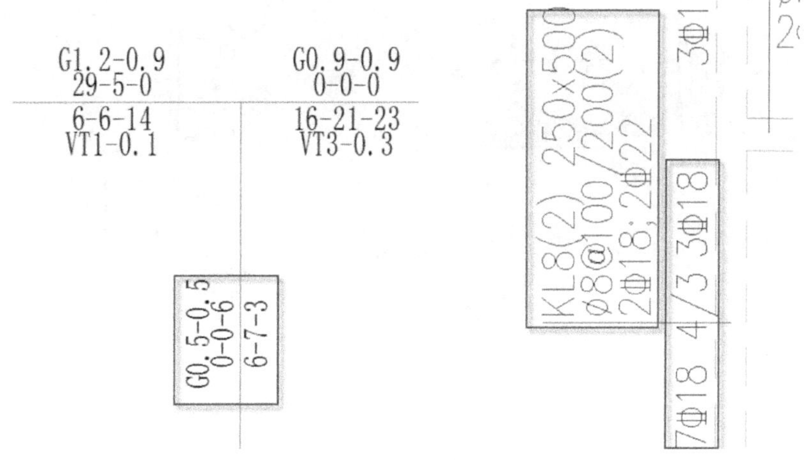

图 6.2.35　250×500 部分梁配筋图

(33) 根据图中梁配筋参数，查本书配套光盘中“常见表格. DWG”文件相关表格可得到，箍筋选择直径为 8 mm，加密区间距为 100 mm、非加密区间距为 200 mm 的双肢箍，面筋选择 2 根直径为 18 mm 钢筋全长贯通，底筋选择 2 根直径为 25 mm 和 1 根直径为 22 mm 钢筋，全长贯通，对梁进行集中标注，单击“文字输入”按钮，在弹出对话框中输入所需所有钢筋的型号及用量。

(34) 梁截面为 300×700 的梁配筋参数图，根据上述规范及标准配筋表，得到该梁的配筋图，如图 6.2.36 所示。

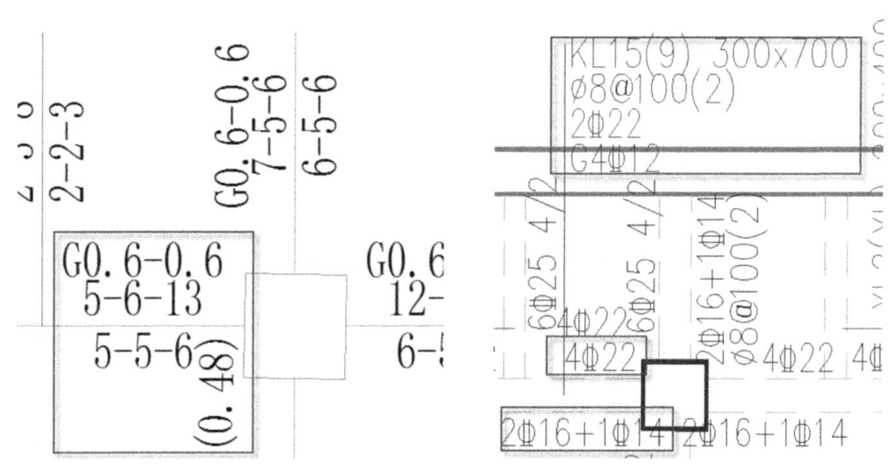

图 6.2.36　300×700 部分梁配筋图

(35) 根据图中梁配筋参数，查本书配套光盘中“常见表格. DWG”文件相关表格可得到，箍筋选择直径为 10 mm、加密区间距为 100 mm 的双肢箍，面筋选择 2 根直径为 22 mm 钢筋，全长贯通，底筋选择 2 根直径为 16 mm 和 1 根直径为 14 mm 钢筋，全长贯通，对梁进行集中标注，单击“文字输入”按钮，在弹出对话框中输入所需所有钢筋的型号及用量。

至此，完成了全部梁的配筋，得到裙楼地上部分梁计算配筋平面图，如图 6.2.37 所示。

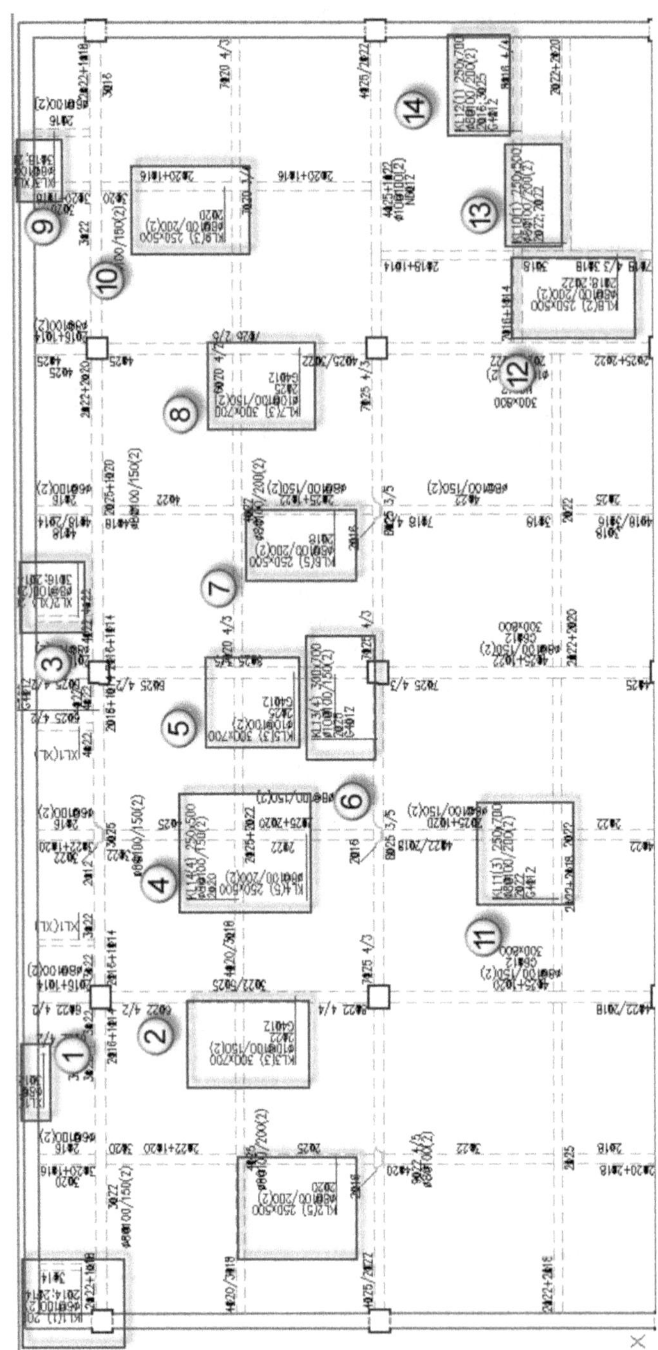

图 6.2.37　裙楼地上梁计算配筋

6.3　板施工图(结构平面图)

钢筋混凝土梁、板是房屋建筑中典型的受弯构件。按板的受弯情况，可分为单向板与双向板；按板支撑情况，可分为简支板和多跨连续板。表示建筑各构件的平面布置的图样，可分为基础平面图、楼层结构平面图、屋面结构平面图。接下来将用 TSSD 进行结构平面图的布置。

6.3.1　板配筋设计使用技巧

首先是配筋问题，建议尽量按建设部推荐采用三级钢筋，钢筋间距尽量用 200 mm（一般跨度小于 6.6 m 的板的裂缝均可满足要求）。板上下钢筋间距宜相等，直径可不同，但钢筋直径类型不宜过多。

其次是计算问题。8 m 以下的板均可以采用非预应力板。一般可按塑性计算，尤其是基础底板和人防结构。但结构为了防水，不允许出现裂缝，对于防水要求严格的建筑，如坡屋顶、平屋顶、厕厕、配电间等应采用弹性计算。配筋计算时可考虑塑性内力重分布，将板上筋乘以 0.8～0.9 的折减系数，将板下筋乘以 1.1～1.2 的放大系数。也可采用 PMCAD 软件自动生成，但 PMCAD 生成的板配筋图应注意以下几点。

（1）单向板是按塑性计算的，而双向板按弹性计算，宜改成同一种计算方法。

（2）当厚板与薄板相接时，薄板支座按固定端考虑是适当的，但厚板就不合适，宜减小厚板支座配筋，增大跨中配筋。

（3）非矩形板宜减小支座配筋，增大跨中配筋。

（4）房间边数过多或凹形板应采用有限元程序验算其配筋。

再者就是板的一些细部构造问题。应给予说明的有如下几点。

（1）跨度小于 2 m 的板上部钢筋不必断开。

（2）顶层及考虑抗裂时板上筋可不断开，或 50%连通，较大处附加钢筋。

（3）现浇挑板阳角加辐射状附加筋（包括内墙上的阳角），现浇挑板阴角的板下应加斜筋。

（4）L 形、T 形或十字形建筑平面的阴角处板应加厚并双层双向配筋。

（5）支承在砖混结构外墙上的板的负筋不宜过大，否则将对砖墙产生过大的附加弯矩。一般板厚超过 150 mm 时采用 ϕ10@200 的钢筋，否则采用 ϕ8@200 的钢筋。

（6）室内轻隔墙下一般不应加粗钢筋，一是轻隔墙有可能移位，二是板整体受力，应整体提高板的配筋。只有垂直单向板长边的不可能移位的隔墙，如厕所与其他房间的隔墙下才可以加粗钢筋。

（7）坡屋顶板为偏拉构件，应双层双向配筋。挑板配筋应有余地，并应采用大直径钢筋，防止踩弯，挑板内跨板跨度较小，跨中可能出现负弯矩，应将挑板支座的负筋伸过全跨。

（8）板上开洞（厨、厕、电气及设备）附加筋不必一定锚入板支座，从洞边锚入 L_a 即可。板上开洞的附加筋，如果洞口处板仅有正弯矩，可只在板下加筋；否则应在板上下均加附加筋。

（9）留筋后浇的板宜用虚线表示其范围，并注明用提高一级的膨胀混凝土浇筑。未浇注前应采取有效支承措施。

（10）住宅跃层楼梯在楼板上所开大洞，周边不宜加梁，应采用有限元程序计算板的内力和配筋。板适当加厚，洞边加暗梁。

6.3.2　单向板与双向板

单向板与双向板的受力特点：两对边支撑的板是单向板，一个方向受弯，而双向板为四边支撑，双向受弯。若板两边均布支撑，当长边与短边长度之比小于或等于 2 时，应按双向板计算；当长边与短边长度之比大于 2 但小于 3 时，宜按双向板计算；当按沿短边方向受力的单向板计算时，应沿长边方向布置足够数量的构造筋，当长边与短边长度之比大于或等于 3 时，可按沿短边方向受力的单向板计算。

现浇肋型楼盖中的板、次梁和主梁，一般均为多跨连续板。连续板的计算是主要内容，配筋计算与简支板相同。

连续板受力特点是:跨中有正弯矩,支座有负弯矩。因此,跨中按最大正弯矩计算正筋,支座按最大负弯矩计算负筋,钢筋的截断位置按规范要求截断。

最后应注意的是楼梯梯段板的设计。楼梯梯段板计算方法:当休息平台板厚为 80～100 mm,梯段板厚 100～130 mm,梯段板跨度小于 4 m 时,应采用 1/10 的计算系数,并上下配筋;当休息平台板厚为 80～100 mm,梯段板厚 160～200 mm,梯段板跨度约 6 m 时,应采用 1/8 的计算系数,板上配筋可取跨中的 1/4～1/3,并不得过大。此两种计算方法是偏于保守的。任何时候休息平台与梯段板平行方向的上筋均应拉通,并应与梯段板的配筋相应。当板式楼梯跨度大于 5 m 时,挠度不容易满足,应注明加大反拱。

6.3.3 画板配筋平面图

板配筋平面图主要是介绍楼板的各类型钢筋的规格、选用的形式、布置的位置等。具体操作如下。

(1) 打开 PKPM 软件,单击“PMCAD”→“画结构平面图”→“应用”命令,进入板施工图界面,如图 6.3.1 所示。

图 6.3.1 画结构平面图对话框

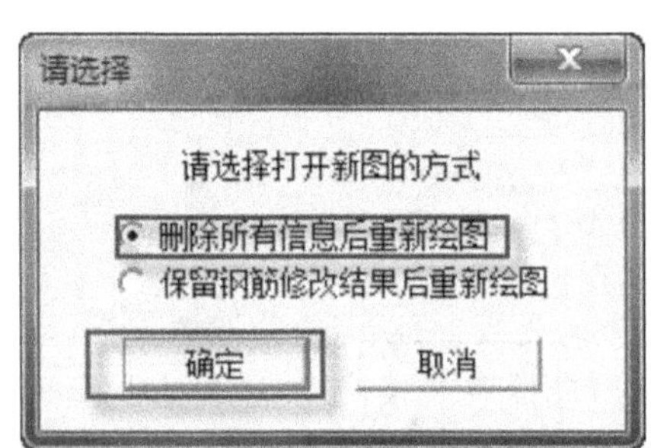

图 6.3.2 绘新图对话框

这里以裙楼地上标准层为例对结构平面图进行布置,具体步骤如下。

(2) 单击“应用”按钮后进入到“板施工图”截面,单击“主菜单”命令,选择“绘新图”按钮,此时弹出如图 6.3.2 所示对话框。

(3) 勾选“删除所有信息后重新绘图”,单击“确定”按钮,程序会自动清除所有信息重新生成新的楼板。单击“主菜单”命令,选择“楼板计算”按钮,得到如图 6.3.3 所示板计算配筋参数平面图。

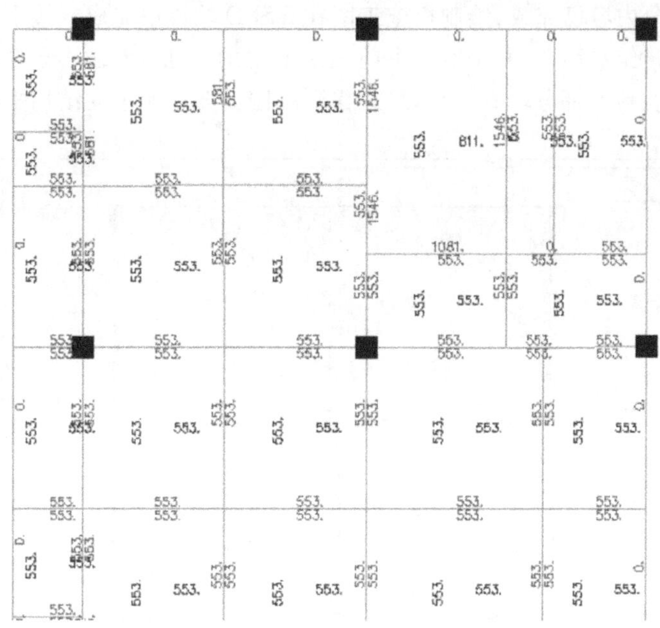

图 6.3.3　板计算配筋参数平面图

(4) 选取第一、第二、第三、第四区域配筋计算参数，如图 6.3.4 所示。

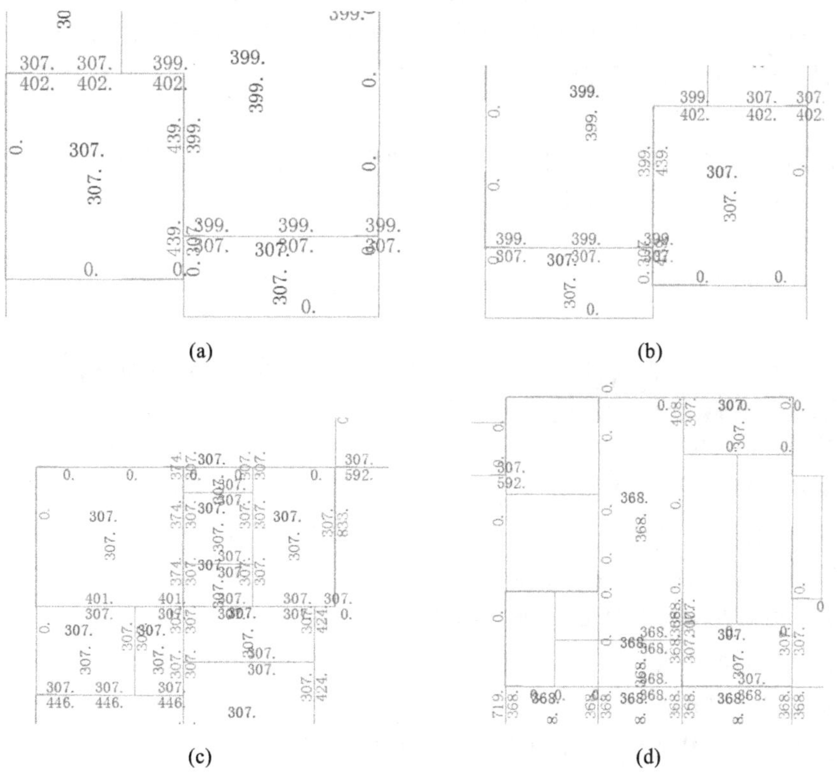

(a)　(b)

(c)　(d)

图 6.3.4　配筋计算参数图(局部)

(5) PKPM 计算部分内容已完成，绘制板施工图在 TSSD 软件中完成。接下来打开 TSSD 软件，打开对应裙楼地上部分的建筑平面图，并按照本书前面章节中的方法，得到需要的轴线图，在平面图中完成柱、梁的布置，该内容在前面部分均有介绍，最终得到如图 6.3.5 所示的结构平面图。

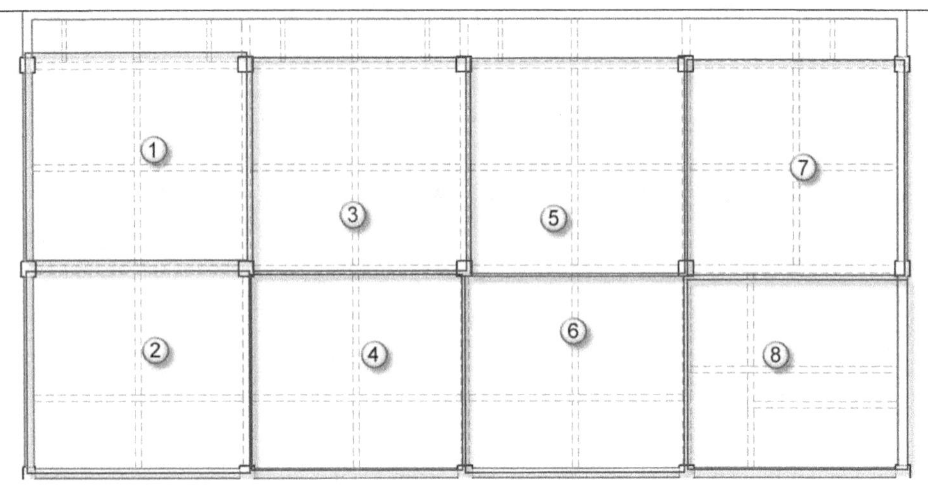

图 6.3.5　结构平面图

(6) 根据 PKPM 中计算参考图的参数进行计算，依次分为“布置负筋”“布置正筋”“布置构造筋”。

注意：布置负筋与布置正筋原理相同，可以采用同时布置的方式，布置构造筋与前两者稍微有些区别，对于 TSSD 软件初学者来说，不建议前两步同时进行，以免产生混乱，导致绘图错误，影响绘图的进度。

(7) 纵筋加强带设单向加强贯通纵筋，取代其所在位置板中原配置的同向贯通纵筋。根据受力需要，加强贯通筋可在板下部布置，也可在板下部和上部均布置。

布置负筋，具体步骤如下。

◇ 单击 TSSD 软件绘图区右侧“主菜单”命令，选择“钢筋绘制”按钮，单击“任意负筋”命令，进行负筋绘制。

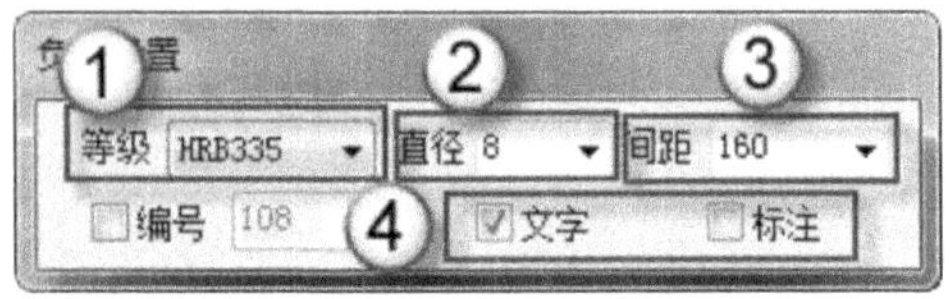

图 6.3.6　负筋设置对话框

◇ 完成步骤(1)后，弹出“负筋设置”对话框，用户可以根据需要在此对负筋进行设置，依次按照要求选择所需要的钢筋等级、直径、间距以及是否需要文字、标注和编号，完成这些设置，即可在结构平面图中绘制负筋，如图 6.3.6 所示。

◇ 按照在 PKPM 中得到的计算参数图上的数据，绝大部分板的参数为“307 307”，部分板的参数为“368 368”以及“399 399”。如图 6.3.7 所示。

◇ 根据附表 1 对板配筋进行计算，参数“307 307”可以选用 $\phi 8@160$ 的钢筋。

◇ 在参数设置对话框中选择对应的钢筋参数等级、直径、间距，单击结构平面图中对应板的位置，拖动绘制负筋，如图 6.3.8 所示。

◇ 按照以上步骤依次绘制本层其他板所需配置负筋，原理相同，步骤相同。

(8) 绘制结构平面图时，双向板应该按照以上步骤绘制，如果遇到单向板，则受力钢筋应采用双层双向布置，具体步骤与双向板的相同，如图 6.3.9 所示。

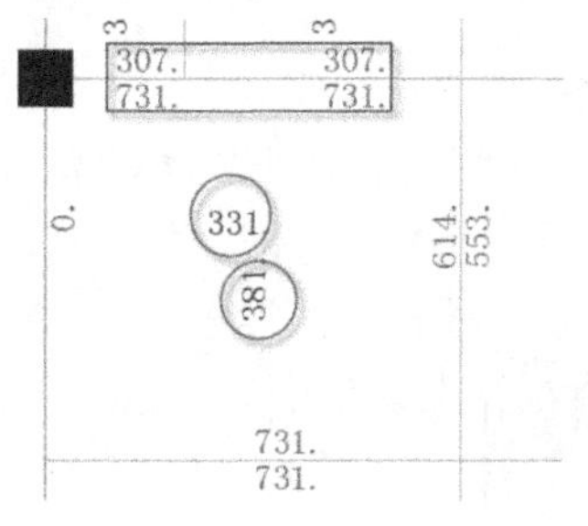

图 6.3.7　板参数图

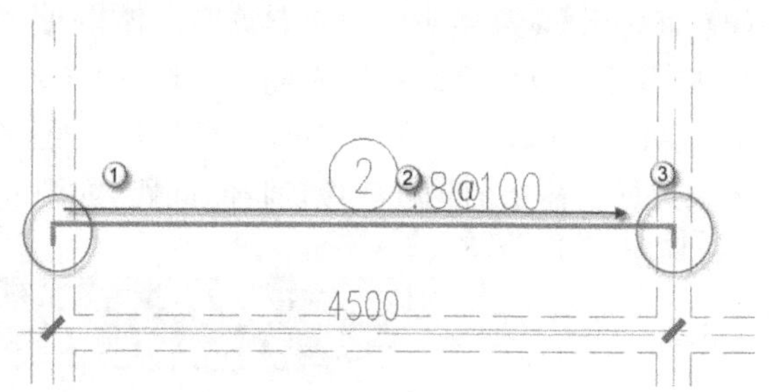

图 6.3.8　绘制负筋

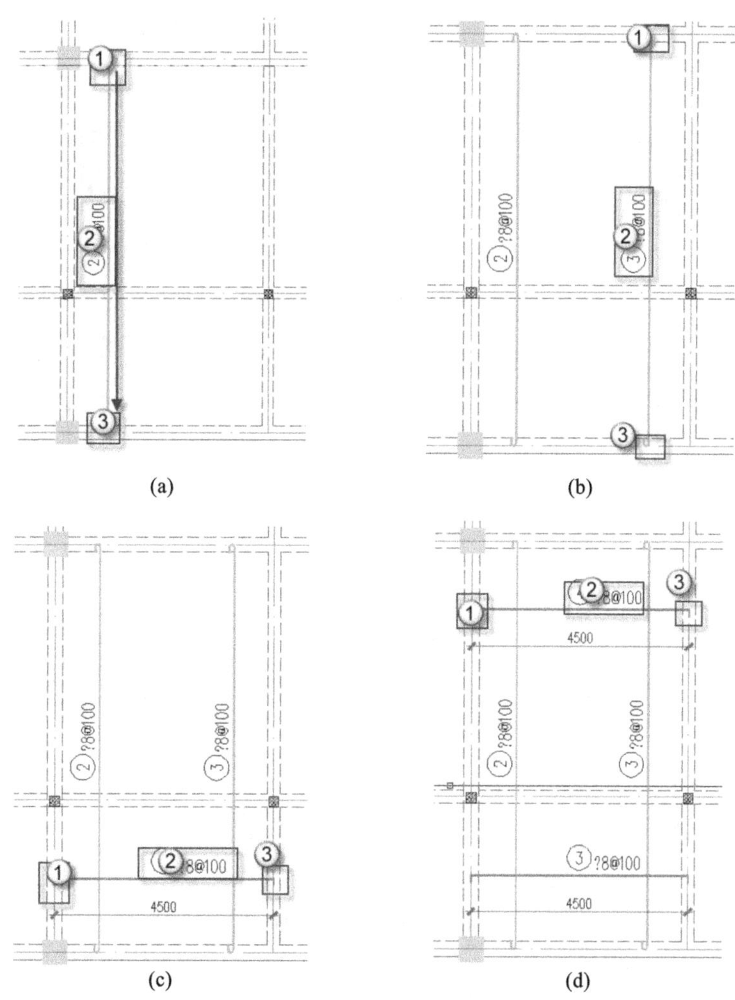

(a)　(b)

(c)　(d)

图 6.3.9　双层双向布筋

双层双向板是指在现浇混凝土结构中，楼板的钢筋分布为双层双向。顶层的为面筋，底层的为底筋。底筋、面筋又可同时沿水平方向纵横交错分布称为双层双向分布，也可能同时存在负筋（受力筋）及分布筋，它们也可双层双向分布。

(9) 布置正筋,具体步骤与布置负筋大体相同,简单步骤如下。

◇ 单击 TSSD 软件绘图区右侧工具栏"钢筋绘制"→"任意正筋"命令,进行正筋绘制。

◇ 完成步骤(1)后,弹出一"正筋设置"对话框,在此对正筋进行设置,根据板钢筋计算参数表,依次按照要求选择所需要的钢筋等级、直径、间距,如图 6.3.10 所示。

图 6.3.10　正筋设置对话框

◇ 按照要求绘制正筋图,如图 6.3.11 所示。

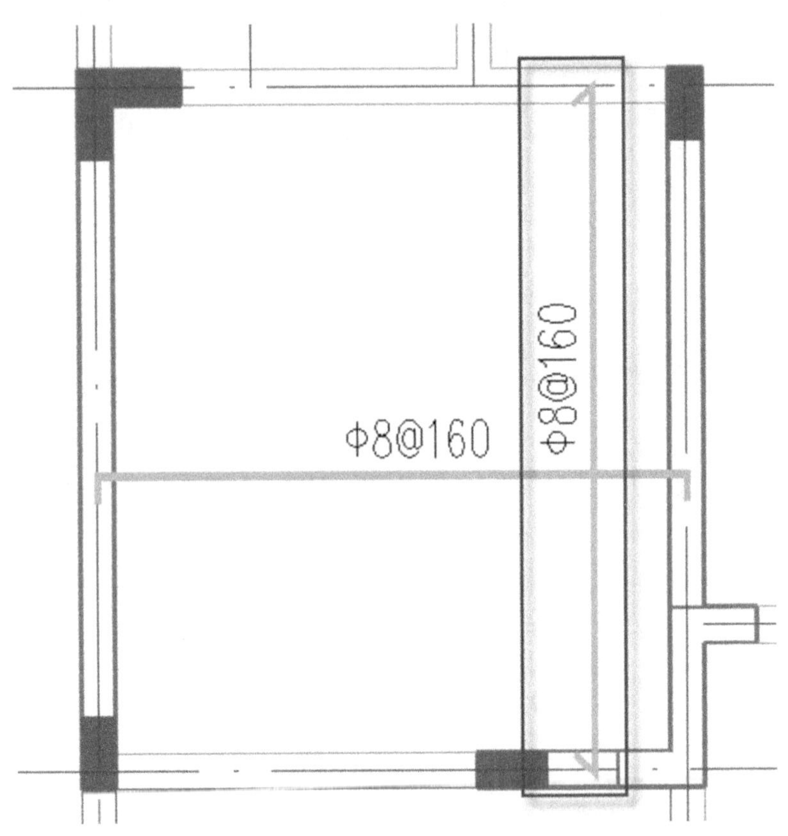

图 6.3.11　布置正筋

◇ 按照上述步骤依次绘制本层其他板所需配置正筋。

注意:

(1) 双层双向应单独布置。

(2) 由于板的参数大都相同,故可以选择同一种钢筋,省略其文字,并在整张图纸后注明未标注的钢筋为何种钢筋。为使图面整洁,故建议省略文字。

(10) 钢筋混凝土中，按照构造需要设置的钢筋，相对于受力钢筋而言，构造筋不是承受主要作用力的钢筋，其在整个工程起维护、拉结、分布等作用。构造筋的类型有分布筋、构造腰筋、架立钢筋、与主梁垂直的钢筋、与承重墙垂直的钢筋、板角的附加钢筋等。板的构造筋又可以称为板支座原位标注的钢筋。板支座原位标注的内容为：板支座上部非贯穿纵筋和悬挑板上部受力钢筋〕

(11) 板支座原位标注的钢筋，应配置在相同跨的第一跨表达(当在梁悬挑部位单独配置时则在原位表达)。在配置相同跨的第一跨(或梁悬挑部位)，垂直于板支座(梁或墙)绘制一段适宜长度的中粗实线(当该筋通长设置在悬挑板或短跨板上部时，实线段应画至对边或贯通短跨)，以该线段代表上部非贯通纵筋，并在线段上方注写钢筋编号、配筋值、横向连续布置的跨数(注写在括号内，且当为一跨时可不注)以及是否横向布置到梁的悬挑端。

构造筋布置的具体步骤如下。

◇ 打开 PKPM 计算参数平面图，按照 PKPM 得到的参数，钢筋间距不应该大于 200 mm，直径不应小于 6 mm，其伸出墙边的长度不应小于 $L/7$(L 为单向板的跨度或双向板短边跨度)，通常取 $L/5$，且取 50 的整倍数。附表 1 中所介绍红色圆圈中的参数，左侧为 439，右侧为 399，两者处于同一条梁不同侧，故可以按照同一钢筋布置，两者取大者，故取参数 439。部分参数如图 6.3.12 对应结构平面图，短跨的长度为 3400 mm，计算得长度应为 700 mm。

◇ 单击 TSSD 软件绘图区右侧工具栏“钢筋绘制”→“任意负筋”命令，进行构造筋绘制。

◇ 在参数设置对话框中选择对应的钢筋参数等级、直径、间距，单击结构平面图中对应板的位置，拖动绘制构造筋，如图 6.3.13 所示。

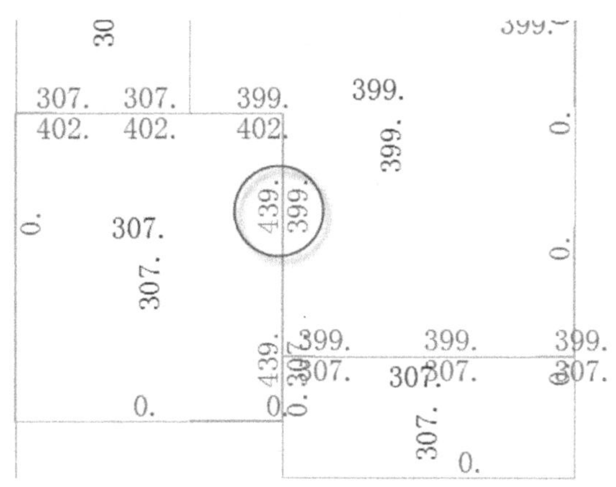

图 6.3.12　构造筋参数图

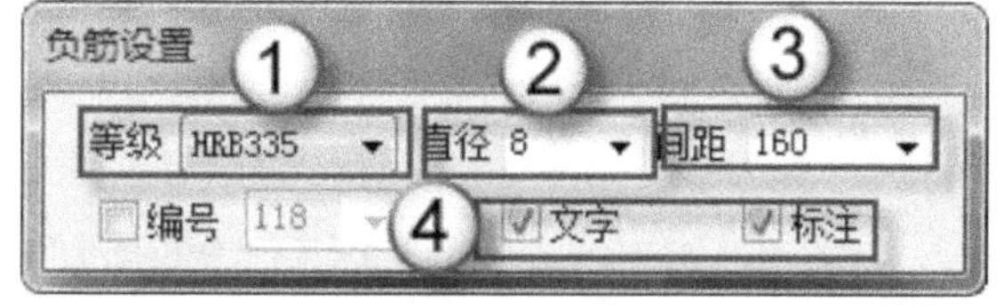

图 6.3.13　构造筋设置

注意：构造筋布置，要求必须有标注。

◇ 光标单击所要布置构造筋区域，拖动光标，并输入构造筋长度，完成构造筋布置，如图 6.3.14 所示。

◇ 使用“移动”命令，移动钢筋型号至一侧，并使用“更改”命令更改钢筋伸出墙外距离为两边各 700 mm，如图 6.3.15 所示。

(12) 板支座上部非贯通钢筋自支座中线向跨内的伸出长度，注写在线段的下方位置。当支座中间支座上部非贯通纵筋向支座两侧对称伸出时，可仅在支座一侧线段下方标注伸出长度，另一侧不标注，如图 6.3.16 所示。当向支座两侧非对称伸出时，应分别在支座两侧线段下方注写伸出长度，如图

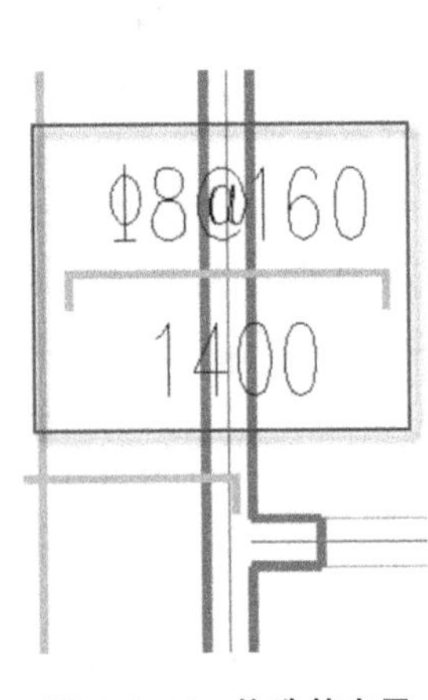

图 6.3.14　构造筋布置

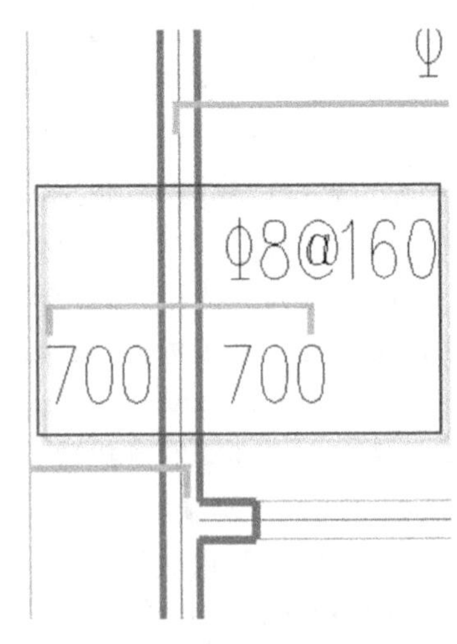

图 6.3.15　移动文字

6.3.17所示。对线段画至对边贯通全跨或贯通全悬挑长度的上部通长纵筋，贯通全跨或伸出至全悬挑一侧的长度值不注，只注明非贯通筋另一侧的伸出长度值，如图 6.3.18 所示。

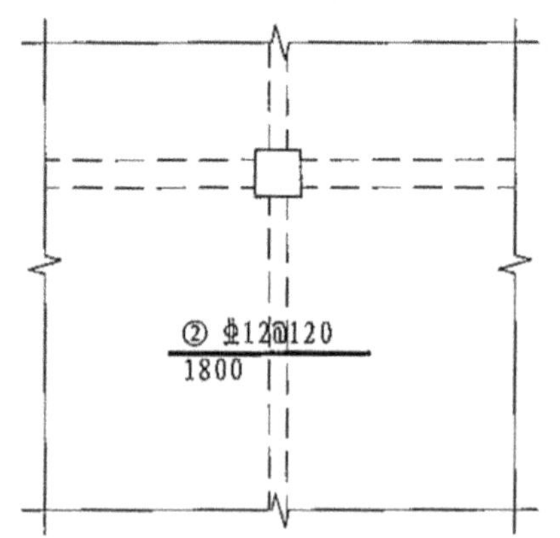

图 6.3.16　板支座上部非贯通筋对称伸出

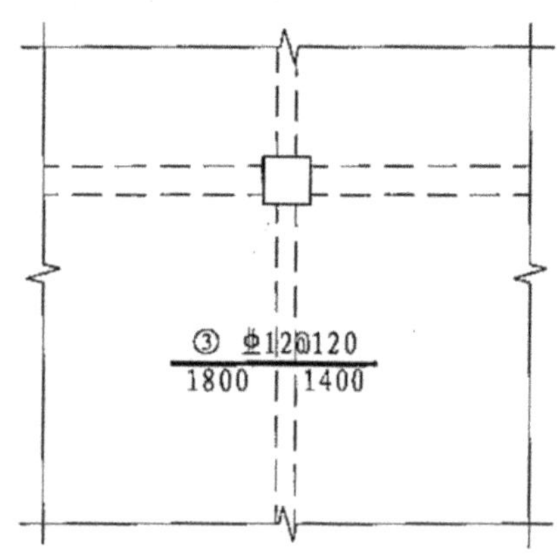

图 6.3.17　板支座上部非贯通筋非对称伸出

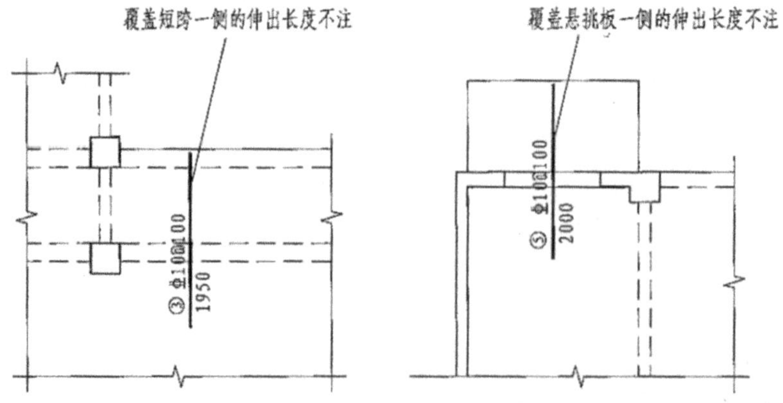

图 6.3.18　板支座非贯通筋

另外，在结构边缘部分，构造筋并非两边贯穿，布置时按照计算要求，布置一侧即可，绘制方法与上述相同，如图 6.3.19 所示。

注意：部分图由于存在对称性，故一般绘制一半钢筋，采用“镜像”命令，进行镜像，从而得到图纸。此时，正筋、负筋布置与实际要求相反，所以，绘制配筋时，“镜像命令”使用时应正确处理，否则容易产生错误。

(13) 计算参数图，有些边缘部位参数为“0”，如图 6.3.20 所示圆圈中标注的一样，是按照板的计算参数布置构造筋。

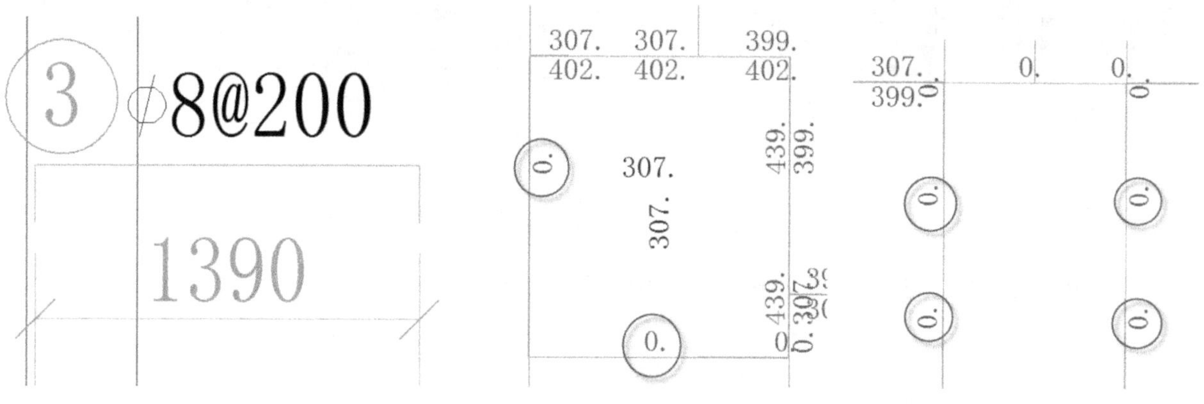

图 6.3.19　单侧布置　　　　图 6.3.20　板计算参数图边缘部位

(14) 根据板参数进行配置，并对应平面布置图，如图 6.3.21 所示。

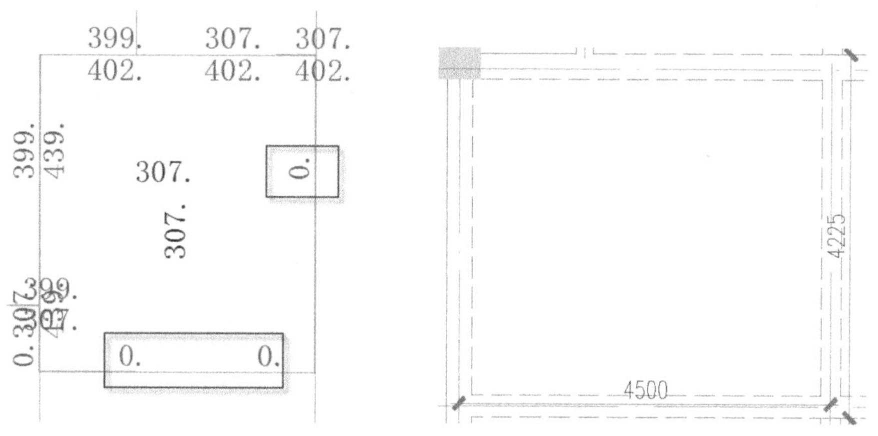

图 6.3.21　板计算参数图及对应平面图

钢筋间距不应大于 200 mm，直径不应小于 6 mm，其伸出墙边的长度不应小于 $L/7$(L 为单向板的跨度或双向板短边跨度)，通常取 $L/4$，且取 50 的整倍数。由平面图可以知道，此板为双向板，短边跨度为 4500 mm，由公式计算 4500/4 mm＝1125 mm，取 50 的倍数为 1150 mm，钢筋型号与板配筋图相同。

(15) 单击 TSSD 软件绘图区右侧“主菜单”命令，选择“钢筋绘制”按钮，单击“任意负筋”命令，进行负筋绘制，在弹出的对话框中更改筋的型号。

单击梁上任意一点，移动光标找准布筋方向，输入 1150，然后敲击“Enter”键，完成构造筋配置，如图 6.3.22 所示。

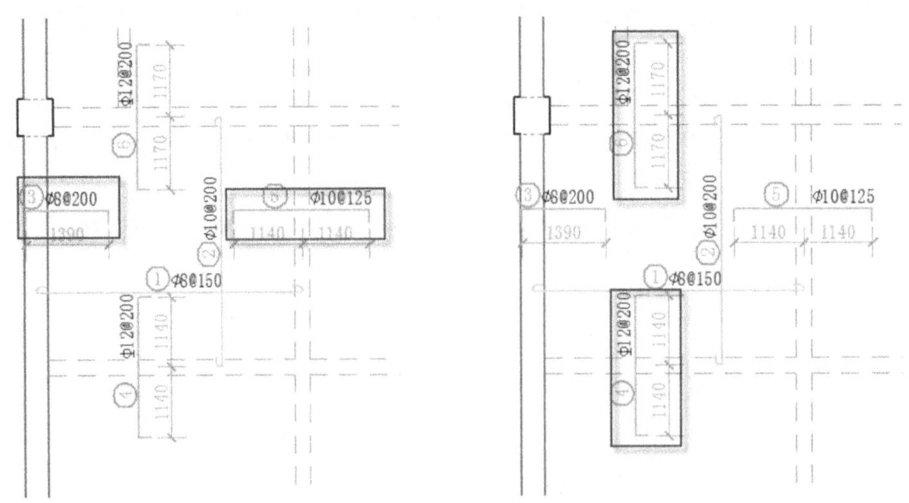

图 6.3.22　布置边缘构造筋

（16）按上述方式，配完第一区域板钢筋，如图 6.3.23 所示。

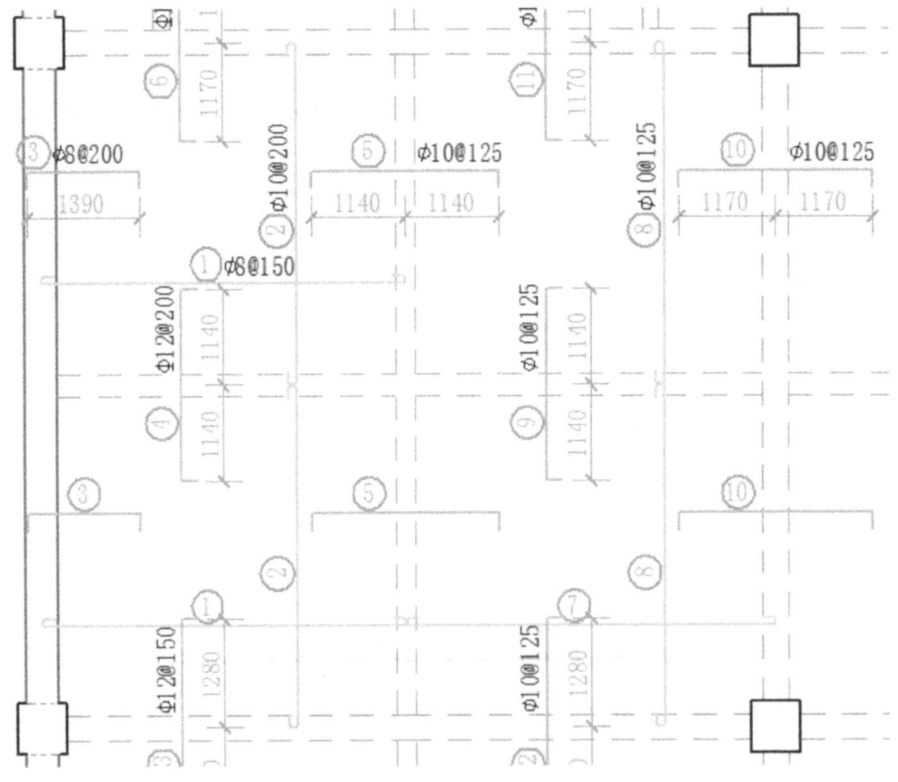

图 6.3.23　第一区域板配筋图

（17）按照上述方法，对板进行配筋布置，查看计算配筋参数平面图，选择第二区域板，计算参数如图 6.3.24 所示。

（18）按照上述步骤，完成第二区域板的配筋，如图 6.3.25 所示。

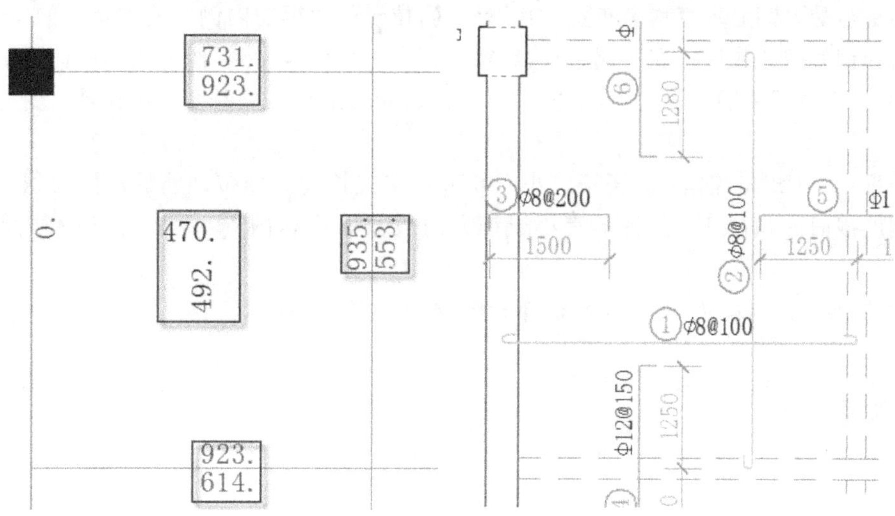

图 6.3.24　第二区域板部分配筋图

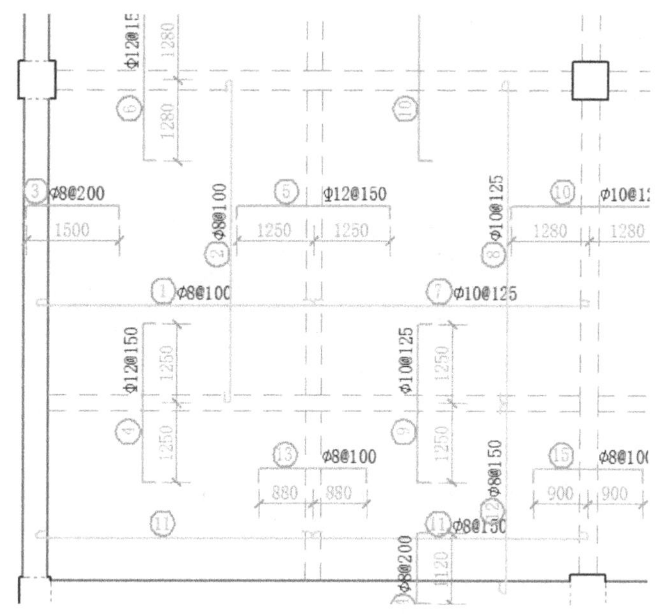

图 6.3.25　第二区域板配筋图

板的厚度与计算跨度有关，应满足强度和刚度的要求，同时考虑经济和施工上的方便。屋面板厚度一般不小于 60 mm，楼板厚度一般不小于 80 mm，板中通常配置两种钢筋：受力钢筋和分布钢筋。

受力钢筋沿板的跨度方向布置，位于受拉区，承受由弯矩作用产生的拉力，其数量由计算确定，并满足构造要求。如：单跨板跨中产生正弯矩，受力钢筋应布置在板的下部；悬臂板在支座处产生负弯矩，受力钢筋应布置在板的上部。

受力钢筋采用 HPB235 钢筋，也可采用 HRB335 钢筋，直径常采用 6 mm、8 mm、10 mm、12 mm。在同一块板中钢筋直径相差应不小于 2 mm，钢筋直径种类不宜多于 2 种，以免造成施工时互相混淆。当采用绑扎钢筋作配筋时，受力钢筋的间距一般不小于 70 mm；当板厚 $h \leqslant 150$ mm 时，受力钢筋间距不宜大于 200 mm；当板厚 $h > 150$ mm 时，受力钢筋间距不宜大于 $1.5h$，且不宜大于 250 mm。

分布钢筋是与受力钢筋垂直均匀布置的构造钢筋，位于受力钢筋内侧及受力钢筋的所有转折处，并与受力钢筋用细钢丝捆扎或焊接在一起，形成钢筋骨架。其作用是：将板面上的集中荷载更均匀地传递给受力钢筋；在施工过程中固定受力钢筋的位置；抵抗因混凝土收缩及温度变化在垂直受力钢筋方向产生的拉力。

分布钢筋采用 HPB235 钢筋，直径不宜小于 6 mm，单位长度上分布钢筋的截面面积不应小于单位宽度上受力钢筋截面面积的 15%，且不宜小于该方向板截面面积的 0.15%；分布钢筋间距不宜大于 250 mm。

(19) 根据板参数进行配置，并对应平面布置图，如图 6.3.26 所示。

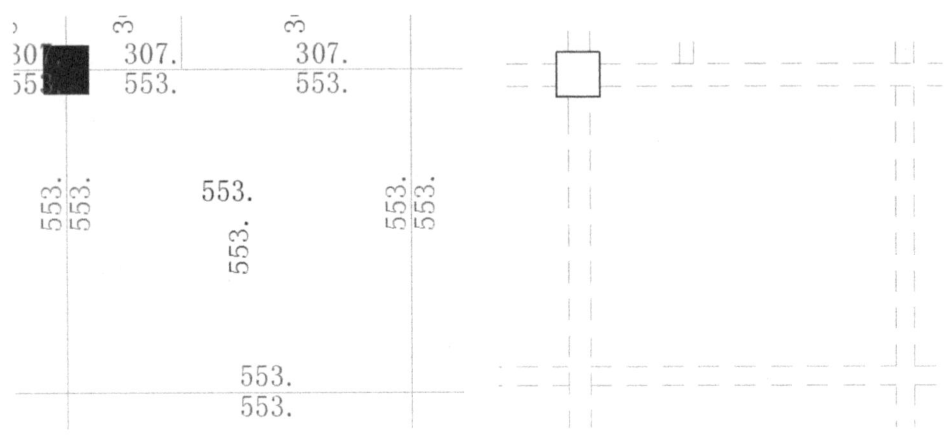

图 6.3.26　第三区域板计算参数图

钢筋间距不应大于 200 mm，直径不应小于 6 mm，其伸出墙边的长度不应小于 $L/7$（L 为单向板的跨度或双向板短边跨度），通常取 $L/4$，且取 50 的整倍数。由平面图可以知道，此板为双向板，短边跨度为 4500 mm，由公式计算 4500/4 mm＝1125 mm，取 50 的倍数为 1150 mm，钢筋型号与板配筋图相同。

(20) 单击 TSSD 软件绘图区右侧"主菜单"命令，选择"钢筋绘制"按钮，单击"任意负筋"命令，进行负筋绘制，在弹出的对话框中更改筋的型号。

(21) 单击梁上任意一点，移动光标找准布筋方向，输入 1150，然后敲击"Enter"键，完成构造筋配置，如图 6.3.27 所示。

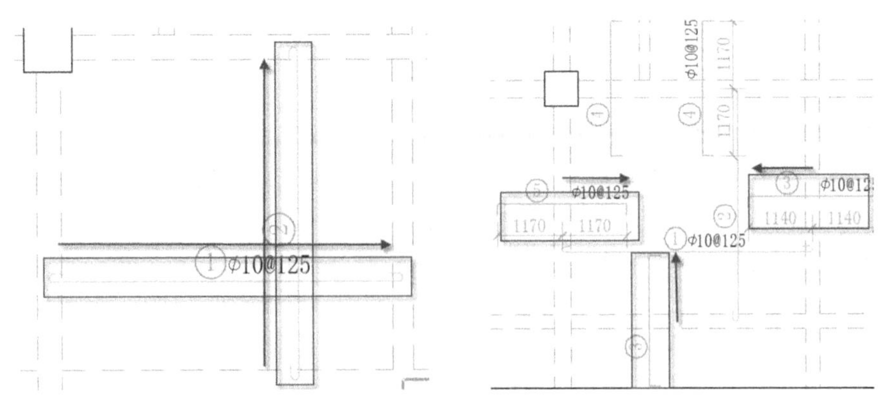

图 6.3.27　第三区域板部分配筋图

(22) 第三区域板有四部分板配筋计算参数图,绘制完板底正筋与支座负筋后完成第三区域板配筋配置,如图 6.3.28 所示。

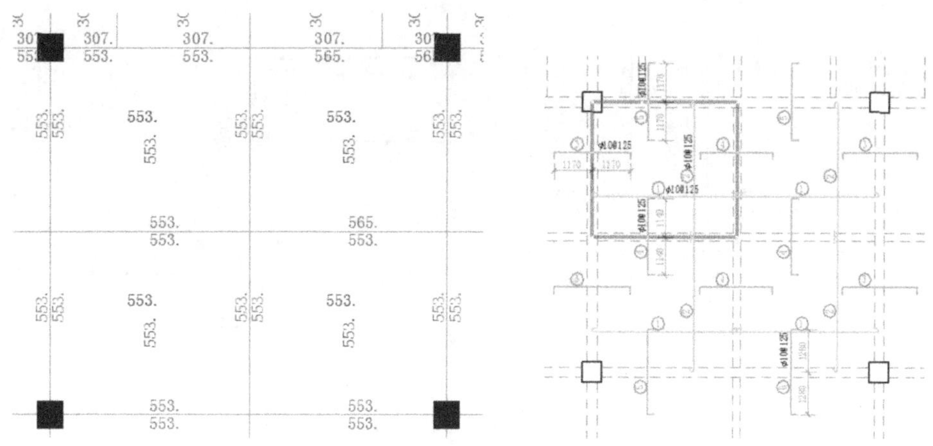

图 6.3.28　第三区域板配筋图

(23) 根据板参数进行配置,并对应平面布置图,如图 6.3.29 所示。

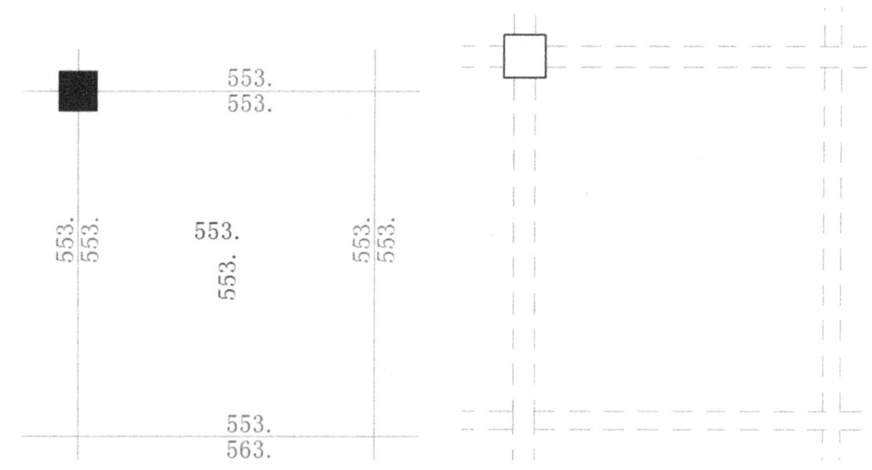

图 6.3.29　第四区域板计算参数图

钢筋间距不应大于 200 mm,直径不应小于 6 mm,其伸出墙边的长度不应小于 $L/7$(L 为单向板的跨度或双向板短边跨度),通常取 $L/4$,且取 50 的整倍数。由平面图可以知道,此板为双向板,短边跨度为 4500 mm,由公式计算 4500/4 mm=1125 mm,取 50 的倍数为 1150 mm,钢筋型号与板配筋图相同。

(24) 单击 TSSD 软件绘图区右侧"主菜单"命令,选择"钢筋绘制"按钮,单击"任意负筋"命令,进行负筋绘制,在弹出的对话框中更改筋的型号。

(25) 单击梁上任意一点,移动光标找准布筋方向,输入 1150,然后敲击"Enter"键,完成构造筋配置,如图 6.3.30 所示。

(26) 布置完第四区域板板底正筋和支座负筋后,完成第四区域板配筋,如图 6.3.31 所示。

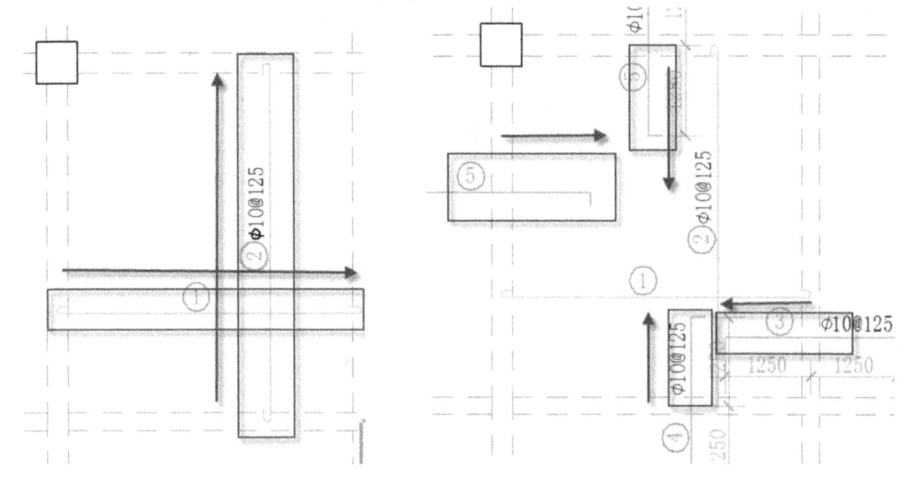

图 6.3.30　第四区域板部分配筋图

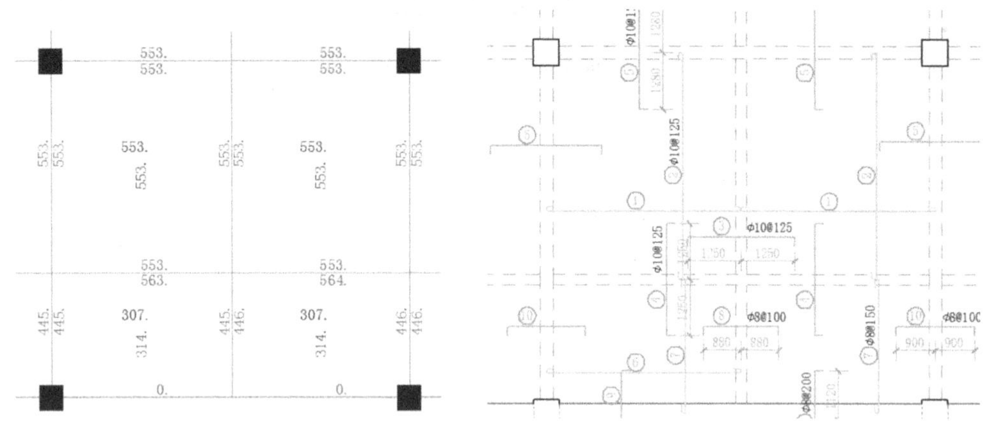

图 6.3.31　第四区域板配筋图

(27) 按照上述方法，对板进行配筋布置，查看计算配筋参数平面图，选择第五区域板，计算参数图如图 6.3.32 所示。

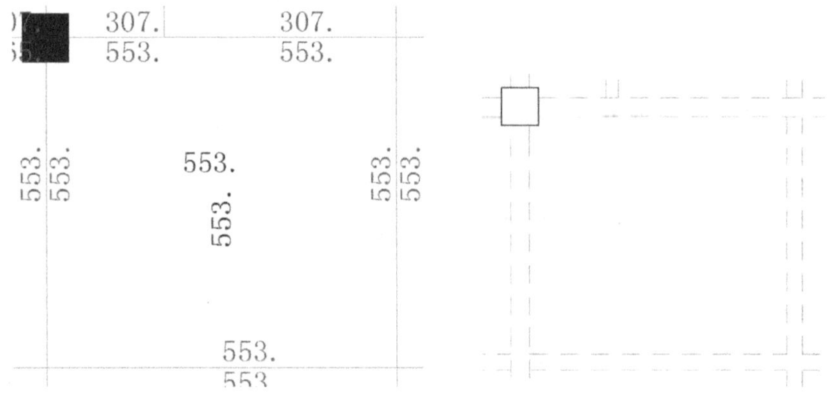

图 6.3.32　第五区域板计算参数图

钢筋间距不应大于 200 mm，直径不应小于 6 mm，其伸出墙边的长度不应小于 $L/7$（L 为单向板的跨度或双向板短边跨度），通常取 $L/4$，且取 50 的整倍数。由平面图可以知道，此板为双向板，短边跨度为 4500 mm，由公式计算 4500/4 mm＝1125 mm，取 50 的倍数为 1150 mm，钢筋型号与板配筋图相同。

（28）单击 TSSD 软件绘图区右侧“主菜单”命令，选择“钢筋绘制”按钮，单击“任意负筋”命令，进行负筋绘制，在弹出的对话框中更改筋的型号。

（29）单击梁上任意一点，移动光标找准布筋方向，输入 1150，然后敲击“Enter”键，完成构造筋配置，如图 6.3.33 所示。

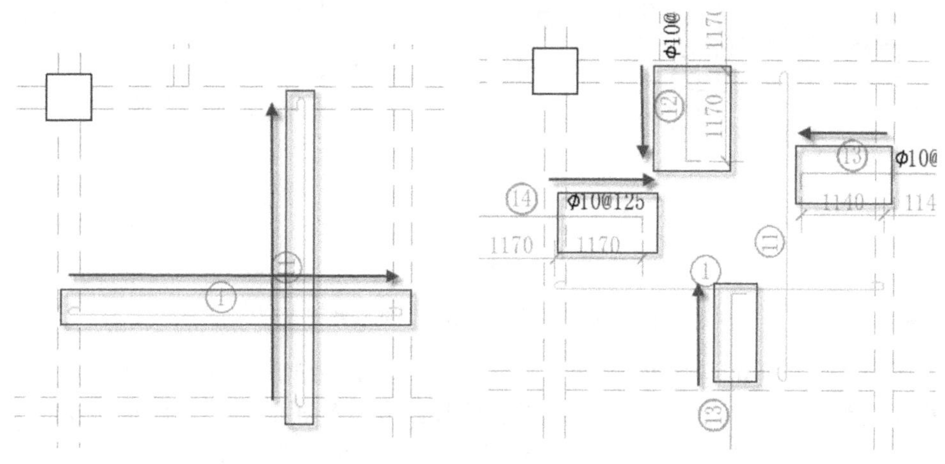

图 6.3.33　第五区域板部分配筋图

（30）布置完第五区域板板底正筋和支座负筋后，完成第五区域板配筋，如图 6.3.34 所示。

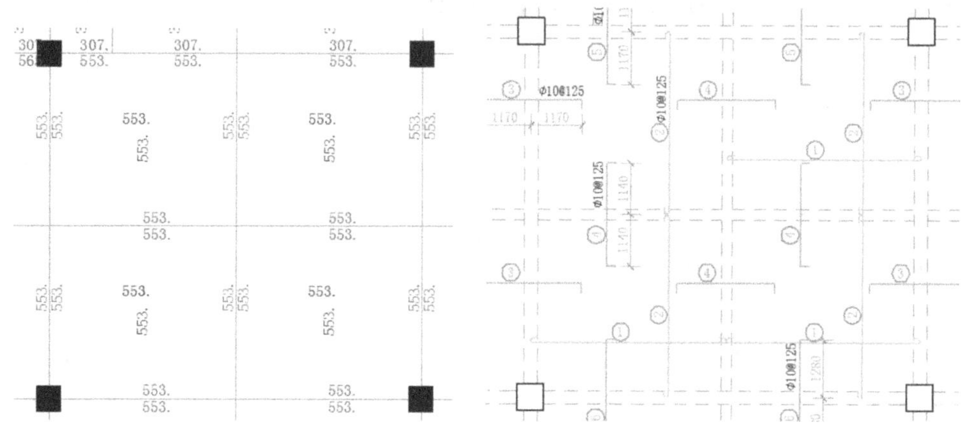

图 6.3.34　第五区域板配筋图

单向板短向布置受力筋，在长向布置分布筋。

当板嵌固在砖墙内时，应沿支承周边上布置不小于 200 mm 的构造钢筋（包括弯起钢筋在内），伸出长度不小于 $L/7$（L 为短边的跨度）；对两边嵌固在砖墙内的板角部分，应双向配置上述钢筋，其伸出长度不应小于 $L/4$，以防止墙对板的嵌固作用而出现垂直于板的对角线裂缝。当板内的受力钢筋与梁肋（一般为主梁）平行时，应沿梁肋方向每米长度内配置不少于 5 根 8 mm 与梁肋垂直的构造钢筋。以防止梁肋与板连接处顶部产生裂缝，且单位长度内的总截面面积不应小于板中受力钢筋面积的 1/3，伸入板中的长度从肋边算起，每边不少于板计算跨度的 1/4。

(31) 按照上述方法，对板进行配筋布置，查看计算配筋参数平面图，选择第六区域板，计算参数图如图 6.3.35 所示。

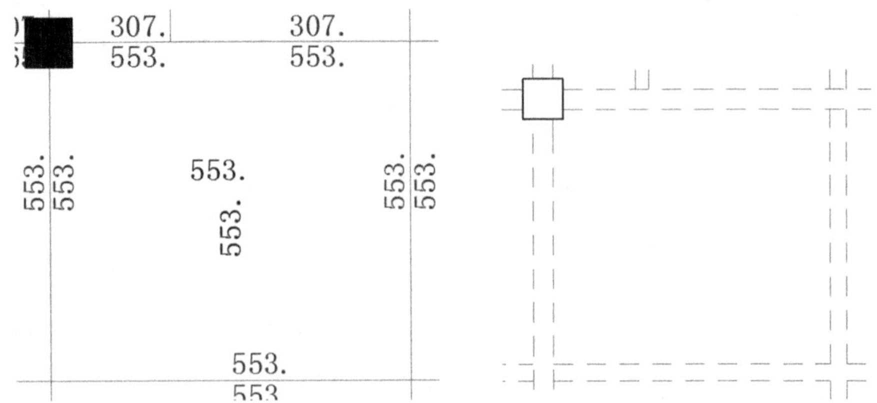

图 6.3.35　第六区域板计算参数图

钢筋间距不应大于 200 mm，直径不应小于 6 mm，其伸出墙边的长度不应小于 $L/7$（L 为单向板的跨度或双向板短边跨度），通常取 $L/4$，且取 50 的整倍数。由平面图可以知道，此板为双向板，短边跨度为 4500 mm，由公式计算 4500/4 mm＝1125 mm，取 50 的倍数为 1150 mm，钢筋型号与板配筋图相同。

(32) 单击 TSSD 软件绘图区右侧“主菜单”命令，选择“钢筋绘制”按钮，单击“任意负筋”命令，进行负筋绘制，在弹出的对话框中更改筋的型号。

(33) 单击梁上任意一点，移动光标找准布筋方向，输入 1150，然后敲击“Enter”键，完成构造筋配置，如图 6.3.36 所示。

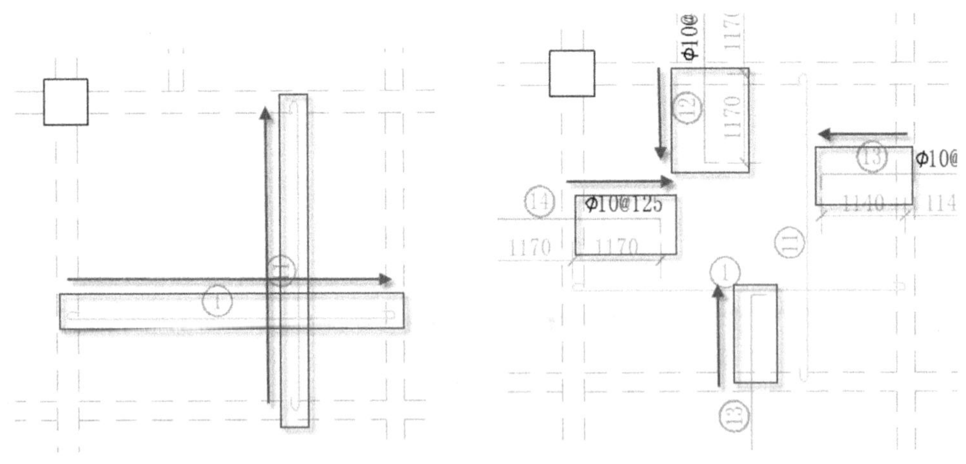

图 6.3.36　第六区域板部分配筋图

(34) 布置完第六区域板板底正筋和支座负筋后，完成第六区域板配筋，如图 6.3.37 所示。

由双向板和梁组成的楼板称为双向板肋梁楼板，双向板比单向板受力好，板的刚度也大。根据荷载求得内力后，双向板支承梁截面配筋及构造要求均与单向板肋型楼板中的次梁、主梁相同。

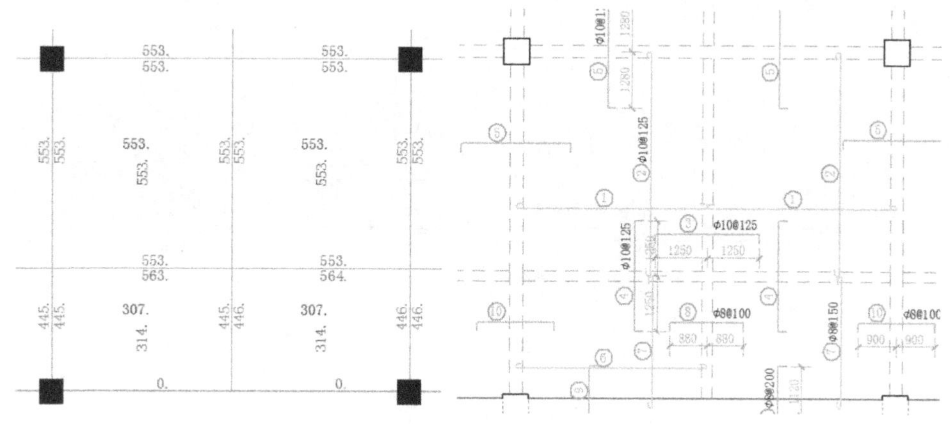

图6.3.37　第六区域板配筋图

双向板的配筋构造与单向板相同，由于双向板是在两个方向受弯，受力钢筋应沿两个跨度方向布置。因为短边方向的弯矩较大，短边方向的跨中钢筋宜放在长边方向跨中钢筋的下面。

为了防止钢筋锈蚀，保证混凝土与钢筋之间有足够的黏结强度，钢筋外边缘至构件较近边缘的距离应满足：在正常情况下，当混凝土强度等级小于或等于C20时，保护层厚度为20 mm；当混凝土强度等级大于或等于C25时，保护层厚度为15 mm。

(35) 根据板参数进行配置，并对应平面布置图，如图6.3.38所示。

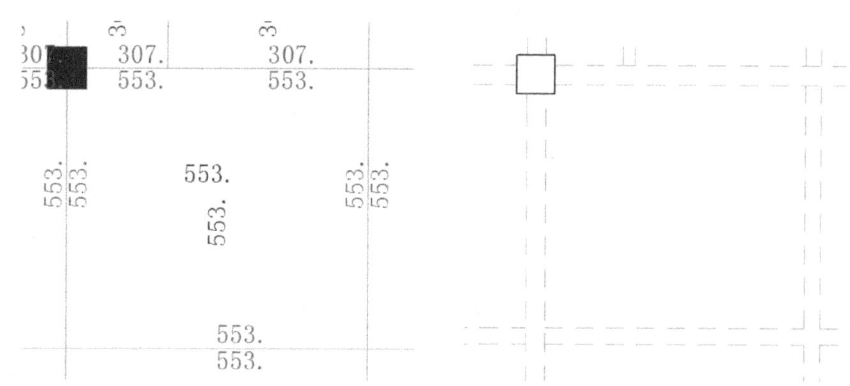

图6.3.38　第七区域板计算参数图

钢筋间距不应大于200 mm，直径不应小于6 mm，其伸出墙边的长度不应小于$L/7$(L为单向板的跨度或双向板短边跨度)，通常取$L/4$，且取50的整倍数。由平面图可以知道，此板为双向板，短边跨度为4500 mm，由公式计算4500/4=1125 mm，取50的倍数为1150 mm，钢筋型号与板配筋图相同。

(36) 单击TSSD软件绘图区右侧“主菜单”命令，选择“钢筋绘制”按钮，单击“任意负筋”命令，进行负筋绘制，在弹出的对话框中更改筋的型号。

(37) 单击梁上任意一点，移动光标找准布筋方向，输入1150，然后敲击“Enter”键，完成构造筋配置，如图6.3.39所示。

(38) 第七区域板有四部分板配筋计算参数图，绘制完板底正筋与支座负筋后完成第七区域板配筋，如图6.3.40所示。

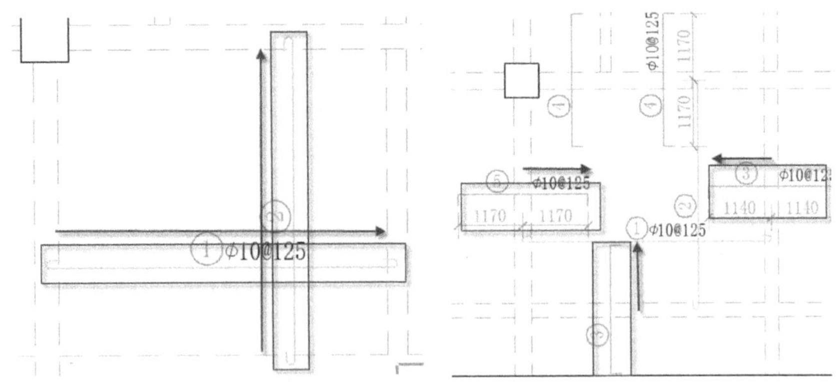

图 6.3.39　第七区域板部分配筋图

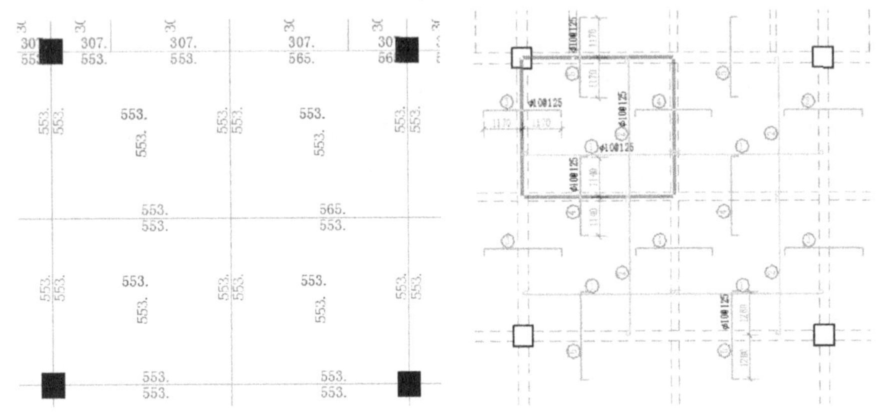

图 6.3.40　第七区域板配筋图

（39）根据板参数进行配置，并对应平面布置图，按上述步骤对第八区域板配筋，如图 6.3.41 所示。

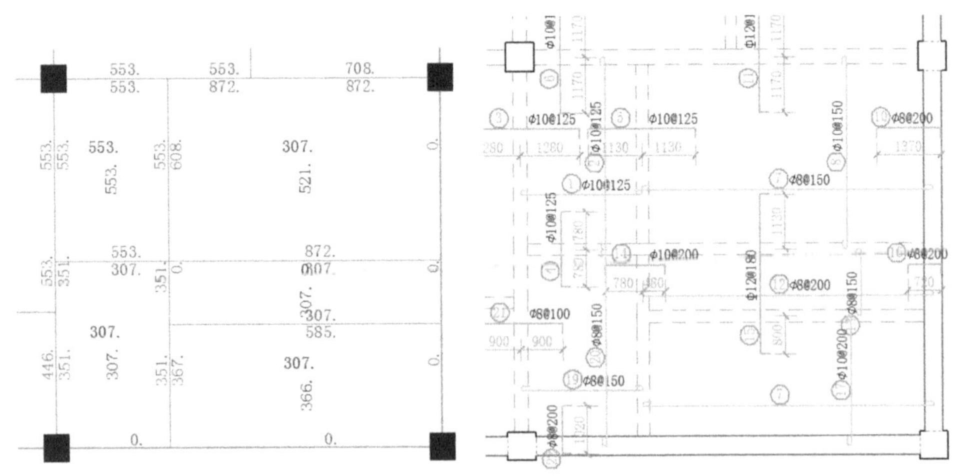

图 6.3.41　第八区域板配筋图

（40）完成了所有区域板的配筋，将会得到裙楼地上部分板配筋平面图，如图 6.3.42 所示。

（41）本层板配筋所有钢筋表如图 6.3.43 所示。

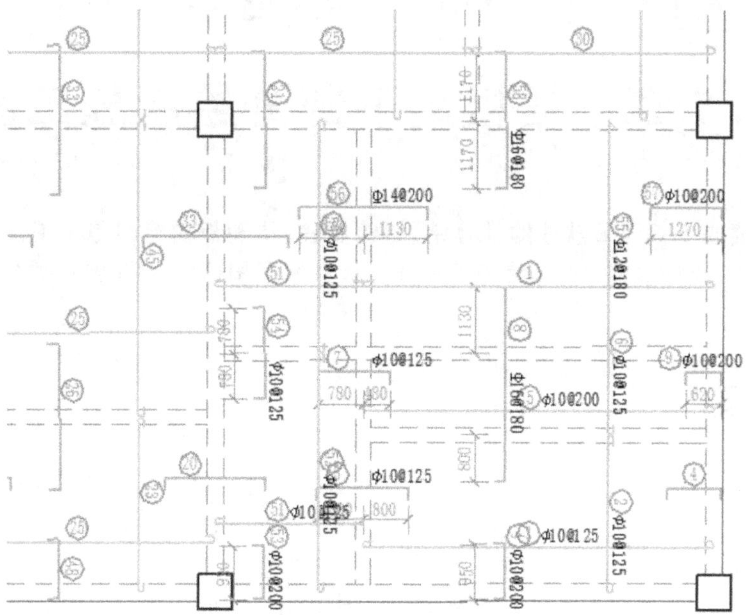

图 6.3.42　裙楼地上部分板配筋图

编号	钢筋简图	规格	最短长度	最长长度	根数	总长度	重量
1	2600	Φ10@125	2725	2725	33	85800	52.9
2	4000	Φ10@125	4124	4124	21	83979	51.8
3	165 2560 165	Φ10@125	2890	2890	300	867000	534.5
4	165 1560 85	Φ10@125	1810	1810	21	38010	23.4
5	165 2260 85	Φ10@125	2510	2510	33	82830	51.1
6	165 2340 165	Φ10@125	2670	2670	219	584730	360.5
7	6250	φ8@150	6349	6350	46	287464	113.4
8	4000	Φ10@150	4124	4124	42	167958	103.6
10	85 1370 80	φ8@200	1535	1535	21	32235	12.7
11	85 2340 85	Φ12@180	2510	2510	25	62750	55.7
12	6250	φ8@200	6349	6350	8	49996	19.7
13	1400	φ8@150	1500	1500	42	58800	23.2
14	85 1260 85	Φ10@200	1430	1430	8	11440	7.1
15	85 3330 85	Φ12@180	3500	3500	36	126000	111.9
16	85 720 80	φ8@200	885	885	8	7080	2.8
17	2700	Φ10@200	2824	2825	32	86384	53.3
19	2600	φ8@150	2699	2700	28	72799	28.7

(a)

20	4100	φ8@150	4199	4200	18	73792	29.1
21	85 1800 85	φ8@100	1970	1970	90	177300	70.0
22	85 1020 80	φ8@200	1185	1185	14	16590	6.5
23	4500	φ8@150	4599	4600	161	724475	285.9
24	3000	φ8@150	3099	3100	225	674897	266.3
25	85 1760 85	φ8@100	1930	1930	90	173700	68.5
26	85 1120 80	φ8@200	1285	1285	154	197890	78.1
27	165 2500 85	Φ10@125	2750	2750	185	508750	313.7
28	4500	Φ10@125	4624	4625	387	1741436	1073.7
29	4050	Φ10@200	4174	4175	46	186277	114.8
30	80 1390 85	φ8@200	1555	1555	84	130620	51.5
31	85 2280 85	Φ12@200	2450	2450	46	112700	100.1
32	85 2280 165	Φ10@125	2530	2530	132	333960	205.9
33	85 2340 85	Φ12@200	2510	2510	31	77810	69.1
34	4050	Φ10@125	4174	4175	259	1048737	646.6
35	165 2280 165	Φ10@125	2610	2610	354	923940	569.6
36	85 2340 165	Φ10@125	2590	2590	226	585340	360.9
37	85 2560 85	Φ12@150	2730	2730	31	84630	75.1
38	4350	φ8@150	4449	4449	28	121772	48.0

(b)

39	5100	Φ10@125	5224	5225	148	754754	465.3
40	165 2500 165	Φ10@125	2830	2830	82	232060	143.1
41	4500	φ8@100	4600	4600	51	229500	90.6
42	5100	φ8@100	5200	5200	45	229500	90.6
43	80 1500 85	φ8@200	1665	1665	26	43290	17.1
44	85 2500 85	Φ12@150	2670	2670	31	82770	73.5
45	85 2500 165	Φ12@150	2750	2750	35	96250	85.5
46	2000	φ8@150	2099	2100	210	419945	165.7
48	85 1200 85	φ8@150	1370	1370	70	95900	37.8
49	85 870 80	φ8@200	1035	1035	136	140760	55.5
50	85 1300 85	φ8@150	1470	1470	14	20580	8.1
51	85 1260 85	φ8@150	1430	1430	56	80080	31.6
52	1500	φ8@150	1599	1600	56	83993	33.1
53	85 1060 85	φ8@150	1230	1230	28	34440	13.6
54	80 750 85	φ8@200	915	915	32	29280	11.6
总重							7362.4

(c)

图 6.3.43　板配筋钢筋表

第 7 章　裙楼地下部分绘制施工图

本章介绍如何读取 SATWE 软件的计算结果，绘制柱、梁和板构建的施工图。绘制柱、梁、板施工图程序是后处理模块，执行本菜单的条件是首先要完成三维结构计算 SATWE，然后才能进入本菜单进行操作。

7.1　柱施工图

柱平法施工图指在柱平面布置图上采用截面注写方式表达。柱平面布置图可采用适当比例单独绘制，也可与剪力墙平面布置图合并绘制，并注明各结构层的楼面标高、结构层高及相应的结构层号。

柱编号由类型代号和序号组成，应符合表 7.1.1 的规定。

表 7.1.1　柱编号

柱　类　型	代　　号	序　　号
框架柱	KZ	XX
框支柱	KZZ	XX
芯柱	XZ	XX
梁上柱	LZ	XX
剪力墙柱	QZ	XX

7.1.1　PKPM 柱平法施工图

以下为 PKPM 软件中柱平法施工图绘制的解说。

打开 PKPM 软件，单击 PKPM 主界面“结构”按钮，选择左侧主菜单“墙梁柱施工图”选项，如图 7.1.1所示。不改变原有的工作目录，单击“应用”按钮，弹出如图 7.1.2 所示的主界面。

图 7.1.1　PKPM 操作界面

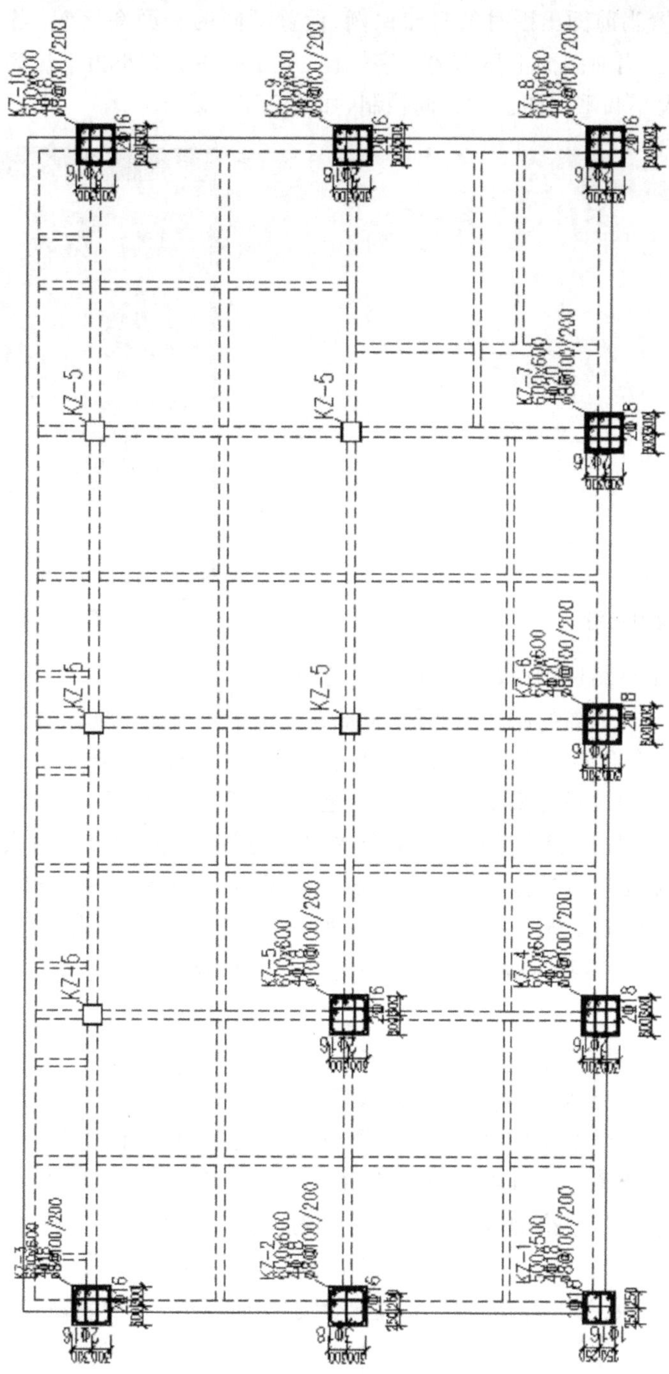

图 7.1.2　作图区主界面

1. 参数修改

单击操作界面右侧菜单栏下的“参数修改”命令，弹出柱参数修改对话框，如图 7.1.3 所示。在出图前应设置柱绘图、选筋归并、配筋等参数。

(1) 绘图参数。用于设置图纸尺寸、绘图比例及平面图画法。

◇ 平面图比例：设置当前图出图时的打印比例，设置不同的平面图比例，当前图面的文字标注、尺寸标注大小会有所不同。当前图面上显示的文字标注、尺寸标注的大小由下拉菜单“设置/文字设置”命令中设定的文字、尺寸大小和平面图比例共同控制，如图 7.1.4 所示。

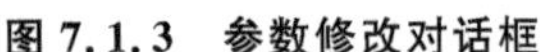

图 7.1.3　参数修改对话框

图 7.1.4　标注尺寸

◇ 剖面图比例：用于控制柱剖面详图的绘制图比例，取默认 1∶50，还可以取 1∶20 或者 1∶10。

(2) 选筋归并参数。柱钢筋的归并和选筋，是柱施工图最重要的功能。程序归并选筋时，自动根据设定的各种归并参数，并参照相应的规范条文对整个工程的柱进行归并配筋。

◇ 计算结果：如果当前工程已采用不同的计算程序（SATWE、TAT、PMSAP）进行计算分析，则可选择不同的结果进行归并选筋，程序默认的计算结果采用当前目录中最新的一次计算分析结果。

◇ 归并系数：这是对不同的连续柱列做归并的一个系数，主要指两根连续柱列之间所有层柱的实配钢筋占全部纵筋的比例，该值范围为 0～1.0。如果归并系数为 0，则要求编号相同的一组柱所有的实配钢筋数据完全相同。如果归并系数为 1.0，则只要几何条件相同的柱就会被归并相同的编号。通常归并系数取 0.3。

◇ 柱筋放大系数：只能输入不小于 1 的数，取 1.1。

◇ 箍筋放大系数：只能输入不小于 1 的数，取默认值 1.0。

◇ 柱名称前缀：程序默认名称前缀为 KZ-，可以根据施工图的具体情况进行修改。

◇ 箍筋形式：对于矩形截面柱共有 5 种形式供设计者选择，程序默认的是矩形井字箍。对其他非矩形、圆形的异形截面柱，这里提供的选择不起作用，程序将自动判断该采取的箍筋形式，一般多为矩形箍和拉筋井字箍。

◇ 连接形式：程序提供了 12 种连接形式，主要用于立面画法，用于表现相邻层纵向钢筋之间的连接关系。

◇ 是否考虑上层柱下端配筋面积：通常每根柱确定配筋面积时，除考虑本层柱上、下端截面配筋面积取大值外，还要将上层柱下端截面配筋面积一并考虑。设置此参数可以由设计者决定是否需要考虑上层柱下端的配筋。

◇ 是否包括边框柱配筋：选择“包括”，则剪力墙边框柱与框架柱一同归并和绘制施工图；选择“不包括”，则剪力墙边框柱就不参与归并及施工图的绘制，这种情况下的边框柱应该在剪力墙施工图程序中进行设置。

◇ 设置归并钢筋标准层：可以设定归并钢筋标准层。程序默认的钢筋标准层与结构标准层数一致。可以修改钢筋标准层数多于结构标准层数或少于结构标准层数，如可设定多个结构标准层为同一个钢筋标准层。可以设定钢筋层包含若干自然层，每个钢筋层绘制一张柱施工图。设置钢筋层数越多，出的图纸越多；设置钢筋层数越少，出的图纸越少，但是由于程序将一个钢筋层内所有柱的实配钢筋取大，会造成钢筋用量偏多。

注意：将多个结构标准层归并为一个钢筋标准层时，这多个结构标准层中的柱截面布置应该相同，否则程序将提示不能够将这多个结构标准层归并为同一个钢筋标准层。

(3) 配筋参数。根据实际要求来选择箍筋和纵筋截面尺寸。

◇ 是否考虑优选钢筋直径：通常默认为否。

◇ 优选影响系数：按实际默认值 0.2。

◇ 纵筋库：可以根据工程的实际情况，设定允许选用的钢筋直径，程序可以根据输入的数据顺序优先选用排在前面的钢筋直径，如 20,18,25,22。16,20 为程序优先考虑的，钢筋直径单位为 mm。

◇ 箍筋库：可以根据工程的实际情况，设定允许选用的箍筋直径，程序可以根据输入的数据顺序优先选用排在前面的箍筋直径(mm)，如 8、10、12、6。

2. 设置钢筋层

钢筋层的设置方法与梁的钢筋标准层的设置方法一致。单击"设置钢筋层"命令，弹出如图 7.1.5 所示对话框。选择需要的钢筋层，单击"添加"命令，单击"确定"按钮。

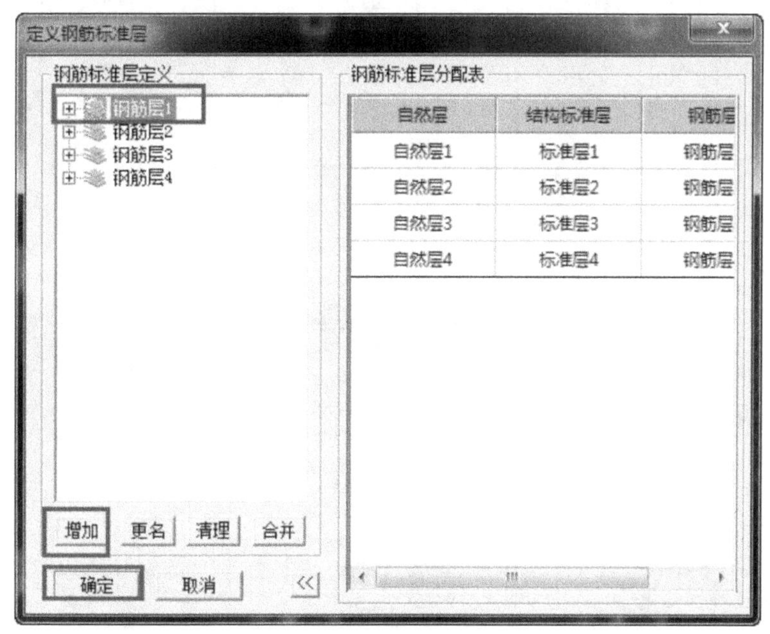

图 7.1.5　定义钢筋标准层

3. 归并

单击"归并"菜单，程序按设定的钢筋层和归并系数自动进行柱归并操作。作图区出现各柱的配筋和参数，如图 7.1.6 所示。

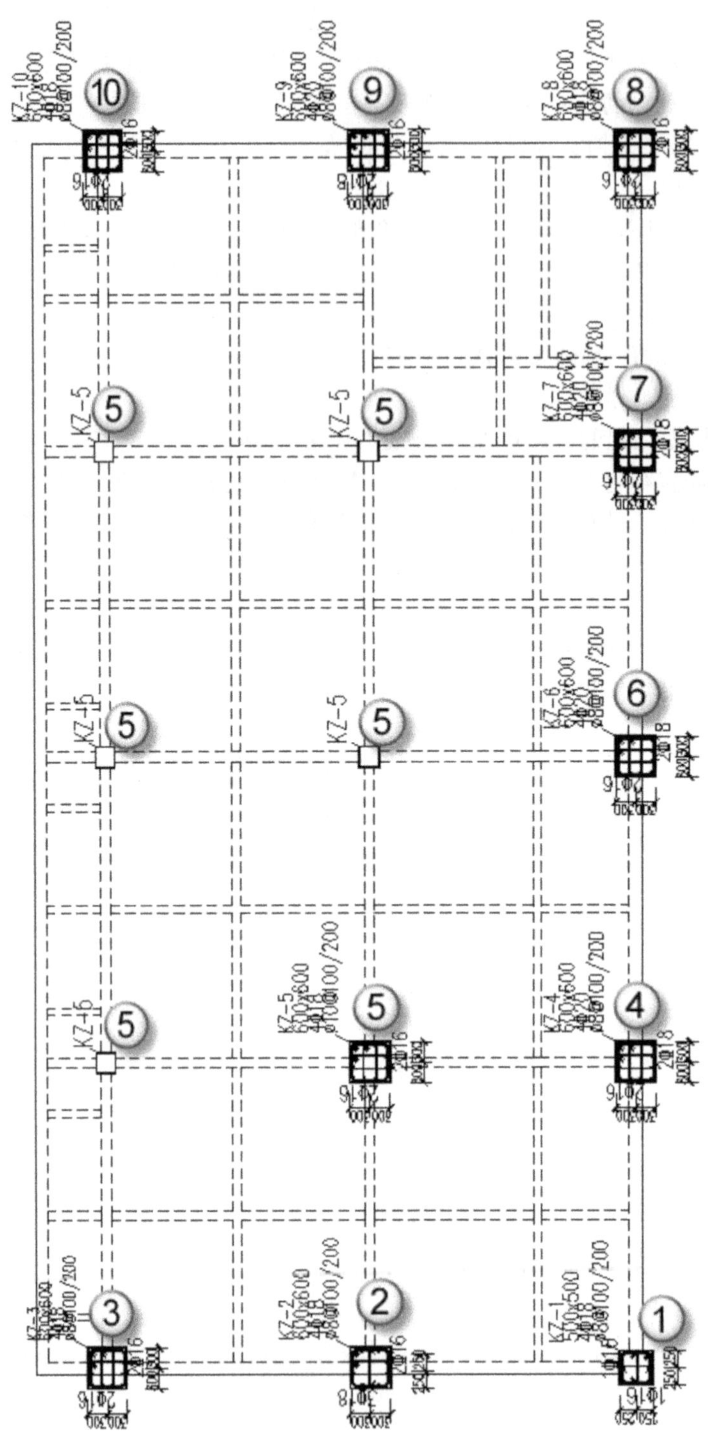

图 7.1.6 柱归并

(1) 柱的详细参数①如图 7.1.7 所示。

(2) 柱的详细参数②如图 7.1.8 所示。

(3) 柱的详细参数③如图 7.1.9 所示。

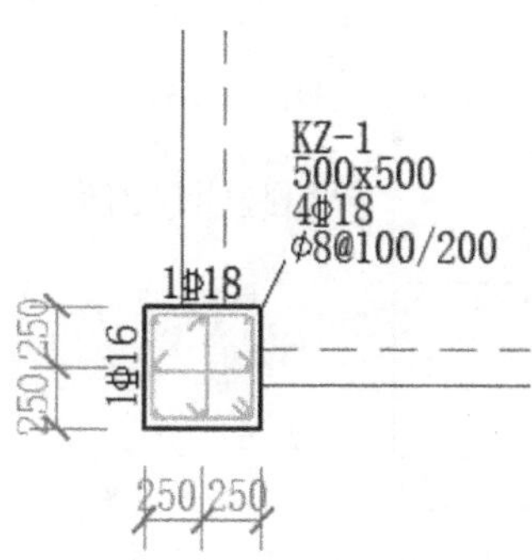

图 7.1.7　柱详细参数①

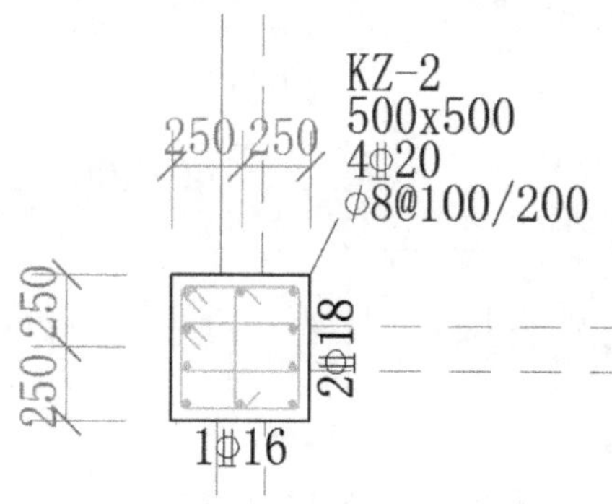

图 7.1.8　柱详细参数②

(4) 柱的详细参数④如图 7.1.10 所示。

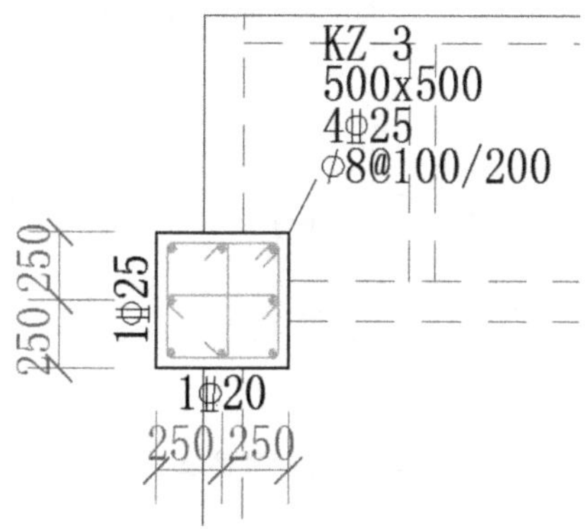

图 7.1.9　柱详细参数③

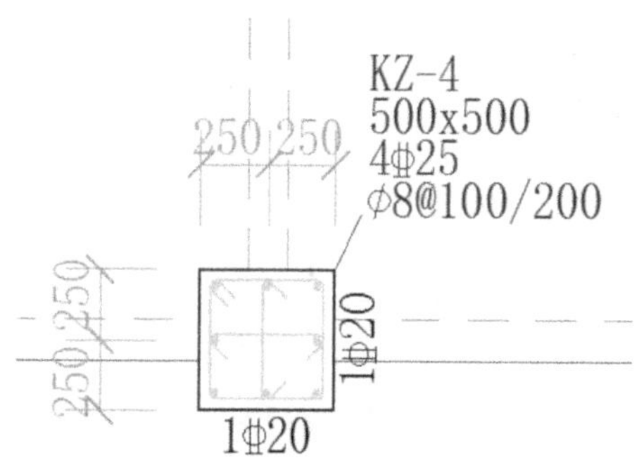

图 7.1.10　柱详细参数④

(5) 柱的详细参数⑤如图 7.1.11 所示。

(6) 柱的详细参数⑥如图 7.1.12 所示。

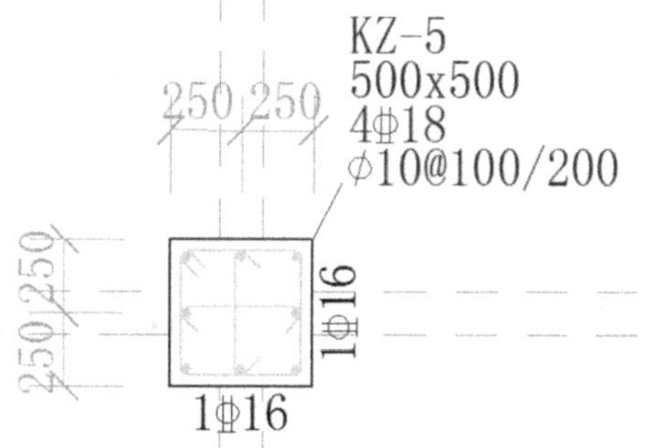

图 7.1.11　柱详细参数⑤

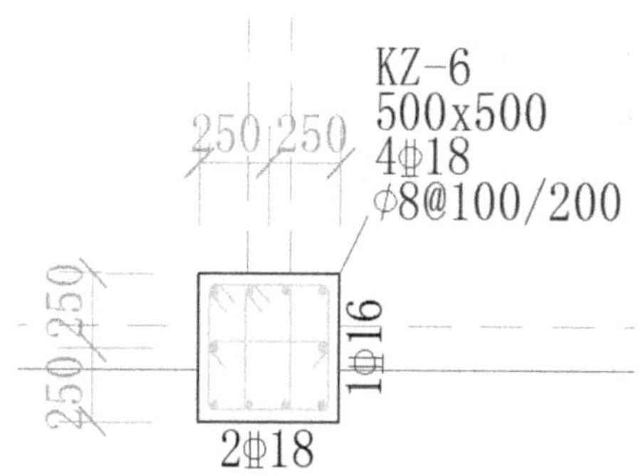

图 7.1.12　柱详细参数⑥

(7) 柱的详细参数⑦如图 7.1.13 所示。

(8) 柱的详细参数⑧如图 7.1.14 所示。

(9) 柱的详细参数⑨如图 7.1.15 所示。

(10) 柱的详细参数⑩如图 7.1.16 所示。

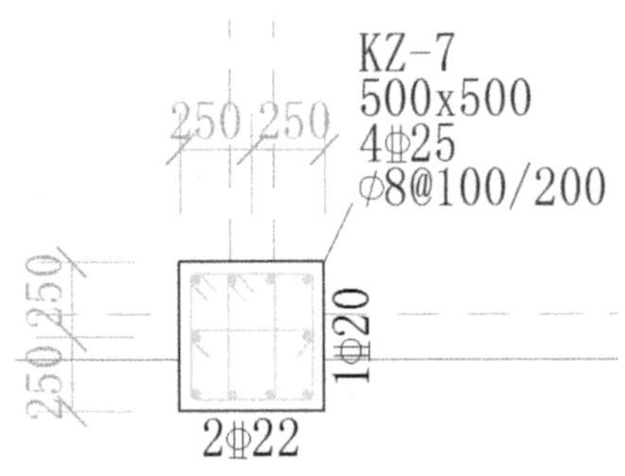

图 7.1.13 柱详细参数⑦

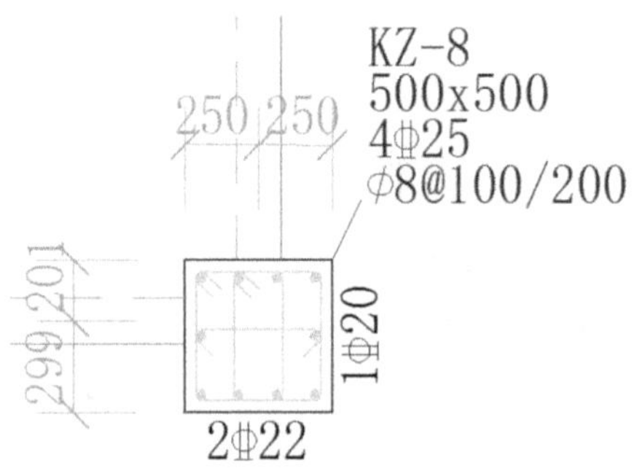

图 7.1.14 柱详细参数⑧

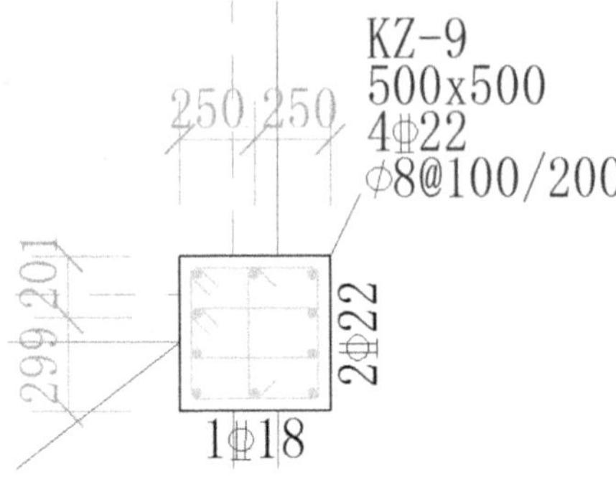

图 7.1.15 柱详细参数⑨

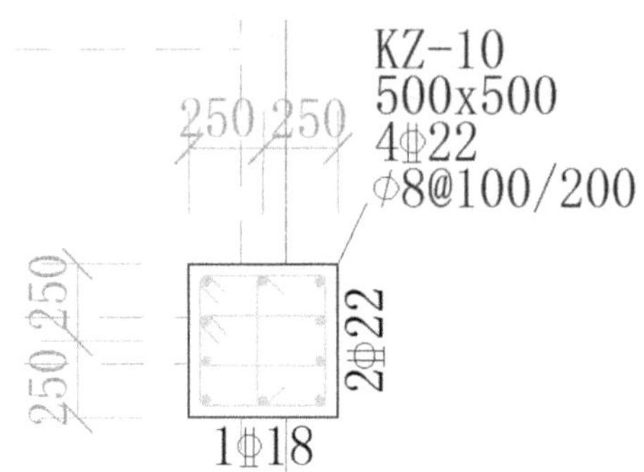

图 7.1.16 柱详细参数⑩

4. 绘新图

单击“绘新图”菜单，可以重新绘制当前楼层柱施工图，如图 7.1.17 所示。

5. 编辑旧图

编辑过的柱施工图可以通过此菜单反复打开修改，原来的数据可自动提取，如钢筋的各种数据（柱名、纵筋、箍筋），以及钢筋的标注位置。

6. 平法录入

单击“平法录入”菜单，命令栏提示“请用光标选择要修改钢筋的柱，“Esc”退出”，单击①柱后，弹出如图 7.1.18 所示的对话框。

具体参数意义如下。

◇ 纵筋的修改：对于矩形柱，纵向钢筋分为角筋、X 向纵筋、Y 向纵筋三个部分；圆柱和其他异形柱，只输入全部纵筋，程序会根据截面的形状自动布置纵筋。

◇ 箍筋的修改：矩形柱可以修改箍筋的肢数，圆柱和其他异形柱不能修改箍筋的肢数，程序根据截面的形状自动布置箍筋。

◇ 箍筋加密区长度：箍筋加密区长度包括上、下端的加密区长度，程序默认的箍筋加密区长度数值为“自动”，即程序自动计算。

◇ 纵筋与上层纵筋的搭接位置：程序默认的数值是“自动”，可以根据设计工程情况进行修改。

◇ 绘图参数：可以单独修改某根柱的施工图表示方法和绘图比例。

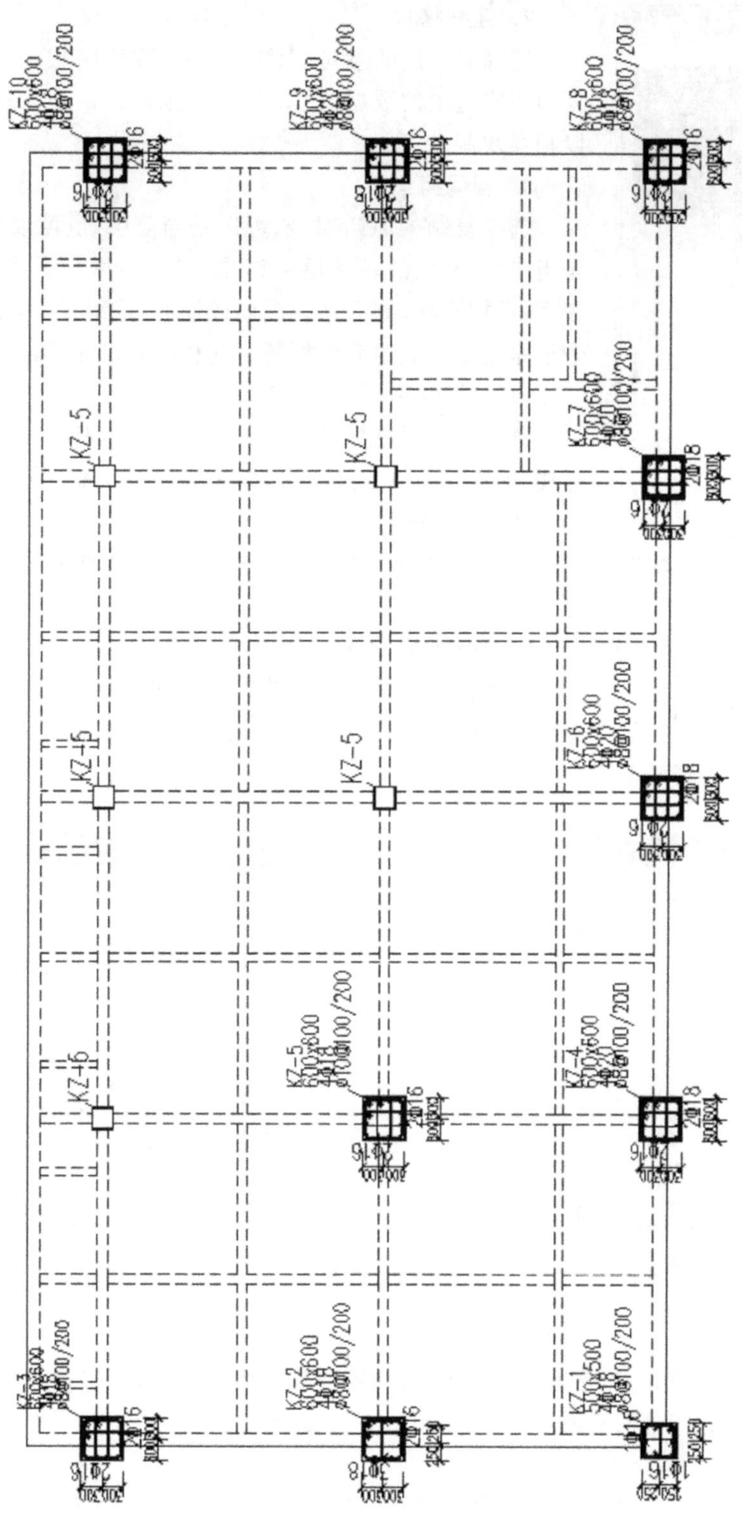

图 7.1.17　重新绘制楼层柱施工图

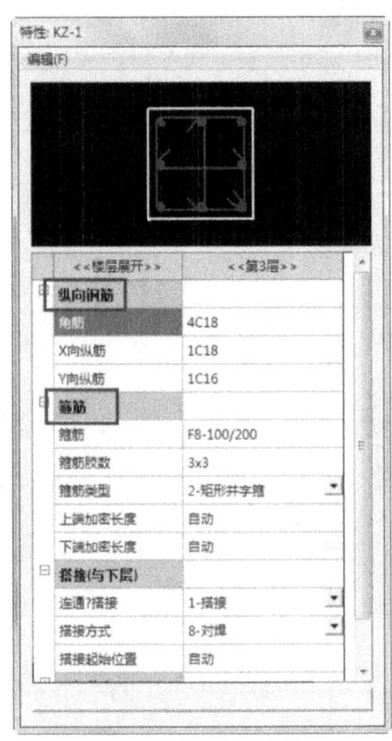

图 7.1.18　①柱特性

7. 连柱拷贝

选择要复制的参考柱和目标后，程序将根据在对话框中的选项，复制相应选项的数据，如图 7.1.19 所示。两根柱只有同层之间数据可以相互复制。

8. 层间拷贝

选择复制的原始层号，可以是当前层，也可以是其他层，程序默认是当前层，复制的目标层可以是一层，也可以是多层。单击“确认”按钮后，根据选项(如只选择纵筋或箍筋，或纵筋＋箍筋等)，自动将同一个柱原始层号的钢筋数据复制到相应的目标层，如图7.1.20所示。

9. 大样位移

菜单“大样位移”可以将相同编号柱的标注内容(详细标注和简化标注)的标注位置互换，可以解决标注相互重合的问题。

10. 整体移动

总体移动当前图面上同一个局部内的所有实体，如剖面图大样等。

11. 移动标注

根据图素特性，以不同方式移动的实体或相关内容的实体。例如，柱截面标注方式中的集中标注实体，选择其中任何一个实体，则所有的集中标注的内容可以一起移动。

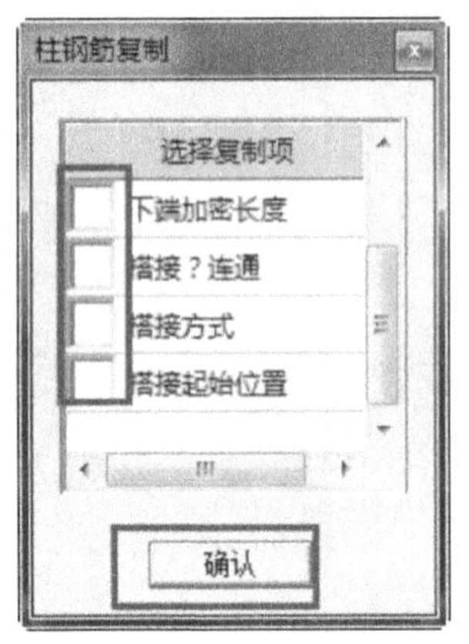

图 7.1.19　柱钢筋复制

图 7.1.20　层间复制目标层

12. 配筋面积

单击“配筋面积”菜单，右侧弹出两个子菜单：计算面积和实配面积，以①柱为例，分别单击“计算面积”和“实配面积”按钮，①柱参数如图 7.1.21 和图 7.1.22 所示。

13. 原位修改

直接双击当前图面上的文字标注(包括尺寸标注)，会弹出一个对话框供修改文字标注，对于钢筋标注，程序将自动对钢筋等级符号进行转换。

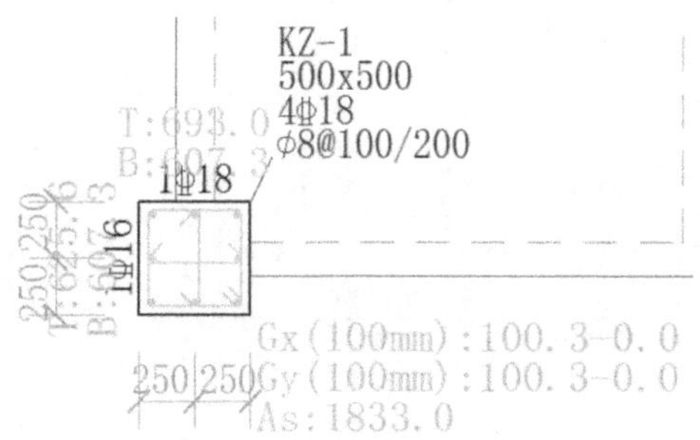

图 7.1.21　①柱计算面积数据

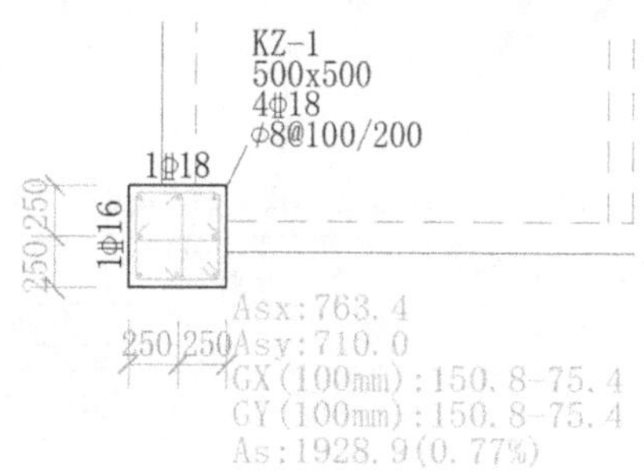

图 7.1.22　①柱实配面积数据

7.1.2　PKPM 平法注写方法

单击屏幕工具栏中“画法选择”按钮 1-平法截面注写1(原位) ，弹出选择框可选 6 种方法，可以用 8 种方式表示施工图，包括 3 种平法图、3 种柱表、立剖面图和渲染图。

1. 平法截面注写

平法截面注写参照图集《混凝土结构施工图平面整体表示方法制图规则和构造详图》，分别在同一个编号的柱中选择其中一个截面，采取用比平面图放大的比例在该截面上直接注写截面尺寸、具体配筋数值的方式来表达柱配筋。

2. 平法列表注写

平法列表注写参照图集《混凝土结构施工图平面整体表示方法制图规则和构造详图》。该法由平面图和表格组成，表格中注写每一种归并截面柱的配筋结果，包括该柱各钢筋标准层结果，注写了柱的标高范围、尺寸、偏心、角筋、纵筋、箍筋等。单击“参数修改”菜单，在弹出的柱设计参数对话框中选择“平法列表注写”选项，单击“确认”按钮，如图 7.1.23 所示。单击“画柱表/平法柱表”按钮，弹出对话框，如图 7.1.24 所示，选择需要列表的柱，单击“确认”按钮，生成柱平法柱表如图 7.1.25 所示。

图 7.1.23　施工图表示方法修改

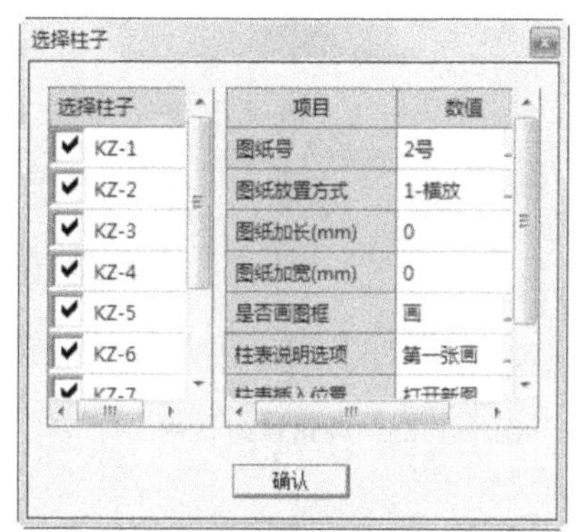

图 7.1.24　平法柱表选柱

3. PKPM 截面注写 1(原位)

将传统的柱剖面详图和平法截面注写方式结合起来，在同一个编号的柱中选择其中一个截面，用比平面图放大的比例直接在平面图上柱原位放大绘制详图。

箍筋类型1.(mxn)　箍筋类型2.　箍筋类型3.　箍筋类型4.　箍筋类型5.　箍筋类型6.　箍筋类型7.　箍筋类型8.　箍筋类型9.　箍筋类型10.

柱号	标高	bxh(bixhi)(圆柱直径D)	b1	b2	h1	h2	全部纵筋	角筋	b边一侧中部筋	h边一侧中部筋	箍筋类型号	箍筋	备注
KZ-1	0.000-4.000	500x500	250	250	250	250		4Φ18	1Φ16	1Φ16	1.(3x3)	ϕ8@100/200	
	4.000-8.000	500x500	250	250	250	250		4Φ18	1Φ16	1Φ16	1.(3x3)	ϕ6@100/200	
	8.000-12.000	500x500	250	250	250	250		4Φ18	1Φ18	1Φ16	1.(3x3)	ϕ6@100/200	
	12.000-16.000	500x500	250	250	250	250	8Φ18				1.(3x3)	ϕ8@100/200	
KZ-2	0.000-4.000	600x600	300	300	300	300		4Φ18	3Φ18	2Φ16	1.(3x4)	ϕ6@100/200	
	4.000-8.000	500x500	250	250	250	250		4Φ18	1Φ16	1Φ16	1.(3x3)	ϕ8@100/200	
	8.000-12.000	500x500	250	250	250	250		4Φ20	1Φ16	2Φ18	1.(3x4)	ϕ8@100/200	
	12.000-16.000	500x500	250	250	250	250		4Φ22	1Φ18	2Φ20	1.(3x4)	ϕ8@100/200	
KZ-3	0.000-4.000	600x600	300	300	300	300		4Φ18	2Φ16	2Φ16	1.(4x4)	ϕ6@100/200	
	4.000-8.000	500x500	250	250	250	250		4Φ18	1Φ16	1Φ16	1.(3x3)	ϕ6@100/200	

图 7.1.25　部分柱平法柱表

4. PKPM 截面注写 2

在平面上柱原位只标注柱编号和柱与轴线的定位尺寸，并将当前层的各柱剖面大样集中起来绘制在平面图侧方，图纸简洁并便于柱详图与平面图的相互对照。

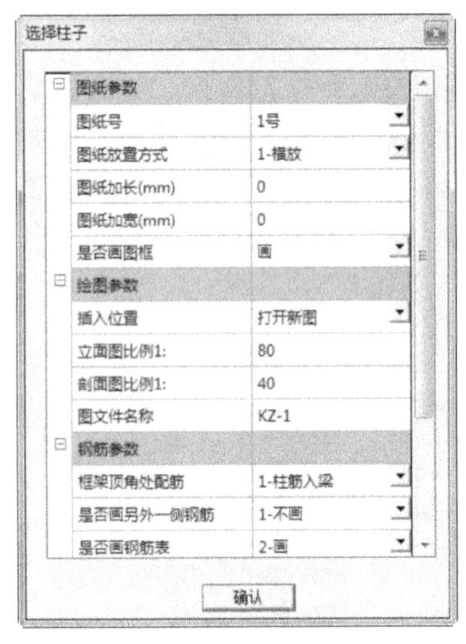

图 7.1.26　柱选择对话框

5. PKPM 剖面列表法

PKPM 剖面列表法，是将柱剖面大样绘在表格中排列出图的一种方法。表格中每个竖向列是一根纵向连续柱各钢筋标准层的剖面大样图，横向各行为自下到上的各钢筋标准层的内容，包括标高范围和大样。平面图上只标注柱名称。

6. 广东柱表画图方式

广东柱表是在广东地区被广泛采用的一种柱施工图表示方法。表中每一行数据包括了柱所在的自然层号、几何信息、纵筋信息、箍筋信息等内容，并且配以柱施工图说明。

7. 立剖面柱

这是传统的柱施工图画法，单击“立剖面图”菜单，屏幕下方命令栏提示“请选择要画立剖面图的柱”，选择需要出图的柱（①柱为例），弹出柱选择对话框，如图 7.1.26 所示。单击“确认”按钮，生成立剖面柱图如图 7.1.27 所示，各截面详图如图 7.1.28 所示，柱钢筋表如表 7.1.2 所示。

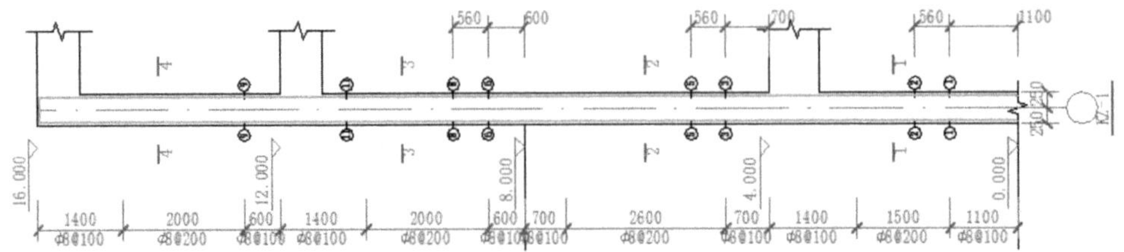

图 7.1.27　立剖面柱图

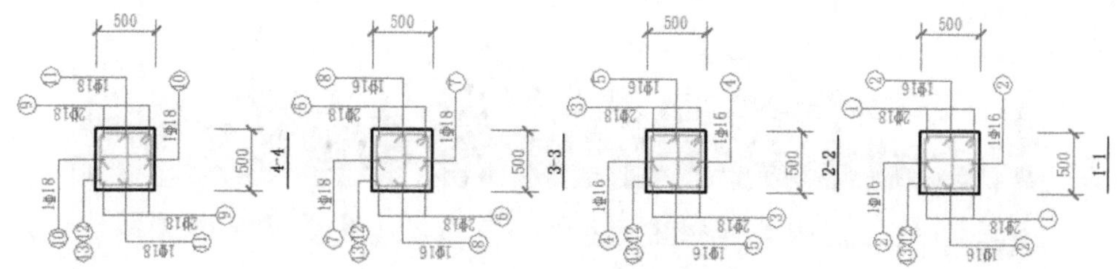

图 7.1.28　各截面详图

表 7.1.2　柱钢筋表

KZ-1 柱钢筋表(1 根)

编号	钢筋简图	规格	长度	附加搭接长度	附加接头个数	根数	重量	备注
1	3600	Φ18	3600			4	28.77	
2	3600	Φ16	3600			4	22.73	
3	3900	Φ18	3900			4	31.16	
4	2740	Φ16	2740			2	8.65	
5	3900	Φ16	3900			2	12.31	
6	4000	Φ18	4000			4	31.96	
7	5530	Φ18	5530			2	22.09	
8	2040	Φ16	2040			2	6.44	
9	220 3360	Φ18	3580			4	28.61	
10	220 2730	Φ18	2950			2	11.79	
11	220 5060	Φ18	5280			2	21.09	
12	120 420	ϕ8	1935			123	93.91	
13	420	ϕ8	630			246	61.15	
							380.66	

8. 三维渲染柱图

在生成剖面柱图后，单击“三维线框”命令和“三维渲染”命令，生成三维渲染柱图。可以看到柱内的纵筋和箍筋，甚至可以看到钢筋的绑扎和搭接等情况。

7.1.3　探索者柱施工图的绘制

以上都是在 PKPM 上得到的数据，现在用 SATWE 数据在探索者软件上作出施工图。

对柱进行配筋首先对应导出 PKPM 计算数据。打开 PKPM 软件，单击“SATWE”按钮，选择“分析结果图形和文本显示”选项，单击“应用”按钮即可进入 SATWE 后处理。界面如图 7.1.29 所示。选择第二项“混凝土构件配筋及钢构件验算简图”，如图 7.1.30 所示。

进入 SATWE 处理后，单击“应用”按钮即进入了“混凝土构件配筋及钢构件验算简图”。接下来将

图 7.1.29　进入 SATWE 后处理

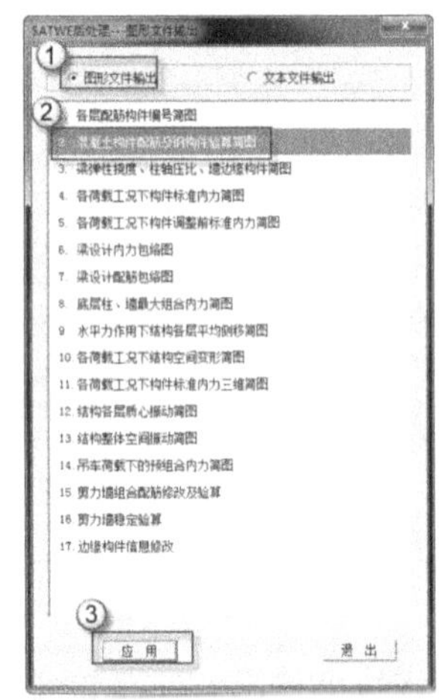

图 7.1.30　图形文本输出

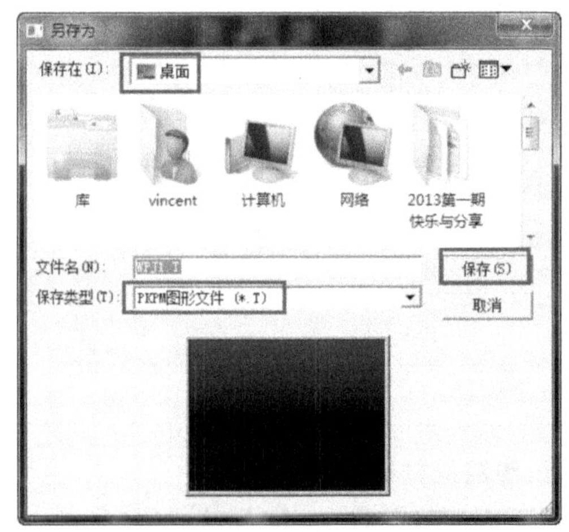

图 7.1.31　T 图另存为对话框

对 T 图进行转换，以便后面读图。具体操作步骤如下。

(1) 单击菜单栏“文件工具”按钮，选择“另存为”选项，会弹出如图 7.1.31 所示对话框，选择保存路径为桌面，注意文件格式，然后单击“保存”按钮。

(2) 单击“回前菜单”按钮，单击“退出”按钮即可回到 PKPM 主界面。将另存在桌面上的 T 图转为 DWG 格式，单击“PMCAD”按钮，选择“图形编辑、打印及转换”选项，如图 7.1.32 所示。

图 7.1.32　PKPM 主界面

(3) 单击“应用”按钮，会弹出“图形编辑、打印及转换”界面。界面出来后单击菜单栏上面的“工具”按钮，选择“T 图转 DWG”选项。选择要转格式的 T 图(保存在桌面)，单击“打开”按钮即完成了“T 图转 DWG”的操作。完成上述步骤后在 AutoCAD(或探索者)中打开该计算数据图，如图 7.1.33 所示。

以①柱为例，该柱配筋数据图如图 7.1.34 所示。

单击“工具”命令，选择“钢筋”按钮，单击“箍筋”命令，绘图界面会弹出一个“箍筋参数”对话框，如图 7.1.35 所示。

在箍筋参数对话框中，可以对箍筋进行设置，内偏、加钩、上下两排钢筋的数目以及是否腰筋的布置等选项。依据附表 2 选用箍筋。

◇ 柱①布置图如图 7.1.36 所示。

采用 4 根直径为 18 的二级钢为受力钢筋，箍筋在加密区选用直径为 8 间距为 100，非加密区选用直径为 8 间距为 200，满足配筋要求。

◇ 柱②配筋。配筋面积计算参数如图 7.1.37 所示。

在②号框柱处应该选用 4 根直径为 18 的二级钢为受力筋，同样分为加密区与非加密区，在加密区配置直径为 8 间距为 100 的箍筋，非加密区配置直径为 8 间距为 200 的箍筋。

◇ 柱③配筋。配筋计算参数及配筋图如图 7.1.38 所示。

单击菜单栏“工具”→“钢筋”→“拉筋”命令，单击首尾两节点，绘制拉筋，并调整位置，如图 7.1.39 所示。

在③号框柱处应该选用 4 根直径为 18 的二级钢为受力筋，在加密区配置直径为 8 间距为 100 的箍筋，非加密区配置直径为 8 间距为 200 的箍筋。在横向和纵向分别配置一根直径为 16 的拉筋。

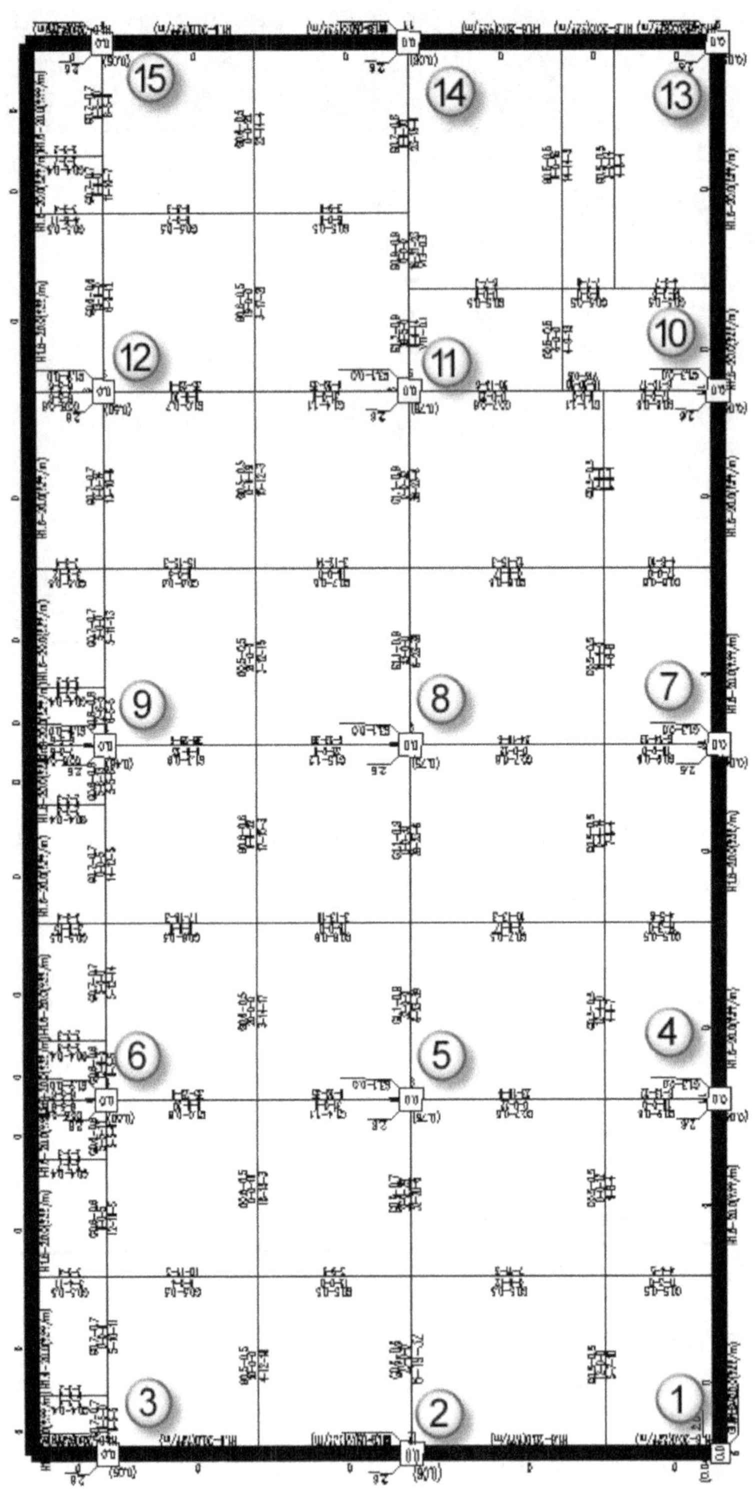

图 7.1.33　打开生成 DWG 图

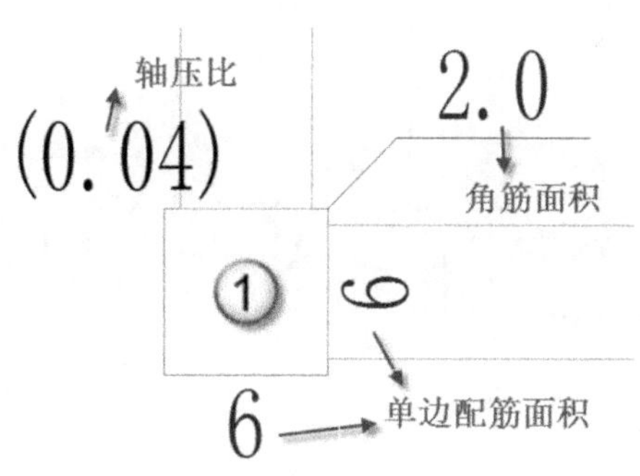

图 7.1.34　柱①配筋图

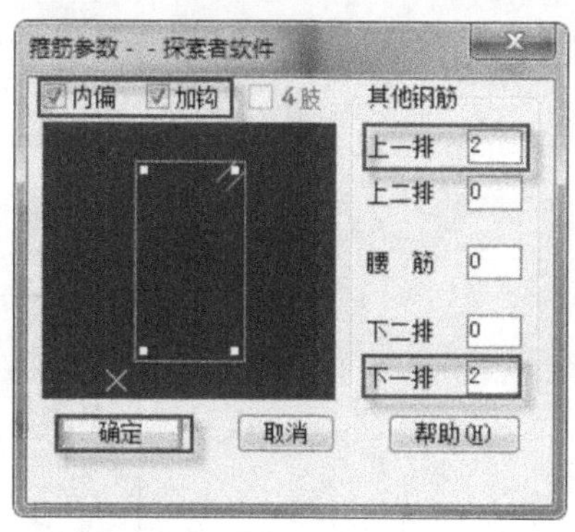

图 7.1.35　箍筋参数

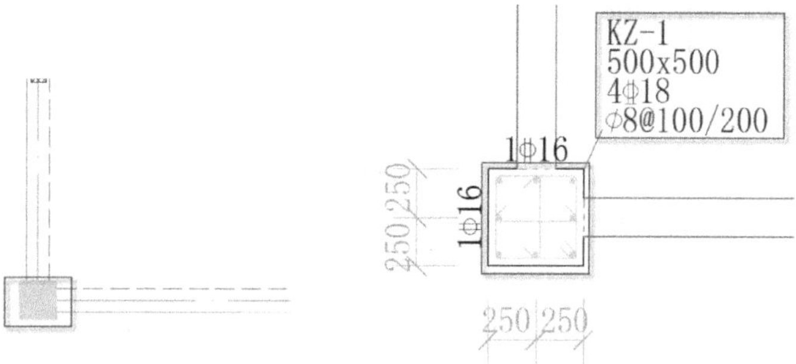

图 7.1.36　柱①配筋图

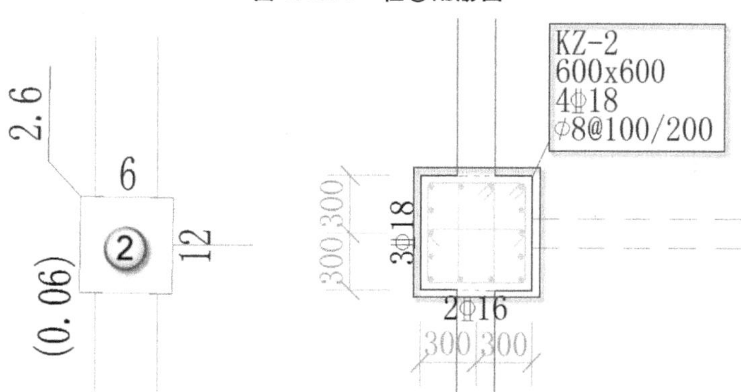

图 7.1.37　柱②配筋图

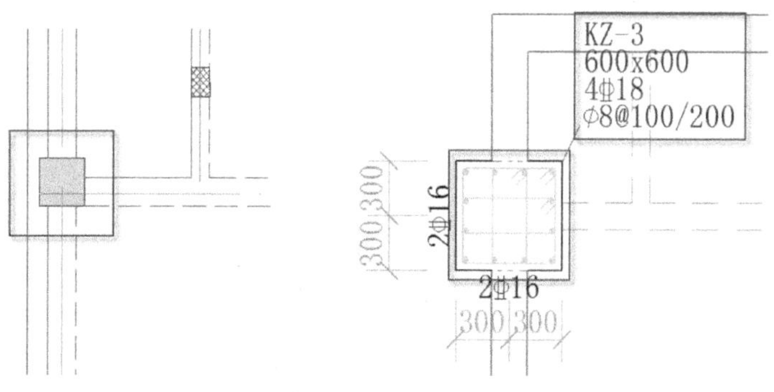

图 7.1.38　柱③配筋图

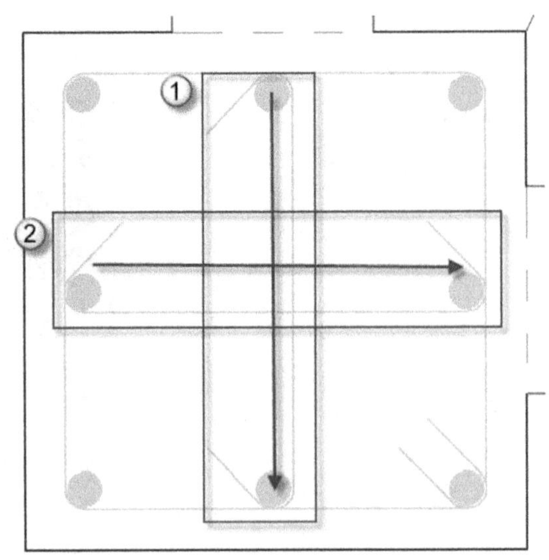

图 7.1.39　拉筋配置图

◇ 柱④、⑦、⑩配筋，根据配筋参数配筋得到如图 7.1.40 所示配筋图。

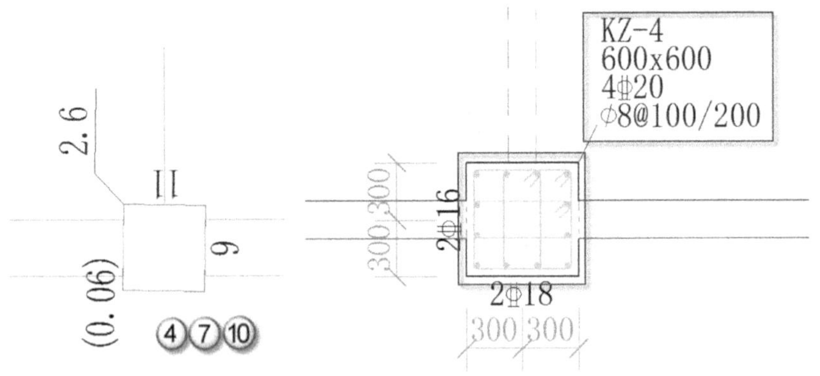

图 7.1.40　柱④、⑦、⑩配筋图

◇ 柱⑤配筋：配筋计算参数及配筋图如图 7.1.41 所示。

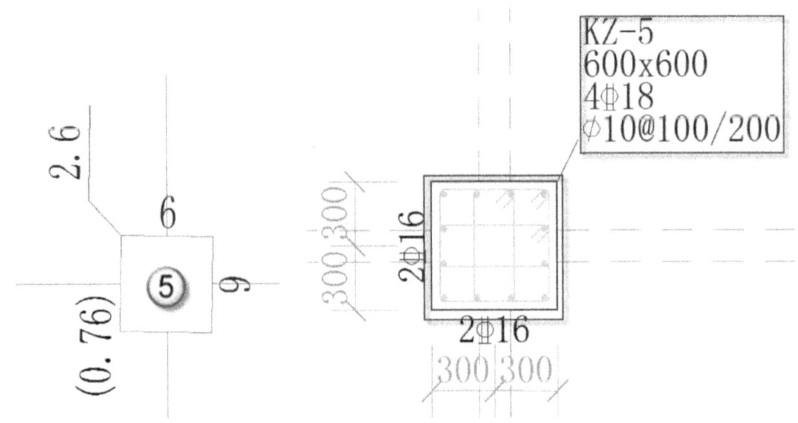

图 7.1.41　柱⑤配筋图

在柱⑤中采用 4 根直径为 18 mm 的二级钢为受力钢筋，箍筋在加密区选用直径为 8 mm 间距为 100 mm，非加密区选用直径为 8 mm、间距为 200 mm，满足配筋要求。在本层裙楼地上模型中有 6 个 600 mm×600 mm 框柱 5，依次按上述方式配筋。

◇ 柱⑥，⑫，⑬，⑮配筋，根据配筋参数配筋得到如图 7.1.42 所示配筋图。

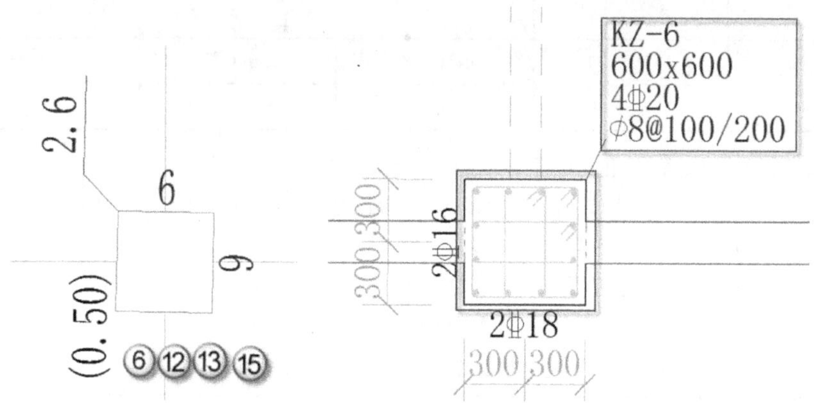

图 7.1.42　柱⑥，⑫，⑬，⑮配筋图

◇ 柱⑧配筋，根据配筋参数配筋得到如图 7.1.43 所示配筋图。

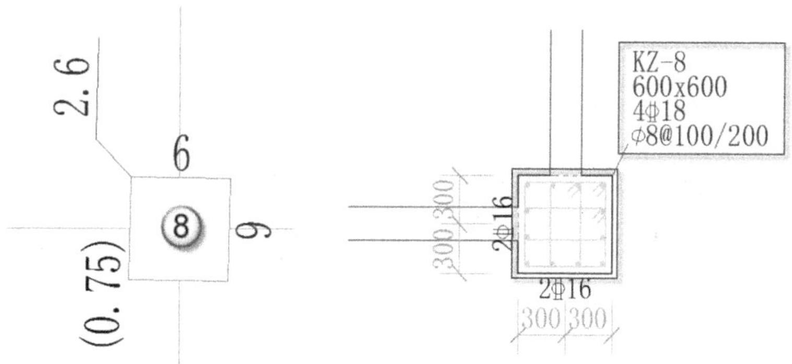

图 7.1.43　柱⑧配筋图

◇ 柱⑨配筋，根据配筋参数配筋得到如图 7.1.44 所示配筋图。

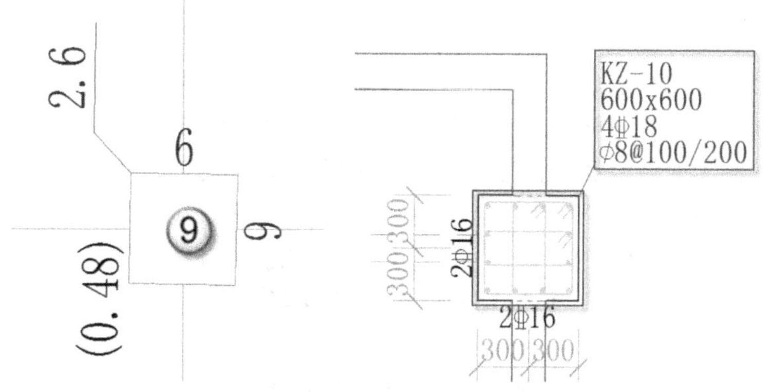

图 7.1.44　柱⑨配筋图

以上柱的配筋须满足规范,数据参考以下表格。

(1) 根据规范,柱配筋须满足最小配筋率,如表 7.1.3 所示。

表 7.1.3　柱截面纵向钢筋的最小总配筋率(百分率)

类　别	抗震等级			
	一	二	三	四
中柱和边柱	0.9(1.0)	0.7(0.8)	0.6(0.7)	0.5(0.6)
角柱、框支柱	1.1	0.9	0.8	0.7

注:① 表中括号内数值用于框架结构的柱;

② 钢筋强度标准值小于 400 MPa 时,表中数值应增加 0.1,钢筋强度标准值为 400 MPa 时,表中数值应增加 0.05;

③ 混凝土强度高于 C60 时,上述数值应相应增加 0.1。

(2) 根据规范,柱箍筋在规定的范围内应加密,加密区的箍筋间距和直径应符合下列要求。

① 一般情况下,箍筋的最大间距和最小直径应按表 7.1.4 采用。

表 7.1.4　柱箍筋加密区的箍筋最大间距和最小直径　　单位:mm

抗震等级	箍筋最大间距(采用最小值)	箍筋最小直径
一	$6d$,100	10
二	$8d$,100	8
三	$8d$,150(柱根 100)	8
四	$8d$,150(柱根 100)	6(柱根 8)

注:① d 为柱纵筋最小直径;

② 柱根指底层柱下端箍筋加密区。

② 一级框架柱的箍筋直径大于 12 mm 且箍筋肢距不大于 150 mm 及二级框架柱的箍筋直径不小于 10 mm 且箍筋肢距不大于 200 mm 时,除底层柱下端外,最大间距应允许采用 150 mm;三级框架柱的截面尺寸不大于 400 mm 时,箍筋最小直径应允许采用 6 mm;四级框架柱剪跨比不大于 2 时,箍筋直径不应小于 8 mm。

③ 框支柱和剪跨比不大于 2 的框架柱,箍筋间距不大于 100 mm。

7.2　梁施工图

现今,我国各设计单位使用 AutoCAD 软件完成施工图设计、使用计算机出图的现象已十分普遍;而在施工领域,计算机应用水平相对设计领域而言尚有一定的差距,施工领域的应用软件使用效果还不够理想,究其原因,就施工概预算软件来说:一是其受地域的影响较大,各地的要求不统一,影响软件的通用性;二是由于工程量的计算与设计软件不配套,不能共享工程的结构设计数据,不得不重新创建工程模型或进行设计图纸的数字化工作,影响了工作效率,打击用户使用软件的积极性。

前者是客观存在的因素,而对于后者,随着近年平面整体表示方法在工程设计中的应用,为改善这种状况提供了一个机遇。通过对设计单位采用平面整体表示方法绘制的梁施工图电子文档的分析,在 AutoCAD 工作平台上尝试研发了图形识别软件(PKPM、探索者或天正建筑),使它能正确、有效地识别梁平法图信息,实现工程图的自动数字化。

7.2.1 PKPM梁施工图绘制

单击PKPM主界面左侧主菜单“墙梁柱施工图”，进入梁平法施工图设计主菜单，如图7.2.1所示，主菜单内容共有13项。

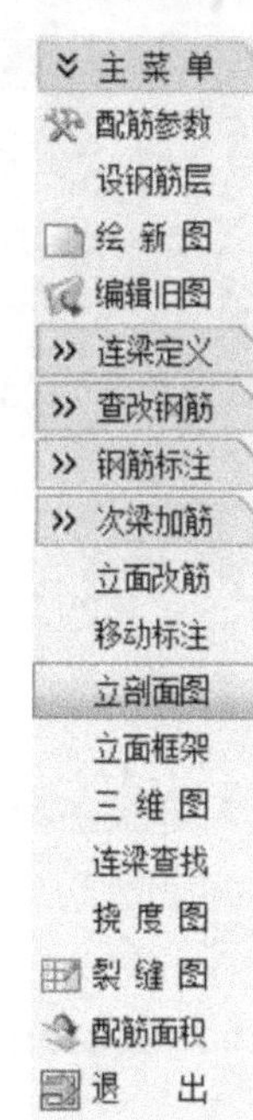

图7.2.1 梁施工图设计主菜单

1. 钢筋标准层

钢筋标准层主要用于钢筋归并和出图，每个钢筋标准层对应一张施工图，准备出几张施工图就设置几个钢筋标准层；钢筋标准层由构件布置相同、受力特性近似的若干自然层组成，相同位置的构件名称相同、配筋相同；程序根据工程的实际情况自动生成初始钢筋标准层，但允许设计者任意编辑修改钢筋标准层和各钢筋层包含的自然层数，以满足出图的需要。

单击右侧“墙梁柱施工图”主菜单，双击“梁平面施工图”选项，弹出“定义钢筋标准层”对话框，如图7.2.2所示。左侧的定义数表示当前的钢筋层定义情况，单击任意钢筋层左侧的“+”号，可以查看该钢筋层包含的所有自然层。右侧的分配表表示各自然层所属的结构标准层和钢筋标准层。钢筋层的增加、更名与清理均可由设计者控制。

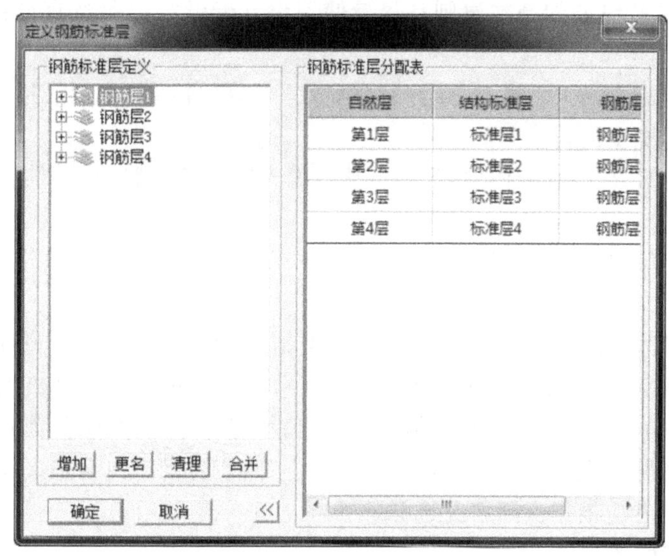

图7.2.2 “定义钢筋标准层”对话框

◇“增加”按钮：可以增加一个空的钢筋标准层。

◇“更名”按钮：用于修改当前选中的钢筋标准层的名称。

◇“清理”按钮：由于含有自然层的钢筋标准层不能直接删除（不然会出现没有钢筋层定义的自然层），因此想删除一个钢筋层，只能先把该钢筋层包含的自然层都移到其他钢筋层去，将钢筋层清空，再使用“清理”按钮，清除钢筋层。

有两种方法可以调整自然层所属的钢筋标准层。

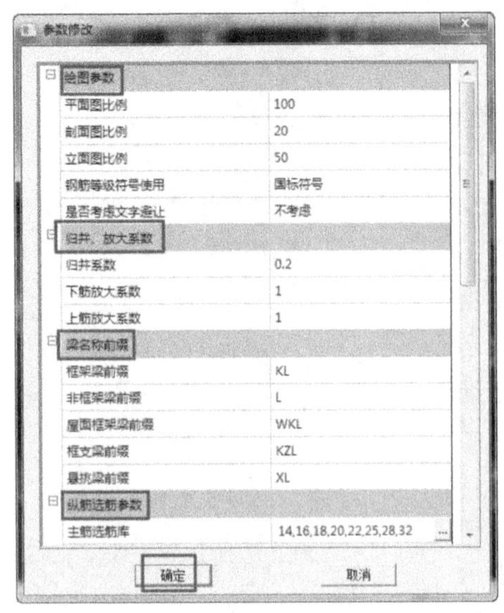

图 7.2.3　梁参数修改对话框

（1）将表中要修改的自然层拖放到需要的钢筋层中去。

（2）表格中修改自然层所属的钢筋标准层。

钢筋标准层与结构标准层不同。结构标准层用于结构建模，钢筋标准层用于出结构施工图；结构标准层要求构件布置与荷载都相同，钢筋标准层仅要求构件布置相同；通常同一钢筋标准层的所有自然层都属于同一结构标准层，但同一结构标准层的自然层可能被划分为若干钢筋标准层。

软件根据以下两个条件进行钢筋标准层的自动划分，符合以下条件的自然层被划分为同一钢筋标准层。

（1）两个自然层所属结构标准层相同。

（2）两个自然层的上层对应的结构标准层也相同。

2. 配筋参数

单击图屏幕右侧的“配筋参数”菜单，弹出梁参数修改对话框，如图 7.2.3 所示。下面介绍主要参数的含义。

◇ 归并系数：归并系数是控制归并过程的重要参数。归并系数越大，则归并出的连梁种类数越少。程序根据设计者给出的归并系数，在归并范围内自动计算归并出有多少组应画图输出的连梁。归并系数一般取默认值 0.2。

◇ 主筋优选直径：选择纵筋的基本原则是尽量使用设计者设定的优选直径钢筋，尽量不配多于两排的钢筋。

◇ 根据裂缝选筋：选择该项，并输入“允许裂缝宽度”，程序自动调整钢筋用量，不仅满足构件计算要求，而且满足控制裂缝宽度的要求。

◇ 支座宽度对裂缝的影响：选择该项，程序自动考虑支座宽度对裂缝的影响，对支座处弯矩加以折减，可以减少实配钢筋。

◇ 架立筋直径：按照《混凝土结构设计规范》(GB 50010—2010)的规定确定架立筋直径，或指定架立筋直径。

◇ 主筋直径不宜超过柱截面尺寸的 1/20：《混凝土结构设计规范》(GB 50010—2010)、《建筑抗震设计规范》(GB 50011—2010)、《高层建筑混凝土结构技术规程》(JGJ 3—2010)规定，“一、二、三级框架梁内贯通中柱的每根纵向钢筋直径，对矩形截面柱，不宜大于柱在该方向截面尺寸的 1/20”。选择该项，程序将根据连续梁各跨支座中最小的柱截面控制梁上部钢筋，但有时会造成梁上部钢筋直径小而根数多的不合理情况，设计者应根据实际情况选择。

3. 选择绘制新图或旧图

通常程序优先打开已经生成或编辑过的“旧图”，单击“编辑旧图”选项，以便在原有的基础上继续进行梁施工图设计。如单击“绘新图”菜单，可以重新绘制当前楼层梁施工图〕

梁平面布置应按梁的不同结构层，将全部梁与其相关联的柱、墙、板一起采用适当比例绘制，并注明各结构层的顶面标高及相应的结构层号；对于轴线未居中的梁应标注其偏心定位尺寸。

平面注写方式：在梁平面布置图上分别在不同编号的梁中各选一根梁，在其上注写截面尺寸和配筋的具体数值。此种方式表示梁平法施工图。平面注写包括集中标注和原位标注，当集中标注中的某项数值不适应梁的某部位时，则将该数值原位标注，施工时原位标注取值优先。

梁编号由梁类型、代号、序号、跨数及有无悬挑代号几项组成，如表 7.2.1 所示。

表 7.2.1　梁编号

梁 类 型	代　号	序　号	跨数及是否带有悬挑
楼层框架梁	KL	XX	(XX)(XXA)或(XXB)
屋面框架梁	WKL	XX	(XX)(XXA)或(XXB)
框支梁	KZL	XX	(XX)(XXA)或(XXB)
非框架梁	L	XX	(XX)(XXA)或(XXB)
悬挑梁	XL	XX	
井字梁	JZL	XX	(XX)(XXA)或(XXB)

注：①(XXA)为一段悬挑，(XXB)为两段悬挑，悬挑不计入跨数；

②L2(5B)表示第②号非框架梁，5 跨，两端有悬挑；

③KJ1(3A)表示第①号框架梁，3 跨，一端有悬挑。

4. 选择标准层

单击屏幕右侧下拉菜单，选择需要编辑的标准层，以便生成该层施工图。

5. 连梁定义

单击“连梁定义”菜单，弹出子菜单，通过此菜单可以完成连续梁命名、跨数显示与修改、支座显示与修改等工作。

(1) 重新归并。单击“重新归并”菜单，弹出对话框如图 7.2.4 所示，根据需要进行选择。

(2) 修改梁名。单击“修改梁名”菜单，点选需要修改的连续梁后弹出如图 7.2.5 所示对话框。输入连续梁的新名称并单击“确定”按钮即可完成更改梁名称的操作。使用“修改梁名”菜单还可以将不同组的连续梁归并成同一组。

注意：“同组梁的名称同时修改”选项，若勾选此项，则所有名称相同的一组梁都会被改名；如果不选择此项，则只有选中的梁名称被修改。

图 7.2.4　梁施工图对话框

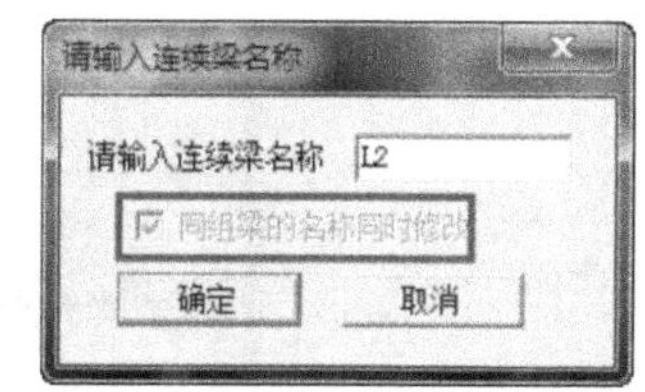

图 7.2.5　连续梁名称输入对话框

(3) 连梁查看。本菜单用于查看连续梁的生成结果，如果不满意，还可以通过“连梁拆分”或“连梁合并”菜单对连续梁的定义进行调整。单击“连梁查看”菜单，软件用实线或虚线表达连续梁的走向，实线表示有详细标注的连续梁，虚线表示简略标注的连续梁。走向线一般画在连续梁所在轴线的位置，如果连续梁有高差，此线会发生相应偏心。连续梁的起始端绘制一个菱形块，表示连续梁第一跨所在位置，连续梁终止端绘制一个箭头，表示连续梁最后一跨所在位置，如图 7.2.6 所示。

(4) 连梁拆分、连梁合并。如果对程序自动生成的连续梁结果不满意，可以进行手动的连续梁拆分和合并。单击“连梁拆分”菜单，屏幕下方命令栏提示“请用光标选择要拆分的连续梁，按‘Esc’退出”，用光标点取要拆分的连续梁，屏幕继续提示“请用光标选择在哪个节点拆分，按‘Esc’取消”，用光标选择要

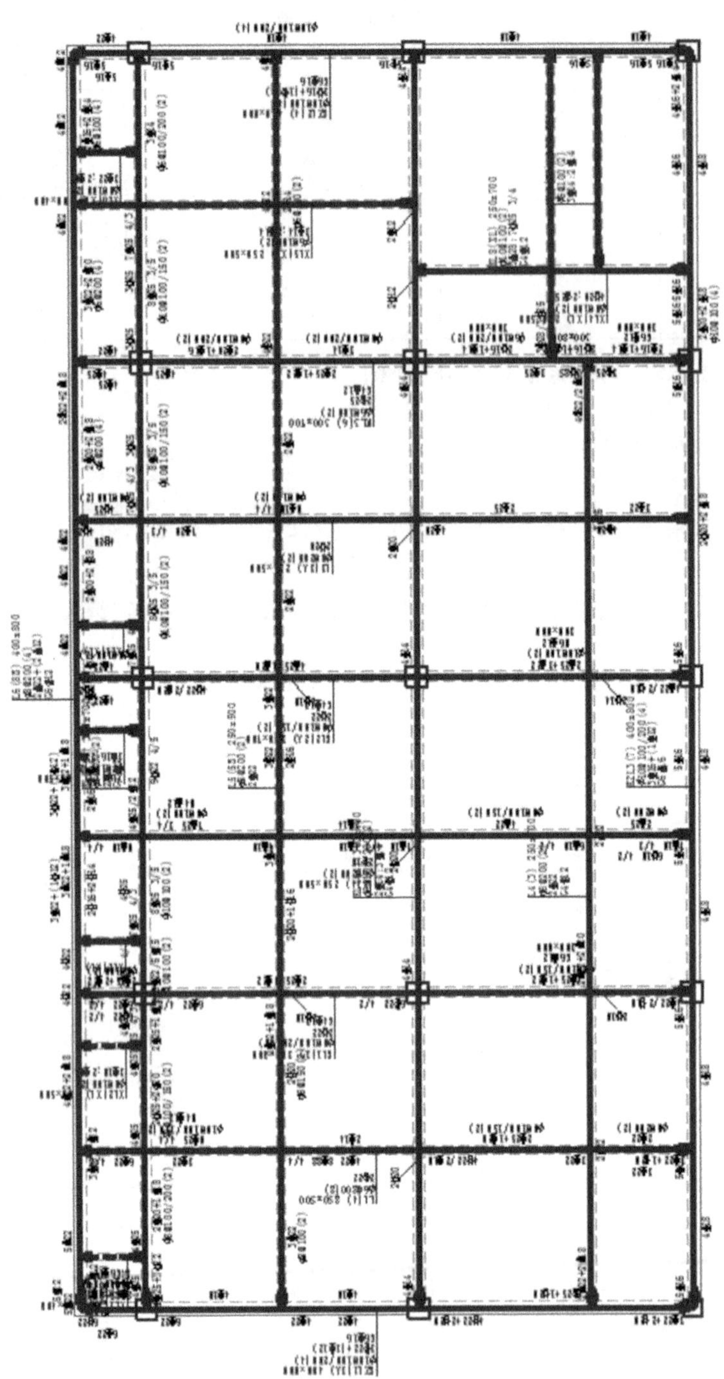

图 7.2.6　连梁查看

拆分的节点后，弹出如图 7.2.7 所示的选择框，选择“是”按钮即可拆分所选的连续梁。拆分后第一根梁会沿用原来的名称，第二根梁将会被重新编号并命名。

提示：拆分点只能从中间节点拆分，端节点不能作为拆分点；只能从支座节点拆分，非支座节点不能拆分。如果拆分节点不合要求，系统会给出提示，不予拆分。

如果存在其他与欲拆分梁同名的连续梁，单击“同时拆分同名连续梁”按钮，则名称相同的一组梁全部被拆分；若单击“只拆分一根连续梁”按钮，则拆分后形成的两根连续梁都会被重新命名。

可以使用“连梁合并”菜单，对已经生成的连续梁进行合并。单击“连梁合并”菜单后在图上选择要合并的两根连续梁，弹出如图7.2.8所示对话框。选择“确定”按钮即可合并所选连续梁，合并后的新梁会重新命名。合并连续梁时，待合并的两个连续梁必须有共同的端节点，且在共同端节点处的高差不大于梁高，偏心不大于梁宽。不在同一直线上的连续梁可以手动合并，直梁与孤梁也可以手动合并。

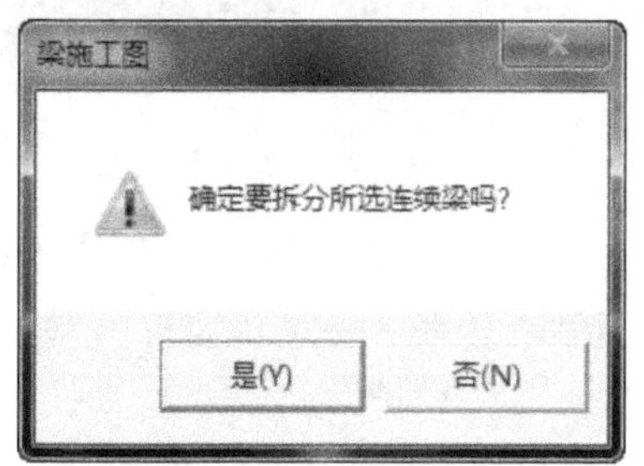

图7.2.7　连梁拆分对话框

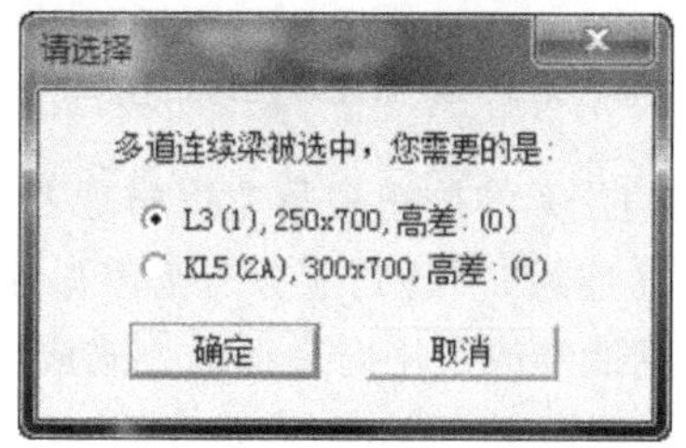

图7.2.8　连梁合并对话框

(5) 支座查看、支座修改。单击“支座查看”菜单，查看支座图。

框架柱和剪力墙一定作为支座，在支座图上用“△”表示。梁与梁相交节点若处于负弯矩区为“支座”，用“△”表示，连续梁在此处分成两跨。否则，认为连续梁在此处连通，相交梁成为该跨梁的次梁，在支座图上用“○”表示。对于端跨上挑梁的判断，当端跨内端支承在柱或墙上，外端支承在梁支座上时，如果该跨梁全跨均为负弯矩时程序判断该跨为“悬臂梁”，其端部用“○”表示；反之程序判断该跨梁为“端支承梁”，在支座图上用“△”表示。PM中以次梁输入的梁与PM中输入的主梁相交时，主梁一定作为次梁的支座，主梁的跨度和跨数都已确定，无需人工修改支座。

程序自动生成的梁支座可能不满足设计要求，可以用“支座修改”菜单对梁支座进行修改。程序用“△”表示梁支座，“○”表示连梁的内部节点。对于端跨，“△”支座改为“○”支座后，在端跨梁会变成挑梁；“○”支座改为“△”支座后，在挑跨梁会变成端支承梁。对于中间跨，如为“△”支座，该处是两个连续梁跨的分界支座，梁下部钢筋将在支座处截断并锚固在支座内，并增配支座负筋；“△”支座改为“○”支座后，则两个连续梁跨会合并成一个跨梁，梁纵筋将在“○”支座处连通。支座的调整只影响配筋构造，并不影响构件的内力计算和配筋面积计算。

提示：一般来说，“△”支座改为“○”支座连通后两构造配筋是偏于安全的。支座调整后，程序会重新调整梁钢筋并重新绘图。

6. 查改钢筋

程序提供了修改梁钢筋的多种方式。单击“查改钢筋”菜单，弹出子菜单，下面为各子菜单的功能。

(1) 连梁修改。单击“连梁修改”菜单，屏幕下方命令栏显示“选择需要修改集中标注的连续梁，‘Esc’退出”，单击需要修改的连续梁后，弹出如图7.2.9所示对话框，在对话框中可以对集中标注的连续梁信息修改。当钢筋发生修改后，所有与原来钢筋相同的梁跨和标注为空的梁跨均被修改。修改钢筋的同时可以修改梁名称，但这里只能修改一组梁的名称，不能修改单根梁的名称。

(2) 单跨修改。单击“单跨修改”菜单，屏幕下方命令栏显示“选择需要修改原位标注的连续梁，‘Esc’退出”，单击需要修改原位标注的连续梁后，弹出如图7.2.10所示对话框。

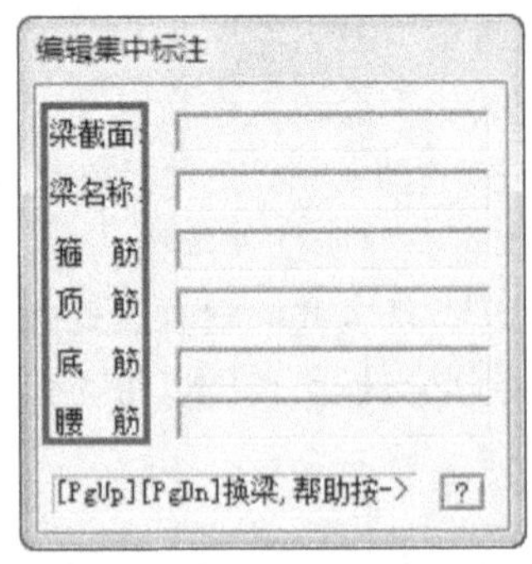

图 7.2.9　梁标注修改对话框

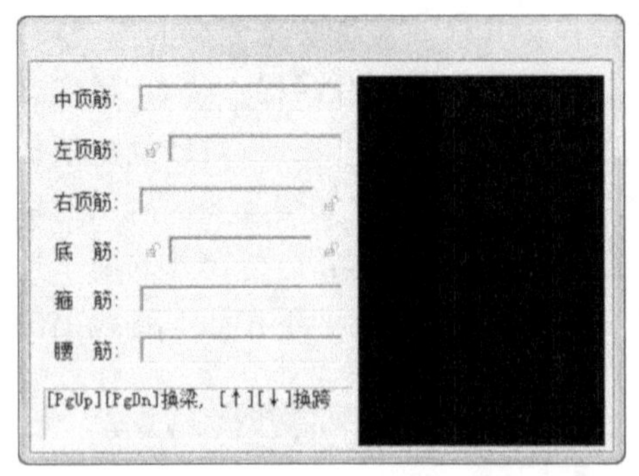

图 7>2.10　单跨修改对话框

“左顶筋”旁的按钮表示左顶筋是否与左跨的右顶筋连通;“右顶筋”旁的按钮表示右顶筋是否与右跨的左顶筋连通;“底筋”左右的按钮则分别表示底筋是否与左右邻跨连通。单击按钮可改变连通状态。

(3) 成批修改。用对话框的方式成批修改原位标注的梁跨。

(4) 表式改筋。单击“表式改筋”菜单,屏幕下方命令栏提示“选择需要修改钢筋的连接梁,‘Esc’退出”,用光标单击需要修改钢筋的连续梁。除可修改钢筋外,表格中还增加了修改箍筋加密区长度、支座负筋截断长度、支座处理方式等功能。

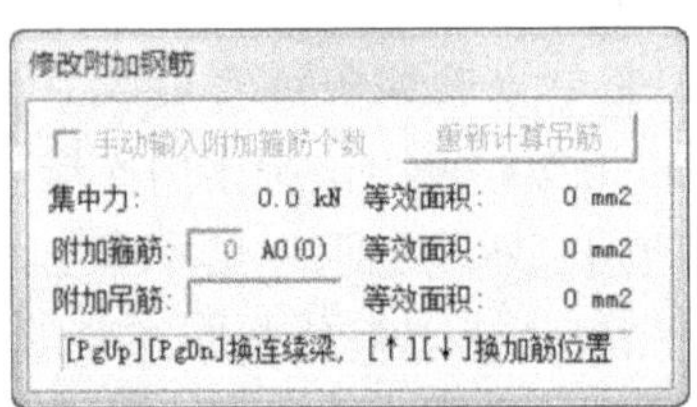

图 7.2.11　修改附加钢筋对话框

(5) 次梁加筋。单击“次梁加筋”命令,弹出子菜单。

◇“箍筋开关”“吊筋开关”。菜单控制箍筋、吊筋的隐藏或显示。

◇“加筋修改”。单击“加筋修改”子菜单,弹出如图 7.2.11 所示对话框,可修改附加钢筋的值。

(6) 连梁重算、全部重算。本菜单功能是在保持钢筋标注位置不变的基础上,使用自动选筋程序重新选筋并标注。不同的是连梁重算针对单独的连续梁,全部重算针对本层所有梁。

7. 钢筋标注

单击“钢筋标注”菜单,弹出各子菜单。

◇“标注开关”。本菜单除了按平面位置控制梁标注的隐藏或显示外,还可以按连续梁类型控制梁标注的隐藏或显示,如图 7.2.12 所示。

◇“增加截面”单击该菜单可以增加所需梁的截面配筋图。

8. 立剖面图

单击“立剖面图”菜单,选择需要出图的连续梁。程序会标示将要出图的梁,同时用虚线标出所有归并结果相同并要出图的梁。一次可以选择多根连续梁出图,所选的连续梁均会在同一张图上输出。梁选好后,单击鼠标右键或按“Esc”键结束选择。保存后,弹出输入绘图参数对话框如图 7.2.13 所示,输入参数后,单击“OK”按钮即可生成梁的立剖面图。

9. 三维图

单击“三维图”菜单,选取梁,生成梁三维渲染图。

10. 连梁查找

单击“连梁查找”菜单,左侧会出现一个树形列表对话框。本层全部连续梁都会按名称顺序排列在表中,单击表中任意一项,选中的梁加亮显示,同时将此梁充满显示在窗口中。

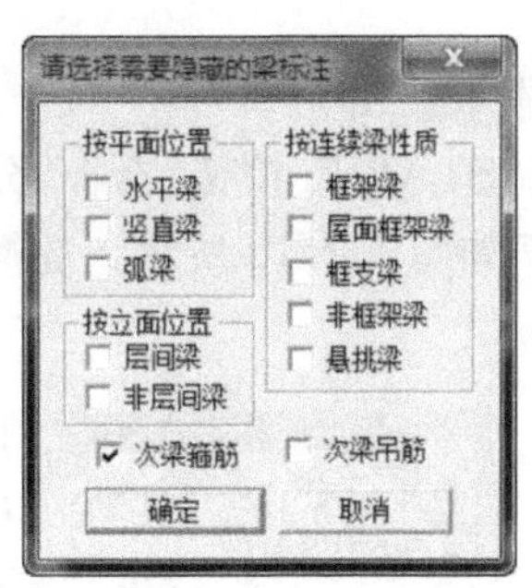

图 7.2.12　标注开关对话框

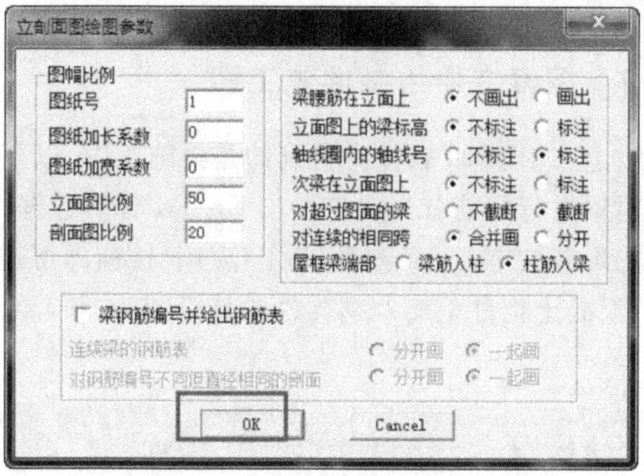

图 7.2.13　立剖面图绘图参数对话框

11. 挠度图

单击“挠度图”菜单，在弹出如图 7.2.14 所示的挠度计算参数对话框中设定相应参数，单击“确定”按钮，生成挠度图。对于挠度超限的梁跨，用红色字体标出。若勾选“使用上对挠度有较高要求”，则采用《混凝土结构设计规范》(GB 50010—2010)中的相关数值作为挠度限值。若勾选“将现浇板作为受压翼缘”按《混凝土结构设计规范》(GB 50010—2010)中的相关数值作为计算受压翼缘宽度。

注意：显示挠度计算结果菜单中，增加了“计算书”命令。“计算书”输出挠度计算的中间结果，包括各工况内力、标准组合、准永久组合长期刚度、短期刚度，便于检查校核。

12. 裂缝图

单击“裂缝图”菜单，弹出“裂缝计算”对话框，如图 7.2.15 所示。“允许的裂缝限值”对应空白栏可填写，如果计算得到的裂缝宽度大于此值，图上将以红色显示。若勾选“考虑支座宽度对裂缝的影响”，程序在计算支座处裂缝时会对支座弯矩进行折减；若考虑了节点刚域的影响，则计算时不宜考虑此项折减。确定相关参数后，单击“确定”按钮，生成梁裂缝图。

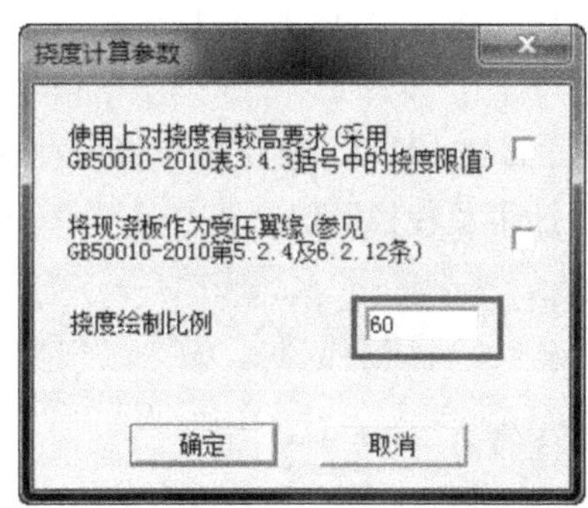

图 7.2.14　挠度计算参数对话框

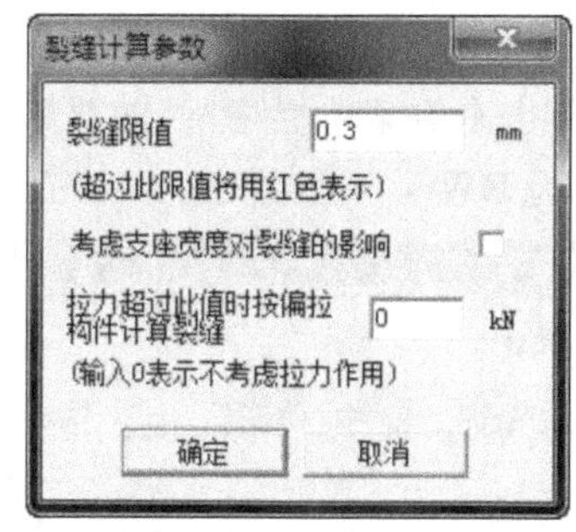

图 7.2.15　裂缝计算

提示：通过增大配筋面积、减少裂缝宽度不是经济有效的做法，通常钢筋面积增大很多，裂缝才能下降一点。其他办法如增大梁高或增加保护层厚度可有效减小裂缝宽度。

13. 配筋面积

单击“配筋面积”菜单可进行配筋面积查询，第一次进行配筋面积查询时出现的是计算配筋的面积。在“配筋面积”菜单下的子菜单中，“计算配筋”和“实际配筋”可互换。计算配筋面积是在所有归并梁中取较大值。

7.2.2 探索者中绘制梁施工图

以上在 PKPM 软件中得到的是梁施工图，以下在探索者软件中根据数据绘制出。

对梁进行配筋首先对应导出 PKPM 计算数据。打开 PKPM 软件，单击“STAWE”按钮，选择“分析结果图形和文本显示”选项，单击“应用”按钮即可进入 STAWE 后处理，界面如图 7.2.16 所示。选择第二项“混凝土构件配筋及钢构件验算简图”选项，界面如图 7.2.17 所示。

图 7.2.16 进入 STAWE 后处理

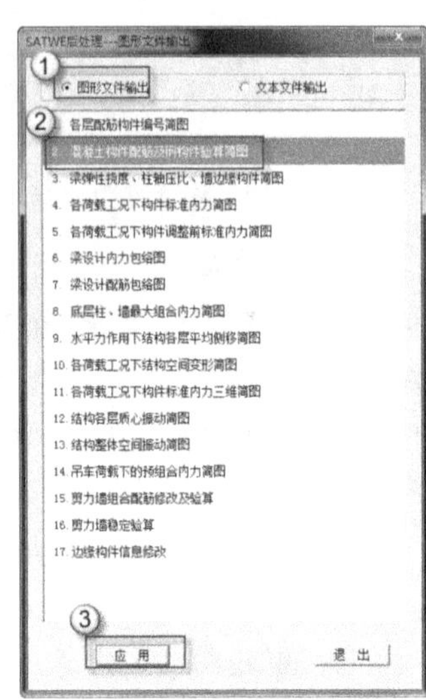

图 7.2.17 图形文本输出

进入 STAWE 后处理后，单击“应用”按钮即进入了“混凝土构件配筋及钢构件验算简图”。接下来将对 T 图进行转换，以便后面读图。具体步骤如下操作。

(1) 单击菜单栏“文件工具”按钮，选择“另存为”选项，会弹出如图 7.2.18 所示对话框，选择保存路径在桌面，注意文件格式，然后单击“保存”按钮。

(2) 单击右侧菜单栏中“回前菜单”，再单击“退出”按钮即可回到 PKPM 主界面。将另存在桌面上的 T 图转为 DWG 格式，单击“PMCAD”按钮，选择“图形编辑、打印及转换”选项，如图 7.2.19 所示。

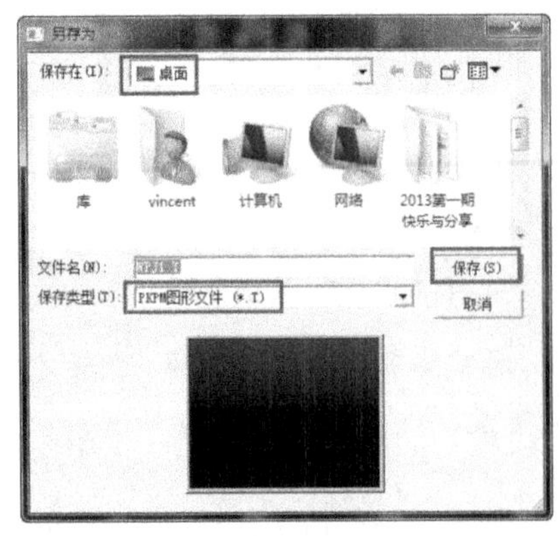

图 7.2.18 T 图另存为

图 7.2.19 PKPM 主界面

(3) 单击“应用”按钮，将会弹出“图形编辑、打印及转换”界面。界面出来后单击菜单栏上面的“工具”按钮，选择“T 图转 DWG”选项。选择要转格式的 T 图(保存在桌面)，单击“打开”按钮即完成了“T 图转 DWG”的操作。完成上述步骤后在 AutoCAD(或探索者)中打开该计算数据图，如图 7.2.20 所示。

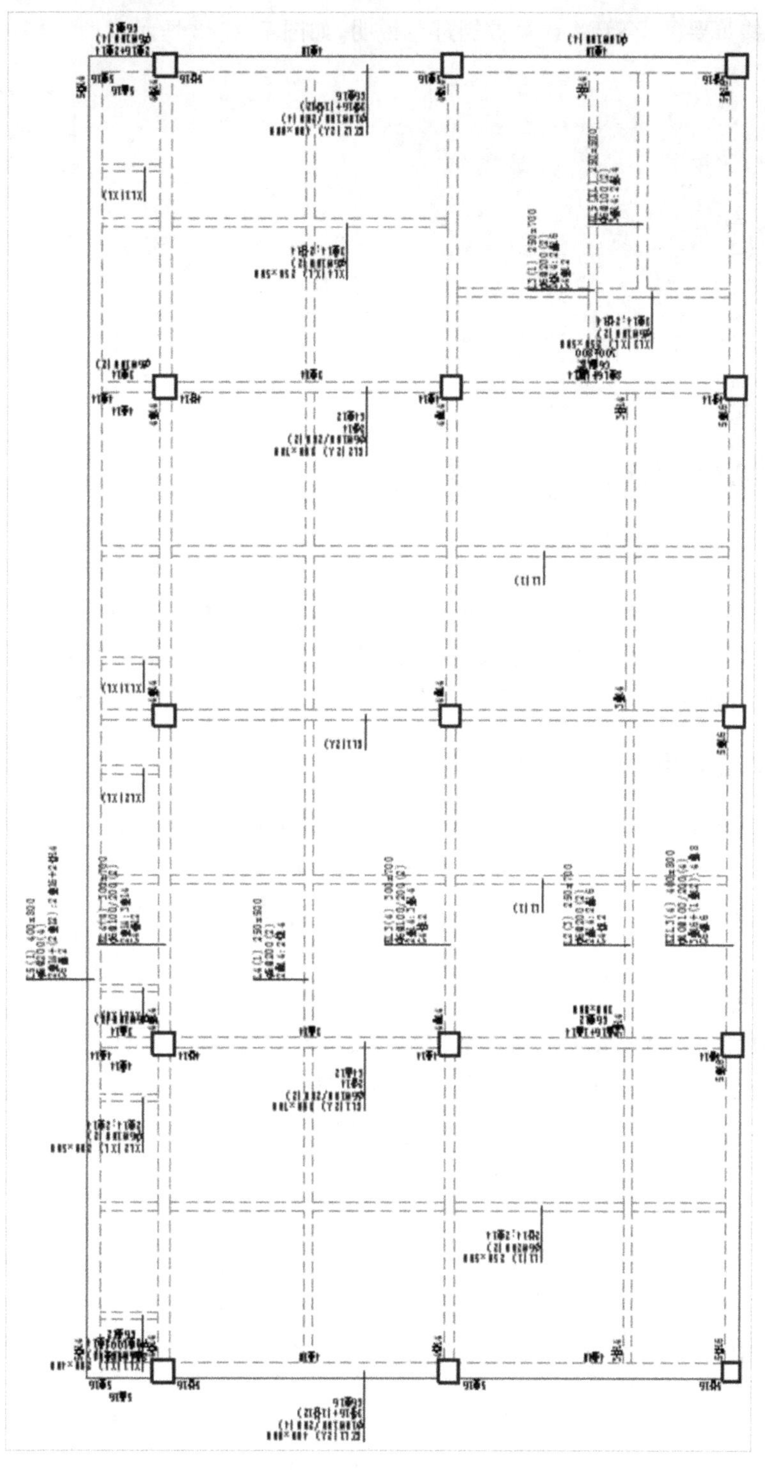

图 7.2.20　打开转换后的 DWG 图

接下来对 PKPM 的计算数据进行讲解，以便读者朋友更好地理解图上数据的含义。首先图形下面有一系列的说明，有混凝土强度等级，梁、柱以及墙的钢筋强度，还有梁的数量和层高，如图 7.2.21 所示。

下面开始对一些重要的 PKPM 计算数据进行说明，如图 7.2.22 所示。

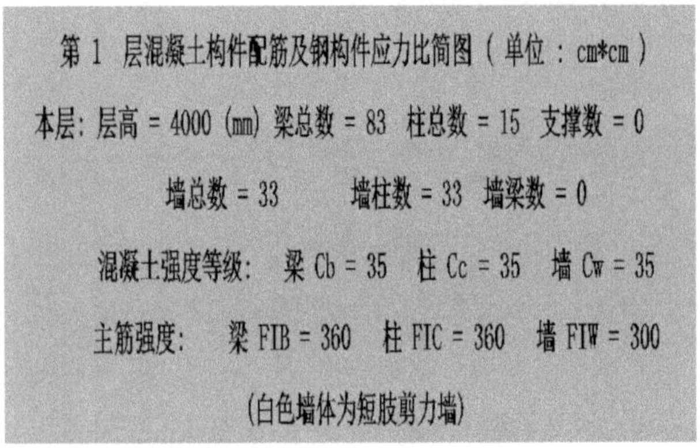
第 1 层混凝土构件配筋及钢构件应力比简图（单位：cm*cm）
本层：层高 = 4000 (mm) 梁总数 = 83 柱总数 = 15 支撑数 = 0
墙总数 = 33 墙柱数 = 33 墙梁数 = 0
混凝土强度等级：梁 Cb = 35 柱 Cc = 35 墙 Cw = 35
主筋强度：梁 FIB = 360 柱 FIC = 360 墙 FIW = 300
(白色墙体为短肢剪力墙)

图 7.2.21 计算简图说明

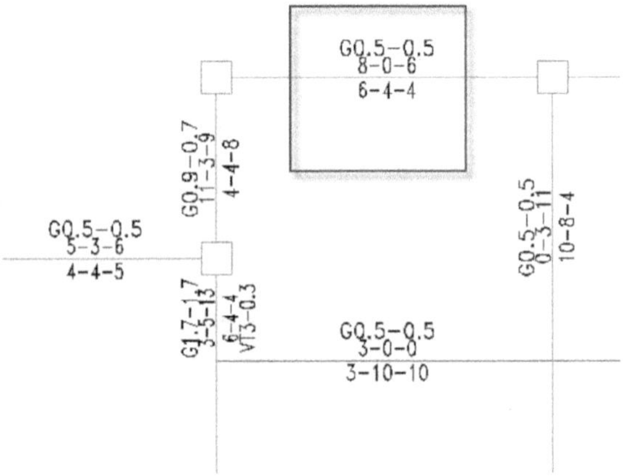
G0.5-0.5
8-0-6
6-4-4
G0.9-0.7
11-3-9
4-4-8
G0.5-0.5
5-3-6
4-4-5
G1.7-1.7
3-5-13
6-4-4
VT3-0.3
G0.5-0.5
3-0-0
3-10-10
G0.5-0.5
0-3-11
10-8-4

图 7.2.22 梁 PKPM 计算数据

“G0.5-0.5”表示梁跨左端箍筋面积 50 mm^2，梁跨右端箍筋面积 50 mm^2。“8-0-6”表示梁跨左端面筋面积 800 mm^2，梁跨右端面筋面积 600 mm^2。同理“6-4-4”表示梁下部受拉钢筋面积。根据 PKPM 计算数据再运用探索者软件进行配筋。梁的施工图按《平面整体表示方法制图规则和构造详图》绘制。

7.2.3 梁平法施工图平面注写

梁平法施工图系在梁平面布置图上采用平面注写方式或截面注写方式表达。梁平面布置图，应分别按梁的不同结构层（标准层），将全部梁和与其相关联的柱、墙、板一起采用适当比例绘制；在梁平法施工图中，应按《平面整体表示方法制图规则和构造详图》规则规定注明各结构层的顶面标高及相应的结构层号。

1. 平面注写方式

用在梁平面布置图上，分别在不同编号的梁中各选一根梁，在其上注写截面尺寸具体数值的方式来表示梁平法施工图；平面注写包括集中标注与原位标注，集中标注表达梁的通用数值，原位标注表达梁的特殊数值。当集中标注中的某项数值不适用于梁的某部位时，则将该项数值原位标注，施工时，原位标注取值优先，如图 7.2.23 所示。

框架梁设计应符合下列要求。

(1) 抗震设计时，计入受压钢筋作用的梁端截面混凝土受压区高度与有效高度之比值，一级不应大于 0.25，二、三级不应大于 0.35。

(2) 纵向受拉钢筋的最小配筋百分率，非抗震设计时，不应小于 0.2 和 $45f_t/f_y$ 两者的较大值；抗震设计时，不应小于表 7.2.2 规定的数值。

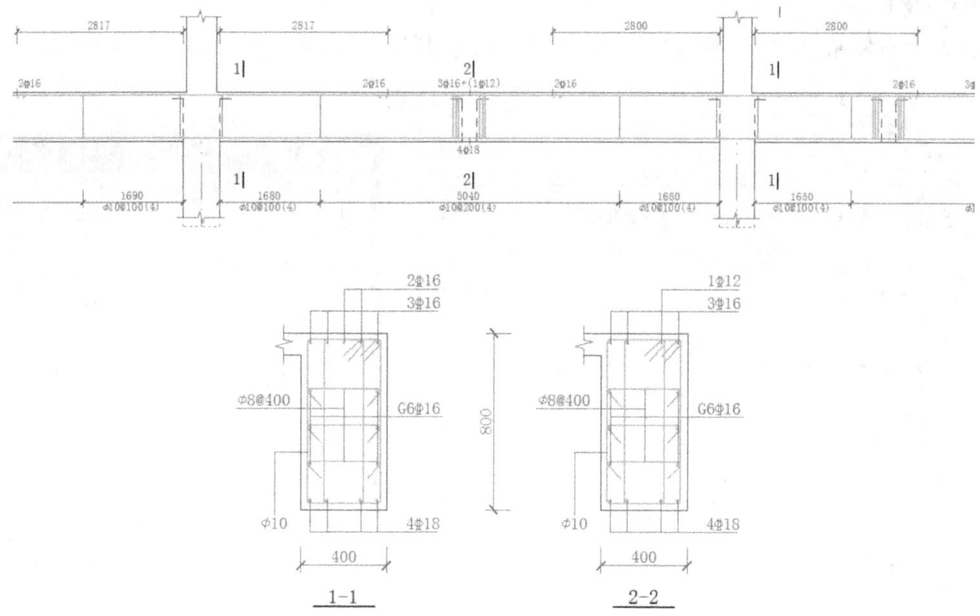

图 7.2.23　平面注写方式

表 7.2.2　梁纵向受拉钢筋最小配筋百分率

抗 震 等 级	位　　置	
	支座(取较大值)	跨中(取较大值)
一级	0.40 和 $80f_t/f_y$	0.30 和 $65f_t/f_y$
二级	0.30 和 $65f_t/f_y$	0.25 和 $55f_t/f_y$
三级	0.25 和 $55f_t/f_y$	0.20 和 $45f_t/f_y$

(3) 抗震设计时,梁端截面的底面和顶面纵向钢筋截面面积的比值,除按计算确定外,一级不应小于 0.5,二、三级不应小于 0.3。

(4) 抗震设计时,梁端箍筋的加密区长度、箍筋最大间距和最小直径应符合表 7.2.3 的要求;当梁端纵向钢筋大于 2%时,表中箍筋最小直径应增大 2 mm。

表 7.2.3　梁端箍筋加密区的长度、箍筋最大间距和最小直径　　单位:mm

抗 震 等 级	加密区长度	箍筋最大间距	箍筋最小直径
一	$2.0h_b$,500	$h_b/4$,$6d$,100	10
二	$2.0h_b$,500	$h_b/4$,$8d$,100	8
三	$2.0h_b$,500	$h_b/4$,$8d$,150	8
四	$2.0h_b$,500	$h_b/4$,$8d$,150	6

注:① d 为纵向钢筋直径,h_b 为梁截面高度;

② 一、二级抗震等级框架梁,当箍筋直径大于 12 mm、肢数不小于 4 肢且肢距不大于 150 mm 时,箍筋加密区最大间距应允许适当放松,且不应大于 150 mm。

2. 绘制结构施工图

了解了《平面整体表示方法制图规则和构造详图》后,就可以开始对梁的施工图进行绘制。首先打开地下裙楼部分结构图,地下裙楼结构图如图 7.2.24 所示。

(1) 集中标注。

单击探索者右侧菜单栏的“梁绘制”按钮，选择“梁集中标注”选项。将会弹出梁集中标注对话框，如图 7.2.25 所示。

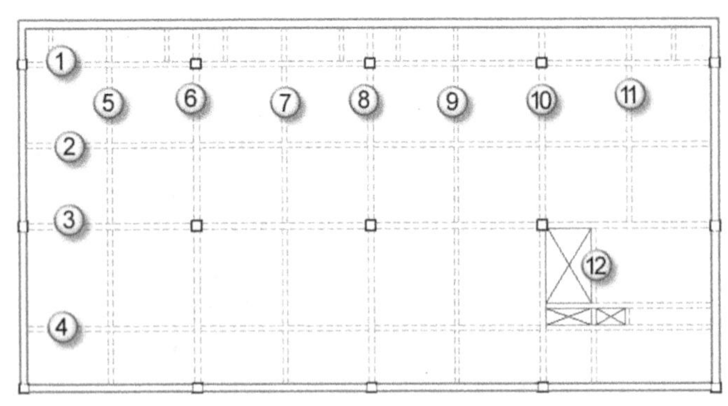

图 7.2.24　地下裙楼结构图

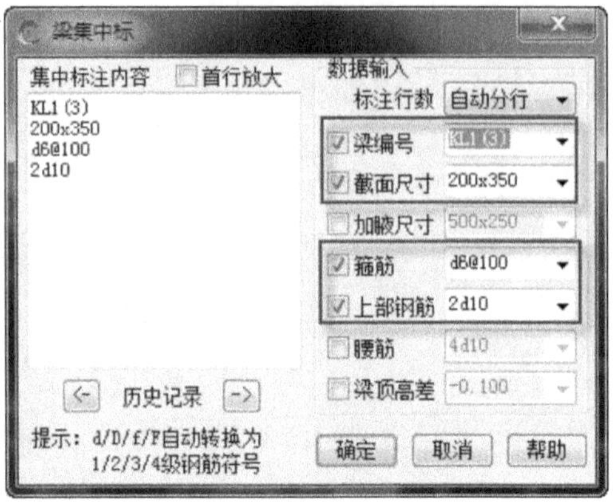

图 7.2.25　梁集中标注对话框

在对话框中，系统会自动给梁的配筋信息进行标注。用户应根据 PKPM 的计算数据对梁的配筋进行计算。然后在对话框的相应的栏中填入手动计算的数据。最后再标注在结构图上。用户输入数据后，单击“确定”按钮。

按照软件给的提示，“选取梁的一条边”后，则单击梁的一条边，然后用鼠标单击梁的一侧即完成给梁的集中标注，如图 7.2.26 所示。

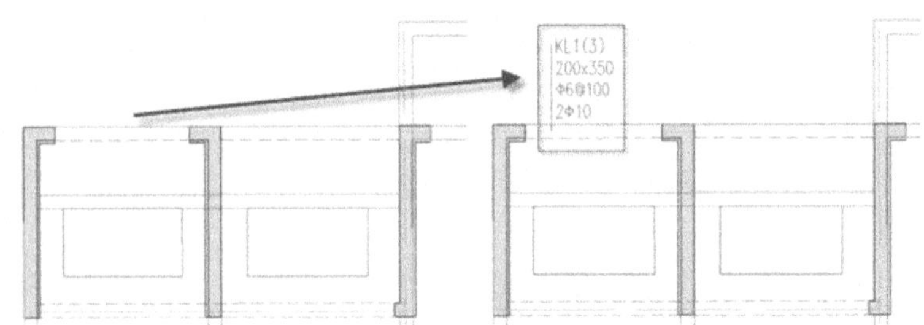

图 7.2.26　梁集中标注

上述例子讲述了对梁集中标注的一般操作，原位标注步骤类似集中标注的操作步骤。下面开始对地下主楼梁进行标注。打开 T 图转的 DWG PKPM 计算简图，根据计算结果进行梁的配筋。计算数据如图 7.2.27 所示。

(2) 配箍筋。

梁中箍筋的最大间距宜符合规定。

◇ 当 $V>0.7f_tbh_0+0.05N_{p0}$ 时，箍筋的配筋率 ρ_{sv}($\rho_{sv}=A_{sv}/b_s$)尚不应小于 $0.24f_t/f_{yv}$。

◇ 当梁中配有按计算需要的纵向受压钢筋时，箍筋应做成封闭式；此时，箍筋的间距不应大于 $15d$(d 为纵向受压钢筋的最小直径)，同时不应大于 400 mm。

◇ 当一层内的纵向受压钢筋多于 5 根且直径大于 18 mm 时，箍筋间距不应大于 $10d$。

◇ 当梁的宽度大于 400 mm 且一层内的纵向受压钢筋多于 3 根时，或当梁的宽度不大于 400 mm 但一层内的纵向受压钢筋多于 4 根时，应设置复合箍筋。

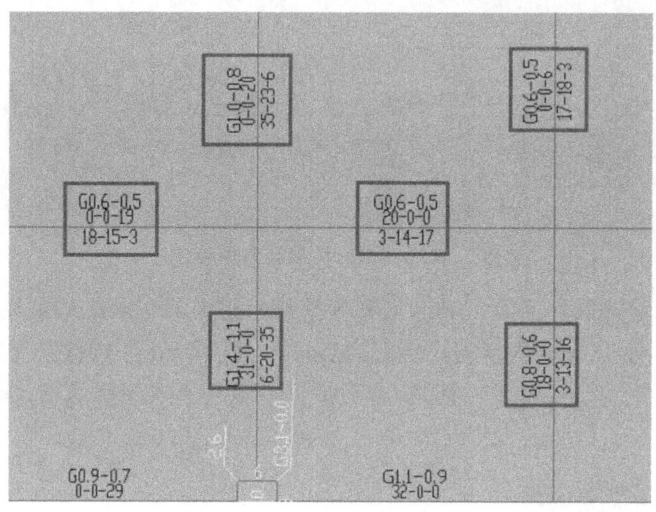

图 7.2.27　PKPM 计算简图

◇ 对截面高度 $h>800$ mm 的梁，其箍筋直径不宜小于 8 mm；对截面高度 $h\leqslant 800$ mm 的梁，其箍筋直径不宜小于 6 mm。梁中配有计算需要的纵向受压钢筋时，箍筋直径不应小于纵向受压钢筋最大直径的 0.25 倍。

梁的截面尺寸为 250×500。根据上述规定，PKPM 计算箍筋的面积，则选取箍筋直径为 8 mm、间距为 200 的双肢箍，选好箍筋后进行面筋的选取，根据 PKPM 计算面筋的面积。查钢筋表附表 4，选取 3 根直径为 16 的钢筋。拉力筋的计算面积，查钢筋表可得拉筋选取 3 根直径为 16 的钢筋。

重复上述步骤，根据 PKPM 计算数据对梁进行配筋。

3. 梁配筋的一般步骤

梁的配筋步骤为：查看 PKPM 计算数据→通过数据选用钢筋→查钢筋表→用探索者绘制梁的配筋。下面继续对梁进行配筋，打开 PKPM 计算简图，如图 7.2.28 所示。

(1) ①号框架梁，箍筋选取直径为 8 mm，加密区箍筋间距为 100 mm，非加密区箍筋间距为 200 mm 双肢箍，上部面筋选取 2 根 16 mm 的钢筋，下部底筋选取 3 根 16 mm 的钢筋。打开 TSSD 探索者软件，单击“集中标记”弹出如图 7.2.29 所示对话框，在对话框中输入上述配筋信息，标注在相应的梁上，如图

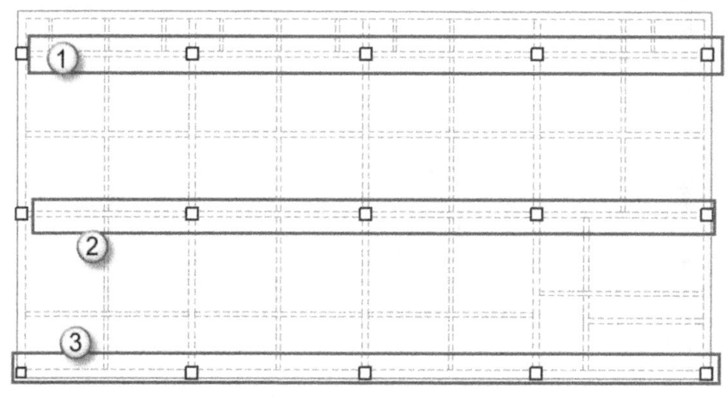

图 7.2.28　梁计算简图

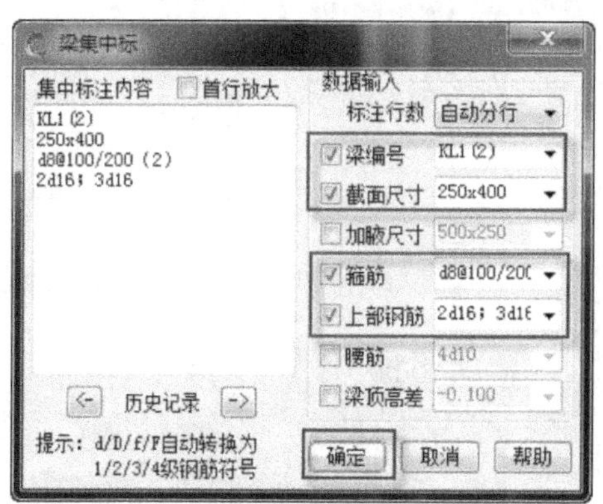

图 7.2.29　①号框架梁集中标注

7.2.30所示。

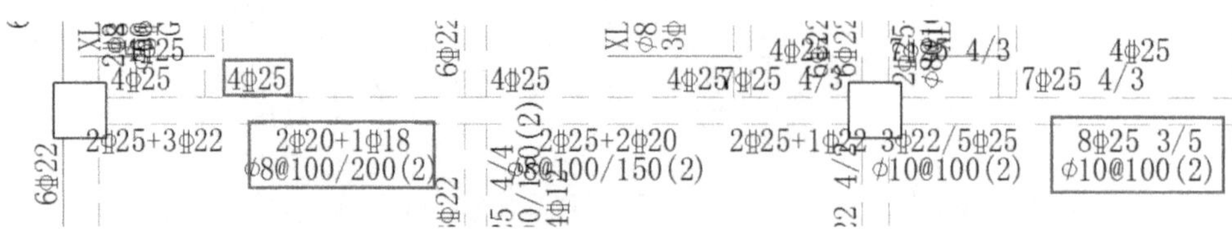

图 7.2.30　①号框架梁集中标注

(2) ②号框架梁，箍筋选取直径为 8 mm，加密区箍筋间距为 100 mm，非加密区箍筋间距为 200 mm 双肢箍，上部面筋选取 2 根 18 mm 的钢筋，下部底筋选取 4 根 16 mm 的钢筋。打开 TSSD 探索者软件，单击“集中标记”弹出如图 7.2.31 所示对话框，在对话框中输入上述配筋信息，标注在相应的梁上，如图 7.2.32 所示。

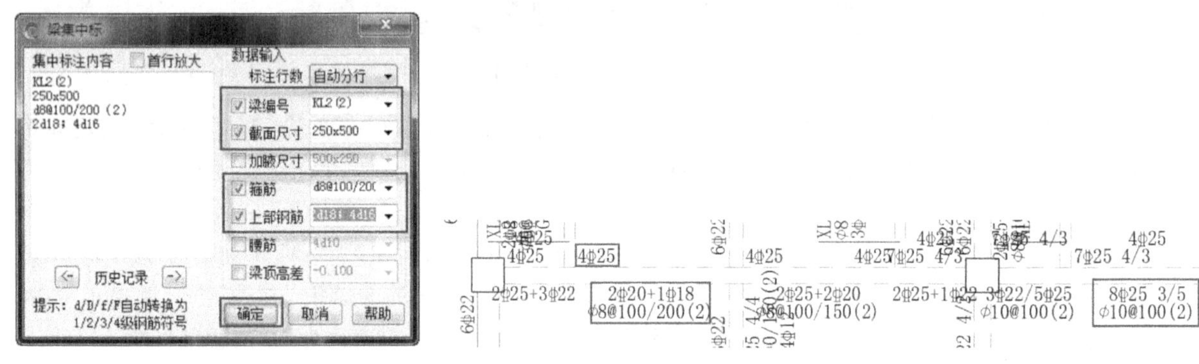

图 7.2.31　②号框架梁集中标注　　　　图 7.2.32　②号框架梁配筋

(3) ③号框架梁，箍筋选取直径为 8 mm，加密区箍筋间距为 100 mm，非加密区箍筋间距为 200 mm 双肢箍，上部面筋选取 3 根 16 mm 的钢筋，下部底筋选取 3 根 16 mm 的钢筋。打开 TSSD 探索者软件，单击“集中标记”弹出如图 7.2.33 所示对话框，在对话框中输入上述配筋信息，标注在相应的梁上，如图 7.2.34所示。

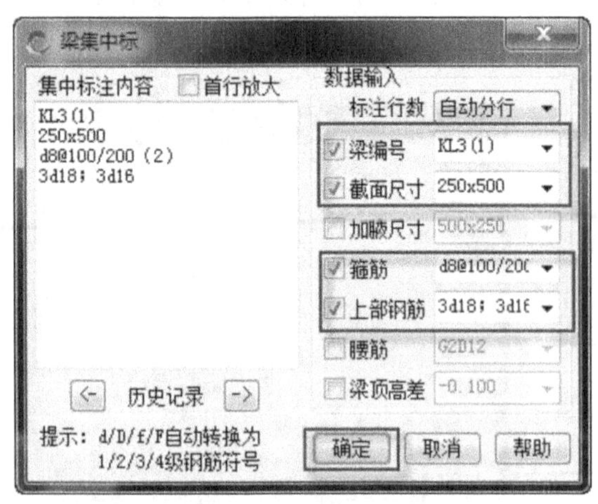

图 7.2.33　③号框架梁集中标注

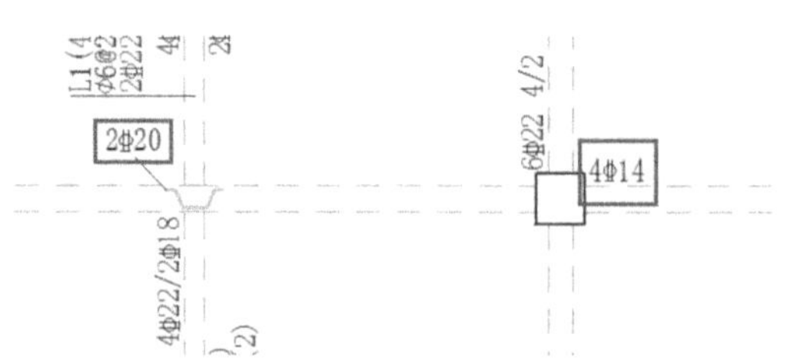

图 7.2.34　③号框架梁配筋

综合上述梁钢筋的绘制，即完成了一小部分梁的配筋标注，如图 7.2.35 所示。

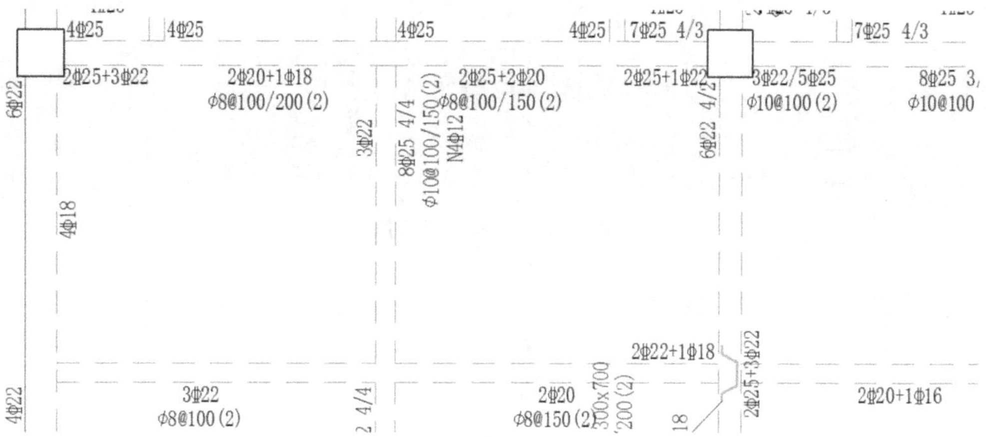

图 7.2.35　部分梁集中标注

梁施工图中不会完全是集中标注类型，有一部分是原位标注。原位标注是梁的另一种标注形式。当集中标注中的某项数值不适用于梁的某部位时，则将该数值原位标注，施工时，原位标注取值优先。梁原位标注的内容规定如下。

◇ 梁支座上部纵筋

该部位含通长筋在内的所有纵筋；当上部纵筋多于一排时，用斜线“/”将各排纵筋自上而下分开；当同排纵筋有两种直径时，用加号“＋”将两种直径的纵筋相连，注写时将角部纵筋写在前面，如图7.2.36 所示。

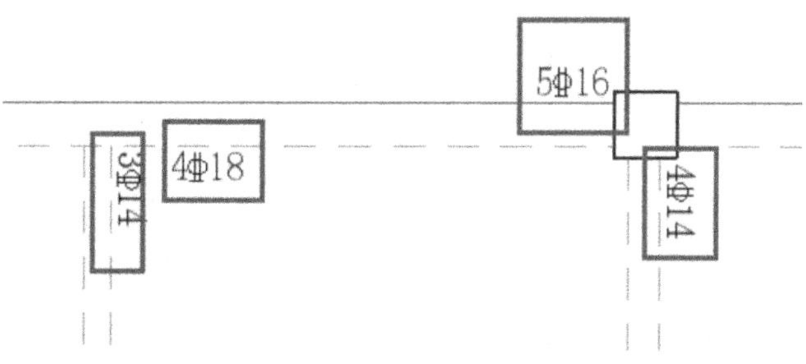

图 7.2.36　梁原位标注

◇ 梁下部纵筋

当下部纵筋多于一排时，用斜线“/”将各排纵筋自上而下分开；当同排纵筋有两种直径时，用加号“＋”将两种直径的纵筋相连，注写时将角部纵筋写在前面；当梁下部纵筋不全伸入支座时，将梁支座下部纵筋减少的数量写在括号内，如图 7.2.37 所示。

注意：当梁的集中标注中已按上述原则分别注写了梁上部和下部均为通长的纵筋值时，则不需在梁下部重复做原位标注。

◇ 附加钢筋或吊筋

将其直接画在平面图中的主梁上，用线引注总配筋值(附加箍筋的肢数注在括号内)，如图 7.2.38 所示。当多数附加箍筋或吊筋相同时，可在梁平法施工图上统一注明，少数与统一注明值不同时，再原位引注。

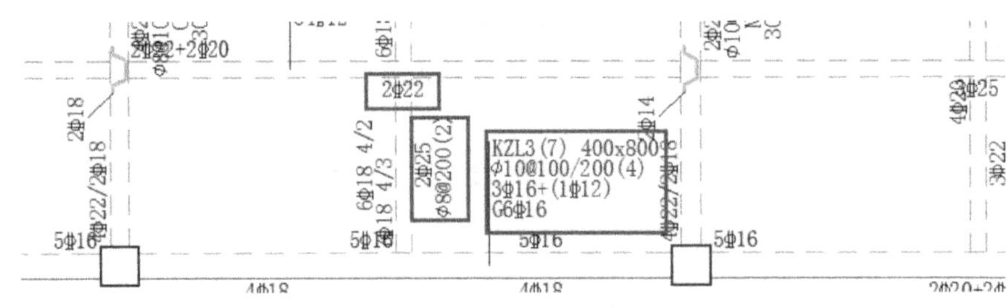

图 7.2.37　梁下部钢筋

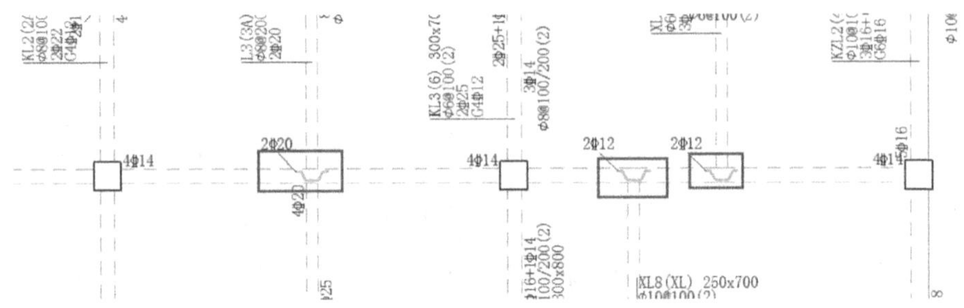

图 7.2.38　附加箍筋和吊筋的画法示意图

4. 原位标注

按照上述原位标注原则，下面通过对结构梁施工图的一些原位标注作实例进行讲解。打开 PKPM 计算数据，如图 7.2.39 所示。

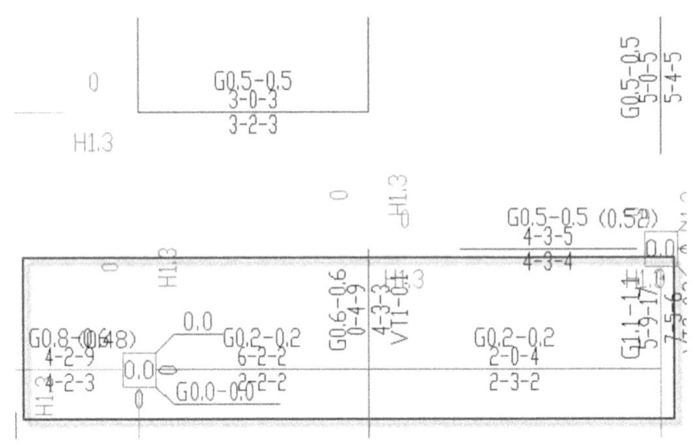

图 7.2.39　PKPM 计算简图

查看计算数据，首先对梁进行集中标注。选取箍筋 8 mm，加密区为 100 mm，非加密区为 200 mm 的双肢箍，上部纵筋选取 2 根 18 mm 的钢筋，下部纵筋选取 3 根 16 mm 的钢筋，单击“集中标注”按钮，在对话框中输入计算数值。如图 7.2.40 所示，输入完成后单击“确定”按钮，开始标注。

(1) ①号梁原位标注。

①号梁跨左端上部纵筋配 2 根直径 18 mm 和 2 根直径 16 mm 的钢筋，左边一跨梁箍筋选取直径为 10 mm 的钢筋，加密区为 100 mm，非加密区为 150 mm 的双肢箍。

单击“梁原位标”按钮，将会弹出“文字输入”对话框。输入计算配置的梁上部纵筋，如图 7.2.41 所示。

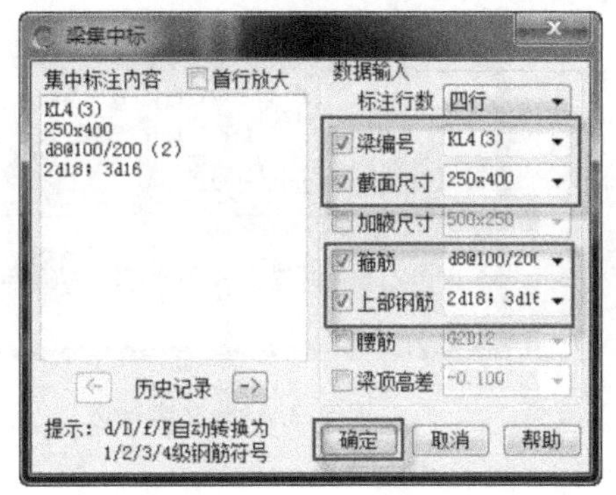

图 7.2.40　梁集中标注

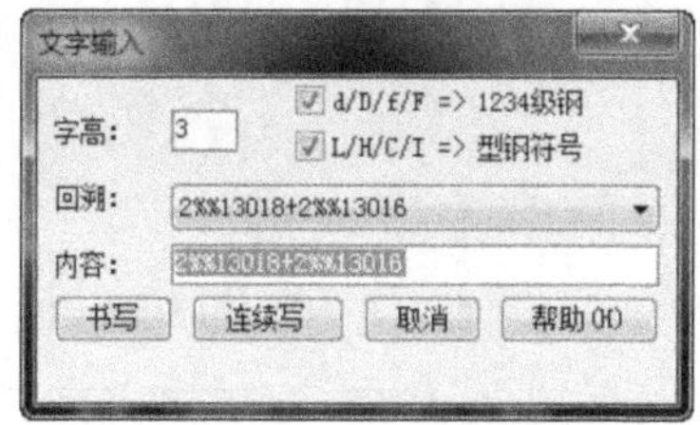

图 7.2.41　梁原位标注对话框

输入计算配置的梁上部纵筋，单击“书写”按钮即可在梁上进行原位标注，如图 7.2.42 所示。

(2) ②号梁原位标注。

根据 PKPM 计算结果，②号框架梁选取箍筋为直径 6 mm、箍筋间距 200 mm 的双肢箍。单击“梁原位标”按钮，输入修改数据，如图 7.2.43 所示。

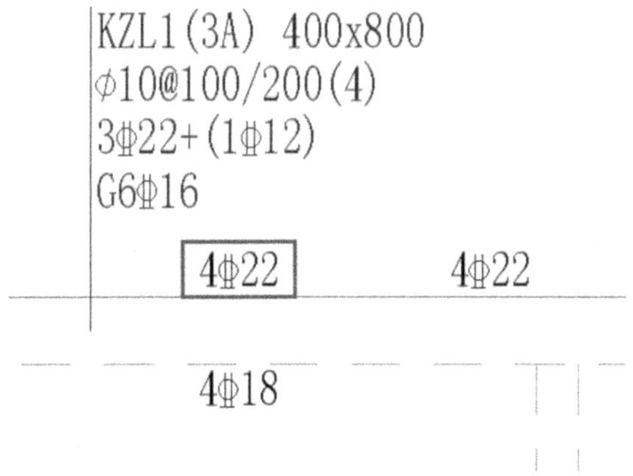

图 7.2.42　框架梁上部纵筋

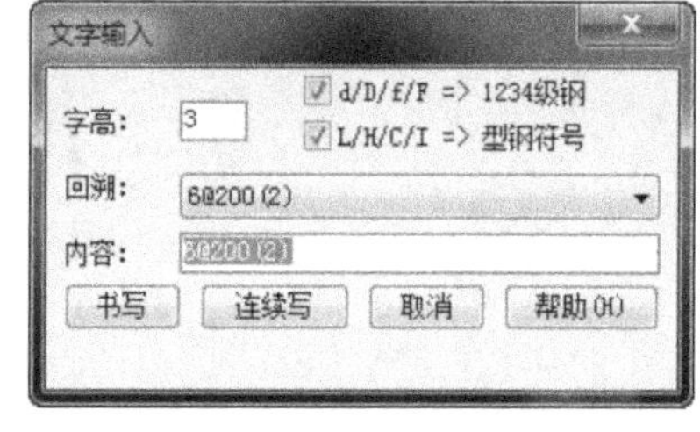

图 7.2.43　文字输入

单击“书写”按钮即可对梁进行原位标注，如图 7.2.44 所示。

(3) ③号梁原位标注。

接着开始对③号梁进行钢筋的配置。由 PKPM 计算数据可选择 2 根直径为 18 mm 加 2 根直径为 20 mm 的钢筋。单击“梁原位标”按钮，输入钢筋截面面积。如图 7.2.45 所示，单击“书写”按钮，对梁进行原位标注。标注图如图 7.2.46 所示。

完成上述配筋步骤后，即完成了部分梁的配筋。配筋完成后如图 7.2.47 所示。

5. 截面注写

截面注写方式，系在分标准层绘制的梁平面布置图上，分别在不同编号的梁中各选择一根梁用剖面号引出配筋图，并在其上注写截面尺寸和配筋具体数值，以此来表达梁平法施工图。

下面对梁的截面注写方式和梁截面的绘制进行讲解，操作步骤如下。

首先打开 TSSD 探索者软件，打开平面布置图，如图 7.2.48 所示。

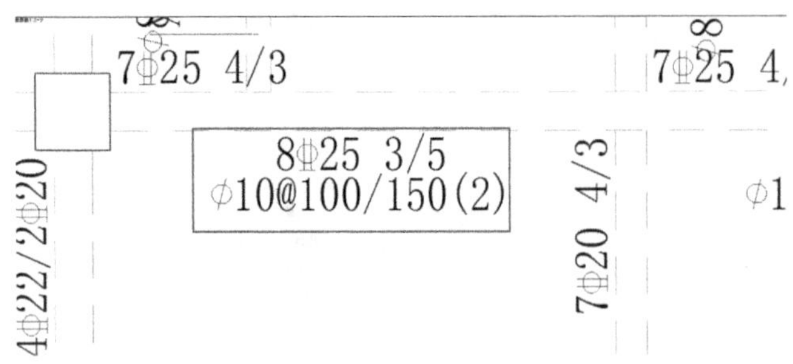

图 7.2.44 梁原位标注

图 7.2.45 文字输入

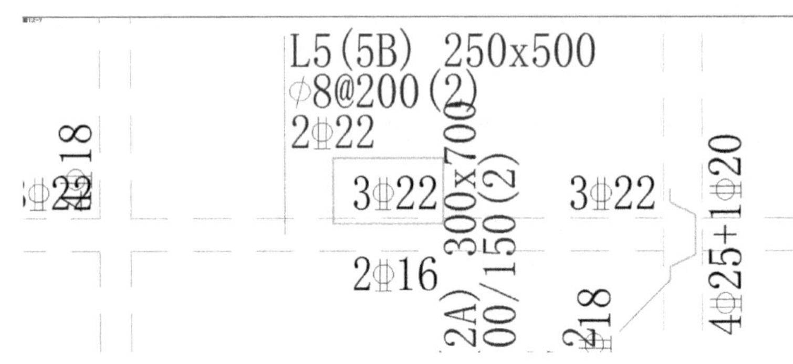

图 7.2.46 3 号梁原位标注

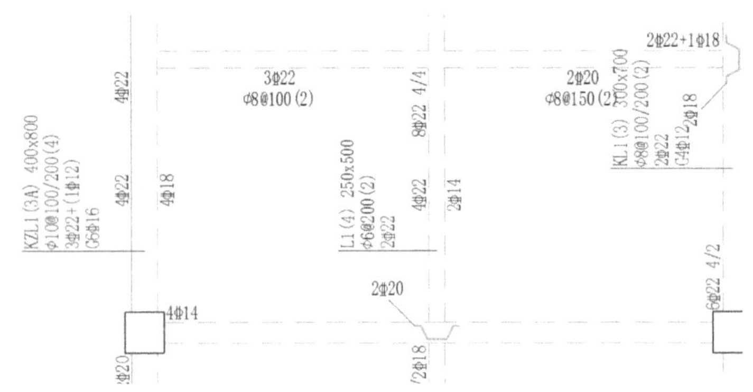

图 7.2.47 部分梁配筋标注

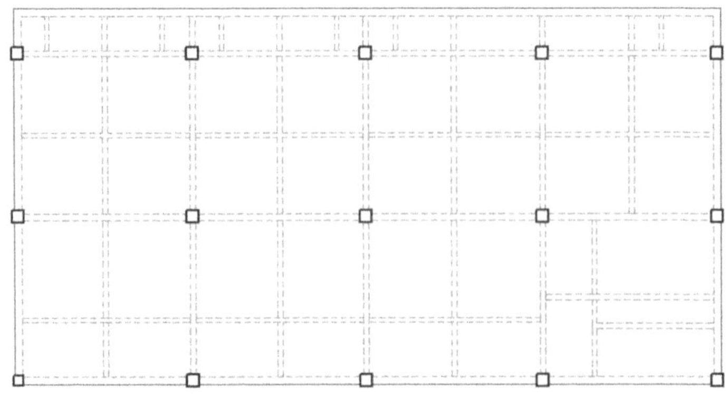

图 7.2.48 裙楼地下平面布置图

参照 PKPM 中的梁配筋图，如图 7.2.49 所示。

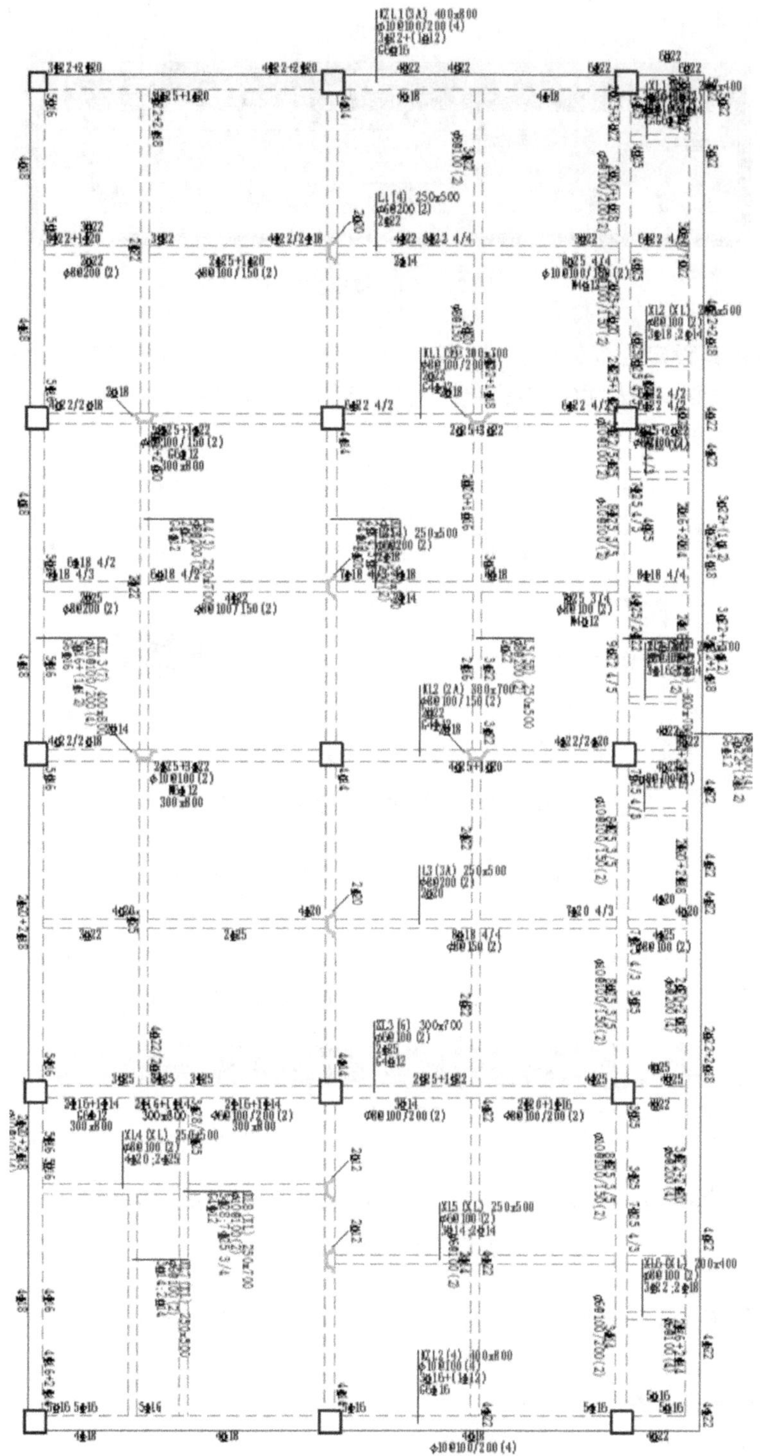

图 7.2.49　梁配筋图

双击需要更改集中标注第一行的内容，弹出一个编辑文字对话框，可以在其中对文字进行更改，如图 7.2.50 所示。

图 7.2.50　编辑文字

此梁为框架梁，将其设定为框架梁①，即 KL1，梁的截面尺寸为 200×500，故编辑文字中输入的内容应为“KL1(1)200×500”，输入文字，单击确定，文字更改完成，如图 7.2.51 所示。

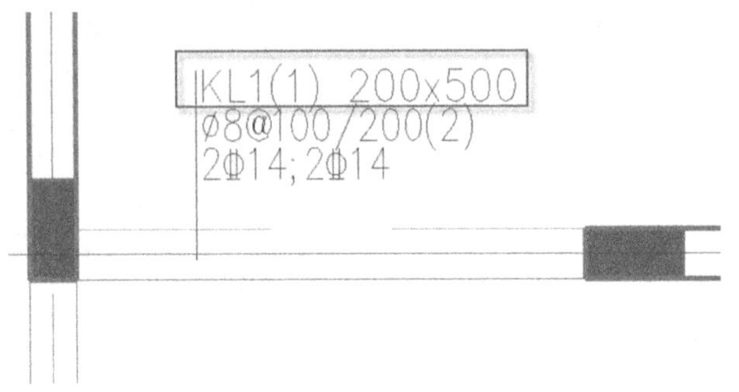

图 7.2.51　更改第一行文字内容

第二行为箍筋配筋，此段梁计算的箍筋为 ϕ8@100/200，双肢箍，与此复制内容相同，不需要更改，如若更改，方法与上一步骤相同。

第三行文字为梁上部钢筋和下部钢筋的内容，经计算，此段梁上部采用 3 根 ϕ16 钢筋，下部采用 2 根 ϕ16 钢筋。双击第三行文字，在弹出的编辑文字对话框中更改内容，如图 7.2.52 所示。

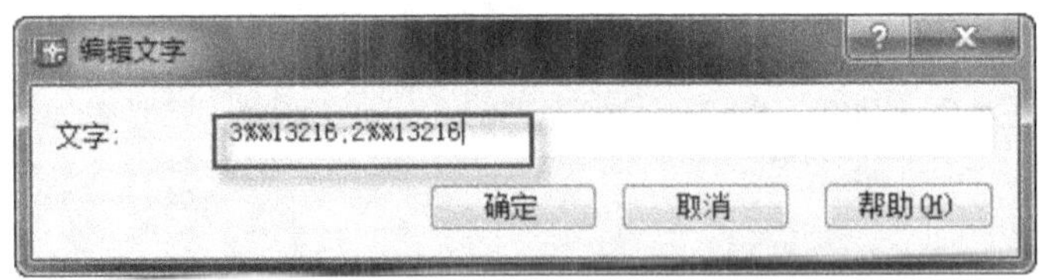

图 7.2.52　更改第三行文字内容

注意：在 TSSD 软件中，一级钢筋符号为%%130，二级钢筋符号为%%131，三级钢筋符号为%%132。

框支梁的配筋布置图如图 7.2.53 所示。

框梁的配筋布置图如图 7.2.54 所示。

同样的，斜梁和普通梁进行梁施工图配置时可以对其进行编号，同类梁只布置一个，其余部分使用其相同代号表示同样布置，如图 7.2.55 和图 7.2.56 所示。

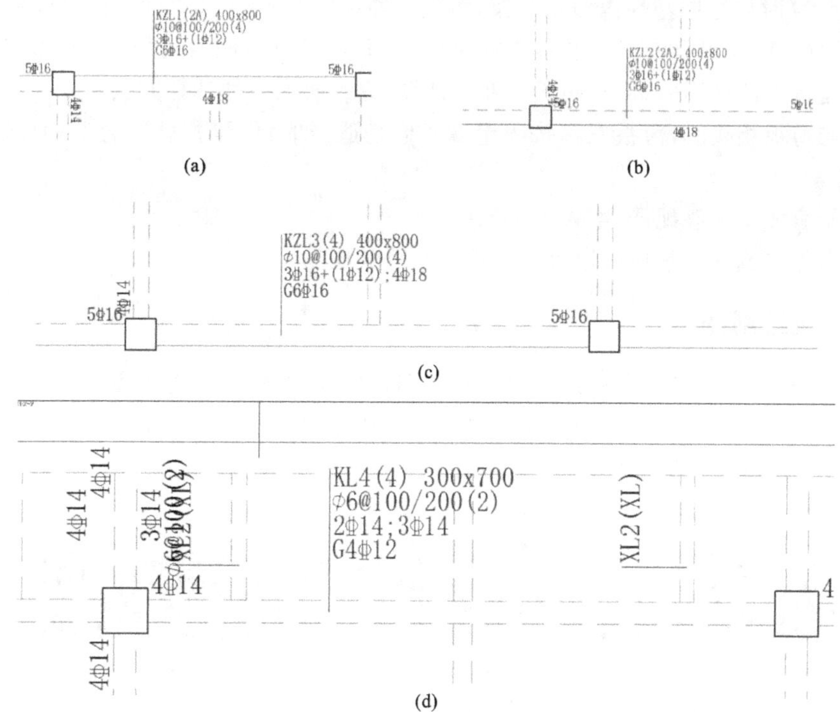

图 7.2.53　部分框梁配筋布置图

图 7.2.54　框梁配筋布置

图 7.2.55　斜梁钢筋布置

图 7.2.56　普通梁钢筋布置

7.3　板施工图(结构平面图)

在板计算中，8 m 以下的板均可以采用非预应力板，一般可按塑性计算，尤其是基础底板和人防结构，但结构自防水不允许出现裂缝和对防水要求严格的建筑，如坡屋项、平屋顶、厨厕、配电间等应采用弹性计算。配筋计算时可考虑塑性内力重分布,将板上筋乘以 0.8～0.9 的折减系数,将板下筋乘以 1.1～1.2 的放大系数。可采用 PMCAD 软件自动生成,但 PMCAD 生成的板配筋图应注意以下几点。

(1) 单向板是按塑性计算的,而双向板按弹性计算,宜改成同一种计算方法。

(2) 当厚板与薄板相接时,薄板支座按固定端考虑是适当的,但厚板就不合适,宜减小厚板支座配筋,增大跨中配筋。

(3) 非矩形板宜减小支座配筋,增大跨中配筋。

(4) 房间边数过多或凹形板应采用有限元程序验算其配筋。

7.3.1 PKPM 板绘制图

打开 PKPM 软件,在 PKPM 主界面,单击“结构”按钮,选择界面右侧主菜单下的“PMCAD”选项,单击“画结构平面图”选项,保持工作目录不变,单击“应用”按钮,如图 7.3.1 所示。进入板配筋图绘制环境,屏幕显示首层结构平面布置模板图。

图 7.3.1 PKPM 主界面

1. 板参数设置

单击“计算参数”,弹出楼板配筋参数对话框,可对板配筋计算参数、板钢筋级配表、连板及挠度参数进行设置,如图 7.3.2 所示,本例题全部参数取初始值,点击“确定”按钮。

单击“绘图参数”,弹出绘图参数对话框,如图 7.3.3 所示,本例题全部参数取初始值,点击“确定”按钮,其中部分参数含义如下。

(1) 多跨负筋长度:可以直接选取“1/4 跨长”或“1/3 跨长”,若选取“程序内定”,跨长与恒载和活载的比值有关,当可变荷载标准值小于等于永久荷载标准值时,负筋长度取跨度的 1/4,反之,则取跨度的 1/3。

(2) 钢筋标注采用简化标注:用 A,B,C,D,E 分别表示 HPB235,HRB335,HRB400,RRB400 和冷轧带肋钢筋。

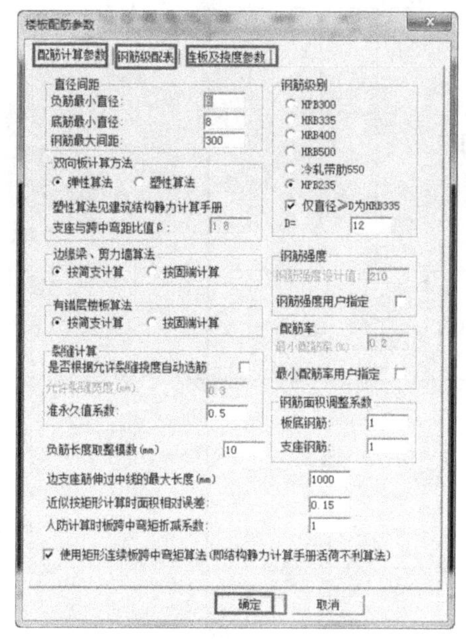

图 7.3.2　楼板配筋参数对话框

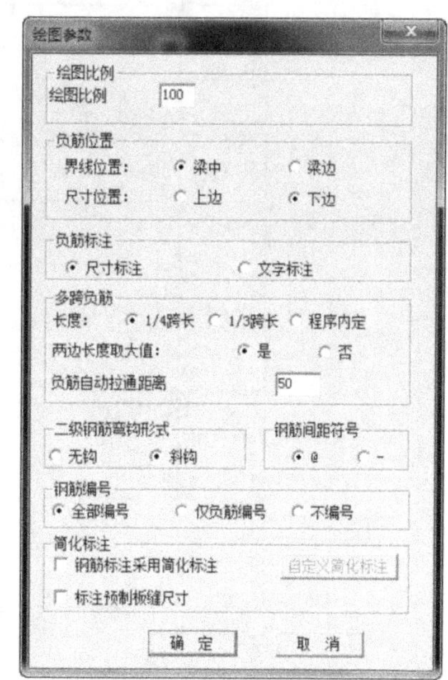

图 7.3.3　绘图参数对话框

2. 楼板计算

单击“楼板计算”，程序按设置的参数进行楼板配筋计算，本例题楼板计算结果简图如图 7.3.4 所示。

单击“楼板计算\显示边界”，显示程序自动设定的楼板边界条件，如果与实际情况不符合可以修改。楼板条件共有三种选择：固定边界、简直边界和自由边界。此外，还可以修改板厚和楼板荷载。

单击“自动计算”，程序按用户新设置的楼板参数重新进行计算。

单击“楼板计算”子菜单下的各项命令，可以显示楼板计算的其他结果，如楼板弯矩、计算钢筋面积、实配钢筋面积、楼板裂缝、挠度、剪力和计算书等。

3. 板钢筋绘制

绘制楼板钢筋主要通过“楼板钢筋”子菜单的命令完成。程序提供多种楼板钢筋绘制方式，根据附表 1 来选择钢筋。

(1) 逐间布筋。单击“楼板钢筋\逐间布筋”点选或框选有代表性的房间画出楼板钢筋，其余相同配筋的房间可不再绘出，如图 7.3.5 所示。

(2) 绘制一根(对)楼板钢筋。单击“板底正筋”，选择布置板底筋的方向(X 方向或 Y 方向)，然后选择需布置板底筋的房间即可自动绘出板底钢筋，如图 7.3.6 所示。单击“支座负筋”，选择作为支座的梁、墙、次梁，即可自动绘制出负筋，如图7.3.7所示。

(3) 绘制补强钢筋。单击“补强正筋”或“补强负筋”程序自动在指定的区域内增加楼板正筋或负筋，如图 7.3.8 所示。

(4) 绘制通长楼板钢筋。单击“板底通长”或“支座通长”，程序自动在指定的多跨房间内布置通长正、负筋，若各个房间配筋不同则取最大值，如图 7.3.9 所示。

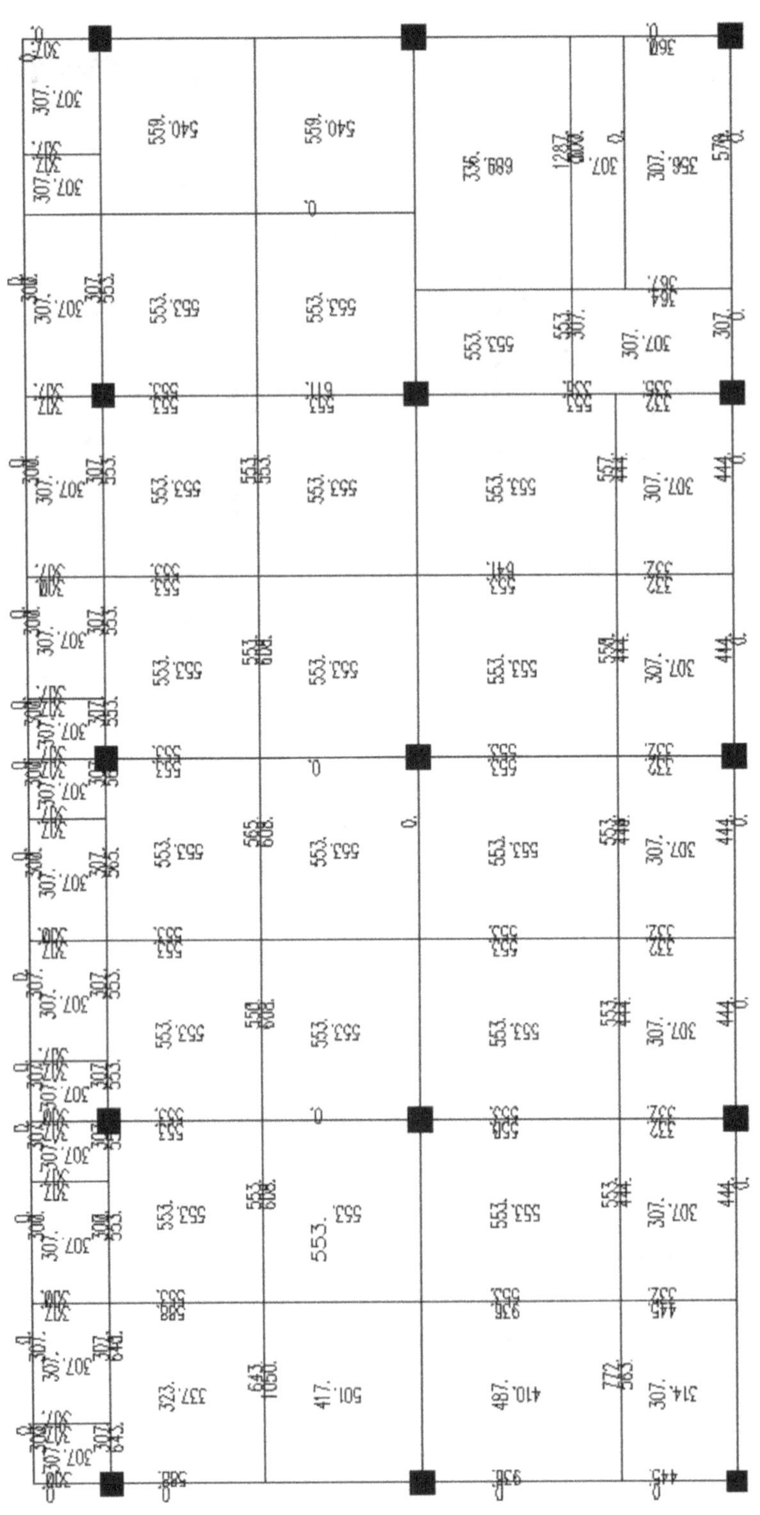

图 7.3.4　楼板计算结果简图

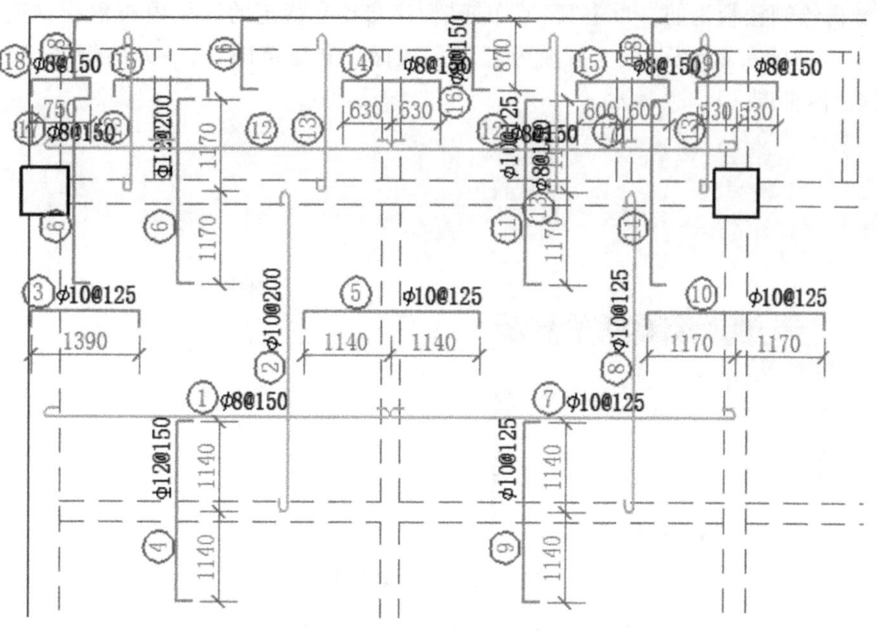

图 7.3.5　逐间布置

图 7.3.6　板底正筋对话框

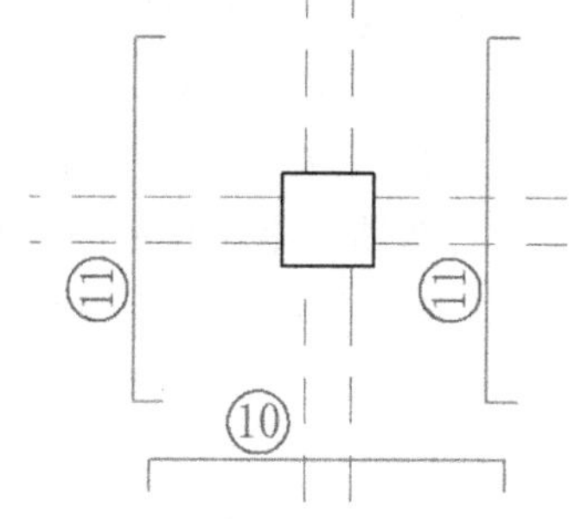

图 7.3.7　支座负筋

图 7.3.8　补强正筋对话框

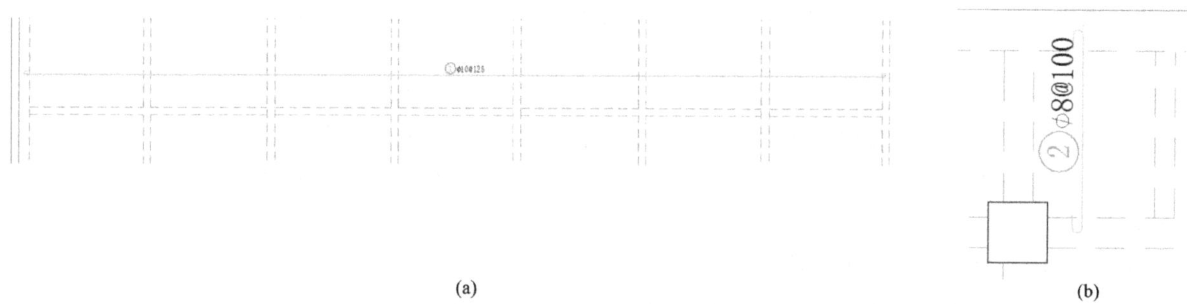

(a)　(b)

图 7.3.9　通长楼板钢筋

(a)板底通长；(b)支座通长

(5) 在区域内绘制楼板钢筋。单击“区域布筋”程序自动在指定的区域内布置板钢筋。区域钢筋通常标注垂直钢筋方向的布置范围，同一区域内可以多次标注布置范围，同一方向钢筋可以多次绘出，钢筋表不会重复统计，如图 7.3.10 所示。

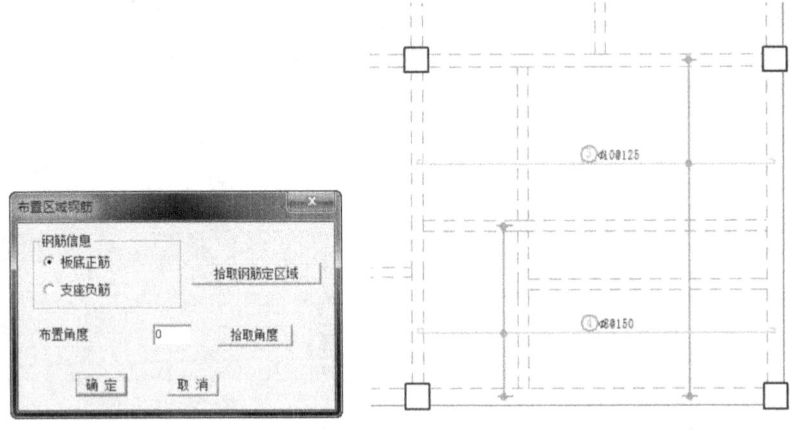

图 7.3.10　区域布筋

(6) 绘制标准间钢筋。单击“房间归并/自动归并”，程序将楼板配筋相同的房间归并为一类，统一编号。单击“定样板间”和“重画钢筋”，可仅在样板间绘制板钢筋，与其配筋相同的房间仅标注板号。

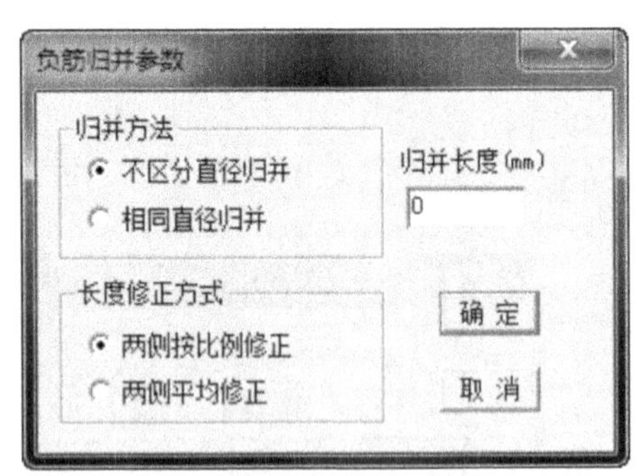

图 7.3.11　负筋归并

(7) 绘制楼板洞口附加钢筋。单击“洞口钢筋”，程序自动在指定的规则板洞周围边布置附加钢筋。

(8) 负筋归并。程序可对长短不等的支座负筋长度进行归并，归并长度由设计者在对话框中给出(见图 7.3.11)，对支座左右两端挑出的长度分别归并。但程序只对挑出长度大于 300 mm 的负筋才做归并处理，小于 300 mm 的挑出长度常常是支座宽度限制生成的长度。

归并方法主要是区分是否按相同直径归并，如选择“相同直径归并”，则按直径分组分别作归并，否则，不考虑钢筋直径的影响，按一组作归并。

提示：*支座负筋归并长度是指支座两边长度之和。*

(9) 钢筋编号。对于已绘制好的钢筋平面图，由于绘图过程中的随意性，从而造成钢筋编号从整体上来说，没有一定的规律性，想找某编号的钢筋需要反复寻找。此功能主要是对各钢筋重新按照指定的规律编号，编号时可指定起始编号、选定范围(点选、窗选、围栏选)、相应角度后，如图 7.3.12 所示，程序先对房间按规律排序，对于排好序的房间按照先板底再支座的顺序重新对钢筋编号。

(10) 房间归并。程序可对相同钢筋布置的房间进行归并。相同归并号的房间只在其中的样板间上绘出详细配筋值，其余只标上归并号。

单击“房间归并”菜单，弹出子菜单。

◇ 自动归并：程序对相同钢筋布置的房间进行归并，而后要单击“重画钢筋”菜单，屏幕弹出是否按楼板归并结果绘钢筋选择框，如图 7.3.13 所示。选择“是(Y)”按钮，程序只在样板间内绘钢筋；选择“否(N)”按钮，程序在每块楼板上绘钢筋。选择按钮后，屏幕左下角提示“请用光标点取房间，(按‘Tab’键窗选)”，选择后设计者可根据实际情况选择程序提示。

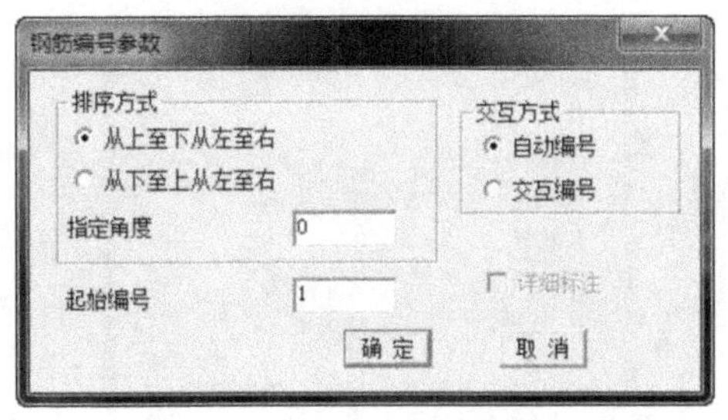

图 7.3.12　钢筋编号参数对话框

图 7.3.13　自动合并对话框

◇ 人工归并:对归并不同的房间,人为地指定某些房间与另一房间归并相同,而后要单击“重画钢筋”菜单。

◇ 定样板间:程序按归并结果选择某一房间为样板间来绘钢筋详图。为了避开钢筋密集的情况,可人为指定样板间的位置。

提示:此菜单操作后要单击“重画钢筋”菜单,程序才能将详图布置到指定的样板间内。

(11) 钢筋表。执行“钢筋表”菜单,则程序自动生成钢筋表,上面会显示出所有已编号钢筋的直径、间距、级别、单根钢筋的最短长度和最长长度、根数、总长度和总重量等结果。目前施工图上一般不画钢筋表。

(12) 楼板剖面。“楼板剖面”菜单可将指定位置的板的剖面按一定比例绘出。

(13) 退出。单击“退出”项菜单退出,这时,该层平面图即形成一个名为“PM＊.T”的图形文件,其中＊代表楼层号,须按这个规律记住这些名称,以便在后面进行图形编辑等操作时调用这些名称。

本菜单可完成楼板的人防设计,PMCAD 建模的楼板人防设计应由模块完成,如地下室顶板等。可交互修改每块板上的人防等效荷载。当人防等级非 0 且板的人防等效荷载非 0 时,在板内计算时程序自动取板等效荷载,同时按《人民防空地下室设计规范》(GB 50038—2005)计算板的配筋。

每自然层的操作步骤如下。

第 1 步:输入计算和绘图参数。

第 2 步:计算钢筋混凝土板配筋。

第 3 步:绘制结构平面图。

第 4 步:运行文件。

◇ 如果该层没有执行过画结构平面施工图的操作,程序直接画出该层的平面模板图。

◇ 如果原来已经对该层执行过画结构平面施工图的操作,当前工作目录下已经有当前层的平面图,则执行“绘新图”菜单后,程序弹出如图 7.3.14 所示对话框。

删除所有信息后重新绘图。是指将内力计算结果、已经布置过的钢筋以及修改过的边界条件等全部删除,当前需要重新生成边界条件,内力需要重新计算。

保留钢筋修改结果后重新绘图。是指保留内力计算结果及所生成的边界条件,仅将已经布置的钢筋施工图删除,重新布置钢筋。

在进行结构平面图绘制之前,应首先进行相关参数定义,单击“绘图参数”菜单,弹出如图 7.3.15 所示对话框。在绘制施工图时,要标注正筋、负筋的配筋值、钢筋编号、尺寸等。其中负筋界限位置是指负筋标注时的起点位置。界线位置“梁中”或“梁边”,一般选择“梁中”。尺寸位置“上边”或“下边”,一般选择“下边”。

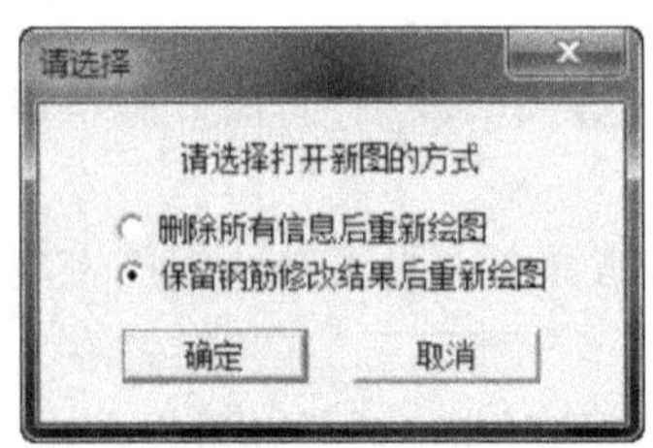

图 7.3.14　绘新图对话框

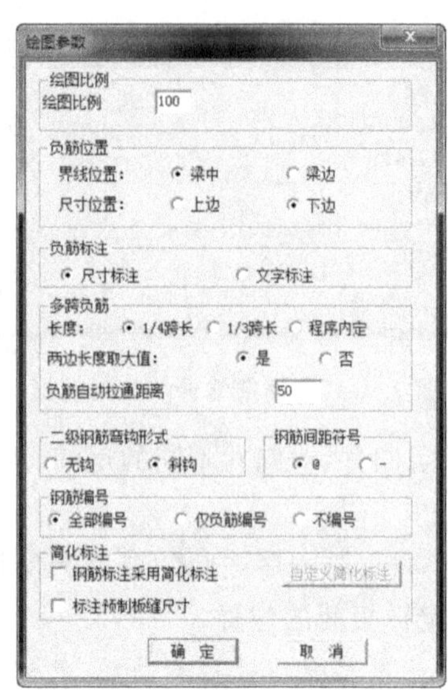

图 7.3.15　绘图参数对话框

7.3.2　楼板施工图的标注

在结构施工图的绘制中，标注是很重要的一个环节。各类型的尺寸、施工工艺、构造做法等等影响施工的因素，必须准确无误地表达到图纸中。

1. 参数设置

参数设置主要包括构件显示、线形设置、图层设置、文字设置、选择编辑方式、菜单字体等内容，程序提供了面向设计者的设计参数管理器。

(1) 构件显示。本菜单是用于控制当前施工图平面构件的显示开关，只要通过控制图层表相关参数实现其功能(见图 7.3.16)。

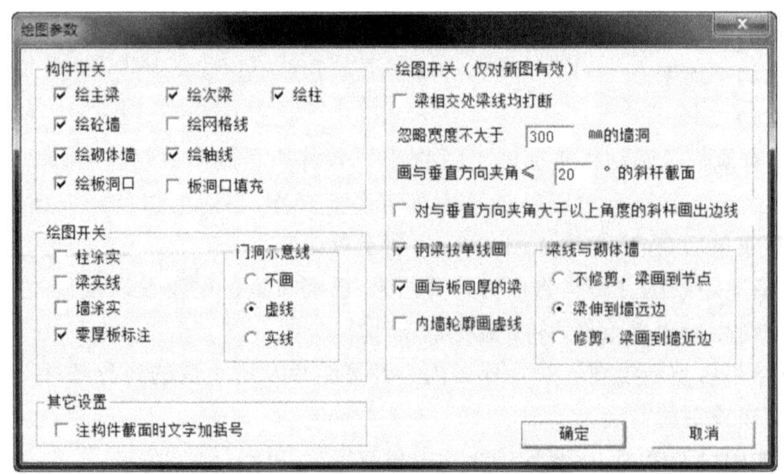

图 7.3.16　构件参数显示对话框

“构件开关”用来控制各构件的显示。

◇ 绘主梁：是否显示主梁轮廓线。

◇ 绘次梁：是否显示次梁轮廓线。

◇ 绘柱：是否显示柱轮廓线。

◇ 绘墙：是否显示墙轮廓线。

◇ 绘网格线：是否显示节点及网格线。

◇ 绘轴线：是否显示轴线标注。

◇ 绘板洞口：是否显示板洞口轮廓线。

◇ 绘板洞口填充：是否显示板洞口填充。

“绘图开关”用来控制构件轮廓线的画法。

◇ 墙、柱涂黑：是否显示墙、柱填充。

◇ 梁实线：控制与楼板相连的一侧梁线画实线还是虚线。

◇ 墙粗线：墙线是否加粗。

◇ 门洞示意线：是否显示门洞示意线。

(2) 线型设置。“线型设置”是设置当前图面各种构件要显示的线型，在线型设置对话框中右击鼠标，可以弹出如图 7.3.17 所示的编辑菜单。

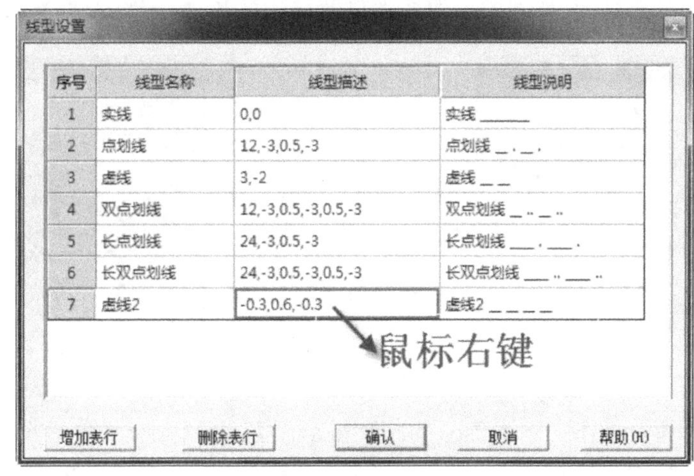

序号	线型名称	线型描述	线型说明
1	实线	0,0	实线 ______
2	点划线	12,-3,0.5,-3	点划线 __ . __ .
3	虚线	3,-2	虚线 __ __
4	双点划线	12,-3,0.5,-3,0.5,-3	双点划线 __ .. __ ..
5	长点划线	24,-3,0.5,-3	长点划线 ___ . ___ .
6	长双点划线	24,-3,0.5,-3,0.5,-3	长双点划线 ___ .. ___ ..
7	虚线2	-0.3,0.6,-0.3	虚线2 _ _ _ _

图 7.3.17　线型设置对话框

线型输入格式说明：正数表示实线段长度，负数表示空白段长度，0 表示一个点。

◇ Access 修改：可用 Microsoft Access 软件直接打开文件“用户绘图参数. MDB”进行修改，修改的数据表项为“系统线型表”，可以在数据中增加或删除。

◇ 导入 AutoCAD：可以直接导入 AutoCAD 专用的线型文件“ * . LIN”，转化为 CFG 格式的线型描述。

◇ 图层设置：设计者可以根据设计单位的实际情况或需求，设置各类图层的层名、层实体颜色、线型、线宽。可以在对话框内直接修改，如图 7.3.18 所示，也可以用 Microsoft Access 软件直接打开文件“用户绘图参数. MDB”进行修改，修改的数据库表项为“系统构件图层表”。

提示：不能在数据库中增加或删除表行，构件类型不能修改，否则程序可能无法找到或识别部分图层参数。

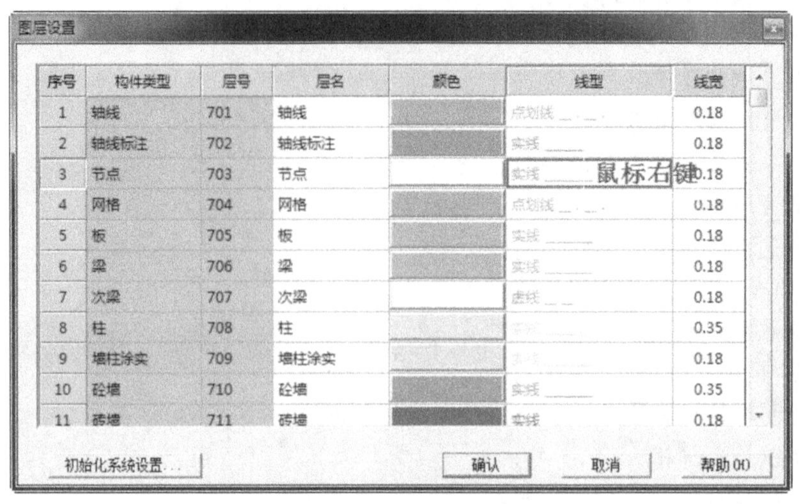

图 7.3.18　图层设置对话框

(3) 标注设置。文字标注:主要是设置施工图各种文字标注的高度,是指按出图比例打印的实际尺寸,如图 7.3.19 所示。尺寸标注:控制施工图各类尺寸标注的长度、距离大小等,如图 7.3.20 所示。

图 7.3.19　文字标注

图 7.3.20　尺寸标注

2. 标注轴线

(1) 自动标注。只有正交的且已命名的轴线才能执行,它根据所选择的信息自动画出轴线与总尺寸线,可以控制轴线标注的位置,如图 7.3.21 所示。

(2) 交互标注。单击本菜单,屏幕左下角提示"移光标点取起始轴线",单击后屏幕提示"移光标点取终止轴线",单击后屏幕提示"移光标去掉不标的轴线('Esc'没有)",单击鼠标弹出标注轴线参数选择框,如图 7.3.22 所示。选择完参数后单击"确定"按钮,屏幕提示"用光标指定尺寸线位置",指定完后,屏幕提示"用光标指定引出线位置",指定完后即完成交互标注。

◇ 总尺寸:指是否标注起止轴线距离。

◇ 轴线号:指是否标注轴线号。

◇ 标注网格线:指绘制每条轴线两端点间线段,并稍有出头。

(3) 逐根点取。本菜单可以每次标注一批平行的轴线,但每根需要标注的轴线都必须一一单击,再

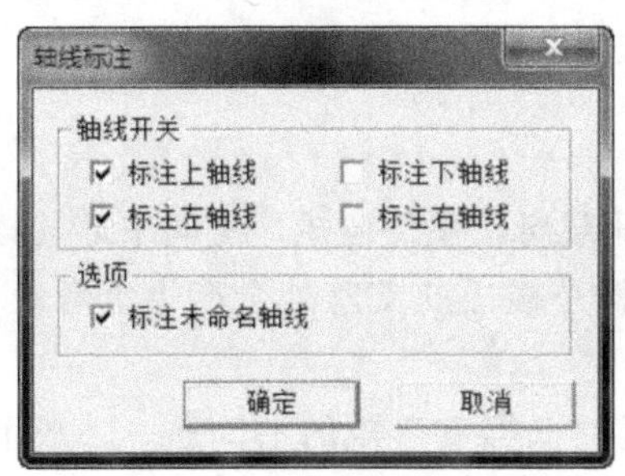

图 7.3.21　轴线标注

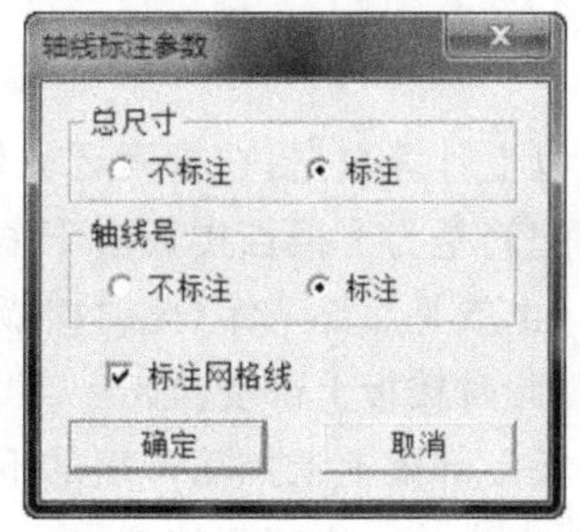

图 7.3.22　轴线标注参数

按屏幕提示明确这些单击轴线在平面图上画的位置，这批轴线的轴线号和总尺寸可以画，也可以不画。标注的结果与点取轴线的顺序无关。

(4) 标注弧长。指定起止轴线(圆弧网格两端轴线)，程序自动识别起止轴线间的轴线，并用红色线显示；挑出不标注的轴线；指定需要标注的弧长的弧网格；指定标注位置；指定引出线长度。“标注角度”“标注半径”“标注半径角度”“标注弧角径”的操作方法同“标注弧长”。

(5) 楼面标高。指在施工图楼面位置上标注该标准层代表的若干个层的各标高值，各标高值均由设计者键盘输入(各数中间用空格或逗号分开)，再用光标单击这些标高在图面上的标注位置，弹出对话框如图 7.3.23 所示，单击“确定”按钮后，弹出对话框如图 7.3.24 所示，输入标高值。

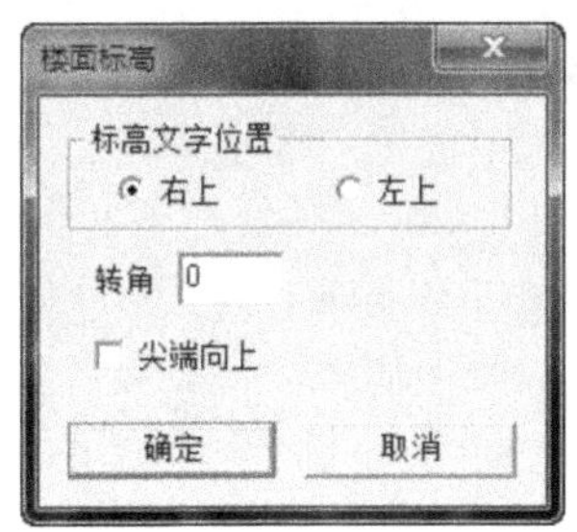

图 7.3.23　楼面标高对话框

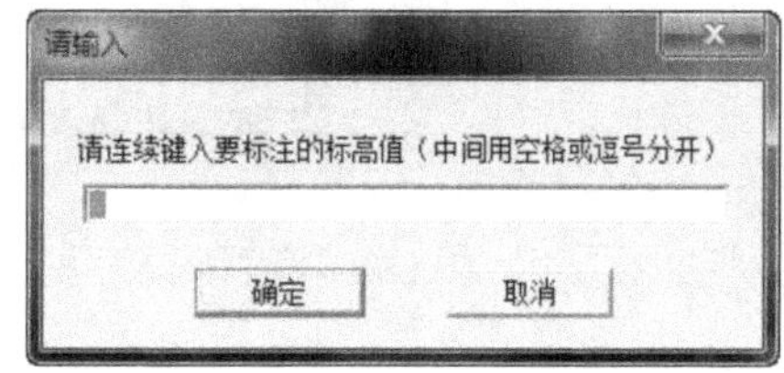

图 7.3.24　输入标高值

(6) 标注图名。指标注平面图图名。图名内容由程序自动生成，主要包括层号及绘图比例信息，可指定标注位置。

(7) 层高表。在当前图面指定为插入工程的结构楼层层高表。由程序根据当前楼层的楼层表信息自动生成。

(8) 拷贝他层。施工图的设计过程中，有些情况下需要将其他图上的内容复制到当前图面上，“拷贝他层”是指可以将选中图上特定层的内容复制到当前图面上。

3. 标注构件

单击标注构件菜单中的各项子菜单，来完成对梁尺寸、梁截面、柱尺寸、柱截面、墙尺寸、板厚、墙洞口、板洞口、次梁定位以及对柱、梁、墙上字符的标注，并可将梁和柱经 TAT 或 SATWE 的归并计算结果编号标注在图中。

提示：标注柱字符和标注梁字符时，可同时将柱、梁的截面尺寸标注在平面图上。

7.3.3 板施工图绘制

根据以上计算数据，在探索者软件中做出板配筋施工图。

楼板配筋是为了抵挡楼板由于恒荷载和活荷载以及其他荷载所产生的弯矩。房间中部的楼板会产生正弯矩，也就是底部弯矩（此时楼板下部受拉），房间四边也就是楼板的支座处会产生负弯矩，也就是上部弯矩（此时楼板上部受拉）。

在楼板下部配上抵挡正弯矩的下部筋，和在楼板支座处配上抵挡负弯矩的上部筋。一般下部筋是通长配的，就是从一边支座拉到另一边支座。上部筋是从支座边算起伸到板内四分之一跨度（因为楼板跨中一般是不存在负弯矩的）。钢筋的画法是底部钢筋是粗线带斜钩，斜钩为向上（X 向正筋）或向左（Y 向正筋）；上部钢筋是粗线带直钩，直钩为向下（X 向负筋）或向右（Y 向负筋）。上部筋的粗线下要标明钢筋伸入板内的长度（一般为四分之一跨度），如图 7.3.25 所示。板的结构图如图 7.3.26 所示。

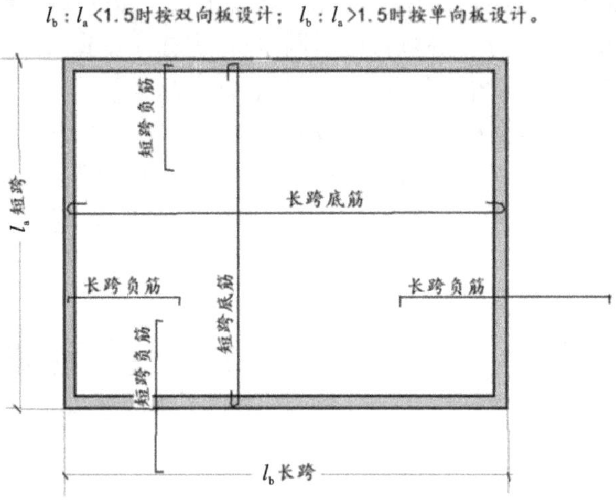

$l_b : l_a$ <1.5时按双向板设计；$l_b : l_a$ >1.5时按单向板设计。

短跨负筋
长跨底筋
l_a 短跨
长跨负筋
短跨底筋
长跨负筋
短跨负筋
l_b 长跨

图 7.3.25　板的结构配筋例图

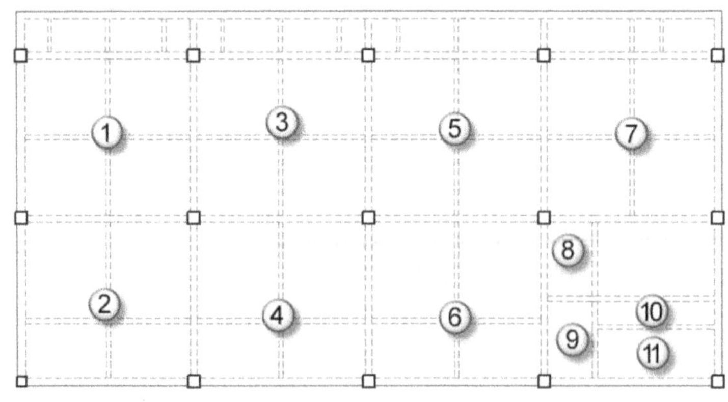

图 7.3.26　板结构图

在板结构图中，部分板的结构相同，故配筋设置也大体相同，如图 7.3.27 中板①、板③和板⑤、板②、板④、板⑥，可以归结为一个大板，重点布置其中一个，然后剩余板简单标注，只着重标明不相同的地方。其中板⑦、板⑧、板⑨、板⑩和板⑪与其他不相同，应单独配置。

各板配筋形式如图 7.3.27(a)～(g)所示。

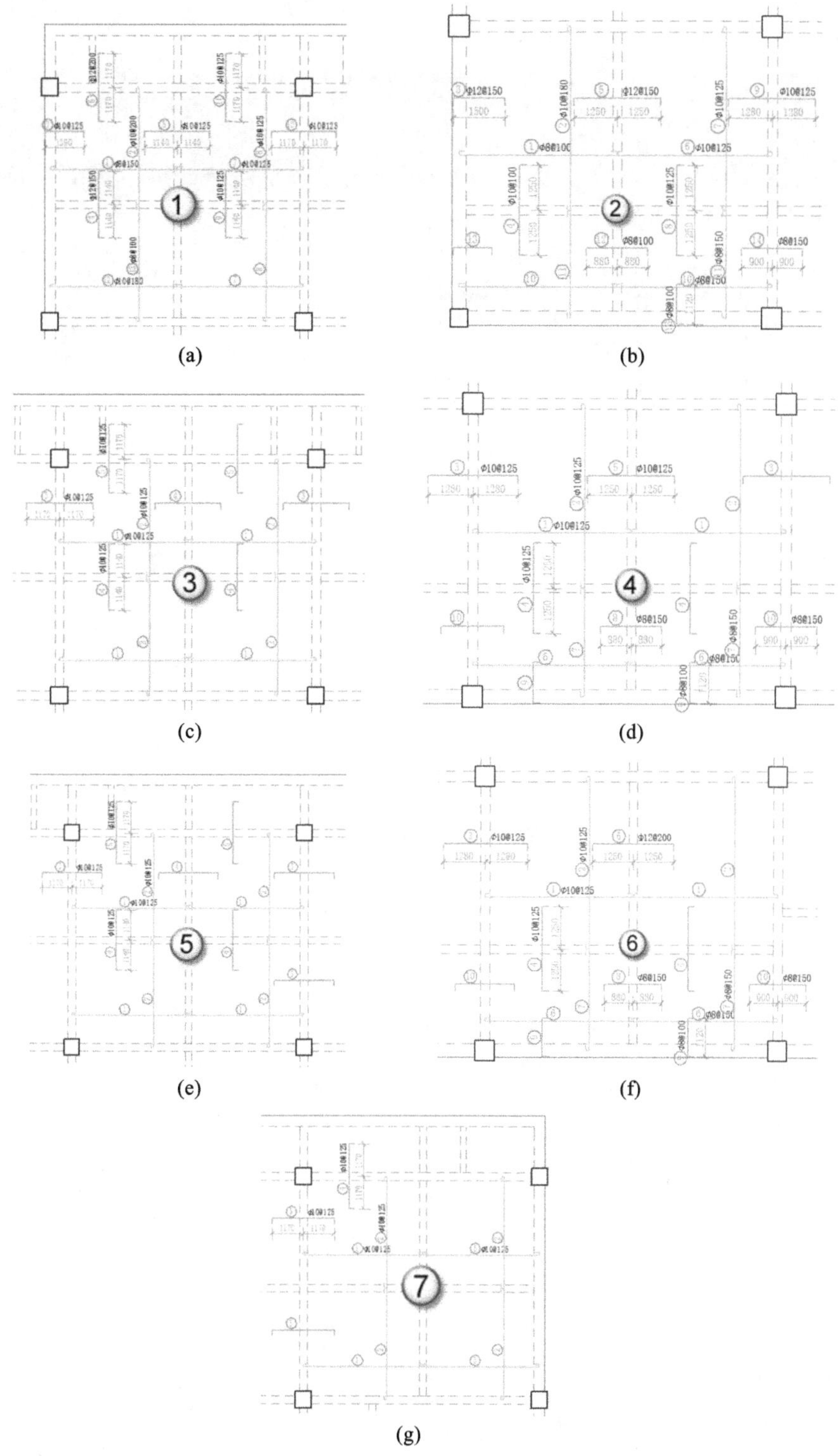

图 7.3.27　板配筋图 1

结构图右下角部分板尺寸变化大，单独拿出来布置，分别如图 7.3.28(a)～(d)所示。

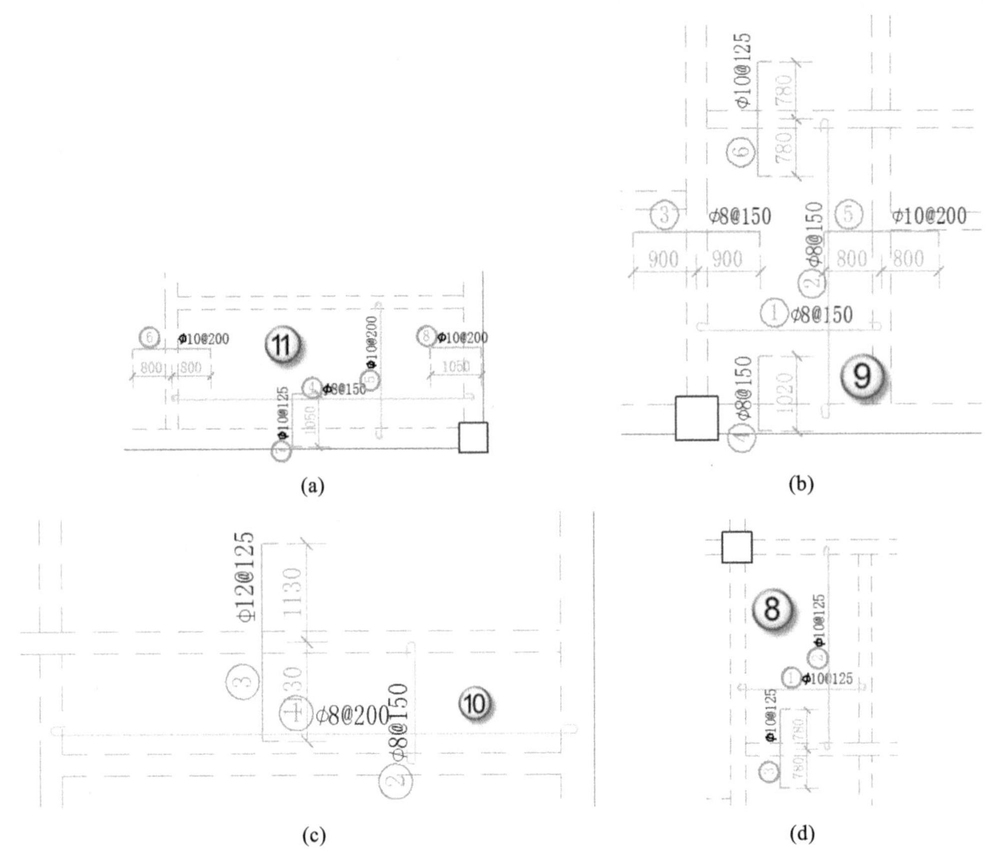

图 7.3.28 板配筋图 2

各楼板钢筋的数据如表 7.3.1 所示。

表 7.3.1 楼板钢筋表

编号	钢筋简图	规格	最短长度/mm	最长长度/mm	根数	总长度/mm	重量/g
①	1499—4490	ϕ8@150	1590	4599	98	230958	91.1
②	1999—4050	ϕ8@150	2099	4150	263	589465	232.6
③	80 750 85	ϕ8@150	915	915	69	63135	24.9
④	85 2340 85	ϕ12@200	2510	2510	24	60240	53.5
⑤	85 1200 85	ϕ8@150	1370	1370	84	115080	45.4
⑥	1499—3000	ϕ8@150	1599	3100	246	695890	274.6
⑦	85 1260 85	ϕ8@150	1430	1430	42	60060	23.7
⑧	80 870 85	ϕ8@150	1035	1035	181	187335	73.9
⑨	85 2340 165	ϕ10@125	2590	2590	226	585340	360.9
⑩	85 1060 85	ϕ8@150	1230	1230	28	34440	13.6
⑪	3000—4500	ϕ8@150	3100	4600	175	766475	302.4
⑫	85 1300 85	ϕ8@150	1470	1470	14	20580	8.1
⑬	1340	ϕ10@125	4474	4474	66	287034	177.0
⑭	4050	ϕ10@125	4174	4175	514	2081350	1283.2
⑮	2850	ϕ8@150	2949	2949	14	39886	15.7

续表

编号	钢筋简图	规格	最短长度/mm	最长长度/mm	根数	总长度/mm	重量/g
⑯	4500	ϕ10@125	4624	4625	601	2704367	1667.3
⑰	165 2340 165	ϕ10@125	2670	2670	132	352440	217.3
⑱	165 2280 165	ϕ10@125	2610	2610	251	655110	403.9
⑲	6250	ϕ10@200	6374	6374	21	131229	80.9
⑳	4000	ϕ12@200	3999	3999	32	127968	113.6
㉑	85 2260 85	ϕ12@125	2430	2430	51	123930	110.0
㉒	6250	ϕ8@200	6349	6350	8	49993	19.7
㉓	1400	ϕ8@150	1500	1500	42	58800	23.2
㉔	6250	ϕ8@150	6349	6350	19	118741	46.9
㉕	2700	ϕ10@200	2824	2825	32	86384	53.3
㉖	85 1600 85	ϕ10@200	1770	1770	14	24780	15.3
㉗	85 1050 85	ϕ10@125	1215	1215	51	61965	38.2
㉘	85 1050 85	ϕ10@200	1215	1215	14	17010	10.5
㉙	2600	ϕ8@150	2699	2700	28	72799	28.7
㉚	4100	ϕ8@150	4199	4200	18	73792	29.1
㉛	85 1800 85	ϕ8@150	1970	1970	63	124110	49.0
㉜	85 1020 80	ϕ8@150	1185	1185	18	21330	8.4
㉝	165 1560 85	ϕ10@125	1810	1810	21	38010	23.4
㉞	2600	ϕ10@125	2725	2725	33	85800	52.9
㉟	4000	ϕ10@125	4124	4124	21	83979	51.8
㊱	5100	ϕ10@125	5224	5225	185	943454	581.7
㊲	165 2500 165	ϕ12@200	2830	2830	26	73580	65.3
㊳	165 2500 85	ϕ10@125	2750	2750	185	508750	313.7
㊴	85 1760 85	ϕ8@150	1930	1930	42	81060	32.0
㊵	85 1120 80	ϕ8@100	1285	1285	255	327675	120.3
㊶	165 2560 165	ϕ10@125	2890	2890	82	236980	146.1
㊷	165 2500 165	ϕ10@125	2830	2830	41	116030	71.5
㊸	85 2280 165	ϕ10@125	2530	2530	33	83490	51.5
㊹	4050	ϕ10@200	4174	4175	23	93147	57.4
㊺	85 1390 85	ϕ10@125	1555	1555	33	51315	31.6
㊻	85 2280 85	ϕ12@150	2450	2450	31	75950	67.4
㊼	4500	ϕ10@180	4625	4625	29	130500	80.5
㊽	5100	ϕ8@100	5200	5200	45	229500	90.6
㊾	4500	ϕ8@100	4600	4600	30	135000	53.3
㊿	5100	ϕ10@180	3124	3124	26	77974	48.1
51	80 1500 85	ϕ12@150	1665	1665	35	58275	51.7
52	85 2500 85	ϕ10@100	2670	2670	45	120150	74.1
53	85 2500 165	ϕ12@150	2750	2750	35	96250	68.5
54	85 1760 85	ϕ8@100	1930	1930	30	57900	32.8
总重							8078.2

第 8 章 使用 JCCAD 设计基础

通过前面的学习，读者对 PKPM 这个软件有了了解，已为后续的学习作了铺垫。前面的内容介绍建筑上部（即非基础部分）的建模、计算、结构施工图的绘制。从本章开始介绍如何运用 JCCAD 进行建筑基础的建模、计算、验算，然后根据 JCCAD 计算的结果，用探索者 TSSD 绘制基础施工图。

JCCAD 绘图操作有几个特点：一是继承性，必须在前面完成建筑上部的操作，PMCAD 建模、SATWE 计算才能开始操作；二是验算性，承台与筏板这两种形式，都必须经过相应的验算才能得出正确的数据。

8.1 承台的设计与验算

在建筑工程的基础中，桩基础是较常见的。桩基础采用承台与柱子连接，承台将柱子的荷载传递给桩基础。与筏板相比，承台的几何形状比较规则，常见有单桩（一桩）承台、双桩承台、三桩承台等，承台的计算也比筏板简单。本节中介绍了承台的设计、验算的一般过程，大部分的计算由计算机完成，但也需要少量的结构设计经验作支撑，才能真正完成承台的布置。

8.1.1 设计参数与读取荷载

在 PKPM 中建模的一般方法是先建上部模型，再建基础模型，这样在 SATWE 对上部模型进行计算之后，会自动将上部的荷载传递到基础部分。具体操作如下。

(1) 单击“JCCAD”→“基础人机交互输入”命令，启动 JCCAD 的基础资料输入界面，如图 8.1.1 所示。

(2) 单击“参数输入”→“基本参数”命令，在弹出的“基本参数”对话框中，选择“地基承载力计算参数”选项卡，选择“中华人民共和国国家标准 GB 50007—2011—综合法”选项，如图 8.1.2 所示。

图 8.1.1 进入“基础人机交互输入”界面

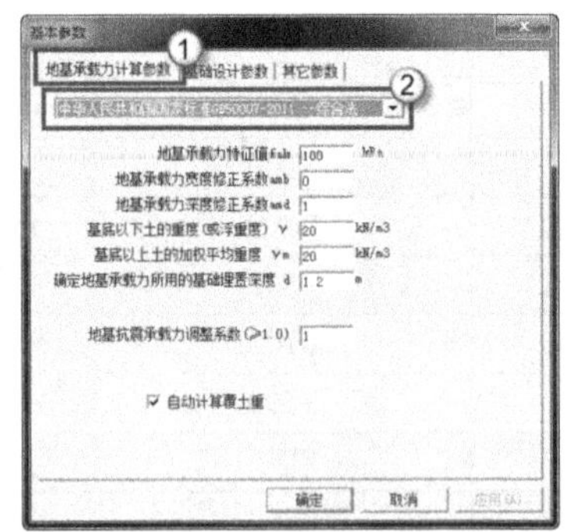

图 8.1.2 选择地基承载计算参数

(3) 单击“基础设计参数”选项卡，设置“独基、条基、桩承台底板混凝土强度等级 C”为“50”（即

C50)，如图 8.1.3 所示。

(4) 单击“荷载输入”→“读取荷载”命令，勾选“SATWE 荷载”命令，如图 8.1.4 所示。当勾选“SATWE 荷载”之后，在“荷载工况”栏中会自动选择相应标准值。

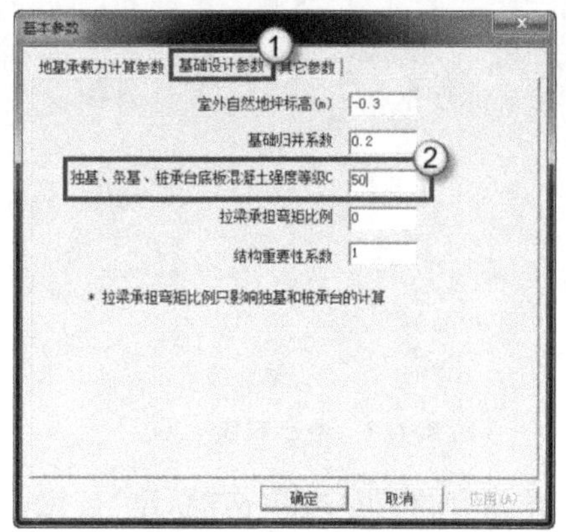

图 8.1.3　基础设计参数

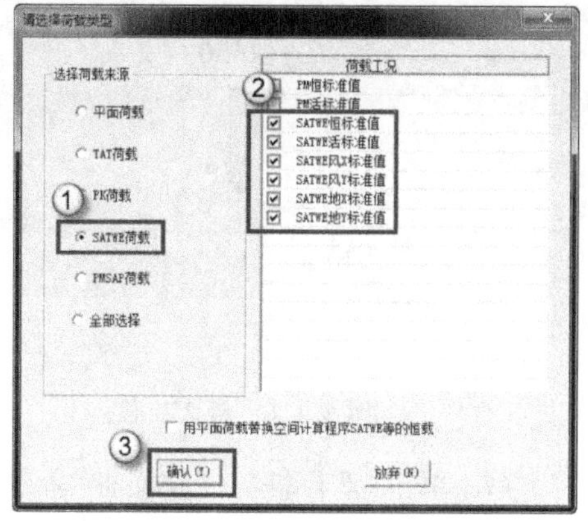

图 8.1.4　选择荷载类型

(5) 单击“荷载输入”→“当前组合”命令，在弹出的“请选择荷载组合模型”对话框中选择“548：SATWE 标准组合：1.00＊恒＋1.00＊活”，如图 8.1.5 所示。

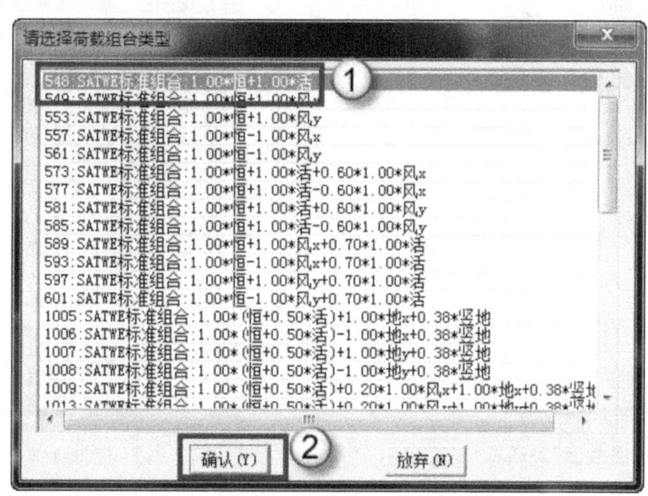

图 8.1.5　选择荷载组合模型

注意：在上部结构为多层框架、基础为承台的计算中，应选用“548”类型，只考虑恒、活荷载。而在上部结构为高层、基础为筏板的计算中，应选用其他形式。

(6) 观察屏幕中柱子的荷载，找出最大与最小荷载。可以看到，最大的荷载为 7650，如图 8.1.6 所示，最小的荷载为 686，如图 8.1.7 所示。

注意：在设置桩的时候，应该充分考虑到施工的方便性。所以桩的形式(桩承载力)不要过多，一般在第一次定义桩的时候，以最大、最小值的平均值的一半再减一档为单桩承载力。这样，承受最大荷载的柱子可以采用三桩承台，承受最小荷载的柱子可以采用单桩承台，承受中间荷载的柱子可以采用双桩承台。

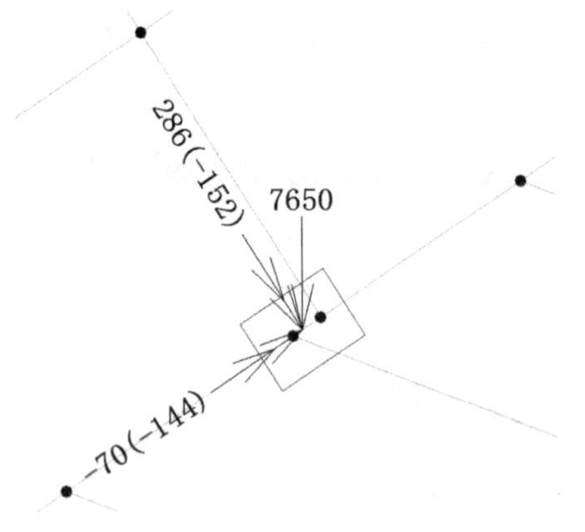

图 8.1.6　最大荷载

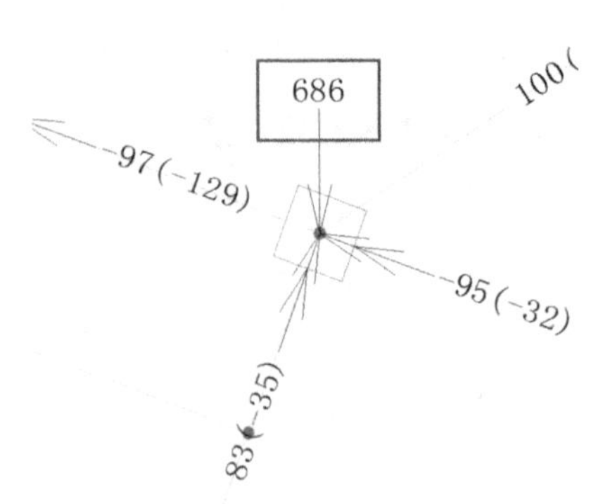

图 8.1.7　最小荷载

(7) 单击“承台桩”→“定义桩”命令，在弹出的“请选择[桩]标准截面”对话框中，单击“新建”按钮，如图 8.1.8 所示。

(8) 在“定义桩”对话框中，选择“沉管灌注桩”的桩类型，并且定义“单桩承载力(kN)”为“3000”，如图 8.1.9 所示。

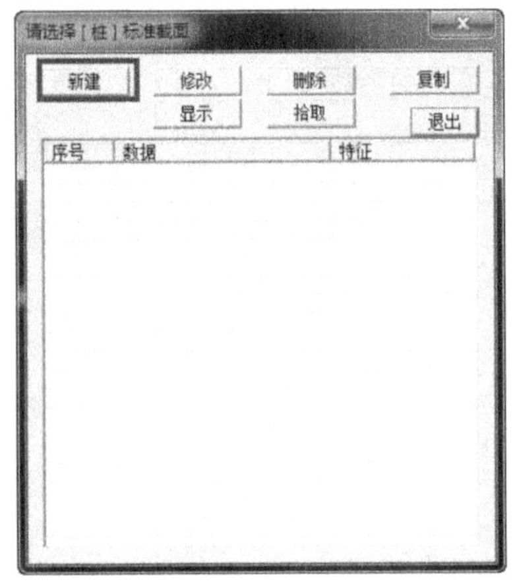

图 8.1.8　“请选择[桩]标准截面”对话框

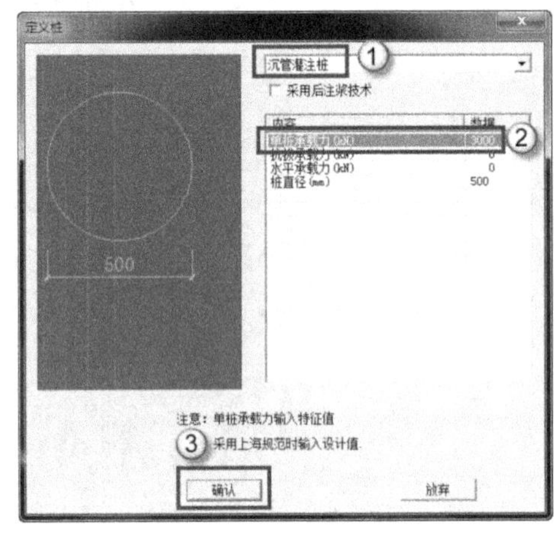

图 8.1.9　定义桩 1

注意：与一般钻孔灌注桩相比，沉管灌注桩避免了一般钻孔灌注桩的桩尖浮土造成的桩身下沉、持力不足的问题，同时也有效改善了桩身表面浮浆现象。另外，该工艺也更节省材料，是现在最常用的桩基础形式之一。

(9) 再次在“请选择[桩]标准截面”对话框中，单击“新建”按钮，在弹出的“定义桩”对话框中，新建一个单桩承载力为“8000”(kN)的沉管灌注桩，如图 8.1.10 所示。

注意：再定义一个单桩承载力为“8000”(kN)的沉管灌注桩的目的，是为了使承受最大荷载的柱子也能用单桩承台。因为三桩承台比较占位置，容易影响旁边承台的布置。

(10) 单击“承台桩”→“承台参数”命令，在弹出的“桩承台 9 参数输入”对话框中，设置“桩间距”为“1500”(mm)，如图 8.1.11 所示。在基础设置中，“桩间距”的最小值是 $3d$(d 是桩的直径)，在此处应为 $3\times500=1500$(mm)。

图 8.1.10　定义桩 2

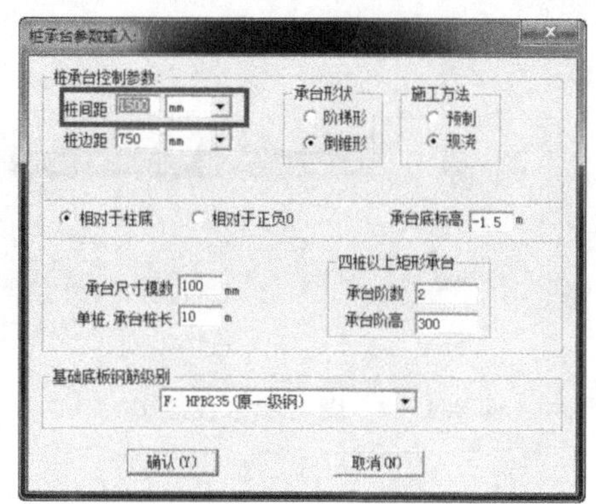

图 8.1.11　桩间距

8.1.2　生成承台

在定义完承台参数后，就要生成承台了。在 PKPM 中，承台是自动计算生成的。根据桩承载力及柱子荷载的不同，可以自动形成单桩、双桩、三桩、多桩承台。具体操作如下。

(1) 单击“承台桩”→“自动生成”命令，单击键盘上的“Tab”键，在弹出的对话框中选择“窗口方式选取”选项，如图 8.1.12 所示。

(2) 在一根柱子旁边，拉框选择这个柱子，如图 8.1.13 所示。这就是上一步选择的“窗口方式选取”的方法，在实际操作中最常用。

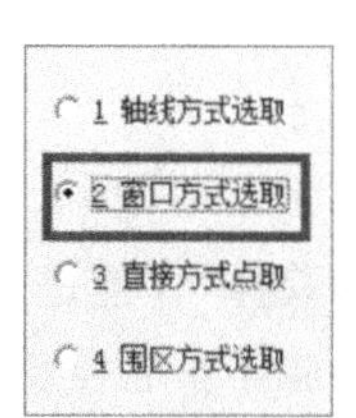

图 8.1.12　窗口方式选取

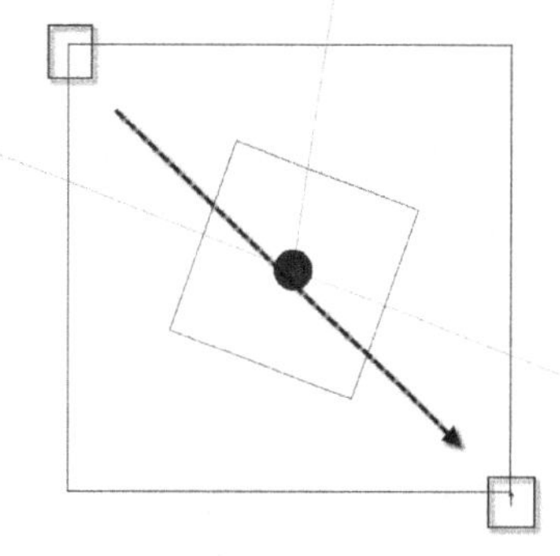

图 8.1.13　选择柱子

(3) 在使用“自动生成”命令后，将光标移动到柱子旁边，可以看到这个承台的各项参数，如图 8.1.14和图 8.1.15 所示。通过这个方法，可以判断承台是否生成正确。

(4) 使用同样的方法，选择别的柱子，可以依次生成承台。如图 8.1.16 所示，这个柱子的长宽比较大，软件为其生成了三桩承台。

注意：如长宽比较大的柱子、短肢剪力墙等结构类型，由于几何形式决定不使用单桩承台，因此软件会自动生成二桩及以上的多桩承台。

(5) 单击“承台桩”→“修改桩长”命令，选择“单一”选项。单击“选桩类型”按钮，在弹出的“请选择[桩]标准截面”对话框中，选择相应的桩类型。然后输入桩长度“50 m”，单击“确认”按钮，将同类型桩的长度改为 50 m，如图 8.1.17 所示。

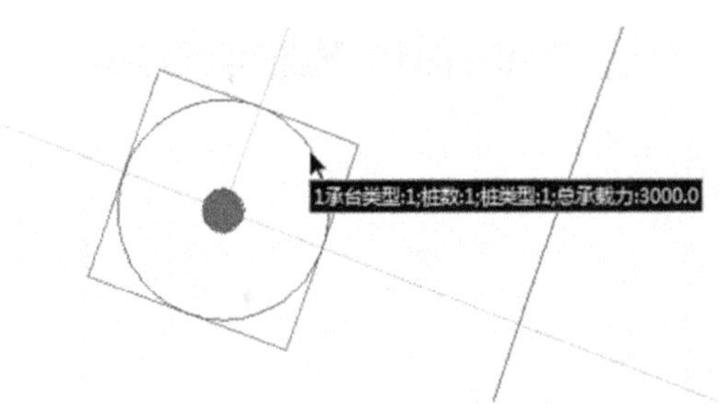

图 8.1.14 查看承台参数 1

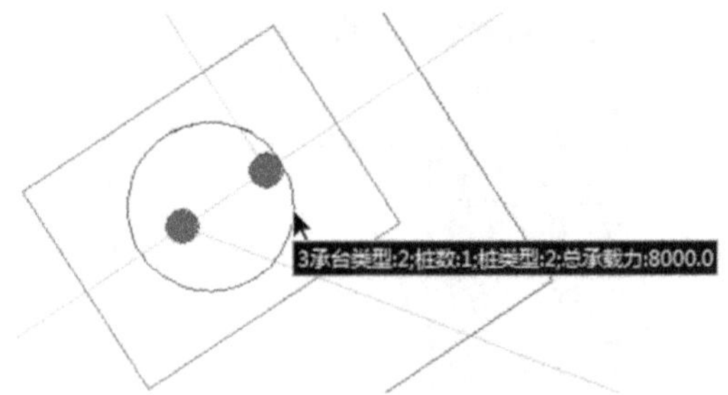

图 8.1.15 查看承台参数 2

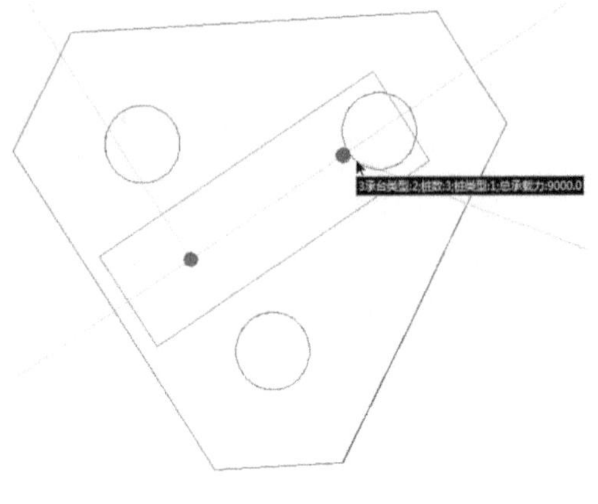

图 8.1.16 三桩承台

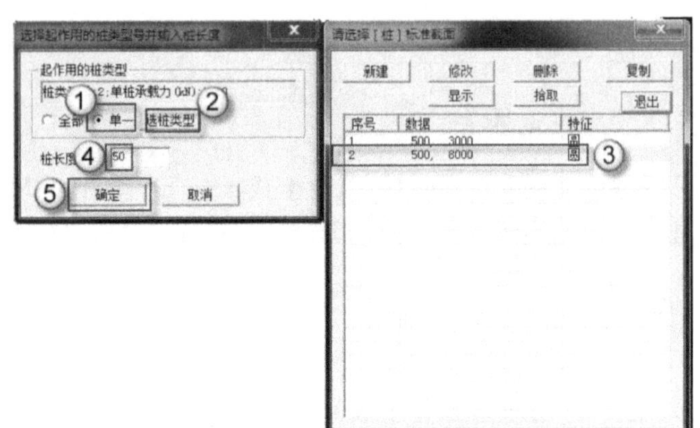

图 8.1.17 修改桩长

注意:桩长是由多种因素决定的,此处由于没有《地质勘测报告》,只能给定一个估算的桩长,让读者了解设计的一般流程。

8.1.3 承台的验算

虽然结构工程师根据自己的经验布置了承台,但必须要经过各种类型的验算,才能进入基础施工图的绘制。"布置—验算—重新布置"是一个反复的过程,根据结构工程师的经验丰富程度不同,这个过程会有长有短。具体验算过程操作如下。

(1) 单击"重心校核"→"桩重心"命令,用画框的方式将需要的承台选中,如图8.1.18所示。此时,系统会自动将荷载合力中心与桩群形心标在屏幕上,如图8.1.19所示。通过这个操作,可以判断双心之间的坐标差,如果坐标差较大,则需要移动桩,减少误差。

(2) 单击"承台桩"→"承台布置"命令,在弹出的"请选择[承台]标准截面"对话框中选择需要修改双心坐标差的承台,单击"修改"按钮,如图 8.1.20 所示。在弹出的"承台定义"对话框中单击"确认"按钮,如图 8.1.21 所示。

(3) 单击"承台桩"→"桩移动"命令,拉框选择需要调整的承台桩,如图 8.1.22 所示。再根据坐标差(Dx、Dy)的数值,移动调整桩位,如图 8.1.23 所示。

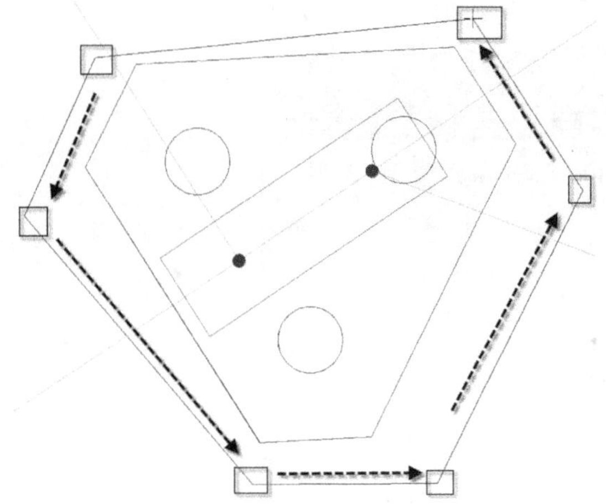

图 8.1.18　选择承台

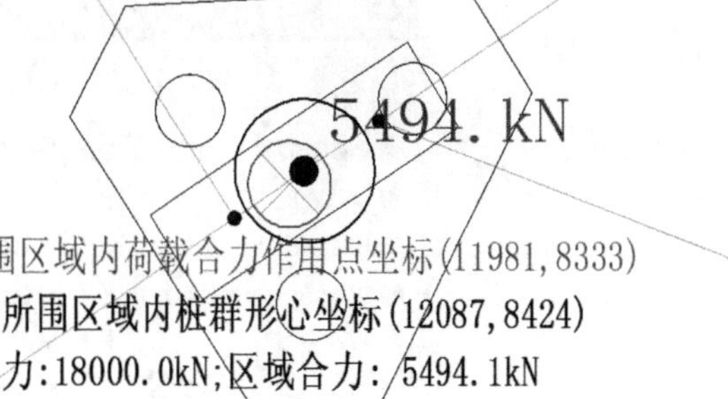

图 8.1.19　荷载合力中心与桩群形心

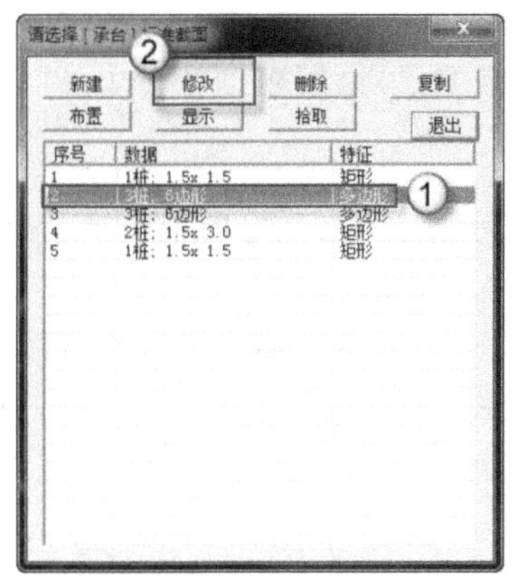

图 8.1.20　选择[承台]标准截面

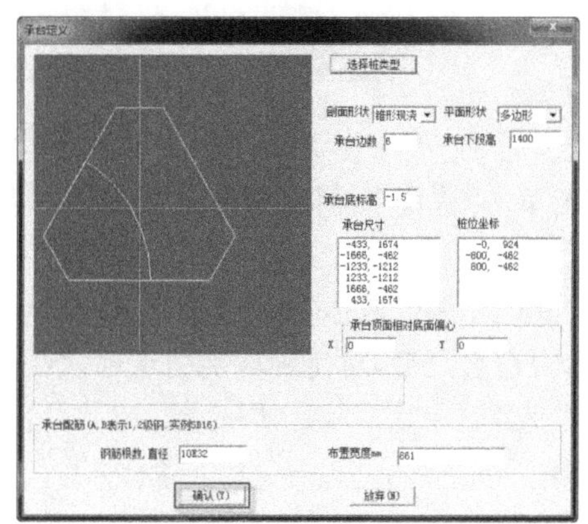

图 8.1.21　承台定义

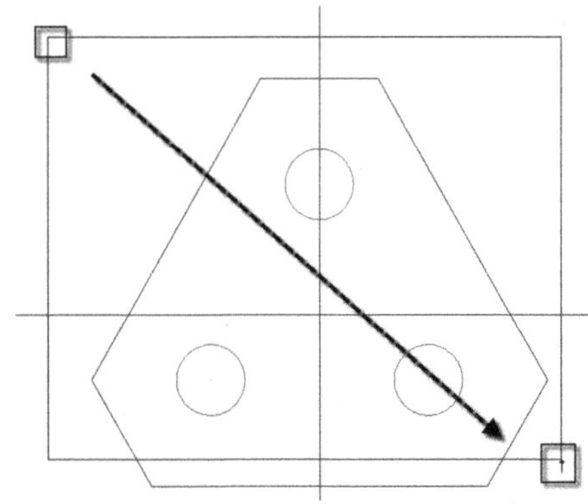

图 8.1.22　选择需要调整的承台桩

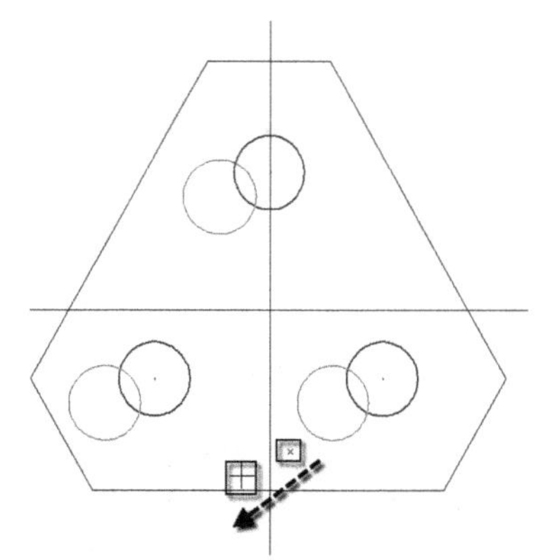

图 8.1.23　移动调整桩位

(4) 在 PKPM 的主界面中单击“JCCAD”→“基础施工图”命令，如图 8.1.24 所示，可以进入到基础施工图绘制的操作界面。

图 8.1.24 基础施工图

(5) 单击“桩位平面图”命令,接着单击“参考线”命令,可以将上部已经定义好的轴线显示出来,如图 8.1.25 所示。

(6) 单击“承台名称”命令,系统自动对承台进行命名,如图 8.1.26 所示。相同承台的名称是一致的,对承台命名之后,对每种类别的承台,系统会自动生成承台大样图。

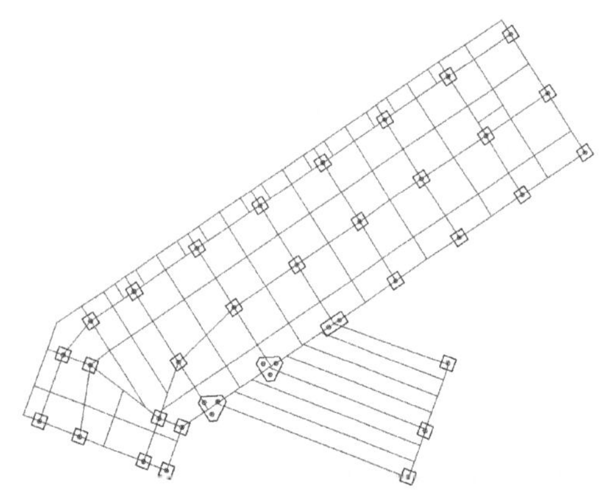

图 8.1.25 显示参考线

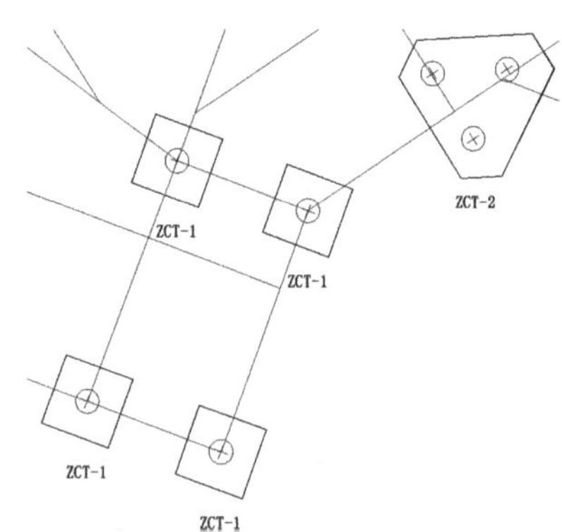

图 8.1.26 承台命名

(7) 单击“返回主菜单”→“基础详图”命令,选择“新建 T 图绘制详图”选项,如图 8.1.27 所示,此后绘制的图形将生成在一个新的 T 图文件中。

(8) 单击“插入详图”命令,在弹出的“选择基础详图”对话框中的“详图”栏内,会出现与设计相对应的承台、桩的名称,如图 8.1.28 所示。

(9) 在“选择基础详图”对话框中的“详图”栏内,单击“ZCT-1”选项,会自动生成编号为“ZCT-1”的承台的大样图,如图 8.1.29 所示。

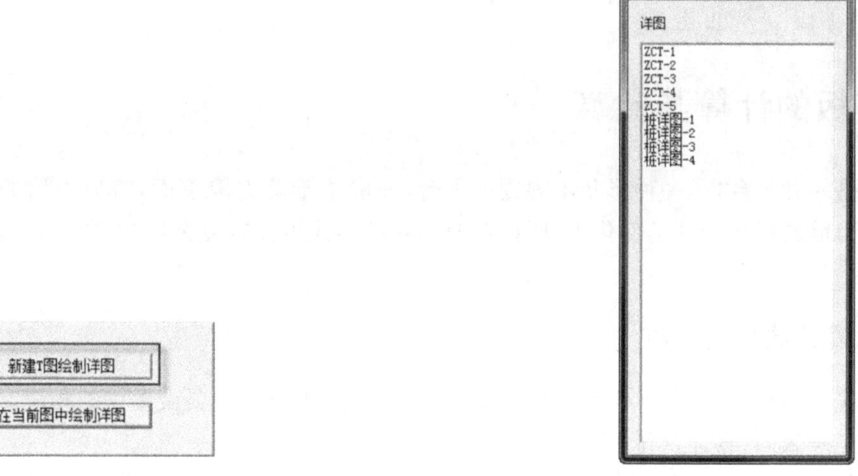

图 8.1.27　新建 T 图绘制详图

图 8.1.28　选择基础详图

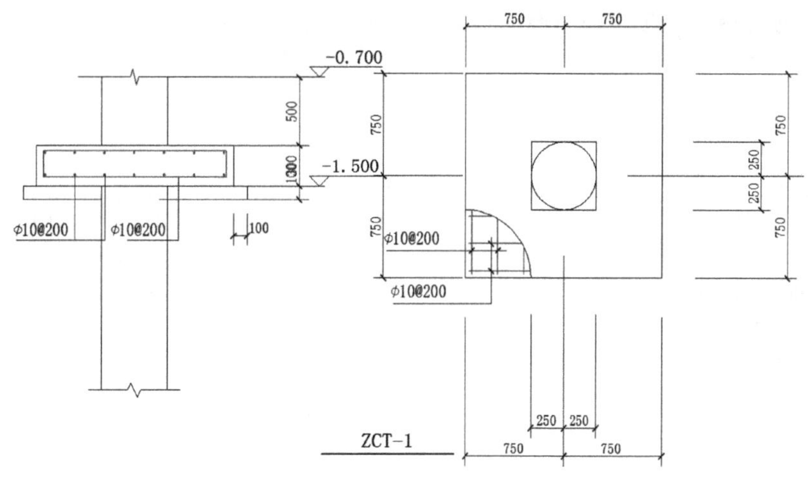

图 8.1.29　承台 ZCT-1 大样图

(10) 在"选择基础详图"对话框中的"详图"栏内,单击"桩详图-1"选项,会自动生成编号为"1"的桩的大样图,如图 8.1.30 所示。

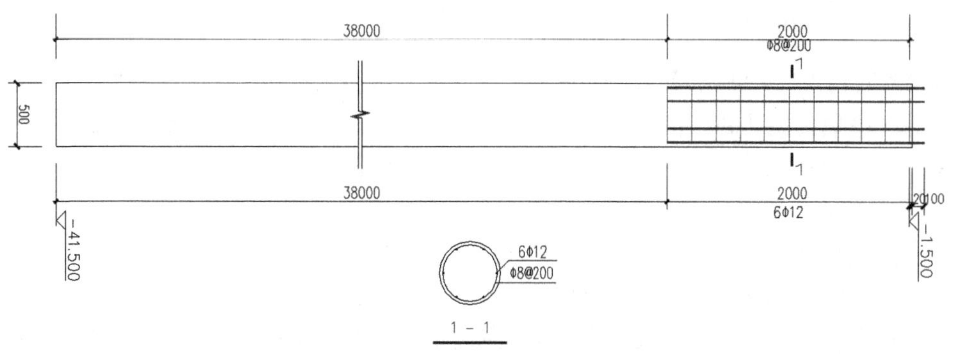

图 8.1.30　桩 1 大样图

注意:使用这样的方法虽然生成了基础的结构施工图,但是图面表达不细致,需要在探索者中对字体、标注重新修饰,才能出图。

8.2 筏板的计算与验算

筏板也是一种承台,是一种形状不规则的承台,一般位于剪力墙下面,将剪力墙的荷载传递给桩基础。由于剪力墙的形状较柱子变化大,所以筏板的几何形式也比较复杂,在布置、验算、计算上比承台要复杂很多。

8.2.1 设置参数与定义桩

不论是筏板还是承台,其下面都是桩基础。因此,第一步还是需要设置桩的相应参数。这一步的操作与承台还是一致的,具体操作如下。

(1) 单击"JCCAD"→"基础人机交互输入"命令,在弹出的"请选择"菜单中选择"读取已有基础布置并更新上部结构数据"选项,如图 8.2.1 所示。这样,上部主体结构形式的模型就会显示出来,如图 8.2.2所示,结构工程师就可以根据剪力墙的形式来布置桩、布置筏板。

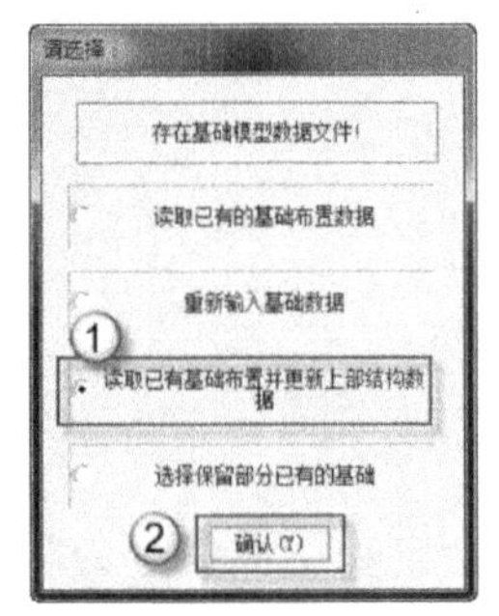

图 8.2.1 读取已有基础布置并更新上部结构数据

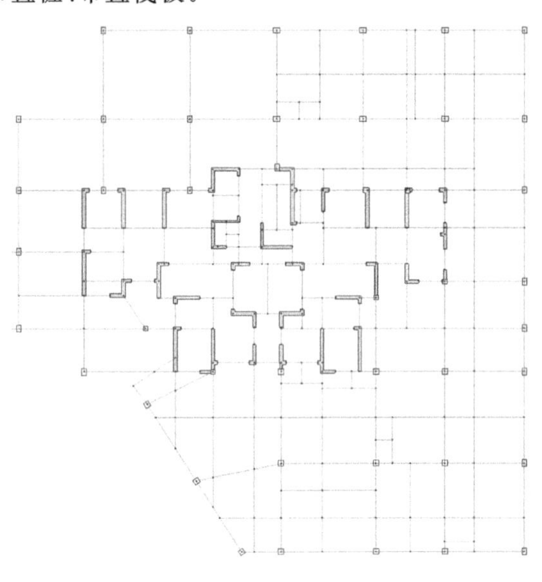

图 8.2.2 显示上部主体结构形式

(2) 单击"参数输入"→"基本参数"命令,在弹出的"基本参数"对话框中选择"地基承载力计算参数"选项卡,选择"中华人民共和国国家标准 GB 50007—2011—综合法"选项,如图 8.2.3 所示。

(3) 单击"基础设计参数"选项卡,设置"独基、条基、桩承台底板混凝土强度等级 C"为"50"(即C50),如图 8.2.4 所示。

(4) 单击"荷载输入"→"读取荷载"命令,勾选"SATWE 荷载"命令,如图 8.2.5 所示。勾选"SATWE 荷载"之后,在"荷载工况"栏中会自动选择相应的标准值。

(5) 单击"荷载输入"→"当前组合"命令,在弹出的"请选择荷载组合模型"对话框中选择"573:SATWE 标准组合:1.00 * 恒+1.00 * 活+0.6 * 1.00 * 风 x",如图 8.2.6 所示。

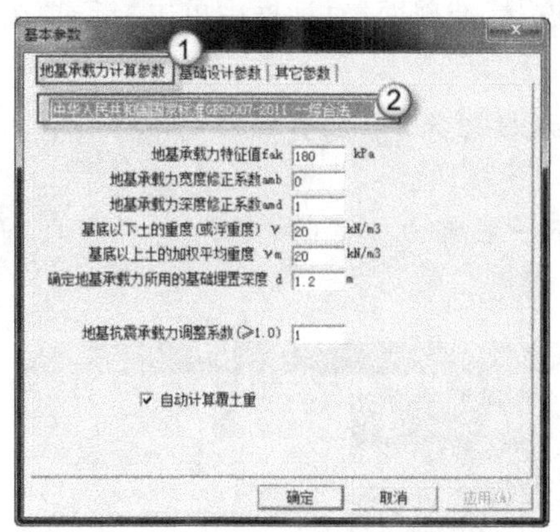

图 8.2.3　选择地基承载计算参数

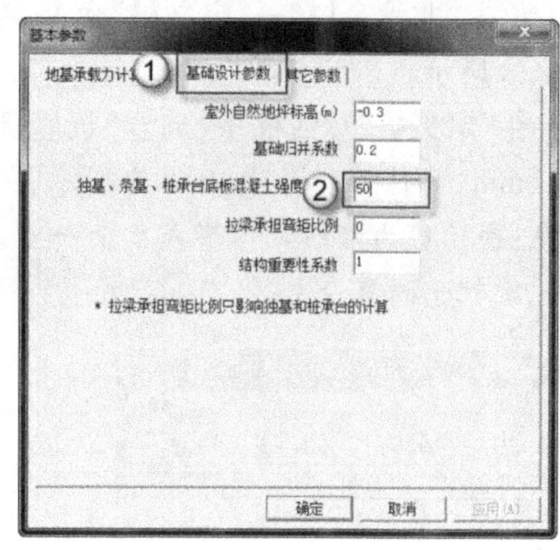

图 8.2.4　基本参数

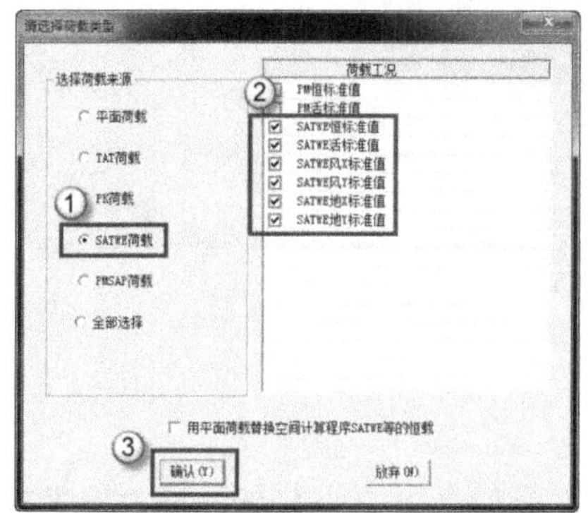

图 8.2.5　选择荷载类型

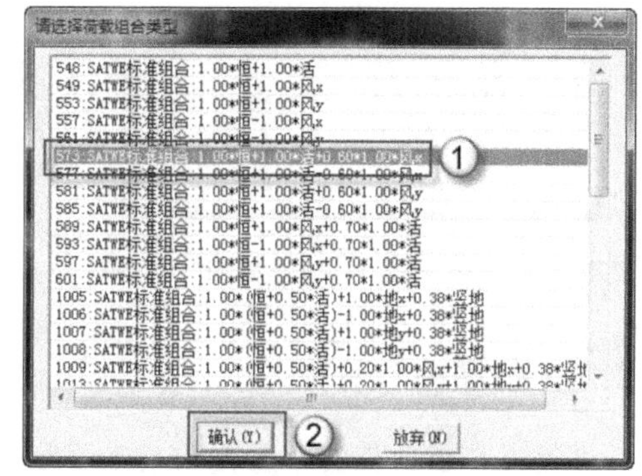

图 8.2.6　选择荷载组合类型

注意:此处选择荷载组合类型与承台的方法不一样,因为上部建筑是高层住宅,不仅要考虑恒载与活载的作用,还需要考虑风载的影响。

(6) 查看剪力墙区域的荷载,如图 8.2.7 所示。"q"值就代表剪力墙的荷载。剪力墙由几段组成,荷载就由几个"q"值相加计算得出。

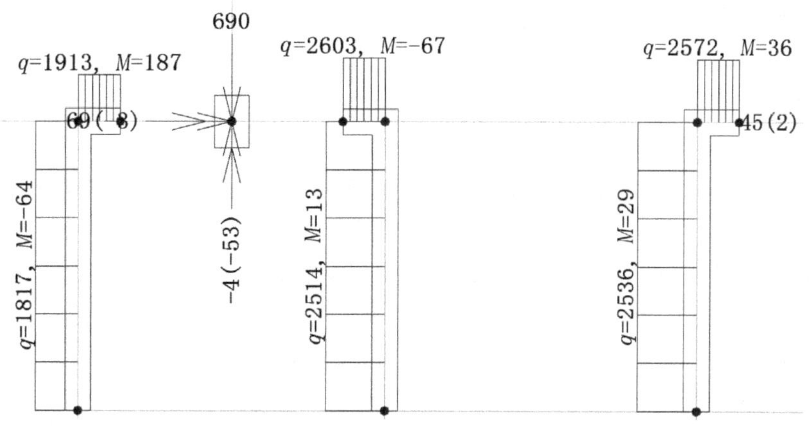

图 8.2.7　查看剪力墙区域的荷载

(7) 单击“非承台桩”→“定义桩”命令，在弹出的“请选择[桩]标准截面”对话框中单击“新建”按钮，如图 8.2.8 所示。

(8) 在“定义桩”对话框中，选择“沉管灌注桩”的桩类型，并且定义“单桩承载力(kN)”为“1800”，“桩直径(mm)”为“800”，如图 8.2.9 所示。

注意：由于剪力墙的几何形式复杂一些，所以长边剪力墙下一般都由三桩(或更多桩)所组成，而且桩直径也比柱子的直径大。

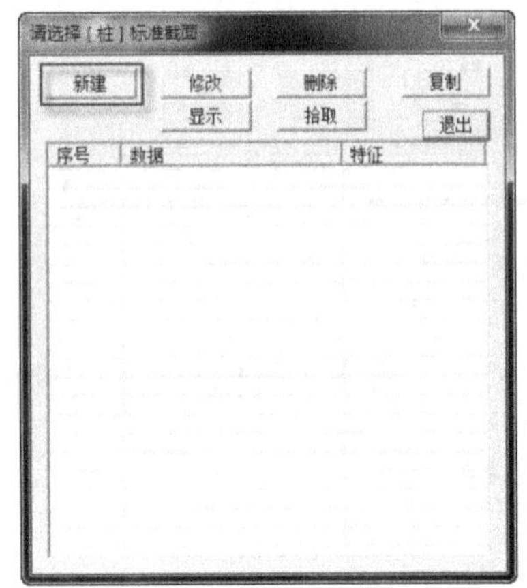

图 8.2.8 “请选择[柱]标准截面”对话框

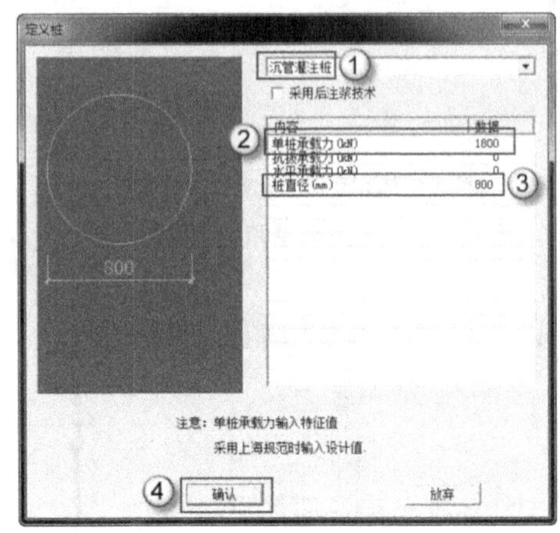

图 8.2.9 定义桩

8.2.2 布置桩与验算

筏板桩与承台桩的布置方法基本一致，其验算过程也是计算荷载合力中心与桩群形心的坐标差。具体操作如下。

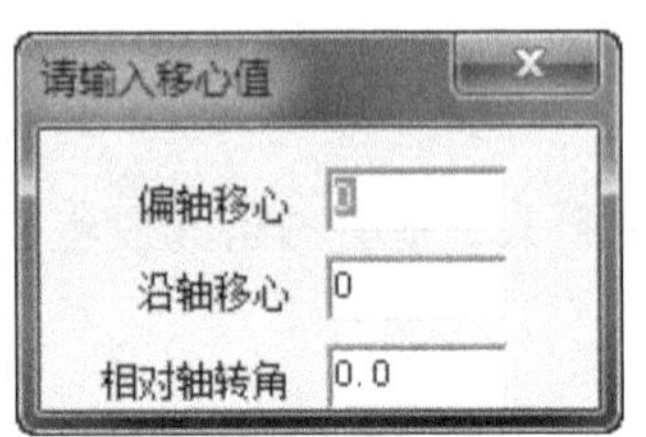

图 8.2.10 “请输入移心值”对话框

(1) 单击“单桩布置”命令，在弹出的“请输入移心值”对话框中设置相应的“偏轴移心”、“沿轴移心”与“相对轴转角”，如图 8.2.10 所示。

(2) 在屏幕操作区域，一根一根地把桩布置到剪力墙下面，注意对齐与捕捉，如图 8.2.11 所示。完成后，将光标移动到桩上，会出现详细参数，如图 8.2.12 所示。

(3) 单击“非承台桩”→“修改桩长”命令，在弹出的“选择起作用的桩类型号并输入桩长度”对话框中，选择“全部”选项，并输入“桩长度(m)”为“50”，如图 8.2.13 所示。单击“确定”按钮完成操作之后，可以看到屏幕中所有桩的长度改为 50m，如图 8.2.14 所示。

注意：筏板桩与承台桩不一样，筏板桩的长度、样式变化不大。所以此处可以使用“全部”的方法改变桩的长度。

(4) 单击“重心校核”→“桩重心”命令，在屏幕操作区域拉框选择需要进行桩重心校核的筏板桩，如图 8.2.15 所示。此时，系统会自动将荷载合力中心与桩群形心标在屏幕上，如图 8.2.16 所示。通过这步操作，可以判断双心之间的坐标差，如果坐标差较大，需要移动桩。根据坐标差(Dx、Dy)的数值，使用“移动”命令调整桩位，如图 8.2.17 所示。

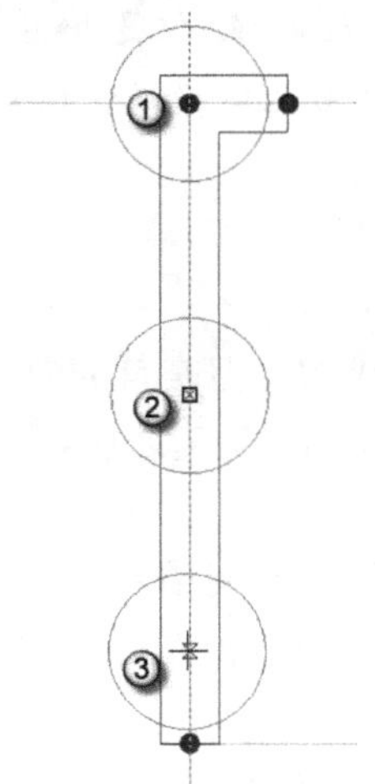

图 8.2.11　布置桩

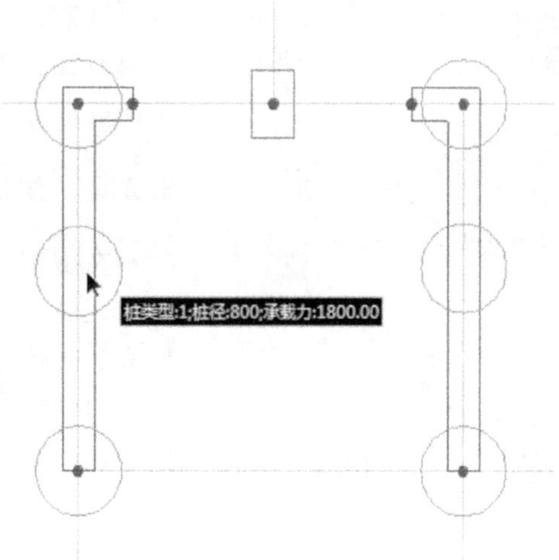

图 8.2.12　详细的桩参数

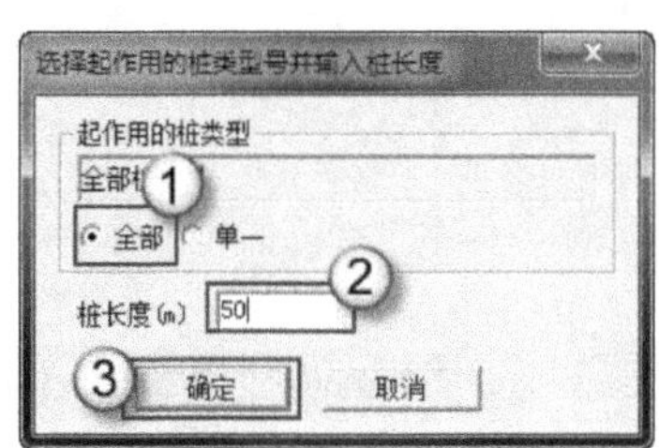

图 8.2.13　选择起作用的桩类型号并输入桩长度

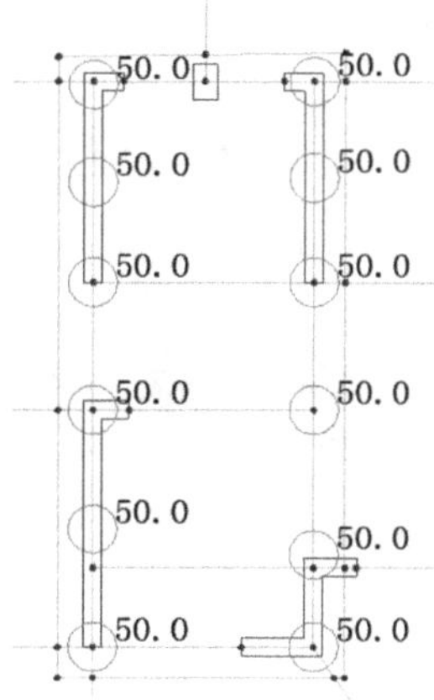

图 8.2.14　桩长度

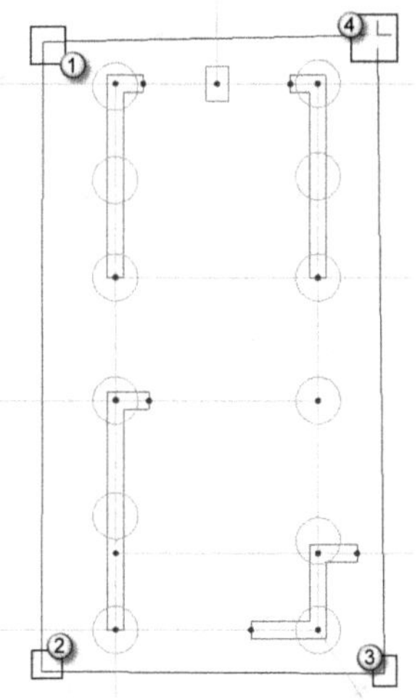

图 8.2.15　选择筏板桩

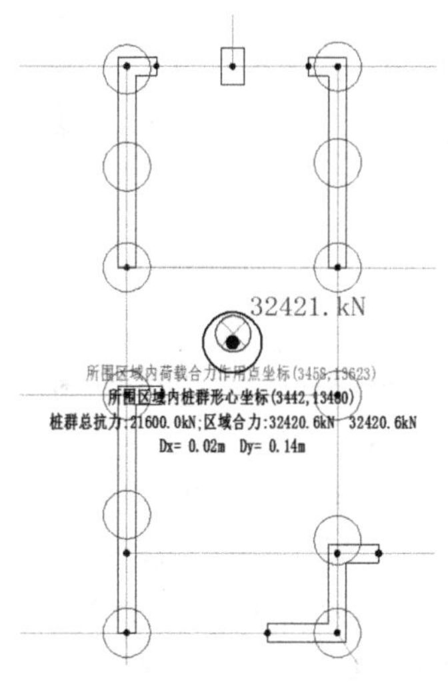

图 8.2.16　双心坐标差

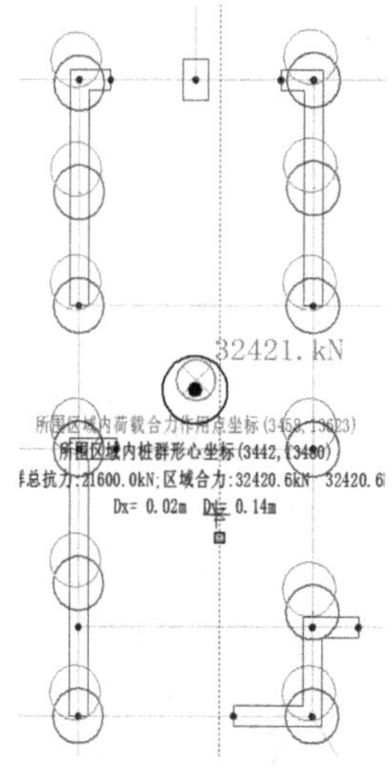

图 8.2.17　移桩

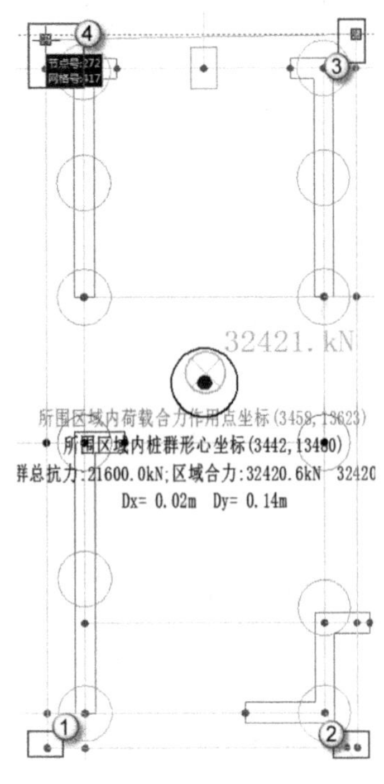

图 8.2.18 加网格

注意:坐标差 Dx、Dy 虽然有明确的数值,但是并不需要完全按照数值差进行准确移动,只需要根据经验略微减少误差,基础部分的计算并不需要太精确。

8.2.3 生成筏板

在 JCCAD 中,筏板也是自动生成的。但是首先要对生成筏板的区域增加一个封闭的网格,在设置挑出宽度之后,系统会自动生成。具体操作如下。

(1) 单击"网格节点"→"加网格"命令,对需要生成筏板的区域增加一个封闭的网格,网格线尽可能与桩相切,如图 8.2.18 所示。

注意:新增的网格线一定要封闭,最好是采用对象捕捉的功能进行封闭。如果后面的操作中,无法自动生成筏板,很有可能是因为此处没有完全封闭。

(2) 单击"筏板"→"围区生成"命令,在弹出的"请选择[筏板]标准截面"对话框中单击"新建"按钮,如图 8.2.19 所示。在弹出的"筏板定义"对话框中,设置"筏板厚度(mm)"为"500",如图 8.2.20所示。

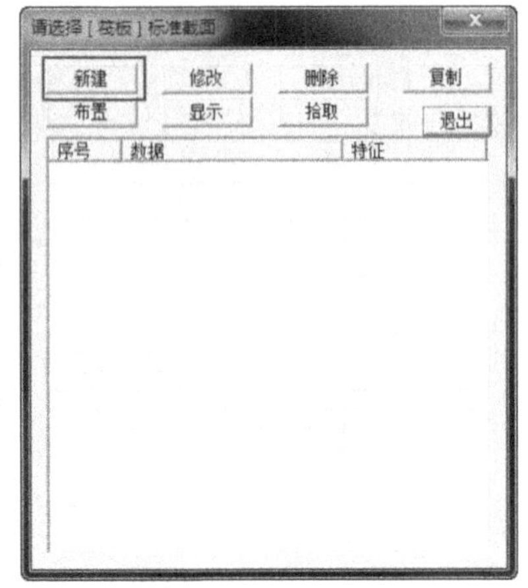

图 8.2.19 新建筏板

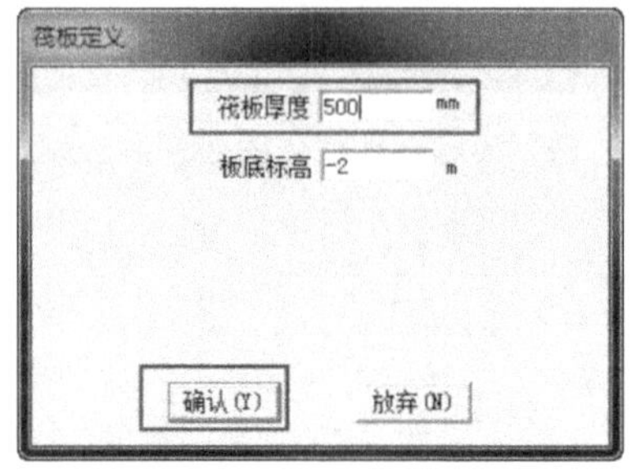

图 8.2.20 筏板厚度

(3) 选择序号为"1"的筏板,单击"布置"按钮,如图 8.2.21 所示。在弹出的"输入筏板相对于网格线的挑出宽度"对话框中输入"挑出宽度 E(mm)"为"200",如图 8.2.22 所示。

注意:这里的挑出宽度实际上就是筏板边界与桩边界的距离差,一般取值为 $d/4 \sim d/3$(d 是桩直径),地下室超过 2 层取大值,地下室为 1,2 层时取小值。

(4) 在屏幕操作区域拉框选择需要生成筏板的区域,如图 8.2.23 所示。系统自动生成筏板后,将光标移动到筏板上,会观察到筏板的详细参数,如图 8.2.24 所示。

注意:在生成筏板时,首先要参看剪力墙的位置。一般情况下,以 4 块较接近的剪力墙为一个单元,生成筏板。

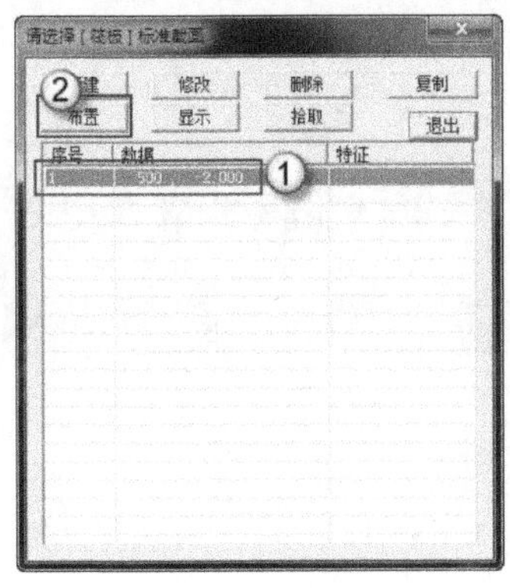

图 8.2.21　选择筏板

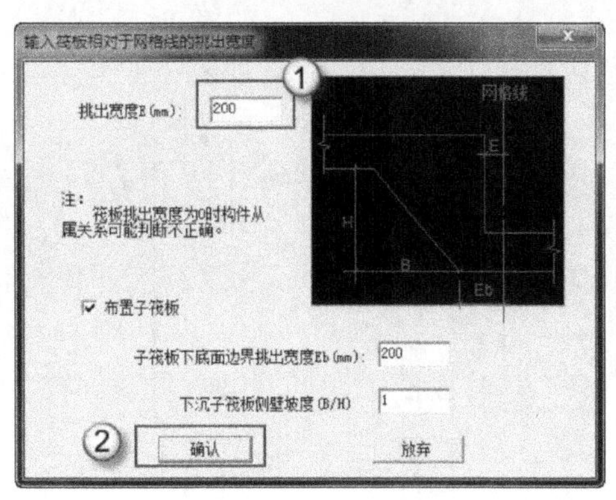

图 8.2.22　挑出宽度

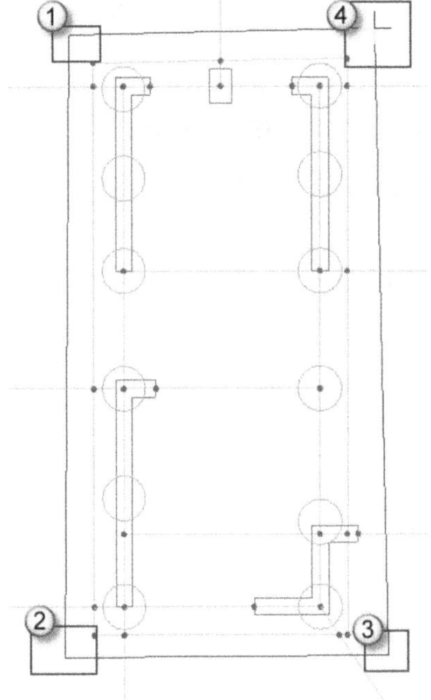

图 8.2.23　生成筏板

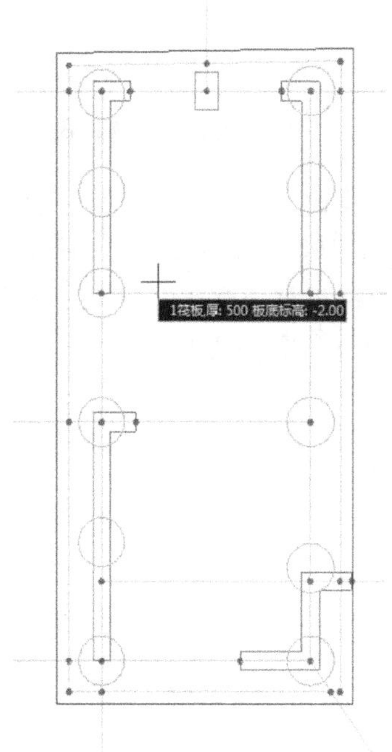

图 8.2.24　查看筏板

8.2.4　筏板有限元的计算

所谓有限元的计算，是将筏板用网格划分为许多个单元，这些单元的数量是有限的，因此叫有限元计算。这些单元的数量越大，单元体积越小，计算得越精确，但是速度会很慢。因此在有限元计算时，需要用网格适当划分单元，控制数量。

(1) 冲切验算。单击“筏板”→“桩冲切板”命令，拉框选择需要进行冲切验算的筏板，如图 8.2.25 所示。可以看到在桩旁边会有标红的数字，如图 8.2.26 所示。标红的数字表明此处筏板由于厚度不够，可能会出现冲切破坏。

注意：经过冲切验算后，标红的数字说明筏板此处的厚度不够。但是结构工程师在更改筏板厚度时，为了施工的方便，会对筏板进行整体加厚。

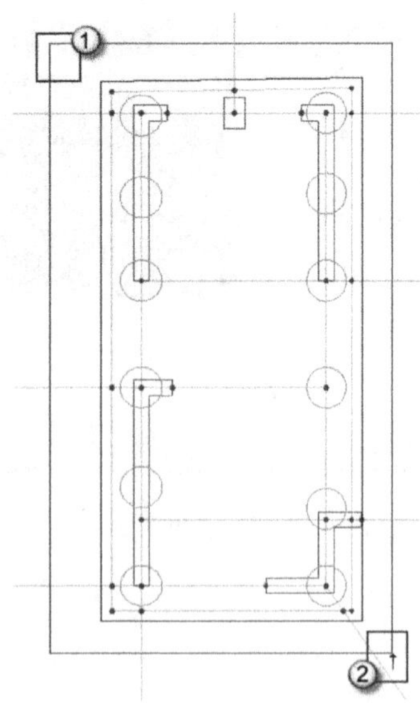

图 8.2.25　选择筏板

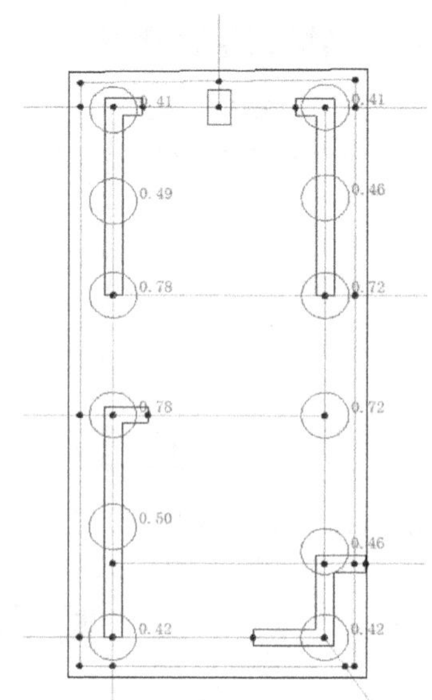

图 8.2.26　有可能出现冲切破坏的位置

(2) 筏板加厚。单击“筏板”→“筏板编辑”命令，在弹出的“筏板定义”对话框中，修改“筏板厚度(mm)”为“1000”，如图 8.2.27 所示。

(3) 再次对筏板进行“桩冲切板”的验算，发现仍然有两处有标红的数字，如图8.2.28 所示。说明此筏板的厚度还需要增加。

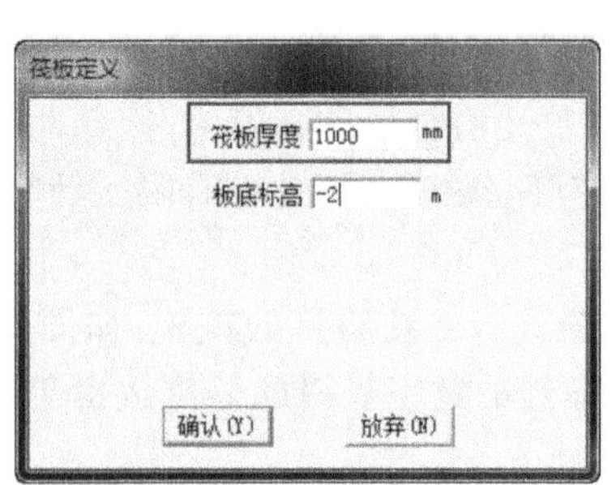

图 8.2.27　筏板加厚

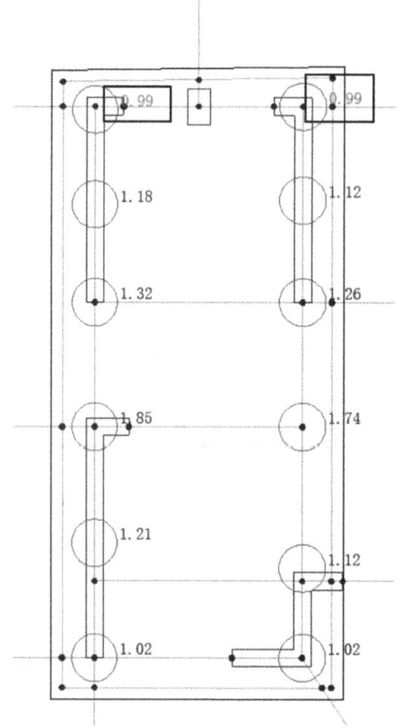

图 8.2.28　再次验算

注意：冲切验算主要是针对筏板的厚度。这个过程是结构工程师经验的体现，经验丰富的工程师验算过程自然会少一些。“设置筏板厚度—验算—修改筏板厚度”，是冲切验算的一般方法。

(4) 单击“JCCAD”→“桩筏、筏板有限元计算”命令，对所有的筏板进行有限元计算，如图 8.2.29 所示。计算完之后，才能使用探索者 TSSD，查表配筋，绘制结构施工图。

(5) 单击“第一次网格划分”命令，如图 8.2.30 所示。对于计算单元的划分，往往不是一次就能成功的，此处要根据具体情况具体选择。

图 8.2.29　桩筏、筏板有限元计算

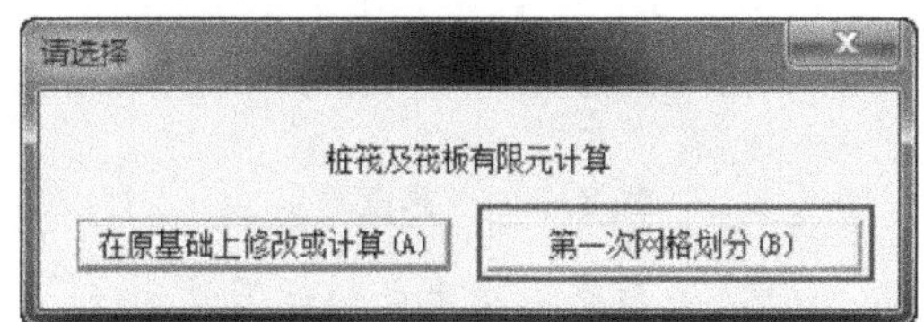

图 8.2.30　第一次网格划分

(6) 单击“刚度修改”→“桩 K 定义”命令，在弹出的“用光标点明要修改的项目[确定]返回”对话框中，输入“桩竖向刚度 K_n(kN/m)”的数值为“500000”，如图 8.2.31 所示。

注意：桩竖向刚度 K_n(kN/m)数值一般取单桩承载力的 100～200 倍，而桩弯曲刚度 K_m(kN/m)的数值一般取“0”。

(7) 单击“刚度修改”→“K 值布置”命令，选择需要布置刚度的桩，布置后桩的旁边会有编号，如图 8.2.32 所示。

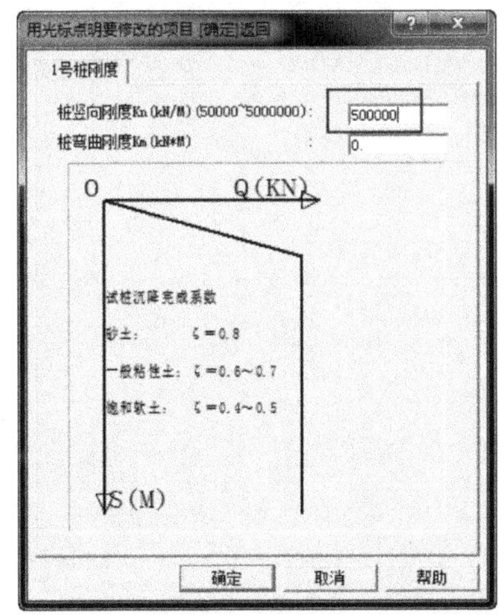

图 8.2.31　桩竖向刚度

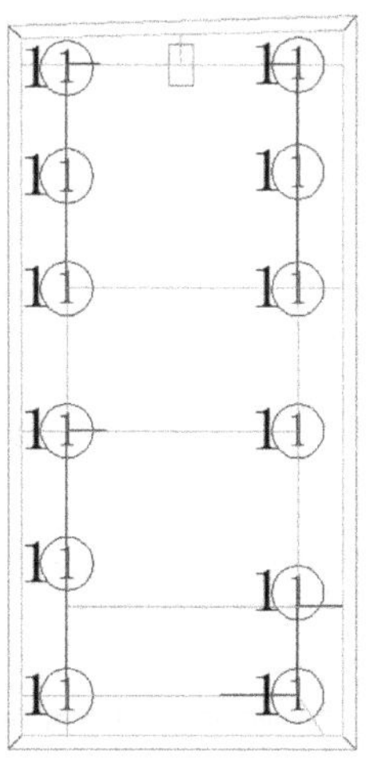

图 8.2.32　K 值布置

(8) 单击“刚度修改”→“刚度显示”命令，屏幕中会在桩的旁边出现“0.500E＋06”的字样，如图 8.2.33所示。表明刚度已经修改成功，“0.500E+06”是科学数字表示法，实际就是“500000”。

(9) 单击“单元形成”命令，可以观察到筏板已经被网格划分成若干个计算单元，如图 8.2.34 所示。

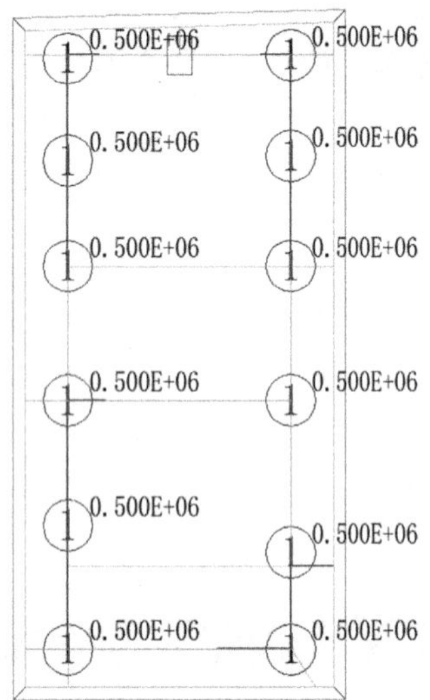

图 8.2.33　刚度显示

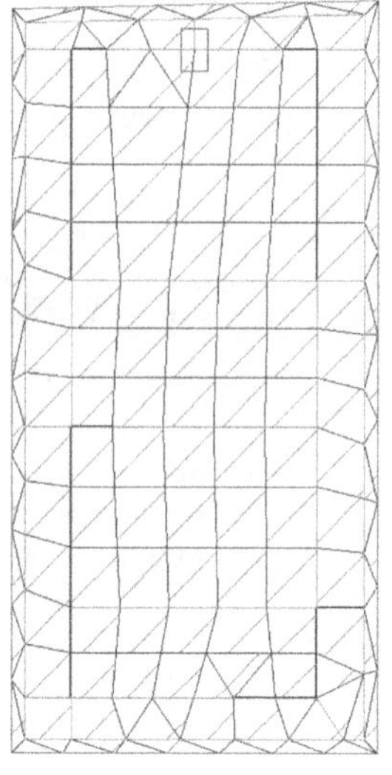

图 8.2.34　单元形成

注意：在系统自动生成的计算单元中，一般平面形式为三角面，这是因为在平面图形中“三角形”最稳定。

(10) 单击“筏板布置”→“筏板定义”命令，系统会对已经生成的计算单元自动命名，如图 8.2.35 所示。

(11) 单击“荷载选择”→“SATWE 荷载”命令，系统会将上部主体结构的荷载传递到筏板上，如图 8.2.36 所示。

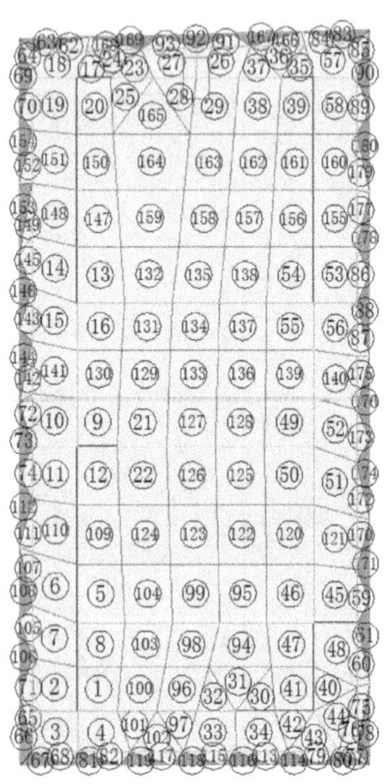

图 8.2.35　筏板定义

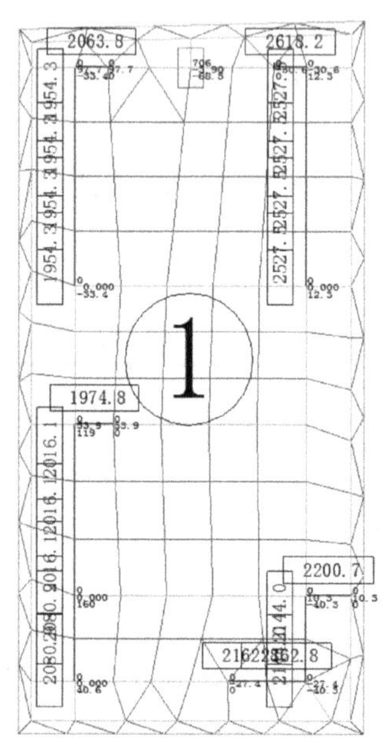

图 8.2.36　SATWE 荷载

(12) 单击“沉降试算”命令，在弹出的“用光标点明要修改的项目[确定]返回”对话框中，根据具体需要设置相应参数，如图 8.2.37 所示。

(13) 单击“基床系数”→“平面调整”命令，根据具体情况调整筏板的平面系数，如图 8.2.38 所示。一般基床系统的调整要根据《地质勘测报告》来设定。

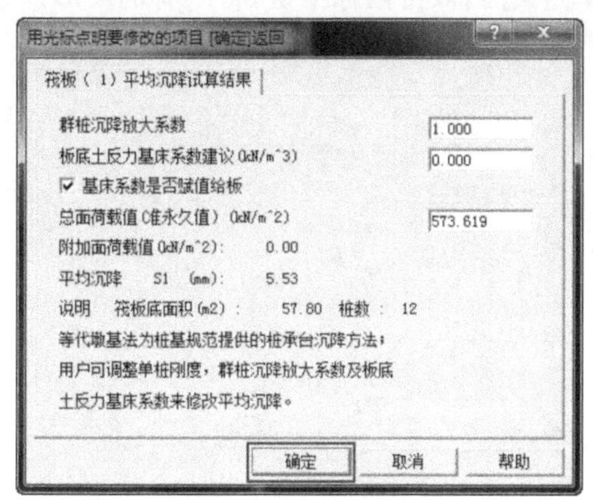

图 8.2.37　沉降试算

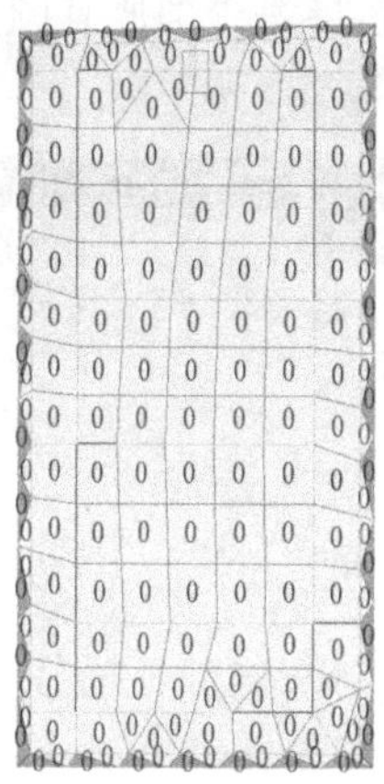

图 8.2.38　平面调整

(14) 单击“计算”命令，对筏板有限元进行计算。在弹出的“请选择”对话框中，单击“优化”按钮，如图 8.2.39 所示。对已经划分的网格进行自动优化，以加快计算速度。

图 8.2.39　优化网格

注意：*筏板的有限元计算完成之后，可以用 TCAD 打开相应的 T 图文件，然后在探索者 TSSD 中根据计算结构，绘制结构施工图。*

8.3　基础施工图

在使用 PKPM 中的 JCCAD 模块进行基础部分的计算之后，就要使用探索者 TSSD 绘制基础部分的结构施工图了。在房屋设计之中，建筑、电气、给排水、暖通这四个专业是不管基础的，基础部分完全是由结构专业独立完成。

一般来讲，基础施工图由两大部分组成：桩定位平面图，承台、筏板定位平面图。由于承台、筏板的特殊性，不可能完全使用结构平面表示法表达，所以还需要绘制一定的大样图，表示这二者在纵向上的构造、尺寸、配筋等。

8.3.1　钻孔灌注桩桩定位平面

钻孔灌注桩桩定位平面图主要是表示桩的位置，也就是桩的几何中心到开间轴线、进深轴线的距离。有了这个图，工程施工人员使用经纬仪、全站仪等测量仪器，准确地通过已有轴线将桩中心放线到施工现场。

(1) 双击桌面“TCAD”图标，启动 PKPM 自带的 CAD 系统——TCAD，打开由 JCCAD 系统自动生成的 T 文件。单击“工具”→“T 图转 DWG”命令，再次选择需要转成 DWG 的 T 图文件，如图 8.3.1 所示。

注意：PKPM 中的图形文件是以后缀名为“T”的文件；而探索者 TSSD 是在 AutoCAD 基础上二次开发的绘图软件，与 AutoCAD 一样，图形文件都是“DWG”文件。

(2) 启动探索者 TSSD 程序，打开转换好的 DWG 文件，在命令行输入“Scale”（放缩）命令，输入“1000”，将屏幕中的所有图形文件放大 1000 倍。操作完成后，双击鼠标中键，将所有的图形以最大化显示，如图 8.3.2 所示。

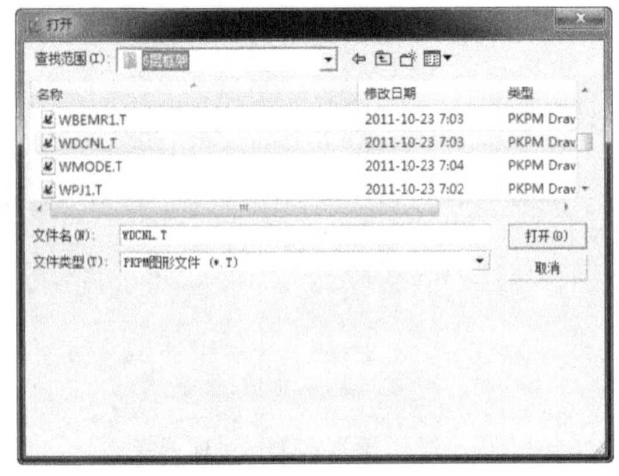

图 8.3.1　T 图转 DWG

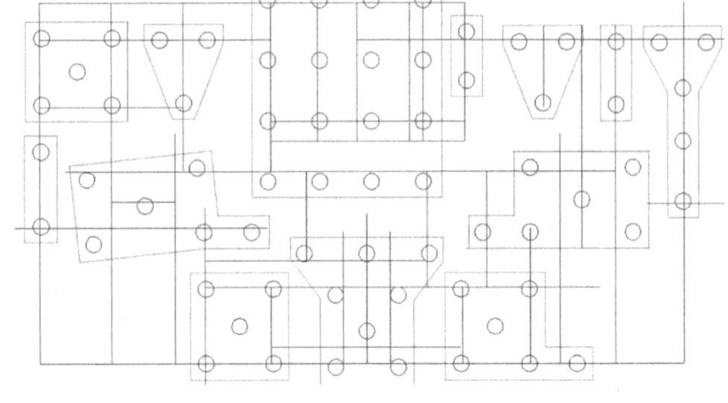

图 8.3.2　放大 1000 倍

注意：在 PKPM 中，图形文件是以“m”为单位；而在探索者 TSSD 中，图形文件是以“mm”为单位。所以从 PKPM 的 T 图文件转换到探索者 TSSD 的 DWG 文件，必须要放大 1000 倍（1 m＝1000 mm）。

(3) 单击“图层特性”按钮，启动“图层特性管理器”操作面板，如图 8.3.3 所示。在探索者 TSSD 中，图形文件是分层保存的，一类型图形文件就是一个图层。

(4) 选择“AXIS”图层（就是轴线图层），单击“置为当前”按钮，如图 8.3.4 所示。此时将“AXIS”（轴线）图层设为当前图层。

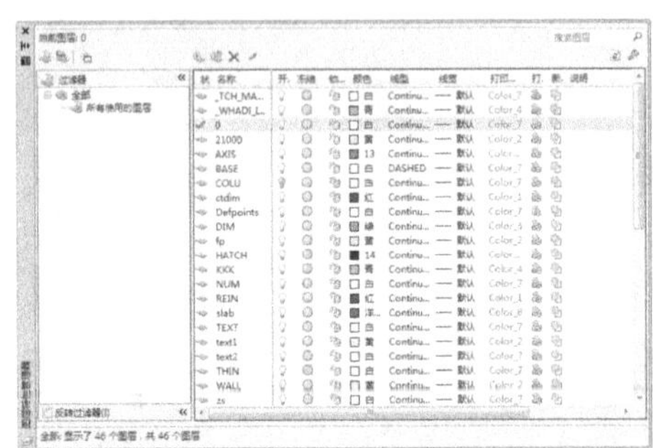

图 8.3.3　启动图层特性管理器

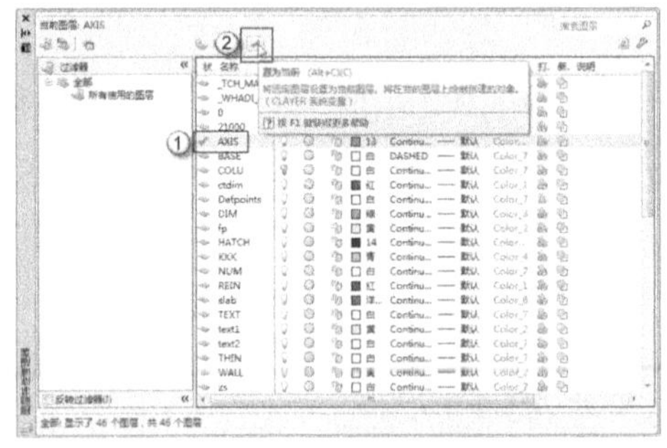

图 8.3.4　将 AXIS 图层置为当前图层

(5) 右击“AXIS”图层名称，在弹出的右键菜单中选择“反转选择”命令，单击“冻结”按钮，如图 8.3.5 所示。冻结其他图层后，屏幕上只显示出“AXIS”（轴线）图层，如图 8.3.6 所示。这样就可以只对 AXIS 一个图层操作，而不影响别的图层。

(6) 使用组合键“Ctrl”＋“A”键，选择屏幕中所有的图形文件，如图 8.3.7 所示。由于图层显示的原因，此时只能选择轴线。

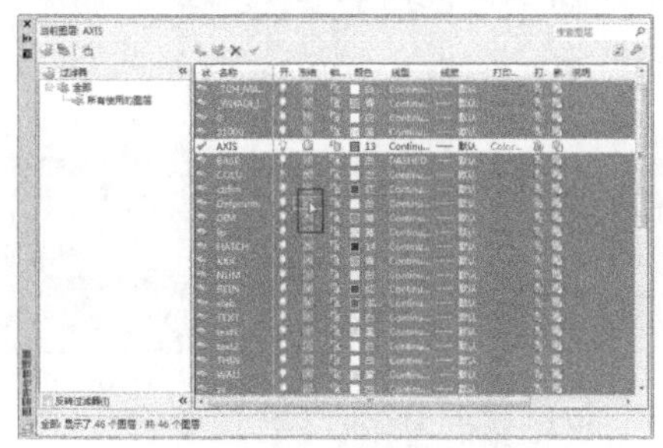

图 8.3.5　冻结其他图层

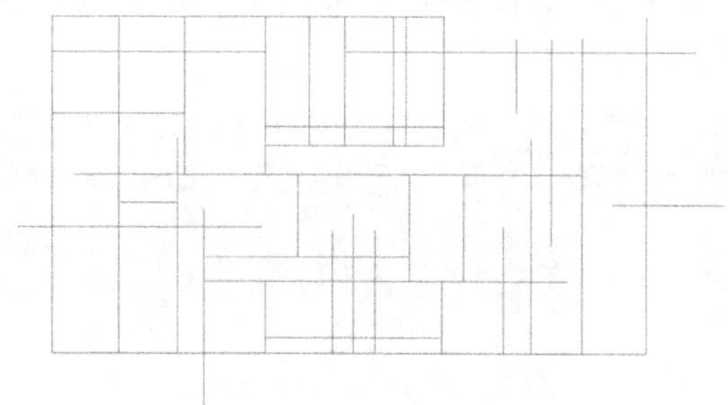

图 8.3.6　显示 AXIS 图层

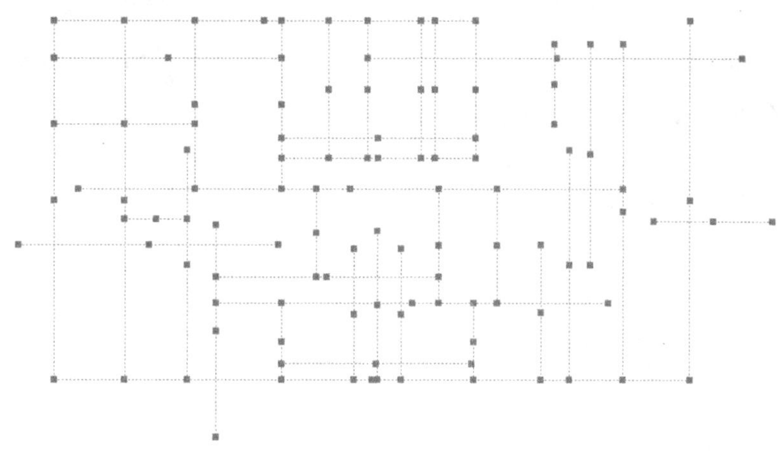

图 8.3.7　选择轴线

(7) 使用组合键“Ctrl”+“1”键，在弹出的“对象特性管理器”操作面板中，更改“线型”为“DOTE”，更改“线型比例”为“1”，如图 8.3.8 所示。操作完成后，可以观察到屏幕中的轴线变为了点划线，如图 8.3.9 所示。

图 8.3.8　更改线型与线型比例

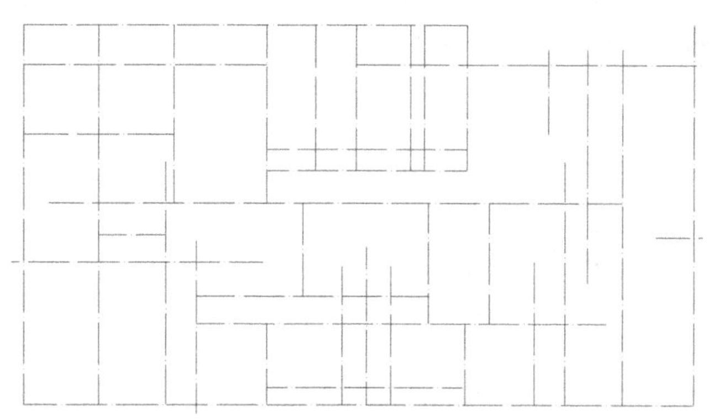

图 8.3.9　点划线

(8) 单击“图层特性”按钮，启动“图层特性管理器”操作面板，使用组合键“Ctrl”+“A”键选择所有图层，单击“冻结”按钮，解除所有图层的冻结，如图 8.3.10 所示。

(9) 选择“承台边线”图层,单击“置为当前”按钮,如图 8.3.11 所示。此时将“承台边线”图层设为当前图层。

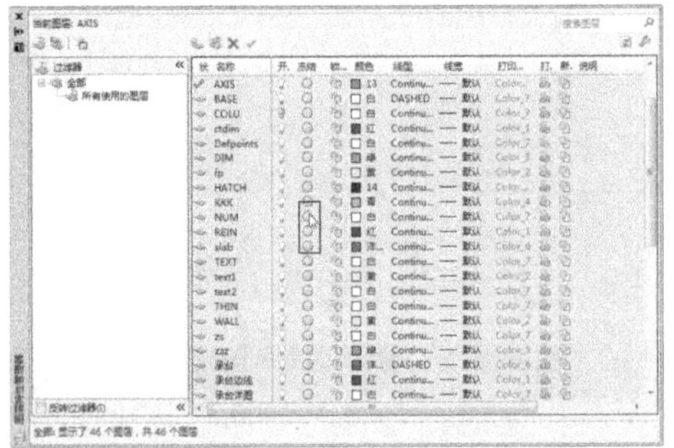

图 8.3.10 解冻图层

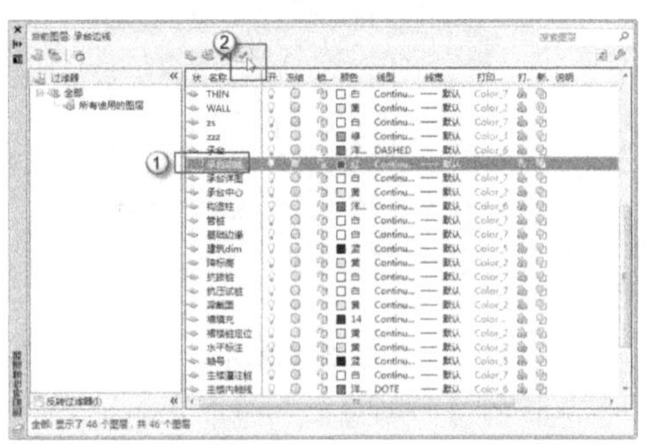

图 8.3.11 将承台边线置为当前图层

(10) 右击“承台边线”图层名称,在弹出的右键菜单中选择“反转选择”命令,单击“冻结”按钮,如图 8.3.12 所示。冻结其他图层后,屏幕上只显示出“承台边线”图层,如图 8.3.13 所示。这样就可以只对“承台边线”一个图层操作,而不影响别的图层。

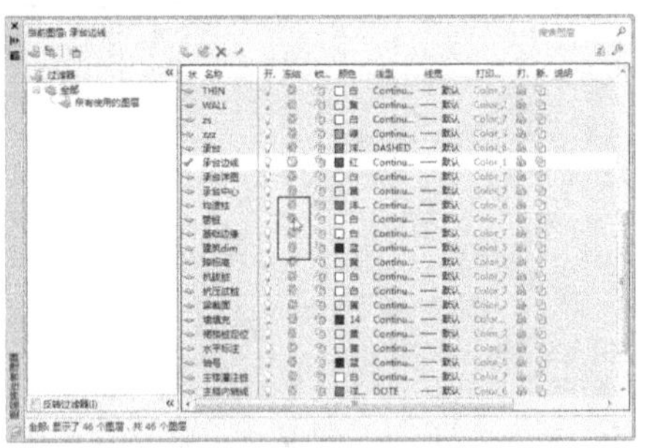

图 8.3.12 冻结其他图层

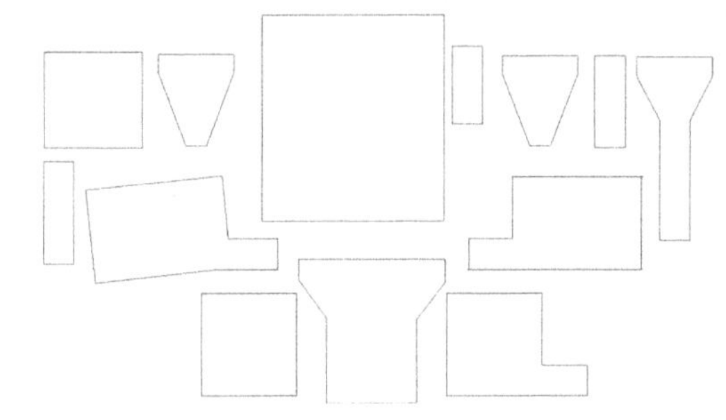

图 8.3.13 承台边线

(11) 使用组合键“Ctrl”+“A”键,选择屏幕中所有的图形文件,由于图层显示的原因,此时只能选择承台边线。然后使用组合键“Ctrl”+“1”键,在弹出的“对象特性管理器”操作面板中,更改“线型”为“DASH”,更改“线型比例”为“1”,如图 8.3.14 所示。操作完成后,可以观察到屏幕中的承台边线变为了虚线,如图 8.3.15 所示。

图 8.3.14 更改线型与线型比例

图 8.3.15 虚线线型

注意：在结构平面表示法中，钻孔灌注桩桩定位平面图表示的是桩与轴线的关键。而承台位于桩的上部，在此图中“看”不到，所以用虚线表示。

(12) 在命令提示行输入“Copy”(复制)命令，复制一个桩到外侧，便于下一步操作方便，如图8.3.16所示。

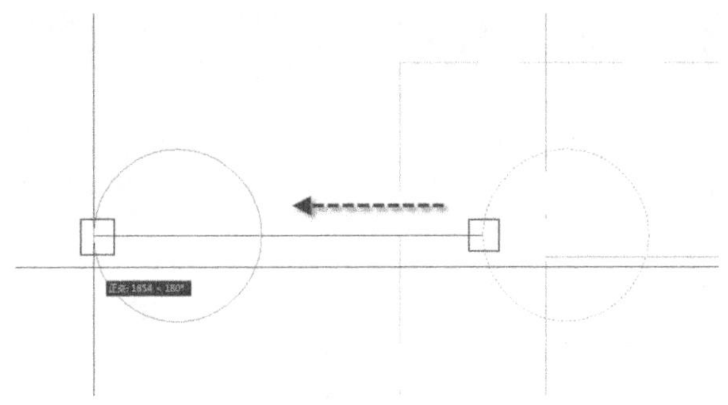

图 8.3.16　复制桩

(13) 单击“图层特性”按钮，启动“图层特性管理器”操作面板，选择“桩中心”图层，单击“置为当前”按钮，如图 8.3.17 所示。此时将“桩中心”图层设为当前图层。

(14) 右击“对象捕捉”图标，选择“设置”命令，在弹出的“捕捉设置”对话框中，勾选“象限点”选项，如图 8.3.18 所示。此时绘图系统中只捕捉“象限点”。

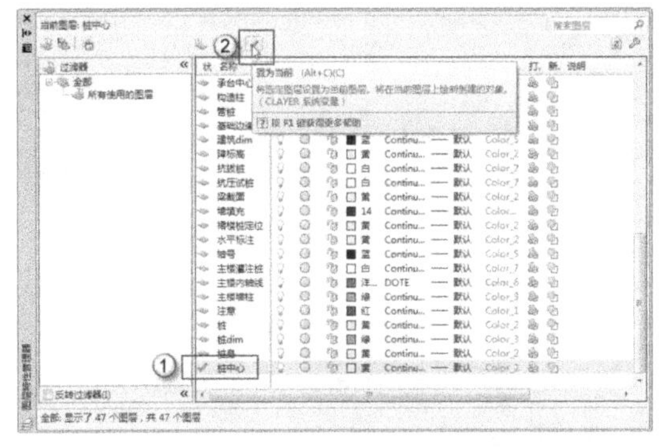

图 8.3.17　将桩中心图层置为当前

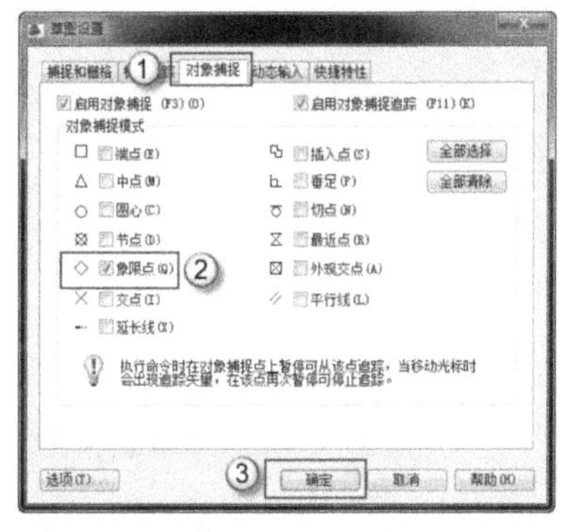

图 8.3.18　象限点的捕捉设置

(15) 在命令提示行中输入“Line”(直线)命令，系统会自动调用已经设置好的“象限点”的捕捉，在桩的圆形区域内绘制一个“十”字形，如图 8.3.19 所示。这个“十”字形的交点，就是桩的几何中心。捕捉这个几何中心与轴线的距离，就可以完成对桩的准确定位了。

(16) 在命令提示行输入“Copy”(复制)命令，将已经绘制好的十字形复制到每一个桩中，如图8.3.20所示。全部复制完成后，如图 8.3.21 所示。这样就可以用“标注”命令，对所有的桩进行与轴线距离的线性标注〕

(17) 单击“布置轴网”→“单轴标号”命令，对第一条进深轴线进行标注，在命令提示行输入“2-D”，如图 8.3.22 所示。“2-D”表示:2 号楼的 D 轴线。同样，使用“单轴标号”命令，对第一条开间轴线进行标注，为“2-1”轴，如图 8.3.23 所示。轴线全部标注完成后，如图 8.3.24 所示。

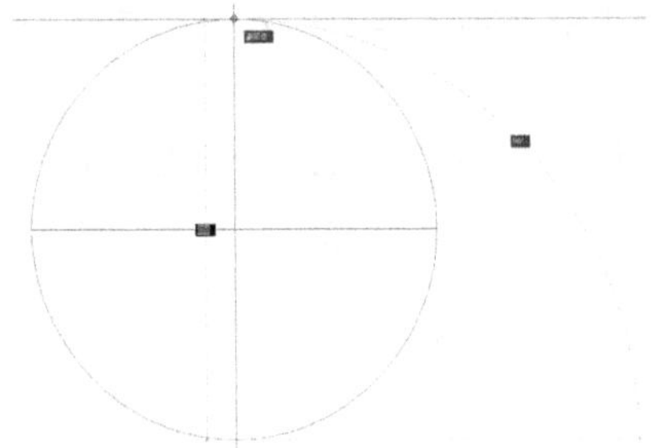

图 8.3.19　桩的几何中心

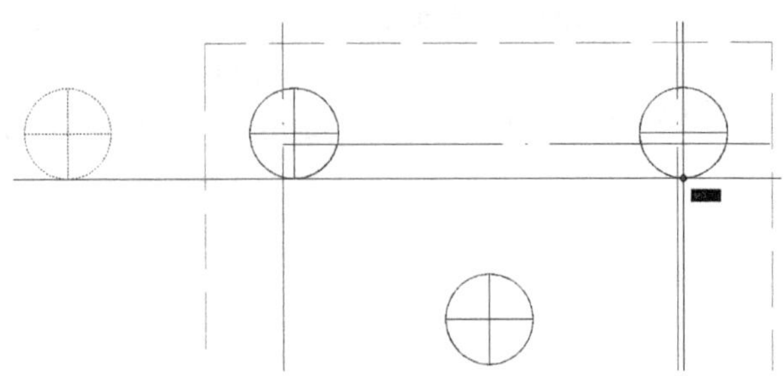

图 8.3.20　复制十字形

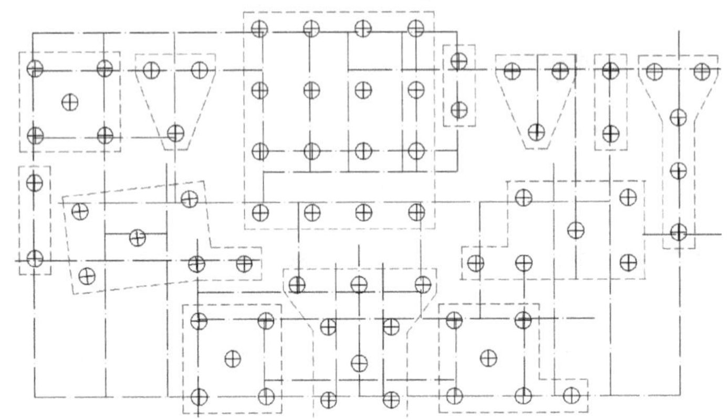

图 8.3.21　复制完成

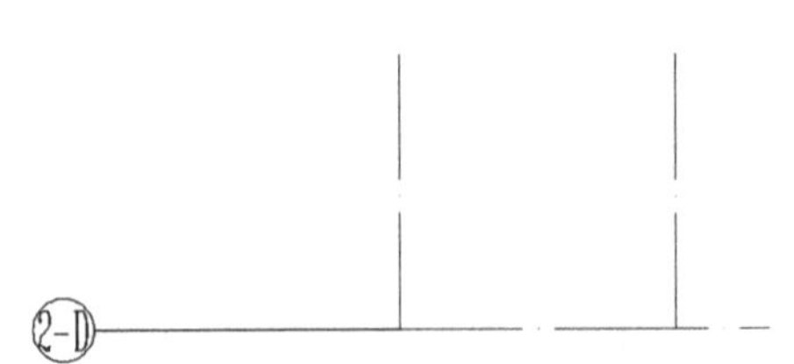

图 8.3.22　2-D 轴标注

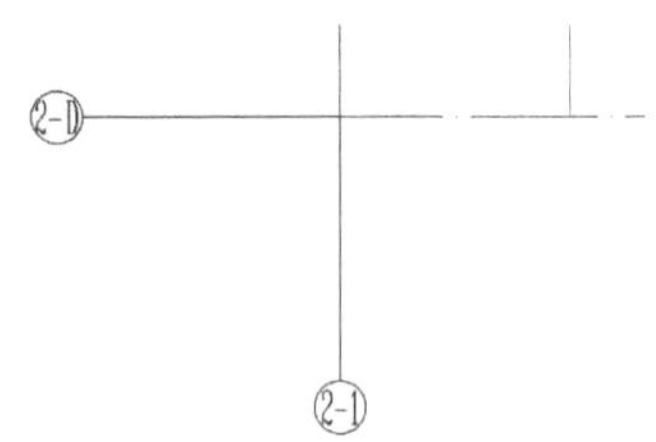

图 8.3.23　2-1 轴标注

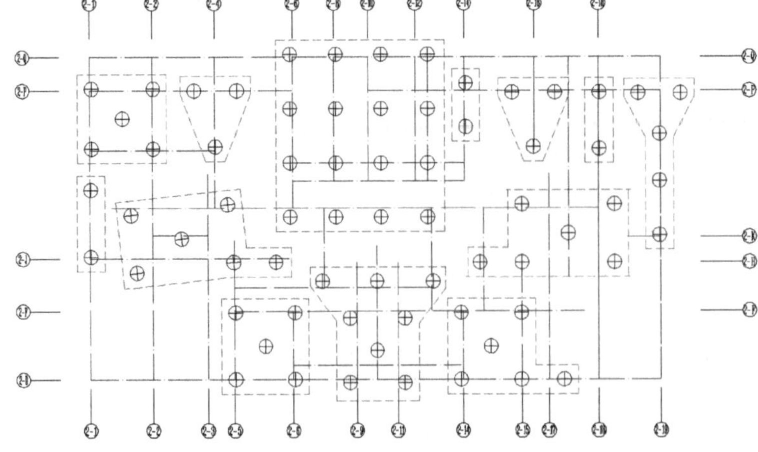

图 8.3.24　标注轴线

注意：在设置轴线时，进深轴线使用大写的英文字母，而开间轴线使用阿拉伯数字。基础部分的轴线并不一定从起始字母或数字开始，比如此处的进深轴线就是从 D 开始，而不是从 A 开始的。这主要是由上部主体与基础结构形式不一样造成的。

(18) 单击“尺寸标注”→“线性标注”命令，首先对左进深的尺寸进行标注，如图 8.3.25 所示。在标注时，注意打开“对象捕捉”进行精确定位。全部标注完成后，要使用“Move”(移动)命令，将标注移动到相应的位置，不要出现图形交错的情况，完成后如图 8.3.26 所示。

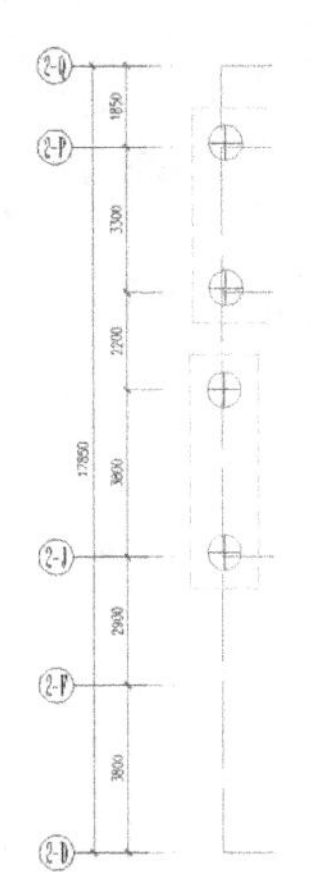

图 8.3.25　左进深标注

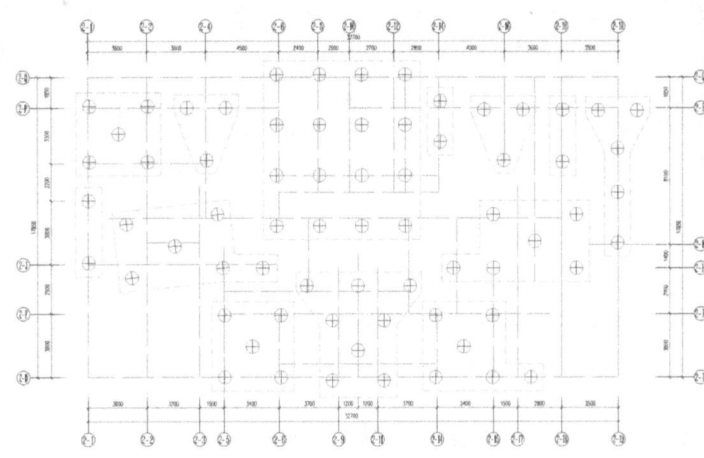

图 8.3.26　尺寸标注

注意：标注时一般是先标注一侧(如左进深)，然后再标注其他位置。因为标完一侧后，可以手动进行对齐，然后再次标注时，系统会自动对齐。

(19) 单击“尺寸标注”→“线性标注”命令，标注每一个钻孔灌注桩几何中心与进深、开间轴线之间的距离，如图 8.3.27 所示。

(20) 单击“图层特性”按钮，启动“图层特性管理器”操作面板，选择“抗压试桩”图层，单击“置为当前”按钮，如图 8.3.28 所示。此时将“抗压试桩”图层设为当前图层。

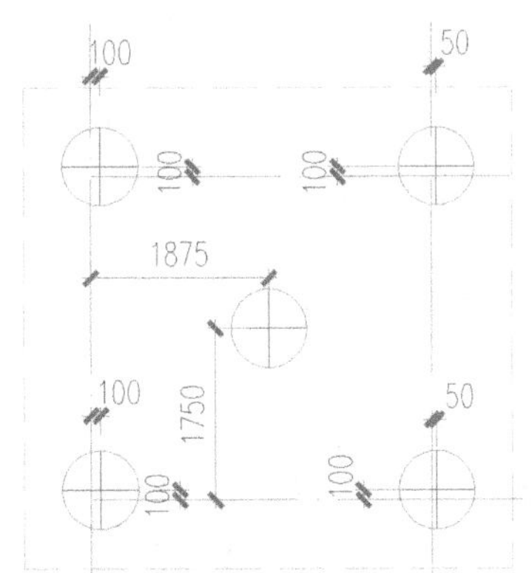

图 8.3.27　标注桩位

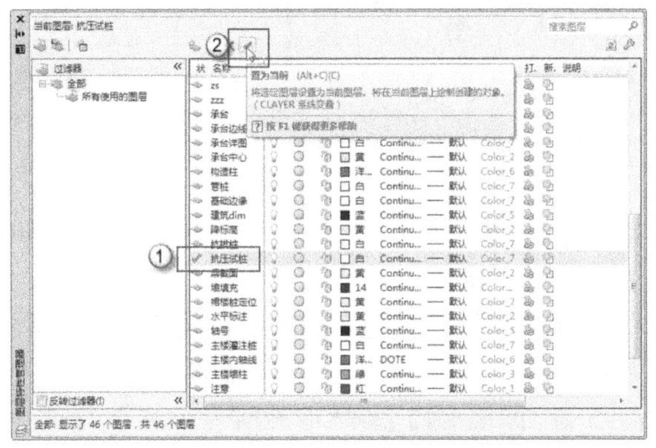

图 8.3.28　抗压试桩图层

(21) 在命令提示行输入“Bhatch”(图案填充)命令，在弹出的“图案填充和渐变色”操作面板中单击“样例”按钮，如图 8.3.29 所示。在弹出的“填充图案选项板”操作面板中，单击“SOLID”按钮，如图 8.3.30所示。这步操作是选择实心的填充图案(即 SOLID)。

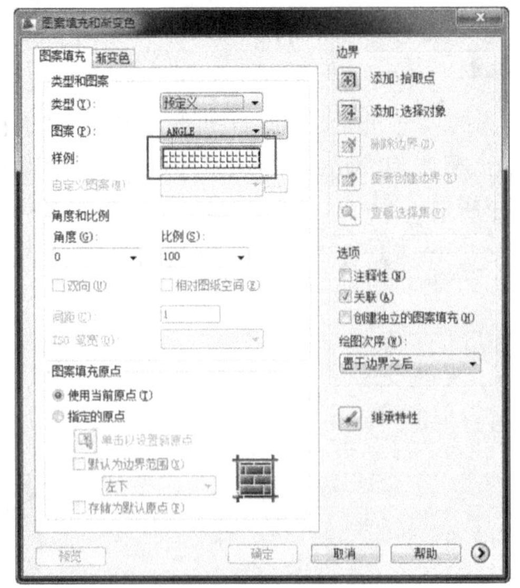

图 8.3.29　图案填充和渐变色

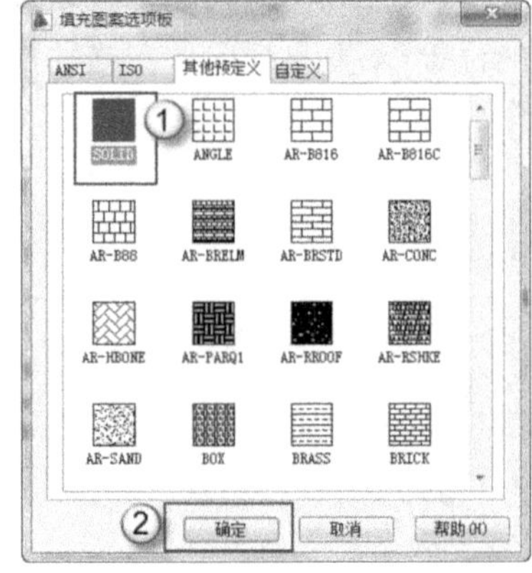

图 8.3.30　SOLID 填充图案

(22) 在“图案填充和渐变色”操作面板中,单击“添加:拾取点”按钮,如图 8.3.31 所示。在屏幕中拾取桩的两个对角的 1/4 圆区域,如图 8.3.32 所示。

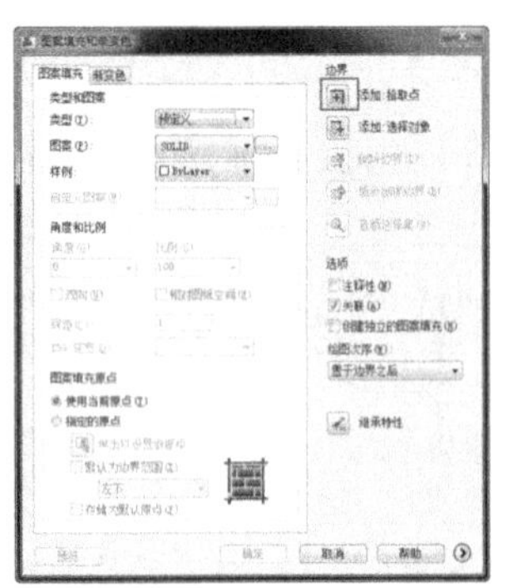

图 8.3.31　添加:拾取点

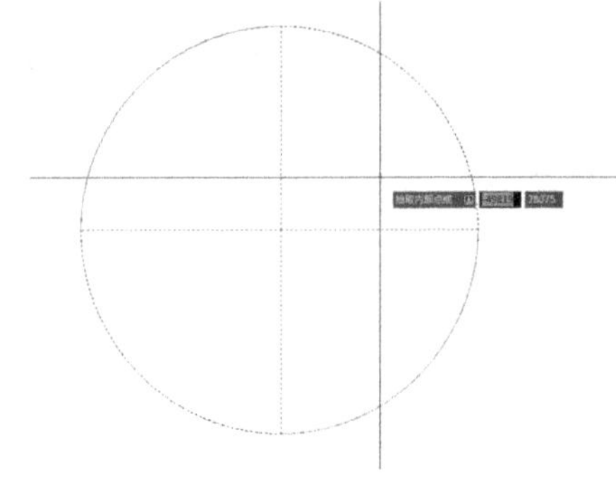

图 8.3.32　选择区域

(23) 填充相应区域后,对其标注为“试桩一”,如图 8.3.33 所示。表明此桩为编号“一”的试桩,与其他工程桩不一样。

(24) 单击“符号”按钮,在弹出的“常用符号”操作面板中选择“图形名称”选项卡,如图 8.3.34 所示。在弹出的“图形名称设置”操作面板中,输入相应的“图形名称”“比例”“备注”,如图 8.3.35 所示。

(25) 在“图形名称设置”操作面板中单击“插入”按钮,将图名插入到图形文件中,如图 8.3.36 所示。工程桩、试桩的图例,还要使用复制(Copy)命令,从已有的图形文件中复制到相应位置。

钻孔灌注桩桩定位平面图完成之后,如图 8.3.37 所示。还需要增加设计院的图框、标题栏、会签栏,完成这些之后就可以出图了。

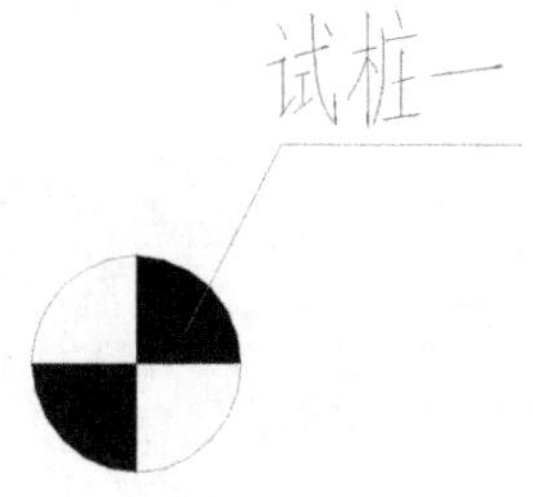

图 8.3.33　试桩一

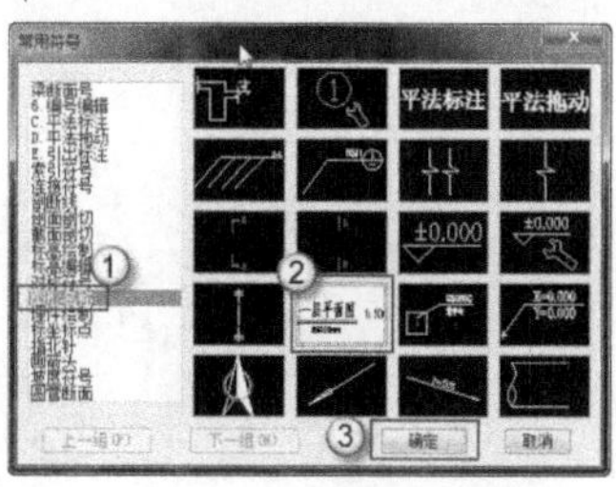

图 8.3.34　常用符号

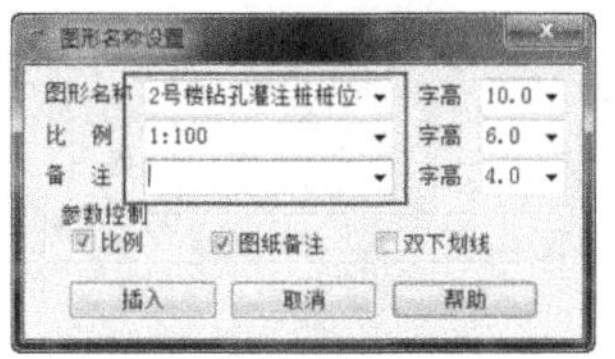

图 8.3.35　图形名称设置

2号楼钻孔灌注桩桩位平面 1:100

注:① 图中⊕为直径800mm的钻孔灌注桩工程桩，共69根(含试桩);
图中◕为试桩，桩长约48m，试桩均兼作工程桩。
② 试桩桩顶标高均为自然地面+0.3m。

图 8.3.36　插入图名

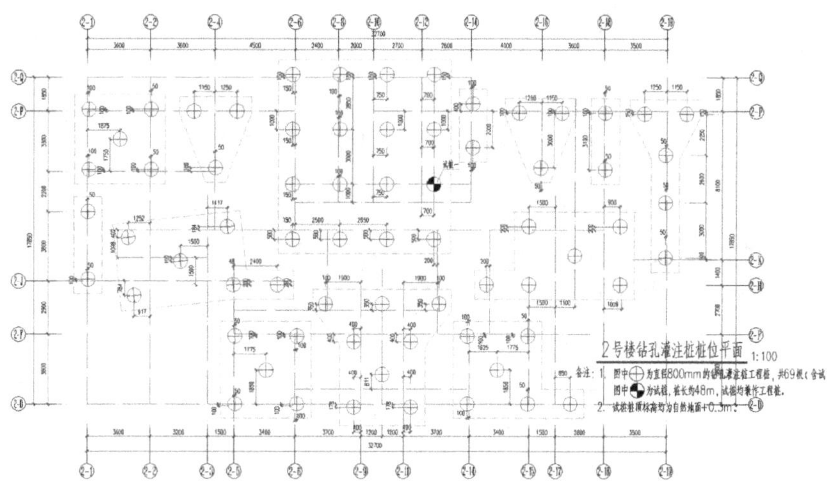

图 8.3.37　钻孔灌注桩桩定位平面图

8.3.2　承台、筏板定位平面图

承台定位平面图或筏板定位平面图是用来表示基础中的承台、筏板与开间、进深轴线的距离。有了这个图，工程施工人员使用经纬仪、全站仪等测量仪器，准确地通过已有轴线将承台、筏板的边界放线到施工现场。

(1) 将 JCCAD 的承台、筏板的 T 图文件导入到探索者 TSSD 中。在命令提示行中输入“Insert”(插入)命令，如图 8.3.38 所示，将上面绘制好的钻孔灌注桩桩定位平面图中的桩、轴号、轴线、轴线标注等图形插入其中，如图 8.3.39 所示。

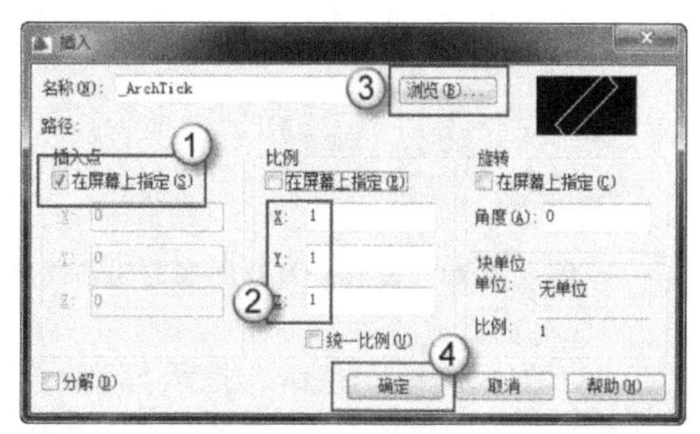

图 8.3.38　插入

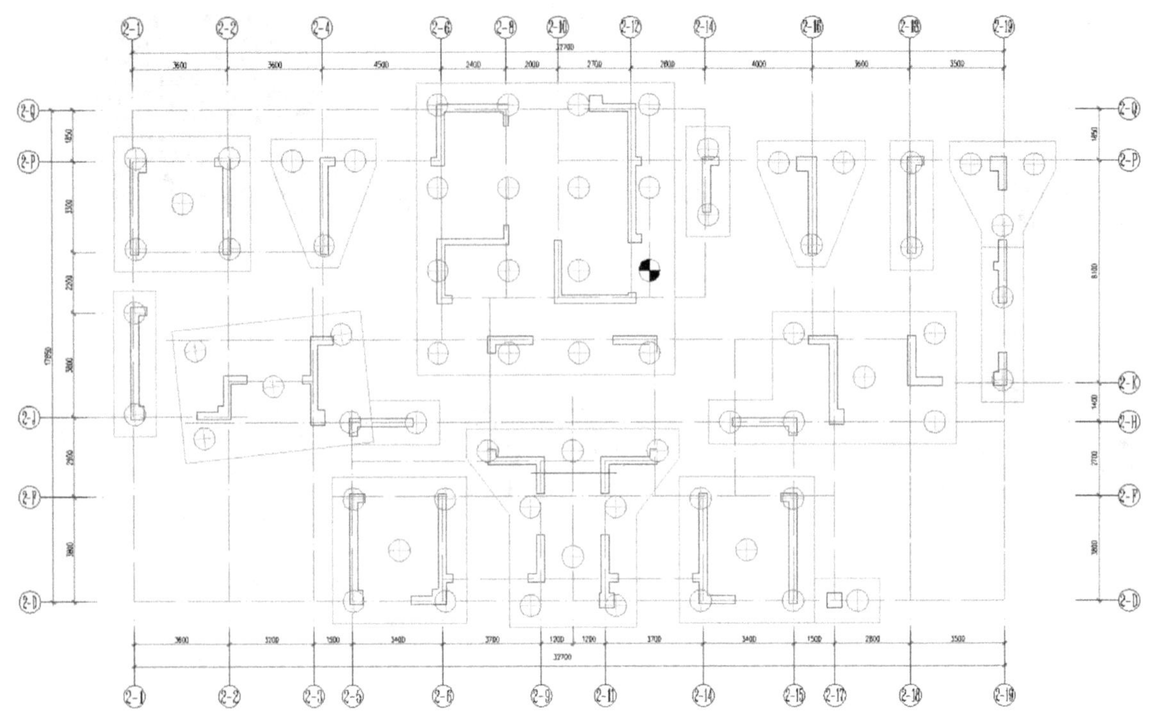

图 8.3.39　插入桩、轴号、轴线、轴线标注

注意：在绘制结构施工图中，上下部的关系一定要对应。已经完成的轴线、轴号部分的标注，可以使用“Insert”(插入)命令有选择地插入，以加大计算机作图的效率。

(2) 选择“COLU”图层(就是墙柱图层)，单击“置为当前”按钮，如图 8.3.40 所示。此时将“COLU”(墙柱)图层设为当前图层。右击“COLU”图层名称，在弹出的右键菜单中选择“反转选择”命令，单击“冻结”按钮，如图 8.3.41 所示。冻结其他图层后，屏幕上只显示出“墙柱”图层的图形对象，如图8.3.42 所示。这样就可以只对“墙柱”一个图层操作，而不影响别的图层。

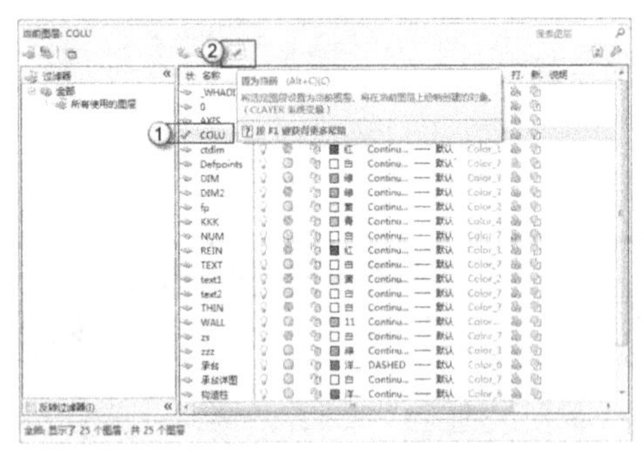

图 8.3.40　设置 COLU 图层为当前图层

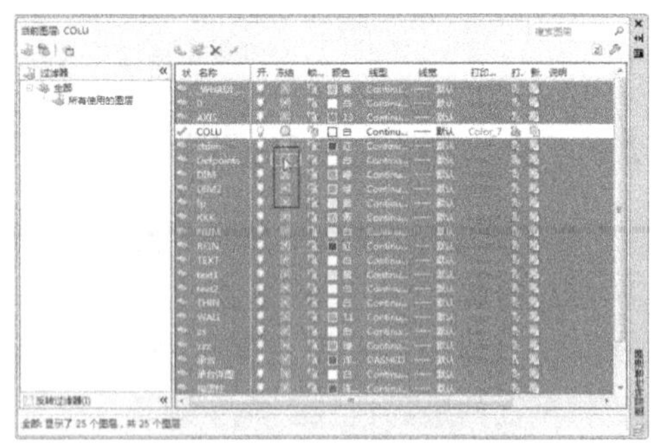

图 8.3.41　冻结其他图层

(3) 加粗墙线。在命令提示行输入“Pedit”(编辑多段线)命令，依次选择“合并(J)”、“宽度(W)”命令，把所有的图形对象先合并为一个整体，然后设置宽度为“100”个单位，如图 8.3.43 所示。

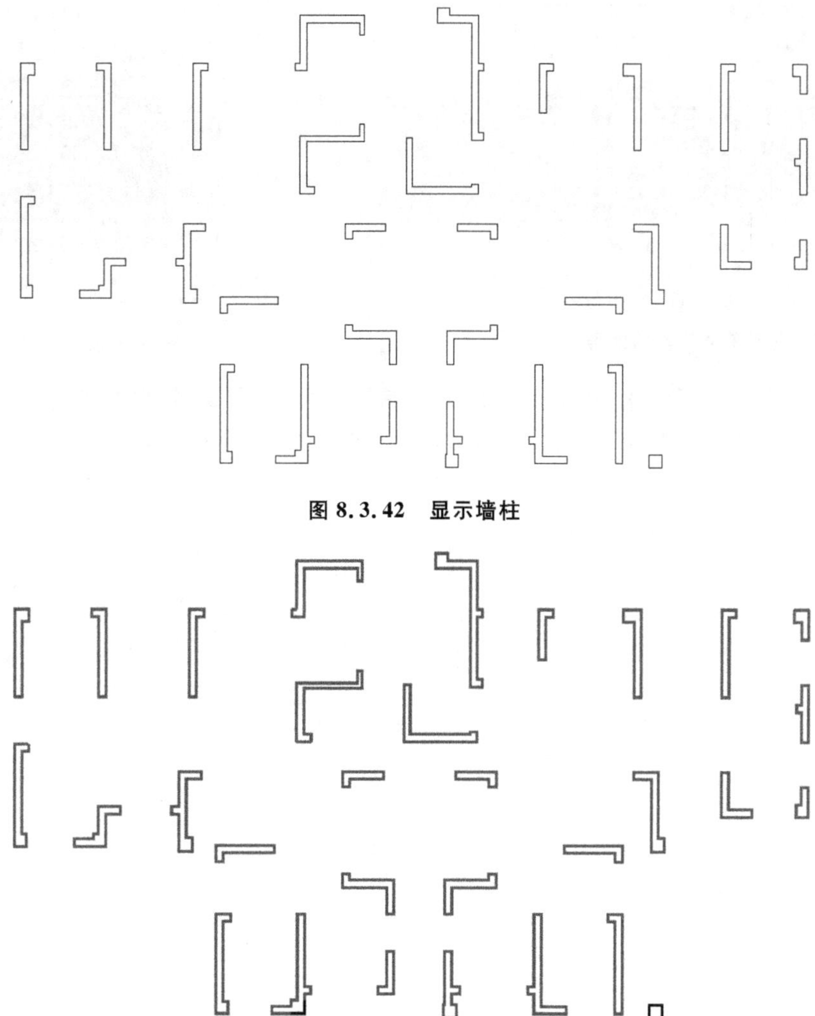

图 8.3.42　显示墙柱

图 8.3.43　加粗墙线

注意：

(1) 在探索者 TSSD 中，绘图时是按照 1：1 绘制的，而打印出图时，这种平面图的比例是 1：100。此处宽度为 100 个单位，按照 1：100 打印，因此出图时的线宽为 1 mm(100÷100=1)。

(2) 在使用“Pedit”这个命令时，一定要先用“合并(J)”命令，再使用“宽度(W)”命令。如果直接使用“宽度(W)”命令，则加粗后的图形对象在直角处会出现缺角的情形，如图 8.3.44 所示，这样会影响图形表达效果，请读者一定注意。

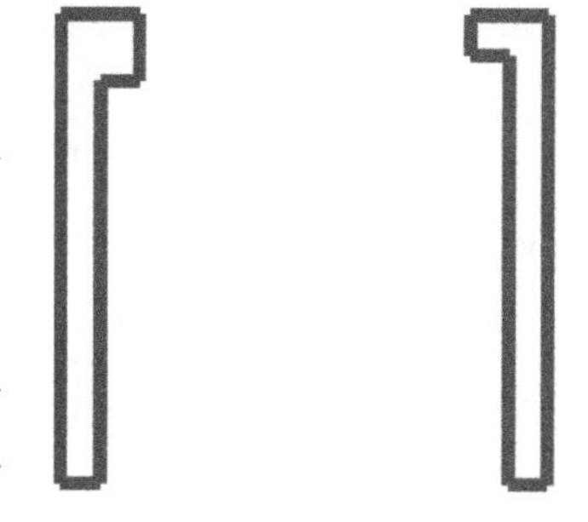

图 8.3.44　缺角

(4) 选择“承台”图层，单击“置为当前”按钮，如图 8.3.45 所示。此时将“承台”图层设为当前图层。右击“承台”图层名称，在弹出的右键菜单中选择“反转选择”命令，单击“冻结”按钮，如图 8.3.46 所示。冻结其他图层后，屏幕上只显示出“承台”图层的图形对象，如图8.3.47 所示。这样就可以只对“承台”一个图层操作，而不影响别的图层。

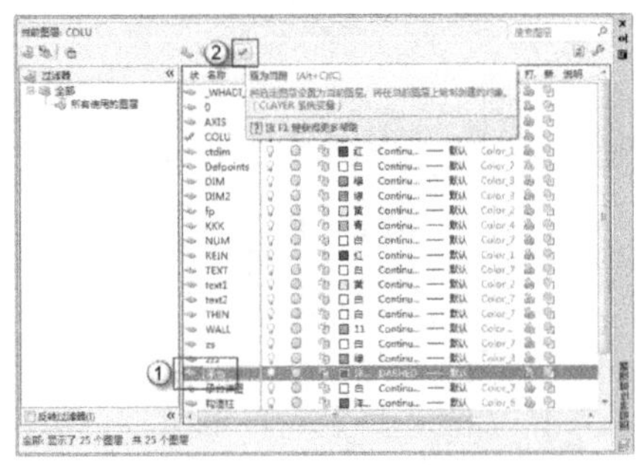

图 8.3.45　设置承台为当前图层

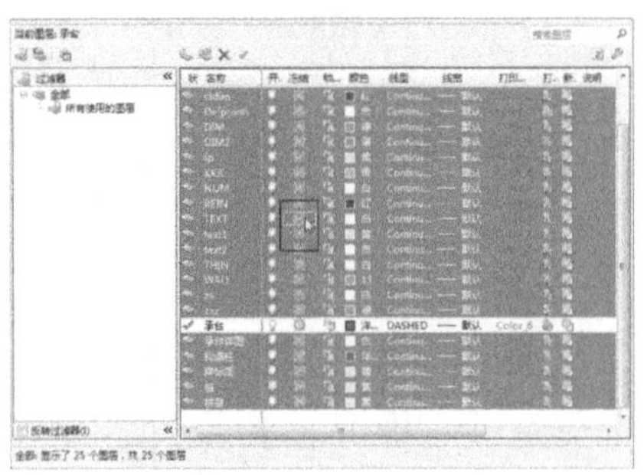

图 8.3.46　冻结图层

(5) 加粗承台边线。在命令提示行输入“Pedit”(编辑多段线)命令，依次选择“合并(J)”“宽度(W)”命令，把所有的图形对象先合并为一个整体，然后设置宽度为“100”个单位，如图 8.3.48 所示。

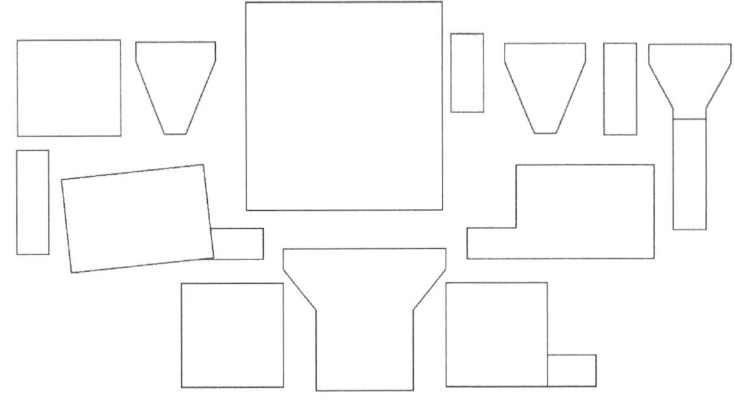

图 8.3.47　显示承台

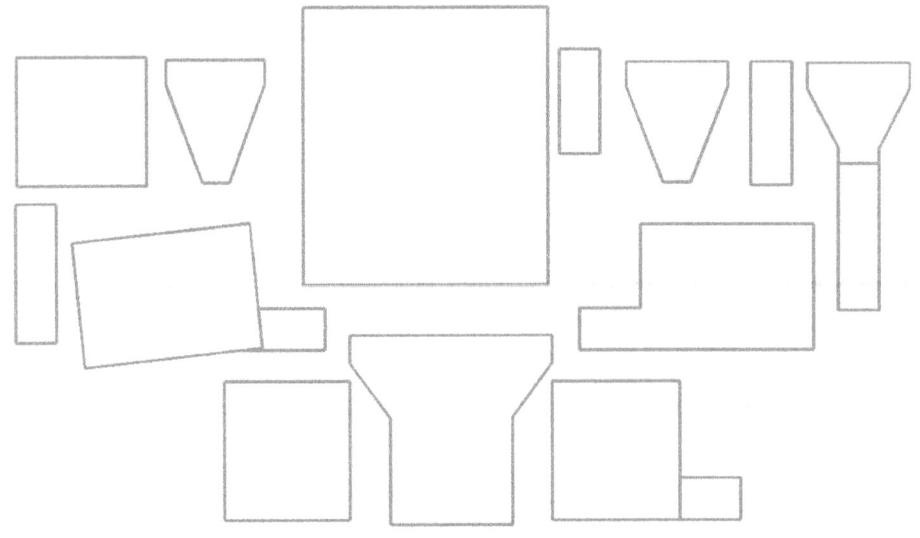

图 8.3.48　加粗承台边线

(6) 单击“尺寸标注”→“线性标注”命令，标注承台边界线与进深、开间轴线之间的距离，如图

8.3.49所示。

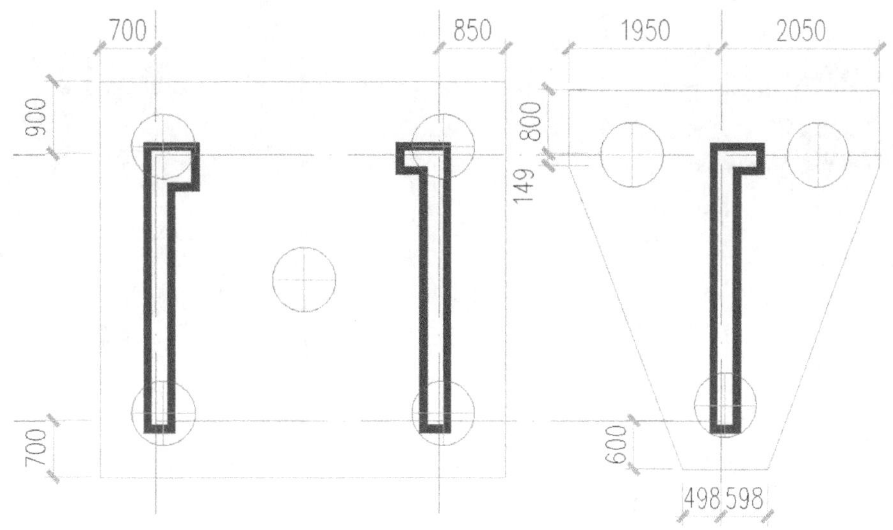

图 8.3.49　承台标注

(7) 选择“集水坑”图层，单击“置为当前”按钮，如图 8.3.50 所示。此时将“集水坑”图层设为当前图层。在命令提示行中输入“Pline”(多段线)命令，使用线宽为“50”的多段线，绘制出如图 8.3.51 所示的矩形，此矩形区域就是集水坑的平面投影区。

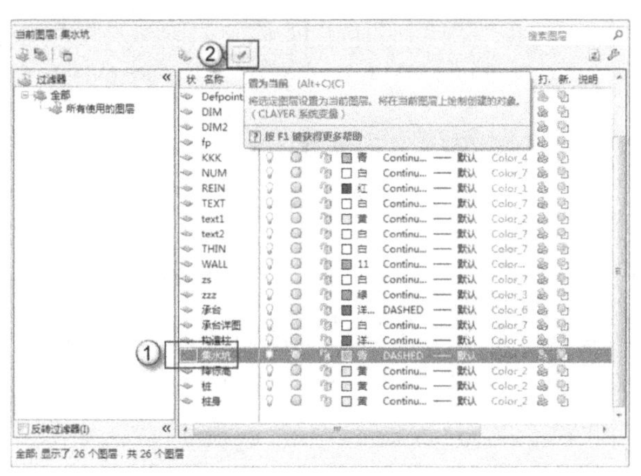

图 8.3.50　集水坑图层

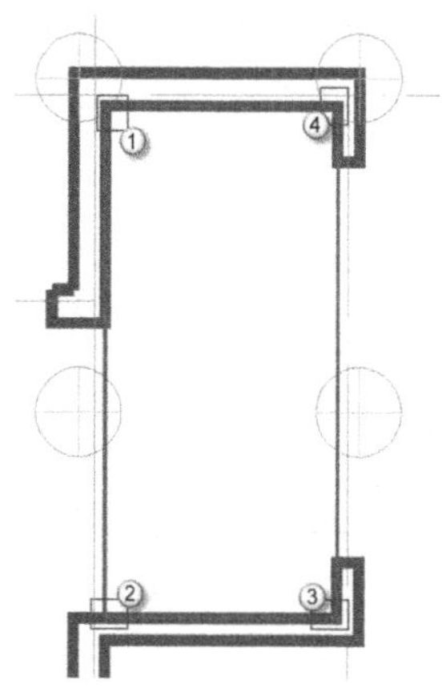

图 8.3.51　集水坑

(8) 在命令提示行输入“Bhatch”(图案填充)命令，在弹出的“图案填充和渐变色”操作面板中单击“样例”按钮，在弹出的“填充图案选项板”操作面板中，单击“ANSI37”按钮，如图 8.3.52 所示。在“图案填充和渐变色”操作面板中，设置“比例”为 100，单击“添加:选择对象”按钮，如图 8.3.53 所示。

(9) 在屏幕中选择需要填充图案的集水坑区域，如图 8.3.54 所示。这样就可以将集水坑区域用所选择的图案填满，如图 8.3.55 所示。

注意：在结构施工图中，最终的图纸是打印黑色线条的硫酸纸然后晒蓝图。所以对于一些不同的区域，如集水坑、后浇带、降板区等会用不同的图案填充。

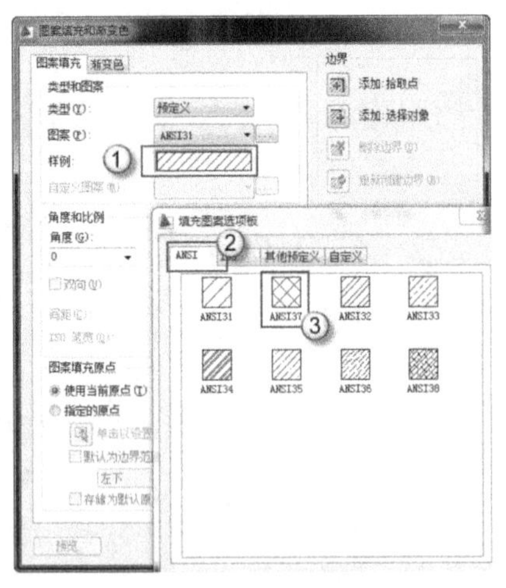

图 8.3.52 选择填充图案

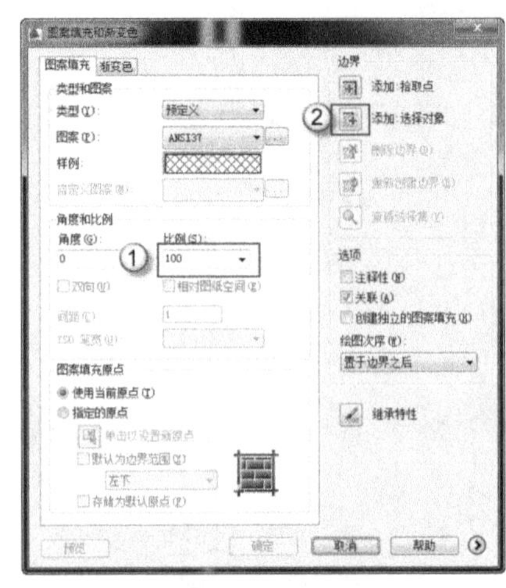

图 8.3.53 添加选择对象

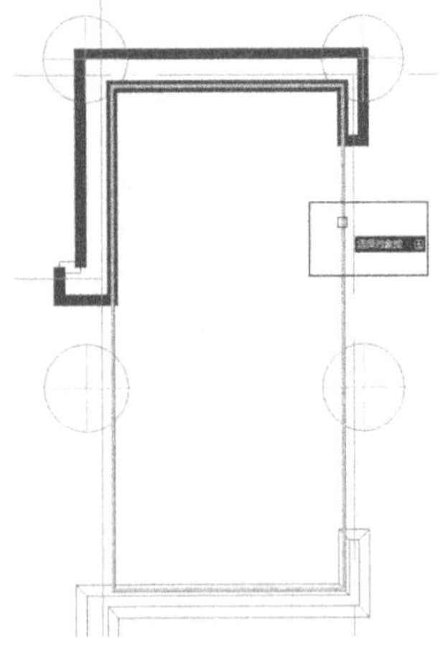

图 8.3.54 选择填充区域

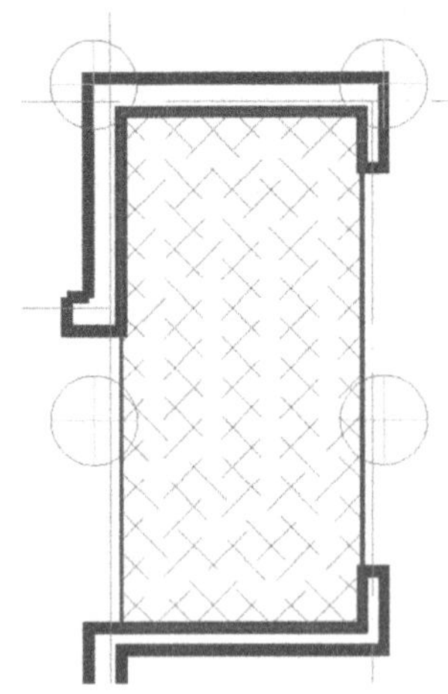

图 8.3.55 填充集水坑

(10) 单击“符号”→“标高绘制”命令，在已经完成的集水坑区域进行标高标注“－5.800”，如图 8.3.56所示。在本例中，核心筒区域共有两处集水坑，标高分别为－5.800 与－6.800，如图 8.3.57 所示。应使用不同的填充图案以示区别。

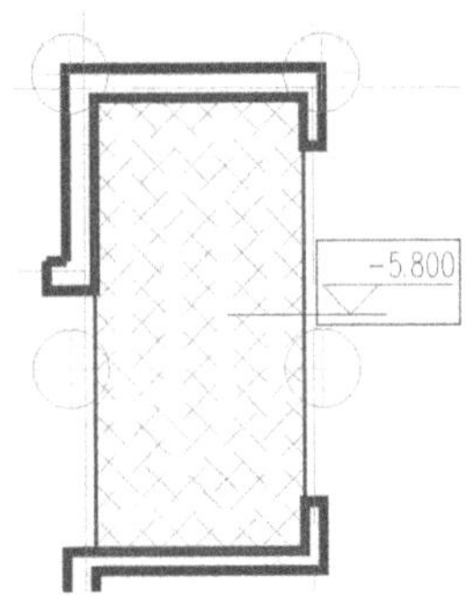

图 8.3.56 集水坑标高

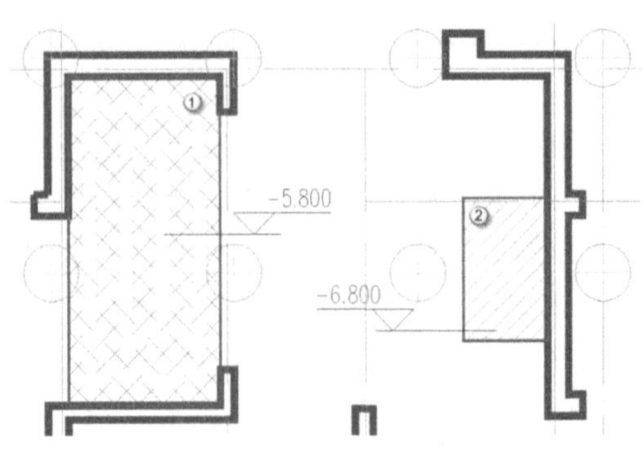

图 8.3.57 两处集水坑

(11) 单击"符号"→"引出标注"命令，对左侧承台标注其配筋情况"双面双向 Φ25@190"，对右侧承台只标注承台名称"2-CT2"(表示 2 号楼的编号为 2 的承台)，如图 8.3.58 所示。

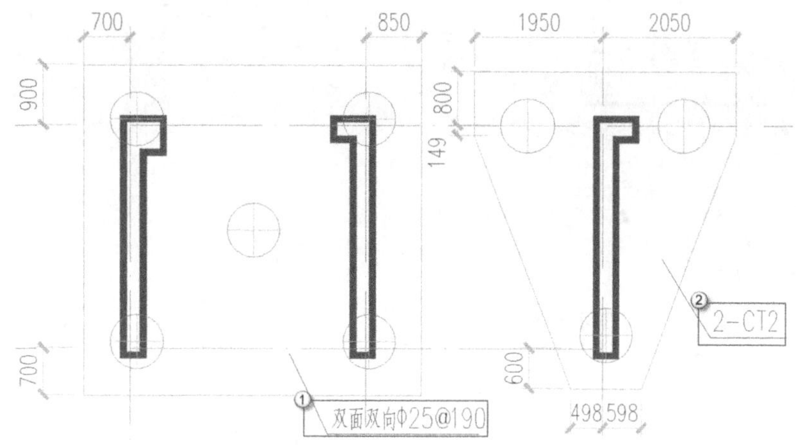

图 8.3.58　承台配筋与编号

注意：如果承台的配筋比较简单，可以直接标注其配筋情况。如果承台的配筋很复杂，则需要标注承台的名称，然后另行绘制承台的放大平面图。

(12) 单击"符号"命令，在弹出的"常用符号"操作面板中，选择"图形名称"选项卡，如图 8.3.59 所示。在弹出的"图形名称设置"对话框中，输入"2 号楼承台定位平面"名称，单击"插入"按钮，如图 8.3.60所示。

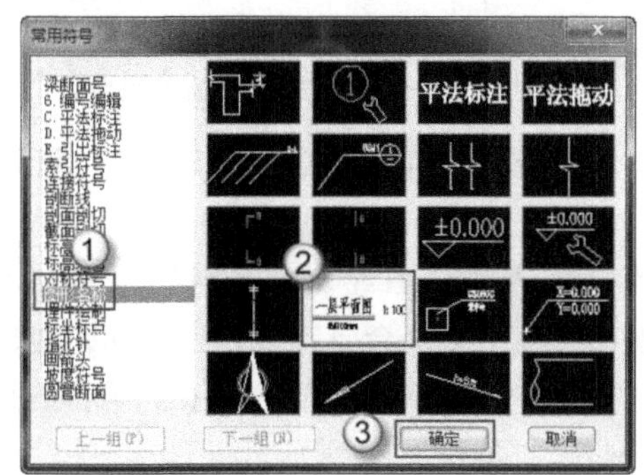

图 8.3.59　常用符号

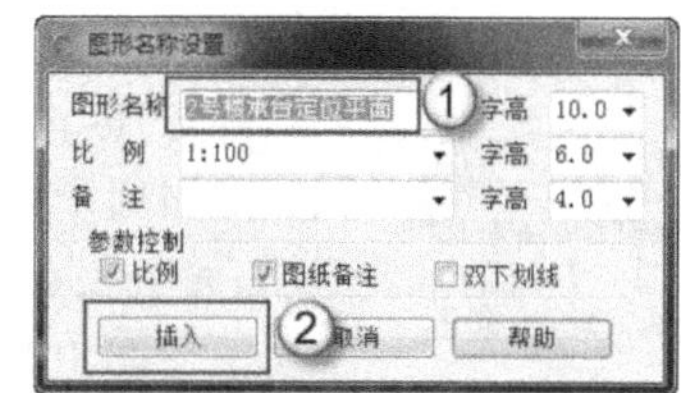

图 8.3.60　图形名称设置

(13) 插入图名后，单击"文字设置"→"多行输入"命令，将图名下的备注内容加上，如图 8.3.61 所示。

(14) 复制"2-CT2"承台到操作区空白处，在命令行输入"Scale"(缩放)命令，将承台放大 2 倍，如图 8.3.62 所示。

(15) 单击"符号"→"图形名称设置"命令，在"图形名称"输入框中输入"2-CT2"，在"比例"输入框中输入"1∶50"，然后单击"插入"按钮，如图 8.3.63 所示。把图名插入，如图 8.3.64 所示。

注意：此处绘制的是 1∶50 的放大平面图，由 1∶100 变成 1∶50 需要将所有图形文件放大 2 倍。这样的放大平面图可以容纳更多的细节，特别是钢筋的分布可以表示得很清晰。

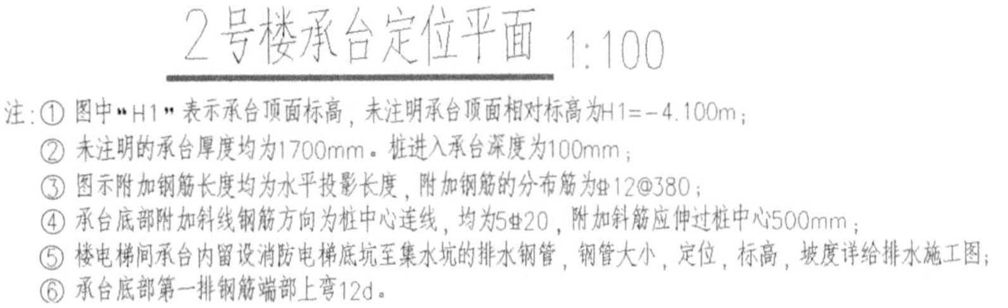

2号楼承台定位平面 1:100
注:① 图中"H1"表示承台顶面标高，未注明承台顶面相对标高为H1=-4.100m；
② 未注明的承台厚度均为1700mm。桩进入承台深度为100mm；
③ 图示附加钢筋长度均为水平投影长度，附加钢筋的分布筋为⌀12@380；
④ 承台底部附加斜线钢筋方向为桩中心连线，均为5⌀20，附加斜筋应伸过桩中心500mm；
⑤ 楼电梯间承台内留设消防电梯底坑至集水坑的排水钢管，钢管大小，定位，标高，坡度详给排水施工图；
⑥ 承台底部第一排钢筋端部上弯12d。

图 8.3.61　图名与备注

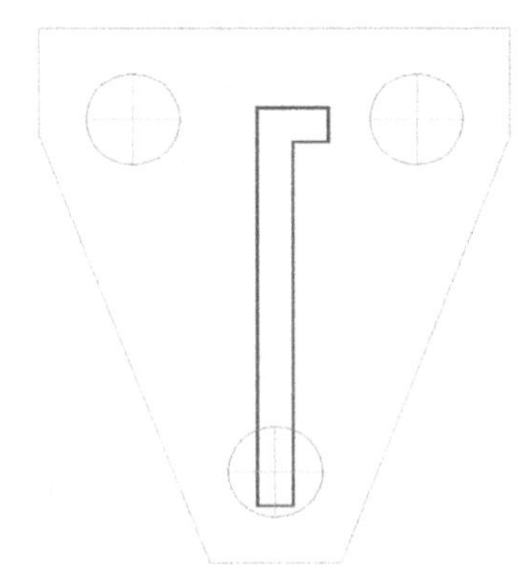

图 8.3.62　放大承台

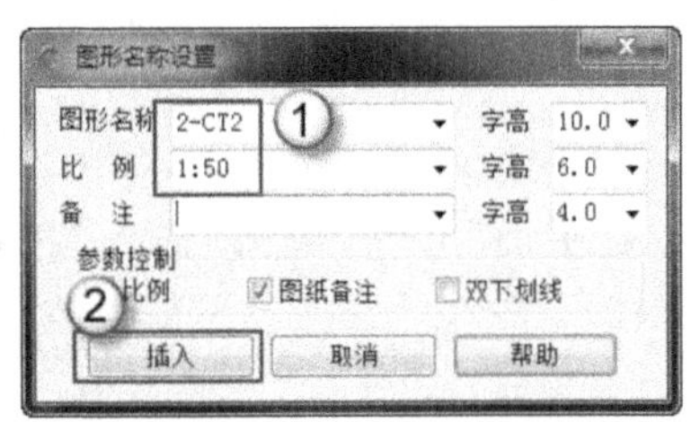

图形名称设置
图形名称 2-CT2
比 例 1:50
备 注
字高 10.0
字高 6.0
字高 4.0
参数控制
比例
图纸备注
双下划线
插入
取消
帮助

图 8.3.63　图形图名设置

2-CT2 1:50

图 8.3.64　插入图名

绘组钢筋
间距(mm): 200
宽度(mm): 0.50
钩子类型: 无钩

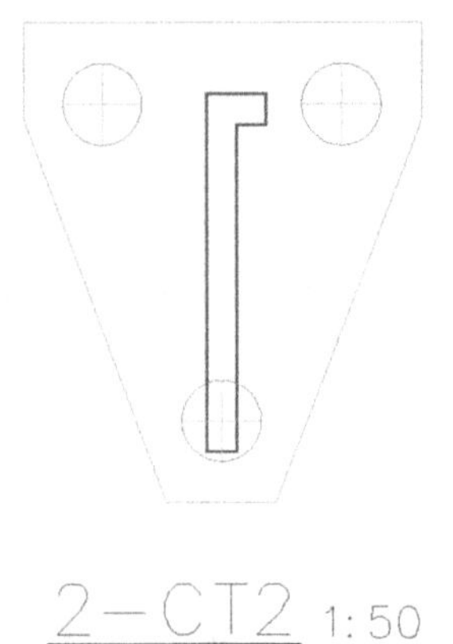

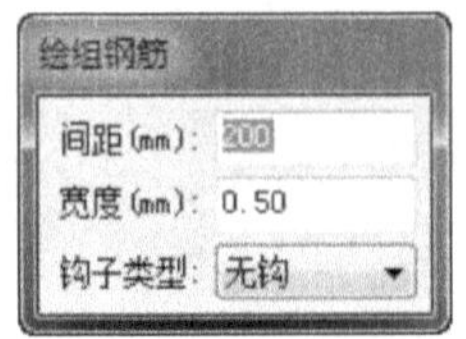

图 8.3.65　绘组钢筋

(16) 单击"钢筋绘制"→"绘组钢筋"命令，在弹出的"绘组钢筋"对话框中，进行如图 8.3.65 所示的设置。

(17) 首先在需要绘制组钢筋的位置，从左向右绘制一根钢筋，如图8.3.66所示。然后向下垂直移动光标，在移动的过程中系统会自动以一定的间距生成一组钢筋，如图 8.3.67 所示。使用同样的方法，用"绘组钢筋"命令，在此承台的另外两个边上绘制出两组平行于边界线的钢筋，如图 8.3.68 所示。

(18) 单击"符号"→"引出标注"命令，分别对这三组钢筋进行标注，标注的文字内容是"11Φ25"，如图 8.3.69 所示。表明每组钢筋为 11 根直径为 25 的圆形一级钢，一共有 3 组。

注意：钢筋的文字标注一般由两个部分组成：钢筋的根数和直径。前面的数字是根数，后面的数字是直径。

(19) 单击"符号"命令，在弹出的"常用符号"操作面板中，选择"截面剖切"选项卡，如图 8.3.70 所示。在图中绘制出"4-4"断面图的剖切符号，如图 8.3.71 所示。

注意：由于经常需要表示建筑物内部的结构、构造、尺寸，所以经常需要绘制剖切图。剖切图分为两大类型：剖面剖切与断面剖切(又叫截面剖切)。剖面图要绘制剖切到的图形与沿着观看方向"看"到的图形；而断面图只绘制剖切到的图形。在重点表示钢筋分布的结构施工图中，只需要绘制断面图。而在建筑施工图中，一般都需要绘制剖面图。

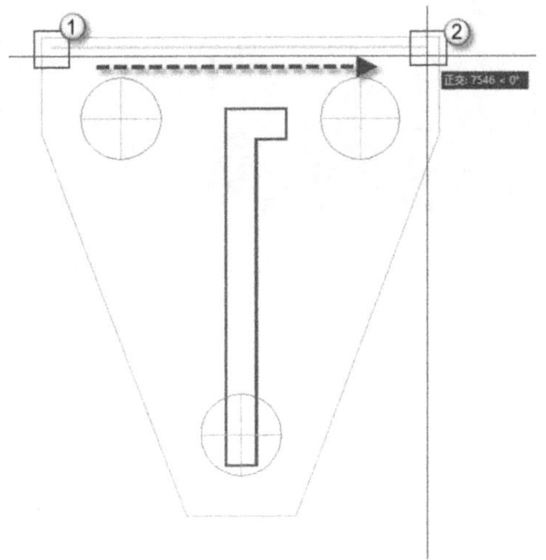

图 8.3.66　绘制一根钢筋

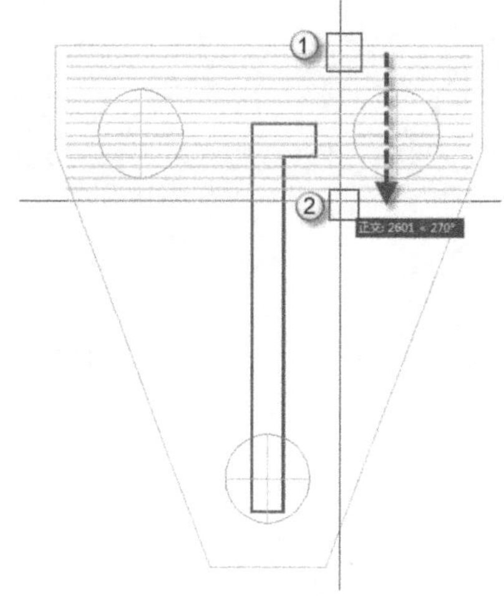

图 8.3.67　自动生成组钢筋

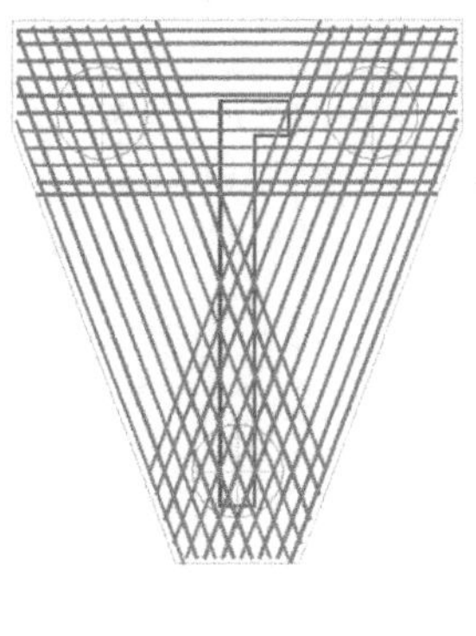

图 8.3.68　绘制 3 组钢筋

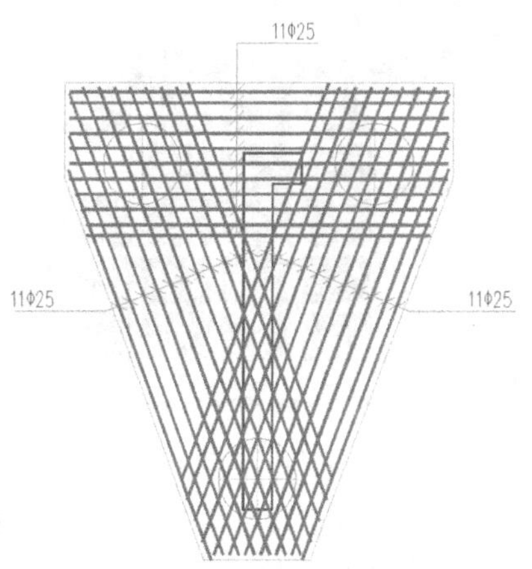

图 8.3.69　钢筋的标注

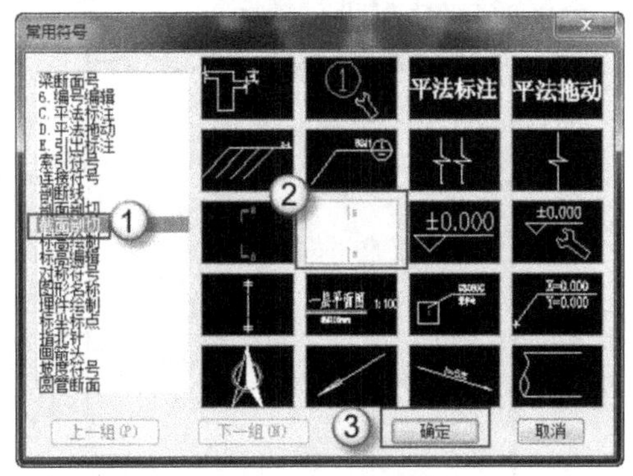

图 8.3.70　截面剖切

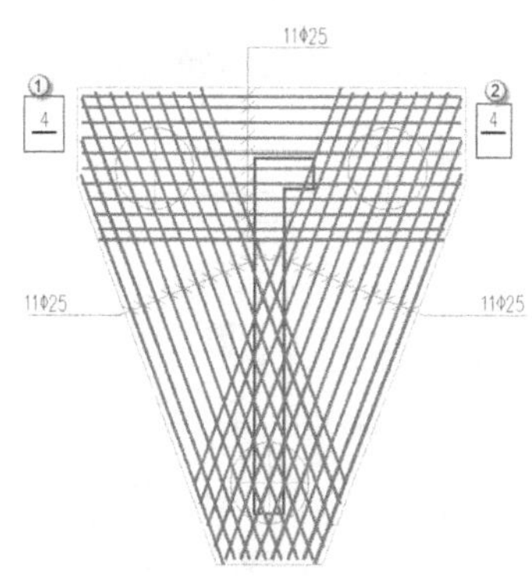

图 8.3.71　绘制断面剖切符号

(20) 在命令提示行输入“Line”(直线)命令,根据具体的尺寸,绘制出承台纵向的轮廓线,如图8.3.72所示,这是为绘制详细的断面图作准备。

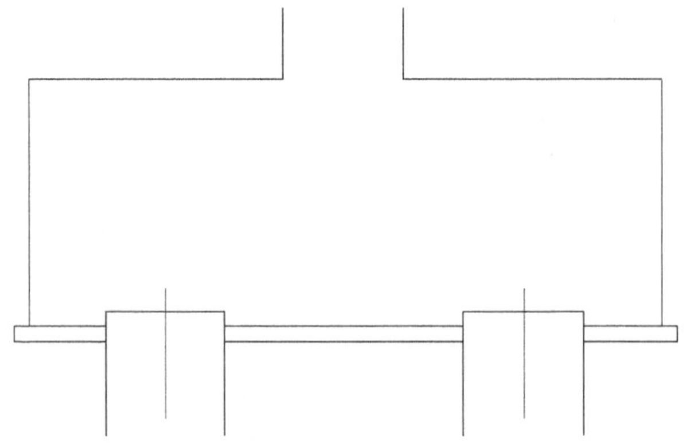

图 8.3.72 绘制承台轮廓

(21) 单击“符号”命令,在弹出的“常用符号”操作面板中,选择“剖断线”选项卡,如图 8.3.73 所示。在图中绘制出 3 处剖断线,如图 8.3.74 所示。剖断线的功能相当于省略号,剖断线以外的内容直接省略,没有必要绘制出来。

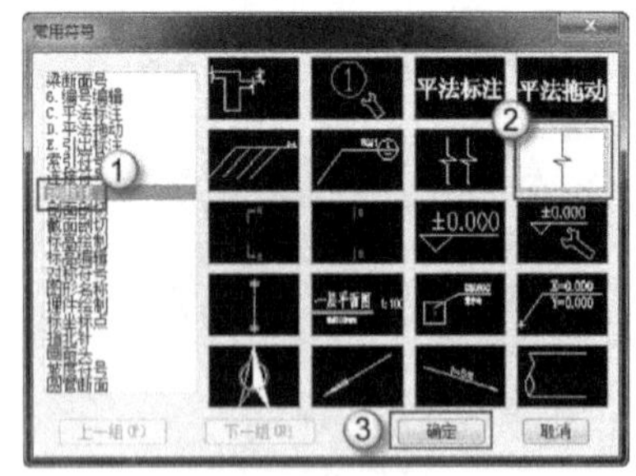

图 8.3.73 剖断线

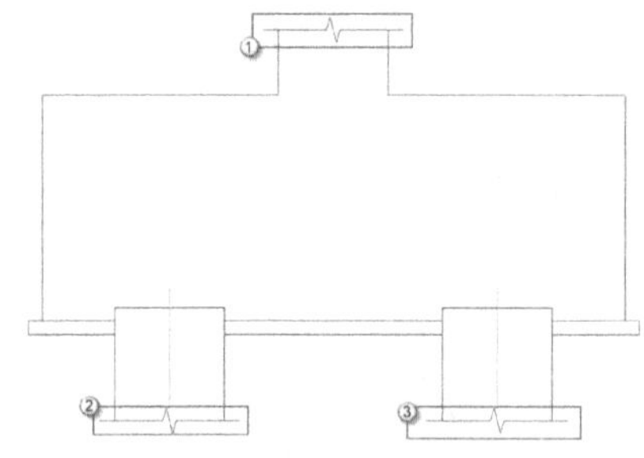

图 8.3.74 绘制 3 处剖断线

(22) 在命令提示行输入“Bhatch”(图案填充)命令,在弹出的“图案填充和渐变色”操作面板中单击“样例”按钮,在弹出的“填充图案选项板”操作面板中,选择“其他预定义”选项卡,然后单击“砂石碎砖”按钮,如图 8.3.75 所示。在“图案填充和渐变色”操作面板中,设置“比例”为 50,单击“添加:拾取点”按钮,如图 8.3.76 所示。在屏幕中拾取如图 8.3.77 所示的 3 个区域,对垫层进行填充。

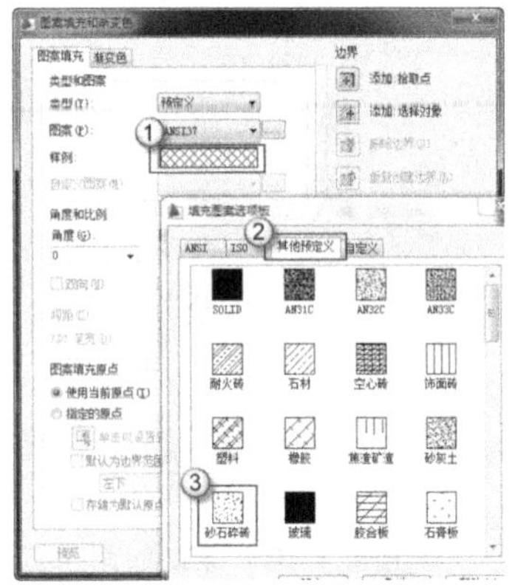

图 8.3.75 选择填充图案

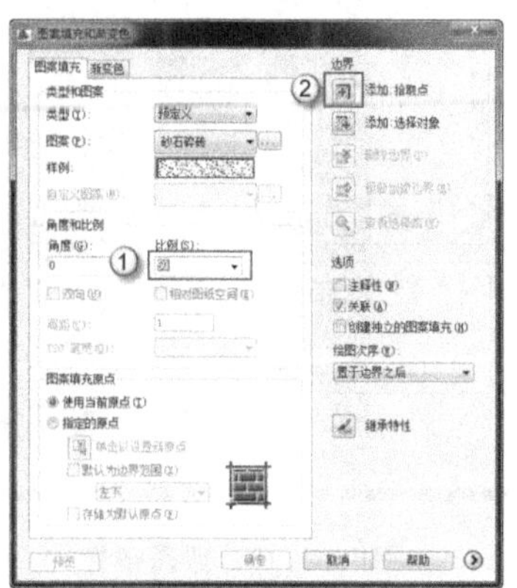

图 8.3.76 添加拾取点

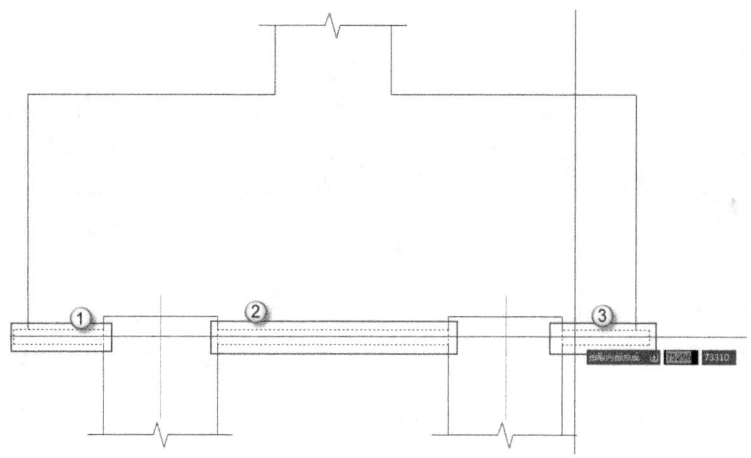

图 8.3.77　拾取填充区域

注意: 没有钢筋的混凝土称为素混凝土。素混凝土垫层是指混凝土基础与地基持力层之间的强度等级较低的薄薄一层(一般 100 mm 厚)构造层,其作用是使荷载传递更加均匀,也利于基础钢筋划线绑扎、避免泥污。

(23) 单击“符号”→“引出标注”命令,对已经填充好的区域进行文字内容为“垫层”的标注,如图 8.3.78所示。

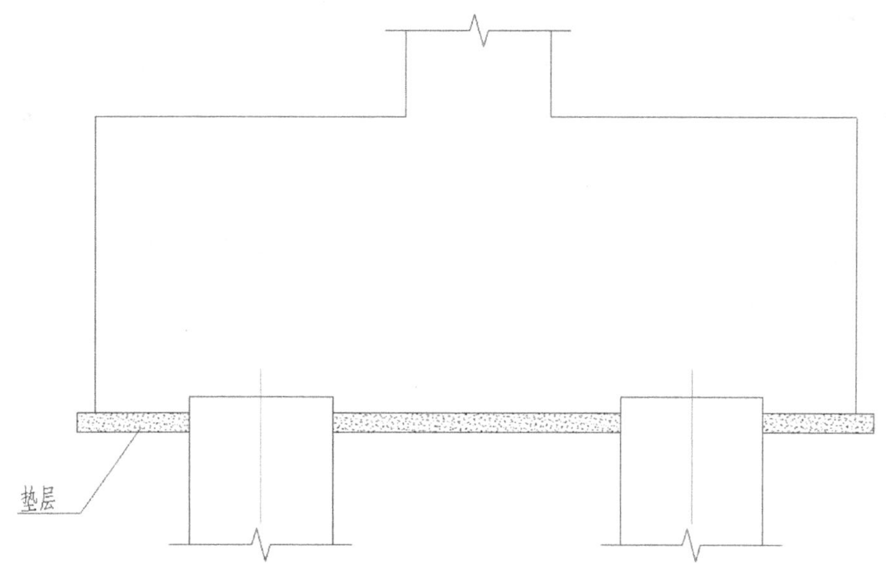

图 8.3.78　标注垫层

(24) 单击“钢筋绘制”→“徒手画筋”命令,在弹出的“输入本段钢筋信息”对话框中,设置“钢筋钩子类型”选项为“直钩”,如图 8.3.79 所示。沿着承台的底部,从左向右绘制出一根钢筋(底筋),注意按下“F8”键,打开“正交”模式,如图 8.3.80 所示。

(25) 单击“钢筋绘制”→“画点钢筋”命令,在弹出的“点钢筋绘制”对话框中,设置“布置方式”选项

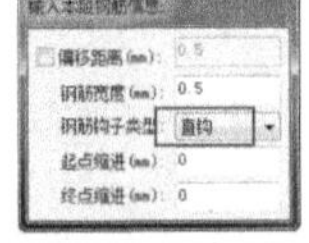

图 8.3.79 输入本段钢筋信息

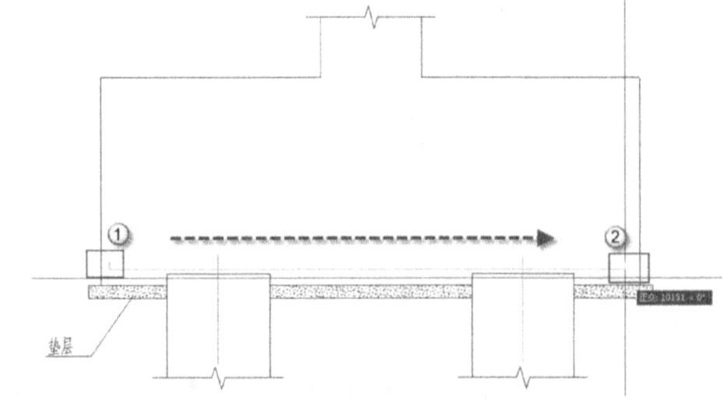

图 8.3.80 徒手画筋

为“直线布置”，输入“根数”为“11”，如图 8.3.81 所示。沿着承台的底部已经绘制的那根底筋，从左向右绘制拉出一组钢筋(11 根)，注意相互之间的间距，如图 8.3.82 所示。

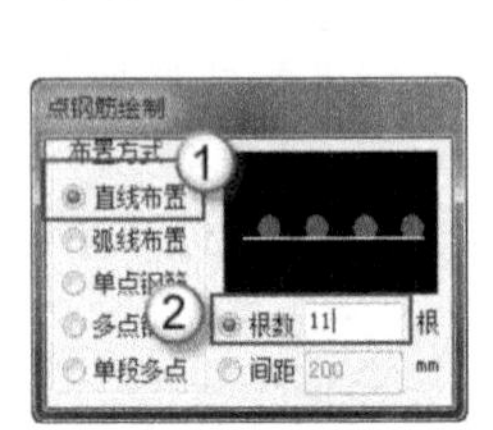

图 8.3.81 点钢筋绘制

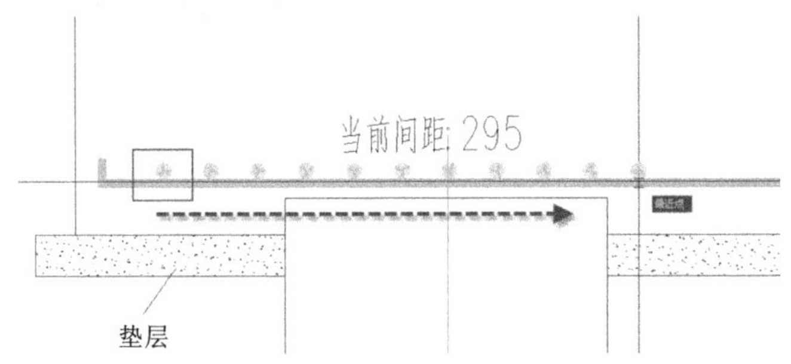

图 8.3.82 点钢筋的间距

(26) 在命令提示行中输入“Mirror”(镜像)命令，将已经绘制的位于左侧的那组点钢筋镜像复制到右侧，如图 8.3.83 所示。

(27) 单击“符号”→“引出标注”命令，分别对这 2 组点钢筋与 1 根底筋进行标注，标注的文字内容是“11Φ25”，如图 8.3.84 所示。表明每组钢筋为 11 根直径为 25 的圆形一级钢筋，一共有 3 组。

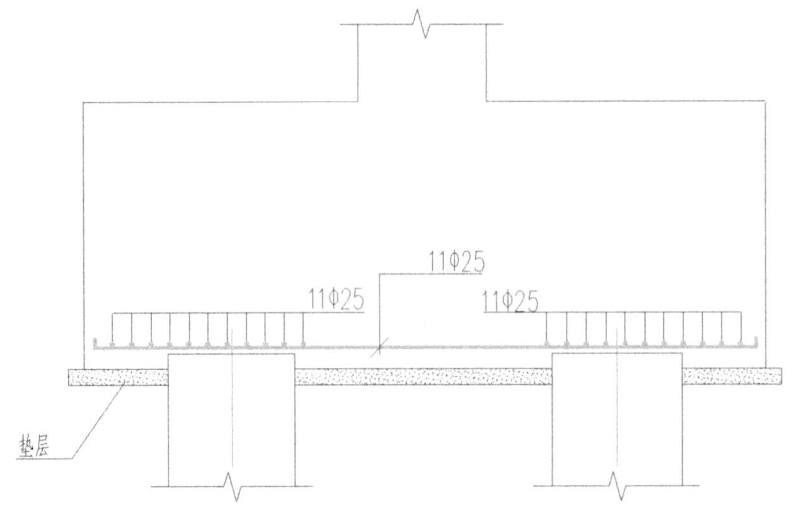

图 8.3.84 钢筋的标注

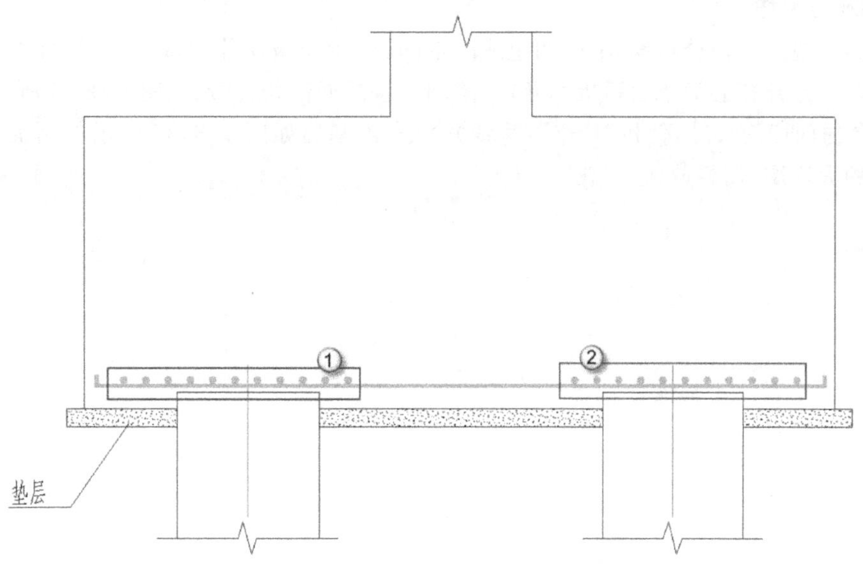

图 8.3.83　复制点钢筋

(28) 单击“符号”→“标高绘制”命令，标注标高的文字“承台面标高”。单击“尺寸标注”→“线性标注”命令，对承台纵向的尺寸进行标注。最后插入图名“4-4 断面图”与比例“1∶50”，如图 8.3.85 所示。

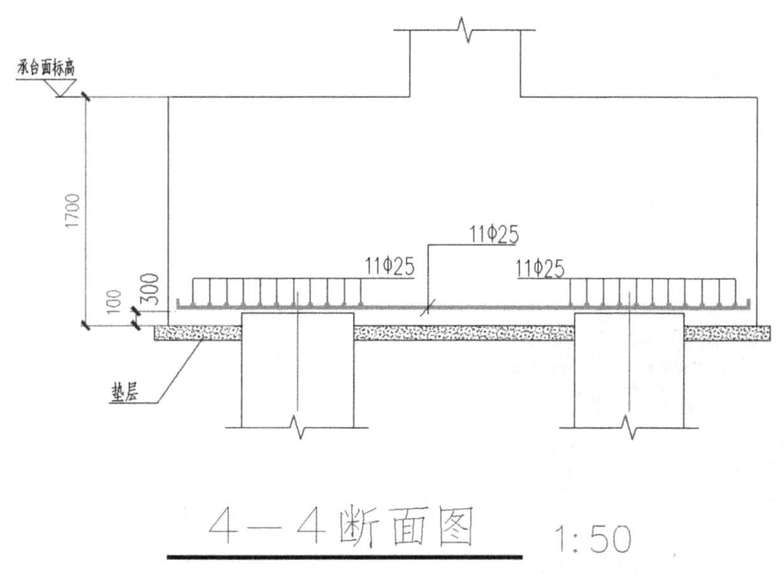

图 8.3.85　标注与插入图名

8.3.3　承台、筏板大样图

在 1∶100 的平面图中无法清晰地表示时，就需要绘制大样图，大样图最小的比例是 1∶50。大样图由于比例大，所以图形内容放得更大，表达就更清晰，也能够表现更多的细节。在基础部分的结构施工图中，大样图主要是表现承台、筏板纵向的配筋与尺寸。

1. 核心筒承台大样

核心筒是高层建筑中由楼梯间、电梯间组成的空间，由于建筑功能要求不高，因此在结构设计中普遍会布置剪力墙。打开核心筒承台模板示意图，绘制出各断面剖切符号，如图 8.3.86 所示。

(1) 按承台的剖切面尺寸，使用“Line”(直线)命令，绘制出如图 8.3.87 所示的断面轮廓。由于绘制的是 1∶50 的大样图，需要放大 2 倍。

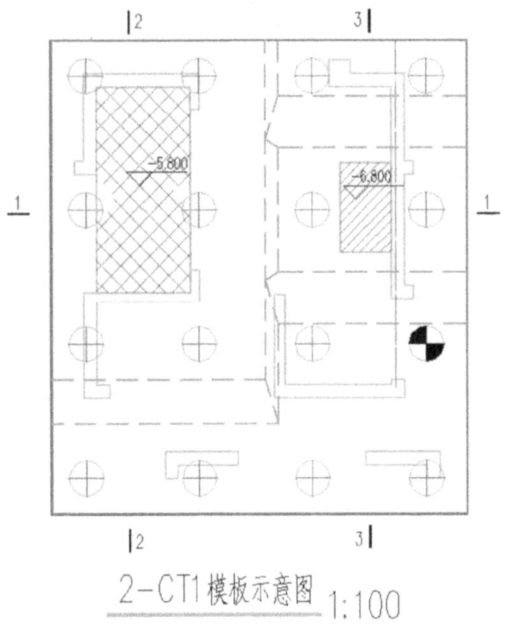

图 8.3.86 核心筒承台模板示意图

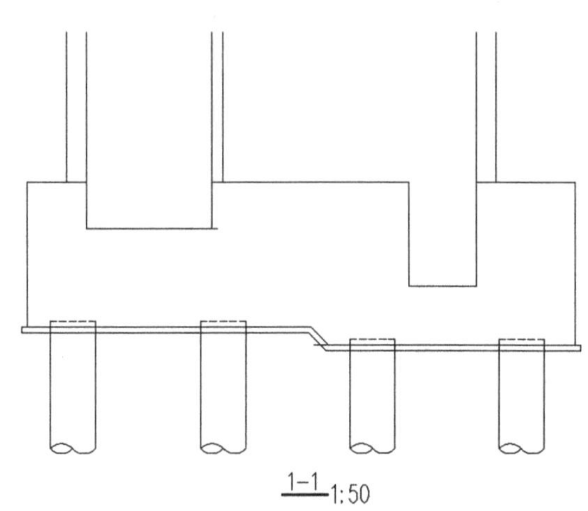

图 8.3.87 断面轮廓

(2) 单击“符号”命令，在弹出的“常用符号”操作面板中，选择“剖断线”选项卡，如图 8.3.88 所示。在图中绘制出顶部剖断线，如图 8.3.89 所示。

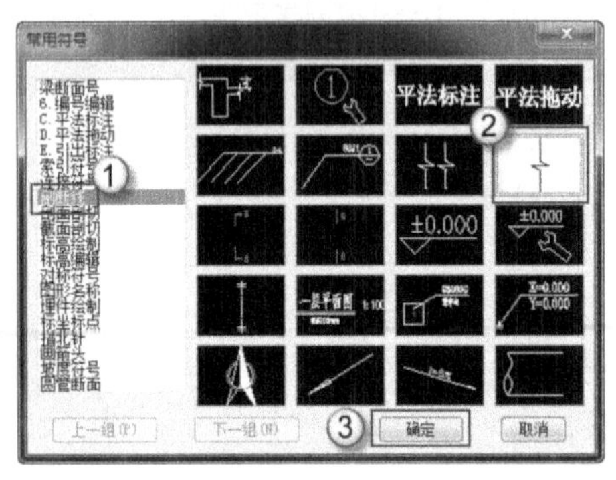

图 8.3.88 剖断线

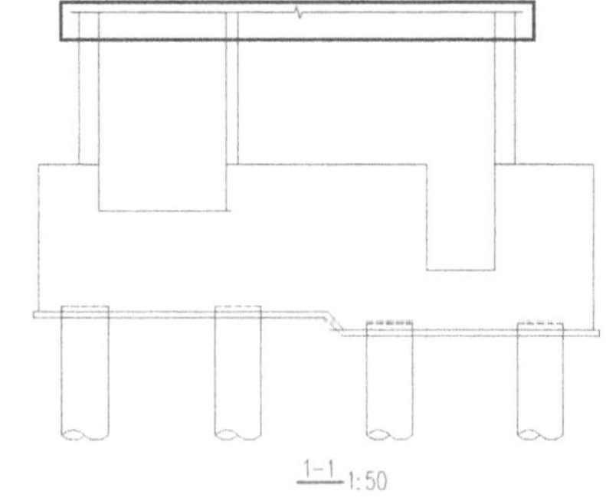

图 8.3.89 绘制顶部剖断线

(3) 单击“尺寸标注”→“线性标注”命令，在左侧标注出承台在纵向上的 2 个尺寸：“1700”与“800”，如图 8.3.90 所示。单击“符号”→“标高绘制”命令，完成对承台的 4 处标高标注，如图 8.3.91 所示。

(4) 在命令提示行输入“Bhatch”(图案填充)命令，在弹出的“图案填充和渐变色”操作面板中单击“样例”按钮，在弹出的“填充图案选项板”操作面板中，选择“其他预定义”选项卡，然后单击“砂石碎砖”

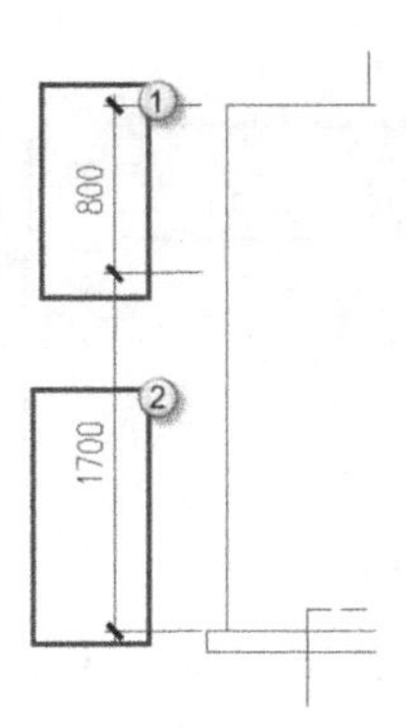

图 8.3.90　尺寸标注

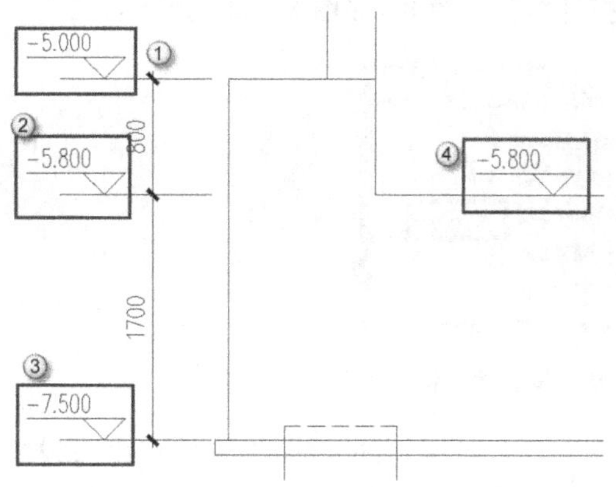

图 8.3.91　标高标注

按钮，如图 8.3.92 所示。在“图案填充和渐变色”操作面板中，设置“比例”为 50，单击“添加：拾取点”按钮，如图 8.3.93 所示。在屏幕中拾取垫层所在的区域，填充完成后加上“垫层”的标注，如图 8.3.94 所示。

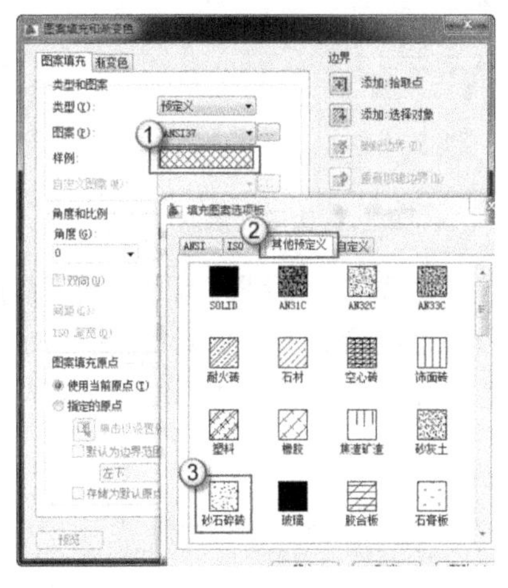

图 8.3.92　选择填充图案

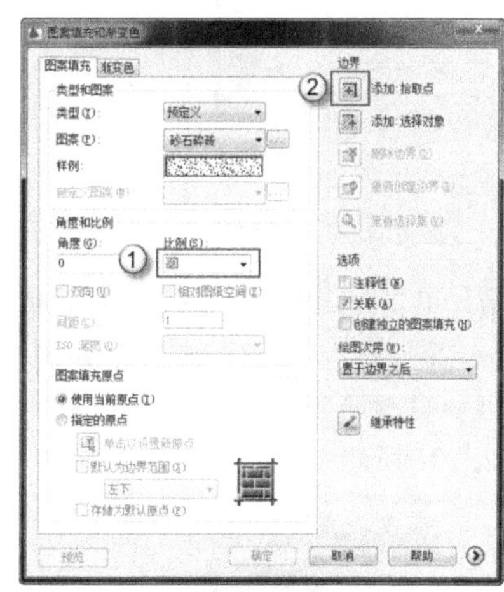

图 8.3.93　添加拾取点

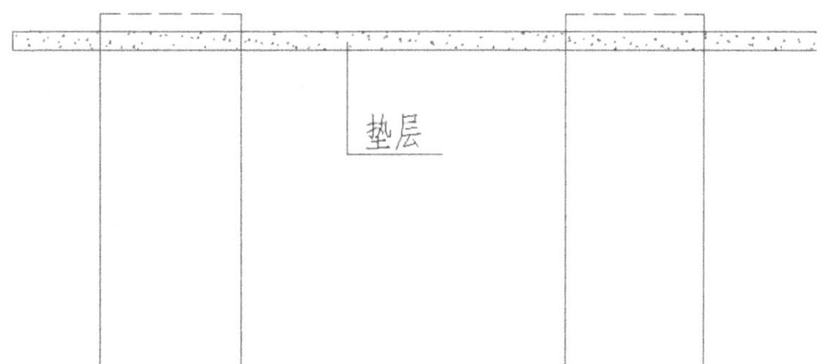

图 8.3.94　垫层填充

(5) 单击“钢筋绘制”→“徒手画筋”命令，在弹出的“输入本段钢筋信息”对话框中，设置“钢筋钩子类型”选项为“直钩”，如图 8.3.95 所示。沿着承台的底部，从左向右绘制出一根钢筋(底筋)，注意按下

“F8”键，打开“正交”模式，如图 8.3.96 所示。

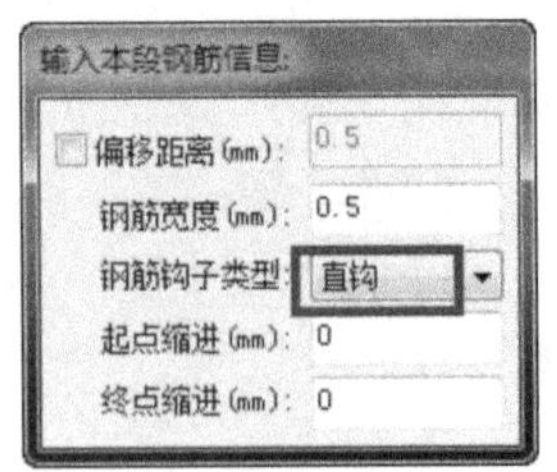

图 8.3.95　设置钢筋钩子类型

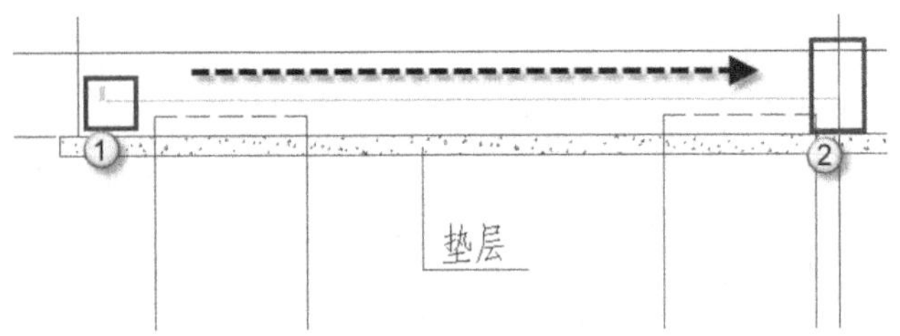

图 8.3.96　绘制底筋

(6) 单击已经绘制好的底筋，进入夹点编辑模式，将底筋右侧钩子处的上部夹点向下移动，并与下部夹点重合，如图 8.3.97 所示。底筋绘制完成后，如图 8.3.98 所示。可以观察到，由于承台样式变化，底筋左侧有钩子而右侧无钩子。

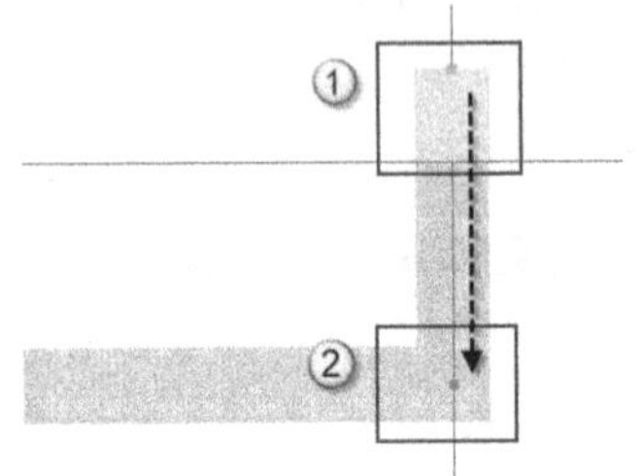

图 8.3.97　移动夹点

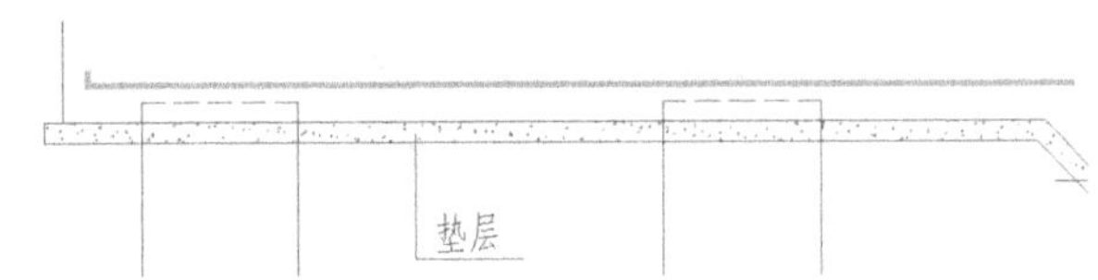

图 8.3.98　单边有钩子的底筋

(7) 单击“钢筋绘制”→“画点钢筋”命令，在弹出的“点钢筋绘制”对话框中，设置“布置方式”选项为“直线布置”，输入“根数”为“22”，如图 8.3.99 所示。沿着承台的底部已经绘制的那根底筋，从左向右绘制拉出一组钢筋(22 根)，注意相互之间的间距，如图 8.3.100 所示。所有的底筋与面筋绘制完成后，如图 8.3.101 所示。

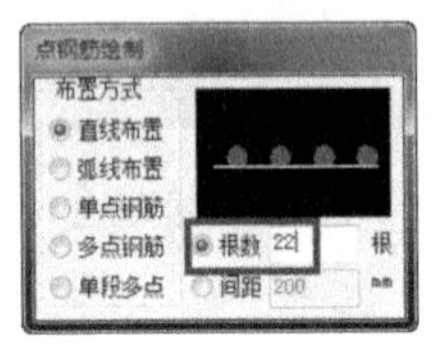

图 8.3.99　点钢筋的绘制

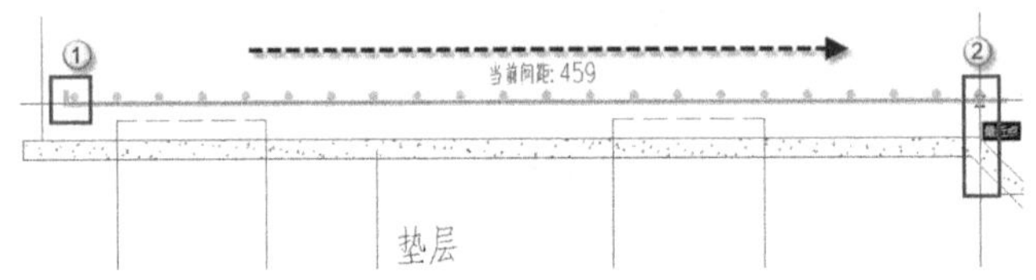

图 8.3.100　点钢筋的间距

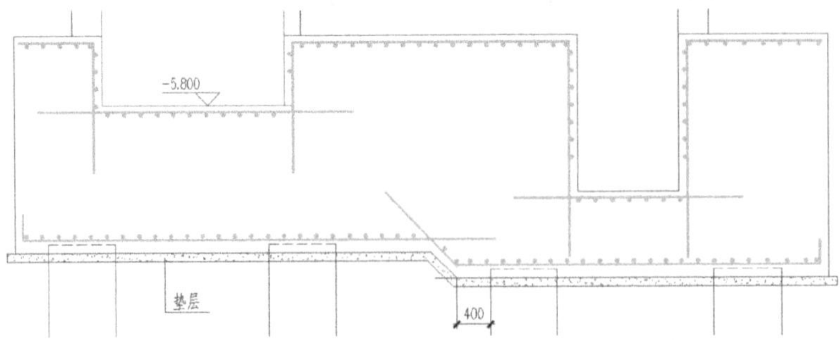

图 8.3.101　底筋与面筋

(8) 单击"符号"→"引出标注"命令，分别对这 4 组点钢筋进行标注，不仅要标注钢筋的型号与数量，还要标注钢筋的分布状况，如图 8.3.102 所示。

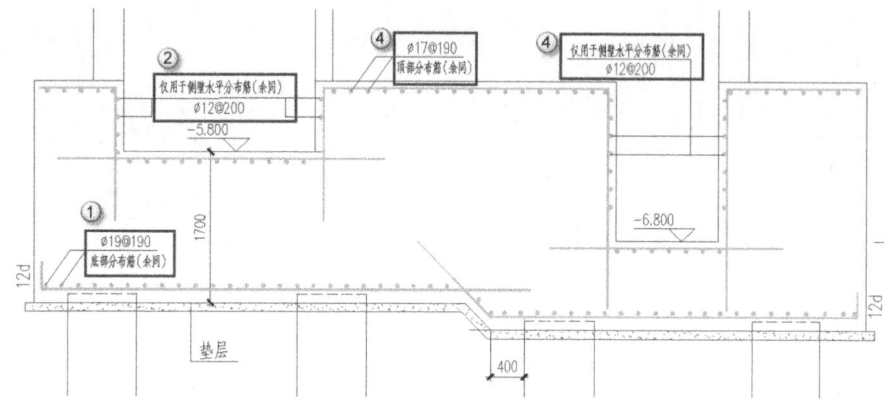

图 8.3.102　标注钢筋

(9) 单击"尺寸标注"→"线性标注"命令，标注出受拉钢筋的最小锚固长度"l_a"，如图 8.3.103 所示。

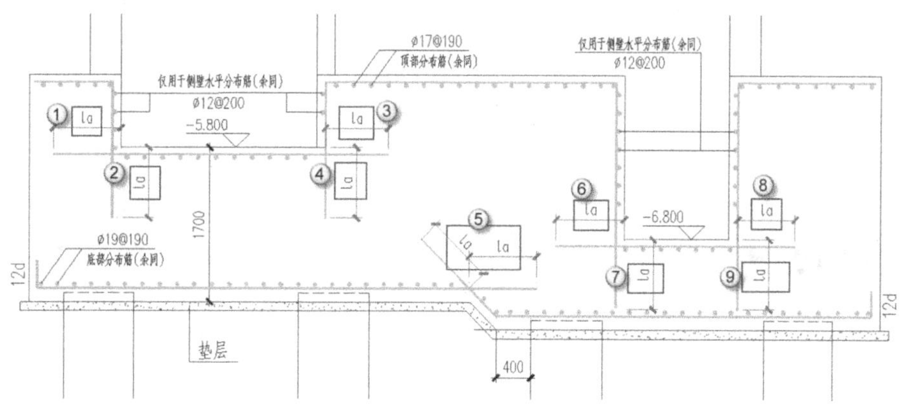

图 8.3.103　l_a 标注

注意："l_a"并不是一个固定的数值。而是指受拉钢筋的最小锚固长度，具体的数值，需要工程施工人员根据现场的情况，查《图集》来设定。

2. 电梯集水坑混凝土翻边大样

在电梯间的底部，为了将水引走而不破坏电梯轿厢，需要设置集水坑。在集水坑底部承台的边缘，为了抵消侧向的剪力，需要设置混凝土翻边，具体操作如下。

(1) 根据集水坑承台的剖切面尺寸，使用"Line"(直线)命令，绘制出如图 5.3.104 所示的断面轮廓。由于绘制的是 1∶50 的大样图，需要放大 2 倍。在命令提示行中输入"Offset"(偏移)命令，将承台顶边线向下偏移 4200 的距离，如图 8.3.105 所示。这根偏移的边线是一根辅助线，是为绘制钢筋对齐而设定的参照线。

(2) 单击"钢筋绘制"→"徒手画筋"命令，在弹出的"输入本段钢筋信息"对话框中，设置"钢筋钩子类型"选项为"无钩"，如图 8.3.106 所示。沿着翻边区域，绘制出一个矩形的钢筋，注意按下"F8"键，打开"正交"模式，如图 8.3.107 所示。

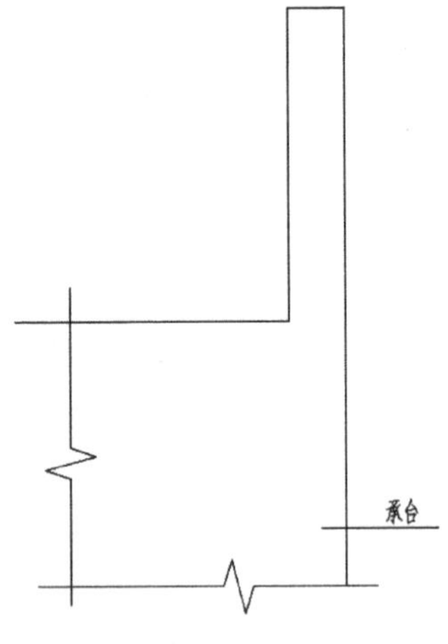

图 8.3.104　承台断面轮廓

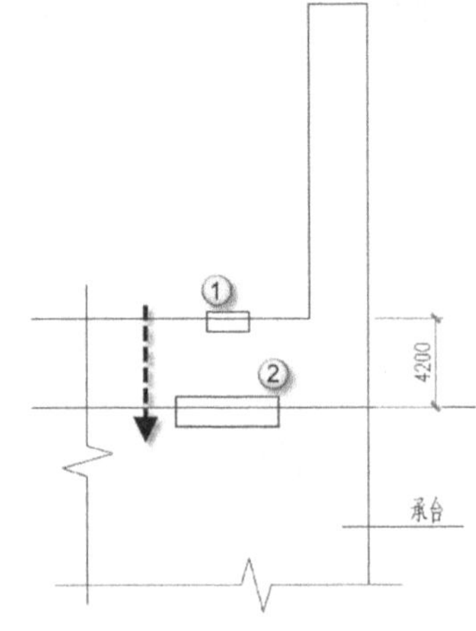

图 8.3.105　偏移边线

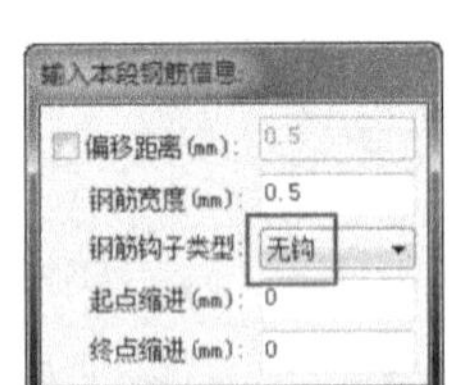

图 8.3.106　钢筋钩子类型

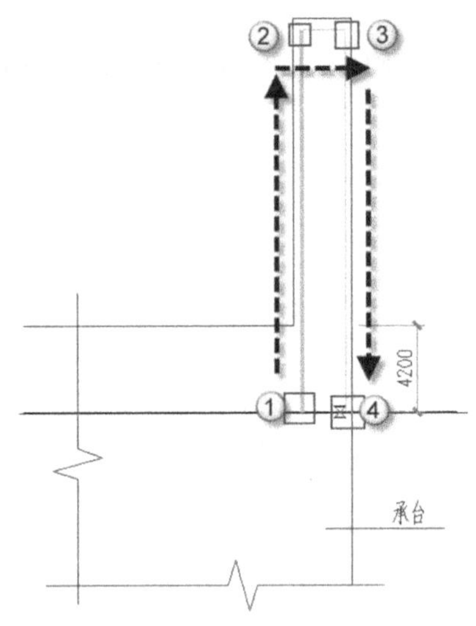

图 8.3.107　徒手画筋

(3) 单击"钢筋绘制"→"画点钢筋"命令，在弹出的"点钢筋绘制"对话框中，设置"布置方式"选项为"直线布置"，输入"根数"为"2"，如图 8.3.108 所示。沿着绘制完成钢筋的顶部，从左向右绘制拉出一组钢筋(2 根)，如图 8.3.109 所示。在命令提示行中输入"Copy"(复制)命令，将这一组钢筋(2 根)，向下复制出三组，如图 8.3.110 所示。

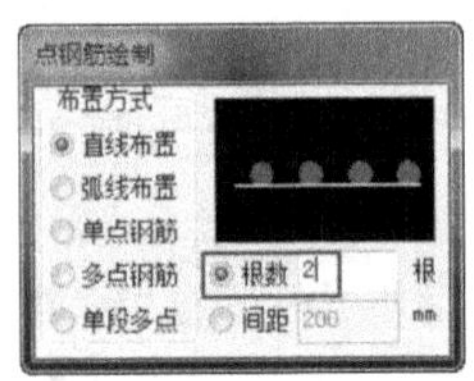

图 8.3.108　点钢筋绘制

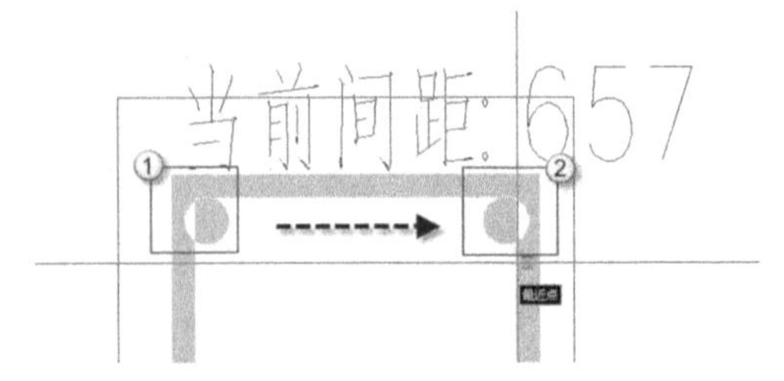

图 8.3.109　点钢筋的间距

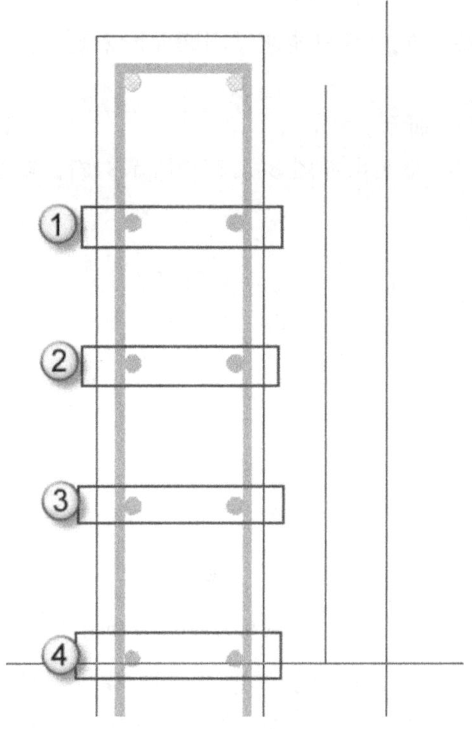

图 8.3.110　向下复制三组点钢筋

图 8.3.111　钢筋钩子类型

(4) 单击“钢筋绘制”→“徒手画筋”命令，在弹出的“输入本段钢筋信息”对话框中，设置“钢筋钩子类型”选项为“圆钩”，如图 8.3.111 所示。按照图 8.3.112 所示的位置，绘制出两组拉筋。在探索者 TSSD 中，有专门的“拉筋”命令，但是操作繁琐，不如使用“徒手画筋”命令简洁。

(5) 单击“符号”→“引出标注”命令，分别对钢筋进行标注，如图 8.3.113 所示。

(6) 使用“线性标注”命令、“标高绘制”命令、“图形名称”命令，完成电梯集水坑混凝土翻边大样图的绘制，如图 8.3.114 所示。

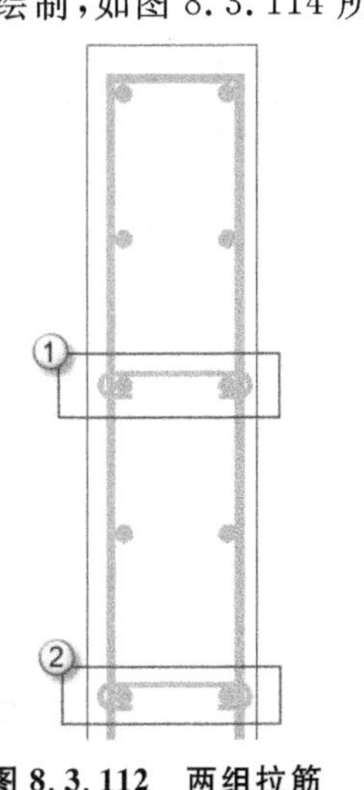

图 8.3.112　两组拉筋

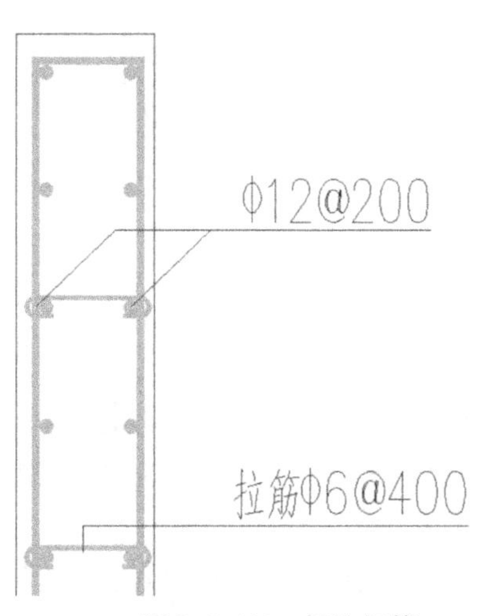

图 8.3.113　标注钢筋

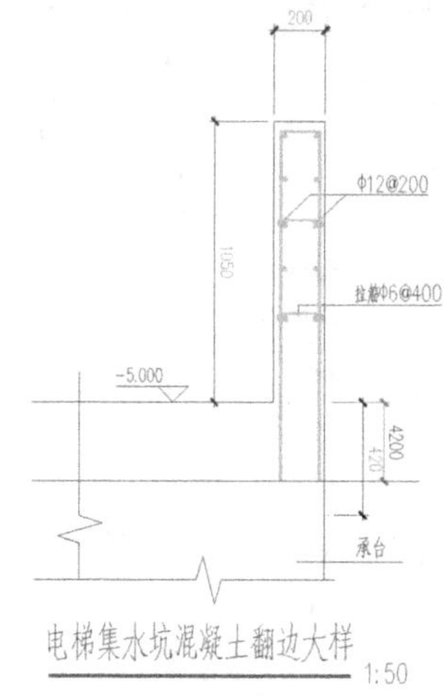

图 8.3.114　电梯集水坑混凝土翻边大样

3. 承台断面图

承台的平面图只能表示水平方向的尺寸、构造，而纵向的内容只能通过剖断面图来表达。承台断面图的比例是 1∶50，属于大样图范畴。具体操作如下。

(1) 在平面图中标注出断面符号“a-a”，如图 8.3.115 所示。

(2) 根据承台的剖切面尺寸，使用“Line”(直线)命令，绘制出如图 8.3.116 所示的断面轮廓。由于绘制的是 1∶50 的大样图，需要放大 2 倍。

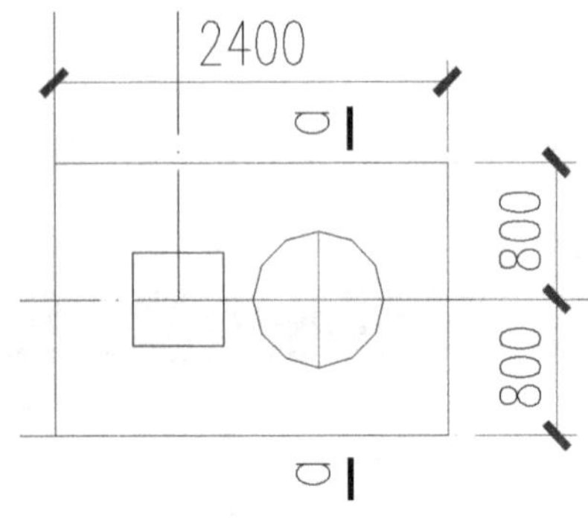

图 8.3.115　a-a 断面符号

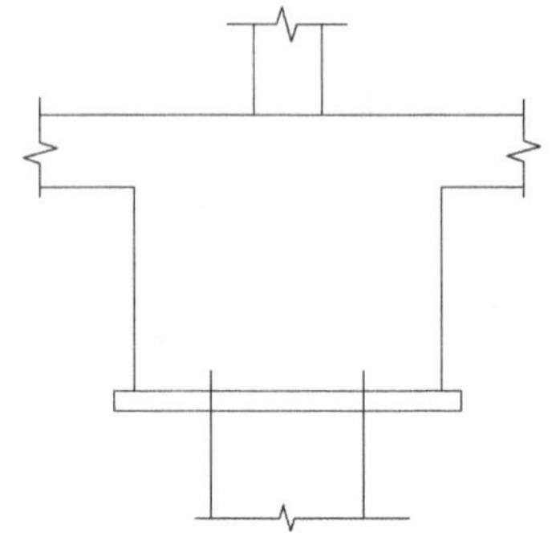

图 8.3.116　断面轮廓

(3) 单击“钢筋绘制”→“徒手画筋”命令，在弹出的“输入本段钢筋信息”对话框中，设置“钢筋钩子类型”选项为“无钩”，如图 8.3.117 所示。沿着承台切面范围，顺时针方向绘制出一根矩形钢筋，注意按下“F8”键，打开“正交”模式，如图 8.3.118 所示。

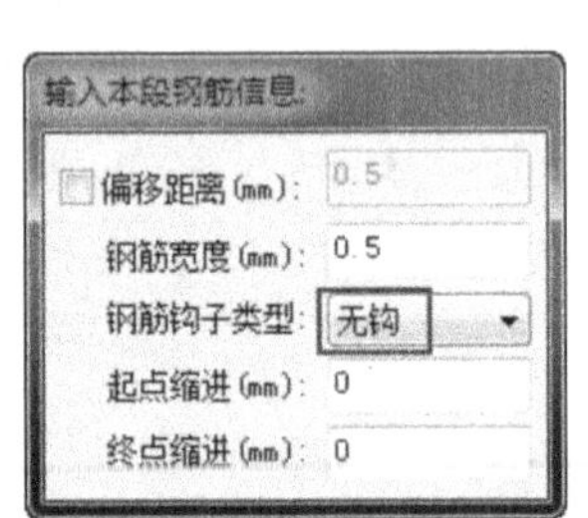

图 8.3.117　输入本段钢筋信息

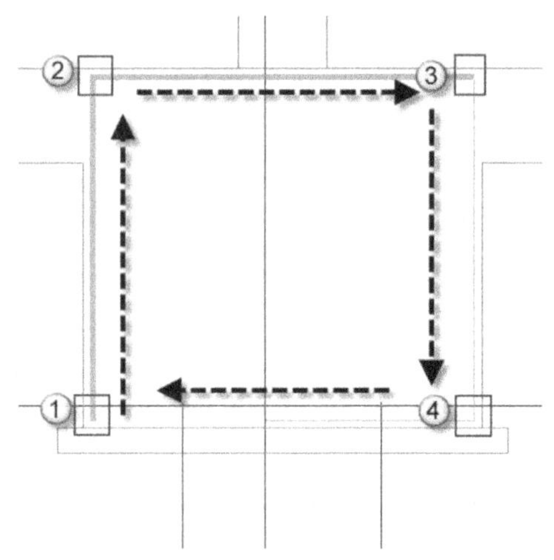

图 8.3.118　绘制矩形钢筋

(4) 单击“钢筋绘制”→“画点钢筋”命令，在弹出的“点钢筋绘制”对话框中，设置“布置方式”选项为“直线布置”，输入“根数”为“6”，如图 8.3.119 所示。沿着绘制完成钢筋的顶部，从左向右绘制拉出一组钢筋(6 根)，如图 8.3.120 所示。

(5) 单击“钢筋绘制”→“画点钢筋”命令，在弹出的“点钢筋绘制”对话框中，设置“布置方式”选项为“直线布置”，输入“根数”为“14”，如图 8.3.121 所示。沿着绘制完成钢筋的底部，从左向右绘制拉出一组钢筋(14 根)，如图 8.3.122 所示。

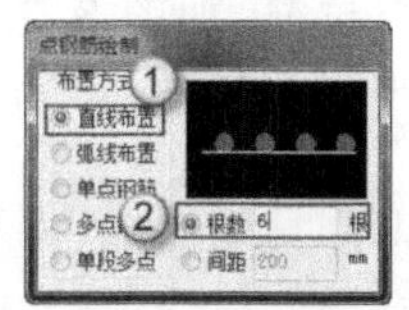

图 8.3.119　点钢筋的绘制

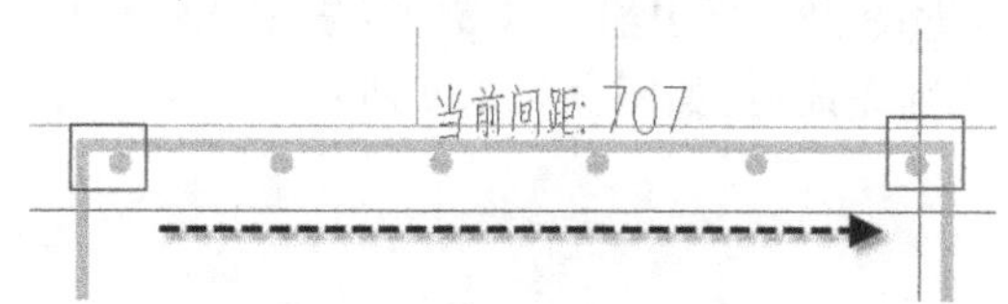

图 8.3.120　点钢筋间距

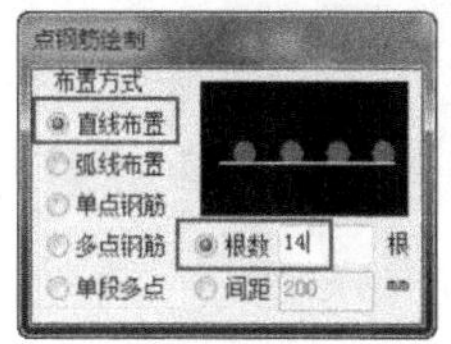

图 8.3.121　点钢筋的绘制

图 8.3.122　点钢筋间距

(6) 单击“钢筋绘制”→“箍筋”命令，在弹出的“箍筋参数设定”对话框中，设置“上一排”数值为“2”(根)，设置“下一排”数值为“2”(根)，如图 8.3.123 所示。

(7) 根据需要的位置，使用对角点捕捉方式，用两点绘制箍筋，如图 8.3.124 所示。此处一共是 2 组筋，如图 8.3.125 所示。

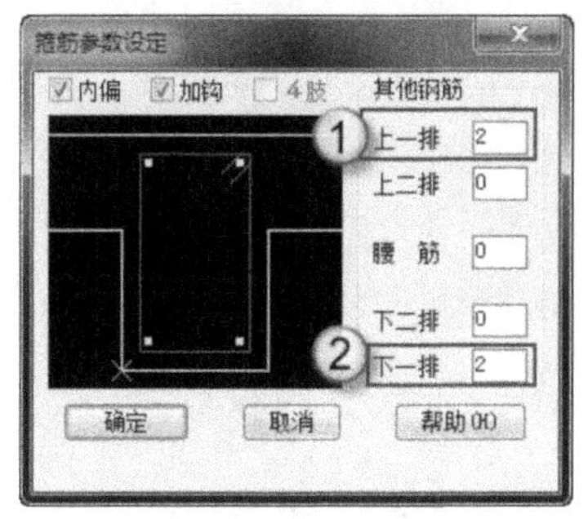

图 8.3.123　箍筋参数设定

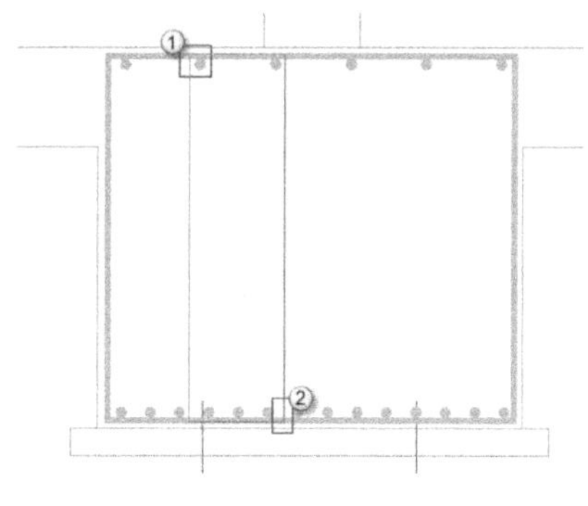

图 8.3.124　绘制箍筋

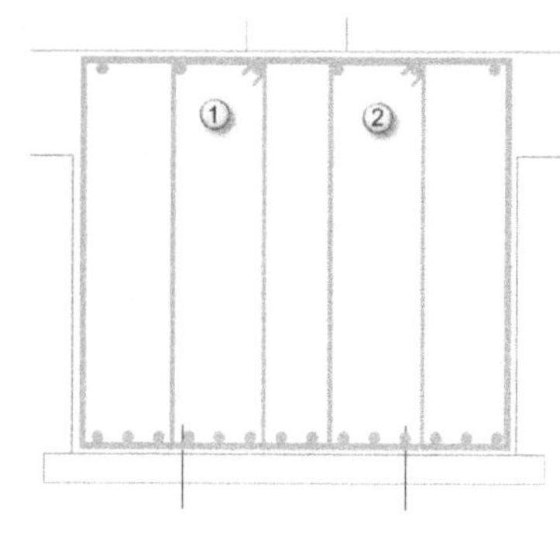

图 8.3.125　2 组箍筋

注意：从断面图中可以观察到，箍筋是“箍”到点钢筋上的。所以在使用“箍筋”命令时，可以用“象限点”“端点”等捕捉到圆点上的捕捉方式。

(8) 在命令提示行中输入“Copy”(复制)命令，向下复制顶部两个角处的点钢筋到中部，如图 8.3.126 所示。使用“徒手画筋”命令，完成拉筋的绘制，如图 8.3.127 所示。

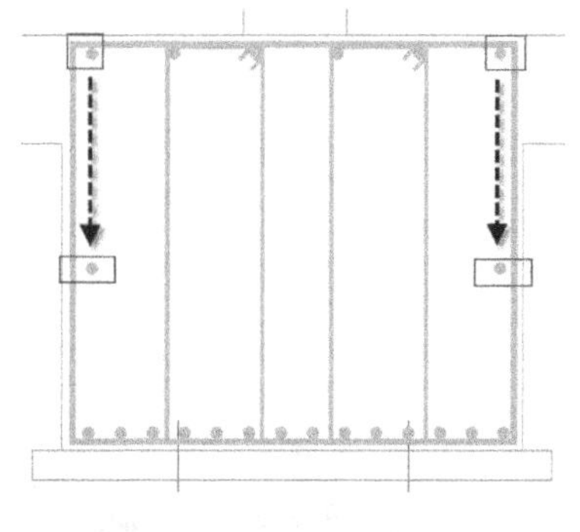

图 8.3.126　复制点钢筋

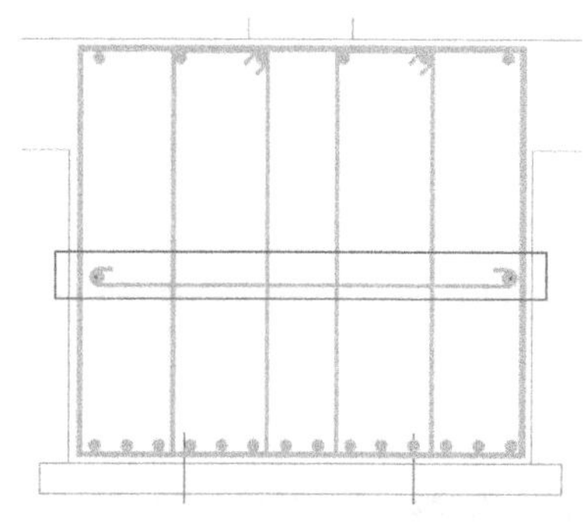

图 8.3.127　绘制拉筋

(9) 在命令提示行中输入“Copy”(复制)命令，向下复制这两个点钢筋与拉筋，如图 8.3.128 所示。所有钢筋绘制完成后，如图 8.3.129 所示。

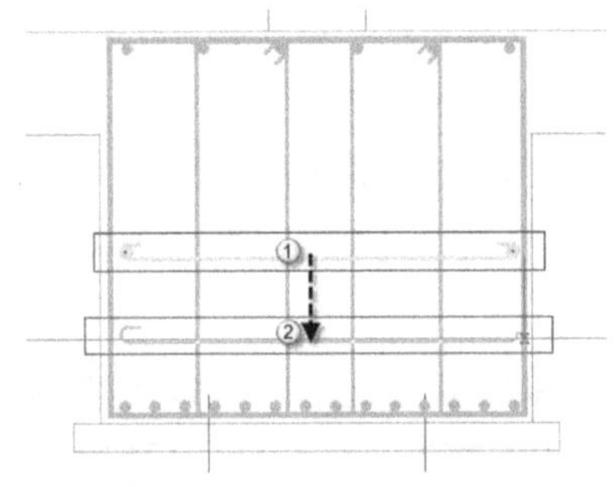

图 8.3.128　复制钢筋

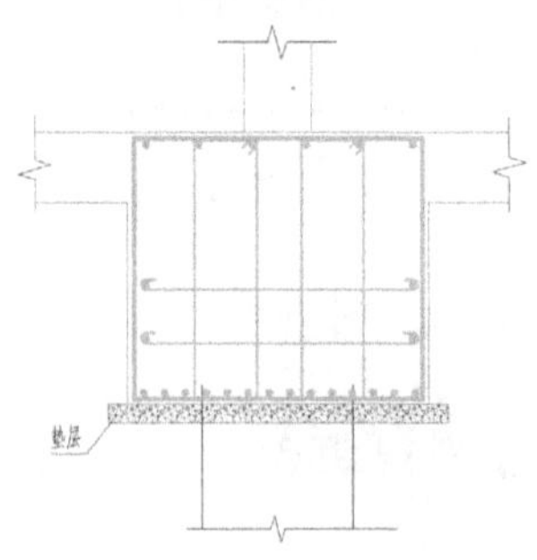

图 8.3.129　所有钢筋

(10) 单击“尺寸标注”→“线性标注”命令，标注出承台的各项尺寸，如图 8.3.130 所示。单击“标注”→“引出标注”命令，标注出“底板”“柱或墙”“桩”等承重构件的具体位置，如图 8.3.131 所示。

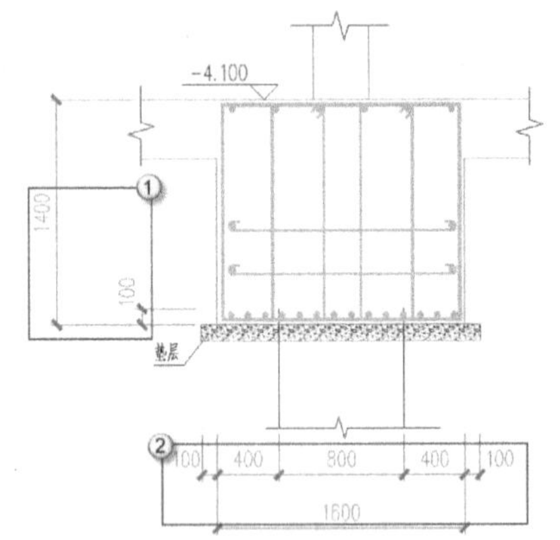

图 8.3.130　承台尺寸标注

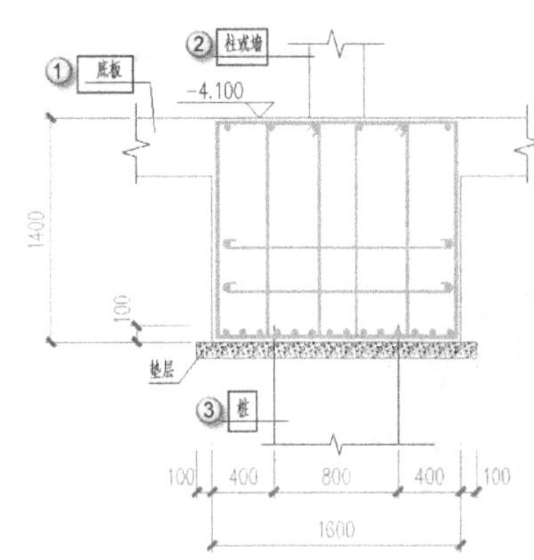

图 8.3.131　承重构件位置标注

(11) 单击“符号”→“引出标注”命令，分别对这 5 组钢筋进行标注，不仅要标注钢筋的型号与数量，还要标注钢筋的分布状况，如图 8.3.132 所示。

(12) 单击“符号”→“图形名称”命令，加入本图的图名“a-a 断面图 1∶40”，完成绘图，如图 8.3.133 所示。

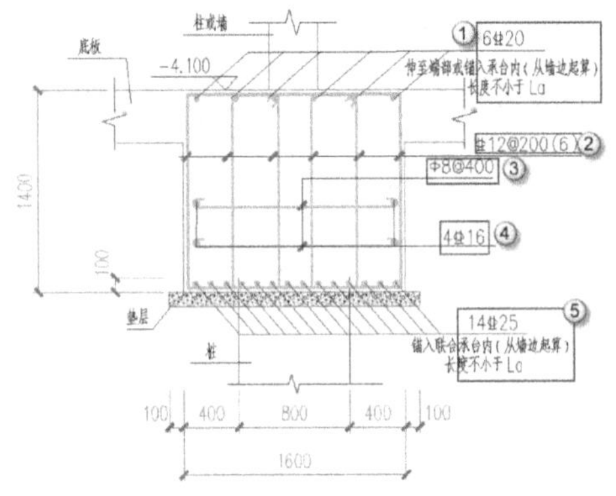

图 8.3.132　钢筋标注

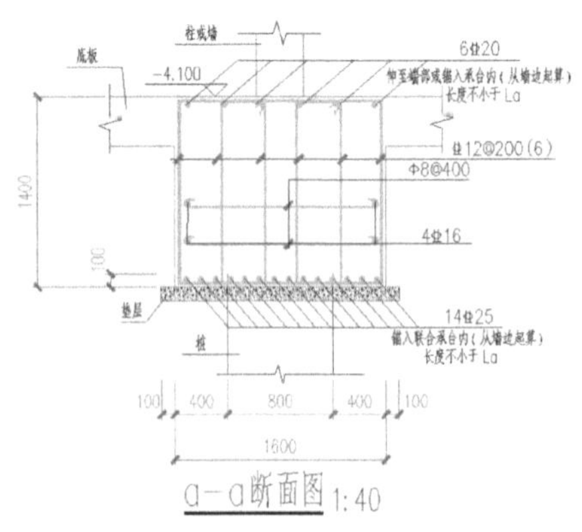

图 8.3.133　插入图名

附　录

附表 1　每米板宽内各种钢筋间距的钢筋截面面积

钢筋间距/mm	当钢筋直径(mm)为下列数值时的钢筋截面面积/mm^2												
	4	4.5	5	6	8	10	12	14	16	18	20	22	25
70	180	227	280	404	718	1122	1616	2199	2872	3635	4488	5430	7012
75	168	212	262	377	670	1047	1508	2053	2681	3393	4189	5068	6545
80	157	199	245	353	628	982	1414	1924	2513	3181	3927	4752	6136
90	140	177	218	314	559	873	1257	1710	2234	2827	3491	4224	5454
100	126	159	196	283	503	785	1131	1539	2011	2545	3142	3801	4909
110	114	145	178	257	457	714	1028	1399	1828	2313	2856	3456	4462
120	105	133	164	236	419	654	942	1283	1676	2121	2618	3168	4091
125	101	127	157	226	402	628	905	1232	1608	2036	2513	3041	3927
130	97	122	151	217	387	604	870	1184	1547	1957	2417	2924	3776
140	90	114	140	202	359	561	808	1100	1436	1818	2244	2715	3506
150	84	106	131	188	335	524	754	1026	1340	1696	2094	2534	3272
160	79	99	123	177	314	491	707	962	1257	1590	1963	2376	3068
170	74	94	115	166	296	462	665	906	1183	1497	1848	2236	2887
175	72	91	112	162	287	449	646	880	1149	1454	1795	2172	2805
180	70	88	109	157	279	436	628	855	1117	1414	1745	2112	2727
190	66	84	103	149	265	413	595	810	1058	1339	1653	2001	2584
200	63	80	98	141	251	392	565	770	1005	1272	1571	1901	2454
250	50	64	79	113	201	314	452	616	804	1018	1257	1521	1963
300	42	53	65	94	168	262	377	513	670	848	1047	1267	1636

附表 2　箍筋配筋系数

框架梁沿梁全长的箍筋配筋系数表

混凝土等级	梁宽/mm	d / s / 肢数 n	6					8				
			100	150	200	250	300	100	150	200	250	300
C35	200	双肢	0.38	0.25	0.19	0.15	0.13	0.67	0.45	0.34	0.27	0.22
	250	双肢	0.30	0.20	0.15	0.12	0.10	0.54	0.36	0.27	0.22	0.18
	300	双肢	0.25	0.17	0.13	0.10	0.08	0.45	0.30	0.22	0.18	0.15
		四肢	0.50	0.34	0.25	0.20	0.17	0.90	0.60	0.45	0.36	0.30
	350	双肢	0.22	0.14	0.11	0.09	0.07	0.38	0.26	0.19	0.15	0.13
		四肢	0.43	0.29	0.22	0.17	0.14	0.77	0.51	0.38	0.30	0.26
	400	四肢	0.38	0.25	0.19	0.15	0.13	0.67	0.45	0.34	0.27	0.22
	450	四肢	0.34	0.22	0.17	0.13	0.11	0.60	0.40	0.30	0.24	0.20
	500	四肢	0.30	0.20	0.15	0.12	0.10	0.54	0.36	0.27	0.22	0.18
		六肢	0.45	0.30	0.23	0.18	0.15	0.81	0.54	0.40	0.32	0.27
	550	四肢	0.28	0.18	0.14	0.11	0.09	0.49	0.33	0.24	0.20	0.16
		六肢	0.41	0.28	0.21	0.17	0.14	0.73	0.49	0.37	0.29	0.24
	600	四肢	0.25	0.17	0.13	0.10	0.08	0.45	0.30	0.22	0.18	0.15
		六肢	0.38	0.25	0.19	0.15	0.13	0.67	0.45	0.34	0.27	0.22

附表 3　梁钢筋面积/mm²

n / ϕ	1	2	3	4	5	6	7	8	9	10
6	28	57	85	113	141	170	198	226	254	283
8	50	101	151	201	251	302	352	402	452	503
10	79	157	236	314	393	471	550	628	707	785
12	113	226	339	452	565	679	792	905	1018	1131
14	154	308	462	616	770	924	1078	1232	1385	1539
16	201	402	603	804	1005	1206	1407	1608	1810	2011
18	254	509	763	1018	1272	1527	1781	2036	2290	2545
20	314	628	942	1257	1571	1885	2199	2513	2827	3142
22	380	760	1140	1521	1901	2281	2661	3041	3421	3801
25	491	982	1473	1963	2454	2945	3436	3927	4418	4909
28	616	1232	1847	2463	3079	3695	4310	4926	5542	6158
30	707	1414	2121	2827	3534	4241	4948	5655	6362	7069
32	804	1608	2413	3217	4021	4825	5630	6434	7238	8042
36	1018	2036	3054	4072	5089	6107	7125	8143	9161	10179
40	1257	2513	3770	5027	6283	7540	8796	10053	11310	12566

附表 4　配筋表

As/mm²	配　筋	As/mm²	配　筋
157	2Φ10	1900	5Φ22;3Φ22+3Φ18;6Φ20;2Φ25+3Φ20
226	2Φ12;3Φ10;1Φ14+1Φ10	1964	4Φ25;4Φ18+3Φ20;5Φ20+2Φ16
267	1Φ14+1Φ12;1Φ12+2Φ10	2036	8Φ18;4Φ20+2Φ22;4Φ20+3Φ18
308	2Φ14;2Φ12+1Φ10; 1Φ14+2Φ10;4Φ10	2101	3Φ25+2Φ20;2Φ25+3Φ22;3Φ22+3Φ20
339	3Φ12;1Φ14+1Φ16	2200	7Φ20;3Φ25+2Φ22;4Φ18+3Φ22
402	2Φ16;1Φ14+2Φ12;2Φ14+1Φ10; 1Φ18+1Φ14	2281	6Φ22;4Φ25+1Φ20;4Φ20+4Φ18
421	2Φ14+1Φ12;2Φ12+1Φ16	2414	3Φ25+3Φ20;4Φ25+1Φ22;4Φ20+3Φ22
461	3Φ14;4Φ12;1Φ18+1Φ16	2454	5Φ25;2Φ25+4Φ22;4Φ22+4Φ18;8Φ20
509	2Φ18;2Φ14+1Φ16;2Φ16+1Φ12	2613	3Φ25+3Φ22;4Φ25+2Φ20;7Φ22
534	2Φ14+2Φ12	2724	4Φ25+2Φ22;3Φ25+4Φ20;4Φ20+4Φ22
556	2Φ16+1Φ14;2Φ14+1Φ18;5Φ12	2827	9Φ20;2Φ25+5Φ22
603	3Φ16	2945	6Φ25;3Φ25+4Φ22
628	2Φ20;4Φ14;2Φ16+2Φ12	3041	8Φ22;3Φ25+5Φ20
657	2Φ16+1Φ18;2Φ18+1Φ14	3104	4Φ25+3Φ22;5Φ25+2Φ20
678	6Φ12;3Φ14+2Φ12	3220	4Φ25+4Φ20;5Φ25+2Φ22
710	2Φ18+1Φ16;2Φ16+1Φ20;2Φ16+2Φ14	3436	7Φ25;4Φ25+4Φ22;9Φ22

续表

As/mm²	配 筋	As/mm²	配 筋
741	2Φ16+3Φ12;4Φ14+1Φ12;2Φ18+2Φ12	3573	6Φ25+2Φ20;5Φ25+3Φ22
760	2Φ22;3Φ18;2Φ16+1Φ22;5Φ14;2Φ14+4Φ12	3705	6Φ25+2Φ22;5Φ25+4Φ20
804	4Φ16;7Φ12	3927	8Φ25
823	2Φ18+1Φ20;1Φ16+2Φ20;2Φ18+2Φ14;3Φ16+2Φ12	4025	5Φ25+5Φ20
854	2Φ20+2Φ12;3Φ16+1Φ18;2Φ16+4Φ12;4Φ14+2Φ12	4335	5Φ25+5Φ22
883	2Φ20+1Φ18;2Φ18+1Φ22;8Φ12;2Φ14+5Φ12	4418	9Φ25;6Φ25+4Φ22
941	3Φ20;6Φ14;2Φ18+2Φ16;3Φ16+2]14;3Φ16+3Φ12	4687	8Φ25+2Φ22
982	2Φ25;2Φ18+3Φ14;2Φ16+5Φ12;4Φ14+3Φ12	4909	10Φ25
1017	4Φ18;5Φ16;1Φ18+2Φ22;2Φ20+1Φ22;2Φ20+2Φ16	5183	8Φ25+4Φ20
1074	1Φ20+2Φ22;3Φ18+2Φ14;7Φ14;3Φ16+3Φ14	5400	11Φ25
1119	2Φ20+1Φ25;3Φ22;2Φ20+2Φ18;2Φ18+3Φ16	5636	7Φ25+7Φ20
1165	3Φ18+2Φ16;4Φ18+1Φ14	5891	12Φ25
1206	6Φ16;2Φ20+3Φ16;8Φ14;3Φ18+3Φ14	6165	10Φ25+4Φ20
1256	4Φ20;2Φ22+1Φ25;5Φ18;2Φ22+2Φ18	6382	13Φ25
1296	2Φ25+1Φ20;4Φ18+1Φ20;2Φ18+4Φ16;4Φ18+2Φ14	6651	12Φ25+2Φ22
1362	2Φ25+1Φ22;3Φ20+2Φ16;3Φ18+3Φ16	6873	14Φ25
1388	7Φ16;2Φ20+2Φ22;2Φ20+3Φ18		
1473	3Φ25;3Φ20+2Φ18;2Φ25+2Φ18		
1520	4Φ22;2Φ22+3Φ18;6Φ18;3Φ20+3Φ16		
1570	5Φ20;3Φ18+4Φ16;5Φ18+2Φ14		
1610	2Φ25+2Φ20;3Φ22+2Φ18;2Φ20+4Φ18;8Φ16		
1701	2Φ22+3Φ20;3Φ20+3Φ18;2Φ16+5Φ18		
1768	3Φ22+2Φ20;4Φ20+2Φ18;2Φ25+2Φ22;7Φ18		
1834	4Φ22+1Φ20;4Φ20+3Φ16;4Φ18+4Φ16		

附表 5 梁中箍筋的最大间距/mm

梁高/h	$V>0.7f_tbh_0+0.05N_{p0}$	$V\leqslant 0.7f_tbh_0+0.05N_{p0}$
$150<h\leqslant 300$	150	200
$300<h\leqslant 500$	200	300
$500<h\leqslant 800$	250	350
$h>800$	300	400

参 考 文 献

[1] 中华人民共和国住房和城乡建设部. GB 50068—2001 建筑结构可靠度设计统一标准[S]. 北京:中国建筑工业出版社,2001.

[2] 中华人民共和国住房和城乡建设部. GB 50009—2012 建筑结构荷载规范[S]. 北京:中国建筑工业出版社,2012.

[3] 中华人民共和国住房和城乡建设部. GB 50010—2010 混凝土结构设计规范[S]. 北京:中国建筑工业出版社,2010.

[4] 中华人民共和国住房和城乡建设部. GB 50011—2010 建筑抗震设计规范[S]. 北京:中国建筑工业出版社,2010.

[5] 中华人民共和国住房和城乡建设部. GB 50007—2011 建筑地基基础设计规范[S]. 北京:中国建筑工业出版社,2011.

[6] 中华人民共和国住房和城乡建设部. GB 50223—2008 建筑工程抗震设防分类标准[S]. 北京:中国建筑工业出版社,2008.

[7] 中华人民共和国住房和城乡建设部. JGJ 79—2012 建筑地基处理技术规范[S]. 北京:中国建筑工业出版社,2012.

[8] 中华人民共和国住房和城乡建设部. JGJ 3—2010 高层建筑混凝土结构技术规程[S]. 北京:中国建筑工业出版社,2010.

[9] 中华人民共和国住房和城乡建设部. JGJ 94—2008 建筑桩基技术规范[S]. 北京:中国建筑工业出版社,2008.

[10] 中华人民共和国住房和城乡建设部. JGJ 149—2006 混凝土异形柱结构技术规程[S]. 北京:中国建筑工业出版社,2006.

[11] 中国建筑标准设计研究院. 11G101—1 混凝土结构施工图平面整体表示方法制图规则和构造详图(现浇混凝土框架、剪力墙、梁、板)[Z]. 北京:中国计划出版社,2011.

[12] 中国建筑标准设计研究院. 11G101—2 混凝土结构施工图平面整体表示方法制图规则和构造详图(现浇混凝土板式楼梯)[Z]. 北京:中国计划出版社,2011.

[13] 中国建筑标准设计研究院. 11G101—3 混凝土结构施工图平面整体表示方法制图规则和构造详图(独立基础、条形基础、筏形基础及桩基承台)[Z]. 北京:中国计划出版社,2011.